U0362883

"十三五"国家重点图书出版规划项目
湖北省公益学术著作出版专项资金资助项目
智能制造与机器人理论及技术研究丛书

总主编　丁汉　孙容磊

智能制造装备技术

冯显英　杨静芳◎著

ZHINENG ZHIZAO ZHUANGBEI JISHU

中国·武汉

内 容 简 介

本书以智能制造装备为主要对象，讨论了智能制造装备共性技术、结构方案创新设计方法，以及满足不同功能需求、采用不同工艺方法的各种典型的智能制造装备相关技术等。全书共分为八章，主要内容包括：智能制造装备概述、智能制造装备的结构组成与共性关键技术、智能制造装备运动分析与结构方案创新设计、基于个性化需求的智能制造装备、智能复合制造装备、智能制造装备运动系统、智能制造装备数控系统以及智能制造装备进给伺服运动创新设计案例。本书内容简明扼要、通俗易懂，可以使读者较全面地认识和了解智能制造装备技术，并拓宽智能制造装备创新设计思路，对培养当代新工科人才的创新设计能力具有重要指导作用。

本书可作为高等院校机电工程、控制工程类各专业高年级本科生及研究生教材，也可供工业工程、管理工程和工业设计等专业学生使用，亦可供从事相关专业教学与科研工作的人员、制造企业工程技术人员与企事业管理人员参考。

图书在版编目(CIP)数据

智能制造装备技术 / 冯显英，杨静芳著. -- 武汉 ：华中科技大学出版社，2025. 1.
(智能制造与机器人理论及技术研究丛书). -- ISBN 978-7-5772-1299-9

Ⅰ. TH166

中国国家版本馆 CIP 数据核字第 20247QS487 号

智能制造装备技术
Zhineng Zhizao Zhuangbei Jishu
冯显英　杨静芳　著

策划编辑：俞道凯
责任编辑：姚同梅
封面设计：原色设计
责任监印：朱　玢
出版发行：华中科技大学出版社(中国·武汉)　　电话：(027)81321913
　　　　　武汉市东湖新技术开发区华工科技园　　邮编：430223
录　　排：武汉三月禾文化传播有限公司
印　　刷：武汉科源印刷设计有限公司
开　　本：710mm×1000mm　1/16
印　　张：33.75
字　　数：557 千字
版　　次：2025 年 1 月第 1 版第 1 次印刷
定　　价：268.00 元

智能制造与机器人理论及技术研究丛书

作者简介

冯显英　山东大学教授、博士生导师。中国机械工程学会高级会员、机器人分会委员，国家科学技术奖、国家自然科学基金、国家留学基金评审专家，国内外多家学术期刊特约审稿人。主要研究方向为智能制造、检测与微纳运动控制技术、智能数控机床与机器人等高端装备理论与技术等。先后主持及参与完成国家自然科学基金项目、国家重点研发计划项目等国家级项目10个，省自然科学基金项目、省重点研发计划项目等省部级项目20个，企业委托项目50余个，其中多项技术实现了产业化。获发明专利授权52项，其中作为第一发明人的有25项。发表学术论文140余篇，其中SCI/EI收录80余篇。出版专著1部、主编及合著图书5部。获省部级科技进步奖二等奖3项，中国机械工业科技进步奖一等奖1项、二等奖1项，获市级奖励多项。

杨静芳　工学博士，齐鲁工业大学机械工程学部教师，硕士生导师。主要研究方向为智能检测与控制、机器人技术。发表SCI/EI论文10余篇。参与完成多个国家自然科学基金项目以及省部级项目；主持／参与了多项企业委托课题，其中白酒智能酿造成套装备研发及产业化示范、轮胎动平衡/跳动度在线检测成套装备、棉花质量在线检测成套装备、玻璃质量在线检测成套装备及柔性制造系统智能配送管理系统研发等项目均实现了产业化。

总序

近年来,“智能制造+共融机器人”特别引人瞩目,呈现出“万物感知、万物互联、万物智能”的时代特征。智能制造与共融机器人产业将成为优先发展的战略性新兴产业,也是中国制造2049创新驱动发展的巨大引擎。值得注意的是,智能汽车与无人机、水下机器人等一起所形成的规模宏大的共融机器人产业,将是今后30年各国争夺的战略高地,并将对世界经济发展、社会进步、战争形态产生重大影响。与之相关的制造科学和机器人学属于综合性学科,是联系和涵盖物质科学、信息科学、生命科学的大科学。与其他工程科学、技术科学一样,制造科学、机器人学也是将认识世界和改造世界融合为一体的大科学。20世纪中叶,*Cybernetics*与*Engineering Cybernetics*等专著的发表开创了工程科学的新纪元。21世纪以来,制造科学、机器人学和人工智能等领域异常活跃,影响深远,是“智能制造+共融机器人”原始创新的源泉。

华中科技大学出版社紧跟时代潮流,瞄准智能制造和机器人的科技前沿,组织策划了本套“智能制造与机器人理论及技术研究丛书”。丛书涉及的内容十分广泛。热烈欢迎各位专家从不同的视野、不同的角度、不同的领域著书立说。选题要点包括但不限于:智能制造的各个环节,如研究、开发、设计、加工、成形和装配等;智能制造的各个学科领域,如智能控制、智能感知、智能装备、智能系统、智能物流和智能自动化等;各类机器人,如工业机器人、服务机器人、极端机器人、海陆空机器人、仿生/类生/拟人机器人、软体机器人和微纳机器人等的发展和应用;与机器人学有关的机构学与力学、机动性与操作性、运动规划与运动控制、智能驾驶与智能网联、人机交互与人机共融等;人工智能、认知科学、大数据、云制造、物联网和互联网等。

本套丛书将成为有关领域专家、学者学术交流与合作的平台,青年科学家茁壮成长的园地,科学家展示研究成果的国际舞台。华中科技大学出版社将与施普林格(Springer)出版集团等国际学术出版机构一起,针对本套丛书进行全球联合出版发行,同时该社也与有关国际学术会议、国际学术期刊建立了密切联系,为提升本套丛书的学术水平和实用价值,扩大丛书的国际影响营造了良好的学术生态环境。

近年来,高校师生、各领域专家和科技工作者等各界人士对智能制造和机器人的热情与日俱增。这套丛书将成为有关领域专家学者、高校师生与工程技术人员之间的纽带,增强作者与读者之间的联系,加快发现知识、传授知识、增长知识和更新知识的进程,为经济建设、社会进步、科技发展做出贡献。

最后,衷心感谢为本套丛书做出贡献的作者和读者,感谢他们为创新驱动发展增添正能量、聚集正能量、发挥正能量。感谢华中科技大学出版社相关人员在组织、策划过程中的辛勤劳动。

华中科技大学教授
中国科学院院士
熊有伦

2017 年 9 月

前言

制造业是国民经济的主体，是立国之本、兴国之器、强国之基。当前，智能制造已成为世界各国竞争发展的主攻方向，已在全球掀起了新一轮产业变革的浪潮。近年来，我国政府出台了一系列相关政策支持智能制造的发展，通过大力发展智能制造赋能我国制造企业转型升级，助力中国制造业高质量发展，推动我国由制造大国向制造强国迈进。

“工欲善其事，必先利其器”。因此，智能制造装备是实现智能制造的核心利器和新质生产力。智能制造装备技术是一种具有广泛应用前景和巨大潜力的技术，它将为制造业的转型升级和可持续发展提供强有力的支持。

智能制造装备技术是一种集成了先进设计技术、制造技术、信息技术和人工智能技术的综合性技术，旨在实现制造过程的自动化、智能化、精密化和绿色化。与传统的数字化制造装备不同，智能制造装备不仅是精密、复杂的机电一体化数控装备，还具有自感知、自适应、自决策、自诊断、自学习、自执行等智能特征。通过赋予制造装备感知、分析、推理、决策和控制功能，使其能够自感知、自决策、自执行、自适应和自学习，可以提高制造业的产品质量、生产效率和效益。随着人工智能、大数据、云计算、物联网技术等新兴技术的发展和普及，智能制造装备技术将不断创新和完善，为制造企业带来更多的收益和竞争优势。

智能制造装备技术涉及的范围十分广泛，涵盖多个行业、多个领域及多种学科技术，种类繁多，不同行业、不同领域的智能制造装备具有不同的复杂度、多样性和各自不同的特点。本书主要是结合制造装备智能化技术发展，介绍智能制造装备共性技术、结构方案创新设计方法及各种智能制造装备相关技术，其中融入了作者多年来在智能制造装备技术领域的研究成果。全书共分为八章，其中：第1章主要对智能制造装备的基本概念、分类以及发展特点和趋势进行了概述；第2章主要对智能制造装备的结构组成及共性关键技术进行了介绍；第3章主要对智能制造装备的运动分析与结构方案创新设计进行了介绍，主要包括智能制造装备加工运动学分析、结构方案数字化组合设计及编码方法、结构方案柔性创成及机械本体的并联结构方案设计等；第4章主要对智能五轴联动加工中心、智能高速加工中心、智能增材制造装备、智能激光制造装备等典型智能制造装备进行了简单介绍；第5章对智能复合制造装备的结构及性能特点做了简单介绍，主要包括典型的智能铣车复合加工中心、车铣/磨复合加工中心、复合数控磨床、柔性制造单元与系统以及智能工厂；第6章对智能制造装备实现加工的运动系统进行了介绍，主要内容包括主运动系统、进给伺服系统、动力装置、位置检测装置、智能伺服驱动技术、智能进给伺服系统的优化；第7章对智能制造装备数控系统进行了介绍，主要内容包括智能制造装备数控系统软/硬件基本结构与功能、全软件型数控系统以及智能云数控系统的基本结构、互联通信技术和常见的智能数控方法等；第8章介绍了一种智能制造装备进给伺服系统——宏宏双驱差动微纳进给伺服系统创新设计案例。

需要指出的是，本书部分章节是作者在广泛阅读和参考智能制造技术方面的著作及有关资料基础上，加入个人评述而编写的，此外本书也参考了济南第一机床有限公司、济南四机数控机床有限公司、龙口市亨嘉智能装备有限公司、Fastems公司等企业的产品资料，在此向相关文献的作者及提供产品资料的企业表示衷心的感谢。还需要指出的是，书中部分内容是作者在主持/承担的国家自然科学基金项目“一种新型宏宏双驱动伺服系统及其微量进给特性研究”“一种大行程微纳尺度运动实现方法研究”等的研究成果的基础上编写而成的，特别感谢国家自然科学基金的资助和支持。

在本书撰写前期，国防科技大学的范大鹏教授针对本书框架提出了宝贵而中肯的建议，在此表示衷心的感谢。同时，感谢安徽理工大学的王兆国老师、山东建筑大学的刘延栋老师，以及张振、雷青松等同学在作者撰写本书时给予大力协助，尤其感谢华中科技大学出版社的俞道凯等人为本书顺利出版付出的辛勤劳动。

希望本书的出版能为我国高等院校智能制造装备领域创新人才培养提供帮助，同时为从事相关专业教学及科研工作的人员、制造企业工程技术人员提供参考，促进我国智能制造装备产业的发展。

由于篇幅及作者水平有限，书中难免存在不足之处，还望读者海涵并提出宝贵意见和建议。

作者

2024 年 6 月

目录

第 1 章　智能制造装备概述　/1
1.1　智能制造装备的基本概念　/1
1.1.1　制造、制造方法、制造装备的含义　/1
1.1.2　智能制造概念的提出与发展　/2
1.1.3　智能制造装备的定义　/7
1.1.4　智能制造装备的特征　/7
1.1.5　智能制造装备技术体系　/8
1.1.6　制造装备智能化的意义　/10
1.2　智能制造装备分类　/11
1.2.1　按制造业门类分类　/12
1.2.2　按材料分类　/13
1.2.3　按材料成形机理与体积变动量分类　/15
1.2.4　按制造方法特点分类　/17
1.2.5　按功能分类　/17
1.2.6　按制造过程作用分类　/18
1.3　制造装备的发展特点与趋势　/20
1.3.1　制造装备的数字化发展　/20
1.3.2　制造装备的柔性化发展　/21
1.3.3　制造装备的智能化发展　/26
1.3.4　智能制造装备发展趋势　/27

第 2 章　智能制造装备的结构组成与共性关键技术　/31

2.1　智能制造装备构成的技术机理和组成要素　/31

2.1.1　智能制造装备构成的技术机理　/31

2.1.2　智能制造装备的构成要素　/32

2.1.3　典型智能制造装备结构组成　/33

2.2　智能制造装备共性关键技术　/50

2.2.1　智能驱传技术　/50

2.2.2　智能检测技术　/52

2.2.3　物联网与大数据技术　/53

2.2.4　智能控制技术　/54

2.2.5　智能故障诊断/运维与数字孪生技术　/56

第 3 章　智能制造装备运动分析与结构方案创新设计　/60

3.1　智能制造装备加工运动学分析　/60

3.1.1　零件功能形面加工的数学分析基础　/60

3.1.2　零件功能形面加工运动学图谱　/66

3.1.3　基于齿廓表面加工运动学图谱的运动学分析　/69

3.2　智能制造装备结构方案数字化组合设计及编码方法　/72

3.2.1　智能制造装备结构方案数字化组合设计　/72

3.2.2　智能制造装备运动方案的生成与评价　/77

3.2.3　智能制造装备样机设计与开发　/81

3.2.4　六轴联动滚齿智能制造装备的结构方案创新设计　/83

3.3　智能制造装备结构方案柔性创成　/87

3.3.1　基于切削运动方案的制造装备结构部件形式模块化实现　/88

3.3.2　面向对象的滚齿智能制造装备结构方案创成的数字化描述　/88

3.4　智能制造装备机械本体的并联结构方案设计　/92

3.4.1　智能制造装备机械本体的并联结构方案设计概述　/92

3.4.2　智能制造装备机械本体的并联机构位置分析　/96

3.4.3　智能制造装备的机械本体并联结构方案　/101

第 4 章　基于个性化需求的智能制造装备　/118
4.1　智能五轴联动加工中心　/118
4.1.1　智能五轴联动加工中心概述　/118
4.1.2　五轴联动加工中的真假五轴与 RTCP 技术　/122
4.1.3　智能五轴联动加工中心运动求解　/126
4.1.4　任意创新运动设计的多轴联动加工中心运动学建模与求解　/132
4.1.5　智能五轴联动加工中心关键技术特点　/134
4.1.6　智能五轴联动加工中心及加工工艺的选用　/140
4.1.7　智能五轴联动加工中心的智能化技术　/149
4.2　智能高速加工中心　/161
4.2.1　高速加工技术及其对智能高速加工中心的性能要求　/161
4.2.2　智能高速加工中心主要组成部分及特征　/163
4.2.3　高速加工中心的合理选用　/189
4.3　智能增材制造装备　/190
4.3.1　增材制造装备与技术概述　/190
4.3.2　典型增材制造技术　/192
4.3.3　增材制造技术应用与发展趋势　/208
4.4　智能激光制造装备　/216
4.4.1　激光加工原理　/217
4.4.2　先进激光加工技术　/220
4.4.3　激光智能加工装备及结构特点　/231
第 5 章　智能复合制造装备　/244
5.1　智能复合制造装备概述　/244
5.1.1　复合加工的内涵　/244
5.1.2　发展智能复合制造装备的必要性　/245
5.2　智能铣车复合加工中心　/246
5.2.1　铣车复合加工中心结构布局特点　/246
5.2.2　铣车复合加工中心主要部件结构及性能特点　/247
5.2.3　铣车复合加工中心主要技术参数和配置　/252

5.3 智能车铣/磨复合制造装备 /254
5.3.1 车铣复合加工中心结构及功能简介 /254
5.3.2 车磨复合加工中心装备结构及功能特点 /257
5.4 精密数控磨复合制造装备 /259
5.4.1 J4K-321精密复合数控磨床结构设计和运动设计 /259
5.4.2 J4K-321精密复合数控磨床的主要技术参数和性能验证 /261
5.4.3 智能柔性制造单元 /263
5.5 智能柔性制造系统 /267
5.5.1 柔性制造系统概述 /267
5.5.2 FMS的加工系统 /270
5.5.3 FMS的物流系统 /272
5.5.4 Fastems智能柔性制造系统简介 /283
5.6 智能工厂 /287
5.6.1 智能工厂的概念和框架结构 /287
5.6.2 基于智能工厂的制造业变化 /290
5.6.3 中国制造业发展对策 /291
第6章 智能制造装备运动系统 /293
6.1 智能制造装备运动系统概述 /293
6.1.1 智能制造装备运动系统的特点与分类 /293
6.1.2 智能制造装备运动控制技术 /293
6.2 智能制造装备主运动系统 /297
6.2.1 智能制造装备主运动系统概述 /297
6.2.2 智能制造装备主运动系统设计 /298
6.3 智能制造装备进给伺服系统 /302
6.3.1 智能制造装备进给伺服系统分类 /303
6.3.2 智能制造装备进给伺服系统设计要求 /307
6.3.3 进给伺服系统等效转动惯量和等效转矩的计算 /309
6.4 进给伺服系统动力装置 /313
6.4.1 进给伺服电动机概述 /313

6.4.2 直驱型电动机 /318
6.4.3 伺服电动机主要性能参数和选择原则 /323
6.5 进给伺服系统的位置检测装置 /325
6.5.1 智能制造装备位置检测概述 /326
6.5.2 智能制造装备常用的位置检测装置 /328
6.5.3 智能制造装备几何精度检验仪 /343
6.6 智能伺服驱动技术 /347
6.6.1 直流伺服驱动技术 /347
6.6.2 交流变频驱动技术 /357
6.6.3 全数字智能交流伺服驱动器结构 /362
6.6.4 进给伺服系统的控制模式 /363
6.7 智能进给伺服系统的优化 /365
6.7.1 智能进给伺服系统优化的理论基础 /366
6.7.2 进给伺服系统的动态性能分析 /370
6.7.3 伺服参数的智能优化 /377
第7章 智能制造装备数控系统 /383
7.1 数控技术概述 /383
7.1.1 智能制造装备数控系统的任务 /383
7.1.2 数控系统和数控制造装备的内涵 /384
7.1.3 智能数控系统的基本组成和工作流程 /385
7.1.4 智能数控系统的功能 /386
7.2 智能制造装备数控系统硬件体系结构 /389
7.2.1 典型数控系统硬件体系结构 /389
7.2.2 智能制造装备用 PLC /393
7.2.3 基于运动控制器的 IPC 开放式数控系统 /407
7.2.4 基于 PLC 架构的开放式数控系统 /412
7.2.5 基于通用 IPC 硬件平台架构的开放式数控系统 /412
7.3 数控系统的软件结构 /414
7.3.1 智能制造装备数控系统的软件组成和工作过程 /414
7.3.2 数控插补原理与方法 /417

7.3.3 全软件型开放式数控系统开发环境 /417
7.4 基于 KRMotion 的全软件型数控系统 /425
7.4.1 基于 KRMotion 的全软件型数控系统硬件架构 /425
7.4.2 基于 KRMotion 的全软件型数控系统软件架构 /426
7.4.3 基于 KRMotion 的全软件型数控系统开发过程 /428
7.5 智能云数控系统 /429
7.5.1 智能云数控系统的概念 /429
7.5.2 智能云数控系统体系架构 /430
7.6 智能制造装备的互联通信技术 /431
7.6.1 国内外智能制造装备数控系统互联通信协议 /431
7.6.2 现场总线通信模型与协议 /433
7.6.3 工业主流的现场通信总线 /436
7.6.4 工业以太网技术 /447
7.7 智能数控方法 /450
7.7.1 自动控制概述 /450
7.7.2 先进 PID 控制技术 /452
7.7.3 模糊控制技术 /459
7.7.4 专家系统 /464
7.7.5 人工神经网络 /471
7.7.6 其他智能控制方法 /480
第 8 章 智能制造装备进给伺服运动创新设计案例 /483
8.1 宏宏双驱差动微纳进给伺服系统结构及工作模式 /483
8.1.1 宏宏双驱差动微纳进给伺服系统的结构 /483
8.1.2 宏宏双驱差动微纳进给伺服系统的工作模式与微量进给实现原理 /485
8.2 宏宏双驱差动微纳进给伺服系统的动力学模型 /487
8.2.1 丝杠单驱动模式下系统的动力学建模 /487
8.2.2 螺母单驱动模式下系统的动力学建模 /489
8.2.3 双轴驱动模式下系统的动力学建模 /490
8.2.4 交流伺服电动机动力学建模 /492

8.3 宏宏双驱差动微纳进给伺服系统运动控制技术 /493
8.3.1 双轴差速运动分解策略与加减速规划 /493
8.3.2 运动控制器设计 /498
8.3.3 运动控制器仿真 /502
8.4 宏宏双驱差动微纳进给伺服运动控制全软件型数控系统开发与实验 /505
8.4.1 全软件型数控系统开发环境与功能需求分析 /505
8.4.2 数控系统运动控制软件设计 /508
8.4.3 宏宏双驱差动微纳进给伺服系统运动控制实验 /513
参考文献 /516

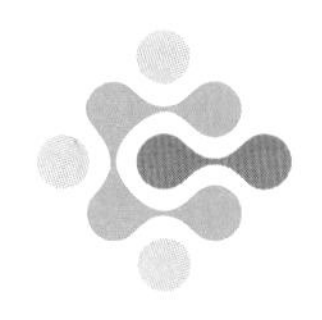

第1章 智能制造装备概述

1.1 智能制造装备的基本概念

制造业是国民经济的主体，是立国之本、兴国之器、强国之基。习近平总书记强调，“工业化很重要，我们这么一个大国要强大，要靠实体经济，不能泡沫化”，“要推动中国制造向中国创造转变、中国速度向中国质量转变、中国产品向中国品牌转变”。制造业的高效、高质量发展，依赖先进、高效的制造工具，即智能制造装备。

实施“中国制造2025”战略，坚持创新驱动、智能转型和可持续绿色发展，必须把装备升级发展和智能化作为重中之重，积极推动信息技术与制造技术深度融合，提高数字化、网络化、智能化制造水平，促进产业转型升级，大力提升制造业创新能力，努力满足经济社会发展和国防建设需求，加快实现制造业由大变强的历史跨越。

1.1.1 制造、制造方法、制造装备的含义

制造是指通过一系列的加工和转化过程，将原材料或零部件转变为成品的活动。在制造过程中，使用各种工具、设备和技术来加工、组装并最终形成产品。

制造方法是为了完成产品制造而采用的一系列技术、工艺和操作步骤的集合，它涉及从产品设计、工艺规划、生产调度到质量控制等一系列环节。制造方法包括为了实现高效的生产流程、优化资源利用和确保产品质量而制定的一系列准则和操作规范。

制造装备是指在制造过程中所使用的各种设备和工具，其选择和应用对于保证生产效率、控制产品质量、实现产品创新至关重要。不同行业和不同制造方法所需的制造装备类型、结构和功能也会有所差异。

制造、制造方法和制造装备之间密切相关。制造是形成整个产品的过程，制造方法是在制造过程中使用的技术和操作规范，而制造装备是实施制造方法从而实现制造目的的工具与设备。通过对制造方法的设计和优化可以提高生产效率和产品质量，而制造装备的性能先进性和智能化水平对于实现高效制造、高品质制造、绿色化制造以及节约资源和提升产品竞争力都能起到关键作用。因此，只有制造、制造方法和制造装备协同发展，才能更加有效地赋能制造业转型升级和创新发展。

在各类制造业采用的制造装备中，最为重要的一类就是制造各种装备的装备，其是制造各种装备时所采用的工具，也称为工作母机或工具机。本书所讨论的智能制造装备也是指工作母机类智能制造装备，工作母机装备的发展水平决定了一个国家整体工业的发展水平。

1.1.2 智能制造概念的提出与发展

从人类历史发展来看：生命体内部的演化从大自然神奇地创造出 DNA（脱氧核糖核酸）开始，而亿万年来 DNA 间的信息交互，使得物种不断进化，生命不断向多样化、高级化方向演变进化，最终产生了人类及由神经元构成的大脑。而生命体外的演化，则是从人类为了生存而简单交流，产生了生命体外的信息载体开始。随着千万年来语言信息的交流与演化，文字符号以信息载体的形式产生；经过不断地演变和进化，信息载体日益变得高级，产生了以“0”和“1”表示的数字信息符号及计算机硬盘载体，最终诞生了可以实现信息交互的互联网。

自 20 世纪以来，大规模生产模式在全球制造业领域一直占据着统治地位，并极大地促进了全球经济的发展。但随着世界经济日趋发展，市场竞争日益激烈，同时人们的需求也不断向多样化、个性化方向发展，市场环境瞬息万变，而大规模生产模式无法适应这种变化，传统工业化的发展模式失去竞争力。20 世纪 60 年代，英国提出了柔性制造系统（flexible manufacturing system，FMS）的概念，即以计算机控制若干个工作站和一个物料输运系统，通过软件灵活组合形成模块化加工和分布式制造单元，以高效制造多品种小批量的产品。柔性制造系统是一种可重构的先进制造系统,实现了制造系统从刚性化到柔性化的过渡。

到了21世纪,随着信息技术和人工智能技术的发展,信息(物资)加工(制造)的工具不断变迁和进步,制造装备的先进性和智能化程度不断提升,主流生产模式逐渐由传统大规模批量化生产转向大规模个性化定制生产,以更好地满足消费者的多样化、个性化需求。

人类社会发展至今已发生了四次工业革命,人类用以改造赖以生存的环境的工具也日益先进,不断推动社会向前发展和进步。图1-1所示为18世纪瓦特改良蒸汽机以来制造装备发展经历的四个阶段:蒸汽动力机械(机械一代/机械化)阶段、以电动机作为动力的普通机械(电气一代/电气化)阶段、IC技术与计算机应用的数控制造装备(数控一代/数字化)阶段和当今的智能制造装备(智能一代/智能化)阶段。每个阶段的特点都很鲜明,代表着制造装备发展历程中的四次工业革命。

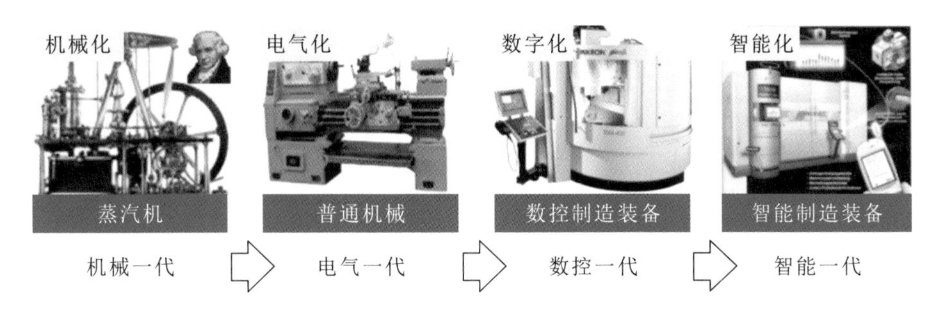

图1-1 制造装备发展的四个阶段

社会市场需求是制造业发展的根本动力,技术进步是制造业发展的关键因素。数字计算机在制造装备上的应用,实现了制造装备的数字化控制,即实现了数控制造装备。人工智能技术与计算机数控技术在制造装备中的结合,则使得制造装备具有自主决策和思考的功能,实现了制造装备的智能化控制,即实现了新一代的智能制造装备。采用先进、高级的智能制造装备进行加工制造,则使得制造行为智能化,即实现了智能制造。

智能制造概念的提出可以追溯到20世纪80年代,计算机集成制造(CIM)和计算机辅助制造(CAM)理念在当时被提出。1988年,美国纽约大学的莱特教授(P. K. Wright)和卡内基梅隆大学的布恩(D. A. Bourne)教授出版了

Manufacturing Intelligence 一书，书中首次提出了“智能制造”的概念，并指出智能制造的目的是通过集成知识工程、制造软件系统、机器视觉和机器控制等技术，对制造技术人员的技能和专家知识进行建模，以使机器在没有人工干预的情况下进行小批量自动化生产。当前智能制造在国际上尚无公认的定义，通常被认为是新一代信息通信技术与先进制造技术的深度融合。较为普适的定义是：智能制造是面向产品的全生命周期，以新一代信息技术为基础，以制造系统为载体，在其关键环节或过程，具有一定自主感知、学习、分析、决策、通信与协调控制能力，能动态适应制造环境的变化，从而实现某些优化目标的先进生产方式。

1989 年日本提出“智能制造系统（IMS）”国际合作研究计划，并于 1994 年启动了先进制造国际合作研究项目，该项目涉及公司集成和全球制造、制造知识体系、分布式智能系统控制、分布式智能系统技术等。我国在 20 世纪 80 年代末也将“智能模拟”列入国家科技发展规划的主要课题。

进入 20 世纪 90 年代后，随着信息技术和人工智能技术的不断发展，产品结构日趋复杂化、精细化，产品性能和功能也日趋多样化，产品和生产线、生产设备之间流动的信息越发增多，促使传统的制造行业逐渐从能源驱动型向信息驱动型转变。这就要求制造系统不但具备柔性，而且具备灵活、敏捷、智能地处理大批量工作和信息的能力。

在 2008 年全球经济危机之后，发达国家逐渐认识到“去工业化”发展的弊端，制定了“重返制造业”的发展战略，把智能制造作为制造业的主攻方向，例如：2012 年美国提出“先进制造业国家战略计划”；2013 年德国提出“工业 4.0 战略”，同年英国提出“英国工业 2050 战略”；2015 年中国提出“中国制造 2025”；等等。各国政府都非常重视智能制造，并对其发展给予有力支持，以抢占竞争的制高点。以上这些战略计划提出的背景虽有不同，但有一点是相同的，即它们的核心都在于智能制造。

推进智能制造，能够有效缩短产品研制周期，提高生产效率和产品质量，降低运营成本和资源/能源消耗。加快发展智能制造技术，对于提高制造业供给结构的适应性和灵活性、培育经济增长新动能具有十分重要的意义。为了实现智能制造，不仅要采用新型制造技术和装备，还要将快速发展的信息通信技术渗透到工厂，在制造领域构建信息物理系统（cyber physical system，CPS），改变制造业的生产组织方式和人际关系，带来研发制造方式和商业模式的创新转变。智能制造装备的广泛使用赋能制造业，使制造业从传统模式向数字化、网络化、智能化方向转变，从粗放型向质量效益型转变，从高污染、高能耗行业向绿色行业转变，从生产型向“生产＋服务”型转变。

随着智能制造装备技术的发展，制造业开始引入制造执行系统（MES）和智能制造执行系统（IMES），以实现制造过程的实时监控和数据管理。IMES将制造数据与计划、调度、质量管理等功能相结合，实现了生产制造过程的集成化、智能化管理。IMES的功能如图1-2所示。

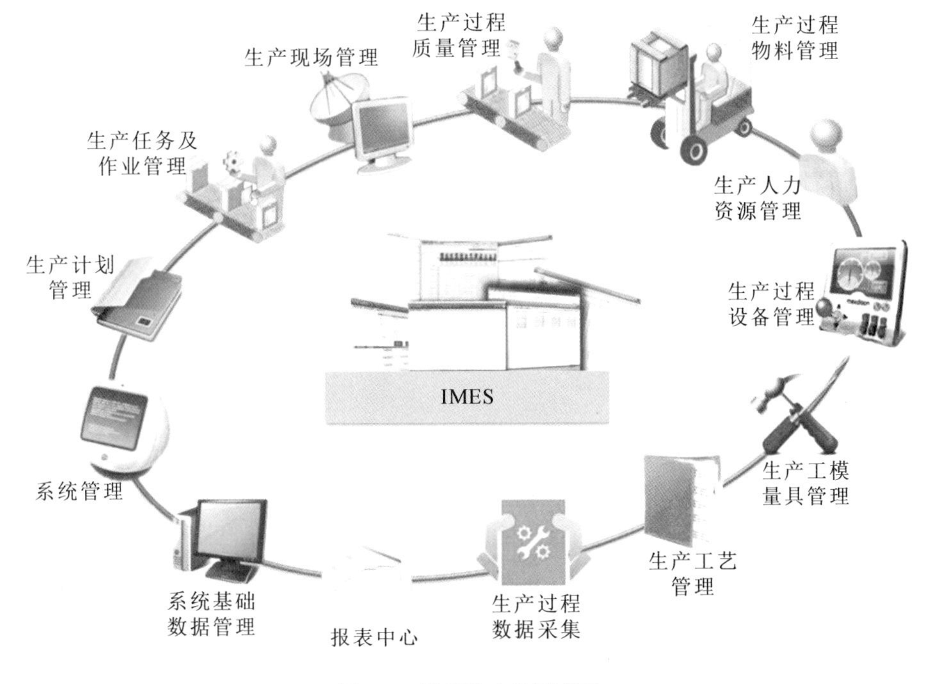

图1-2　IMES功能示意图

工业物联网技术的兴起和发展，使得制造设备和工厂之间实现了互联互通。通过传感器和网络，制造设备可以实时收集和传输生产数据，实现设备之间的协同工作和优化调度。

云计算和大数据分析技术的发展为智能制造提供了强大的数据处理和分析能力。通过云平台，制造企业可以按需获取计算资源和存储空间，并利用大数据分析和人工智能技术对生产数据进行深度挖掘和预测分析，从而优化生产

效率和产品质量。

人工智能和机器学习技术的快速发展使得智能制造装备具有更高的智能化和自动化水平。通过机器学习算法,智能制造装备可以自动学习和适应生产环境,实现自主决策和优化控制。同时,人工智能技术还可以应用于生产计划优化、故障诊断和预测维护等方面。

5G通信技术的普及和应用,使得制造装备之间的通信速度和稳定性得到了显著提升。5G技术为智能制造提供了更可靠的低时延的通信基础,支持更多接口和更高频率的数据传输,为实现对过程的实时监控和设备间的协同工作提供了更好的支持。图1-3为融合多种前沿技术的智能制造系统/智能工厂/车间中的各种功用的智能制造装备。

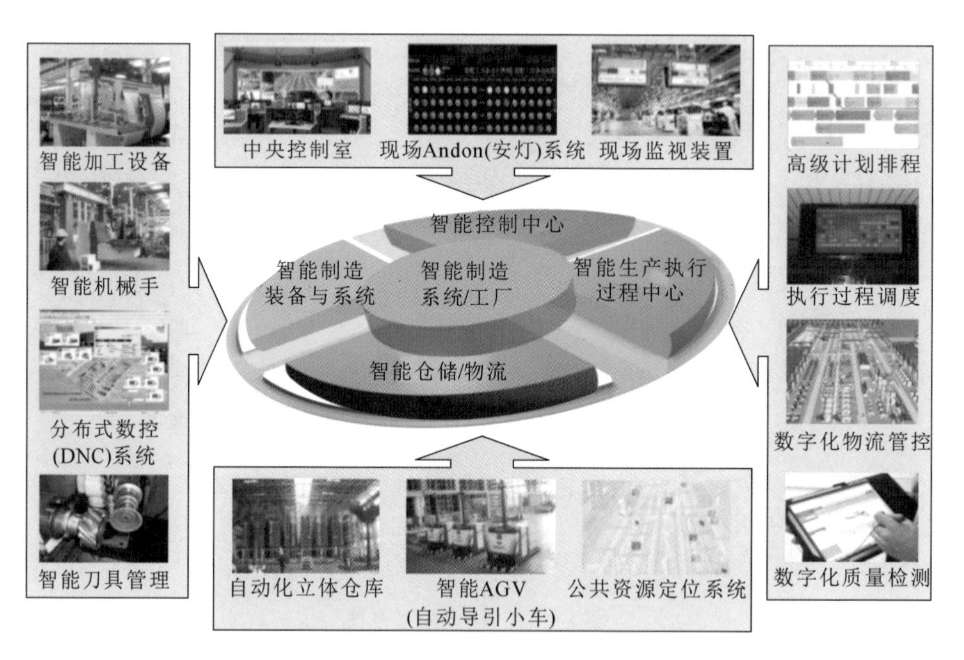

图1-3 智能制造系统/智能工厂/车间中的智能制造装备

总体而言,智能制造的发展得益于信息技术的进步,特别是物联网、云计算、大数据分析、人工智能、5G通信等技术的突破。智能制造的目标是建立智能化的制造系统、智能车间、智能工厂,通过先进技术的应用和数据驱动的管理,实现制造过程的灵活、高效、高质量、安全可靠、绿色化和可持续。从最初的机械化、电气化生产制造,到计算机信息化管控和数字化生产制造,再到现在集成了物联网、大数据、人工智能、5G通信等技术的智能制造，制造系统的每个阶段的目标都是实现高效、智能化、绿色化生产，为人类创造更好的物质生活条件。

1.1.3 智能制造装备的定义

智能制造装备是具有自感知、自学习、自分析、自推理、自决策、自执行、自适应等功能的制造装备，是先进制造技术、信息技术和智能技术在制造装备产品上集成和融合的成果。

智能制造装备包括各种生产设备、机械设备、工具和系统，用于实现产品的制造和加工。智能制造装备通常实现了高度的自动化和一定的智能化，能够根据生产需求、加工状态进行自学习、自调整和自运行。其采用传感器、控制器、执行器等先进设备，实现对生产过程的实时监视、控制和优化。同时，智能制造装备还包括与设备相连的各种系统和软件。这些系统和软件能够与设备进行数据交互和通信，实现数据的采集、分析和处理。通过这些系统和软件，生产数据可以被实时监测和分析，从而提供有助于决策和优化的信息。

智能制造装备的设计目标是智能化、高效、安全可靠、高质量地加工出合格的产品，并能够实现在不同的生产需求下的快速调整和配置。同时，智能制造装备还注重节能和低碳环保，通过优化能源利用和减少污染物排放，实现可持续发展的目标。

总的来说，智能制造装备是在智能制造环境下使用的设备、系统和软件的统称。智能制造装备通过将先进的信息技术、人工智能技术和制造技术融入制造装备和全制造过程中，实现生产过程的数字化、自动化和智能化，从而提高生产效率、生产的灵活性和产品质量，推动制造业向智能化和可持续的方向前进。

1.1.4 智能制造装备的特征

智能制造装备与普通手工操作、自动化操作制造装备以及数字化制造装备不同。其除了具有高度自动化的特征，能够在生产过程中主动完成任务，减少人工干预外，还能通过传感器获取环境信息，利用内部的自动化控制程序对信息进行解算分析，且其控制器能根据解算信息下发命令给执行器，实现自动化操作和控制。更重要的是，其在实现自动化的过程中，并不是按照程序一成不变地执行动作，而是通过自学习算法、深度学习算法等智能算法不断思考寻优，使得自身行为质量越来越好，即实现智能化操控。因此，智能制造装备不同于一般数控制造装备，其主要技术特征表现在如下几个方面。

(1) 智能制造装备具有对装备运行状态、制造过程和加工环境的实时感知、处理和分析能力。

(2) 智能制造装备具有自主实时规划、控制和决策能力。

智能制造装备本身具备工艺优化的智能化、知识化功能，能根据高效、高精、高品质的制造要求，通过对制造过程、制造环境及装备运行工况参数变化的实时感知、处理、分析，采用智能优化算法软件和网络工具等，实现制造工艺的智能设计、实时规划和动态调控。

(3) 智能制造装备一般具有对故障的自诊断能力、自修复能力，以及对自身性能劣化原因的主动分析能力、性能维护能力。

智能制造装备通过对装备运行状态相关参数(如速度、压力、温升、噪声、磨损量等)变化的监测，可以判断装备运行状态，进行故障诊断、预警甚至自修复等，实现自主健康评价与智能运维。

(4) 智能制造装备具有多源信息智能传感、物联网络协同能力。

智能制造装备具有强大的多源信息智能传感能力，可以实现设备、系统及智能产线信息收集，将大数据收集、分析，以及参与网络集成和网络协同的能力融入智能工厂 IMES，有助于实现云计算、云平台监管下的智能云制造。

1.1.5 智能制造装备技术体系

智能制造装备技术体系是智能技术、制造技术和装备技术的集合，包含智能制造装备/单元/系统所涉及的各种技术，如图 1-4 所示。

智能制造装备/单元/系统将智能技术、制造技术和制造装备技术有机融合，实现制造装备的高效、高质、智能化制造。其涵盖的核心技术主要有如下一些。

(1) 传感器与控制技术：传感器可以对制造过程参数及生产环境中的物理量进行感知和监测，如位移、速度、温度、压力、流量等。控制技术可以基于传感器的数据进行实时控制和调整，以实现生产过程的自动化和精确控制。

(2) 信息技术与互联网技术：包括物联网、云计算、大数据、人工智能等技

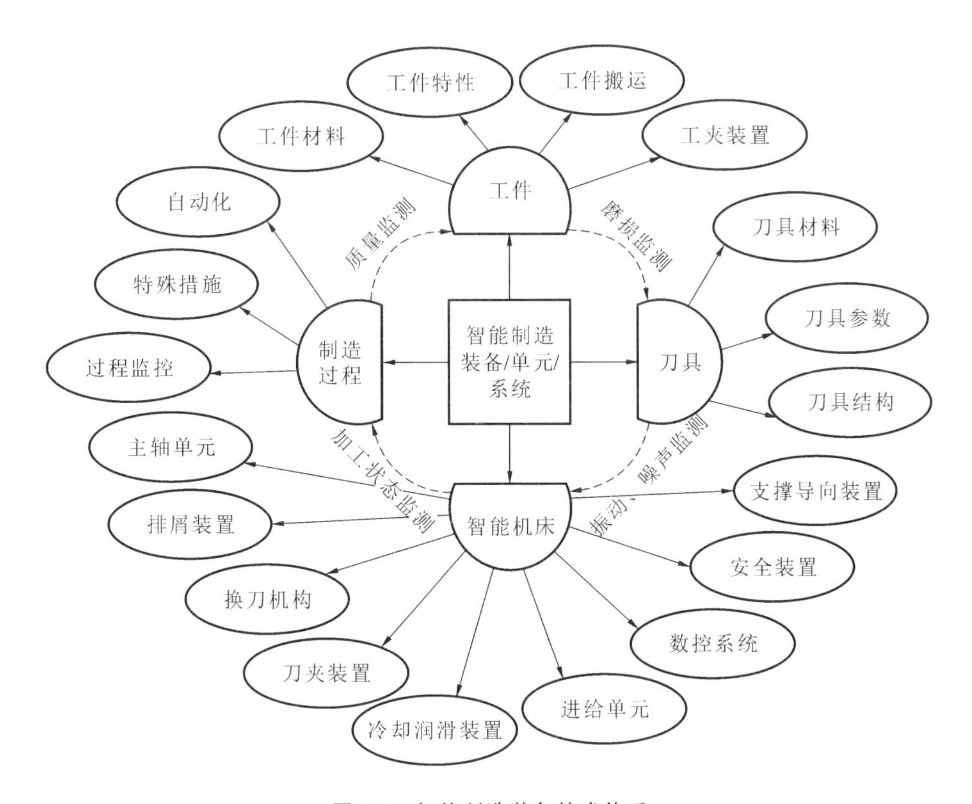

图1-4 智能制造装备技术体系

术，用于数据的采集、传输、存储和分析，以支持智能制造过程中的决策和优化。

(3) 机器人技术：机器人在智能制造中有重要作用，可以完成重复、高精度、危险繁重的任务，如工件的装卸、转运或加工，从而可以提高生产效率和产品质量。

(4) 智能制造装备相关技术：包括自动化生产线、自动化流水线、机器人工作站、AGV智能小车、产品质量检测等方面的技术，以实现生产过程中工件物料的上下料、加工、转运、质量检测、入库等制造行为的自动化和高效率。

(5) 虚拟仿真技术：通过建立虚拟模型和仿真环境，可以在数字化平台上进行产品设计、工艺规划和生产优化，提前发现和解决问题，降低实际生产的成本和风险。

(6) 决策与管理系统技术：决策与管理系统包括生产计划管理系统、设备维护管理系统、质量控制管理系统等，通过集成和分析数据，辅助决策和管理，提高生产效率和产品质量。

(7) 数字孪生与智能运维技术：利用数字孪生技术构建现实智能制造装备的数字孪生系统模型，实现现实制造装备和制造行为的状态监控、智能决策和智能运维、预警等，保障高效、高可靠性、安全生产。

这些核心技术和设备相互依存、相互支持，构成了智能制造装备技术体系。通过应用这些技术，企业可以实现生产过程的自动化、数字化和智能化，提高生产效率、产品质量和市场竞争力。

1.1.6 制造装备智能化的意义

智能制造是基于新一代信息技术、人工智能技术与先进制造技术的深度融合，贯穿于设计、生产、管理、服务等制造活动各个环节，具有自感知、自决策、自执行、自适应、自学习等特征，旨在提高制造业质量、效益和核心竞争力的先进生产方式。智能制造是我国制造强国建设的主攻方向，其发展水平关乎我国未来制造业的全球地位，对于加快发展现代产业体系，巩固壮大实体经济根基，构建国内、国外双循环新发展格局，建设数字中国具有重要作用。而制造装备的智能化则是实施智能制造的充分且必要的条件，智能制造装备是智能制造的载体，制造的智能化首先立足于制造装备的智能化。

智能化的制造装备可以实现自动化和高效率的生产过程，减少人力投入，提高生产能力和效率。通过自动化和智能化的控制，可以实现生产流程的优化和精确控制，减少生产中的错误和损失。

智能化的制造装备能够减少工人的参与和生产过程中的人为错误，降低人工成本和减少质量问题导致的回收和重加工。此外，还可以通过优化生产计划和资源利用，降低能源消耗和耗材使用，从而降低生产成本。

智能化的制造装备在生产过程中能够实现高精度、安全、稳定、可靠的操作，提高产品的一致性和质量稳定性。通过传感器和实时监测系统，可以对生产过程和产品进行实时的监测和质量控制，及时发现和修正问题，提高产品的质量。

智能化的制造装备可根据需求实现快速切换和灵活调整，以适应不同的产品和生产要求，缩短产品的交付周期，更好地满足市场的多变性、多样性和个性化需求，提高客户满意度。

智能化的制造装备在技术上具备先进性和创新性，可以促进制造业的技术创新和产业升级。引入新的技术和设备，不仅可以提高生产效率和产品质量，还可以改变传统的生产模式和商业模式，为制造业赋能，推动产业的转型和升级。

随着全球新一轮科技革命和产业变革的深入发展，新一代信息技术、生物技术、新材料技术、新能源技术等不断突破，并与先进制造技术加速融合，为制造业高端化、智能化、绿色化发展提供了历史机遇。同时，国际环境日趋复杂，全球科技和产业竞争日趋激烈，大国战略博弈进一步聚焦制造业，美国"先进制造业国家战略"、德国"国家工业战略 2030"、日本"社会 5.0"和欧盟"工业 5.0"等以重振制造业为核心的发展战略，均以智能制造为主要抓手，力图抢占全球制造业新一轮竞争制高点。

当前，我国已转向高质量发展阶段，正处于转变发展方式、优化经济结构、转换增长动力的攻关期，但制造业供给与市场需求适配性不高、产业链和供应链在稳定性方面面临挑战、资源环境要素约束趋紧等问题凸显。站在新一轮科技革命和产业变革与我国加快转变经济发展方式的历史性交汇点，要坚定不移地以智能制造为主攻方向，推动产业技术变革和优化升级，推动制造业产业模式和企业形态发生根本性转变，以"鼎新"带动"革故"，提高质量、效率、效益，减少资源、能源消耗，畅通产业链、供应链，助力碳达峰、碳中和，促进我国制造业迈向全球价值链中高端。

1.2 智能制造装备分类

随着信息技术、人工智能技术等的快速发展，为了适应对不同产品的多样性生产需求，人们开发了种类繁多、复杂程度不一的智能制造装备，智能制造装备的智能化程度也越来越高。同时，随着新兴产业，例如新能源、人工智能、物联网等产业的发展，对特定类型的智能制造装备的需求也在不断增加。这些新兴产业对高效、精确和智能化的生产设备的更高要求，推动了更多种类的智能制造装备的研发和应用。

1.2.1 按制造业门类分类

不同制造业门类中产品的生产流程和业务模式存在较大差异，对制造装备的需求也各不相同。制造业门类的不同和制造方法、行为的差异决定了各种智能制造装备的结构形态、组成、性能等的不同。

由于不同制造业门类在技术上的复杂性、适用性以及各制造业门类之间的合作协同的差异性，智能制造装备的发展水平也存在着较大差异。一些行业已经较早地开始数字化转型，积累了一定的经验和基础，在网络化的基础上开始追求智能化，对智能制造有更高的接受度和采纳率。相比之下，一些传统行业可能需要更多的推动和支持来实现数字化转型和智能制造的应用，但不管怎样，新一代的智能制造装备都是各行各业所需要的。

总之，按照制造业门类，智能制造装备可以分为如下几类。

(1) 通用金属加工装备：通用金属加工装备适用于多个制造业门类，具备较高的灵活性和适应性，例如，各类装备制造业所采用的各种金属切削智能数控制造装备、智能金属成形制造装备等。

(2) 材料制造与检验装备：用于进行钢、铁、铝、镁等材料以及晶体材料的制备、成分检验等的智能制造与检测装备。

(3) 电子制造装备：电子制造行业需要采用高精度和高效率的生产设备，以应对迅速发展的电子产品市场。在电子制造行业中应用的智能制造装备包括SMT(表面组装技术)贴片机、智能分选机等。

(4) 食品制造装备：食品制造涉及食品加工、包装、贮藏等环节，需要满足卫生要求的高效率的生产设备。在食品制造行业中应用的智能制造装备包括智能化食品加工设备、自动化包装设备、食品检测机器人等。

(5) 医药、化工制造装备：医药、化工制造行业往往会在成分、质量、卫生、安全等方面对制造装备提出严格的要求，因此医药、化工产品的制造装备往往通过对温度、压力、成分等相关制造工艺参数的精准的量化控制来保证产品质量，运行安全、可靠，并且要求生产环境高度清洁等。在医药、化工制造行业中应用的智能制造装备主要包括智能化药品生产设备、精准剂量控制设备、智能化质量监测和成分分析仪器等。

(6) 纺织制造装备：纺织制造行业需要高速度、高稳定性和高灵活性的生产设备。在纺织制造行业中应用的智能制造装备包括智能化织机、自动化缝纫机、智能化检测设备等。

（7）特种制造装备：特种制造装备是针对特定领域或特殊需求而设计和制造的定制化生产设备，如航空航天制造装备、武器制造装备、新能源设备制造装备、光学仪器制造装备等。这些装备通常具有高度专业化、定制化和特殊化等特点，以满足特定行业或领域的要求。

（8）其他行业智能制造装备。

1.2.2 按材料分类

1. 按材料流动特征分类

按照材料流动特征对智能制造装备进行分类较为常见。可以根据材料的流动方式和处理方式将智能制造装备划分为以下几种。

（1）连续流动型：这种类型的制造装备用于处理连续流动的材料，化工、石油和食品加工等领域采用的通常为连续流动型智能制造装备。这些装备通常由一系列连续操作单元组成，材料按照预定的流动路径通过不同的工序进行加工。在智能制造装备中，可以使用传感器、自动控制系统和智能算法来实现对流动材料的监测、控制和优化。

（2）批量流动型：这种类型的制造装备适用于批量生产，材料以批次的形式进行加工。汽车制造、电子产品制造等领域采用的通常为批量流动型智能制造装备。在批量生产中，智能制造装备可以通过自动化的输送系统、机器人和智能化的工序控制，实现批次材料的分配、加工和管理。此外，还可以结合数据分析和预测技术，提前优化生产计划，提高生产效率和生产计划的准确性。

（3）零散流动型：这种类型的制造装备适用于处理零散的材料，例如用于零部件的加工和装配。在零散流动型制造中，智能制造装备可以通过视觉识别装置、机器人和自动化系统，实现零部件的分拣、定位和组装。智能制造装备具备快速适应不同规格和类型零部件加工需求的能力，并能实现高效的生产。

（4）多工艺流动型：在某些制造过程中，材料流动涉及多种不同的工艺和操作，包括多种加工、装配或处理步骤。航空制造和重型机械制造等领域采用的通常为多工艺流动型智能制造装备。多工艺流动型智能制造装备能够应对复杂的流程要求，此类装备往往涉及自动化控制、传感器网络和数据集成等技术的应用。

材料的流动方式和路径将直接影响智能制造装备的设计和布局。针对不同的材料流动特征,可能需要采用不同类型的设备,例如输送系统、机器人、传感器等。设备的布局也需要根据材料流动路径进行规划,以确保设备的高效运转和流程的优化。

材料的流动特征决定了智能制造装备的自动化程度。连续流动型智能制造装备通常具有较高的自动化水平,可以通过自动控制系统和智能算法实现材料的自动监测、调节和优化。零散流动型智能制造装备需要更多的智能化设备辅助,进行零部件的分拣、定位和组装等操作。

材料的流动特征对数据采集和分析具有直接的影响。智能制造装备可以通过传感器等设备实时采集关于材料流动的数据,例如流量、温度、压力等信息。这些数据可以被用于实时监测、预测和优化制造过程,以提高生产效率和产品质量。

不同的材料流动特征要求不同的过程控制和优化方法。连续流动型制造装备需要实时的控制和调整,以保持流程的稳定性和一致性。批量流动型制造装备需考虑批次管理和生产计划的优化。零散流动型制造装备需要处理多样化的零部件和装配要求,通过多工艺控制等技术和协作机器人等装备实现流程精细化和高效率。

2.按材料物质形态分类

依据材料物质形态的不同,智能制造可以分为离散制造和流程制造两大类。

离散制造指的是先用机器进行物料外形加工,再将不同的物料组装成具有某种功能的产品的制造工艺,其制造的产品往往由多个物料经过一系列不连续的工序加工后装配而成。由于机器和物料是分散的,故称之为离散制造。离散型制造企业一般都生产相关的较多品种和系列的产品,物料具有多样性,且面临较多客户非标定制类需求,这就对企业生产工艺的柔性提出了更高的要求。自行车、汽车、飞机、电子产品和服装等产品的生产制造,都属于离散制造。

流程制造又称连续性生产,是指使加工对象不间断地通过生产设备和一系列的加工装置,使加工对象的材料发生化学或物理变化,最终得到产品。在流程型生产企业中，物料是均匀、连续地按一定工艺顺序流动的。流程制造的特点是生产连续性强、流程规范、原料单一、产品稳定，常常有着较为稳定的工序，工艺柔性较小。玻璃纤维、药品、食品等的制造均属于流程制造。

由于离散制造和流程制造的工艺特点不同，其制造装备也有各自不同的特点，因此按照被加工对象物质形态不同，智能制造装备可以分为离散型智能制造装备和流程型智能制造装备。如图1-5所示为智能制造装备按被加工对象物质形态分类的情况。

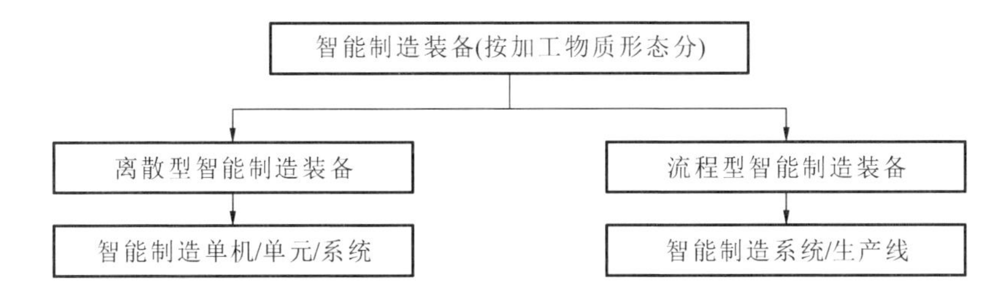

图1-5 智能制造装备按被加工对象物质形态分类的情况

对于离散制造，在整个产品的制造过程中，根据自动化、智能化程度不同，某些工艺行为采用智能制造单机完成，其他采用智能制造单元/系统/生产线完成。但是，这些智能制造单元/系统/生产线通常由多台智能制造单机协同控制，以完成一个复杂的工艺流程，其中的智能制造单机一般也可以独立完成产品的某道工序。多台智能制造单机组合起来形成流程型智能制造系统或生产线，如图1-6所示的一站式无人化柔性智能自动生产线。

流程型智能制造装备的一般表现形式是智能制造系统或生产线，虽然整套智能制造系统(生产线)是按照产品整个流程工艺将完成各分流程工艺行为的智能制造装备组合在一起而形成的，但由于其是针对某流程制造产品进行专门化设计的结果，构成生产线的各智能制造单机一般不像离散型智能制造单机那样可以独立使用。其整套装备控制一般采用主从分布式控制系统(DCS)。

1.2.3 按材料成形机理与体积变动量分类

各行各业对尖端技术的需求不断促进制造技术的发展，先进的制造方法和技术也不断丰富。对材料进行加工成形的技术方法遵循不同的物理、生物或化

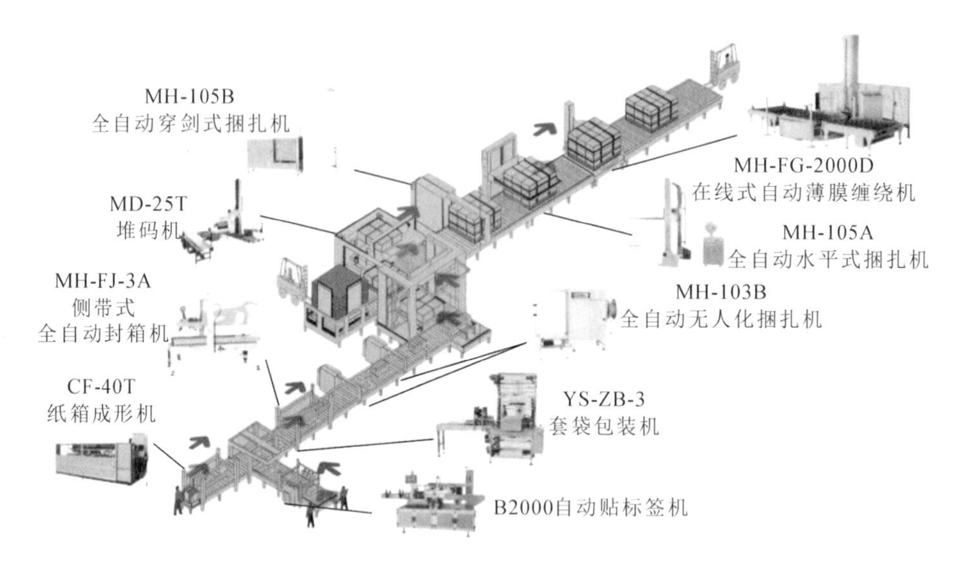

图 1-6　一站式无人化柔性智能自动生产线

学机理，相应的制造装备也有较大差异。智能制造装备按材料成形机理分为物理制造装备、生物制造装备、化学制造装备及复合机理制造装备，按材料体积变动量可以分为减材制造装备、等材制造装备（包括准等材制造装备）和增材制造装备等，如图 1-7 所示。

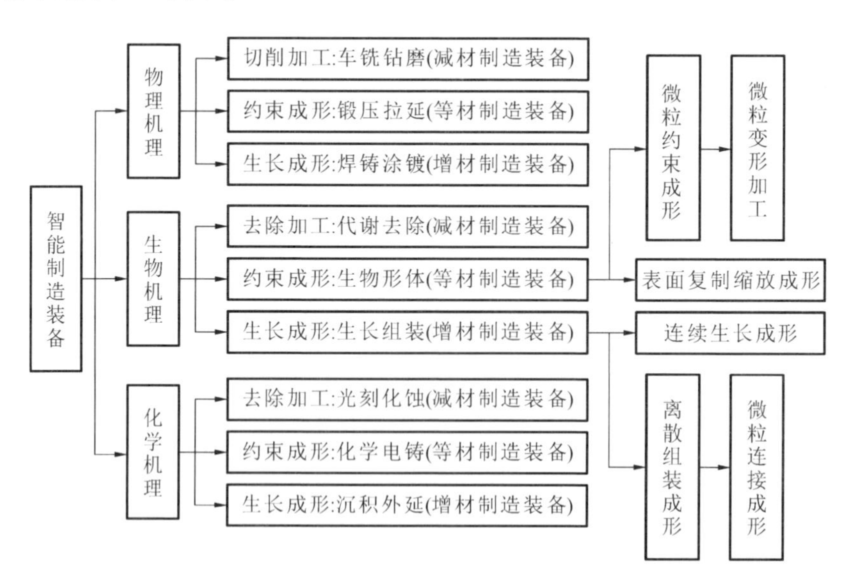

图 1-7　材料成形机理与智能制造装备分类

1.2.4 按制造方法特点分类

在机械制造业中，智能制造装备按照通用程度，可以分为通用型、专门化型和专用型三类。最为常用的通用型智能制造装备所采用的制造方法主要分为车削、铣削、刨削、磨削、钻削、镗削、拉削、冲裁、研磨、抛光等，对应的制造装备分别称为车床、铣床、刨床、磨床、钻床、镗床、拉床、冲床、研磨机、抛光机等，还有采用两种或多种制造方法的复合制造装备，如车铣复合加工中心、镗铣复合加工中心等，这些一般都属于减材制造装备。

专门化型智能制造装备，如专门用于切割下料的一类制造装备，依据不同的加工机理和制造方法，主要分为锯切制造装备、剪切制造装备、线切割制造装备、激光切割制造装备、等离子切割制造装备等，这类制造装备对原材料消耗极少，可以归为准等材制造装备；满足一类零件功能表面廓形制造需求的专门化型制造装备，如齿轮加工类制造装备，其按照加工机理和制造方法，主要分为滚齿机、插齿机、磨齿机、齿形倒角机、拉齿机、铣齿机等，这些一般都属于减材制造装备。

有些智能制造装备主要是通过不同约束机理对材料进行成形和改性的，这类制造装备主要分为锻压成形制造装备、拉延成形制造装备、折弯成形制造装备、旋压成形制造装备、冷弯成形制造装备等，这些属于等材制造装备。

上述制造装备一般是在材料处于常态时进行加工的，这种加工方式称为冷加工。还有将材料加热到一定温度后进行加工的装备，其所采用的制造方法主要有锻造、铸造、焊接、热处理等。

另外一类就是针对某个具体零件成形工艺或工序而专门设计的智能制造装备，其属于专用装备，一般适用于大批量生产。

1.2.5 按功能分类

智能制造技术是智能技术和制造技术的有机融合，制造智能化的载体就是智能制造装备，通过智能制造装备的使用，制造过程实现了智能化。按照智能制造装备功能的不同，智能制造装备可以分为以下几类。

(1) 智能制造主机装备：智能制造主机装备用于在制造过程中完成制造主

功能，主要通过自动化技术和控制系统来实现生产过程的自动化。它们可以自主完成生产任务，减少了对人力的依赖，并提高了生产的效率和一致性。例如，智能制造单元/系统、智能机器人系统、智能运移设备等都属于此类装备。

(2) 智能制造控制装备：智能制造控制装备主要包括以计算机为主的控制系统主机。这类装备利用智能算法和优化方法，对生产过程进行优化和调整，以达到最佳的生产效果。它们可以根据不同的目标和约束条件，通过优化算法来自动调整生产参数和路径，以提高生产效率、降低能耗等。例如，智能调度系统、优化算法控制器、智能能源管理设备等都属于智能制造控制装备。

(3) 智能感知装备：这类装备具备感知环境和物体的能力，通过传感器、摄像头、激光扫描仪等设备获取实时数据，并利用智能算法进行分析和决策。它们可以感知生产环境中的变化和异常，并根据情况做出相应的调整。例如，智能传感器、视觉检测系统、激光测量仪等都属于智能感知装备。

(4) 数据驱动装备：这类装备以数据为核心，通过数据采集、存储、分析和应用来支持生产决策和优化生产过程。它们可以实时监测和分析生产数据，识别潜在的问题和优化机会，并提供相应的建议和指导。例如，工业物联网设备、数据采集系统、数据分析平台等都属于数据驱动装备。

(5) 协作与协调装备：这类装备强调不同设备之间的协同工作和协调配合，不同设备可以共同完成一个复杂的生产任务，相互之间进行信息交换和资源共享。例如，协作机器人系统、自动化调度系统、协同控制器等都属于协作与协调装备。图 1-8 所示的移动协作机器人系统就属于协作与协调设备，它是半导体行业的重要装备，主要通过协同作业，及时为各个制造装备上料和完成半导体器件制备成品的下料转运。

1.2.6 按制造过程作用分类

在实施智能制造的过程中，需要借助不同作用的智能制造装备，完成不同的智能制造行为，实现整个制造过程的高效率、高精度、高度自动化和智能化，从而提升生产效率和生产品质。根据智能制造过程作用的不同，智能制造装备可以分为以下几类。

(1) 加工类装备：这类装备主要用于加工原材料或零部件，例如数控制造装

图1-8　半导体制造工厂的移动协作机器人系统

备、激光切割机、注塑机等。它们能够根据输入的设计图样或参数，自主执行加工过程，具备高精度、高效率，并且可重复性好。

(2) 组装类装备：组装类装备用于将加工好的零部件进行组装，形成最终的成品，例如自动组装系统、机器人装配系统等。这类装备能够自动识别和处理零部件，从而自动化地进行零部件的装配工作，因而可以提高生产速度和生产一致性，减少人为误差。

(3) 检测与质量控制类装备：这类装备主要用于完成产品检测和质量控制任务，例如自动化检测设备、机器视觉系统等。它们能够自动采集和分析产品的质量数据，进行在线检测、测量和判定，实现实时质量控制和反馈。

(4) 包装与物流类装备：这类装备用于产品的包装和物流管理，例如自动化包装机、智能仓储系统、物流机器人等。它们能够自动完成产品的包装、标记和分类，以及在生产、仓储和物流环节中的自动化操作和管理。

(5) 数据分析与决策支持类装备：这类装备包括数据采集设备、传感器网络、信息系统等，用于数据的采集、处理和分析，以支持生产决策和优化。通过数据实时采集和分析，可以实现对生产过程的监测、优化和预测，提高生产效率和产品质量。

总之，随着传感技术、控制技术、人工智能技术以及先进制造技术的发展，各种新型制造装备不断涌现，制造装备的自动化、智能化水平也在不断提高。

1.3 制造装备的发展特点与趋势

1.3.1 制造装备的数字化发展

伴随着制造技术的发展，制造装备的发展历经了四个创新性的发展阶段：机械化、电气化、数字化、智能化发展阶段。

数控制造装备的出现标志着制造装备进入数字化发展阶段并迈向智能化发展的萌芽阶段。回溯制造装备的发展历史，从 1952 年第一台数控制造装备出现至今 70 余年，经历了两大阶段：硬件数控（numerical control，NC）和软件数控两个阶段。硬件数控是基于硬件接线的继电器逻辑控制，其减轻了人的劳动，提高了生产效率，可以满足大批量生产需求。

硬件数控阶段的制造装备虽然实现了数字化，但是当市场需求的产品发生变化时，并不能及时做出适应性调整，不具有柔性。

随着计算机技术和集成电路技术的发展，20 世纪 70 年代，微型计算机（micro-computer，MC）技术和微处理器（micro processor，MP）技术得到迅速发展，并在数控系统中成功应用，使制造装备进入了以计算机为特征的软件数控阶段。软件数控是通过计算机软件实现的数字控制，一般称为计算机数字控制（computer numerical control，CNC），简称计算机数控①。软件数控阶段的数控系统历经了三代：1970 年以微型计算机为特征的第四代，其部分功能由软件实现，具有价格低、可靠性高和功能多等特点；1974 年以微处理器（MP）为核心的第五代，其不仅价格进一步降低，体积进一步缩小，软件实现的功能也更加丰富；1990 年基于个人计算机（PC）的第六代数控系统，这种数控系统充分利用丰富的 PC 硬件资源和软件资源，是一种开放式、模块化的体系结构。第六代数控系统的构成要素是模块化的，同时各模块之间的接口必须是标准化的；系统的软件、硬件构造应是透明的、可移植的，可以根据用户个性化需求进行有效裁剪和封装。

① 若无特别说明，后文中所提“数控”均指软件数控，即计算机数控。

1.3.2 制造装备的柔性化发展

微型计算机和微处理器技术的发展及其在制造装备控制中的应用,使得制造装备具有了良好的柔性特点,即使在硬件环境不变的情况下,也可以通过改变程序来改变制造装备的运动控制功能,这种由机、电、软构成的制造装备通常被为数控制造装备。数控制造装备是在智能制造装备发展的初级阶段出现的,其突出特点就是可以借助于软件程序实现零件功能表面的创成式加工,只要改变程序便可改变工件成形运动,完成不同功能表面的加工成形。这种由软件控制的制造设备具有更大的柔性,实现了软件化制造。图 1-9 所示为由数控制造装备通过软件数控实现的雕铣刻字、复杂三维功能表面的加工结果,这种制造装备具有极大的柔性,通过编制不同的加工程序可以实现不同的复杂曲面的加工成形。

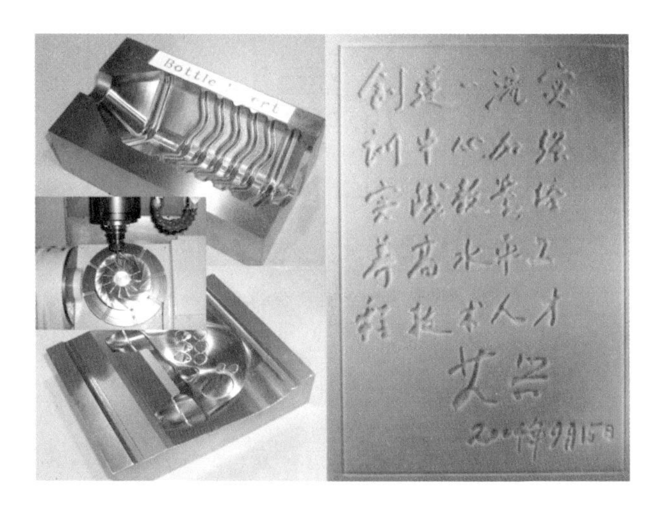

图 1-9　由 CNC 制造装备加工的各种零件作品

互联网技术的诞生与发展,促使“互联网+”和“物联网+”技术产生并被应用到制造装备上,进而使得智能制造单机之间实现了信息交互与协同控制,制造装备也不断发展,柔性数字制造装备单机、柔性制造单元(flexible manufacturing cell,FMC)、柔性制造系统和计算机集成制造系统(computer integrated manufacturing system,CIMS)依次出现。

1. 柔性制造单元

柔性制造单元是在加工中心(MC)的基础上增加托盘自动交换装置或机器人、刀具和工件的自动测量装置、加工过程的监控装置等而构成的,它和加工中心相比具有更高的制造柔性和生产效率。

图 1-10 所示为配有托盘交换系统的柔性制造单元。托盘上装夹有工件,在加工过程中,它与工件一起流动,类似通常的随行夹具。环形交换工作台用于实现工件的输送与中间存储,托盘座在环形导轨上由内侧的环链拖动而回转,每个托盘座上设置有地址识别码。当一个工件加工完毕时,加工中心发出信号,由托盘交换装置将加工完的工件(包括托盘)拖至环形交换工作台的空位处,然后转至装卸工位,同时将待加工工件推至加工中心工作台上并定位加工。

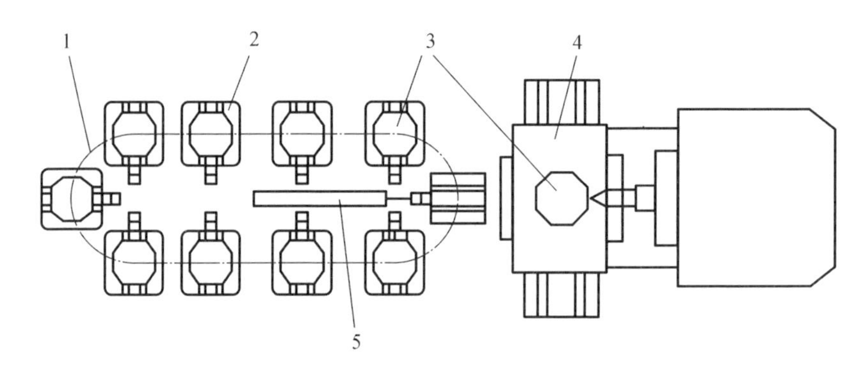

图 1-10　配有托盘交换系统的柔性制造单元

1—环形交换工作台;2—托盘座;3—托盘;4—加工中心;5—托盘交换装置

2. 柔性制造系统

柔性制造系统是集中了多台数控制造装备,具有物流和信息流自动处理功能的智能化加工系统。由于柔性制造系统由一组数控制造装备组成,它能随机地加工一组具有不同加工顺序及加工循环的零件。其实行物料自动运送及计算机控制,以便动态地平衡资源的供应,从而使系统自动地适应零件种类的变化及生产量的变化。图 1-11 为某柔性制造系统组成框图。该柔性制造系统主要由统一的信息控制系统、物料储运系统和一组数控制造装备组成,是能适应加工对象变化的自动化机械制造系统。在柔性制造系统中,一组按次序排列的机器由自动装卸及传送机器连接并经计算机系统集成为一体,原材料和待加工零件在物料储运系统上装卸,零件在一台机器上加工完毕后被传送到下一台机器，每台机器接收操作指令，自动加工和装卸所需工具，无须人工参与。

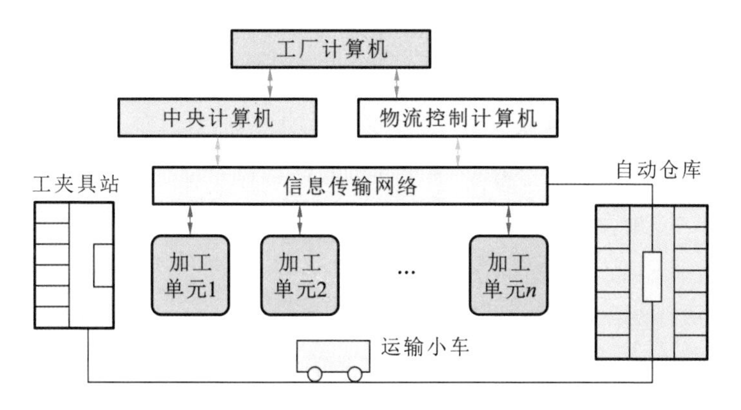

图1-11　某柔性制造系统组成

柔性制造系统的主要组成部分如下。

(1) 加工系统：它是柔性制造系统的主体部分，用于加工产品零件。其中的加工单元主要是具备自动换刀及换工件功能的数控制造装备。

(2) 物料储运系统：用于实施对毛坯、工件、夹具、刀具等的存储、运输、交换工作。

(3) 计算机控制系统：由管理柔性制造系统的信息、控制柔性制造系统各设备协调一致工作的计算机网络系统和柔性制造系统管理与控制软件构成。

3. CIMS

1) CIMS 的含义

CIMS 是用于制造工厂的综合自动化大系统，它在计算机网络和分布式数据库的支持下，把各种局部的自动化子系统集成起来，实现信息集成和功能集成，走向全面自动化，从而缩短产品开发与制造周期，达到提质、增效、降本的目的。计算机集成制造是未来制造工厂的制造模式。

CIMS 一方面将计算机辅助设计与辅助制造系统相结合，利用原有产品系列的典型工艺资料，组合设计不同模块，构成各种不同形式的具有物料流和信息流的模块化柔性系统；另一方面实现了从产品决策、设计、生产到销售的整个生产过程的自动化，特别是管理层次的自动化。在这个大系统中，柔性制造系统只是一个组成部分，CIMS 以系统工程为指导，强调信息集成和适度自动化，以过程重组和机构精简为手段，在计算机和工程数据库的统一支配下，将制造

企业的全部生产要素和经营活动集成为一个有机的整体，实现了以人为中心的柔性化生产，使企业在新产品开发、产品制造、产品质量、产品成本、相关服务、交货期和环境保护等方面均达到最优化。CIMS由四个应用子系统——管理信息系统(MIS)、技术信息系统(TIS)、质量信息系统（QIS)、制造自动化系统(MAS)，以及两个支撑子系统——计算机网络系统(NES)、数据库系统(DBS)组成，如图1-12所示。

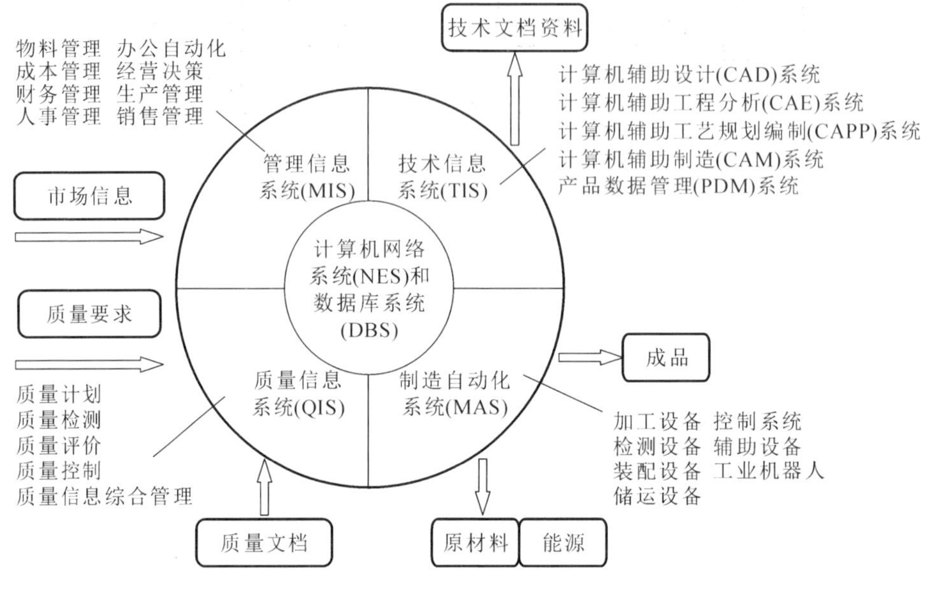

图1-12 CIMS的组成

2) CIMS各子系统及其功用

(1) 管理信息系统：用于收集、整理、分析各种管理数据，向企业和管理人员提供所需的各种管理数据和决策，实现办公自动化及物料管理、生产管理、销售管理、人事管理、成本管理、财务管理等。其核心为制造资源计划(MRPⅡ)、企业资源计划(ERP)。

(2) 技术信息系统：用于辅助进行产品设计、工艺设计、加工制造，以CAD/CAPP/CAM系统为代表。

(3) 质量信息系统：用于进行全生命周期的质量信息传递与反馈，实现全面质量管理。

(4) 制造自动化系统：CIMS信息流和物料流结合点，以能源、信息、材料为输入,用于完成加工和装配,最后生成合格的产品。

(5)计算机网络系统:该系统主要通过网络将各子系统连接起来,以实现信息交互。

(6)数据库系统:为各子系统提供信息资源,以做出优化决策与控制。

图1-13所示为CIMS各子系统间的逻辑关系。

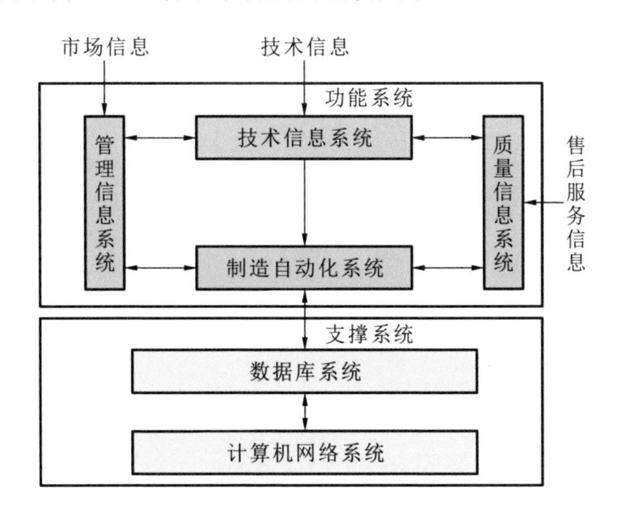

图1-13 CIMS各子系统间的逻辑关系

3)CIMS的递阶控制体系

CIMS的功能和控制要求十分复杂,采用常规控制系统很难实现。原美国国家标准局(现为美国国家标准与技术研究院)提出了著名的CIMS五级递阶控制模型,如图1-14所示,这五级分别是:工厂层、车间层、单元层、工作站层和设备层。

(1)工厂层控制系统:这是最高一级控制系统,履行"厂部"职能。其功能包括市场预测、制订生产计划、确定生产资源需求、制定资源规划、制定产品开发和工艺过程规划,以及进行厂级经营管理。

(2)车间层控制系统:这一层控制系统主要负责根据工厂层生产计划,协调车间的生产和辅助性工作以及完成相应的资源配置。车间层控制系统主要有两个模块:作业管理模块、资源分配模块。

(3)单元层控制系统:这一层控制系统负责安排零件通过工作站的分批顺序和管理物料储运、检验及其他有关辅助性工作,具体工作内容是完成任务分

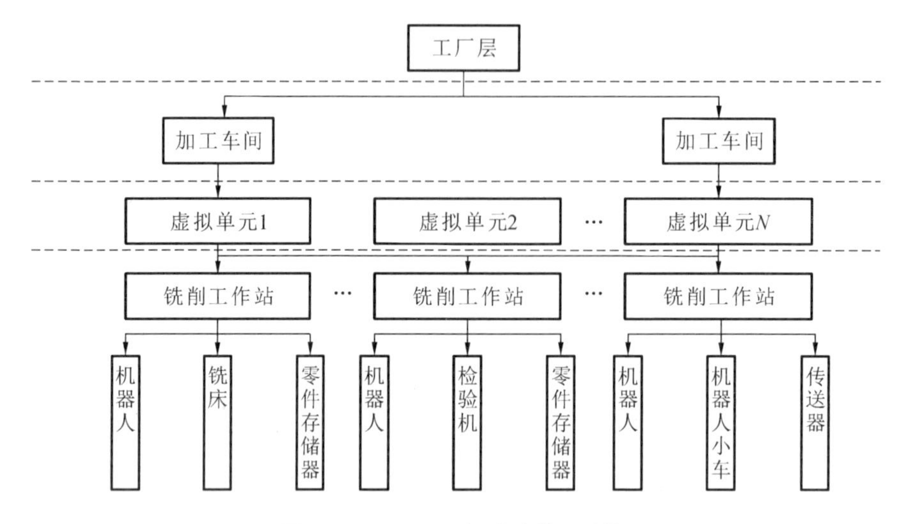

图 1-14　CIMS 五级递阶控制结构

解、资源需求分析。

(4) 工作站层控制系统:这一层主要负责指挥和协调车间中一个设备小组的活动。工作站层控制系统包括工件调整控制、工件夹紧、切削加工、切屑清除、加工检验、拆卸工件以及清理工作等相关的设备级子系统。

(5) 设备层控制系统:这一层是“前沿”系统,是各种设备的控制器。采用这种设备控制装置,是为了扩大现有设备的功能,并使它们所采用的控制和检测计量方法符合标准部门的规定。

1.3.3　制造装备的智能化发展

随着物联网技术、大数据技术、云计算技术以及人工智能技术的不断发展,各种不同结构形式的数字化制造单机/单元/系统等的智能化程度不断提升。在数字化、柔性化发展基础上,通过工况在线感知(看)、智能决策与控制(想)、装备自律执行(做)的大闭环过程,不断提升制造装备的性能、增强制造装备的自适应能力,是高品质复杂零件制造的必然选择。因此,新一代的智能制造装备是将物联网技术、大数据技术、云计算技术等新一代互联网技术与先进自动化技术、传感技术、控制技术、数字制造技术及人工智能(AI)技术相结合,实现工厂与企业内部、企业之间数据互联互通和产品全生命周期的实时管理与优化的新型制造系统。这种形式的制造装备也称为智能制造单元(IMC)或智能制造系统(IMS),而基于计算机集成制造系统的车间级、工厂级的智能制造系统则分别称为智慧车间(intelligent workshop,IW)与智能工厂(intelligent factory,IF)。事实上,智能工厂的信息化管控运营系统——制造执行系统(manufacturing execution system,MES)在每个环节都实现了优化的智能管理与控制,即对基于智能制造装备生产运营的工厂制造执行系统全面赋能,使其升级为智能制造执行系统(intelligent manufacturing execution system,IMES)。

总之,自从 18 世纪末瓦特改良蒸汽机以来,制造业已经历了创造机器工厂的"蒸汽时代"(工业 1.0)、电力发明与电动机驱动出现的"电气时代"(工业 2.0)、计算机广泛应用的"数字化时代"(工业 3.0),当前正在进入人工智能崛起的"智能化时代"(工业 4.0)。作为制造业工业革命特征载体的制造装备的发展特点鲜明,从机械自动化、电气自动化、数字自动化发展到当今新一代的智能化。图 1-15 反映了四次工业革命中各个阶段制造装备发展的突出特点。

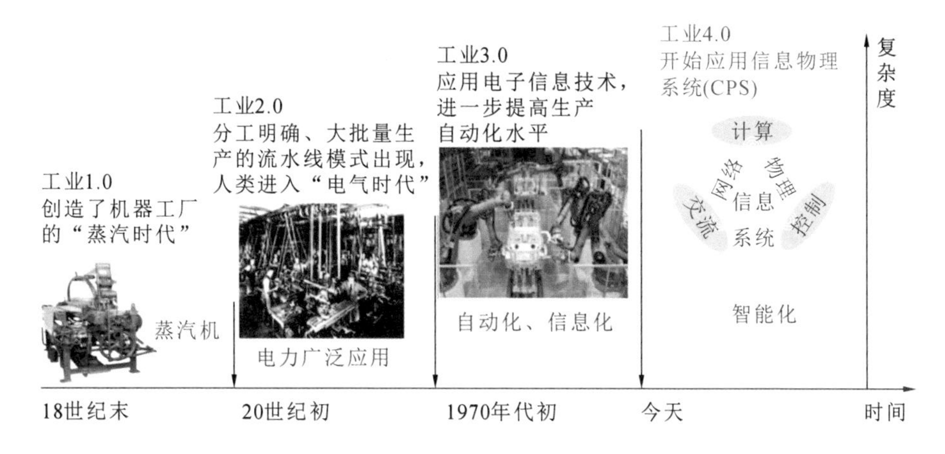

图 1-15 制造装备的发展特点

1.3.4 智能制造装备发展趋势

制造装备的数字化、柔性化以及智能化,都凸显了软件化制造的重要地位,但基于机、电、软的制造装备的突出特点就是朝着智能化方向发展,且越来越智能、高效。新一代智能制造装备总体朝着智能化、高速化、高精化、复合化、开放化、并联化、网络化、绿色化方向发展。

(1) 智能化:对于智能制造装备,智能化程度的提升是无止境的。智能制造

装备的智能化主要体现在编程与操作的智能化、加工的智能化、维护的智能化以及管理的智能化等方面，如图 1-16 所示。作为工作母机的智能制造装备则根据不同制造方法、不同行业要求呈现出不同的发展特点，但不管怎样，智能化仍是其最主要的发展方向。

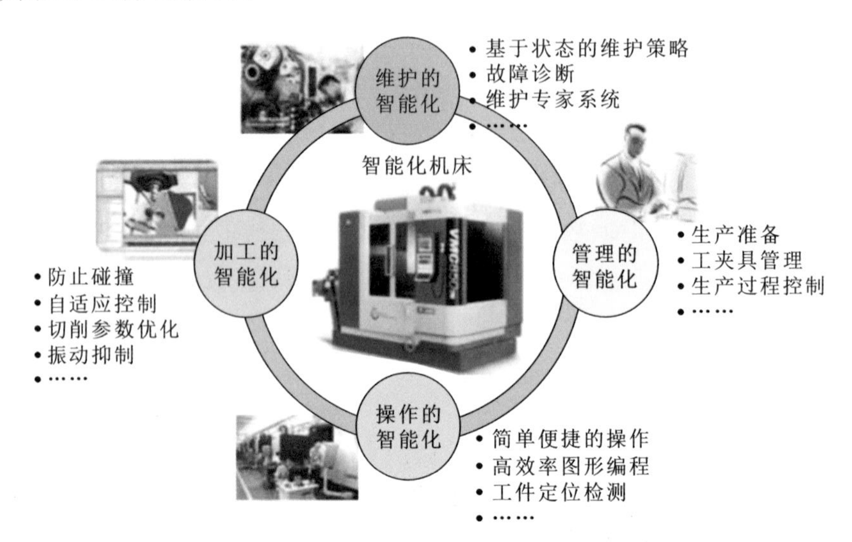

图 1-16　智能制造装备的智能化内容

（2）高速化：主要是指智能制造装备运行的高速化，具体体现为高伺服进给速度、高主轴转速、高刀具交换速度、高托盘交换速度以及高加（减）速率等，从而使智能制造装备可以高速、高效率地完成加工制造。

（3）高精化：主要是指智能制造装备的加工运行精度高。加工运行精度包括制造精度、装配精度、控制精度，其中还涉及误差补偿技术等。

（4）复合化：主要是指在一台设备上能实现多种加工工艺和方法。现行的智能制造装备的复合化主要表现为镗铣钻复合、车铣复合、铣镗钻磨复合、数控制造装备与机器人的功能复合等。

（5）开放化：主要是指智能数控系统的结构体系开放，在不同的工作平台上均能实现系统功能，可以与其他的系统应用进行互操作；软、硬件接口都遵循公认的开放标准协议，方便客户进行有效裁剪封装，只需少量的重新设计和调整，新一代的软、硬件资源就可以被现有系统所采纳、吸收和兼容，最大化满足不同客户的个性化需求。

(6) 并联化:主要是指结构布局的并联化。典型的并联制造装备是采用基于Stewart平台的机械本体结构的制造装备。“并联”主要是由机械机构学原理引用过来的。机构学将机构分为串联机构和并联机构。串联机构的典型代表是通用的工业机器人。传统的制造装备结构实际上是串联结构,但是,这种串联结构中各智能数控轴的动态性能相互制约与影响严重,因此装备的快速响应性差。并联结构布局克服了串联结构布局灵活性差、动态响应慢的弊端。

(7) 网络化:新一代的智能制造装备必须具有网络通信功能,支持网络通信协议。智能制造装备通过网络获取信息,借助于大数据、云计算资源等进行分析和决策,实现制造的智能监控、智能运维,同时,又能满足智能制造单元、智能制造系统以及智能制造集成系统对基层设备的集成管控要求,实现“全球制造”。应用物联网技术,智能制造装备可实现互联互通,并通过互联网与远程中央控制平台相连接,形成云数控加工系统。

(8) 绿色化:智能制造装备运行的高效、节能、环保、绿色化,是可持续发展的必然要求。通过优化生产过程、改善能源利用效率以及采用高效节能技术,可以减少能源和资源的消耗,降低生产成本,同时减少对环境的影响。高效节能的智能制造装备可以提高能源的利用效率、减少废物和排放物的产生,促进制造业的可持续发展。

总之,智能制造装备的发展总体表现出上述几个主要发展趋势。但是,考虑到行业不同、侧重点要求不同,为满足客户大批量个性化定制服务需求,智能制造装备还会呈现出集成化、小/微型化、模块化等发展趋势。

目前,虽然智能制造已引起国内外学者的广泛研究,各国也在制定并执行相关战略以促进制造业向智能制造转型,但由于缺乏标准的技术体系架构,相关技术的研究呈现离散化状态,难以进行有效的组织集成。此外,智能制造的核心目标是实现物理世界与制造信息世界的融合,但对信息物理融合的探索仍处于起步阶段,许多技术难题有待解决。同时,随着新一代信息技术与制造技术的融合,制造业已呈现出数据充足、知识匮乏的特征。如何对全生命周期数据进行高效分析进而优化决策过程,是实现智能制造落地应用需面对的一个重要挑战。因此,为了在理论和实践方面取得长足发展,智能制造需要在以下几个方面取得突破。

(1) 智能制造模式及其标准体系架构。现代制造系统日益复杂,物联制造、云制造等新一代智能制造模式由于应用的侧重点不同，其具体的体系架构和实施技术有所差异，虽然在各自应用场景均取得了一些重要成果，但仍缺乏对各种智能制造模式的整合的研究。因此，迫切需要建立一种兼容性强的标准体系架构，将现有制造模式的思想与理念进行整合并加以延伸和拓展，以满足发展需求。针对该目标，融合了物联网、务联网、人际网等网络的智慧制造应运而生。在未来的研究工作中，需要对以智慧制造为代表的兼容性强的制造模式进行进一步探索并促进其体系架构的标准化。

(2) 多维、多层次的信息融合。“工业 4.0”时代的制造不再是单纯的物理机械加工，而是物理世界与信息世界交互迭代的过程。为更好地适应这一状况，迫切需要利用新一代信息技术提升制造资源及服务在物理空间和信息空间的融合，而数字孪生技术的出现为这一目标的实现提供了新的思路和方法。数字孪生技术面向产品全生命周期，发挥了连接物理世界和信息世界的桥梁和纽带作用。然而，目前对数字孪生体的构建和应用仍处于起步阶段，如何得到逐层递进的数字模型，以及如何建立单个模型与聚类/组合协作的汇聚模型之间的联系，从而实现多维、多层次的信息物理融合，还有待进一步研究。

(3) 大数据高效处理算法、模型和平台。制造数据的爆炸式增长给制造企业带来了前所未有的机遇和挑战。通过挖掘制造大数据中蕴含的丰富知识，制造业企业能具备更敏锐的洞察力，这样有助于提升生产效率和产品质量。然而，当前的相关研究主要面向车间层，即主要关注生命周期初期产品与服务的创新设计和生命周期中期运维服务的优化，而对生命终期的回收决策以及全生命周期阶段数据与知识的集成应用等却很少涉及。因此，面向全要素、全业务、全流程融合的大数据高效处理算法、模型和平台是未来的研究重点。

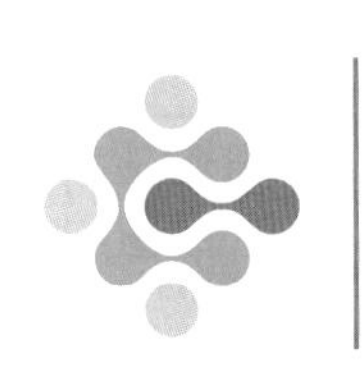

第2章 智能制造装备的结构组成与共性关键技术

2.1 智能制造装备构成的技术机理和组成要素

2.1.1 智能制造装备构成的技术机理

从制造装备的发展历程可知，每一种先进的制造装备的产生都有其历史背景，人类借助于先进的装备工具来认识世界、改造世界，为自身服务。作为帮助人类认识世界、改造世界的工具，新一代智能制造技术将给人类社会带来革命性变化。

智能制造装备的出现，使人与制造装备的分工产生革命性变化。智能制造装备可替代人类完成大量体力劳动和相当部分的脑力劳动，人类可以更多地从事创造性工作；人类工作、生活的环境和方式将朝着以人为本的方向发展。新一代智能制造装备不仅运行更加高效，而且能有效节能降本，持续引领制造业绿色化发展、和谐发展。图2-1揭示了智能制造装备构成的技术机理。

与传统制造装备相比，智能制造装备发生的本质变化是：在人（human，H）和物理系统（physical system，PS）之间增加了信息系统（cyber system，CS），信息系统可以代替人类完成部分脑力劳动。人的相当部分的感知、分析、决策功能向信息系统复制迁移，进而可以通过信息系统来控制物理系统，以代替人类完成更多的体力劳动。互联网、大数据、云计算以及人工智能技术的发展，使得信息系统的知识库信息日益丰富；智能决策算法及模型增强了信息系统的认知和学习功能，使其不仅具有强大的感知、计算、分析与控制能力，更具有学习提升、产生知识的能力。人、信息系统、物理系统深度融合，人的命令、思维通过人

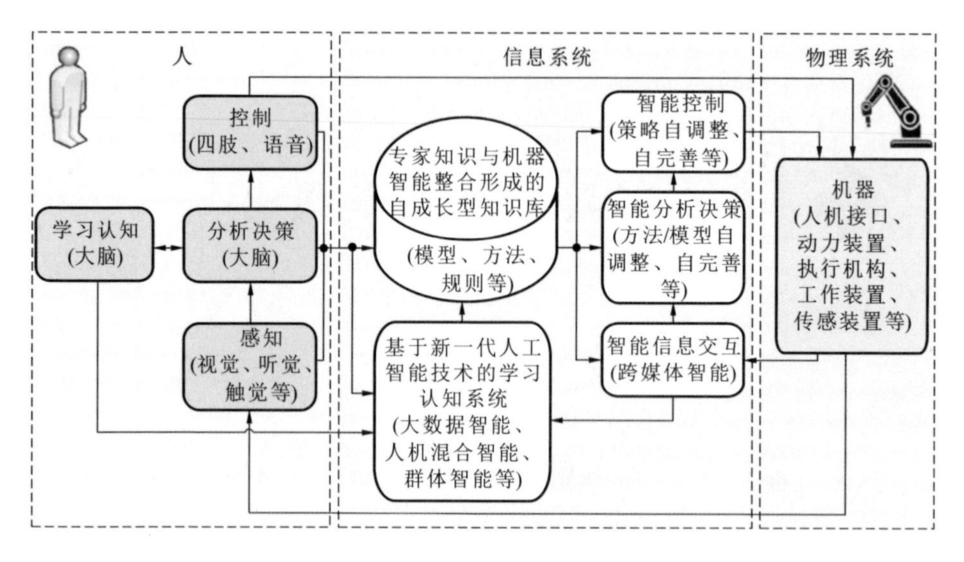

图 2-1　智能制造装备构成的技术机理

机交互接口(HMI)传递给信息系统，从本质上提高了制造装备处理复杂性、不确定性问题的能力，提升了制造装备的智能化水平。

2.1.2　智能制造装备的构成要素

发展基于人-信息-物理系统(HCPS)技术机理的智能制造装备的根本宗旨是实现“机器代人”。一个高度智能化的智能制造装备的组成要素可以抽象描述为类人结构，其主要由机械本体(对应人的身体骨骼)、电控单元(对应人的大脑)、检测传感单元(对应人的眼、耳、鼻、口、皮肤)、能源动力(对应人的内脏)、执行单元(对应人的手、足)及网络(对应人的神经)等组成，如图 2-2 所示。网络将其余部分连接起来，人的思路、想法通过软件得以体现。在能源动力和控制信息软件的共同作用下，智能制造装备控制驱动执行单元高效优质地完成制造行为。

从智能化角度看，智能制造装备的构成涵盖了“人”的各个组成部分，其信息系统作用于物理系统的驱动能力更加强大。从制造装备数字化、网络化、智能化的发展历程看，智能制造装备是一个机、电、软一体化智能产品，其中：“机”就是物理系统的机械执行装置；“电”是指电控及驱动系统，主要包括计算机主控器、传感器、数据采集和处理系统、数字化驱动器和伺服电动机等，这些部分

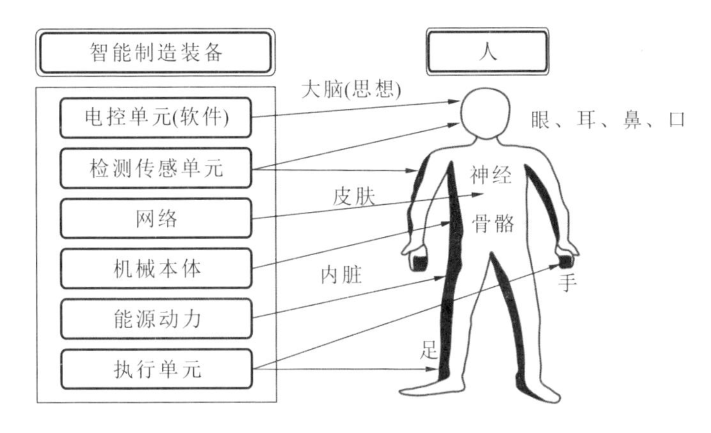

图 2-2　智能制造装备的构成要素

都是基于电子、电力能源等而进行工作的;“软”是指软件程序,包括系统控制程序、管理程序和用户程序等。对于新一代的智能制造装备,软件的作用则更加强大,基于物联网大数据、知识库和人工智能算法的智能决策模型,使得制造装备的智能化程度越来越高。智能制造装备的软件化作用更多地体现为机器代人的思考决策功能,基于知识库、专家经验和机器深度学习技术,对加工过程做出实时动态优化调整。

总之,从技术机理和工作原理角度,智能制造装备可以抽象为机、电、软一体化深度融合的制造装备,但是其与传统制造装备有着质的区别。其技术体系构成是复杂的,如图 2-3 所示。

2.1.3　典型智能制造装备结构组成

1. 智能制造装备的共性组成部分

目前,应用最为广泛的几种智能制造装备包括数控制造装备、工业机器人、自动化生产系统、增材制造装备、智能物流系统等,这些装备能够实现生产过程的自动化、智能化和高效化,提高生产效率、降低成本并提高产品质量。

智能制造装备的共性组成部分如下:

(1) 机械本体　机械本体是智能制造装备的基本支撑,它包括设备的骨架、工作台、主轴及其驱动工作台、主轴的传动机构等。机械本体的作用是为设备各部分提供支撑,并保证稳定性和刚性,使设备能够承受加工、运动和负载等工作条件下的力和转矩,保证设备的工作精度和可靠性。

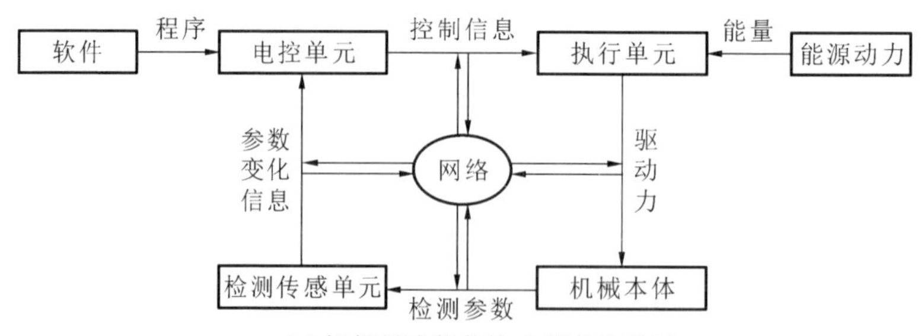

(a) 智能制造装备构成要素关系图

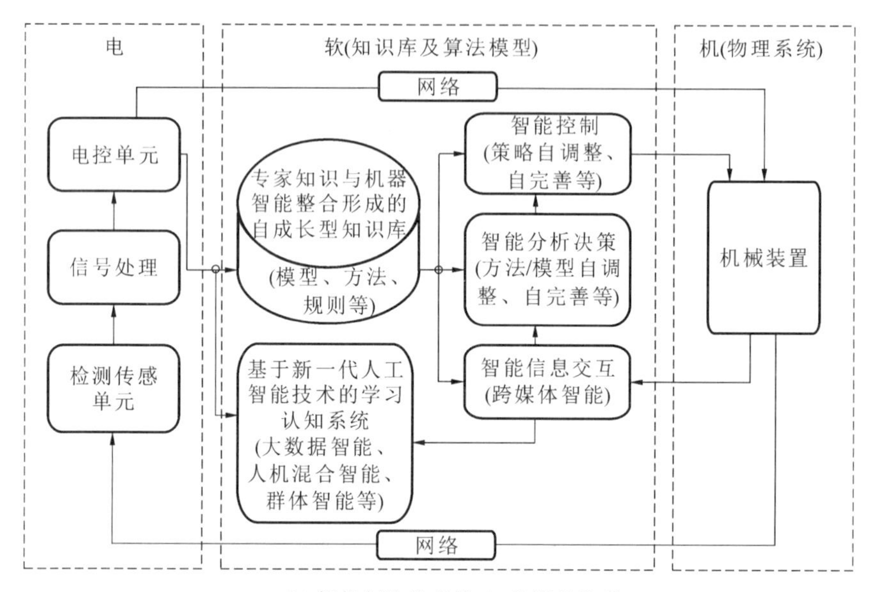

(b) 智能制造装备机-电-软逻辑关系

图 2-3　智能制造装备构成要素的关系和机、电、软逻辑关系

(2) 传感器与感知单元　传感器与感知单元是智能制造装备的“感知器官”,它们能够实时感知和采集生产环境中的各种数据。例如,温度传感器可测量温度,压力传感器可测量压力。传感器的作用是提供实时的反馈数据,以便设备能够根据环境变化做出相应的调整和决策。

(3) 控制系统与执行器　控制系统是智能制造装备的“大脑”,执行器是智能制造装备的“手臂”。控制系统根据传感器数据进行分析和处理,并生成相应的控制信号,通过执行器控制设备的动作和运动。例如,控制系统可以决定机械臂的运动轨迹和速度,以实现精准的加工操作。控制系统与执行器的作用是实现智能化的自动控制,提高设备的精度、效率和稳定性。

(4) 人机界面与操作系统　人机界面与操作系统是智能制造装备与操作人员之间的桥梁。人机界面可以是触摸屏、显示器等;操作系统则提供图形化界面和操作命令,使操作人员能够方便地监控设备的运行状态。人机界面与操作系统的作用是实现设备的可视化管理和操作,提高生产过程的人机交互效率。

(5) 数据采集与处理系统　数据采集与处理系统负责从传感器和其他设备中收集生产数据,并进行存储、处理和分析。这些数据可以包括设备的工作状态信息、生产过程中的变量以及产品的质量数据等。数据采集与处理系统的作用是进行实时的数据反馈和分析,支持设备的监测、诊断和优化决策,从而提高设备的运行效率和质量。

(6) 云计算与物联网系统　云计算与物联网系统为智能制造装备提供了大规模数据存储、计算和连接的能力。通过云计算和物联网技术,设备可以通过网络与其他设备、系统和数据库进行实时通信和数据交换,实现设备之间的协同工作和智能化的决策支持。

2. 典型智能制造装备的结构组成及特点

各种智能制造装备在整个制造过程的作用不同,它们的结构形式和具体组成也有差异。智能制造装备是直接完成零件形面加工制造的装备,在制造业中担负着主要任务,应用广泛,其智能化水平的高低代表着一个国家工业水平的高低。图 2-4 给出了典型智能制造装备的结构组成及其各组成部分之间的关系和作用。智能制造装备的组成涵盖了制造装备机械本体、数控系统、传感器与反馈系统、人机交互界面、数据管理与分析系统以及能源管理系统等,通过这些组成部分的协同作用,实现智能化、自动化和高效率的加工制造。

智能制造装备的床身、主轴单元、进给伺服系统和工作台等部分构成了制造装备的骨架和基本运动系统,支撑和驱动加工过程;智能制造装备采用智能数控系统来控制制造装备的运动和加工过程。基于几何学、运动学、动力学、工艺学的数字孪生模型及全生命周期大数据平台,实现了制造装备的精确智能管控。智能制造装备配备了各种传感器,如位移传感器、压力传感器、温度传感器等,用于实时检测和监控制造装备的运动状态、工件的位置和加工质量等。这些传感器通过反馈系统将采集的数据反馈给数控系统,以实现自适应的智能调控。智能制造装备通常还会配置人机交互界面,如触摸屏、键盘、按钮等,操作人员可以通过界面进行参数设置、程序编制、数据查询和故障诊断等操作;智能

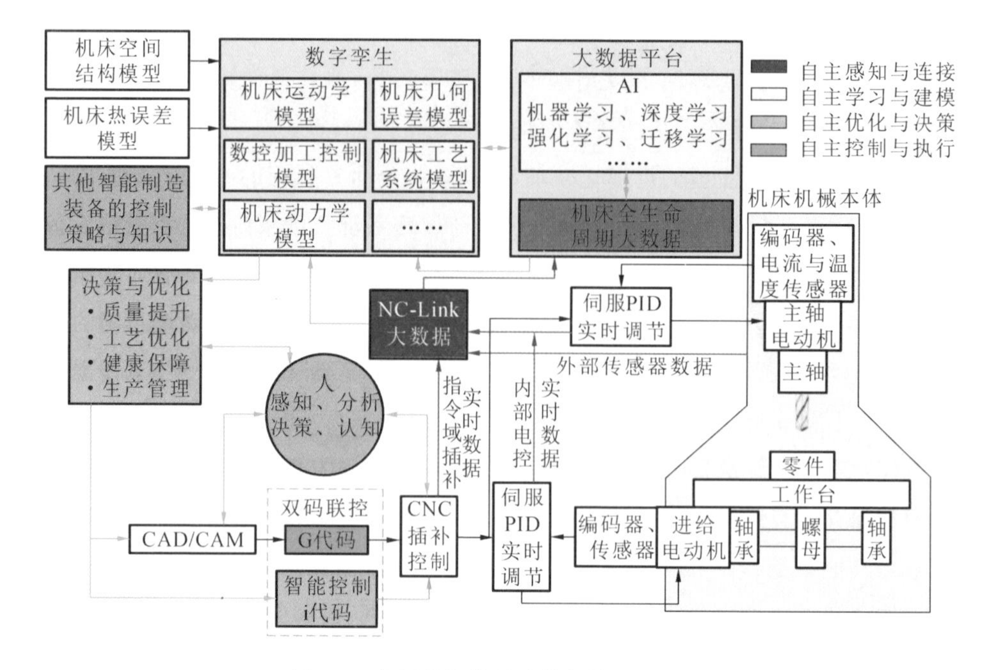

图 2-4　典型的智能制造装备的结构组成

制造装备通过工业互联网技术与企业信息管理系统进行连接，实现数据的传输和管理。数据管理与分析系统可以对生产数据、加工参数等进行实时监控和分析，以支持生产过程的优化和决策。智能制造装备还可以配备能源管理系统，用于监控和管理制造装备的能耗，通过对能源的监控和优化调节来提高制造装备的能效和工作效率。

以下介绍典型的智能制造装备的主要结构组成及其功用特点。

1）智能制造装备机械本体

智能制造装备的机械本体是制造装备的主要组成部分之一，它起着支撑和稳定制造装备各个部件、传递切削力和减振等作用。机械本体的结构设计和制造对制造装备的性能、精度和稳定性具有重要影响。图 2-5 给出了某智能加工中心机械本体，其包括基座、由立柱构成的床身、工作台、主轴箱等。

智能制造装备的机械本体的智能化，主要体现在对机械本体振动的智能主动抑制、智能冷却温控变形、智能润滑等方面。制造装备结构在受到变化的切削力等激励后会产生振动，增加阻尼可减小受激振动的振幅，并使振动很快衰减。不同材料的结构阻尼系数差别很大，可在主体结构上附加一定质量比的振

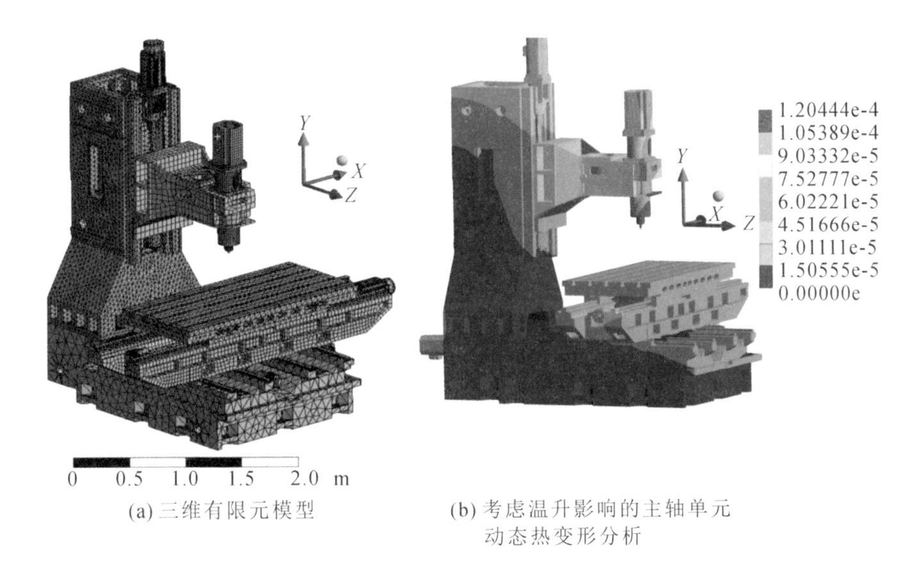

(a) 三维有限元模型

(b) 考虑温升影响的主轴单元动态热变形分析

图 2-5　智能加工中心机械本体模型及主轴单元的动态热变形分析

动调谐阻尼系统，通过相位差来抵消振动，同时吸收能量并将其转化成热能耗散，即振动调谐阻尼系统兼具动力吸振和改善阻尼性能的作用。另外，还可以借助传感器感知制造装备结构的振动，依据振动情况反馈控制作动器，改变制造装备主体结构的阻尼性能，抑制其振动。

如图 2-5(b)所示，驱动刀具的智能主轴单元相对于立柱导轨、工作台相对于水平基座导轨的运动，将使机械本体受到切削力、摩擦力以及摩擦温升导致的热应力，此时智能制造装备可通过智能调控切削力和摩擦力来实现抑振，通过温升检测实现智能冷却、主动控温从而减小热变形，通过导轨的智能润滑有效控制导轨磨损、减小摩擦力和降低能耗，实现机械本体振动、温升变形的有效主动智能控制。

机械本体结构主要材质一般为铸铁、焊接结构钢等。精度要求高的智能精密制造装备，如智能三坐标测量机、丝杠螺纹激光测量仪等，一般采用大理石床身。这主要是因为大理石具有优异的吸振性和热稳定性，热膨胀系数极小。进行结构设计时要保证结构具有足够的静、动刚度，主要包括抗拉、抗压、抗弯和抗扭刚度。

根据材料力学的理论和实验结论，越大的截面惯性矩可以提供的抗拉、抗压刚度越大，且抗拉、抗压刚度与截面形状无关；而结构件的抗弯刚度与抗扭刚

度，除了与截面面积的大小有关外，也与截面形状有关。因此，选择合适的截面形状与尺寸，可以使床身结构件在同样的重量条件下具有较高的抗弯刚度与抗扭刚度。

机械本体结构不仅要有足够的静刚度，还要有高的动刚度。因为加工制造过程中制造装备是运动的，必然会产生动态力；实时动态变化的力必然会使机器产生振动，影响设备运行性能和工件加工质量，而且当这个动态力处于特定的频率时，机器会发生愈加强烈的振动，即所谓的共振。因此，机械本体结构设计应遵循几个原则：合理设计截面大小、形状，保证足够的静刚度；合理选择壁厚和合理布置肋板、肋条，提高结构的刚度重量比及固有频率；在竖直方向上，尽量缩短力流路径，尽量将弯矩转化为压缩负荷，以减小结构的弯曲变形；采用合理的热平衡设计，以减小结构的热变形。

对于智能制造装备机械本体结构的静刚度、动刚度，考虑智能制造装备工作行程范围内的最大受力处，利用有限元分析工具对其进行静、动刚度和模态分析，以获得更加合理的结构设计方案。图 2-5(a)所示为一立式智能加工中心的三维有限元模型，图 2-5(b)为考虑温升影响的主轴单元的热变形分析结果。图 2-6 所示为受压力点在不同的位置时机体的力流路径，最终在图(a)所示情况下机体变形量最小，图(b)所示情况下次之，图(c)所示情况下机体变形量最大，因此设计时力流路径越短越好。

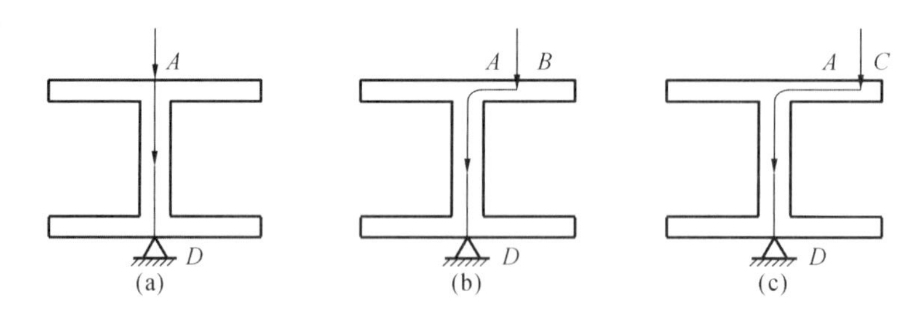

图 2-6　受压力点在不同位置时机体的力流路径

2）智能主轴单元

智能主轴单元是一种集成了多种智能技术和功能的主轴系统。在制造领域，主轴单元是智能制造装备中的核心部件之一，驱动刀具进行加工操作，实现零件功能表面创成所需要的主运动（也是消耗功率最大的运动）。智能主轴单元通过引入先进的传感器、控制系统和数据处理技术，使主轴具备较高的智能化水平和性能优势。智能制造单元的智能化主要体现为具备对主轴温度/热误差、动平衡情况、主轴健康状况、刀具状态、颤振、干涉等的在线感知,以及分析、决策、控制与执行等功能,具有自主性、兼容性、开放性等特征,并具有自学习能力。

图 2-7 所示为瑞士 IBAG 公司生产的智能电主轴单元结构。该电主轴内置了多种传感器,如加速度传感器、温度传感器、振动传感器、夹刀机构轴向位移传感器、主轴轴向伸长量传感器、主轴轴向载荷传感器以及刀柄位置传感器等,可以实时监控主轴及刀具的运行状态和工作环境参数;通过感知采集主轴各种数据,并通过内置的数据处理系统对数据进行实时分析和处理,实现加工过程主轴运行状态的实时监控、优化和自调节;根据加工任务的要求和反馈信息,自动调整主轴的转速、进给速度和刀具加工参数,补偿刀具磨损及热变形等造成的加工误差,以实现更高的加工精度和效率。

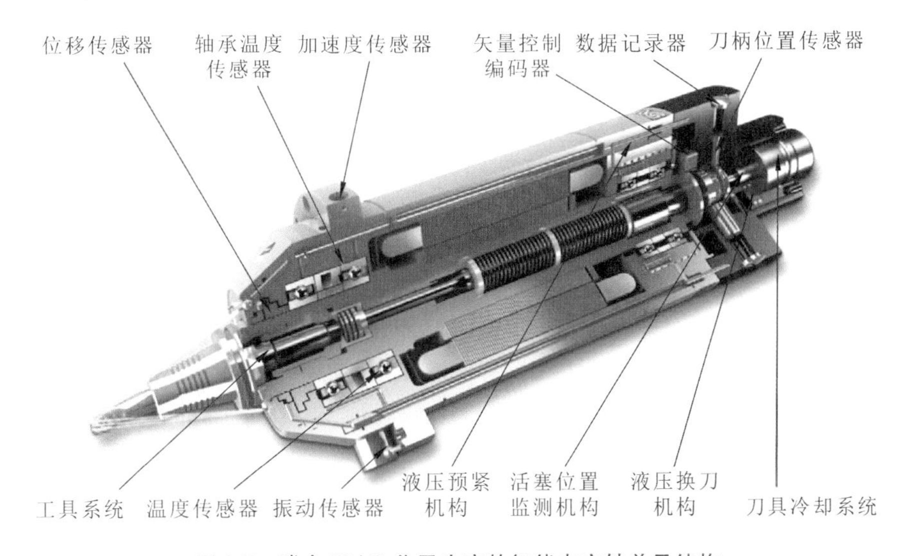

图 2-7 瑞士 IBAG 公司生产的智能电主轴单元结构

智能主轴单元支持远程监控功能,可以通过网络连接实现对主轴的远程监测、故障诊断和远程操作。这样,操作人员可以随时了解主轴的状态和性能,并进行及时的响应和调整,提高生产效率和设备利用率。

智能主轴单元采用高精度的驱动和控制技术,以实现更精确、稳定的主轴转速和位置控制。这对于要求高精度加工的工序非常重要,可以保证加工质量和尺寸的一致性。

对于智能加工中心采用的智能主轴，前端结构形式至关重要，因为前端结构决定了主轴、刀柄的连接方式。前端是智能主轴和刀具的接口，主轴和刀具通过刀柄接口高精可靠连接是保证高精、安全、可靠加工的前提条件。按照不同的接口标准，常用的智能主轴主要包括 BT 型、BBT 型、HSK 型、ISO1940-1 型、KM 型等，它们分别满足不同的主轴与刀具连接要求。图 2-8 所示为一种适用于高速加工的智能高速主轴端部的 HSK 型标准接口结构形式，这种结构采用1∶10锥度锥面、端面进行双面约束定位，且通过主轴轴心拉杆机构拉紧刀柄，连接可靠，可用于高速加工中心。

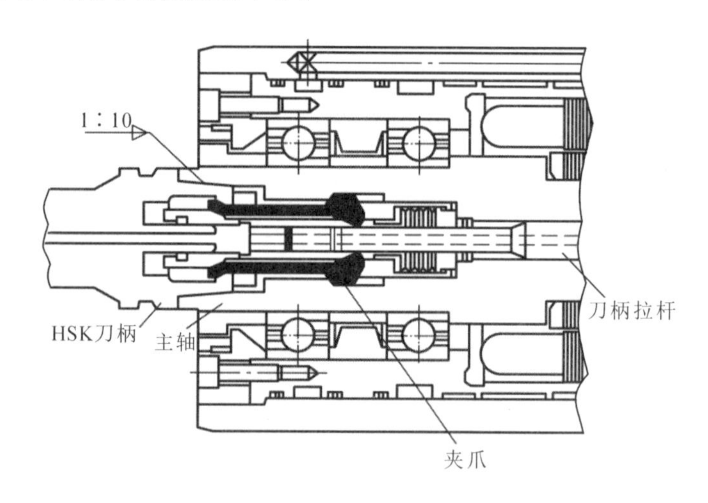

图 2-8　智能高速主轴端部的 HSK 型标准接口结构形式示意图

3）智能进给伺服系统

在智能制造装备中，智能进给伺服系统用于驱动刀具或工件（工作台）实现工件表面成形所需要的成形运动，其运动控制性能直接决定了零件功能表面的成形精度。图 2-9 给出了典型智能进给伺服系统的主要组成部分：位置控制单元、速度控制单元、驱动元件（伺服电动机）、检测与反馈单元及机械执行部件。智能进给伺服系统接收数控系统的插补指令，通过由位置控制调节器、速度控制调节器等组成的伺服驱动器，对数控插补指令进行调节放大，精确控制伺服电动机的速度和位置，实现高精度、高效率的运动控制。

智能进给伺服系统所控制的运动轴数不同，其结构的复杂程度也不同。根

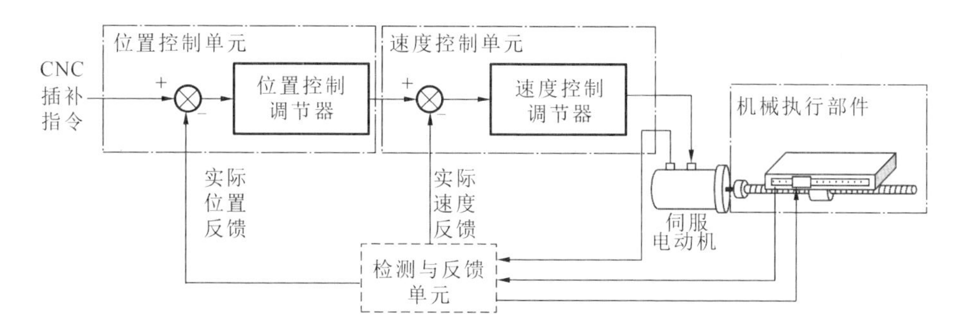

图 2-9　典型智能进给伺服系统组成

据控制运动轴数可以将智能进给伺服系统分为单轴进给伺服系统和多轴进给伺服系统。前者用于控制单个运动轴的进给；后者用于控制多个运动轴的进给，实现多轴(如 X、Y、Z 三轴，X、Y、Z、A 四轴等)联动加工。智能进给伺服系统因采用的伺服电动机的种类、应用场合要求不同而有多种结构形式。典型的智能进给伺服系统一般由伺服电动机通过 1～2 级齿轮传动机构和滚珠丝杠副，或者通过联轴器和滚珠丝杠副直接连接驱动工作台或刀具实现直线进给运动。图 2-10 所示为几种不同结构形式、适合不同应用场合的进给伺服系统，其中：图 2-10(a)所示是由直线电动机驱动进给的二维工作台；图 2-10(b)所示是由两个伺服电动机联合驱动进给的双驱复合一维工作台；图 2-10(c)所示是由伺服电动机＋滚珠丝杠副驱动进给的用于车削中心的直驱进给伺服系统；图 2-10(d)所示是由伺服电动机＋滚珠丝杠副驱动进给的用于立式加工中心的进给伺服系统。目前，先进的智能进给伺服系统一般是基于网络总线的全数字交流进给伺服系统。

需要特别说明的是，图 2-10(b)所示的双驱复合一维工作台通过丝杠电动机和螺母电动机差动复合，可以实现极低速度下的微/纳米尺度的高精度运动控制。

智能进给伺服系统在工业生产领域的各种智能制造装备中得到了广泛应用。智能制造装备的多轴智能进给伺服系统可以根据不同的工艺要求进行灵活的参数设置和复杂的刀具运动路径规划，以高效、高质地创成复杂的功能曲面。同时，它还具有自我监测和故障诊断功能，可以及时检测并处理潜在的问题，提高设备的可靠性和稳定性。

根据控制方式的不同，智能进给伺服系统还可以分为位置控制型、速度控制型和力矩控制型。位置控制型主要用于控制电动机的位置，以精确控制工件或工

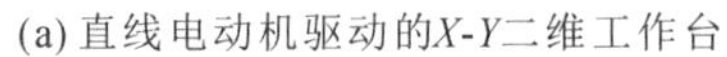
(a) 直线电动机驱动的X-Y二维工作台

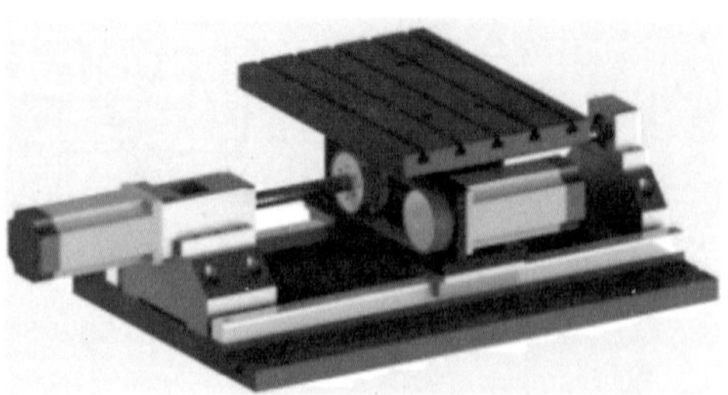
(b) 双驱复合一维工作台

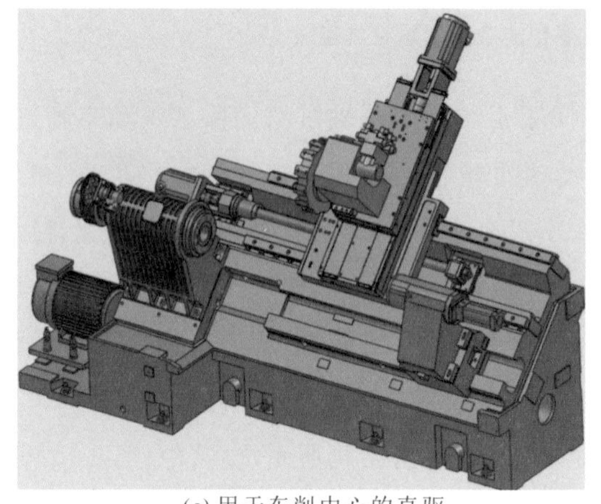
(c) 用于车削中心的直驱进给伺服系统

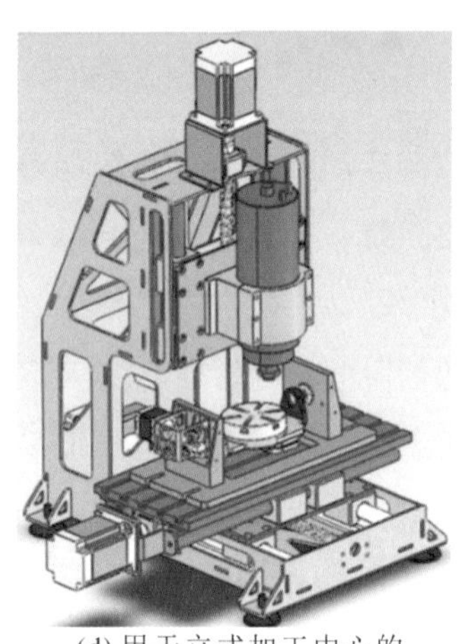
(d) 用于立式加工中心的进给伺服系统

图 2-10　不同结构的智能进给伺服系统

具的位置；速度控制型主要用于控制电动机以给定的转速进行运转；力矩控制型主要用于控制电动机输出的力或转矩，以实现对工件施加特定的力或转矩。

智能进给伺服系统一般采用三环控制结构。图 2-11 所示为采用伺服电动机驱动的智能进给伺服系统典型的位置、速度、力矩三环控制结构框图。

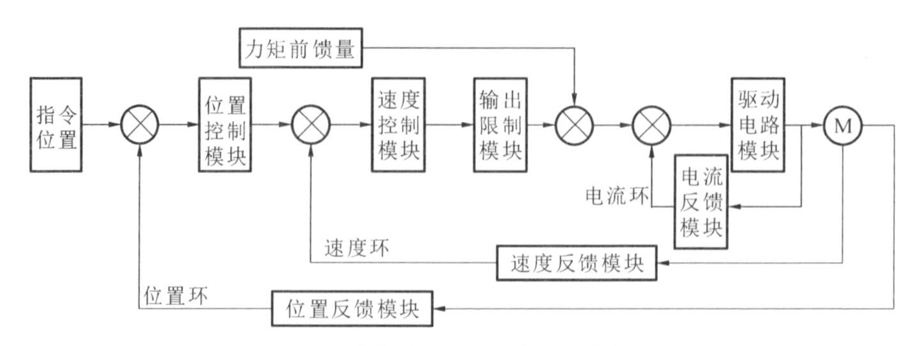

图 2-11　伺服电动机三环控制结构框图

4) 智能数控系统

智能数控系统是一种集成了先进的计算机技术、智能控制算法和传感器技术的数控系统。它通过连接各种设备和传感器,实现对机械设备的智能化控制和优化管理。

智能数控系统通过采集、分析和处理大量的数据,实时监测和控制机械设备的运行状态和工艺参数。它可以根据需求自动调整加工参数、优化加工路径,从而提高生产效率和产品质量,并具有自我诊断、预测维护和远程监控等功能。

互联网、物联网、大数据、云计算以及人工智能技术的发展,为数字控制的智能化提升奠定了基础。网络化通信技术和有关通信协议的迅速发展,使得给智能数控系统提供数据资源更加便利,而工业环境对通信解决方案可靠性和简易性的要求非常高。随着工厂系统的不断扩展,现场总线设备必须应对更多更复杂的任务。因此,通信系统的基本功能是使网络中的硬件和软件设备进行交互,而“单一来源”原则是不可能实现的。为此,德国 Beckhoff 公司首先推出了 EtherCAT (ethernet for control automation technology)协议,基于 EtherCAT 协议的设备均可互联互通,互操作性好,现在已经在工业界广泛应用。山东大学在此基础上也推出了与 EtherCAT 相当的面向整个制造自动化控制的实时同步工业以太网总线平台 EtherMAC(ethernet for manufacture automation control),该平台特别适合具有强实时性和高同步性要求的运动控制系统应用。以日本三菱电机株式会社为主导的多家公司以“多厂家设备环境、高性能、省配线”理念为核心思想开发了开放标准网络,称为 CC-Link 总线。

利用网络总线,可以很方便地实现上层信息系统与下层现场系统之间的无缝通信,实现对生产设备的高速智能控制、高效数据管理、灵活配线、简便参数设置和预测性智能维护等。

图 2-12 所示为采用三菱可编程逻辑控制器(PLC)及运动控制器产品构成的开放式标准网络化集成数控系统架构,其实现了无缝运行。

图 2-13 所示为华中 9 型智能数控系统体系架构图。华中 9 型智能数控系统将新一代人工智能技术与先进制造技术深度融合,集成了指令域示波器、双码联控、热误差补偿、工艺优化、健康保障等多项原创性的智能化单元技术。该系统采用了基于 NC-Link 数控制造装备互联互通协议标准的架构。NC-Link

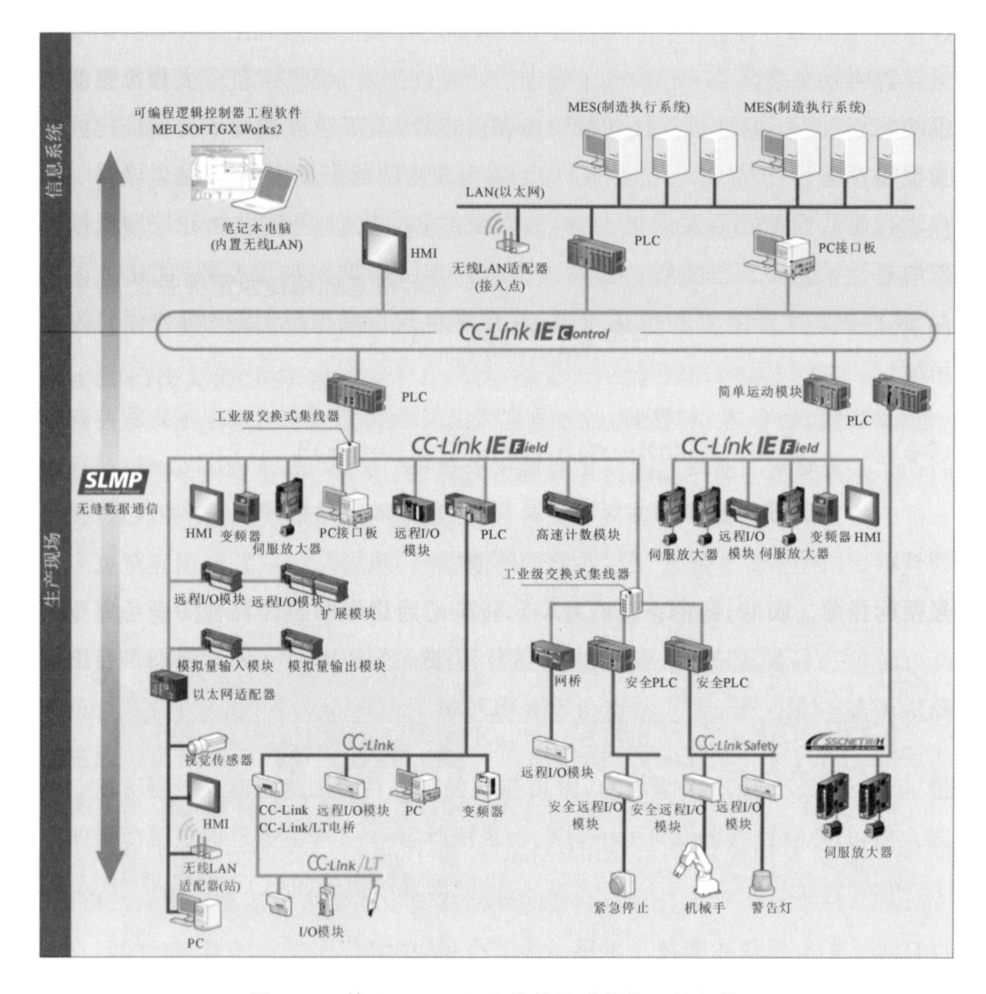

图 2-12　基于 CC-Link 总线的集成数控系统架构

是在突破互联协议的参考模型、数据规范、接口规范、安全性和评价标准等关键技术瓶颈的基础上，建立的统一的数控制造装备互联互通协议标准，用于实现多源异构数据的采集、集成、处理、分析，以及数控制造装备的互联互通，提升国产数控装备的竞争力，对我国制造业的智能化转型升级起到了巨大的推动作用。NC-Link 具备完全自主可控的软、硬件技术，对于我国国防安全建设具有重大意义。

除了 EtherMAC 实时以太网总线技术外，为了进一步降低成本，山东大学数控技术研究中心还研发了一种现场总线 IFSB(industrial field serial bus，工

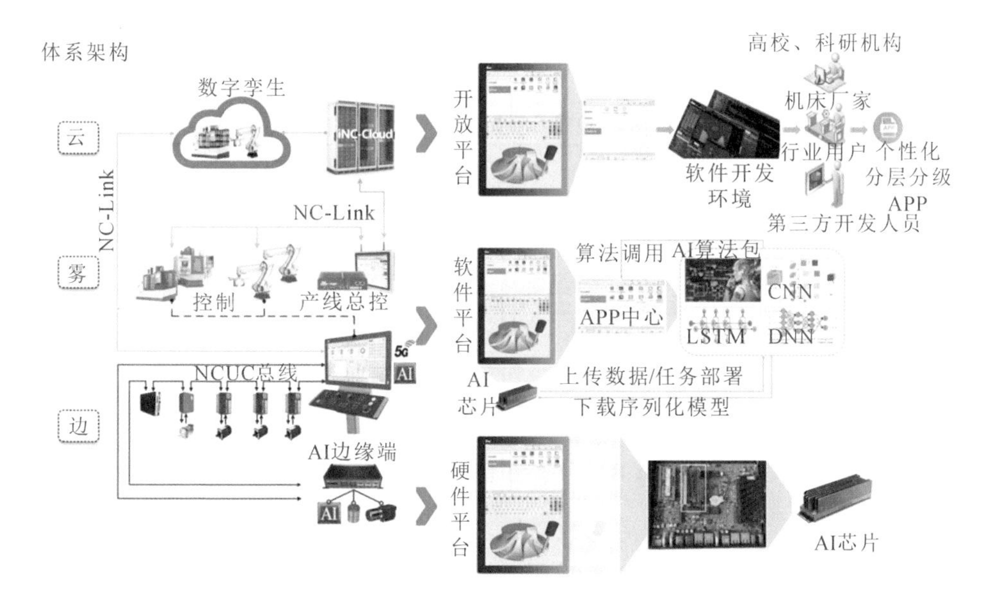

图 2-13 "华中 9 型"智能数控系统(iNC)架构

注:NCUC—网络控制单元控制器。

业现场串行总线),用于 I/O 设备之间的总线级联。该总线基于 RS-485 物理层,具有 CRC(循环冗余)校验功能,传输速率为 12 Mb/s,可级联 64 个节点,价格低廉。IFSB 作为一种实时高速多轴同步运动控制的网络总线,支持多达 128 个轴的实时同步运动控制,支持系统复杂模型的集中控制。硬件实时同步使得通信周期的最大抖动小于 500 ns,可满足高速、高精度控制要求。

图 2-14 所示为基于 EtherMAC 与 IFSB 总线的互联结构的智能数控系统架构,其轴控模块采用 EtherMAC 总线,而 I/O 模块采用 ISFB 总线,性价比高,是一种非常理想的总线架构。

总之,智能数控系统的智能化建立在基于工业实时以太网总线的开放式标准网络架构上。传感检测系统获取各状态参数,并借助强大的"物联网+"通信技术将信息汇聚到智能数控系统,智能数控系统进行综合分析与处理,进而实现对制造装备、刀具、工件及制造过程的有效决策与控制。但是,智能数控系统的核心构成仍然离不开如下几个基本组成部分。

(1) 控制器:数字控制器是智能数控系统的核心,它负责接收、解析和执行程序指令,控制电动机的运动,实现对加工过程的精确控制。

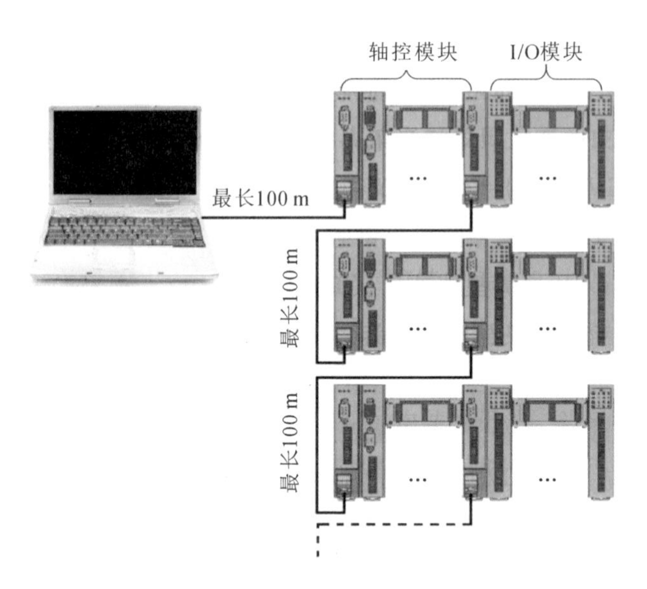

图 2-14 基于 EtherMAC 与 IFSB 总线的互联结构的智能数控系统架构

(2) 传感器:智能数控系统通过各种传感器来实时监测设备的状态和环境参数,例如温度、压力等。传感器将采集到的数据传输给控制器,以便进行实时监控和决策。

(3) 数据采集和处理系统:智能数控系统通过数据采集和处理系统收集、存储和处理在加工过程中产生的大量数据。这些数据包括制造装备状态、工件尺寸、切削力等信息。智能数控系统通过对数据的分析和挖掘,可以实现故障诊断、异常检测以及工艺参数优化等功能。

(4) 人机界面:智能数控系统提供了友好的人机界面,使操作人员能够直观地监视设备状态、输入加工参数,并与系统进行交互。

5) 智能刀具系统

智能刀具系统是指智能制造装备上的刀具管理系统,主要通过刀具、刀夹、刀柄、换刀机械手和刀库及其控制系统等组成部分,实现对刀具的自动管理。智能刀具系统的设计和应用旨在提高机械加工过程的效率、精度和安全性。智能刀具系统可以对刀具运行工况进行实时监控,以减少换刀时间、监测刀具磨损与破损状况,降低人为操作错误带来的风险,并有效补偿刀具磨损,延长刀具的寿命和提高维护效率。这对于工业制造领域的高质量生产具有重要意义。智能刀具系统依据刀库的结构形式不同一般可以分为盘式、链式两类,如

图 2-15所示为一盘式刀库的智能刀具系统。

在刀具系统中，刀夹用于固定刀具。刀夹通常由夹具和夹头组成，它们可以牢固地固定刀具，使其能够在加工过程中保持稳定。智能刀具单元中的刀夹通常具有与刀具接口对应的形状和尺寸，以便正确安装和固定刀具。

图 2-15　盘式刀库的智能刀具系统

刀柄是连接刀具和制造装备的接口部件，其接口一般采用标准化和规范化设计。刀具借助刀夹和刀柄，通过标准化的接口与制造装备相连接。常用的刀具接口标准包括 ISO 标准、BT 标准、HSK 标准、SK 标准、CAT 标准等。智能制造装备智能主轴端部、智能刀具系统的刀库刀座的接口和夹持刀具的刀柄接口是一致的，它们遵循同一个标准。智能刀具系统中的刀具通过刀夹、刀柄接口与机械加工设备的主轴或刀库建立连接，能够实现准确的安装和拆卸。

换刀装置是智能刀具系统中用于实现刀具自动更换的装置。它通常由电动或气动的驱动系统、夹持机构和传感器组成。当需要更换刀具时，换刀装置可以自动拆卸刀具并安全地将其放置在刀库或指定位置，然后安装新的刀具，并确保其定位准确、夹持牢固。

刀库是刀具的存储和管理装置，用于集中存放和管理刀具。刀库通常由多个存储位、刀具盒、传感器和控制系统组成。刀库可以根据需要进行自动化操作，通过自动取出和放置刀具，实现刀具的快速切换和管理。它还可以利用传感器监测刀具的数量、状态和寿命信息等，实现对刀具的智能化管理。

智能刀具系统内置了各种传感器，如加速度传感器、力传感器、温度传感器等，用于实时监测切削过程中的刀具状态和工件情况；通过传感器的数据反馈，可以实时发现刀具磨损、断刀等问题，并进行自动调整和报警处理。

智能刀具系统通过内置的通信模块，可以与机械加工设备或其他智能系统进行数据交换，并且可以实现远程控制；能够接收和发送数据，并实现与其他设备或系统的联动与协调。

智能刀具系统具备自适应能力，可以根据实际加工情况和材料特性进行自动调整和优化。例如，可以根据切削材料的硬度和黏性调整切削参数，或者根据刀具的磨损情况实时补偿切削力和切削轮廓。

智能刀具系统还可以利用算法和人工智能技术，通过对大量数据的分析和学习，实现对刀具状态的判断和预测；可以根据历史数据和实时数据，预测刀具寿命、优化切削参数、提高加工效率，等等。

某些智能刀具系统是根据具体应用领域的需求和特点设计和开发的。例如，医疗领域的智能手术刀系统、航空领域的智能钻孔刀具系统，它们在设计上考虑了特定的操作要求和安全性。

6）智能定位与夹紧工装单元

智能定位与夹紧工装单元是一种用于精确定位、夹紧工件的设备，它将智能化技术和工装夹具的功能结合到了一起。该单元的主要作用是在加工或装配过程中准确地将工件放置在特定位置，并通过夹紧机构固定。如图 2-16 所示为一焊接机器人的磁力定位与夹紧工装单元，其具有更高的精度和灵活度。

图 2-16　焊接机器人的磁力定位与夹紧工装单元

智能定位与夹紧工装单元通常包括以下组件。

（1）定位系统：这部分包括传感器、测量工具和控制系统，用于检测和确定工件的位置和姿态。例如，可以使用光电传感器、激光测距仪、相机系统等来获取工件的位置和形状信息。

（2）夹紧机构：这部分是用于夹紧工件的机械装置，通常由气动、液压或电动系统驱动。夹紧机构可以根据检测到的工件位置信息进行自动调整，确保夹紧力适当并保持工件定位的稳定性。

(3) 控制系统:这是整个智能定位与夹紧工装单元的核心,负责接收和处理传感器反馈的数据,控制夹紧机构的运动和力度,实现工件的精确定位和夹紧。控制系统通常采用微处理器、PLC 或其他集成电路来实现。

(4) 用户界面:为了方便操作和监控,智能定位与夹紧工装单元还可以配备用户界面,如触摸屏、人机界面等。用户可以通过界面输入参数、监视工装单元的状态,并进行必要的调整和控制。

智能定位与夹紧工装单元的优点包括提高工作效率、减小误差、降低操作难度、减少浪费和人工干预等。它们广泛应用于制造业,如汽车生产、航空制造、电子装配等领域,可以提高生产线的自动化程度和产品质量。

7) 智能冷却与润滑单元

智能冷却与润滑单元是一种应用于机械加工设备的装置,用于提供冷却和润滑剂,以确保加工过程中切削工具的性能和寿命。这种单元采用了智能化技术和冷却润滑系统,能够根据实时工况和需要进行智能调节和控制。

智能冷却与润滑单元通常具有以下功能。

(1) 冷却:提供冷却介质(通常为冷却液或冷却剂),以稳定和控制切削工具和工件的温度。冷却可以通过水冷或空气冷却等方式实现。

(2) 润滑:提供润滑剂以减少切削工具和工件之间的摩擦。润滑剂通过喷雾、滴涂或浸润等方式提供。

(3) 传感和监视:智能冷却与润滑单元配备传感器和监测设备,能够实时监测关键参数,如温度、压力、流量等,并通过数据采集和分析进行故障预警和诊断。它能够检测异常情况(如温度过高、润滑压力过低等),并及时发出警报或采取措施,以避免潜在的故障和损坏。

(4) 数据记录和分析:智能冷却与润滑单元能够收集和记录关键参数、运行状态和事件信息,通过对历史数据和模型的分析,可以提供生产过程的趋势分析、异常检测结果和性能优化建议,以实现更高的加工效率、降低能耗和优化维护计划。

(5) 自动调节和优化:智能冷却与润滑单元能够根据传感器实时反馈的数据自动调节和优化冷却、润滑参数。例如,根据切削工具的温度变化,自动调整冷却介质的供应量和温度,以确保适当的冷却效果。同样,在润滑方面,智能冷却与润滑单元可以根据工件材料、切削状态等因素，自动调节润滑剂的供应和油膜厚度，以确保达到合适的润滑效果。

(6) 远程监控：智能冷却与润滑单元可以与网络连接，实现远程控制和监视。这样，操作员可以通过远程界面对冷却和润滑状况进行实时监控，无须直接接触设备。远程监控提高了操作的便捷性和灵活性，并可以使变化的工况需求及时得到响应。

此外，一些高级智能冷却与润滑单元还具备自主学习和决策的能力，通过机器学习和人工智能技术，可以根据不同工况和操作经验，自动学习和适应最佳的冷却和润滑策略，从而持续改进并优化加工过程。

通过智能冷却与润滑单元，可以实现对冷却和润滑过程的精准控制和优化，提高加工效率、加工精度和延长工具寿命，并降低设备故障率和维护成本。

2.2 智能制造装备共性关键技术

智能制造装备共性关键技术是指采用各种不同制造方法的各类制造装备实现制造智能化所需要的共性关键技术。随着科学技术的不断发展，智能制造装备的关键技术也在不断改变。当前的智能制造装备共性关键技术主要包括智能驱传技术、智能检测技术、物联网与大数据技术、智能控制技术、智能故障诊断/运维与数字孪生技术等。

2.2.1 智能驱传技术

智能驱传技术是智能驱动技术和传动技术的总称。

智能驱动技术是一种利用人工智能和机器学习等技术来实现自主决策和自主执行的驱动技术，它能够使设备、系统或机器具备一定的认知能力和自主决策能力，从而在特定环境下适应和优化其行为。智能驱动技术被广泛应用于自动驾驶汽车、智能机器人、智能制造装备等领域，以提高效率、减少人为操作。

传动技术是指将动力从一个源头传递到目标设备或系统的技术。它通常用于将原动机（如发动机或电动机）生成的动力传输到驱动轮、传输轴、传动装置或其他机械部件。常见的传动方式包括以下几种。

(1) 机械传动：通过机械装置将动力传递到目标设备或系统，常见的有带传动、齿轮传动、链传动、蜗杆传动、螺旋传动等。图 2-17 所示为螺旋传动副的典型代表——滚珠丝杠副的内部结构，图 2-18 所示为谐波齿轮和行星齿轮的结构。为了增加运动传递的动力或改变运动类型、运动和动力输出数量及方位等，这些典型的传动件是必不可少的。

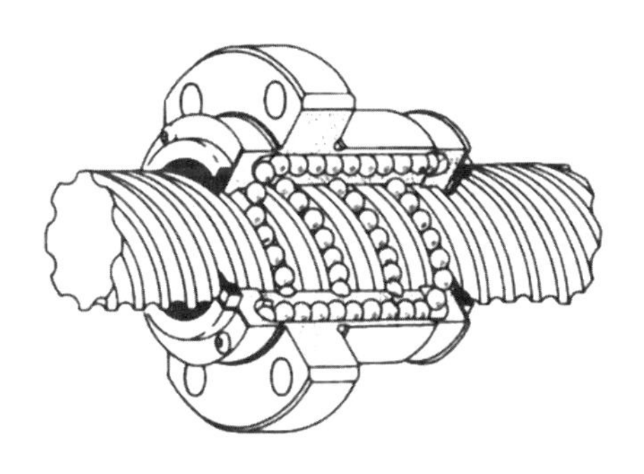

图 2-17　滚珠丝杠副的内部结构

图 2-18　谐波齿轮和行星齿轮的结构

（2）液压传动：使用液体（如液压油）作为能量传递介质，通过液压系统将动力传递到执行机构。常见的液压传动设备有液压马达、液压缸、液压阀、液压泵等。图 2-19 所示为一液压马达的内部结构示意图。

（3）电力传动：利用电力驱动电动机，再通过电动机驱动目标设备或系统。

（4）气压传动：和液压传动类似，气压传动是指利用压缩空气作为能量传递介质，通过气压系统将动力传递到执行机构。常见的气压元件有气动马达、气缸、空气干燥及过滤阀、气压泵等。气压传动在柔性制造单元、柔性制造系统以及自动化制造装备生产线上得到了广泛应用。

传动技术在智能制造装备中应用广泛，是保证智能制造装备正常工作的基

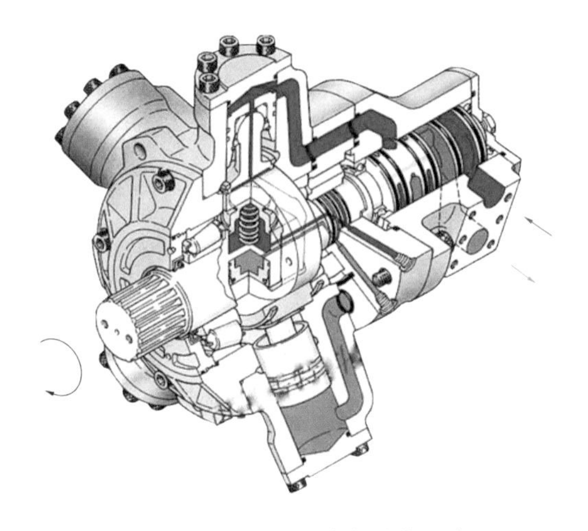

图 2-19　液压马达的内部结构示意图

础，是智能制造装备必不可少的组成部分。智能驱传技术的应用，赋予了智能制造装备灵魂。

2.2.2　智能检测技术

智能检测技术是一种利用人工智能和其他相关技术对特定目标、现象或事件进行自动识别和检测的技术。它可以通过对输入数据的分析和比对，来识别和发现特定的模式、行为、异常或问题。智能检测主要包括以下步骤。

(1) 数据采集和获取：通过传感器、摄像头、网络等获取待检测的数据，如图像、视频、音频、文本等。

(2) 数据预处理：对采集到的原始数据进行清洗、归一化、去噪等处理，以提升后续处理的效果。

(3) 特征提取：从原始数据中提取有用的特征信息，如颜色、纹理、形状、频谱特征等。

(4) 模型构建：基于机器学习、深度学习等技术，构建适当的模型来训练和学习待检测的目标或现象。

(5) 确定检测算法：根据具体的检测任务和需求，设计和实现相应的算法，通过对输入数据进行分析和比对，来判断是否存在目标或异常。

(6) 决策和反馈：根据检测结果进行相应的决策（如报警、分类、定位等）或提供反馈信息。

(7) 优化和改进：通过反馈和数据迭代，对系统进行优化和改进，提升检测的准确性和效率。

智能检测技术具有检测精度高、工作效率高及不受人为因素干扰等优点，在满足大批量检测连续性、一致性和可靠性要求的同时，能将人从恶劣检测环境与高机械性、重复性的劳动中解放出来，并且可以很好地适应各种工业应用场景，广泛应用于智能制造装备。图 2-20 所示为基于机器视觉传感与图像处理的智能检测技术在智能制造装备中的应用机理。

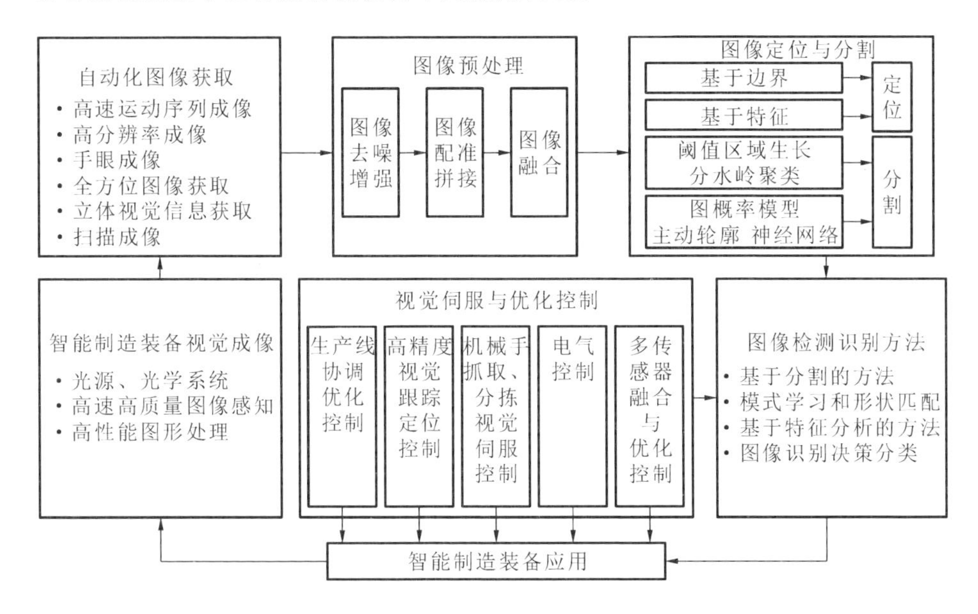

图 2-20 智能检测技术在智能制造装备中的应用机理

智能制造过程十分复杂，通常由多个环节构成，每一个环节都采用一到多种智能制造装备完成。环境感知和智能检测是高适应性、高精度、智能化作业的根本保障，也是研制智能制造装备必须首先解决的技术难题。传统的感知控制方法无法满足智能制造装备实时、高精度、模块化、无损感知等需求，而智能检测技术则为环境感知和智能检测问题的解决提供了一种最优方案。

2.2.3 物联网与大数据技术

物联网和大数据是两个互相关联且相互促进的领域，它们一起为我们创造了巨大的机会和挑战。物联网是指通过互联网将各种物理设备连接起来而形成的，能够实现数据交互和共享的网络。物联网技术使得我们可以将传感器、设备和系统连接到互联网上，实现远程监控、数据收集和智能控制。物联网应用广泛，涵盖了智能家居、智能城市、工业自动化、农业监测等众多领域。大数据是指规模非常大且复杂的数据集合，这些数据有多种来源，如传感器、社交媒体、在线交易等。大数据具有高速度、大容量、多样性和真实性等特点，通过对大数据的收集、存储、处理和分析，我们可以揭示数据的内在规律、变化趋势和数据间的关联，以更好地做出决策和优化业务过程。

物联网通过连接各种传感器和设备，产生大量的实时数据，这些数据可以是传感器监测到的环境参数、设备状态信息、位置信息等数据。物联网大规模、高频率的数据产生为大数据的形成提供了基础。物联网需要将产生的数据传输到云平台等处进行存储和处理，以便更好地分析和利用这些数据，这就要求物联网具备高效、稳定的数据传输能力，以及对大量数据进行高效的存储和处理的能力。大数据技术可以提供可扩展的存储和处理架构，以应对物联网数据规模大和数据产生速度快的问题。物联网数据中蕴含了丰富的信息，但同时也包含挑战（如数据噪声、数据质量、数据安全等方面的挑战）。大数据分析技术可以应对这些挑战，通过高级的数据挖掘、机器学习和人工智能技术，从物联网数据中提取有价值的信息和知识。通过对物联网数据的分析，企业可以洞察和理解用户的需求、行为和偏好，从而更好地进行决策制定和业务优化。物联网数据的分析和应用可以帮助企业改进产品设计、提供个性化服务、改善运营效率等。

2.2.4 智能控制技术

智能控制技术是一种利用先进的计算机技术、人工智能算法和传感器等，对系统或设备进行自动化、智能化控制和管理的技术。它广泛应用于工业控制、自动化生产、智能交通等领域。

智能控制技术的核心目标是实现系统的智能化和最优化。通过对传感器收集到的数据进行实时分析和处理，智能控制技术可以根据系统的状态和环境条件，自动调整控制参数，以达到更高的控制精度和效率。智能控制技术还可以通过学习以自适应的方式逐渐优化系统的控制策略，提高系统的性能和可靠性。

智能控制技术的关键特点如下。

(1) 数据驱动:智能控制技术依赖于对大量数据的收集和分析,通过对数据的挖掘和学习,提取系统的状态和特征,为控制决策提供依据。

(2) 自适应性:智能控制技术可以根据系统的变化和环境的变化,自动调整控制策略和参数,实现系统的自适应控制。

(3) 高级算法:智能控制技术利用人工智能和机器学习等高级算法,能够进行复杂的模式识别、优化和预测。

(4) 远程控制:智能控制技术可以通过网络连接,实现对远程设备或系统的监控,提供远程操作和管理能力。

智能控制技术的应用非常广泛。例如:在工业控制领域,智能控制技术可用于优化生产过程、改善产品质量、提高生产效率;在交通领域,智能控制技术可以用于交通信号控制优化、交通拥堵预测和管理;在智能家居领域,智能控制技术可以实现智能照明、智能温控和安防控制等。

智能控制主要包括以下几个方面的内容。

(1) 信息感知:智能控制技术依赖传感器来感知系统的状态和环境信息。各种类型的传感器,如温度传感器、压力传感器、光照传感器等,被用于收集实时数据,为控制系统提供准确的信息。

(2) 数据分析和处理:智能控制技术使用高级算法和技术来对传感器收集到的数据进行分析和处理。数据分析和处理技术包括数据预处理、数据挖掘、模式识别和机器学习等技术,用以提取系统的特征和行为模式,并为控制决策提供依据。

(3) 控制和优化:智能控制技术利用各种控制和优化方法来对系统进行控制。控制和优化方法包括经典的控制方法(如 PID 控制、模型预测控制),以及基于人工智能的方法(如神经网络控制算法、模糊逻辑控制算法和遗传算法等)。

(4) 自适应控制:智能控制技术通过自适应算法来实现系统的自适应控制。自适应控制技术能够根据系统的动态变化和外部环境的变化,自动调整控制策略和参数,以最优的方式控制系统。

(5) 智能决策和规划:智能控制技术使用智能决策和规划算法来制定系统的控制策略和行动计划,包括根据系统的目标和约束条件,自动选择最优的控制策略，并计划合适的行动序列。

（6）远程监视和控制：智能控制技术利用网络和通信技术来实现对远程设备或系统的监视和控制，包括远程数据采集、远程操作和远程管理，从而提高系统的可操作性和可管理性。

2.2.5 智能故障诊断/运维与数字孪生技术

智能制造装备的智能故障诊断/运维是利用先进的技术和方法，提高制造装备的可靠性、效率和维护管理装备的过程。制造装备的智能故障诊断/运维主要涉及如下几个方面的技术。

（1）远程监测与数据采集：通过传感器和监控设备，实时收集制造装备的运行数据，包括振动频率、温度、压力等参数。这些数据可用于分析设备运行状态和检测异常状况。

（2）数据分析与智能算法：应用数据挖掘、机器学习等技术对收集到的大数据进行分析，发现设备运行的规律和异常模式，提供故障预警和诊断支持。

（3）故障预测与预防：基于历史数据和模型，利用预测算法来预测设备的故障概率，提前采取维护措施以防范故障发生，减少停机时间和生产损失。

（4）智能维护决策：依据故障诊断的结果、维修方案和实时数据，辅助维修人员做出合理的维护决策，包括修复或更换零件、调整参数等，以最小化维护成本和停机时间。

（5）过程优化与自适应控制：结合实时监测数据和优化算法，自动调整设备参数和控制策略，使设备在最佳状态下运行，提高生产效率和质量。

（6）虚拟仿真与支持：利用数字孪生技术建立虚拟设备模型并进行仿真和测试，以验证维修方案和决策的有效性，降低实际操作的风险。

（7）协同化的运维管理：利用云计算、物联网和协同平台技术等，实现设备运维数据的集中管理、远程协作和知识共享，促进不同部门和团队的协同工作。

智能故障诊断/运维技术能够提高设备的可靠性、可用性和维护效率，减少停机时间和维护成本，提高生产效率和产品质量。图 2-21 展示了大隈制造装备基于数字孪生的智能防撞功能。首先识别数控程序，并检测数控程序中设定的原点补偿值、刀具补偿值的轴移动指令，判断是否会发生干涉，在发生撞机前使制造装备的动作暂时停止；即使是在装夹时的手动运转状态下，也能在发生撞机前的一瞬间使制造装备的动作停止。作业人员不必担心会发生撞机，可以专心作业，从而大大缩短加工准备时间。

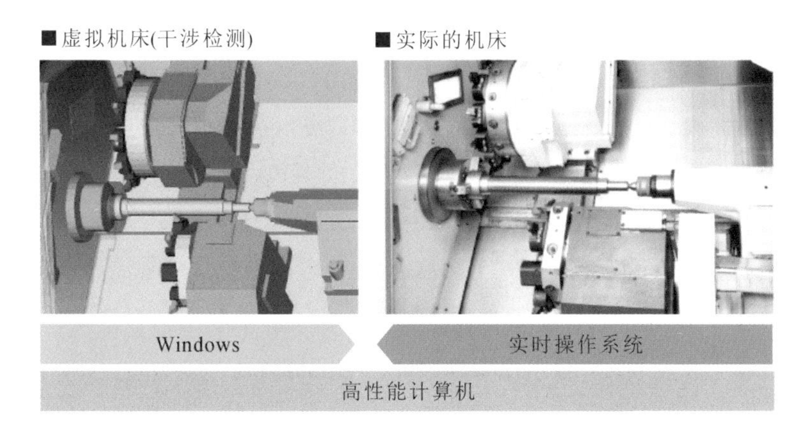

图 2-21　大隈制造装备基于数字孪生的智能防撞功能

数字孪生模型是一种虚拟模型或镜像，用于表示现实世界中的物理实体、系统或过程。它是结合现实世界的传感器数据、物理模型，通过计算模拟来创建的。数字孪生技术则用于建立、更新和维护数字孪生模型，并实现模型与现实世界中的物理实体的实时同步。图 2-22 所示为大隈制造装备利用数字孪生技术模拟的工件实时加工过程。

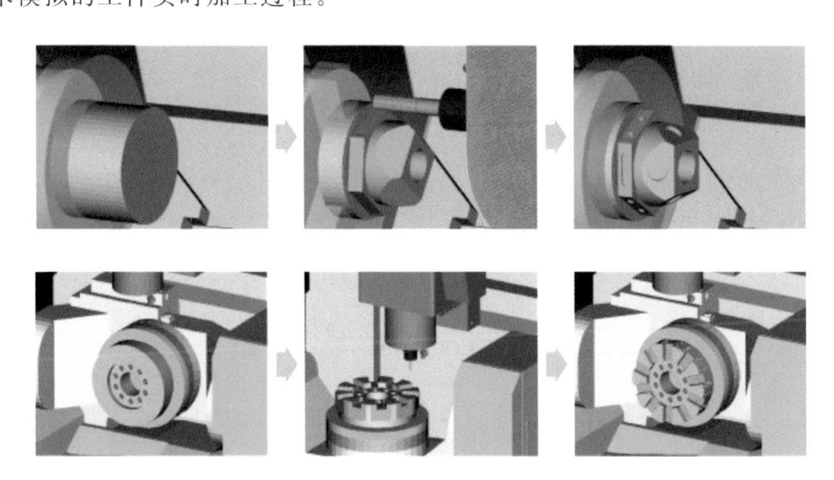

图 2-22　大隈制造装备利用数字孪生技术模拟的工件实时加工过程

数字孪生的概念源于对物理实体的深入理解和模拟，以便在虚拟环境中进行测试、优化和决策。数字孪生技术可以应用于多个领域，包括工业制造、能源、建筑、航空航天、物流和医疗等。

数字孪生技术在以下方面具有优势。

(1) 实时性:数字孪生技术可以用于实时更新和反馈现实世界的状态和数据,使得决策和优化可以基于最新的信息进行。

(2) 虚拟测试和优化:利用数字孪生技术,可以在虚拟环境中进行系统和过程的模拟、测试和优化,从而减少实际试验的成本和风险。

(3) 故障诊断和维修:数字孪生技术用于故障诊断和维修过程的培训和模拟,可以提高维修的效率和准确性。

(4) 数据驱动决策:数字孪生技术基于传感器数据和模型模拟,可以为数据驱动的决策提供支持,帮助优化系统性能和响应能力。

(5) 协同工作和资源整合:数字孪生技术可以为多个利益相关方提供一个共享平台,促进各方协同工作,加强跨部门和跨组织的整合和合作。

数字孪生技术的发展和应用可以带来许多潜在的好处,包括提高生产效率、降低能源消耗、减少故障风险、改善产品设计和质量等。随着物联网、人工智能和大数据等技术的进一步发展,数字孪生技术将有更广泛的应用和影响。

数字孪生技术主要可以在以下几个方面发挥作用。

(1) 建模和仿真:数字孪生技术通过建立物理实体或系统的数字模型,并结合仿真技术来进行虚拟测试和优化。数字模型可以包括几何形状、材料属性、物理行为等方面信息和运行参数等。

(2) 数据集成和传感器网络:数字孪生技术依赖传感器网络来捕获现实世界的数据,并将其集成到数字模型中。传感器可以监测物理实体的状态、性能和环境条件,提供实时的数据反馈。

(3) 实时同步和更新:数字孪生技术需要实时同步更新数字模型,以反映物理实体的最新状态。模型的实时同步更新可以通过将传感器数据与模型进行比对和校准来实现。

(4) 数据分析和预测:数字孪生技术利用数据分析和机器学习算法来分析与模型相关的数据,并从中提取有价值的信息。数字孪生技术可以用于预测和优化系统的运行,并提供辅助决策功能。

(5) 可视化和交互:数字孪生技术通过可视化界面和交互工具,使用户能够与数字模型进行交互和操作,以便用户进行虚拟测试、观察系统行为和做出决策。

(6) 故障诊断和维修:数字孪生技术可以用于故障诊断、维修模拟和培训。通过与实际系统同步更新的数字孪生模型,技术人员可以在虚拟环境中识别和解决故障。

(7) 协同和数据共享:数字孪生技术通过提供协同和共享平台,使多个利益相关方能够共享和访问数字孪生模型和相关数据,从而促进跨部门和跨组织的协作和决策。

数字孪生技术的意义在于将现实世界与虚拟世界相结合,通过虚拟模型对实体对象进行仿真、优化和管理。它能够提供全新的工作方式和创新解决方案,帮助提高产品质量、降低成本、提高生产效率,并推动产业的数字化转型和智能化发展。

利用数字孪生技术,可以在产品设计和开发阶段进行虚拟验证和仿真,减少实际试验的成本和时间;通过对虚拟模型进行优化和改进,可以提前发现问题、减少设计错误,并优化产品性能和制造流程。数字孪生技术可以用于监测和分析实体对象的运营数据,实时预测和诊断问题,提供决策支持和优化方案;通过数字孪生模型,可以模拟不同的场景和操作,评估各种决策的效果,并降低设备维护和运营成本。数字孪生技术可以与大数据、人工智能和物联网等技术相结合,实现智能决策和自主管理;通过实时的数据反馈和模拟仿真,可以帮助用户进行智能调度、资源管理和风险评估等工作。数字孪生技术可以与增强现实(AR)和虚拟现实(VR)等技术相结合,提供沉浸式的用户体验;人们可以通过 AR/VR 设备与数字孪生模型进行交互,进行可视化操作、培训和设计评审等,提高工作效率和准确性。

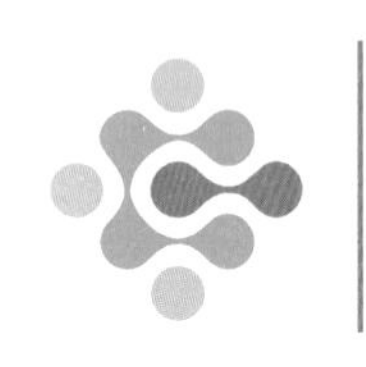

第3章 智能制造装备运动分析与结构方案创新设计

3.1 智能制造装备加工运动学分析

3.1.1 零件功能形面加工的数学分析基础

1.零件表面的类型

一般而言,一个基本的制造加工系统由智能制造装备、刀具、工件构成,安装在智能制造装备上的刀具和工件按一定的规律做相对运动,通过刀具对工件毛坯的作用,把毛坯上多余的材料去除,从而得到满足要求的工件表面形状。随着刀具和工件间运动形式和运动关系的变化,相对运动的轨迹相应发生变化,从而形成不同形状的零件功能表面。通过对切削加工的运动学分析可以看出,尽管机械零件形状不一,但其表面成形运动都只不过是制造装备上一些基本的运动——直线和旋转运动的组合与转化,且在给定刀具原型曲面的情况下,零件表面越复杂,所需要的运动组合就越复杂;而对于某一给定零件表面,采用的刀具原型曲面越简单,所需要的表面成形运动就越复杂,反之就越简单。即是说,对某一给定零件曲面的成形,所需要的表面成形运动和所采用的刀具原型曲面互补。任何一个机器零件的形状都是由其功用决定的。实现同样的功用,可以采用多种不同的工件表面形状。不管其形状如何,工件表面都不外乎是由一个或几个基本表面元素组成的,这些基本表面元素包括平面、圆柱面、圆锥面、球面、圆环面、螺旋面等,如图3-1所示。

常见的零件功能表面按形状可以分为三类:

(1) 直纹表面——由直线移动而形成或由直线沿着曲线运动而形成。

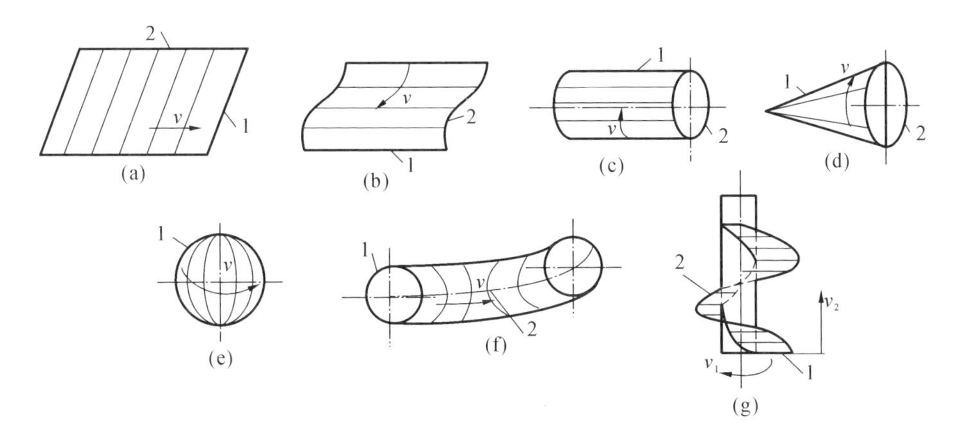

图3-1　组成零件表面的几种几何表面元素

图3-1(a)所示为由直线1沿着v的方向做直线移动而形成的平面;图3-1(b)所示为由直线1沿着曲线2移动而形成的直纹曲面。

(2) 旋转表面——由转动而形成。

图3-1(c)所示为由平行于轴线的直线1沿着v的方向转动而形成的圆柱面;图3-1(d)所示为由不平行于轴线,而与轴线相交的直线1沿着v的方向转动而形成的圆锥面。

(3) 复杂特形表面——由复杂移动而形成。

如图3-1(g)所示,直线1沿着螺旋线2运动,即边做旋转运动(v_1),边做沿轴线方向的定比移动(v_2),最终形成螺旋面。

2. 工件表面的成形

1) 工件表面成形原理

任何一个表面都可以看作一条曲线沿着另一条曲线运动的轨迹。这两条曲线(包括直线,它是曲线的特例)称为该表面的发生线,其中前一条发生线称为母线,后一条发生线称为导线。例如为了形成平面,须使直母线1沿着直导线2移动,如图3-1(a)所示。为了形成圆柱面,应使直母线1沿着圆导线2转动,如图3-1(c)所示。零件表面有可逆与不可逆之分。很明显,可逆表面的加工方法要比不可逆表面多。零件表面还有封闭与不封闭之分,前者如圆柱面、圆锥面等,后者如平面、螺旋面等,该特点对表面加工方法的选择有影响。零件表面还有单一表面和组合表面之分,组合表面如齿轮、花键、阶梯轴等零件的表面。组合表面上某一个表面的加工方法常常因另外一些表面的存在而受到影响。

2）工件表面发生线形成方法

由于工件表面发生线是由刀具和工件做相对运动得到的，因此工件齿廓表面与刀具刃形有着密切关系。同样一条发生线，采用不同刀刃形状就有不同的形成方法。这里以机械中常用的八大基础件之一——齿轮齿廓表面创成为例进行分析。对于切削加工中成形齿廓表面可能的刀刃形状，有下列三种情况：

(1) 刀刃是一个点，如图 3-2(a)(b)所示。在切削加工时，刀刃 2 本身或刀具轴做轨迹运动，切削点的轨迹或轨迹的切线形成齿廓发生线 1，如尖头刨刀刨削齿轮和砂轮磨削齿廓的情形。

(2) 刀具刃形是一段曲线，其轮廓与工件齿廓发生线 1 相吻合，如图 3-2(c)所示。切削加工时，刀刃 2 与成形表面做线接触，刀具不需做任何运动即可得到所需发生线 1，如成形铣刀(指状或盘状)铣削齿轮的情形。

(3) 刀刃是一段直线，其轮廓与工件齿廓发生线 1 不相吻合，如图 3-2(d)所示。在切削加工时，刀刃 2 与齿廓表面相切，工件齿廓发生线 1 是刀刃 2 的运动轨迹的包络线，如滚刀滚切齿轮、插齿刀插削齿轮时即是如此，此时刀具和工件之间需要有共轭的展成运动。

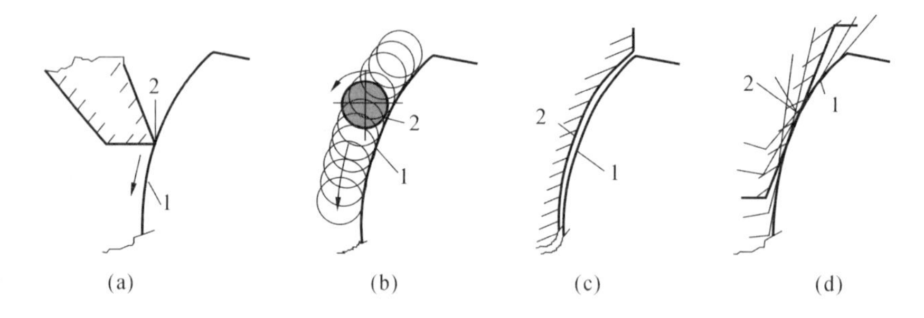

图 3-2 刀具刃形与齿廓发生线的关系

依据上述刀刃形状的划分，在齿轮齿廓表面加工中，相应地齿廓发生线的成形方法有如下四种：

(1) 轨迹(trajectory)法　如图 3-2(a)所示，刀刃 2 为一个点，齿廓发生线 1 是由刀刃 2 做轨迹运动而形成的，这种成形发生线的方法称为轨迹法。显然轨迹法需要刀具和工件之间有一个与成形发生线一致的相对轨迹运动。

(2) 旋切(rotation-tangency)法　如图3-2(b)所示,刀刃2为一个点,齿廓发生线1是刀具边旋转边做轨迹运动而形成的。它的形成需要两个成形运动,即刀具的旋转运动和刀具中心按一定规律的轨迹运动。

(3) 成形(figuration)法　如图3-2(c)所示,刀刃为一线段,它与齿廓发生线1相吻合,线1由刀刃2实现,这时刀具和工件无须做相对运动。

(4) 展成(generation)法　如图3-2(d)所示,刀刃为一线段,它与齿廓发生线1不相吻合,线1是刀刃2在刀具和工件做对滚运动时所形成的一系列轨迹线的包络线。这时只需一个独立的表面成形运动(A,B)(对于单一的基本的单元运动或简单成形运动,本书用符号A表示直线运动,用符号B表示旋转运动),在制造装备上它是由刀具运动A和工件运动B复合而成的。

3. 表面成形运动及其分类

在加工过程中,为了获得所需齿形,制造装备必须控制刀具和工件按上述四种方法之一或其组合完成一定形式的相对运动,这种运动称为表面成形运动,简称成形运动。它是保证成形工件齿廓形状所必需的运动。成形运动可从两个不同角度进行分类。

1) 按运动构成的复杂程度分类

表面成形运动按其构成复杂程度可分为简单运动(simple motion)和复合运动(complex motion)两类。

任意形状表面的成形运动都是两种基本运动——直线运动和旋转运动的组合。如果成形运动仅仅由单一的直线运动或旋转运动构成,在制造装备上仅仅表现为主轴(工作台)的旋转、刀架或工作台的直线运动,实现起来最容易、最简单,则称为简单运动。但成形运动也有不是简单运动的。如图3-3所示,滚刀滚切标准直齿轮时,其母线——渐开线的成形采用展成法,需要一个独立的表面成形运动(B_{11},B_{12}),而这个成形运动并不仅仅表现为单一的刀具主轴的旋转运动或单一的工件的旋转运动,而是表现为两者的复合,且在渐开线齿

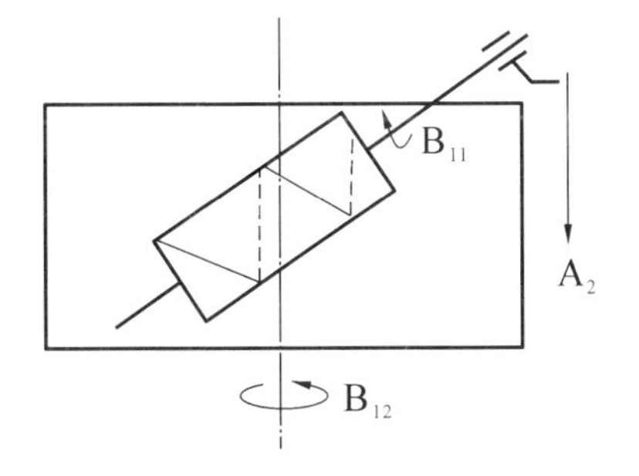

图3-3　滚刀滚切标准直齿轮示意图

形创成时，必须严格保证刀具的旋转运动 B_{11} 和工件的旋转运动 B_{12} 之间具有定比运动关系。这种成形运动称为复合运动。由它分解而成的两部分分别用 B_{11} 和 B_{12} 表示，称为单元运动。B_{11}、B_{12} 的下标中，第一个数字表示成形运动的数目，第二个数字表示由该成形运动分解得到的单元运动的数目。

复合运动虽然可分解为几个部分，且每个部分都是旋转或直线移动，与简单成形运动相似，但这些部分之间保持着严格遵循给定规律的相对运动关系，即在制造装备上实现其运动分解部分的各轴间必须保证能实现联动控制。

2）按运动在加工中所起的作用分类

按其在加工中所起的作用，成形运动又可分为主运动和进给运动。

(1) 主运动(primary motion)　它是制造装备上形成切削速度并消耗大部分切削动力的运动。主运动可由刀具或工件来实现，可能是简单的成形运动，也可能是复杂的成形运动。

(2) 进给运动(feed motion)　它是制造装备维持切削加工过程连续不断进行所需的运动。依据刀具相对于工件被加工表面运动方向不同，进给运动可分为纵向进给运动(轴向进给运动)、横向进给运动(径向进给运动)、圆周进给运动、切向进给运动等。同样，进给运动可能是简单运动，也可能是复合运动。如用指状铣刀铣削斜齿轮时：进给运动是铣刀相对于工件的螺旋运动，它是一个复合运动(B_{21}，A_{22})；主运动是铣刀的旋转运动 B_1，它是一个简单运动。

4. 齿轮工件表面成形方法及需要的运动

作为最具代表性八大基础件之一的齿轮，其齿廓的表面加工成形过程仍然是母线和导线的形成过程；齿廓表面成形方法也就是形成其母线和导线方法的组合。所需成形运动一般是形成母线和导线所需成形运动的总数。为了加工出所需齿廓表面，制造装备结构必须能实现这些成形运动。常见的齿廓表面成形方法主要有如表 3-1 所示的五种。

显然，依据母线、导线各自的形成方法，可以组合出诸多齿廓表面成形方法，相应地可分别设计出具有不同制造装备结构布局形式的制造装备，同时还可依据齿廓表面成形方法及其所需不同表面成形运动的组合指导人们对齿轮加工方法及其制造装备设计进行创新性研究。

下面结合不同应用实例来对表 3-1 中所列的五种常用齿廓表面成形方法分

别加以说明。

表3-1　齿廓表面成形方法

表面成形方法及所需成形运动数目		母线形成方法			
		轨迹法(T法)	旋切法(R法)	成形法(F法)	展成法(G法)
导线形成方法	轨迹法(T法)	T-T法		F-T法	G-T法
	旋切法(R法)			F-R法	G-R法(≥2)
	展成法(G法)				

(1) 轨迹-轨迹法(T-T法)　T-T法需要两个独立的表面成形运动。实践证明,这种加工任意齿形齿轮的方法几乎不受任何限制。以电火花线切割(WEDM)特殊齿形直齿轮为例:

母线——特殊齿形曲线,用轨迹法成形,需要一个表面成形运动,即钼丝相对于工件、以被加工齿形曲线为轨迹的曲线轨迹运动。它是一个复合运动,在制造装备上一般表现为在工作台水平面内沿两个坐标轴方向的简单的直线单元运动,且两个直线单元运动要联动控制。

导线——直线,用轨迹法成形,需要一个表面成形运动,即垂直于钼丝方向的直线运动,是一个简单运动。

(2) 成形-轨迹法(F-T法)　F-T法需要一个表面成形运动。以圆拉刀拉削直齿轮为例:

母线——齿端截形曲线(对标准渐开线齿轮为渐开线),由拉刀齿形保证,用成形法形成,不需要成形运动。

导线——直线形,用轨迹法形成,需要一个表面成形运动,即拉刀或工作台的直线运动,它是一个简单运动。

(3) 展成-轨迹法(G-T法)　G-T法需要两个独立的表面成形运动。以插齿加工标准渐开线直齿轮为例:

母线——渐开线,用展成法形成,需要一个成形运动(B_{11},B_{12}),也称为展成运动,它是一个复合运动。

导线——直线,用轨迹法形成,需要一个成形运动A_2,它是一个简单运动。

构成复合运动的两个单元运动,在制造装备上表现为插齿刀的旋转运动B_{11}和工件的旋转运动B_{12},简单运动为插齿刀的轴向进给运动A_2。

(4) 成形-旋切法(F-R 法):F-R 法需要两个表面成形运动,且它们都是简单的成形运动。以盘状铣刀铣削直齿轮为例:

母线——渐开线,用成形法形成,不需表面成形运动。

导线——直线,用旋切法形成,需要铣刀的旋转运动 B_1 和铣刀轴(或工作台)的直线运动 A_2。

(5) 展成-旋切法(G-R 法):G-T 法需要两个独立的表面成形运动。以常见的滚刀滚切斜齿轮加工为例:

母线——渐开线,用展成法形成,需要一个复合的成形运动(B_{11},B_{12}),在制造装备上表现为滚刀旋转运动 B_{11} 和工件的旋转运动 B_{12} 两个单元运动,两者要求联动控制。

导线——螺旋线,由旋切法形成,需要两个表面成形运动,即滚刀的旋转运动 B'_{11} 和滚刀轴(即刀架)的螺旋进给运动(A_{21},B_{22}),前者为简单运动,后者为复合运动。但滚刀本身不可能同时有两个不同的旋转运动,因此必有 $B_{11}=B'_{11}$。也就是说,滚刀的旋转运动既在母线形成中起作用,又在导线形成中起作用。滚刀轴的螺旋进给运动是一个复合运动,在制造装备上表现为滚刀轴的轴向进给运动 A_{21} 和工件的附加转动 B_{22},且运动 B_{12} 和 B_{22} 要经过运动合成机构后才能传递给工件。

3.1.2 零件功能形面加工运动学图谱

由上述齿轮齿廓表面加工运动学分析可知,任意齿形齿廓表面都可看作是一条线(母线)沿着另一条线(导线)运动而形成的。因此,齿廓表面的形成过程就是两条齿廓发生线的形成过程。刀具刃形与齿廓发生线之间的关系不同(见图 3-2),形成发生线的方法也各不相同,从而使得所需表面成形运动的形式和数量等也不相同。从根本上说,成形运动不外乎直线运动、旋转运动,以及由直线运动和旋转运动复合而形成的运动。因此,制造装备的直线运动和旋转运动是表面成形运动的宏观表现形式。根据这两种基本运动形式,基于上述齿廓表面加工的成形运动分析构建运动学图谱。

由于基本运动的类型(直线型或旋转型)、方位和组合的数目等不同,因此刀具相对于工件的表面成形运动多种多样。依据齿轮齿廓表面的实际加工情况,结合现有齿轮加工刀具和设备,齿廓表面加工的运动简图可分为七类。

(1) 第Ⅰ类:包含一个直线运动。

(2) 第Ⅱ类:包含一个直线运动和一个旋转运动。

(3) 第Ⅲ类:包含一个直线运动和两个旋转运动。

(4) 第Ⅳ类:包含两个直线运动和一个旋转运动。

(5) 第Ⅴ类:包含三个直线运动。

(6) 第Ⅵ类:包含三个旋转运动。

(7) 第Ⅶ类:包含直线运动和旋转运动的四个及以上基本运动的组合。

依据齿轮加工成形运动组合分类,并结合实际应用,建立齿廓表面加工的运动学图谱,如表3-2所示(这里建立运动学图谱时,一般只考虑了基本运动轴线与制造装备坐标轴重合或平行的情况)。该齿廓表面加工的运动学图谱是基于采用笛卡儿坐标系的串联结构体系而建立的。其中,包含四个以上基本运动的运动学图谱所对应的制造装备相对复杂,目前由于计算机多轴联动控制技术研究的深入和多轴数控制造装备的出现,多个基本运动组合的运动学图谱在实践中的应用日益广泛,但因制造装备结构及切削过程的复杂程度高,成本较高,其应用受到一定的限制。因此考虑对应运动学图谱的制造装备结构复杂程度和成本高低,在表3-2仅列出了实际齿廓成形中常用的各种类型的基本运动组合简图。随着智能制造装备技术的发展,在智能多轴数控装备上,三维空间复杂的空间曲线、曲面成形运动均可以通过多轴联动来实现,但一般只考虑与制造装备坐标轴重合或平行的直线基本运动。当然,随着复杂曲面加工方法的创新性研究的不断深入,基本运动的方向与坐标轴不重合或不平行的运动组合及相应的设备也将逐步诞生和得到应用。

表3-2 齿廓表面加工运动学图谱

序号	图谱					
Ⅰ	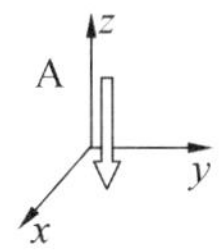 z A y x 101	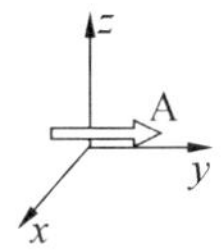 z A y x 102				

续表

序号	图谱					
Ⅱ	z A y B x 201	z B A y x 202	z B A y x 203	z A y x B 204	z A y x B 205	
Ⅲ	z A B_1 B_2 y x 301	z B_2 A y B_1 x 302	B_1 z B_2 y x A 303	z A B_1 B_2 y x 304	z A B_1 B_2 y x 305	z B_1 A B_2 y x 306
Ⅳ	z A_1 A_2 y x B_2 401					
Ⅴ	z A_1 y A_3 x A_2 501					
Ⅵ	B_1 z B_2 y x B_3 601					
Ⅶ	A_1 z A_2 B_1 y x B_2 701	A_1 z B_1 y B_2 A_2 x 702	z B_1 A_1 A_2 y x B_2 703	z A_1 B_2 B_1 y x A_2 704	z A_3 A_2 y A_1 B_1 B_2 x 705	z B_1 A_2 B_2 y x A_1 B_3 706

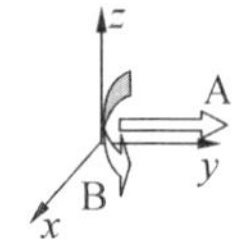

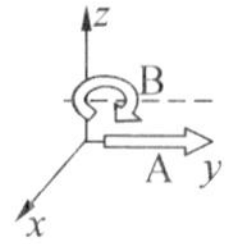

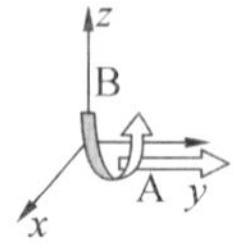

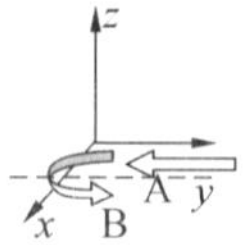

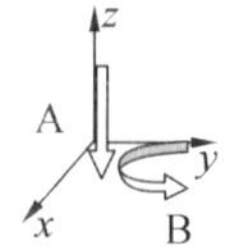

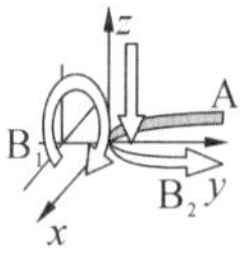

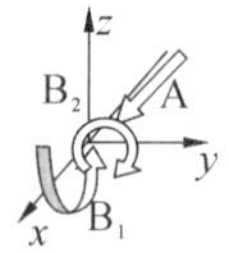

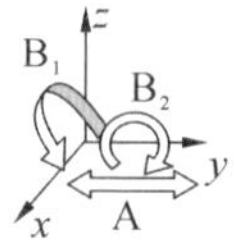

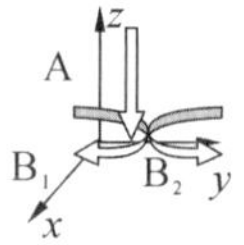

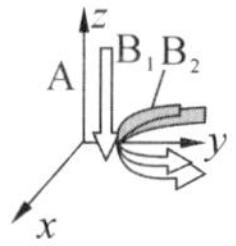

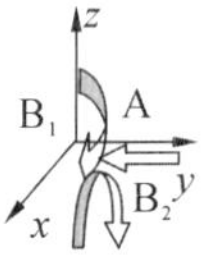

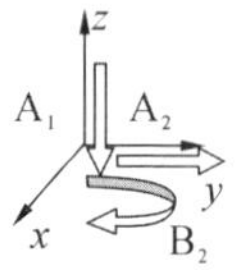

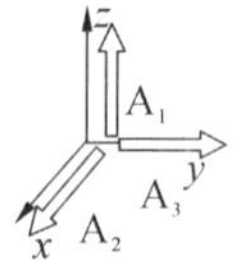

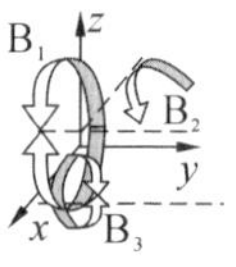

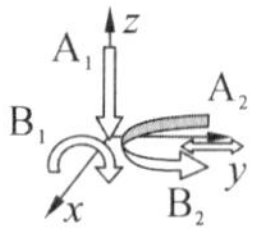

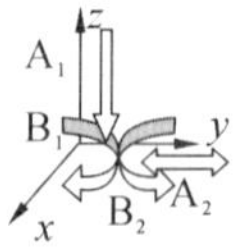

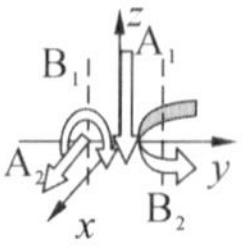

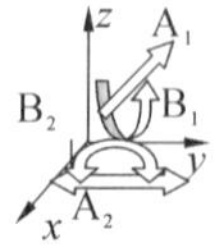

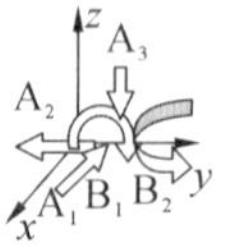

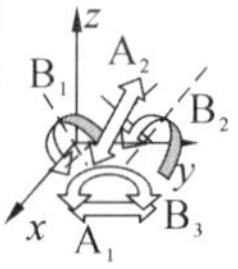

表3-2中,第Ⅰ类运动简图中只有一个基本运动,可能是工件不动而刀具运动,也可能是刀具不动而工件运动,具体实现这种运动图谱的制造装备一般有两种结构。第Ⅱ类运动简图包含两个基本运动,这两个基本运动有可能都是简单的成形运动,形成齿廓表面的发生线,也可能是复合运动的两个组成部分,二者构成一个表面成形运动,形成齿廓表面的母线或导线。在仅有两个运动时,有可能一个是主运动,另一个则是进给运动;这两个运动也可能是主运动的两个组成部分。第Ⅲ类运动简图包含三个基本运动,其中有两个旋转运动和一个直线运动。这是齿形加工最为常见的组合类型,依据在不同方位上的三个基本运动,在空间可以组合出无穷多的运动简图。表3-2中列出了与坐标轴重合或平行基本运动构成的较为常用的六种第Ⅲ类运动简图。第Ⅳ类运动简图也由三个基本运动组合而成,其中有两个直线运动和一个旋转运动。第Ⅴ、Ⅵ类运动简图同样由三个基本运动组合而成,其中第Ⅴ类由三个直线运动组成,第Ⅵ类由三个旋转运动组成。第Ⅶ类运动简图由四个及以上基本运动组合而成,在齿廓加工中这种组合类型目前很常用。至于四个以上基本运动的组合形式,其会使得刀具相对于工件运动轨迹更复杂,可以实现特殊齿形齿轮的成形。实现其运动组合的相应制造装备结构和控制系统很复杂,制造装备上必须有能实现五个基本运动的相应机械和电气结构,同时要求各轴间要实现必要的联动控制。

3.1.3 基于齿廓表面加工运动学图谱的运动学分析

到目前为止,充分研究齿廓表面加工运动学图谱来创造新的特殊齿形加工方法的工作做得还很少,在实际中还有很多基本运动组合尚未被采用。结合表3-2所示的齿廓表面加工运动学图谱,对现有齿廓表面加工方法进行分析,分析结果列于表3-3(表中的运动学图谱编号同表3-2)。虽然在表3-3中已列举了近30种齿廓表面加工方法,但仍然有很多情况没有录入,这首先是因为齿廓表面形状种类繁多,其次是因为即使齿廓表面形状相同,考虑到成形运动在空间组合方位的无限性,实现成形运动的制造装备结构不同,齿廓加工方法和形式也会有很多种。因此,尽数列举齿廓加工方法是不现实的。

表 3-3　齿廓表面加工方法的运动学分析

运动学图谱号	应用	发生线	形状	成形方法	成形运动数目	基本运动		运动性质
						刀具	工件	
101	冲裁齿轮	母线	渐开线	成形法	0			
		导线	直线	轨迹法	1	A_1		简单运动
	成形插齿刀插齿	母线	渐开线	成形法	0			
		导线	直线	轨迹法	1	A_1		简单运动
	锻造齿轮	母线	渐开线	成形法	0			
		导线	直线	轨迹法	1	A_1		简单运动
102	拉刀拉削齿轮	母线	渐开线	成形法	0			
		导线	直线	轨迹法	1	A_1		简单运动
	成形刨刀刨齿轮	母线	渐开线	成形法	0			
		导线	直线	轨迹法	1	A_1		简单运动
201	指状铣刀铣齿轮	母线	渐开线	成形法	0			
		导线	直线	旋切法	2	B_1	A_2	简单运动
						B_1、A_2		
202	成形砂轮磨齿轮	母线	渐开线	成形法	0			
		导线	直线	旋切法	2	B_1	A_2	简单运动
	盘状铣刀铣齿轮	母线	渐开线	成形法	0			
		导线	直线	旋切法	2	B_1	A_2	简单运动
						B_1、A_2		
203	成形刨刀刨斜齿轮	母线	渐开线	成形法	0			
		导线	螺旋线	轨迹法	1	A_{11}	B_{12}	复合运动
204	圆拉刀拉削直齿锥齿轮	母线	渐开线	成形法	0			
		导线	直线	旋切法	2	A_1、B_1		简单运动
205	成形插齿刀插削斜齿轮	母线	渐开线	成形法	0			
		导线	螺旋线	轨迹法	1	A_{11}	B_{12}	复合运动
						A_{11}、B_{12}		
301	蜗杆砂轮磨床磨削齿轮	母线	渐开线	展成法	1	B_{11}	B_{12}	复合运动
		导线	直线	旋切法	2	B_{11}	A_2	简单运动

续表

运动学图谱号	应用	发生线	形状	成形方法	成形运动数目	基本运动		运动性质
						刀具	工件	
301	滚刀滚切齿轮	母线	渐开线	展成法	1	B_{11}	B_{12}	复合运动
		导线	直线	旋切法	2	B_{11}	A_2	简单运动
	盘状铣刀铣斜齿轮	母线	渐开线	成形法	0			
		导线	螺旋线	旋切法	2	A_{11}、B_2	B_{12}	复合运动 简单运动
302	直刃刨刀刨直齿锥齿轮	母线	渐开线	展成法	1	B_{11}	B_{12}	复合运动
		导线	直线	轨迹法	1	A_2		
303	大平面砂轮端面磨削齿轮	母线	渐开线	展成法	1		A_{21}、B_{22}	复合运动
		导线	直线			B_1		简单运动
304	齿轮型插刀插齿轮	母线	渐开线	展成法	1	B_{11}	B_{12}	复合运动
		导线	直线	轨迹法	1	A_2		简单运动
305	齿轮型插刀插内齿轮	母线	渐开线	展成法	1	B_{11}	B_{12}	复合运动
		导线	直线	轨迹法	1	A_2		简单运动
306	指状铣刀铣斜齿轮	母线	渐开线	成形法	0			
		导线	螺旋线	旋切法	2	B_1	B_{21} A_{22}	简单运动 复合运动
401	齿条形插刀插齿轮	母线	渐开线	展成法	1	A_{11}	B_{12}	复合运动
		导线	直线	轨迹法	1	A_2		简单运动
501	电火花线切割齿轮	母线	渐开线	轨迹法	1		A_{11} A_{12}	复合运动
		导线	直线	轨迹法	1	A_2		简单运动
601	铣削弧齿锥齿轮	母线	渐开线	展成法	1	B_{21}	B_{22}	复合运动
		导线	圆弧线	轨迹法	1	B_1		简单运动
701	鼓形齿滚切法加工	母线	渐开线	展成法	1	B_{11}	B_{12}	复合运动
		导线	鼓形线	旋切法	2	B_{11}、A_{21}	A_{22}	复合运动

续表

运动学图谱号	应用	发生线	形状	成形方法	成形运动数目	基本运动		运动性质
						刀具	工件	
702	非圆齿轮插削	母线	变渐开线	展成法	1	B_{11}、A_{13}	B_{12}	复合运动
		导线	直线	轨迹法	1	A_2		简单运动
703	对角滚齿轮	母线	渐开线	展成法	1	B_{11}	B_{12}	复合运动
		导线	渐开面对角曲线	旋切法	2	B_{11}、A_{21}、A_{22}	B_{12}	简单运动 复合运动 (A_{21}、A_{22}、B_{12}复合)
704	锥面砂轮磨齿轮	母线	渐开线	展成法	1		B_{21}、A_{22}	复合运动
		导线	直线	旋切法	2	B_1	A_1	简单运动
705	滚切特殊齿形	母线	特殊齿形曲线	展成法	1	B_{11}、A_{13}	B_{12}	复合运动 (三者复合)
		导线	直线	旋切法	2	B_{11}、A_{21}、A_{22}		简单运动 复合运动 (A_{21}、A_{22}复合)
706	碟形双砂轮磨齿轮	母线	渐开线	展成法	1		A_{11}、B_{12}	复合运动
		导线	直线	旋切法	2	B_2	A_2	简单运动
						B_3	A_2	

注:未特别指出者均以渐开线圆柱直齿轮为例。

3.2 智能制造装备结构方案数字化组合设计及编码方法

3.2.1 智能制造装备结构方案数字化组合设计

1. 智能制造装备坐标轴的定义

智能制造装备的各个运动件在切削加工中会做各种运动。为描述刀具、工件的方位和运动方向,ISO(国际标准化组织)标准对数控制造装备坐标系进行了规定:

(1) 工件直线运动坐标轴为 X、Y、Z;

(2) 工件旋转运动坐标轴为 A、B、C；

(3) 刀具直线运动坐标轴为 X'、Y'、Z'；

(4) 刀具旋转运动坐标轴为 A'、B'、C'。

数控制造装备坐标系要满足右手法则，如图 3-4 所示。

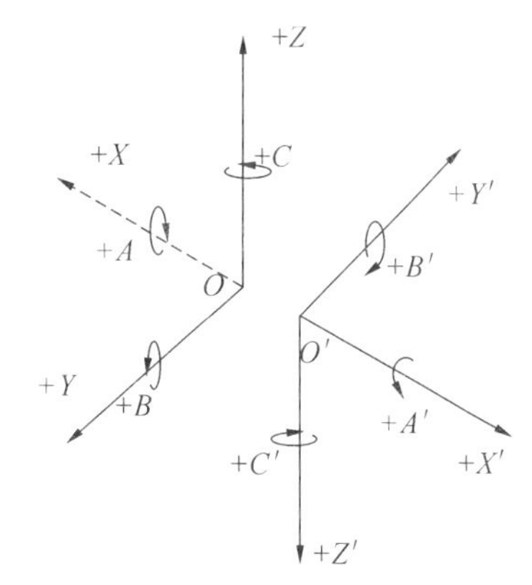

图 3-4 数控制造装备坐标系

就空间位置而言，$Z(Z')$轴在垂直面内，$X(X')$轴和 $Y(Y')$轴在水平面内，且 X'轴 // X 轴，Y'轴 // Y 轴，Z'轴 // Z 轴，$\boldsymbol{A'}$ // $\boldsymbol{A}$，$\boldsymbol{B'}$ // $\boldsymbol{B}$，$\boldsymbol{C'}$ // $\boldsymbol{C}$($\boldsymbol{A}$、$\boldsymbol{B}$、$\boldsymbol{C}$、$\boldsymbol{A'}$、$\boldsymbol{B'}$、$\boldsymbol{C'}$ 分别表示旋转轴 A、B、C、A'、B'、C' 的单位矢量)。对实现六轴数控的滚齿机结构形式，可以在由这十二个坐标轴构成的样本空间(X,Y,Z,A,B,C,X',Y',Z',A',B',C')中加以研究。

2. 智能制造装备运动方案的组合设计理论

1) 机构学部分术语与定义

(1) 运动副：两个构件直接接触而构成的可动连接称为运动副，它表征了两构件的相对运动关系。若空间机构两相邻构件之间有一个公共轴线 s_j，从而允许两构件沿轴线 s_j 或绕轴线 s_j 做相对运动，则构成一个运动副。组成空间机构的基本运动副有转动副(R)、移动副(P)、圆柱副(C)、球面副(S)和万向铰链(T)，如图 3-5 所示。此外，还有螺旋副(H)、圆柱副(C)、平面副(Pc)等。

(2) 机构(mechanism)：机构是由若干构件和运动副组成的装置，在一定的约束条件和驱动作用力下，能够实现运动的输入和输出，以及运动形式和参数的转换。

机构可分为平面机构和空间机构两大类。在各类机械中，常见的齿轮机构和曲柄连杆机构都是典型的平面机构。

空间机构是由三维空间连杆和运动副组成的。空间连杆是由空间运动副和连接运动副的刚性杆件所组成的。空间连杆的运动学功能在于保持其两端的运动副轴线的固定的空间几何关系。

(3) 运动链(kinematic chain)：运动链是由运动副连接两个以上构件而形成的组件。当两个空间构件连接时，就需要引入描述两构件相对位置和姿态(简称位姿)的参数，即运动链上任一点的空间位置坐标和角度方向。因此，每个空间构件具有六个自由度。

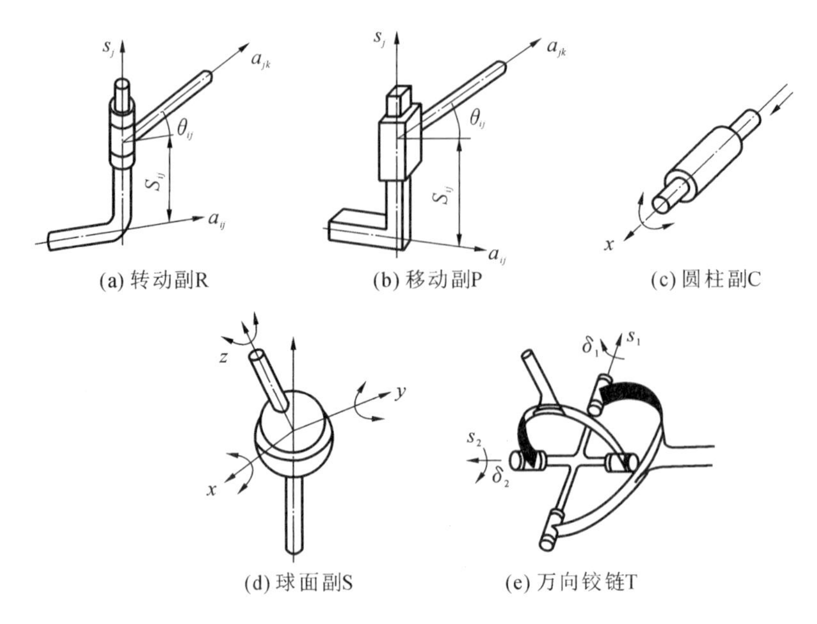

(a) 转动副R　(b) 移动副P　(c) 圆柱副C
(d) 球面副S　(e) 万向铰链T

图 3-5　空间基本运动副

(4) 串联机构(series mechanism):串联机构由一组运动链串联而成。它的特点是:第一个运动链先接收驱动器输入而开始运动,第一个运动链的运动结束后,第二个运动链才开始运动,依此类推,最终由运动链 n 给出串联机构的输出。串联机构在机构学上通常是开环(链)机构。

(5) 并联机构(parallel mechanism):并联机构由两个或两个以上的分支机构并联而成。它的特点是:所有分支机构可同时接收驱动器输入,而最终共同给出输出。并联机构在机构学上是多路闭环(链)机构。

(6) 混合并联机构(hybrid parallel mechanism):混合并联机构是与固定平台连接的独立运动链数目少于末端执行器自由度的并联机构。加入串联机构可以补充自由度,避免机构由于运动链数目不够而出现欠自由度的问题。

2) 智能制造装备运动链

智能制造装备通过驱动刀具或工件做直线运动和旋转运动,实现需要的表面成形运动,从而达到预定的加工工艺效果。根据 ISO 对制造装备数控运动轴的定义及机构学理论,可以将制造装备看作彼此相对运动的多个运动构件的组合,每个运动构件沿坐标轴做直线运动或回转运动。以直线代表运动构件,以椭圆代表运动副,则图 3-6(a)所示的五轴智能制造装备的运动链如图 3-6(b)所示。

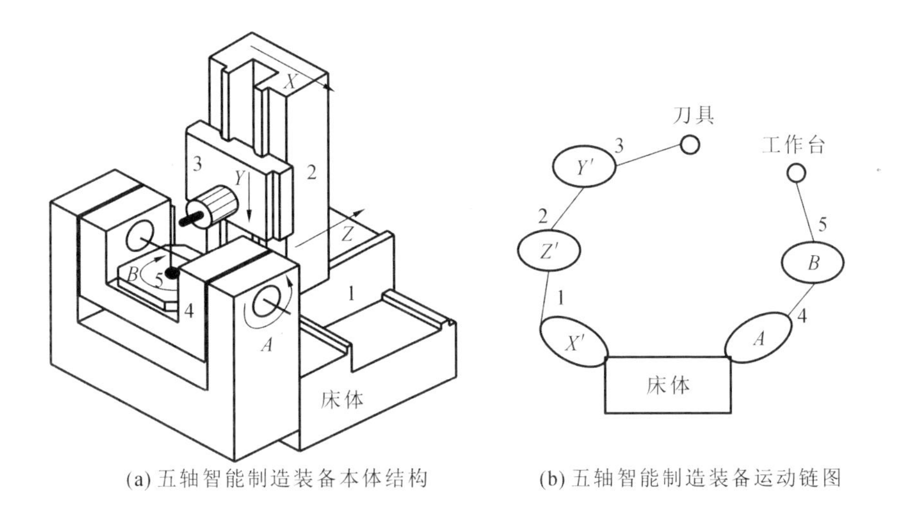

(a) 五轴智能制造装备本体结构　　(b) 五轴智能制造装备运动链图

图 3-6　五轴智能制造装备及其运动链图

运动链反映了各个运动构件间的运动顺序及连接方式。分析运动链图可知：作为工作母机的智能制造装备的运动轴可分为驱动工件的运动轴和驱动刀具的运动轴两类。上述五轴智能制造装备有三个轴用来驱动工件，两个轴用来驱动刀具。因此智能制造装备类似于一个机器人具有互相协作的两个手臂，一个负责夹持工作台，一个负责夹持刀具。通过对智能制造装备运动链的分析可知，在运动构件数目不变的情况下，改变彼此间的连接方式或顺序，机床的结构就会发生根本性的变化，即实现机床运动方案的创新设计。因此，在这里引入排列组合原理，讨论能实现既定的功能需求的不同运动副数和类型数的排列组合方案，并在这些组合中选择最优解。目前加工中心类智能制造装备大多是典型的开链机构。

3）运动副组合

运动副组合可以用由运动副的类型和个数所构成的一组有序数对来表示。假设一个开链机构有 n_1 个 Kp_1 型运动副、n_2 个 Kp_2 型运动副……n_i 个 Kp_i 型运动副，则运动副组合 JA 可以表示为

$$\mathrm{JA}=(n_1\mathrm{Kp}_1/n_2\mathrm{Kp}_2/\cdots/n_i\mathrm{Kp}_i) \tag{3-1}$$

式中：i 为运动副类型数；Kp_i 为运动副类型。运动副总个数为

$$N=n_1+n_2+\cdots+n_i \tag{3-2}$$

若开链机构具有 n_1 个旋转副（R）、n_2 个移动副（P）、n_3 个圆柱副（C），则其运动副组合可以表示为

$$JA=(n_1 R/n_2 P/n_3 C) \tag{3-3}$$

运动副总数为

$$N=n_1+n_2+n_3 \tag{3-4}$$

根据组合论,可定义运动副生成函数 $F(x)$:

$$F(x)=\sum x^N \tag{3-5}$$

式中:x 为各类型运动副的总和,即

$$x=Kp_1+Kp_2+\cdots+Kp_i \tag{3-6}$$

将式(3-6)代入式(3-5)得:

$$F(x)=\sum\sum_{j=1}^{m}a_j Kp_1^{n_1}Kp_2^{n_2}\cdots Kp_i^{n_i} \tag{3-7}$$

式中:m 为 x^N 展开后所具有的项数,即所有可能运动副组合的数目为

$$m=C_{N+i-1}^{N} \tag{3-8}$$

$Kp_1^{n_1}Kp_2^{n_2}\cdots Kp_i^{n_i}$ 代表运动副组合$(n_1Kp_1/n_2Kp_2/\cdots/n_iKp_i)$;$a_j$ 为 j 项运动副进行组合时所得到的不同排列的总数,其计算式为

$$a_j=\frac{1}{n_1!n_2!\cdots n_i!}\frac{\partial^N(F(x))}{\partial(Kp_1)^{n_1}\partial(Kp_2)^{n_2}\cdots\partial(Kp_i)^{n_i}}=\frac{N!}{n_1!n_2!\cdots n_i!} \tag{3-9}$$

对于构件数和运动副数目一定的开链机构,由运动副 Kp_1、Kp_2……Kp_i 组成的运动副排列总数为 N^*,令运动副 Kp_1、Kp_2……Kp_i 的数目均为 1,代入式(3-7)中,得函数 $F(x)$的各项系数的和为

$$N^*=\sum_{j=1}^{m}a_j=i^N \tag{3-10}$$

以两杆、三杆开链机构为例,其运动副数目分别为 1、2,利用式(3-5)得其运动副生成函数:

$$F(x)=\sum x^N=x+x^2 \tag{3-11}$$

若运动副类型为前文所介绍的 R、P、C,则变量 x 为

$$x=R+P+C \tag{3-12}$$

则由式(3-11)、式(3-12)得:

$$F(x)=\underbrace{R+P+C}_{\text{两杆}}+\underbrace{2RC+2RP+2CP+R^2+P^2+C^2}_{\text{三杆}} \tag{3-13}$$

由式(3-13)得:两杆开链机构的运动副数目为 1,有 3 种组合,即 R、P、C;三杆开链机构的运动副数目为 2,有 6 种组合,即 RC、RP、CP、R^2、P^2、C^2。同时通

过式(3-8)计算验证,式(3-13)结果正确。依次类推,得出运动副分别为R、P、C,即运动副类型数为3时,运动副组合数如表3-4所示。

表3-4 运动副组合数($i=3$)

运动副数	1	2	3	4	5	6
组合数	3	6	10	15	21	28

3.2.2 智能制造装备运动方案的生成与评价

1. 智能制造装备运动方案生成

根据笔者所开发的义齿种植导航模板的加工需求,拟设计智能多轴数控钻床运动方案,其中需要组合自由度数 $F=6$,且已知 $F_R=1, F_P=1, F_C=2$,从而得到:

$$F = n_1 F_R + n_2 F_P + n_3 F_C = n_1 + n_2 + 2n_3 = 6 \tag{3-14}$$

式中:n_1、n_2、n_3 代表各类型运动副的个数。

将式(3-5)与式(3-14)联立,得到R、P、C运动副的全部组合:

$$F(x)=\begin{cases} \underbrace{C^3}_{\text{四杆}}, \underbrace{P^2C^2, RPC^2, R^2C^2}_{\text{五杆}}, \underbrace{P^4C, RP^3C, R^2P^2C}_{\text{六杆}} \\ \underbrace{P^6, RP^5, R^2P^4, R^3PC, R^3P^3, R^4C, R^4P^2, R^5P, R^6}_{\text{七杆}} \end{cases} \tag{3-15}$$

以 R^2P^2C 为例,有 $n_1=2, n_2=2, n_3=1$。

2. 运动方案评价

通过式(3-8)及式(3-15)可知,在设计阶段通过排列组合将产生一系列设计方案,而如何在这些运动方案中选出最佳方案是一项较为复杂的工作,一般需要综合考虑多项评价指标。有学者提出了以价值观念作为评价准则的评价方法:首先,设定评价指标满意程度区间的边界值;其次,建立线性物理规划构造方案评价的综合目标函数,进而对各方案进行有效评价。但是此方法不适用于评价指标不能量化的情况。有学者以价值工程学为基础,提出了通过建立优化目标函数来求解最优方案的方法,该方法存在方案多样、设计结果不确定的问题,从而无法对设计的各个方案进行有效评价和决策。根据运动方案评价的工程特点,这里给出一种基于模糊语义的量化评价方法,即将评价指标的模糊语义转化成三角模糊数,然后进行定量分析,从而得到最优设计方案。

1）模糊语义转化的基本原理

决策者对每一个方案进行评价时将得到不同等级的模糊变量评价指标，对其进行评价将是一个复杂的过程。例如：决策者对设计方案的成本指标和可靠性指标分别进行评价，得到成本指标模糊语义集为 $A=\{$最低(VL)、较低(FL)、一般(M)、较高(FH)、最高(VH)$\}$，可靠性指标模糊语义集为 $B=\{$最好(VG)、较好(FG)、一般(M)、较差(FP)、最差(VP)$\}$。在这里我们引入语义函数 F(成本指标/可靠性指标)$=(c_1,c_2,c_3)$，将决策者的模糊语义指标转化为三角模糊数形式，如图 3-7 所示。

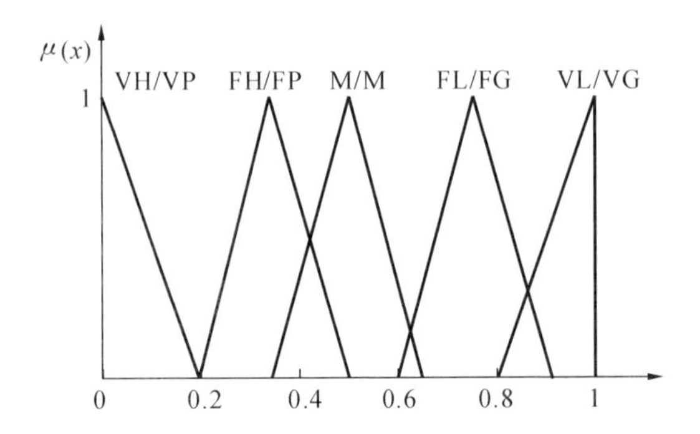

图 3-7 模糊语义指标转化的三角模糊数

由图 3-7 可知：

$F(\mathrm{VL/VG})=(0.8,1,1)$，　$F(\mathrm{FL/FG})=(0.6,0.75,0.9)$

$F(\mathrm{M/M})=(0.35,0.5,0.65)$，　$F(\mathrm{FH/FP})=(0.2,0.35,0.5)$

$F(\mathrm{VH/VP})=(0,0,0.2)$

2）三角模糊数的基本运算及排序方法

现定义 $\boldsymbol{W}_j=(W_{1j},W_{2j},W_{3j})$，$\boldsymbol{W}_j$ 为评价指标模糊权重，j 为模糊权重个数。

归一化：设归一化后模糊权重为 $\boldsymbol{w}_j=(w_{1j},w_{2j},w_{3j})$，则 $\boldsymbol{W}_j$ 与 $\boldsymbol{w}_j$ 之间的关系为

$$\begin{cases} w_{1j}=W_{1j}/(W_{2j}/w_{2j})=W_{1j}w_{2j}/W_{2j} \\ w_{2j}=W_{2j}/\sum\limits_{j}W_{2j} \\ w_{3j}=W_{3j}w_{2j}/W_{2j} \end{cases} \tag{3-16}$$

由归一化公式可知，归一化后模糊权重保持了三角模糊数函数关系及函数

间的相对位置关系，同时又有利于实际研究的需要。

三角模糊数的基本运算公式如下。

标量乘法运算：

$$\alpha \boldsymbol{M} = (\alpha m_1, \alpha m_2, \alpha m_3) \tag{3-17}$$

广义加法运算：

$$\boldsymbol{M} \oplus \boldsymbol{N} = (m_1 + n_1, m_2 + n_2, m_3 + n_3) \tag{3-18}$$

式中：$\boldsymbol{M}=(m_1, m_2, m_3)$，$\boldsymbol{N}=(n_1, n_2, n_3)$。

近似乘法运算：

$$\boldsymbol{M} \otimes \boldsymbol{N} = (c'_1, c'_2, c'_2) \tag{3-19}$$

式中：

$$c'_1 = m_2 n_2 + (m_2 - m_1)(n_2 - n_1) - m_2(n_2 - n_1) - n_2(m_2 - m_1)$$

$$c'_2 = m_2 n_2$$

$$c'_3 = m_2 n_2 + (m_2 - m_1)(n_2 - n_1) + m_2(n_2 - n_1) + n_2(m_2 - m_1)$$

三角模糊数均值为

$$\mathrm{mean}(\boldsymbol{M}) = \frac{\int_{S(\boldsymbol{M})} x \mu_{\boldsymbol{M}}(x)\mathrm{d}x}{\int_{S(\boldsymbol{M})} \mu_{\boldsymbol{M}}(x)\mathrm{d}x} \approx \frac{m_1 + m_2 + m_3}{3} \tag{3-20}$$

三角模糊数方差为

$$\sigma^2(\boldsymbol{M}) = \frac{\int_{S(\boldsymbol{M})} x^2 \mu_{\boldsymbol{M}}(x)\mathrm{d}x}{\int_{S(\boldsymbol{M})} \mu_{\boldsymbol{M}}(x)\mathrm{d}x} \approx \frac{m_1^2 + m_2^2 + m_3^2 - m_1 m_2 - m_1 m_3 - m_2 m_3}{18} \tag{3-21}$$

三角模糊数的质量型排序指标为

$$F(\boldsymbol{M}) = \beta \mathrm{mean}(\boldsymbol{M}) + (1-\beta)(1-\sigma(\boldsymbol{M})) \tag{3-22}$$

β反映了 $\mathrm{mean}(\boldsymbol{M})$和$\sigma(\boldsymbol{M})$在模糊排序中的相对重要性，其值在评价时预先设定。由式(3-22)可知，一个模糊数的 $\mathrm{mean}(\boldsymbol{M})$越大，$\sigma(\boldsymbol{M})$越小，则排序指标$F(\boldsymbol{M})$的值越大。

3）确定设计方案排序方法的步骤

设有 i 个决策者对 n 种设计方案的 m 个评价指标进行评价，则有评价指标集合 $\mathrm{Ev}=\{\mathrm{Ev}_1, \mathrm{Ev}_2, \cdots, \mathrm{Ev}_m\}$，评价指标权重 $\boldsymbol{W}=(\boldsymbol{W}_1, \boldsymbol{W}_2, \cdots, \boldsymbol{W}_n)$，设计方案集合 $S=\{S_1, S_2, \cdots, S_n\}$，决策者集合 $\mathrm{MD}=\{\mathrm{MD}_1, \mathrm{MD}_2, \cdots, \mathrm{MD}_i\}$，决策者权重

$\boldsymbol{W}'=(\boldsymbol{W}'_1,\boldsymbol{W}'_2,\cdots,\boldsymbol{W}'_i)$。

(1) 先由决策者对各设计方案按不同评价指标进行评价，将决策者评价的模糊语义指标转化为三角模糊数 $\boldsymbol{p}_{\mathrm{MD}_i}^{uv}=(L_{\mathrm{MD}_i}^{uv},M_{\mathrm{MD}_i}^{uv},U_{\mathrm{MD}_i}^{uv})$，其中三角模糊数 $\boldsymbol{p}_{\mathrm{MD}_i}^{uv}$ 表示决策者 MD_i 对第 u 种设计方案的第 v 个评价指标的评价，$L_{\mathrm{MD}_i}^{uv}$、$M_{\mathrm{MD}_i}^{uv}$、$U_{\mathrm{MD}_i}^{uv}$ 分别为三角模糊数的下限、中间值和上限，依次代表最悲观的评价、最佳猜测和最乐观的评价。

(2) 根据式(3-16)对评价指标权重和决策者权重进行归一化处理，得到归一化评价指标权重 $\boldsymbol{w}=(w_1,w_2,\cdots,w_n)$和决策者权重 $\boldsymbol{w}'=(w'_1,w'_2,\cdots,w'_i)$。

(3) 由模糊数运算公式(3-18)和公式(3-19)，首先综合决策者权重与模糊评价矩阵，得到决策者对评价指标的综合判定矩阵 $\boldsymbol{P}^{uv}=\boldsymbol{p}^{uv}=\boldsymbol{w}\boldsymbol{p}_{\mathrm{MD}_i}^{uv}$；其次综合评价指标权重与综合判定矩阵，并用模糊加权评价法计算设计方案 u 的模糊综合效用矩阵 $\boldsymbol{p}^u$。有

$$\boldsymbol{p}^{uv}=\boldsymbol{w}'_1\otimes\boldsymbol{p}_1^{uv}\oplus\boldsymbol{w}'_2\otimes\boldsymbol{p}_2^{uv}\oplus\cdots\oplus\boldsymbol{w}'_i\otimes\boldsymbol{p}_i^{uv}=(p_1^{uv},p_2^{uv},p_3^{uv}) \tag{3-23}$$

$$\boldsymbol{p}^{u}=\boldsymbol{w}_1\otimes\boldsymbol{p}^{u1}\oplus\boldsymbol{w}_2\otimes\boldsymbol{p}^{u2}\oplus\cdots\oplus\boldsymbol{w}_i\otimes\boldsymbol{p}^{u}=(p_1^{u},p_2^{u},p_3^{u}) \tag{3-24}$$

式中：$u=1,2,\cdots,n$；$v=1,2,\cdots,m$ 。

(4) 由质量型排序指标计算式(3-22)，分别计算各个设计方案的排序指标 F_u，然后按照 F_u 的大小排序，则 F_u 最大者即为最优方案。

这里以广义执行机构选型为例：根据广义执行机构的分类，目前广泛应用的为伺服电动机驱动的执行机构和液、气压驱动的执行机构两种。对两种广义执行机构分别从成本、精度、可靠性、运行平稳性及噪声等几个方面进行评价，得出最优选型。

已知决策者为 3 人，职称依次为教授、副教授、副教授，则将决策者权重取为标量值 $w'=(0.4,0.3,0.3)$，3 位决策者用 4 个评价指标来评价两种设计方案，如表 3-5 所示。

表 3-5　决策者对设计方案的评价

设计方案 S	决策者 $\mathrm{MD}_1/\mathrm{MD}_2/\mathrm{MD}_3$			
	Ev_1(成本)	Ev_2(精度)	Ev_3(可靠性)	Ev_4(噪声及平稳性)
电动机驱动(S_1)	一般/较低/较低	较高/最高/最高	较高/较高/最高	较低/最低/较低
液、气压驱动(S_2)	较高/较高/一般	一般/较高/一般	较高/较高/较高	一般/一般/较低
评价指标权重 $\boldsymbol{W}$	较重要	一般	较重要	一般

首先，将表中评价指标的模糊语义指标转化成三角模糊数进行定量分析，如表3-6所示。

表3-6　三角模糊数定量分析

S	Ev_1	Ev_2	Ev_3	Ev_4
S_1	(0.35,0.50,0.65) (0.60,0.75,0.90) (0.60,0.75,0.90)	(0.60,0.75,0.90) (0.8,1.0,1.0) (0.8,1.0,1.0)	(0.60,0.75,0.90) (0.60,0.75,0.90) (0.8,1.0,1.0)	(0.60,0.75,0.90) (0.8,1.0,1.0) (0.60,0.75,0.90)
S_2	(0.20,0.35,0.50) (0.20,0.35,0.50) (0.35,0.50,0.65)	(0.35,0.50,0.65) (0.60,0.75,0.90) (0.35,0.50,0.65)	(0.60,0.75,0.90) (0.60,0.75,0.90) (0.60,0.75,0.90)	(0.35,0.50,0.65) (0.35,0.50,0.65) (0.60,0.75,0.90)
$\boldsymbol{w}$	(0.60,0.75,0.90)	(0.35,0.50,0.65)	(0.60,0.75,0.90)	(0.35,0.50,0.65)

其次，将评价指标权重根据式(3-16)进行归一化处理，然后根据确定评价设计方案排序方法得到决策者综合评价指标判定矩阵 $\boldsymbol{p}^{uv}$，由综合评价指标权重 $\boldsymbol{w}$ 与 $\boldsymbol{p}^{uv}$ 用模糊加权评价法进行运算，得到模糊综合效用矩阵 $\boldsymbol{p}^{u}$，最后根据式(3-20)和式(3-21)计算分别得到两个模糊数的均值和方差：

$$\mathrm{mean}(\boldsymbol{p}^1)=0.895,\quad \mathrm{mean}(\boldsymbol{p}^2)=0.674$$

$$\sigma^2(\boldsymbol{p}^1)=0.105,\quad \sigma^2(\boldsymbol{p}^2)=0.142$$

取 $\beta=0.5$，即对均值和偏差同等重视，由式(3-22)得到

$$F_1=0.785,\quad F_2=0.648$$

由 $F_1>F_2$，所以动力驱动方式选择伺服电动机型广义执行机构。

同理，在运动组合方案中引入本节介绍的三角模糊数评价方法，决策者为四位经验丰富的老师，职称依次为教授、教授、副教授、高工；五个评价指标分别为成本、精度、稳定性、功能实现难易程度、控制编程难易程度。采用三角模糊数评价排序方法进行计算，得到最优选型为 R^2P^2C 运动组合方案，具体运算不再赘述。

3.2.3　智能制造装备样机设计与开发

1. 三维建模

选定 R^2P^2C 组合运动副，并分配到ISO笛卡儿坐标系中，同时设定如下条件：

（1）采用立式主轴；

（2）刀具轴为回转轴。

满足义齿种植导航模板加工需求的智能制造装备运动链及对应机械结构设计方案如图 3-8 所示。

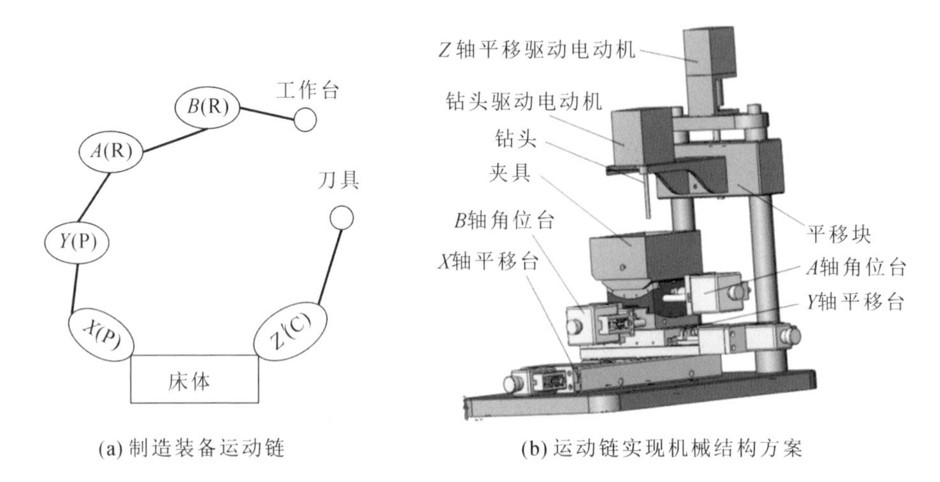

(a) 制造装备运动链　　(b) 运动链实现机械结构方案

图 3-8　智能制造装备运动链和对应的机械结构设计方案

2. 实物样机

基于智能制造装备运动链和机械结构设计的实物样机如图 3-9 所示。

图 3-9　智能制造装备样机

3.2.4 六轴联动滚齿智能制造装备的结构方案创新设计

1. 六轴联动滚齿智能制造装备的结构方案

3.2.1 节至 3.2.3 节从运动副组合角度讨论了智能制造装备运动链和智能制造装备结构设计，由于样本空间($X,Y,Z,A,B,C,X',Y',Z',A',B',C'$)中涉及 12 个样本元素，且 $X'/\!/X$、$Y'/\!/Y$、$Z'/\!/Z$、$\boldsymbol{A}'/\!/\boldsymbol{A}$、$\boldsymbol{B}'/\!/\boldsymbol{B}$、$\boldsymbol{C}'/\!/\boldsymbol{C}$，虽然基于刀具的绝对运动和基于工件的绝对运动在机械结构方案的实现上是不同的，但是其对表面成形的贡献是一样的。开链机构往往直接面临的是基于笛卡儿坐标系的表征制造装备执行机构自由度的 12 个样本元素，因此，直接以表征运动自由度的运动坐标来研究智能制造装备的运动链设计和结构形式，可以更加直观地表示智能制造装备的运动构成及其结构形式。

这里以六轴联动滚齿智能制造装备结构设计为例。由前文切削加工表面成形运动学分析讨论可知，智能制造装备采用一定原型曲面的刀具来成形一定形状的工件表面，实质上就是通过一定的传动结构和控制方式来控制刀具和工件之间的相对运动。若不考虑干涉问题，则刀具上某切削点要完成工件被成形表面上任意一点位置处表面的切削加工，必须使制造装备实现刀具相对于工件在空间的自由运动，而空间某物体的自由运动要用六个自由度来实现。由于实现刀具相对工件运动的坐标轴的形式和配置方式多种多样，因此六轴联动滚齿智能制造装备的结构形式和种类繁多。我们对广泛采用的六轴联动滚齿智能制造装备——六轴联动数控滚齿机结构形式及其编码方法进行了研究，这对实现六轴联动滚齿智能制造装备设计和编程的自动化、智能化具有重要理论意义和现实意义。

由于工件坐标轴 X、Y、Z、A、B、C 与刀具坐标轴 X'、Y'、Z'、A'、C'是对应相关的，为使制造装备结构简单且能实现刀具相对于工件的任意空间运动姿态的控制，同时考虑到滚切包络加工齿轮的原理、滚刀螺旋升角及被加工齿轮螺旋角的特点，在调整和操作简便的情况下，根据工件轴线在空间的布置方式，滚齿机结构不外乎两大类——立式结构和卧式结构，如图 3-10 所示。

图 3-10 所示的两类结构各有其特点：立式结构由于工件轴线竖直布置，因此工件装夹方便，多用于大型滚齿加工场合，但中小型及高效滚齿智能制造装

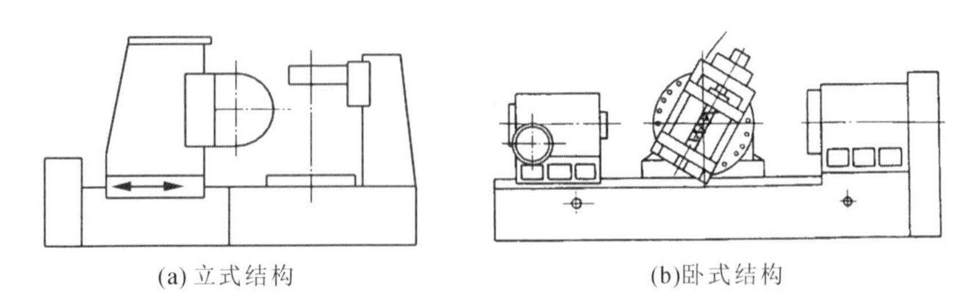

图 3-10　滚齿机结构布局方案

备也常采用立式布局。卧式结构由于工件轴线水平布置，因此工件装夹和人工测量相对困难一些，多用于加工仪器仪表行业小齿轮的仪表齿轮滚齿制造装备和加工轴齿轮的大型滚齿制造装备。

2. 立式六轴联动数控滚齿机

依据图 3-4 所示的坐标系，考虑到工件和刀具一般均要做展成运动(旋转运动)，则在工件轴线竖直布置(立式)时六轴联动数控滚齿机的结构共有 $C_2^1C_2^1C_2^1C_2^1C_2^1=32$(种)。

由于滚刀在水平面内沿 X 轴和沿 Y 轴运动两种情况下，具体空间结构的实现应是一样的。因此，实质上立式六轴联动数控滚齿机结构设计方案只有 $32/2=16$ 种，具体如下：

(1) $ABC'XYZ$；

(2) $ABC'XYZ'$；

(3) $ABC'XY'Z$；

(4) $ABC'XY'Z'$；

(5) $ABC'X'YZ$；

(6) $ABC'X'YZ'$；

(7) $ABC'X'Y'Z$；

(8) $ABC'X'Y'Z'$；

(9) $BA'C'XYZ$；

(10) $BA'C'XYZ'$；

(11) $BA'C'XY'Z$；

(12) $BA'C'XY'Z'$；

(13) $BA'C'X'YZ$；

(14) $BA'C'X'YZ'$;

(15) $BA'C'X'Y'Z$;

(16) $BA'C'X'Y'Z'$。

3. 卧式六轴联动数控滚齿机

在该类制造装备中工件轴线水平布置。卧式六轴联动数控滚齿机的结构设计方案同样也有16种,分别是:

(1) $BCA'XYZ$;

(2) $BCA'XYZ'$;

(3) $BCA'XY'Z$;

(4) $BCA'XY'Z'$;

(5) $BCA'X'YZ$;

(6) $BCA'X'YZ'$;

(7) $BCA'X'Y'Z$;

(8) $BCA'X'Y'Z'$;

(9) $CA'B'XYZ$;

(10) $CA'B'XYZ'$;

(11) $CA'B'XY'Z$;

(12) $CA'B'XY'Z'$;

(13) $CA'B'X'YZ$;

(14) $CA'B'X'YZ'$;

(15) $CA'B'X'Y'Z$;

(16) $CA'B'X'Y'Z'$。

因此,六轴联动数控滚齿机结构形式共有16+16=32种。

说明:以上两类结构形式均以刀具与工件采用"侧面布局"(即滚刀和工件的相对位置在空间内相互错开)和"定轴系"(即滚刀或工件轴线固定)方式为前提。对刀具与工件采取"上下布局"(即刀具和工件在空间中一上一下布置)及周转轮系、行星轮系的结构形式均因其结构实现的复杂性而未做考虑。

4. 六轴联动数控滚齿机结构形式的编码

为实现多轴联动智能制造装备设计及编程的自动化和智能化,对上述讨论的制造装备结构形式进行研究。考虑到尽可能保证结构简单,一般在工件和刀具的坐标系中，相同方向的自由度（如 X 和 X' 方向的自由度）只含其一即可，因此首先做如下规定：

（1）有 X 坐标时，$X=0$；

（2）有 Y 坐标时，$Y=0$；

（3）有 Z 坐标时，$Z=0$；

（4）有 X' 坐标时，$X=1$；

（5）有 Y' 坐标时，$Y=1$；

（6）有 Z' 坐标时，$Z=1$；

（7）有 A 坐标时，$A=0$；

（8）有 B 坐标时，$B=0$；

（9）有 C 坐标时，$C=0$；

（10）有 A' 坐标时，$A=1$；

（11）有 B' 坐标时，$B=1$；

（12）有 C' 坐标时，$C=1$。

依据上述规定，按序列 $ABCXYZ$ 对每种结构形式进行二进制编码，并求得其编码值。例如：$ABC'XYZ$ 结构形式的二进制编码为 0 0 1 0 0 0，其十六进制格式编码为 08H。再如：$BA'C'XY'Z$ 结构形式的二进制编码为 1 0 1 0 1 0，其十六进制编码为 2AH。

同理，可求得其他各种结构形式的十六进制编码，如表 3-7 所示。其中，若滚齿机结构形式的编码用 M 表示，则总结编码特点可以得出依据编码确定智能制造装备机械本体结构形式的判据准则如下：

（1）若 $M=ab$H，则 $a=0$、2、3，$b=0\sim0$FH；

（2）若 $a=0$，则 M 一定表示立式结构；若 $a=3$，则 M 一定表示卧式结构；若 $b\leqslant7$，则 M 一定表示卧式结构；若 $8\leqslant b\leqslant0$FH，则 M 一定表示立式结构。

（3）当 08H$\leqslant M\leqslant$0FH 或 28H$\leqslant M\leqslant$2FH 时，M 表示立式结构；当 20H$\leqslant M\leqslant$27H 或 30H$\leqslant M\leqslant$37H 时，M 表示卧式结构。

这样，就可根据制造装备结构形式的编码来确定其结构类型，同时可进行相应的坐标变换、数控编程及制造装备设计的微机化实施，为制造装备设计和数控编程的自动化和智能化奠定理论基础。

表3-7　六轴联动数控滚齿机结构形式及其十六进制编码

立式结构			卧式结构		
序号	结构形式	编码	序号	结构形式	编码
1	$ABC'XYZ$	08H	17	$BCA'XYZ$	20H
2	$ABC'XYZ'$	09H	18	$BCA'XYZ'$	21H
3	$ABC'XY'Z$	0AH	19	$BCA'XY'Z$	22H
4	$ABC'XY'Z'$	0BH	20	$BCA'XY'Z'$	23H
5	$ABC'X'YZ$	0CH	21	$BCA'X'YZ$	24H
6	$ABC'X'YZ'$	0DH	22	$BCA'X'YZ'$	25H
7	$ABC'X'Y'Z$	0EH	23	$BCA'X'Y'Z$	26H
8	$ABC'X'Y'Z'$	0FH	24	$BCA'X'Y'Z'$	27H
9	$BA'C'XYZ$	28H	25	$CA'B'XYZ$	30H
10	$BA'C'XYZ'$	29H	26	$CA'B'XYZ'$	31H
11	$BA'C'XY'Z$	2AH	27	$CA'B'XY'Z$	32H
12	$BA'C'XY'Z'$	2BH	28	$CA'B'XY'Z'$	33H
13	$BA'C'X'YZ$	2CH	29	$CA'B'X'YZ$	34H
14	$BA'C'X'YZ'$	2DH	30	$CA'B'X'YZ'$	35H
15	$BA'C'X'Y'Z$	2EH	31	$CA'B'X'Y'Z$	36H
16	$BA'C'X'Y'Z'$	2FH	32	$CA'B'X'Y'Z'$	37H

3.3　智能制造装备结构方案柔性创成

智能制造装备的突出优势是，其多轴联动控制的高度柔性可以满足复杂自由曲面成形的需求。在本节中我们将在齿廓表面加工运动学图谱分析、六轴联动数控滚齿机结构形式讨论和编码研究的基础上，根据面向对象语言的开发技术和模块化设计思想，对滚齿智能制造装备结构方案柔性创成的智能化设计展开基础研究，为智能制造装备结构方案设计提供思路。

3.3.1 基于切削运动方案的制造装备结构部件形式模块化实现

基于笛卡儿直角坐标系的滚齿智能制造装备，为便于直观表达坐标轴 X、Y、Z、X'、Y'、Z'的平移运动及 A、B、C、A'、B'、C'轴的旋转运动，引入制造装备模块化设计思想，定义如下三种类型的概念模块（见图 3-11）：

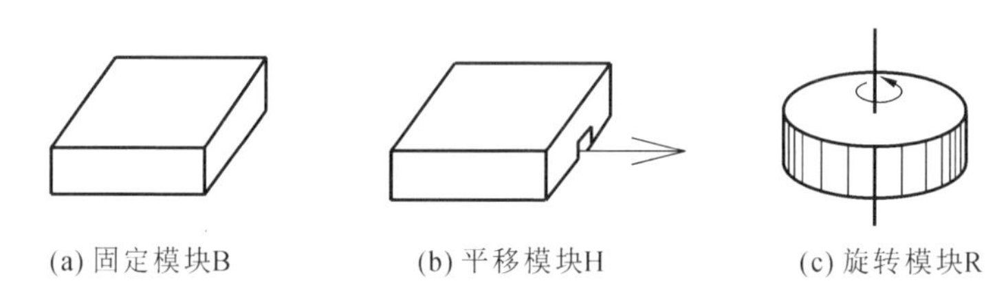

图 3-11 概念模块图示化描述

（1）固定模块，指不能实现平移或旋转，只起固定其他平移或旋转模块作用的模块，用符号 B 表示。水平安装的用 H-B 表示，竖直方向安装的用 V-B 表示。

（2）平移模块，指依附于固定或旋转模块，可以实现沿 $X(X')$、$Y(Y')$、$Z(Z')$方向中的任一方向移动的模块，用符号 H 表示。

（3）旋转模块，依附于平移或固定模块，一次只能实现绕 X、Y、Z 轴中的某一个轴做旋转运动的模块，用符号 R 表示。

依据上述三个模块的定义可以得到以下推论：

（1）两个旋转模块不能相邻；

（2）旋转模块上面可以叠加平移模块；

（3）平移模块上面可以叠加旋转模块和不同方位的平移模块；

（4）固定模块可以支承旋转模块或平移模块。

依据运动模块定义和基于工件表面成形运动需求的制造装备结构形式组合，便可进行制造装备机械本体基本结构的模块化设计。

3.3.2 面向对象的滚齿智能制造装备结构方案创成的数字化描述

1. 约束规则的建立

对于滚齿智能制造装备结构方案的创成，应从以下两个角度来建立约束规则。

（1）特征约束　主要依据被加工齿轮几何信息特征和所要求采用的工具原型曲面特征来提取约束规则。例如，工件的轻重、刀具类型和采用的加工方法等要求的约束条件以“IF-THEN”规则形式描述为：

IF〈工件为重型〉　THEN　〈制造装备结构形式为立式〉AND〈工件不能有竖直位移〉；

IF〈刀具是滚刀〉　THEN　〈表面成形采用G-T法〉AND〈要求两个成形运动〉；

IF〈工件加工精度高〉　THEN　〈工件固定〉OR〈工件只允许有沿一个方向的水平位移〉；

（2）模块约束　依据上述模块化定义及其推论，建立如下模块约束规则：

① $R_i \wedge R_j = 0$；

② $H_i \wedge H_j = 1$；

③ $R_i \wedge H_j = 1$；

④ $B_i \wedge B_j = 1$；

⑤ $R_i \wedge B_j = 1$；

……

其中：R_i、B_i、H_i 分别表示旋转模块、固定模块和平移模块；“0”表示不合法，不允许采纳；“1”表示合法，允许采纳。

2. 面向对象的滚齿智能制造装备结构方案创成及数字化描述

面向对象概念的提出，使人们对继承和封装有了更深层次的认识。继承使系统具有可扩展性，封装使系统实现模块化，可扩展性和模块化使系统从专用化转向通用化，从固化转向柔性化，使系统设计有了一个质的飞跃。将面向对象概念应用在制造装备机械本体结构方案设计创成上，可使制造装备实现智能化和自动化。

面向对象的柔性设计系统首先应该具有两大特点：

（1）系统采取面向对象的体系结构。所谓对象，是指系统的构造块，即系统由这种对象构成。

（2）设计系统具有柔性，即可重构性。适当选择系统模块（由对象组成）进行柔性组态连接重构，可形成面向对象的具体的某一种或某类功能的设计系统。

在智能滚齿制造装备结构方案创成中，采用面向对象（OO）方法，对模块化派生采取类的继承机制，如图 3-12 所示。图中：P-module 表示平移模块；R-module 表示旋转模块；X-module 表示沿 X 方向运动的平移模块；Y-module 表示沿 Y 方向运动的平移模块；B-module 表示固定模块；H-module 表示沿 X、Y 方向运动的平移模块；V-module 表示沿 Z 方向运动的平移模块；R-X-module 表示依附于沿 X 方向运动的平移模块的旋转模块；R-Y-module 表示依附于沿 Y 方向运动的平移模块的旋转模块；R-V-module 表示依附于沿 Z 方向运动的平移模块的旋转模块；R-H-module 表示依附于沿 X、Y 方向运动的平移模块的旋转模块。

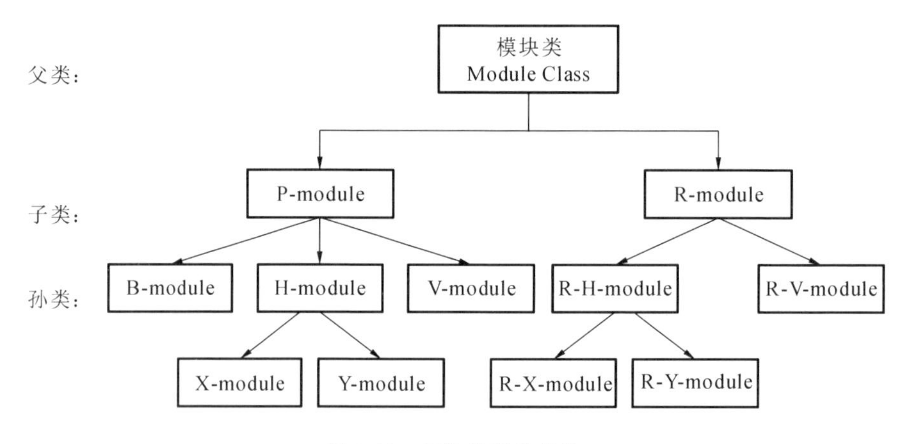

图 3-12　模块类派生结构

依据制造装备结构形式的编码或所建立的加工运动学图谱，按照制定的约束规则进行模块组态，便可得到相应的各种可能的制造装备方案。对于前述六轴联动数控滚齿机结构方案创成，具体做法是：首先，依据工件的特征约束，确定其应采取的结构方案；其次，依据模块约束和其他特征约束确定智能滚齿制造装备结构的具体形式；最后，根据其中的坐标运动组合建立制造装备结构方案的基本实体模型。例如，对坐标运动组合 $A'B'CX'Y'Z'$，考虑模块约束的模块结构组合如图 3-13 所示。图中：RS 表示径向滑块，AS 表示轴向滑块，TS 表示切向滑块，FK 表示刀架，WT 表示工作台。为了简化描述和便于计算机储存，所创成的制造装备结构方案可采用由刀具到工件的“C”形运动链图表达，并用代表刀具和工件间相对运动方式的所有模块字符依次排列形成的字符串进行表示和储存。

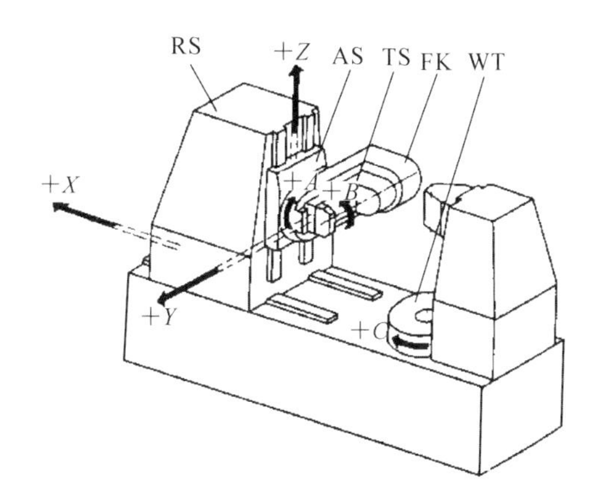

图 3-13　制造装备结构方案创成实体模型

图 3-14 所示的“C”形运动链描述了图 3-13 所示六轴联动数控滚齿机模块化设计结构。为便于计算机存储，可用 RB-HY-RA-V-HX-B-RC′表示该结构，以方便实现制造装备结构方案创成的自动化和智能化。其中 RB、RA、RC′分别表示刀具绕 Y 轴、X 轴的旋转运动和工件绕 Z'轴的旋转运动；HX、HY 表示刀具可以实现沿 X、Y 方向的直线运动；V 表示刀具可以实现沿 Z 方向的竖直运动。

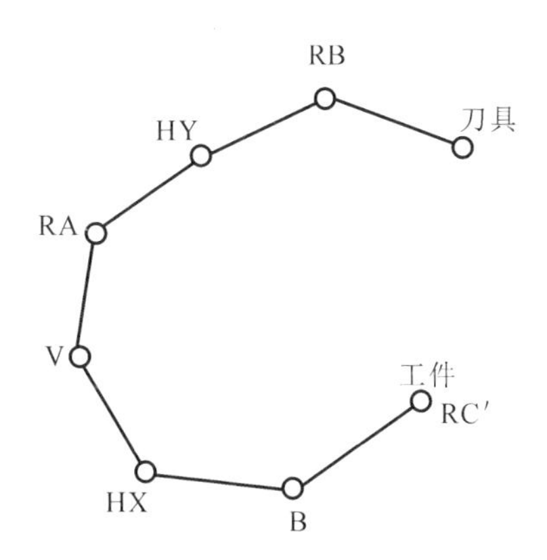

图 3-14　六轴联动数控滚齿机的“C”形运动链图

总之，其他制造装备结构形式具体方案的创成与实现同样也可以转化为模块化设计及便于计算机存储的单链表“C”形结构形式，此处不赘述。

3.4 智能制造装备机械本体的并联结构方案设计

3.4.1 智能制造装备机械本体的并联结构方案设计概述

1. 智能制造装备机械本体的并联结构含义

结合工件功能表面成形运动分析与实现，依据不同的单自由度单元运动不同的组合方式，智能制造装备机械本体结构方案的设计方法可以分为三类：串联结构设计、并联结构设计以及串并结合的混联结构设计。

传统的制造装备机械本体采用的一般都是基于笛卡儿直角坐标系的若干单自由度运动的基本机构顺序连接结构方案，每一个前置机构的输出运动是后置机构的输入，若连接点设在前置机构中做简单运动的构件上，即形成所谓的串联结构。

并联结构则是动平台和固定平台通过至少两个独立的运动链相连接，具有两个或两个以上自由度，且以并联方式驱动的一种闭环结构。并联结构制造装备又称虚拟轴制造装备，是基于空间并联机构 Stewart 平台原理开发的，是并联机器人机构与制造装备结合的产物，是空间机构学、机械制造、数控技术、计算机软/硬件技术和 CAD/CAM 技术高度结合的高科技产品。它克服了传统制造装备串联机构刀具只能沿固定导轨进给、刀具作业自由度偏低、设备加工灵活性和机动性不够等固有缺陷，可实现多坐标联动数控加工、装配和测量等多种功能，能满足复杂特种零件的加工需求。

2. 并联制造装备工作原理

1965 年，英国工程师 Stewart 开发了采用六自由度并联机构的飞行模拟器，并于 1966 年发表了论文 *A Platform with Six Degrees of Freedom*，在工程界引起极大的反响。该六自由度并联机构具有许多明显的优点，在工程领域具有广泛的应用前景，人们把这种机构称为 Stewart 平台，如图 3-15 所示。在动平台上固定旋转刀具，在固定平台上装夹工件，由数控系统协同控制各伸缩杆的运动，便形成了典型的并联机床。

Stewart 平台首先在机器人研究领域得到广泛应用。之后，在 1994 年美国芝加哥国际制造技术博览会(IMTS) 上，美国、瑞士等国家的一些公司展出了

Stewart 数控制造装备样品,引起了世界范围内的广泛关注。自此,这种新型制造装备开始得到深入研究。

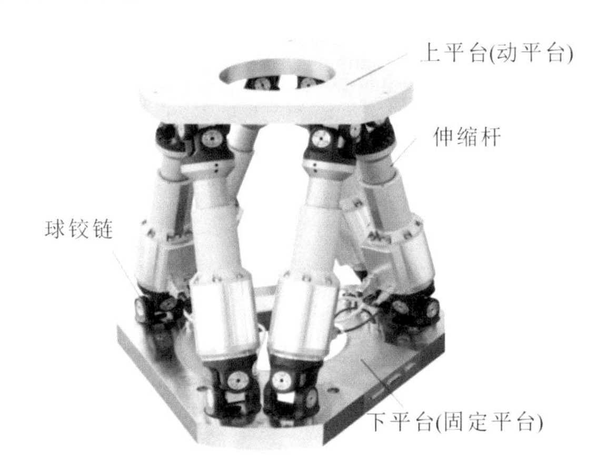

图 3-15 Stewart **平台**

为了解并联制造装备的工作原理,将其结构与我们熟悉的传统制造装备的串联结构进行对比。以铣床为例。图 3-16 所示是普通立式铣床。工作台 4 用于固定工件,同时可以进行纵向移动;滑座 5 可以进行横向移动,与刀具 3 相连的主轴箱 2 可以沿立柱 1 的导轨上下移动。工件表面的加工是通过刀具和工件的相对运动实现的,而刀具和工件的相对运动正是若干单自由度运动的叠加,如工作台 4 的纵向水平运动、滑座 5 的横向水平运动以及主轴箱 2 的上下竖直运动。实现这些单自由度运动的机构由床身 6 和立柱 1 连接起来,形成串联结构,这种串联结构的制造装备的运动是在普通的直角坐标系中描述的,如图 3-17 所示。

图 3-18 是一台比较典型的并联制造装备示意图。工件安装在工作台 1 上,工作台固定不动,与刀具相连的主轴 4(动平台)工作位置由六根可改变工作长度的伸缩杆 5 控制,每根杆由一个独立的伺服电动机驱动,通过精密滚珠丝杠传动改变杆的长度。显然,刀具和工件之间的相对运动不是由串联机构实现的,而是由制造装备同时控制六根杆长度的协同变化来实现的。主轴 4 在空间具有六个自由度,可实现多个单元运动,加上刀具的旋转,共同形成加工零件的表面。图 3-19 是常规并联制造装备坐标系。静坐标系 $O\text{-}XYZ$ 建立在固定平台上,固定平台与制造装备的床身和框架相连;动坐标系 $O'\text{-}X'Y'Z'$ 建立在动平台上,动平台与刀具相连,通过坐标变换的方法建立两种坐标系间的联系。

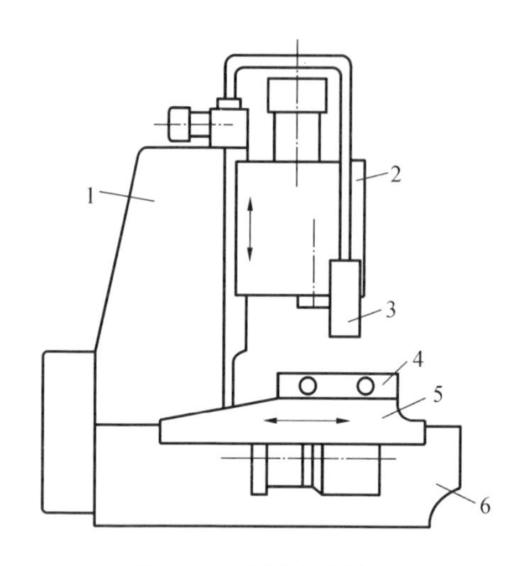

图 3-16　普通立式铣床

1—立柱；2—主轴箱；3—刀具；

4—工作台；5—滑座；6—床身

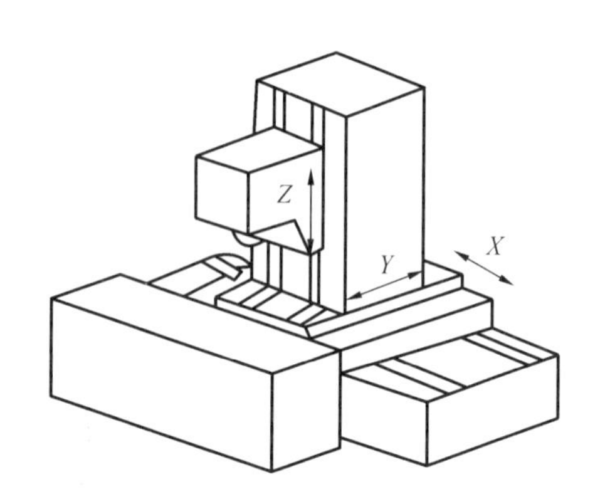

图 3-17　串联制造装备坐标系

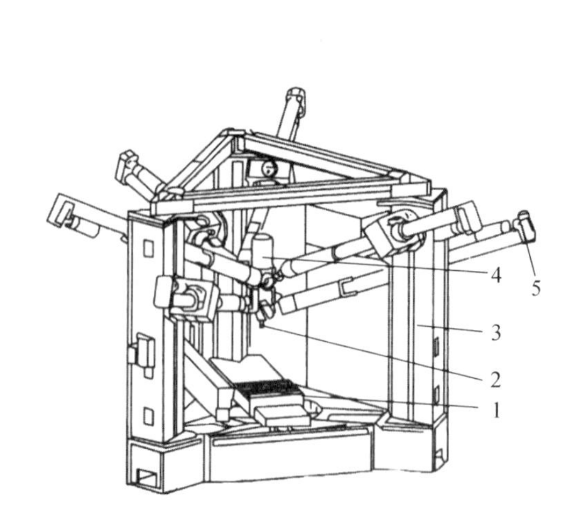

图 3-18　并联制造装备

1—工作台；2—刀具；3—固定支架；4—主轴；5—丝杠

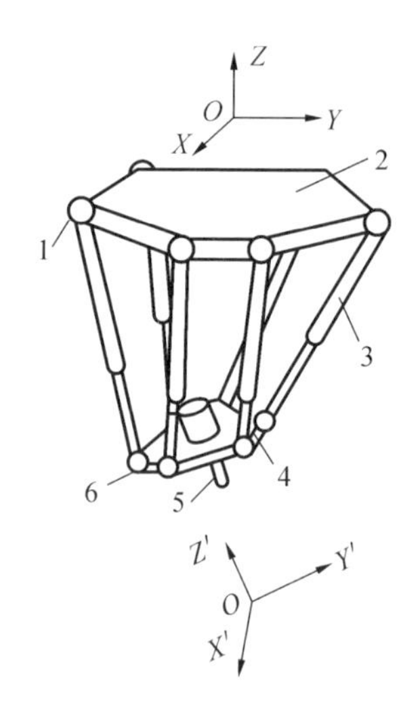

图 3-19　并联制造装备坐标系

1—上球铰；2—固定平台；3—驱动杆；

4—动平台；5—刀具；6—下球铰

3.并联制造装备的特点

整体而言，传统的串联制造装备属于数学原理简单而结构复杂的制造装备。并联制造装备结构简单而数学原理复杂，整个平台的运动牵涉到复杂的数学运算，因此并联制造装备是一种知识密集型装备。这种新型制造装备完全打破了传统制造装备结构的概念，抛弃了固定导轨刀具导向方式，采用了多杆并联机构驱动，大大提高了制造装备的动态响应速度，使加工精度和加工质量都有较大的提升。另外，其进给速度较之于串联制造装备高很多，从而使高速、超高速加工更容易实现。这种制造装备由于具有速度高、精度高以及重量轻、机械结构简单、制造成本低、标准化程度高等优点，在许多领域都得到了成功的应用，因此受到学术界的广泛关注。

随着高速切削技术的不断发展，传统串联制造装备移动工作台高速化开始成为限制高速切削技术发展的瓶颈，而并联式平台成为最佳的候选对象。相对于串联制造装备，并联制造装备具有如下优点。

1）结构简单、价格低

并联制造装备主要由滚珠丝杠、胡克铰、球铰、伺服电动机等通用组件组成，机械零部件数目相对于串联制造装备大幅度减少。由于这些通用组件可由专门厂家生产，因而并联制造装备的制造和库存成本比相同功能的传统制造装备低得多，容易组装和搬运。

2）结构刚度高

由于采用了封闭性的结构，因而其具有高刚度和高速化的优点，其结构负载流线短，而负载分解的拉、压力由六根伸缩杆同时承受。从材料力学的观点来说，在外力一定时，悬臂梁的应力与变形都最大，其次是两端自由梁，再次是两端简支梁，最后是受压的二力构件。应力与变形都最小的是受张力的二力构件，故其拥有高刚度。并联制造装备的刚度重量比高于传统的数控制造装备。

3）加工速度高，惯性低

如果结构所承受的力会改变方向（介于张力与压力之间），采用三力构件将会是最节省材料的。而基于三力构件的并联制造装备的移动件重量减至最低且同时由六个致动器驱动，因此，很容易实现高速化，且拥有低惯性。

4）加工精度高

并联制造装备由多轴并联机构组成，六根伸缩杆杆长都单独对刀具的位置和姿态起作用，因而不存在传统制造装备（即串联制造装备）的几何误差累积和放大的现象，甚至还有平均化效果；其采用热对称性结构设计，因此热变形较小，具有高精度。

5）功能多，灵活性强

并联制造装备机构简单、控制方便，较容易根据加工对象而将其设计成专用制造装备。同时，也可以将其开发成通用制造装备，用以实现铣削、镗削、磨削等加工，还可以配备必要的测量工具组成测量机，以实现制造装备的多功能化。因此，其在国防和民用领域都有着十分广阔的应用前景。

6）使用寿命长

并联制造装备受力结构布局合理，运动部件磨损小，且没有导轨，不存在铁屑或冷却液进入导轨内部而导致其划伤、磨损或锈蚀的现象，因此使用寿命长。

7）适合于模块化生产

对于不同的机器加工范围，只需要改变连杆长度和接点位置；其维护也容易，无须进行机件的再制造和调整，只需将新的机构参数输入即可。

8）变换坐标系方便

由于没有实体坐标系，制造装备坐标系与工件坐标系的转换全部靠软件完成，非常方便。

3.4.2 智能制造装备机械本体的并联机构位置分析

1. 智能制造装备机械本体的空间并联机构

1）并联机构的描述及类型

用两个或两个以上的运动链连接固定平台和动平台（即带有执行器的工作平台）就可以构成各种并联机构。并联机构类型的表示方法是：以数字表示并联机构运动链的数目，以字母表示运动副类型（最后一个字母表示连接动平台的运动副类型），数字和字母以短线隔开。如果要表示驱动运动副，则可对相关字母加下划线。例如：图 3-15 所示的空间并联机构为 6-SPS 型，即该并联机构由六个运动链连接而成；每个运动链由两个球面副 S 和一个移动副 P 组成，通过球面副与固定平台和动平台连接，机构由移动副驱动。这就是典型的Stewart平台机构。

应该指出，运动链的数目和类型不能代表机构的自由度数目，对自由度的情况需要另外加以说明。

2）典型的并联机构

图 3-20(a)所示是一个 6-SPS 型并联机构，它由六个 SPS 运动链连接六边

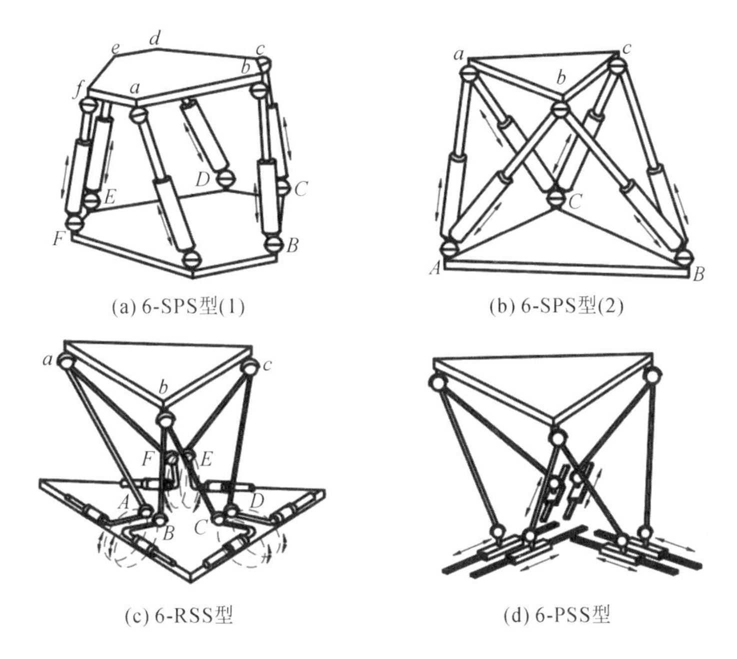

(a) 6-SPS型(1)　(b) 6-SPS型(2)

(c) 6-RSS型　(d) 6-PSS型

图 3-20　由六个运动链构成的空间并联机构

形的动平台和固定平台组成,并以移动副作为输入件,此即 Stewart 平台。若将动平台上的每两个球面副以一个复合球面副取代,则该机构可演变成为固定平台和动平台都是三角形的 6-SPS 型并联机构,如图 3-20(b)所示。图 3-20(c)所示是一个 6-RSS 型并联机构,它由六个 RSS 空间运动链连接三角形的动平台和固定平台组成,以三组垂直于固定平台的转动副(转动轴线与同侧固定平台的边平行)作为输入件,每两组空间运动链通过复合球面副与三角形动平台连接。图 3-20(d)所示是一个6-PSS型并联机构,它由三组共六个 PSS 空间运动链构成,通过复合球面副连接三角形的动平台,以与机架(固定平台)相连的六个移动副作为输入件。

图 3-21(a)所示是一个 3-RPS 型并联机构,它由三个 RPS 空间运动链连接三角形的动平台和固定平台组成。每个运动链通过球面副连接动平台,并以转动副(转动轴线与同侧固定平台的边平行)与固定平台连接。它以三个移动副作为输入件。图 3-21(b)所示是一个 3-RRR 型并联机构,它由三个 RRR 空间运动链连接三角形的动平台和固定平台组成,以其中三个转动副作为输入件。图 3-21(c)所示是一个 3-SPS 型并联机构,它由三个 SPS 空间运动链连接三角

形的动平台和固定平台组成，每个运动链的两端通过球面副连接动平台和固定平台。它以三个移动副作为输入件。图 3-21(d)所示是一个 3-PSS型并联机构，它由三个 PSS 空间运动链连接三角形的动平台组成，以与机架相连的三个移动副作为输入件。

空间并联机构的可能组合形式很多，借助图 3-15 中的空间运动副可以组成不同的空间并联机构。

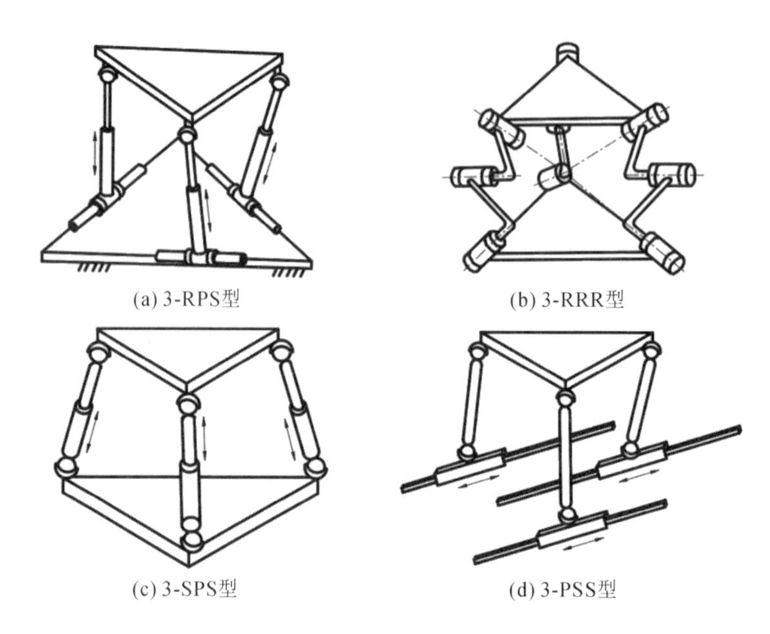

图 3-21　由三个运动链构成的空间并联机构

2. 智能制造装备机械本体并联结构位置分析

并联机构的位置分析是求解机构输入件与输出件之间关系的关键，也是进行空间机构综合和进一步对并联机构开展速度和加速度分析、工作空间分析、控制系统分析以及动力学分析等的基础。

并联机构的位置分析主要有两类：一类是已知机构输入件的位置，求解机构输出件的位置和姿态，称为位置的正解；另一类是已知机构输出件的位置，求解机构输入件的位置和姿态，称为位置的反解。机构位置的正解和反解无论在理论上还是在实际应用上都是不可缺少的。机构位置正解和反解的相互关系如图 3-22 所示。

并联机构分析要比单环空间机构分析复杂得多。对于串联机构，位置正解

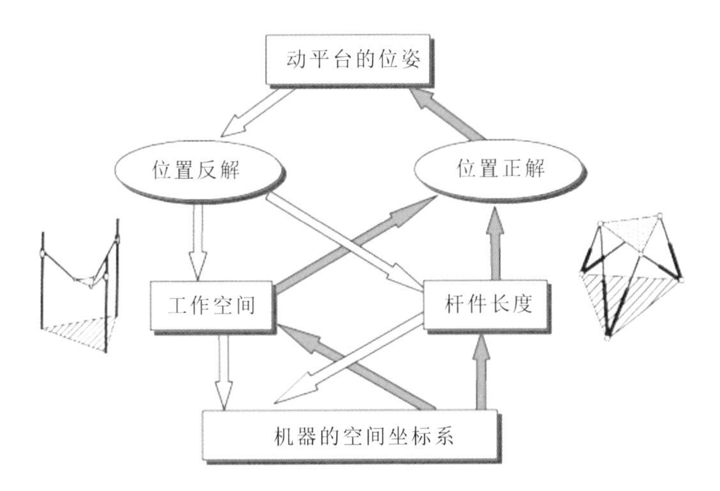

图 3-22 机构位置的正解和反解

比较容易,而反解比较困难。相反,对于并联机构,位置反解比较简单,而正解却十分复杂。

1) 并联机构位置分析涉及的主要术语与定义

固定平台(base platform):将机器各功能部件固连在一起的基础平台。

动平台(mobile platform):并联机构中由各分支运动链共同驱动的平台。

位姿(pose):动平台的位置和姿态。

配置(configuration):所有构件和动平台的综合位置和姿态。

固定坐标系(base coordinate system):以固定平台几何中心为原点的坐标系。

原动坐标系(driving articular coordinate system):描述原动铰链参数的坐标系。

从动坐标系(generalized coordinate system):描述动平台参数的坐标系,也可称为动平台坐标系。

逆向运动学(inverse kinematics)方法:以从动坐标系参数求解原动坐标系参数的方法,即位置反解。

正向运动学(direct kinematics)方法:以原动坐标系参数求解从动坐标系参数的方法,即位置正解。

并联机构的结构形式多种多样,在实际应用中最常见的是 6-SPS 型,所以我们以 6-SPS 型结构为例，讨论并联机构位置反解和正解问题。

2）并联机构的逆向运动学

6-SPS 型并联机构的特点是：固定平台和动平台以六个分支相连，每个分支两端是球铰链，中间是移动副。移动副在驱动器作用下相对移动，改变杆件的长度，可使动平台的位姿发生变化。当给定动平台在空间的位姿，求解各移动副的位移时，就是该机构的位置反解。

逆向运动学求解方法是在 6-SPS 型并联机构的固定平台和动平台上分别建立坐标系，如图 3-23 所示。固定坐标系 O-XYZ 建立在固定平台上，动坐标系 O'-$X'Y'Z'$建立在动平台上。然后建立固定坐标系和动坐标系两者之间的几何矢量关系，则动坐标系中的任一矢量 $\boldsymbol{R}'$可通过坐标变换方法转换到固定坐标系中，成为矢量 $\boldsymbol{R}$。

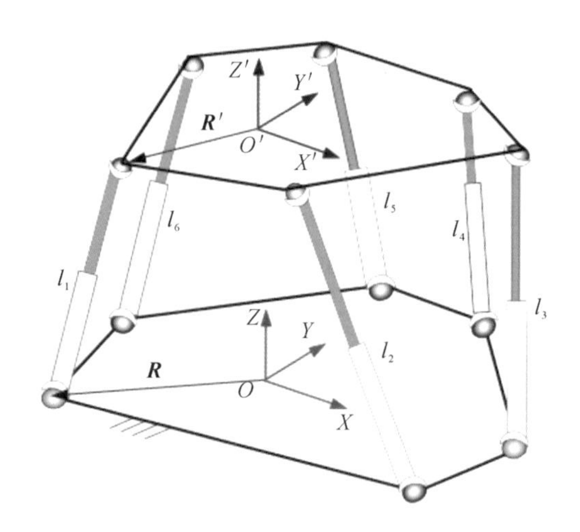

图 3-23　6-*SPS* 型并联机构的坐标变换

当给定 6-SPS 型并联机构的结构尺寸后，利用几何关系很容易写出各铰链中心在各自坐标系中的坐标值。通过矢量变换即可求得所有铰链中心在固定坐标系中的坐标值。同理，通过建立六个杆件的长度矢量矩阵 $\boldsymbol{l}_i$，即可求解杆件的长度尺寸 l_i：

$$l_i = \sqrt{l_{ix}^2 + l_{iy}^2 + l_{iz}^2} \quad (i = 1,2,\cdots,6) \tag{3-25}$$

3）并联机构的正向运动学

并联机构位置正解的难度比较大，是有待进一步研究的课题。并联机构位置正解方法目前有数值法和解析法两种。

数值法的优点是数学模型比较简单,通过求解非线性方程组而求得与输入位移对应的动平台位姿。但若非线性方程组所含的未知数过多,求解方程组的时间过长,则不能求得并联机构所有的位置解,并且最终结果与初值的选取有直接的关系。

一般形式的6-SPS型并联机构的解析位置正解问题尚未得到完全解决。解析位置正解的基本思路是在固定平台和动平台上分别建立两个坐标系,但两坐标系原点各自通过一个球面副的中心,然后将一个坐标系上的球面副坐标值转换到另一坐标系上,并建立关于杆件长度的方程组加以求解。求解的过程非常复杂,且对应一组给定的输入杆件长度,可能有多达数十个解。

由于并联机构运动参数转换的非线性特征,它的速度和加速度分析就显得更加重要。例如,对某构件输入一个等速运动,其他构件的速度和加速度都将随输入构件的位移而变化。

为方便起见,在并联机构运动分析中引入运动影响系数来表示速度和加速度。运动影响系数与运动无关,而只与并联机构的运动学尺寸(铰链和移动副的位姿)以及所选原动件的位置有关。运动影响系数反映了并联机构的位姿,当位姿改变时,一阶和二阶运动影响系数都随之改变。因此,运动影响系数也可用于机构特殊位姿的分析。若已知运动影响系数,可以方便地以显函数的形式表示出该机构构件的速度和加速度。在许多文献中,运动影响系数矩阵也被称为雅可比矩阵。

3.4.3 智能制造装备的机械本体并联结构方案

3.4.3.1 并联制造装备的特点及分类方法

并联制造装备机械结构是采用具有两个或两个以上运动链的并联机构,以实现工具或工件所需运动的制造装备。其具有以下特点:

(1) 固定平台与制造装备的底座、床身或框架是一体的。

(2) 在绝大多数的情况下,动平台上的执行器是制造装备的主轴部件,动平台往往在固定平台的下方。

(3) 带动刀具运动的动平台位姿的参考点是刀具的中心点。

(4) 动平台的尺寸比固定平台小得多。

制造装备中的并联机构分类如图 3-24 所示。

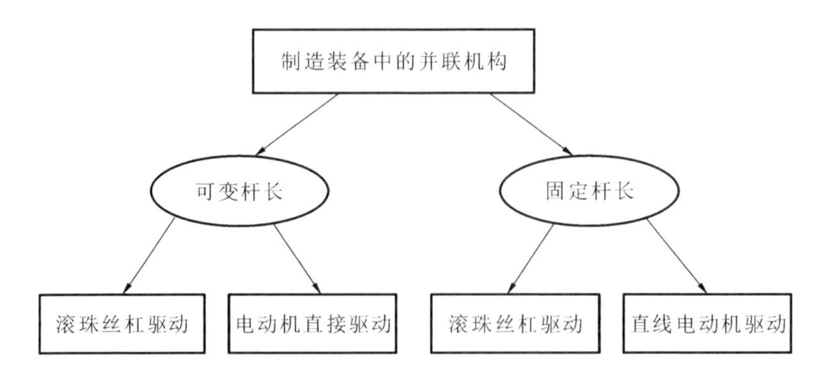

图 3-24　制造装备中的并联机构分类

3.4.3.2　智能制造装备机械本体并联结构方案的设计

1. 并联制造装备设计特点

并联制造装备的设计与传统数控制造装备的设计无论在概念还是在方法上都有很大的不同。

对传统制造装备来说,刀具运动轨迹的形成符合人们在笛卡儿坐标系中思考问题的习惯。以任意两点连成直线,以半径 R 绕轴线旋转形成圆,利用直线和圆弧插补可以逼近任意曲线,然后通过不同坐标运动的串联,最终形成曲面或实体。在传统制造装备中,刀具运动综合过程是开环的和串联的。

与传统制造装备相反,在并联制造装备中,任何一条直线或者一段圆弧都是通过若干空间曲线的小段逼近而形成的,刀具运动轨迹的形成是若干并联运动构件同时发生位移的结果,刀具运动过程是闭环的和并联的,各构件相互制约,其控制过程较为复杂。

因此,在设计并联制造装备时,必须考虑以下特点:

(1) 非线性。动平台和主轴部件的运动参数(速度、加速度)的变化是非线性的。

(2) 奇异性。动平台和主轴部件在不同位置时,制造装备的静态和动态性能有较大的差异,甚至刀头点的位置都存在一定程度的不可预测性。

(3) 多样性。实现所需运动的并联机构往往具有多种组合形式。

2. 并联制造装备的设计步骤

并联制造装备设计涉及的因素较多,是一个反复优化和完善的过程。并联制造装备的设计过程大体上可以分为以下几个阶段：

(1) 原始参数确定。根据制造装备的应用领域和加工对象确定制造装备设计的原始参数，例如被加工材料、零件尺寸范围、加工工艺、主轴功率和切削力等。

(2) 概念设计和运动综合。首先，确定是采用并联机构还是混合并联机构，采用三杆机构还是六杆机构，采用固定杆长还是可变杆长。然后，进行运动学的综合和分析，确定是否需要冗余构件。此外，概念设计还包括确定机构的几何尺寸，计算动平台的姿态和工作空间，校验构件是否会在运动时发生干涉以及进行运动过程的仿真。

(3) 制造装备的结构设计。部件的设计和选用，包括主轴部件、杆件、铰链以及支承部件的设计。结构设计需要通过有限元分析和仿真反复优化，以获得满意的静态、动态性能和热性能。

(4) 控制系统的设计和空间位置标定。将加工零件所需要的笛卡儿坐标数据转换成驱动并联机构动平台的控制数据是一个非常复杂的过程，需要解决控制算法和实时转换方面的关键技术问题。由于在转换过程中忽略了杆件和铰链的制造和装配误差，加上运动参数的非线性，实际轨迹往往偏离理想轨迹，因此，空间位置标定和补偿就成为并联制造装备控制系统设计中的重要内容。

(5) 样机试制。并联制造装备的样机试制、标定、补偿和修正将与制造装备设计过程本身联系在一起，是制造装备性能优化不可缺少的环节。

换言之，在目前的技术水平下，并联制造装备还很难一次试制成功，只有经过反复优化和改进，才能够投入批量生产和实际应用。

3. 并联制造装备的设计工具

并联制造装备设计过程比较复杂，涉及概念设计、坐标转换的数学运算、运动仿真、有限元分析、结构设计等，不是仅依靠一种计算机辅助设计软件就能够完成的，而采用不同厂商提供的软件往往会遇到数据接口问题。因此，研究开发能够满足并联制造装备设计和运行需要的、一体化的集成软件包，就成为进一步发展并联制造装备的关键。

意大利国家研究院工业技术与自动化研究所提出并联制造装备的集成设计方法，并开发了相应的软件包。该软件包由数学环境、虚拟环境和运行环境三大部分组成，包括 CAD/CAM、有限元分析、运动学模型、动力学模型、零件数控程序验证、可视化仿真、数控系统、并联机床等制造装备的运行控制模块，如图 3-25 所示。

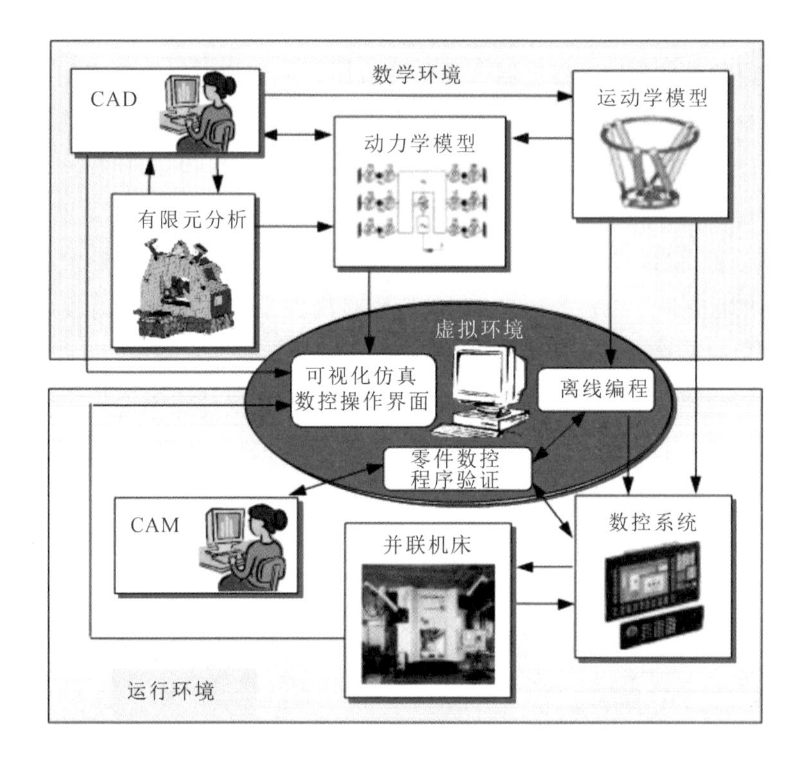

图 3-25　并联制造装备的集成化设计环境

利用该软件包所构成的集成化设计环境能够基本满足并联制造装备设计和运行的需要，它的主要功能包括以下几个：

(1) 并联运动机构拓扑及制造装备的运动学配置。具有运动学分析功能、可实现二次开发的专用 CAD 系统能完成并联运动机构的拓扑结构和制造装备的运动学配置，并建立相关的数学模型。这使得设计者在概念设计阶段就可以比较不同并联制造装备的特性，帮助设计者选定最合适的并联机构。

(2) 运动学模型及其数学分析，包括制造装备特性评价，控制算法开发，运动学逆解、插补算法实现和构件的实时干涉检查等。控制算法集成在数控系统中。

(3) 有限元模型构建及动静态性能分析。利用有限元分析模块建立元件(例如杆件和铰链)、部件与整机的有限元模型，进行部件与整机的静态和动态性能分析，找出影响制造装备刚度的薄弱环节。

(4) 多实体可视化仿真环境构建。包括所有对制造装备性能产生影响的元件模型和制造装备的框架模型、伺服驱动模型以及铰链中的摩擦力等的构建，以进一步进行制造装备的动态分析。

(5) 虚拟现实环境功能。包括验证 CAM 系统生成的数控程序，实现加工过程可视化和离线数控编程，以及检查制造装备构件与工件在加工过程中是否发生干涉等。

3.4.3.3 并联运动方案设计和机构综合

1. 并联运动方案设计的主要内容

并联制造装备的并联运动方案设计主要是设计和选定能够满足制造装备加工要求的并联运动机构。事实上，众多因素是相互制约的，甚至是相互抵触的。设计过程实质上就是对这些因素进行折中考虑，以满足加工要求的过程。

并联制造装备的并联运动方案设计的主要内容包括：

(1) 机构综合。根据加工要求，选定并联运动机构所需的自由度，建立相应的运动学模型。例如，确定是采用三杆并联(tripod)还是六杆并联(hexapod)机构，是采用完全并联还是并联与串联混合方式。

(2) 空间位置分析及坐标转换。并联制造装备的空间位置分析比较复杂，位置分析方法分为正解法和反解法。正解法的难度比较大，一般采用反解法。

(3) 工作空间和约束条件设计。合理的工作空间设计是概念设计的核心。工作空间会受到构件长度、铰链的偏转角以及构件之间干涉的约束。

(4) 实时运动仿真。由于并联机构的运动复杂性，仅凭计算很难判断动平台位姿的正确性，加之并联制造装备具有各种几何约束，给定刀头点的轨迹最终需要通过运动仿真来求得。

成功的概念设计应该在加工对象给定的条件下，尽可能减轻并联制造装备自身弱点(如构件的运动和受力都是非线性的，刀头点有时不能达到工作空间内的所有几何点)造成的不利影响。

2. 运动学模型

并联运动机构是空间杆系机构，如果空间一个点的位置是杆件的末端，那么这个杆件应该具有三个自由度，并且可通过以下方式来实现构件末端位置变化：

(1) 改变杆的长度；

(2) 移动杆的基点；

(3) 绕杆的基点转动。

按照上述三种方式，就可以列举组成并联运动机构的六种基本要素，其运动简图和特征如表 3-8 所示。对这六种基本要素进行综合，就可以组成并联运动机构。建立并联运动机构运动学模型的主要步骤如下。

表 3-8　并联运动机构的基本组成要素

序号	运动简图	运动特征
要素 1	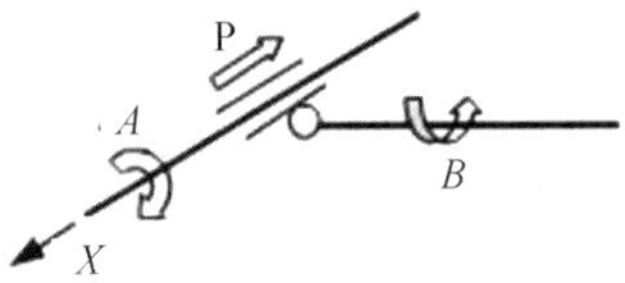	构件由两个运动副组成，可以实现沿 X 方向的移动和二自由度（沿 A 和 B 方向）转动
要素 2	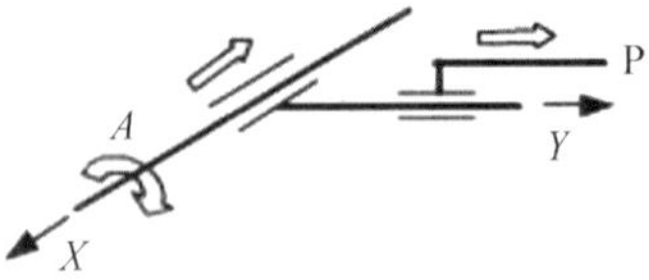	构件由两个运动副组成，可以实现沿 X 和 Y 方向的移动和单自由度（沿 A 方向）转动
要素 3	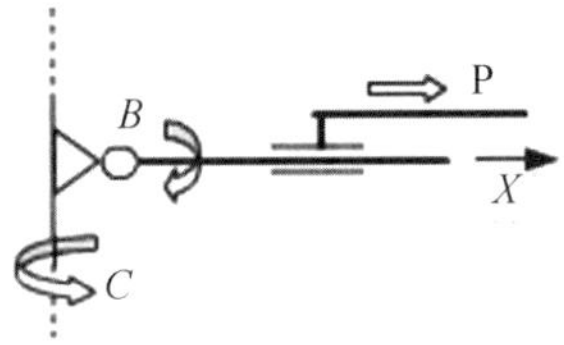	构件由两个运动副组成，可以实现沿 X 方向的移动和二自由度（沿 B 和 C 方向）转动
要素 4	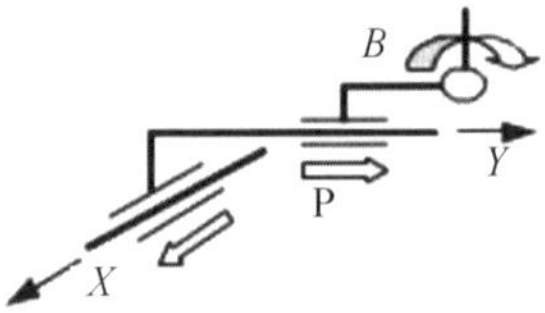	构件由三个运动副组成，可以实现沿 X 和 Y 方向的移动和单自由度（沿 B 方向）转动
要素 5	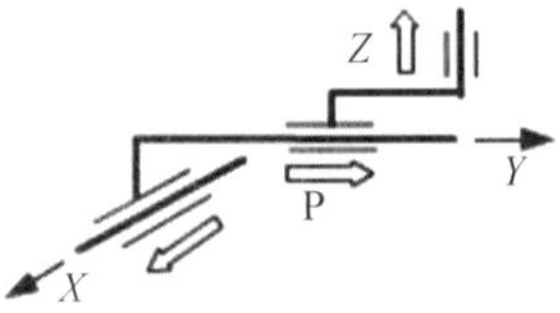	构件由三个运动副组成，可以实现沿 X、Y 和 Z 方向的移动
要素 6	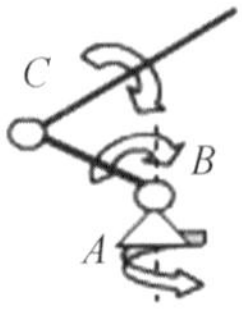	构件由两个运动副组成，可以实现三自由度（沿 A、B 和 C 方向）转动

步骤1:确定并联运动机构基本组成要素的数目。如果是完全并联的制造装备,那么基本组成要素应该选择六个,组成的并联运动机构具有六个自由度。

步骤2:确定驱动电动机数目。每个要素既然有三个自由度,那么在理论上就需要三个电动机。但是,在大多数情况下,每个要素由一个电动机驱动。

步骤3:确定基点的类型,即确定杆件基点是固定的还是移动的。如果基点是移动的,则还要确定是直线移动还是圆周移动,并确定移动方向。如果基点是固定的,就需要采用可伸缩的杆件。反之,如果基点是可移动的,就可以采用固定杆长的杆件。

步骤4:确定基点的配置。采用固定基点时,应考虑杆件基点是配置在同一个固定平台上还是不同的平台上。采用移动基点时,应考虑是水平移动还是竖直移动,并确定移动的距离和驱动的方式。

步骤5:确定杆件末端的连接方式。包括确定杆件末端与动平台连接所采用的铰链类型,连接的角度和分布距离,以及杆件与动平台连接是处在同一个平面内还是处在两个不同平面内。杆件与动平台的连接方式、分布和配置尺寸对制造装备的刚度有很大的影响。

步骤6:确定杆件的受力状态、受力方向和力的传递路径。如确定杆件承受的是侧向力还是轴向力,是拉力还是压力,不同杆件受力方向是一致的还是不同的。

步骤7:确定主轴部件轴线(Z坐标轴)的方向,即确定主轴部件轴线是竖直的(立式)还是水平的(卧式)。

步骤8:确定制造装备所有构件的尺寸,计算工作空间大小、运动参数,校验构件是否会发生干涉。

3. 工作空间及其约束条件

并联制造装备工作空间是指在动平台处于给定位姿时刀头点能够到达的三维空间。因此,采用不同的并联运动机构,制造装备就有完全不同的工作空间。现以具有代表性的 Ingersoll 公司的 VOH 1000 型并联制造装备为例,讨论并联制造装备的工作空间及其约束条件。

1) 空间位置的反解

工作空间描述是并联制造装备设计的重要环节,它使设计者能了解所期望的加工范围能否实现以及优化工作空间的办法。

VOH 1000 型并联制造装备由六根伸缩杆连接固定平台(制造装备的框架)和动平台(主轴部件)组成,其实体模型如图 3-26 所示。

由图 3-26 可见,三角形框架就是该并联制造装备的固定平台,六根伸缩杆通过铰链呈 120°角分布在框架上。固定平台共分两层,每层三根杆件,杆件的支撑点是固定的,而杆件的长度是可变的,即可伸缩的。六根伸缩杆的另一端则通过铰链与安装有主轴部件的动平台相连接,从而实现刀具的六自由度运动。工件固定在制造装备的工作台上,在整个加工过程中不做任何运动。基于现行运动学结构配置设计,采用并联空间机构运动学的位置反解法,可求解工作空间的三个约束条件。首先,分别建立固定平台和动平台上的坐标系即 O-XYZ 和 O'-$X'Y'Z'$,如图 3-27 所示。

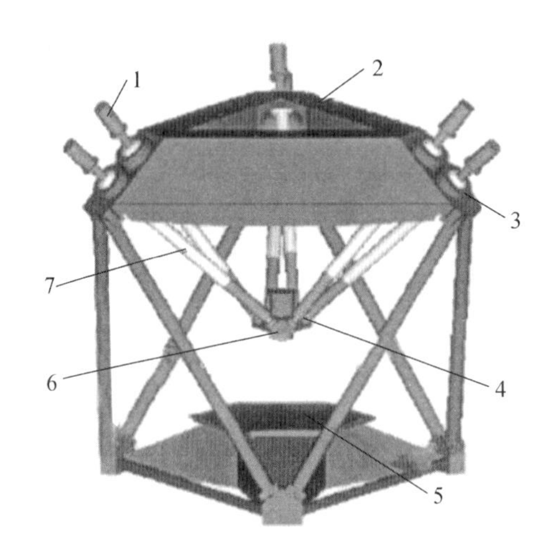

图 3-26　VOH 1000 型并联制造装备实体模型

1—电动机;2—机床框架(固定平台);3、4—铰链;
5—工作台;6—主轴部件(动平台);7—伸缩杆

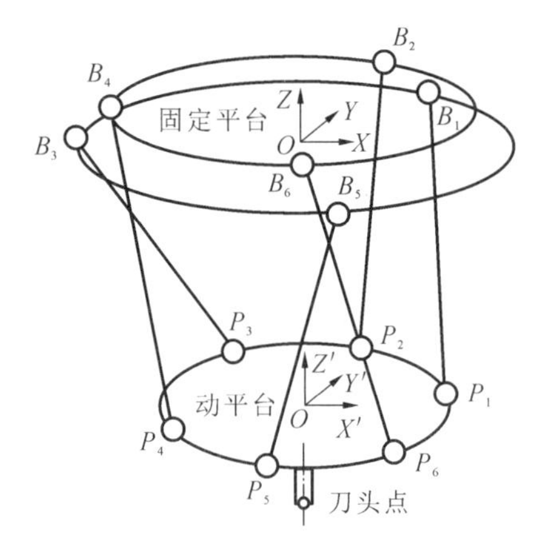

图 3-27　固定平台、动平台坐标系

动平台的位姿可用固定平台的一个位置向量 $\boldsymbol{T}$ 和一组欧拉角 α、β、γ 来表示,其中 α 为回转角,β 为仰俯角,γ 为偏转角,且有

$$\boldsymbol{T}=[T_X \quad T_Y \quad T_Z]^{\mathrm{T}},\quad \boldsymbol{O}=[\alpha \quad \beta \quad \gamma] \tag{3-26}$$

将动平台坐标系转换到固定平台坐标系,首先需要进行欧拉角转换。欧拉角转换的前提是:假设动平台先绕 X 轴转动 α,然后绕 Y 轴转动 β,最后绕 Z 轴

转动 γ，最终的欧拉角转动矩阵 $\boldsymbol{R}_{\alpha\beta\gamma}$ 就等于绕 X、Y、Z 轴单独转动的转动矩阵 $\boldsymbol{R}_\alpha$、$\boldsymbol{R}_\beta$、$\boldsymbol{R}_\gamma$ 的乘积，即

$$\boldsymbol{R}_{\alpha\beta\gamma}=\boldsymbol{R}_\alpha\boldsymbol{R}_\beta\boldsymbol{R}_\gamma \tag{3-27}$$

式中

$$\boldsymbol{R}_\alpha=\begin{bmatrix}1 & 0 & 0\\ 0 & \cos\alpha & -\sin\alpha\\ 0 & \sin\alpha & \cos\alpha\end{bmatrix},\boldsymbol{R}_\beta=\begin{bmatrix}\cos\beta & 0 & \sin\beta\\ 0 & 1 & 0\\ -\sin\beta & 0 & \cos\beta\end{bmatrix},\boldsymbol{R}_\gamma=\begin{bmatrix}\cos\gamma & -\sin\gamma & 0\\ \sin\gamma & \cos\gamma & 0\\ 0 & 0 & 1\end{bmatrix} \tag{3-28}$$

并联运动机构的结构设计数据中已给出两层固定平台的半径 R_{B1} 和 R_{B2}、动平台的半径 R_{P}，以及固定平台上六个球铰链和动平台上六个球铰链的位置向量 $\boldsymbol{B}_i$ 和 $\boldsymbol{P}_i(i=1,2,\cdots,6)$，如图 3-28 所示。

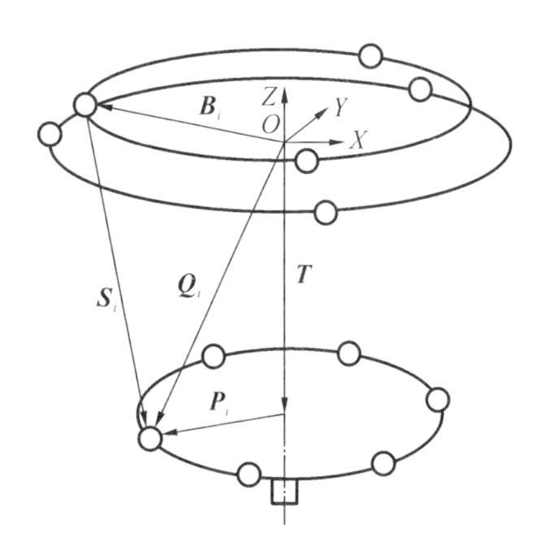

图 3-28　位置反解法的向量图

为了计算动平台铰链在固定平台坐标系中的位置向量，必须进行坐标转换。旋转坐标变换矩阵 $\boldsymbol{P}_{\mathrm{R}i}$ 可由式(3-29)给定：

$$\boldsymbol{P}_{\mathrm{Ri}}=\boldsymbol{R}_{\alpha\beta\gamma}\boldsymbol{P}_i \tag{3-29}$$

式中：$\boldsymbol{P}_i$ 表示动平台球铰链的空间位置向量。

平移坐标转换矩阵是动平台的旋转向量和动平台位置向量之和。设动平台上的铰链在固定平台坐标系中的位置为 $\boldsymbol{Q}_i$，则

$$\boldsymbol{Q}_i=\boldsymbol{T}+\boldsymbol{P}_{\mathrm{R}i} \tag{3-30}$$

伸缩杆的位置向量 $\boldsymbol{S}_i$ 的计算式为：

$$\boldsymbol{S}_i=\boldsymbol{Q}_i-\boldsymbol{B}_i \tag{3-31}$$

2）工作空间的约束条件

工作空间的约束条件主要有以下三个：

(1) 杆件的长度 l。它是影响工作空间的最主要的因素。根据运动学位置反解公式，杆件长度 l_i 可由式(3-32)确定：

$$l_i=|\boldsymbol{S}_i|=|\boldsymbol{T}+\boldsymbol{R}_{\alpha\beta\gamma}\boldsymbol{P}_i-\boldsymbol{B}_i| \tag{3-32}$$

每一根伸缩杆的工作长度都必须在结构允许的伸缩范围($l_{\min}$，$l_{\max}$)之内，即

$$l_{\min} < l_i < l_{\max} \tag{3-33}$$

(2) 铰链转角 θ。不同铰链结构的最大允许转角 $\theta_{\max}$ 是不一样的。例如，滚珠球铰链的最大转角 $\theta_{\max} \leqslant \pm 30°$，二自由度的卡丹铰则是一个方向的最大转角 $\theta_{\max} \leqslant \pm 45°$，而另一个方向的最大转角 $\theta_{\max} \leqslant \pm 90°$。

通过杆件的位置向量 $\boldsymbol{S}_i$、动平台的旋转变换矩阵 $\boldsymbol{R}_{\alpha\beta\gamma}$ 和位置向量 $\boldsymbol{P}_i$，可以计算出固定平台上铰链的转角 $\theta_{\mathrm{B}i}$ 和动平台上铰链的转角 $\theta_{\mathrm{P}i}$。$\theta_{\mathrm{B}i}$ 和 $\theta_{\mathrm{P}i}$ 必须满足以下约束条件：

$$|\theta_{\mathrm{B}i}| < \theta_{\mathrm{Bmax}}, \quad |\theta_{\mathrm{P}i}| < \theta_{\mathrm{Pmax}} \tag{3-34}$$

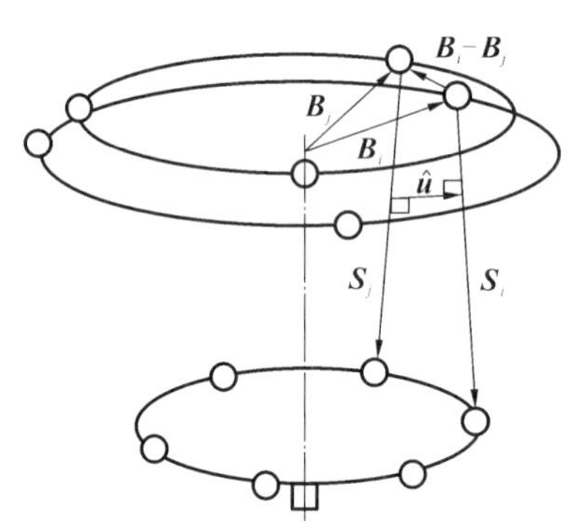

图 3-29　杆件轴心线距离的计算

(3) 构件的干涉。当动平台处于不同位置并具有不同姿态时，每一根伸缩杆的空间位置和姿态也是不一样的。因此，伸缩杆之间、伸缩杆与主轴部件之间必须保持一定的最小距离，否则就可能产生干涉。这个最小距离取决于伸缩杆的外径、铰链和主轴部件的尺寸。两根伸缩杆相互不干涉的条件如图 3-29所示。从图中可见，与两根相邻杆件向量成法向的单位向量 $\hat{\boldsymbol{u}}$ 可由式(3-35)计算：

$$\hat{\boldsymbol{u}} = \frac{\boldsymbol{S}_i \times \boldsymbol{S}_j}{|\boldsymbol{S}_i \times \boldsymbol{S}_j|} \tag{3-35}$$

两根相邻杆件之间的距离为

$$U_{ij} = (\boldsymbol{B}_j - \boldsymbol{B}_i)\hat{\boldsymbol{u}} \tag{3-36}$$

六根伸缩杆的相互距离应该满足下列条件：

$$U_{12}, U_{34}, U_{56} \geqslant U_{\min} \tag{3-37}$$

因此，通过给定动平台的位姿($\boldsymbol{T}_X, \boldsymbol{T}_Y, \boldsymbol{T}_Z, \alpha, \beta, \gamma$)，即可建立工作空间的搜索算法、边界算法，以及进行误差分析。

根据计算结果，可以绘制并联制造装备的工作空间截面图或立体图，用于建立并联制造装备的仿真模型。

4. 杆系的配置

1) 杆系的基本配置

杆件是并联运动机构的驱动元件。杆系的配置对并联制造装备的结构和性能都将起到决定性的作用。对于杆系的配置，主要需考虑三个问题：①杆件的基点（支撑点）是固定的还是移动的；②杆件的长度是可变的还是固定的；③杆件与动平台的连接形式如何。

前两个问题是相互关联的。如果杆件的基点固定，杆件的长度就是可变的，即采用的是所谓伸缩杆结构，驱动电动机直接或者通过传动元件与杆件连接，改变杆件的长度；反之，如果杆件的基点移动，杆件的长度就是固定不变的，驱动电动机直接或者通过传动元件使杆件基点产生位移。

为了简化问题的描述，以平面简图的形式描述这两种基本配置（见图 3-30），以便进一步讨论其对制造装备结构的影响。

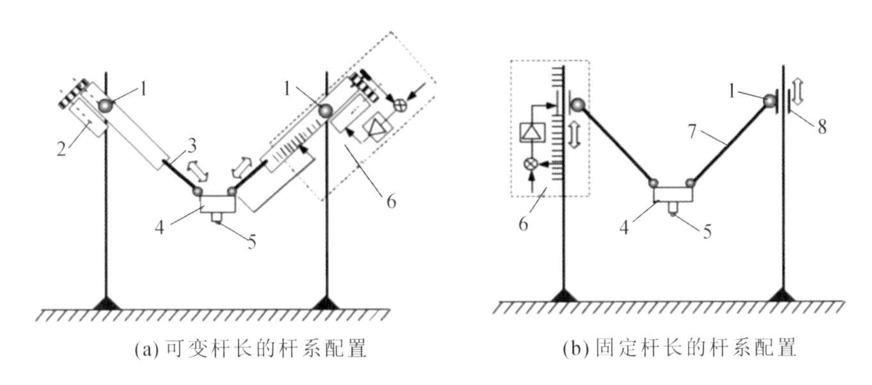

图 3-30　并联智能制造装备的杆系配置

1—铰链；2—伺服电动机；3—伸缩杆；4—动平台；5—刀头点；6—位置控制单元；7—杆件；8—驱动部件

可变杆长的杆系配置的特点是杆件的长度可以通过伸缩机构加以改变，杆件的一端通过铰链固定在制造装备的框架上，另一端通过铰链与动平台连接。杆件通过数控系统发出位置控制信号给伺服电动机，驱动滚珠丝杠转动实现杆件的伸缩，杆件伸缩产生的线位移或角位移通过编码器反馈给数控系统，实现精确的伸缩位移闭环控制。显然，杆件长度的可变化范围对制造装备的工作空间将产生直接的影响，同时又受到伸缩杆结构的限制。

固定杆长的杆系配置的特点是，杆件的末端通过铰链与可移动的滑板连接，滑板可以由直线电动机或滚珠丝杠驱动，沿制造装备的立柱和床身上的导轨移动。位置控制信号输送给驱动滑板的电动机，测量滑板的实际位移作为位置反馈。显然，固定杆长的杆系配置对工作空间的影响与可变杆长的杆系完全不一样。

2）杆系配置与工作空间的关系

为了简化杆系配置与工作空间关系的讨论，进一步忽略铰链和动平台的尺寸，仅观察杆系的作用。在这种假设前提下，可变杆长的杆系配置构成最大工作空间的约束条件是：① 伸缩杆的最大和最小长度；② 构件受力状况和制造装备的刚度。

经过简化以后的可变杆长杆系平面配置如图 3-31 所示。从图中可见，两根伸缩杆末端相互连接而分别绕各自的基点铰链转动，则制造装备最小的平面外形面积是最大杆长的平方。

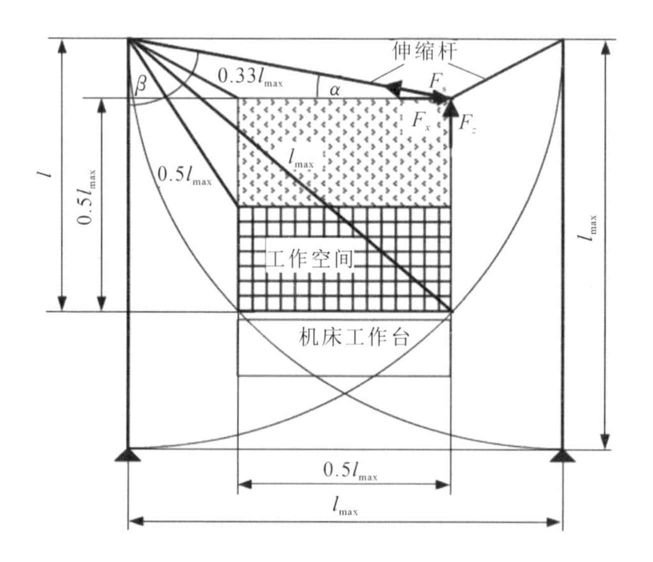

图 3-31　可变杆长杆系配置对工作空间的影响

当 $l_{min}=0.33l_{max}$ 时，给定的平面工作空间面积为

$$v_P = 0.5l_{max} \times 0.5l_{max} = 0.25l_{max}^2$$

但是，一方面伸缩杆的结构很难实现 $l_{min}=0.33l_{max}$，另一方面在此位置时杆件主要承受侧向力，而非轴向力，杆系的刚度较低。如果取 $l_{min}=0.5l_{max}$，则加工高度为 $0.25l_{max}$，平面工作空间面积将进一步减小，仅为 $0.125l_{max}^2$。

由于忽略许多结构因素，制造装备工作台的实际工作空间将比由上述数据确定的工作空间还要小。采用伸缩杆的并联运动机构平面工作空间面积与制造装备外形面积之比太小，迫使人们不断寻求新的并联运动机构。

当采用固定杆长时，则出现另外一种情况，制约因素不是杆件的长度，而是刀头点(刀具有效切削点)和杆件基点的运动速度之比。刀头点与杆件基点的几何关系如图 3-32 所示。

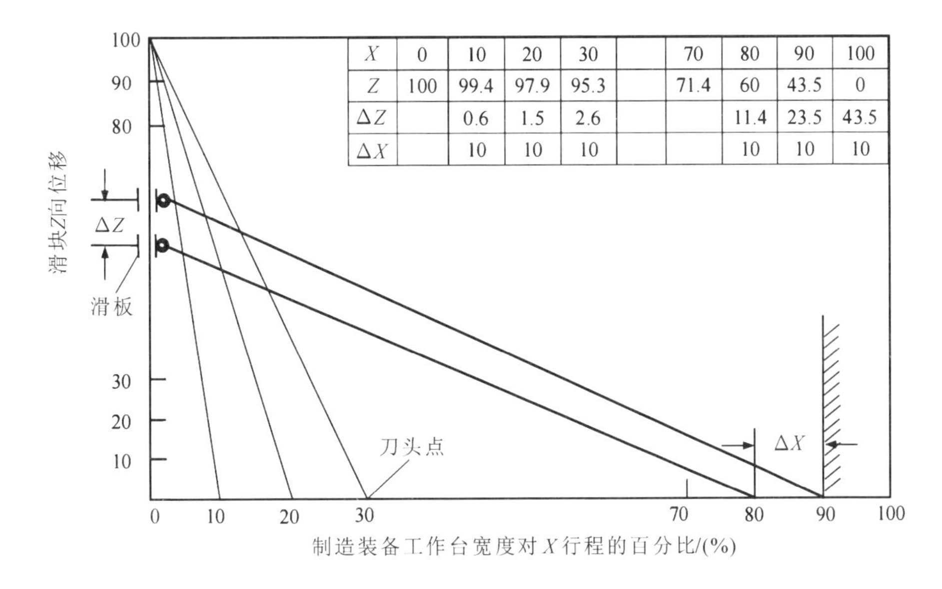

X	0	10	20	30		70	80	90	100
Z	100	99.4	97.9	95.3		71.4	60	43.5	0
ΔZ		0.6	1.5	2.6			11.4	23.5	43.5
ΔX		10	10	10			10	10	10

图 3-32　固定杆长杆系配置对工作空间的影响

从图中可见，构件的基点是处于沿 Z 方向移动的滑板上的，而刀头点则应该沿制造装备工作台 X 方向移动。构件基点和刀头点之间的几何位置关系是非线性的，而且运动参数会出现很大的波动。例如，刀头点沿 X 方向移动 10 个单位长度时，带动刀头的构件——滑板在 Z 方向上的移动量将在 0.6～43.5 个单位长度范围内波动。因此，如果限制滑板的运动速度与刀头点的运动速度之比为 $v_Z/v_X \leqslant 2$，则刀头点的最大移动距离为 $0.9l$。

此外，刀头点在 X 方向上的受力可以根据虚功原理换算为滑板在 Z 方向上的受力：

$$F_X \cdot \Delta X = F_Z \cdot \Delta Z \tag{3-38}$$

式(3-38)表明刀头点在不同位置时，同样的切削力换算到滑板上将会相差许多倍。例如，当 $\Delta X = 0.25l$ 时，F_X 与 F_Z 之比将接近 1∶4。

因此，刀头点在右侧的最大移动距离是 $0.9l$，在左侧的最大移动位置是 $0.25l$。此时工作空间的最大极限宽度为 $0.9l - 0.25l = 0.65l$，制造装备的最低

高度为

$$H_{\min} = l + (0.9l - 0.25l) = 1.65l$$

而制造装备的最窄宽度为

$$W_{\min} = 0.9l + 0.25l = 1.15l$$

制造装备的平面工作空间与平面外形面积之比为

$$V_{\mathrm{P}} = \frac{(0.65l)^2}{1.65l \times 1.15l} = 0.22$$

从上述可以看出，采用固定杆长杆系配置的制造装备的工作空间与平面外形面积之比的改善仍然是有限的。而且如果制造装备工作台居中配置，而其宽度同样取0.5l的话，则 $V_{\mathrm{P}} = 0.13$。

将杆系配置简化为平面机构进行分析后可得出以下结论：

(1) 并联制造装备的平面工作空间与平面外形面积之比较小。

(2) 在一般情况下，固定杆长的并联制造装备的外形尺寸可能要比可变杆长的大一些。

3.4.3.4 并联制造装备结构设计

1. 并联制造装备结构设计的特点

1) 轻质结构的应用

并联制造装备的一个重要特点是，部件的移动速度快（100～150 m/min），加速度大（不小于 10 m/s^2），加上部件处于不同位置时运动参数的非线性特征，移动部件质量和惯性所引起的力和误差不容忽视。

减小移动部件质量的主要措施有：①用焊接构件代替铸件；②用铸铝件代替铸铁件；③用轻质高强度材料代替一般钢材；④采用结构紧凑的功能部件，包括主轴部件和杆件。

2) 制造装备刚度

并联制造装备的结构主要是借助铰链连接的杆系结构。杆件的特点是承受轴向力（包括压力和拉力）时的刚度较大，而承受侧向力（弯曲力）时的刚度较小。制造装备工作时，杆系中每一杆件的受力状况是变化的，同时具有非线性特征。除了提高构件本身的刚度外，还可以采取这两个措施来提高制造装备的刚度：①增加可提高制造装备刚度的被动构件；②预加载荷。

3）制造和装配精度

并联制造装备零部件的制造和装配精度对制造装备的工作精度和刚度都有很大影响，特别是对以下两个问题应该引起足够的重视：

① 杆件的轴线在杆件具有不同偏转角度时是否都通过铰链中心；

② 伸缩杆的驱动元件（如伺服电动机转子、滚珠丝杠）与移动元件（如伸缩套）是否同轴。

2. 轻质结构设计

在高速切削加工领域，为了进一步提高制造装备的动态性能，必须考虑采用轻质结构。传统的制造装备设计主要考虑的是部件结构的功能，其次是刚度，对其质量没有予以起重视。众所周知，轻质结构设计在运载机械，诸如飞机、汽车设计中已经获得广泛应用，随着并联制造装备的发展，轻质结构设计必将被引入制造装备设计领域。

轻质制造装备结构设计主要考虑两点：一是在结构方面通过有限元建模和分析，实现基于轻量化目标的结构优化设计；二是考虑采用或开发能够满足符合制造装备刚度要求的轻质新材料。

如图3-33所示为采用轻质结构设计原理的木材加工并联制造装备的结构，该制造装备由斯图加特大学机床研究所设计，由德国Homag公司制造，用于木材加工。该制造装备是一种二自由度并联制造装备，在其侧面安装有直线电动机，主轴部件滑板（主滑板）和杆件滑板（副滑板）分别由各自的直线电动机驱动。当主滑板和副滑板以相同的速度朝同一个方向移动时，主轴部件将沿着床身纵向（Y方向）移动；当主滑板和副滑板以相同的速度朝相反的方向移动时，主轴部件将沿着床身横向（X方向）移动。主轴部件还可完成沿Z方向的竖直运动和沿C方向的转动，实现四轴联动加工。

主滑板和副滑板的最大运动速度可达100 m/min，两者皆采用钢型材焊接结构以减轻重量，减少构件运动惯性的负面作用。

3. 被动构件设计

在典型的Stewart平台并联运动机构中，六根伸缩杆都是原动件，以实现动平台的六个自由度。但是，为了提高制造装备的刚度和动态性能，特别是采用三杆并联运动机构时，需要增加从动件。德国Heckert公司的SMK 400型卧式加工中心就是一个典型例子，其运动学简图如图3-34所示。

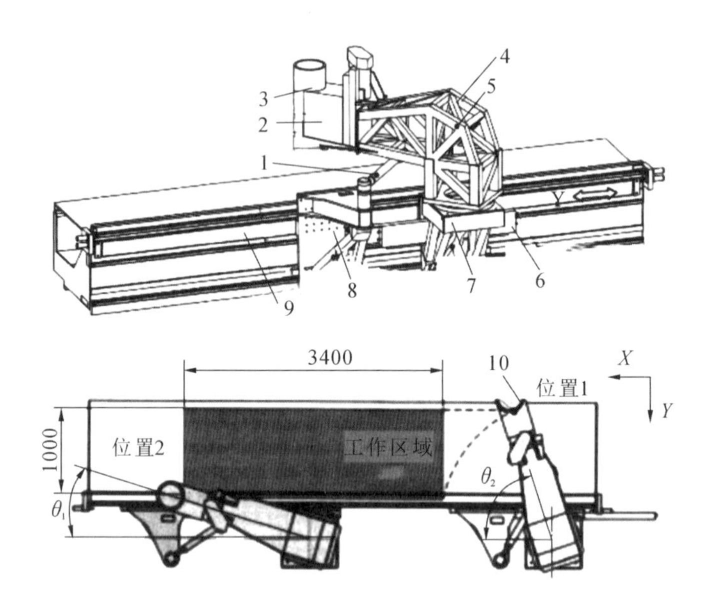

图 3-33　Homag 公司的木材加工并联制造装备

1—连杆；2—驱动杆；3—主轴头；4—框架悬臂；5—延伸臂；

6—安全缓冲块；7—主滑板；8—副滑板；9—直线电动机；10—刀头点

由图 3-34 可见，主轴部件是水平配置的，由三台伺服电动机直接驱动伸缩杆，使之实现 X、Y、Z 方向的运动，加上主轴沿 C 轴的运动和工作台沿 B 轴的运动，可实现五轴联动加工。

SKM 400 型卧式加工中心的特点是在主轴部件的下方配置有上下两套连杆机构，这两套连杆机构的作用不是驱动主轴部件，而是承受重力、惯性力和切削力，使主轴部件保持在水平位置不动。每套连杆机构由两根主杆和两根副杆组成，主杆承受扭矩和弯矩，副杆承受拉力和压力。连杆机构采取框架结构，以便更好地吸收制造装备工作时产生的运动惯性力和切削力，提高制造装备的静态和动态刚度。

总之，智能制造装备的并联化是智能制造装备实现高速、高效快速动态响应的一条重要途径。由于没有传统机床所必需的床身、立柱、导轨等制约机床性能提高的结构，加上动力刀具头重量轻、响应快等优势，在其刚度问题得到解决后，并联机构不仅在轻载集成电路（IC）产业领域得到广泛应用，在重载高效金属切削领域也逐步得到广泛应用。图 3-35(a)所示为智能并联制造装备用于锥度叶轮叶片加工的实例。为了增加刚度，该装备采用了双三杆并联刀具动力

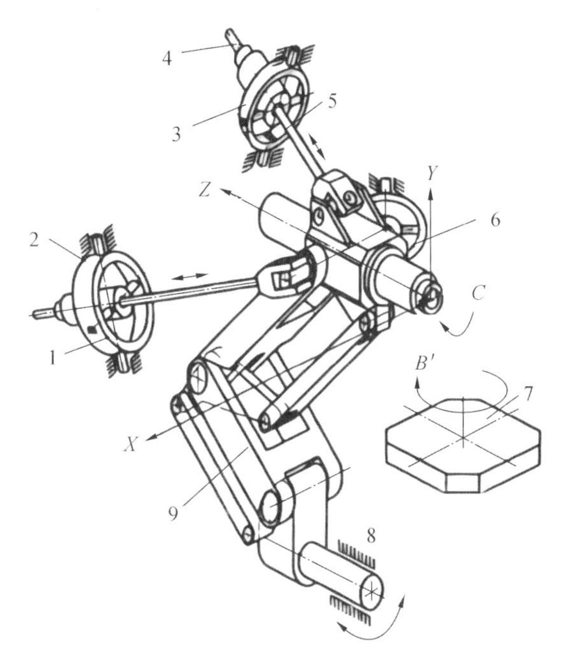

图 3-34　具有从动件的并联制造装备

1—机床框架；2、3—万向铰链；4—直接驱动电动机；5—伸缩杆；
6—主轴部件；7—工作台；8—床身；9—连杆机构

头＋串联回转工作台的混联机构。图 3-35(b)所示为济南翼菲智能科技股份有限公司生产的广泛用于 IC 领域的一款并联机器人产品，其主要用于完成智能制造生产线上的小件上下料、码垛、排序、分拣等任务。

(a) 采用混联机构的智能并联制造装备

(b) 并联机器人

图 3-35　智能并联制造装备

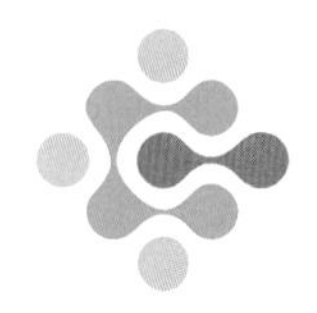

第4章 基于个性化需求的智能制造装备

4.1 智能五轴联动加工中心

4.1.1 智能五轴联动加工中心概述

智能五轴联动加工中心是一种科技含量高、精密度高，专门用于加工空间复杂功能曲面的智能制造装备。一个复杂形状的表面需要制造装备用五个独立轴联动，共同完成数控插补运动，这样才能获得光顺平滑的高精度形面。虽然从理论上讲任何复杂表面都可用 X、Y、Z 坐标来描述，但实际加工刀具并不是一个点，而是有一定尺寸、形状的实体，为了避免在空间曲面加工时出现刀具与加工面间的干涉以及保证曲面各点的切削条件的一致性，需要调整刀具的位姿，即有效切削点位置和刀轴与曲面法矢在两个维度方向上的夹角。即使有些曲面可以用三轴联动制造装备来完成加工，但精度仍然不如用五轴联动加工中心所加工的。例如，某公司的叶片精加工，在 10 min 相同切削工时内，用五轴联动加工中心加工曲面的加工误差与表面粗糙度能减小至用三轴联动制造装备所加工曲面的 1/6～1/3。五轴联动制造技术和装备对一个国家的航空航天装备、军事装备、科研装备、精密器械、高精医疗设备等高端装备的制造业的发展有着举足轻重的影响力。

智能五轴联动加工中心具有高效率、高精度、智能化的特点，工件一次装夹就可完成需采用多种不同工序甚至多种工艺的复杂零件的加工，能够适应诸如汽车零部件、飞机结构件模具的加工需求。目前，智能五轴联动加工中心是实现叶轮、叶片、船用螺旋桨、核潜艇引擎、重型发电机转子、汽轮机转子、大型柴油机曲轴等加工的唯一手段。

1. 五轴联动加工中心的机械结构类型

1）五轴联动加工中心的结构类型

五轴联动加工中心是指在 X、Y、Z 三个常见的直线轴的基础上加上两个回转轴，即在 A、B、C 三个回转轴中选取两个，所构成的不同结构形式的五轴联动制造装备，以满足各种不同加工场合的需求。基于 ISO 标准对数控坐标系的定义，按照制造装备运动组合设计理论，五轴联动加工中心的机械结构形式可以有 2×2×2×3＝24 种。虽然从运动组合角度而言，其机械结构形式多种多样，但考虑到具体的结构工艺实现，一般依据回转轴的结构配置将其分为摆头型、转台型（摇篮式）和摆头转台型三大类，其中摆头型又分为双摆头型和俯垂摆头型两种类型，转台型又分为双转台型和俯垂转台型两种类型，如图 4-1 所示。

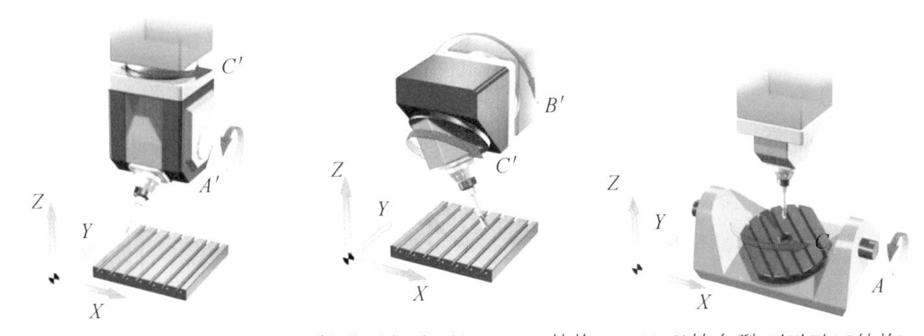

(a) 双摆头型($XYZA'C'$结构)　(b) 俯垂摆头型($XYZB'C'$结构)　(c) 双转台型($X'Y'Z'AC$结构)

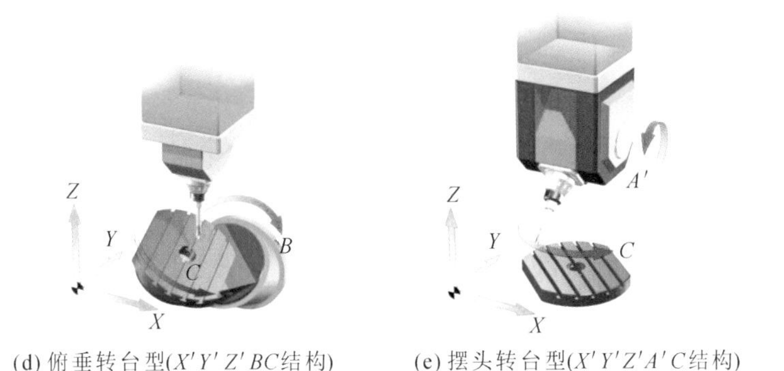

(d) 俯垂转台型($X'Y'Z'BC$结构)　(e) 摆头转台型($X'Y'Z'A'C$结构)

图 4-1　五轴联动加工中心的主要结构形式

图 4-1(a)所示为双摆头型结构，其两个回转轴均控制刀具，回转轴轴线与

相应直线轴垂直，直接控制刀具轴线的方向；图 4-1(b)所示为俯垂摆头型结构，其中 C'回转轴轴线不与直线轴垂直；图 4-1(c)所示为双转台型结构，两个回转轴直接控制工作台旋转；图 4-1(d)所示为俯垂转台型结构，两个回转轴在工作台上，但是回转轴轴线不与直线轴垂直；图 4-1(e)所示为摆头转台型结构，两个回转轴一个在刀具上，一个在工件上，又称为一摆一转结构形式。

2）五轴联动加工中心的几个重要概念

(1) 第 4 轴：也称为定轴，是一个回转轴，而且它的运动独立于另外一个回转轴，例如图 4-1(a)～(d)中的第 4 轴分别是 C'、B'、A、B 轴。

(2) 第 5 轴：同样是回转轴，它的运动受第 4 轴运动的影响。例如，图 4-1(a)～(d)中的第 5 轴分别是 A'、C'、C、C 轴，它的位姿会随第 4 轴的运动改变，因此在图 4-1(a)～(d)所示的四种结构形式中第 5 轴也称为动轴。“动轴”这一概念不适用于摆头转台型，因为摆头转台型的第 5 轴也为定轴。

(3) 摆动中心：如果第 4 轴与第 5 轴的轴线相交，则摆动中心 P 为两回转轴轴线的交点；若两轴不相交，则摆动中心 P 是过第 5 轴轴线且垂直于第 4 轴轴线的平面与第 4 轴轴线的交点。摆动中心是不受两个回转轴运动影响的，它的运动只与三个直线轴的运动有关。因此，摆动中心的位置可以通过其在互相垂直的三个直线坐标轴上的线位移来确定。于是，对于双摆头型结构，坐标变换就是在已知刀具参考点坐标及刀轴方向的前提下，求出两个回转轴的角位移及摆动中心的坐标。

2. 智能五轴联动加工中心的特点

生产中三轴联动加工中心比较常见，有立式、卧式及龙门式等几种结构形式，且都属于串联开链结构。其常用的加工方法有立铣刀端刃加工、侧刃加工，钻孔以及球头刀加工等等。无论采用哪种结构形式和加工方法，这些三轴联动加工中心都有着一个共同的特点，就是在加工过程中刀轴方向始终保持不变，制造装备只能通过 X、Y、Z 三个直线轴的插补来实现刀具在空间直角坐标系中的运动。所以，三轴联动加工中心仅仅实现了刀具的精确位置控制，但刀具只能保持固定的位姿。这样，三轴联动加工中心的加工范围就大大受到限制。与三轴联动加工中心相比，五轴联动加工中心有以下优点：

(1) 可以保持刀具最佳切削状态，改善切削条件。

图 4-2(a)所示为三轴切削方式，当切削刀具向工件顶端或边缘移动时，切

削状态逐渐变差。而在此时要保持最佳切削状态,就需要旋转工作台。而如果我们要完整地加工一个不规则平面,就必须将工作台沿不同方向连续旋转多次。图 4-2(b)所示为五轴切削方式。五轴联动加工中心可以不断改变刀具的位姿,进而改变刀具的有效切削点。此外,五轴联动加工中心还可以避免球头铣刀中心点线速度为零的情况,从而可获得更好的表面质量。

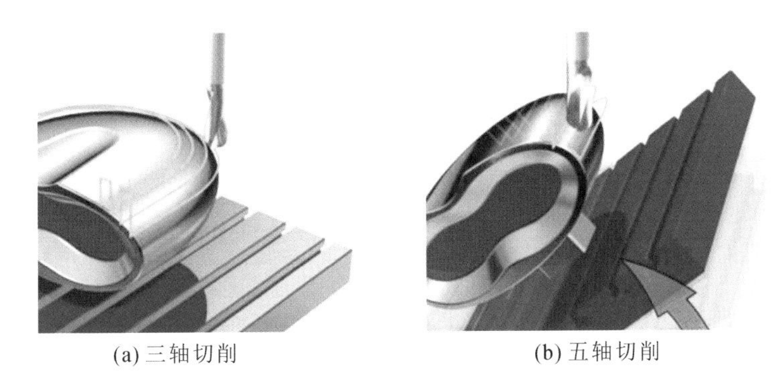

(a) 三轴切削　　(b) 五轴切削

图 4-2　三轴切削和五轴切削的比较

(2) 可以完成复杂曲面的加工,能有效避免刀具干涉。

图 4-3 所示为航空航天领域内应用的叶轮和整体叶盘等零件,三轴联动加工中心由于存在干涉等原因显然无法满足此类零件的加工要求。而五轴联动加工中心通过不断变化刀具相对工件的位姿,可以实现此类零件的加工。同时五轴联动加工中心还可以使用更短的刀具进行加工,提升系统刚度,减少刀具的数量,也不必采用专用刀具。

(a) 叶轮　　(b) 整体叶盘

图 4-3　叶轮和整体叶盘

(3) 能够减少装夹次数,一次装夹完成五面加工。

在实际加工中,五轴联动加工中心只需进行一次装夹,加工精度更容易得到保证。同时五轴联动加工中心由于生产过程链短和设备数量少,工装夹具数

量、车间占地面积和设备维护费用也相对较少。这意味着可以用更少的夹具、更小的厂房面积和更少的维护费用,更高效、更高质量地完成零件的加工。

(4) 能够在降低刀具成本的同时实现高效、高质量加工。

如图 4-4 所示,五轴联动加工中心可以采用刀具侧刃切削,加工效率更高。另外,五轴联动加工中心由于可在加工中省去许多特殊刀具,并且能增加刀具的有效切削刃长度,减小切削力,提高刀具使用寿命,因此能降低刀具成本。

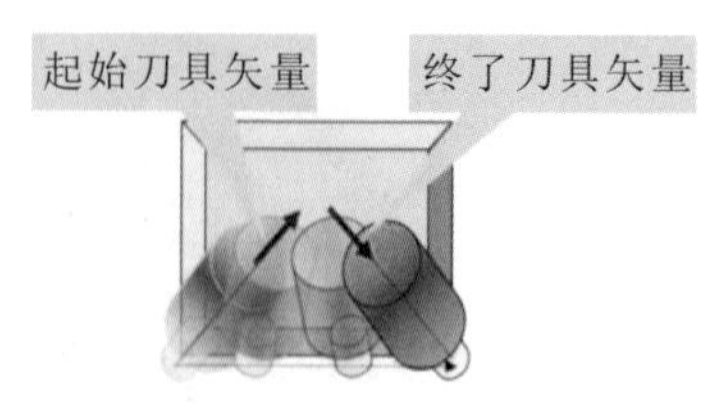

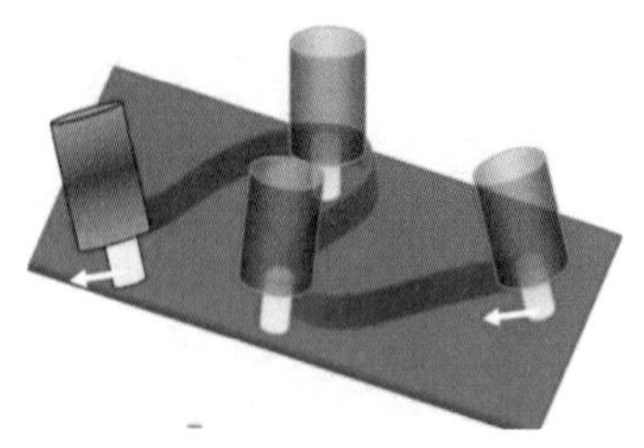

图 4-4 五轴联动加工中心刀刃切削

(5) 能够缩短生产过程链,简化生产管理。

五轴联动加工大大缩短了生产过程链,从而使生产管理和计划调度简化。工件越复杂,五轴联动加工相对传统工序分散的生产方法的优势就越明显。

(6) 能够缩短新产品研发周期。

对于航空航天、汽车等领域的企业,有的新产品零件及成形模具形状很复杂,对加工精度的要求也很高,具备高柔性、高精度、高集成性和完整加工能力的五轴联动加工中心可以很好地解决新产品研发过程中复杂零件加工的精度和周期问题,大大缩短研发周期和提高新产品的成功率。

综上所述,五轴联动加工中心具有诸多优点,但是其数控系统以及刀具位姿控制、CAM 编程和后处理等都要比三轴制造装备复杂得多。

4.1.2 五轴联动加工中的真假五轴与 RTCP 技术

1. 真假五轴的概念

在五轴联动加工技术中,在实现刀尖点轨迹和刀具相对工件的位姿时,旋转运动会导致刀尖点的附加运动,数控系统的控制点往往与刀尖点不一致,虽然是五轴联动,但如果制造装备不能补偿转台旋转导致的刀尖点的附加运动,则称该制造装备的五轴功能为“假五轴”。因此,五轴联动加工中心的高档数控系统应能自动纠正控制点，以确保刀尖按既定轨迹移动，即具有刀尖点跟随功能或者说具有刀具中心控制（tool center point control，TCPC）功能，相应的制造装备的五轴功能为“真五轴”。

对于假五轴联动加工中心，数控系统必须依靠 CAM 编程和后处理，事先规划好刀具路径，同样一个零件，制造装备换了，或者刀具换了，就必须重新进行 CAM 编程和后处理。

2. 五轴联动加工中心的 RTCP 技术

五轴联动加工中心的 RTCP（rotated tool center point，旋转刀具中心点）功能，或五轴联动加工中心数控系统的 RTCP 功能，即刀尖点跟随功能。如图 4-5 所示，在五轴联动加工中，由于刀尖点的附加运动，数控系统控制点往往与刀尖点不重合，因此数控系统要自动修正控制点，以保证刀尖点按既定轨迹运动。业内也有将此技术称为 TCPM（刀具中心点管理）、TCPC 或者 RPCP（围绕旋转中心点）等。从严格意义上来说，RTCP 功能是用在摆头结构上的，实际上是应用摆头旋转中心点来进行补偿，补偿的是工件旋转所造成的直线轴位置的变化。其实这些功能殊途同归，都是为了保持刀具中心点和刀具与工件表面的实际接触点不变。RTCP 功能是五轴联动加工中心为实现真五轴所必须具备的补偿功能。

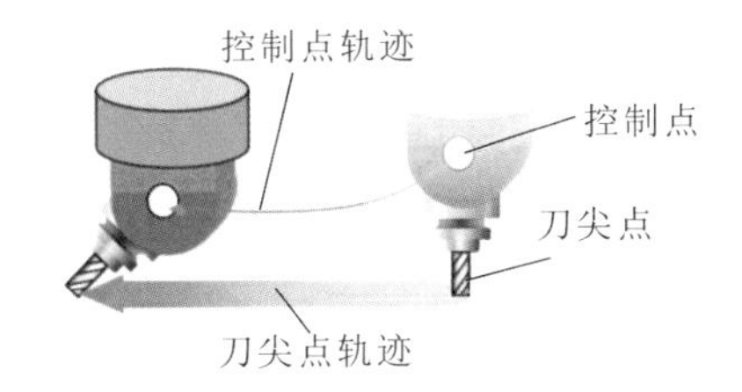

图 4-5　摆头型五轴联动加工中心 RTCP 功能

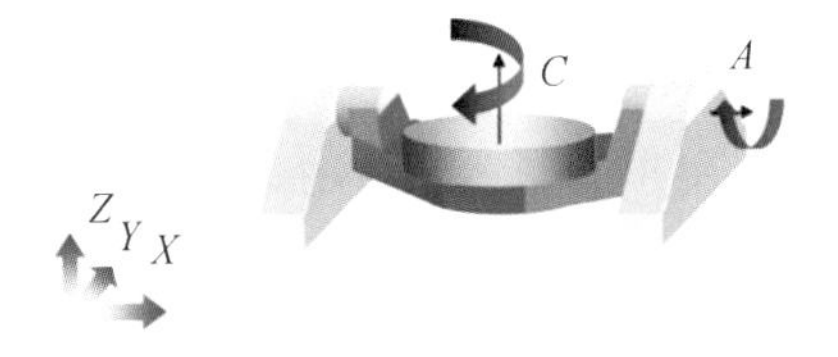

图 4-6　双转台型结构中 A 轴和 C 轴的关系

对于拥有 RTCP 功能的制造装备（也就是国内所说的真五轴制造装备），操作者不必使工件精确地和转台轴线对齐，只需随便装夹，机床即可自动补偿偏移，从而可大大缩短辅助时间，提高加工精度；同时后处理简单，只要输出刀尖点坐标和矢量就行了。

如图 4-6 所示，在双转台型五轴联动加工中心中，A 轴（第 4 轴）的转动会

影响 C 轴(第 5 轴)的姿态。C 轴的转动不会影响 A 轴的姿态。对于转台上的工件,进行刀具中心切削编程时,转动坐标的变化会导致直线轴位置发生变化,产生一个相对位移,即偏移。而为了消除偏移,就需要对其进行补偿。

那么机床如何对这一偏移进行补偿呢?由于回转轴的变化导致了直线轴的偏移,因此分析回转轴的旋转中心就显得尤为重要。以双转台结构为例,C 轴的控制点通常在制造装备工作台面的回转中心,如图 4-7(a)所示;A 轴通常选择轴线的中点作为控制点,如图 4-7(b)所示。为了实现五轴联动控制,智能数控系统需要知道 C 轴控制点与 A 轴控制点之间的关系(即制造装备初始状态,也就是 A、C 轴零位)、以 A 轴控制点为原点的 A 轴旋转坐标系下 C 轴控制点的位置向量$[U,V,W]$,同时还需要知道 A、C 轴轴线之间的距离,如图 4-7(c)所示。

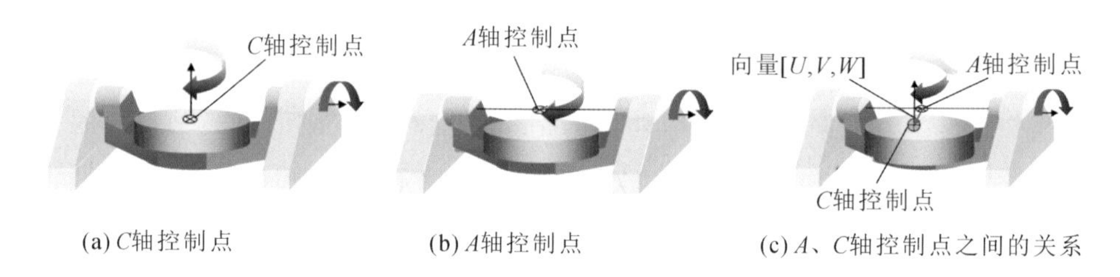

(a) C轴控制点　(b) A轴控制点　(c) A、C轴控制点之间的关系

图 4-7　双转台结构 A、C 轴控制点

对于有 RTCP 功能的制造装备,数控系统需使刀具中心始终处在程序指定的位置(即编程位置)上。在这种情况下,编程是独立的,与机床运动无关。编程时不用担心制造装备的运动和刀具长度,只需要考虑刀具和工件之间的相对运动,数控系统会自动完成解算。如图 4-8(a)所示,在关闭 RTCP 功能的情况下,控制系统不考虑刀具长度,刀具围绕轴的中心旋转,刀尖将移出其所在位置,并不再固定;如图 4-8(b)所示,在 RTCP 功能打开的情况下,控制系统只改变刀具方向,刀尖位置仍保持不变,X、Y、Z 轴必要的补偿运动已被数控系统自动考虑进去。

利用 RTCP 功能,可以简化零件加工程序的编制和快速实现刀具三维实时补偿。真五轴制造装备只需要设置一个坐标系,只需要一次对刀,就可以完成加工。

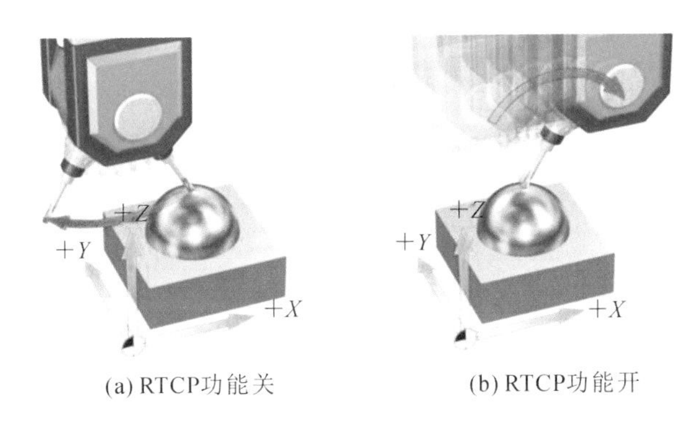

(a) RTCP功能关　　(b) RTCP功能开

图 4-8　RTCP 功能关/开比较

3. 假五轴的处理

现以 NX 后处理编辑器设置为例，说明假五轴制造装备的坐标变换。如图 4-9 所示，假五轴是依靠后处理技术，明确制造装备第 4 轴和第 5 轴中心位置关系，来补偿回转轴相对直线轴的位移的。其生成的数控程序中的 X、Y、Z 坐标值不仅反映编程趋近点，也包含回转轴姿态变化引起的 X、Y、Z 轴的变动补偿值。这样处理的结果不仅会导致加工精度不足，效率低下，使所生成的程序不具有通用性，也会造成所需人力成本很高。同时，由于每台制造装备的回转参数不同，各制造装备都要有对应的后处理文件，这就会给生产造成极大的不便。再者，假五轴制造装备生成的程序无法改动，实现手工五轴编程基本没有可能。同时因为没有 RTCP 功能，其衍生的众多五轴高级功能都无法使用，比如五轴刀补功能等。

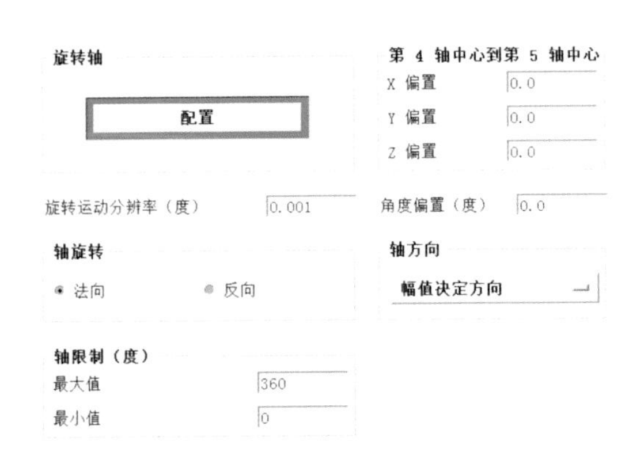

图 4-9　假五轴的坐标变换

总之，真五轴制造装备性价比更高。五轴联动加工中心的高档数控系统不但具有智能 RTCP 功能，同时还支持 3D 刀补、C 样条插补、NURBS 样条插补、大圆弧插补、圆锥插补等诸多高端插补功能，从而可以实现更高效简洁、高质量的加工。如图 4-10 所示工件空间形面的加工只有智能五轴联动加工中心才能完成。

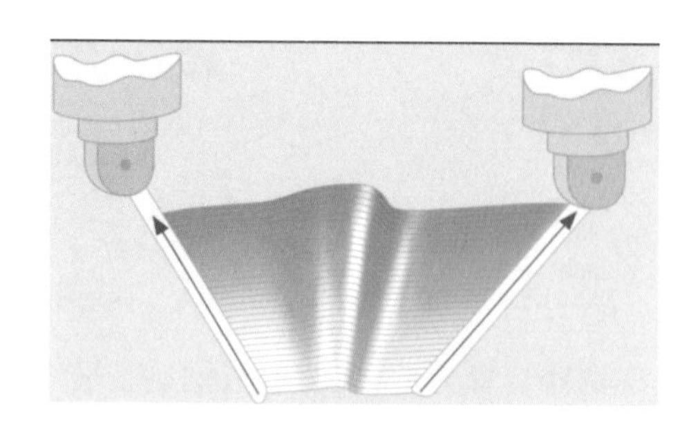

图 4-10　五轴联动加工工件

4.1.3　智能五轴联动加工中心运动求解

1. 智能五轴联动加工中心的运动坐标变换

智能五轴联动加工中心结构形式很多，结构复杂，并且回转轴的刚性（悬臂刚性和回转刚性）很难保证，刀具相对工件的加工路径描述与制造装备结构密切相关，其轨迹运动控制算法因机械结构不同而不同，且轨迹运动控制也会不可避免地产生非线性误差。

坐标变换的目的就是：给出刀具路径上的点 P 及点 P 对应的刀轴方向 $\boldsymbol{D}$，求出智能五轴联动加工中心五个轴对应的坐标，亦即要完成机床的运动求解。

这里以俯垂转台型（$X'Y'Z'BC$）五轴联动加工中心为例加以讨论，如图 4-11所示。已知条件：在工件坐标系下工件摆动中心 P 点的坐标（x_P，y_P，z_P），期望的刀轴方向 $\boldsymbol{D}=(\boldsymbol{i},\boldsymbol{j},\boldsymbol{k})$（假设 $\boldsymbol{D}$ 已归一化，即 $\boldsymbol{i}^2+\boldsymbol{j}^2+\boldsymbol{z}^2=1$）；在机床坐标系下，刀具参考点 T 的初始坐标（x_t，y_t，z_t）；回转轴 B 在 OXZ 平面上的投影（x_B，z_B）；回转轴 C 在 OXY 平面上的投影（x_C，y_C）。假设平移运动由刀具产生（即 X、Y、Z 三轴的运动由刀具的移动产生，工作台固定）。

使刀具从参考点移动到 P 点，且刀轴的方向为 $\boldsymbol{D}$，则 P 点对应机床工作空间的位姿的五个坐标值分别表示为

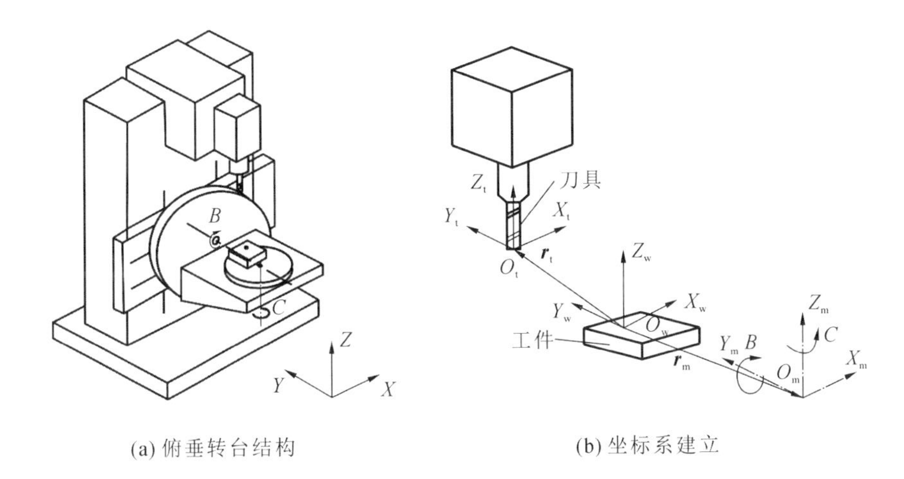

(a) 俯垂转台结构　　　　(b) 坐标系建立

图 4-11　俯垂转台型五轴联动加工中心及运动坐标系

$$X = f_X(x_P, y_P, z_P, \boldsymbol{i}, \boldsymbol{j}, \boldsymbol{k})$$

$$Y = f_Y(x_P, y_P, z_P, \boldsymbol{i}, \boldsymbol{j}, \boldsymbol{k})$$

$$Z = f_Z(x_P, y_P, z_P, \boldsymbol{i}, \boldsymbol{j}, \boldsymbol{k})$$

$$B = f_B(x_P, y_P, z_P, \boldsymbol{i}, \boldsymbol{j}, \boldsymbol{k})$$

$$C = f_C(x_P, y_P, z_P, \boldsymbol{i}, \boldsymbol{j}, \boldsymbol{k})$$

P 点的两个回转坐标比较容易理解，也就是使得刀具平行于给定的刀轴方向($\boldsymbol{i}, \boldsymbol{j}, \boldsymbol{k}$)时两个回转轴轴线对应的坐标。由于两个回转轴的存在，三个直线轴的坐标变得比较复杂。假设机床的三个直线轴 X、Y、Z 分别产生平移运动 ΔX、ΔY、ΔZ，而两个回转轴没有运动，那么刀具参考点也会产生同样的位移 ΔX、ΔY、ΔZ 。但是，如果两个回转轴分别转过角度 θ_B、θ_C，那么，刀具参考点所产生的位移就不再是 ΔX、ΔY、ΔZ，而是要综合考虑三个直线轴的平移运动和两个回转轴的旋转运动来确定。

2. 坐标运动的变换求解算法

坐标变换表达式与机床具体的结构相关，以下介绍四种典型结构形式的五轴联动加工中心坐标变换表达式。

1) 俯垂转台型($X'Y'Z'BC$ 结构)

对图 4-11(a)所示俯垂转台型五轴联动加工中心，为描述其运动，建立图 4-11(b)所示坐标系。其中：坐标系 O_w-$X_wY_wZ_w$ 为工件坐标系，前置处理获得

的刀位数据源文件就是在该坐标系中给出的；O_t-$X_tY_tZ_t$ 为刀具坐标系，其原点设在刀具的刀位点上，其坐标轴方向与机床坐标系一致；O_m-$X_mY_mZ_m$ 为与定轴 B 固连的坐标系，其原点 O_m 为两回转轴轴线的交点，该坐标系相对坐标系 O_w-$X_wY_wZ_w$ 的运动可进一步分解为 O_t-$X_tY_tZ_t$ 相对于 O_m-$X_mY_mZ_m$ 坐标系的平移和 O_m-$X_mY_mZ_m$ 相对于 O_w-$X_wY_wZ_w$ 坐标系的转动。设动轴 C 的轴线平行于 Z 轴的状态为机床初始状态，此时工作台与 Z 轴垂直，工件坐标系各轴的方向与机床坐标系一致，刀具坐标系原点在工件坐标系中的位置矢量表示为 $\boldsymbol{r}_t(t_x,t_y,t_z)$，两回转轴轴线交点 O_m 在工件坐标系的位置矢量表示为 $\boldsymbol{r}_m(m_x,m_y,m_z)$。在刀具坐标系中，刀具的位置和刀轴矢量分别为 $(0,0,0)^T$ 和 $(0,0,1)^T$，若机床直线轴相对于初始状态时的位置为 $\boldsymbol{r}_s(s_x,s_y,s_z)$，回转轴 B、C 相对于初始状态时的角度为 θ_B、θ_C（逆时针方向为正），此时工件坐标系中刀具方向和刀位矢量分别为 $\boldsymbol{u}=(u_x,u_y,u_z)$ 和 $\boldsymbol{r}_p=(p_x,p_y,p_z)$。由机床运动链进行坐标变换，可得：

$$(u_x \quad u_y \quad u_z \quad 0)^T = \boldsymbol{T}(\boldsymbol{r}_m)\cdot\boldsymbol{R}_Z(-\theta_C)\cdot\boldsymbol{R}_Y(-\theta_B)\cdot\boldsymbol{T}(\boldsymbol{r}_s+\boldsymbol{r}_t-\boldsymbol{r}_m)\,(0 \quad 0 \quad 1 \quad 0)^T \tag{4-1}$$

$$(p_x \quad p_y \quad p_z \quad 1)^T = \boldsymbol{T}(\boldsymbol{r}_m)\cdot\boldsymbol{R}_Z(-\theta_C)\cdot\boldsymbol{R}_Y(-\theta_B)\cdot\boldsymbol{T}(\boldsymbol{r}_s+\boldsymbol{r}_t-\boldsymbol{r}_m)\,(0 \quad 0 \quad 0 \quad 1)^T \tag{4-2}$$

式中：$\boldsymbol{T}$ 为坐标轴做直线运动时的齐次坐标变换矩阵；$\boldsymbol{R}_Y$、$\boldsymbol{R}_Z$ 为坐标轴做回转运动时的齐次坐标变换矩阵。有

$$\boldsymbol{T}(\boldsymbol{r}_m)=\begin{pmatrix}1 & 0 & 0 & m_x\\ 0 & 1 & 0 & m_y\\ 0 & 0 & 1 & m_z\\ 0 & 0 & 0 & 1\end{pmatrix} \tag{4-3}$$

$$\boldsymbol{T}(\boldsymbol{r}_s+\boldsymbol{r}_t-\boldsymbol{r}_m)=\begin{pmatrix}1 & 0 & 0 & s_x+t_x-m_x\\ 0 & 1 & 0 & s_y+t_y-m_y\\ 0 & 0 & 1 & s_z+t_z-m_z\\ 0 & 0 & 0 & 1\end{pmatrix} \tag{4-4}$$

$$\boldsymbol{R}_Y(-\theta_B)=\begin{pmatrix}\cos\theta_B & 0 & -\sin\theta_B & 0\\ 0 & 1 & 0 & 0\\ \sin\theta_B & 0 & \cos\theta_B & 0\\ 0 & 0 & 0 & 1\end{pmatrix} \tag{4-5}$$

$$\boldsymbol{R}_Z(-\theta_C)=\begin{pmatrix}\cos\theta_C & \sin\theta_C & 0 & 0\\ -\sin\theta_C & \cos\theta_C & 0 & 0\\ 0 & 0 & 1 & 0\\ 0 & 0 & 0 & 1\end{pmatrix} \tag{4-6}$$

则由式(4-1)至式(4-6)可得各坐标轴的位移：

$$\begin{cases}\theta_B = k_B\arccos u_z \qquad (k_B=1,-1)\\ \theta_C = -\arctan\dfrac{u_y}{u_x}-k_C\pi \qquad (k_C=0,1)\\ s_x = \cos\theta_B\cos\theta_C(p_x-m_x)-\cos\theta_B\sin\theta_C(p_y-m_y)+\sin\theta_B(p_z-m_z)\\ \qquad +m_x-t_x\\ s_y = \sin\theta_C(p_x-m_x)\cos\theta_C(p_y-m_y)+m_y-t_y\\ s_z = -\sin\theta_B\cos\theta_C(p_x-m_x)+\sin\theta_B\sin\theta_C(p_y-m_y)+\cos\theta_B(p_z-m_z)\\ \qquad +m_z-t_z\end{cases} \tag{4-7}$$

2）双转台型($X'Y'Z'AC$ 结构)

对图 4-12(a)所示双转台型五轴联动加工中心，建立图 4-12(b)所示的运动坐标系。

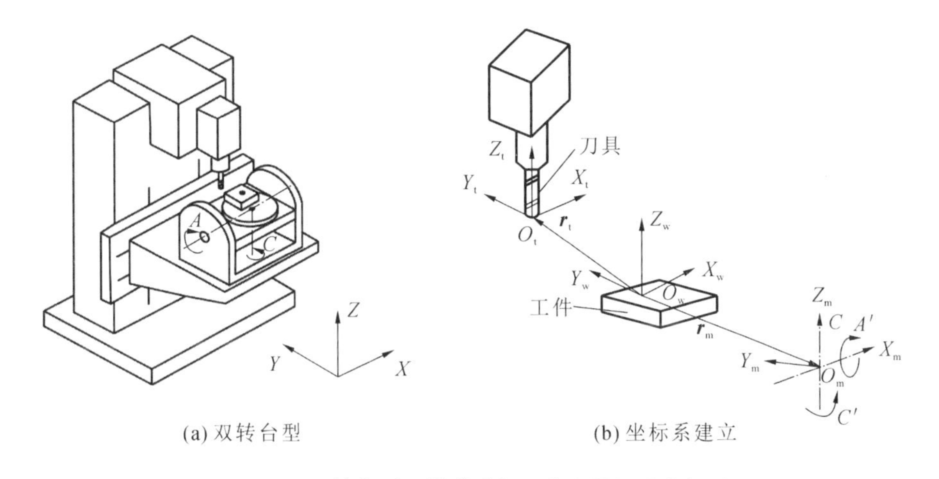

(a) 双转台型　　(b) 坐标系建立

图 4-12　双转台型五轴联动加工中心及运动坐标系

与俯垂转台型五轴联动加工中心类似，可得双转台型五轴联动加工中心运动模型：

$$\begin{cases}\theta_A = k_A \arccos u_z \qquad (k_A = 1, -1) \\ \theta_C = \arctan \dfrac{u_x}{u_y} - k_C \pi \qquad (k_C = 0, 1) \\ s_x = (p_x - m_x)\cos\theta_C - (p_y - m_y)\sin\theta_C + m_x \\ s_y = (p_x - m_x)\cos\theta_A \sin\theta_C + (p_y - m_y)\cos\theta_A\cos\theta_C \\ \qquad - (p_z - m_z)\sin\theta_A + m_y \\ s_z = (p_x - m_x)\sin\theta_A\sin\theta_C + (p_y - m_y)\sin\theta_A\cos\theta_C \\ \qquad + (p_z - m_z)\cos\theta_A + m_z \end{cases} \tag{4-8}$$

3）双摆头型（$XYZA'B'$结构）

对图4-13(a)所示双摆头型五轴联动加工中心，建立图4-13(b)所示相应的运动坐标系，该机床的运动模型为

$$\begin{cases}\theta_{A'} = k_{A'} \arcsin(-u_y) \qquad \left(-\dfrac{\pi}{2} < \theta_{A'} < \dfrac{\pi}{2};\quad k_{A'} = 1, -1\right) \\ \theta_{B'} = \arctan \dfrac{u_x}{u_z} \qquad \left(-\dfrac{\pi}{2} < \theta_{B'} < \dfrac{\pi}{2}\right) \\ s_x = p_x + L \cdot \cos\theta_{A'} \sin\theta_{B'} \\ s_y = p_y - L \cdot \sin\theta_{A'} \\ s_z = p_z + L \cdot \cos\theta_{A'}\cos\theta_{B'} - L \end{cases} \tag{4-9}$$

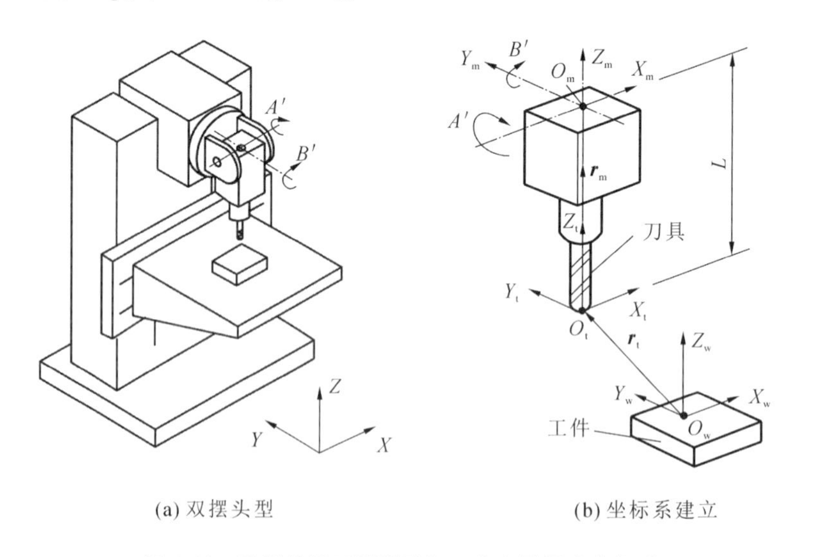

(a) 双摆头型　　(b) 坐标系建立

图4-13　双摆头型五轴联动加工中心及运动坐标系

4）摆头转台型（$XYZB'A$ 结构）

对图 4-14(a)所示摆头转台型五轴联动加工中心，建立图 4-14(b)所示相应的运动坐标系。该机床的运动模型为

$$\begin{cases}\theta_A = k_A \arctan \dfrac{u_y}{u_z} - k_A \pi \qquad (k_A = 0,1) \\ \theta_{B'} = \arcsin u_x \qquad \left(-\dfrac{\pi}{2} < \theta_{B'} < \dfrac{\pi}{2}\right) \\ s_x = p_x + L \cdot \sin \theta_{B'} \\ s_y = (p_y - m_y)\cos \theta_A - (p_z - m_z)\sin \theta_A + m_y \\ s_z = (p_y - m_y)\sin \theta_A + (p_z - m_z)\cos \theta_A + L(\cos \theta_{B'} - 1) + m_z \end{cases} \tag{4-10}$$

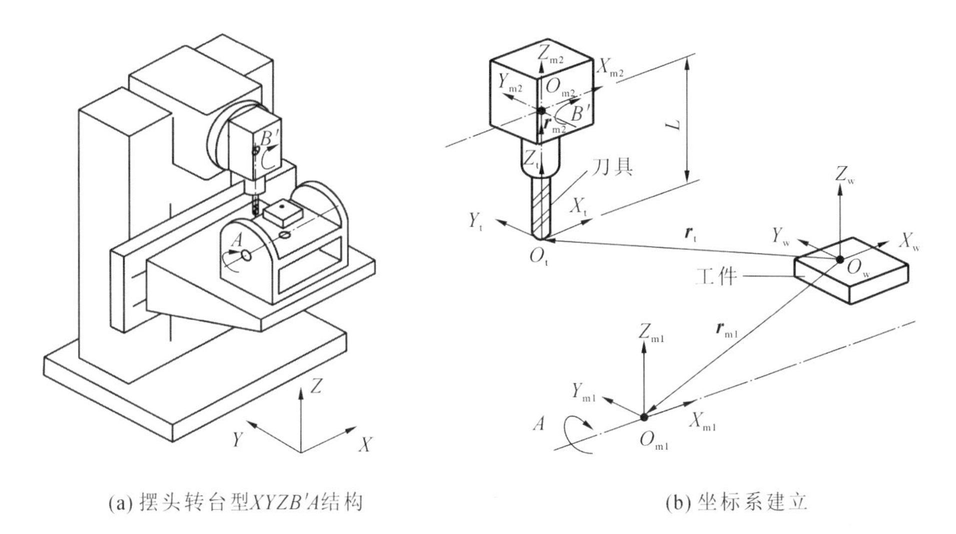

(a) 摆头转台型$XYZB'A$结构　　　(b) 坐标系建立

图 4-14　摆头转台型五轴联动加工中心及运动坐标系

3. 五轴联动加工中心理想状态下的运动求解条件

五轴联动加工中心理想状态下的运动求解的实现，需要满足以下条件：

(1) 对于转台型，必须在工件装夹好后通过测量确定两回转轴轴线交点在工件坐标系中的位置矢量。

(2) 对于摆头型，必须通过测量确定有效的刀具长度，即回转轴轴线与刀具轴线的交点到刀位点的距离，它可以看成刀位点总的摆动半径。

(3) 对于摆头转台型机床，既要通过测量确定有效的刀具长度，又要在工件装夹好后通过测量确定工作台回转轴线上一点在工件坐标系中的位置矢量。

4.1.4 任意创新运动设计的多轴联动加工中心运动学建模与求解

1. 任意创新运动设计的多轴联动加工中心运动学建模说明

基于 ISO 数控坐标系定义的运动自由度样本元素，通过任意运动链组合，可以获得诸多不同机械本体结构的多轴联动智能制造装备，但考虑实现的复杂度及成本等约束，做如下说明。

(1) 构成运动链的坐标轴数目不限，但其中联动轴数不超过五个。一般 O-XYZ、O'-$X'Y'Z'$两组基本坐标系中的坐标轴都有(其中描述刀具和工件运动自由度的同向坐标只取其一，例如 X、X'坐标，二者只包含一个)，另加 A、B、C/A'、B'、C'两组回转轴中的两个。其余轴则称为辅助轴。

(2) 各直线轴的运动方向和回转轴的轴线可以不与机床坐标系的坐标轴平行，各回转轴的轴线可相互不垂直。

(3) 对于定、动轴结构，两回转轴轴线可不相交于一点，允许有一定大小的偏距。

(4) 刀具轴线与作用在刀具上的回转轴轴线可不相交于一点，允许有一定大小的偏距。

(5) 组合的运动链首、末构件可断开也可封闭，首、末构件断开的运动链称为开式链，首、末构件封闭的运动链称为闭式链。

2. 任意创新运动设计的多轴联动加工中心运动学通用模型构建

1) 任意创新运动设计的多轴联动加工中心运动链图

按照运动组合设计理论，任意创新设计多轴联动加工中心运动链及坐标系如图 4-15 所示。

2) 坐标系构建

根据图 4-15(a)所示创新运动设计的多轴联动加工中心运动链构成，建立如图 4-15(b)所示的坐标系。其中：与刀具固连的刀具坐标系为 O_t-$X_tY_tZ_t$，其原点在刀位点上；与工件固连的工件坐标系为 O_w-$X_wY_wZ_w$，它在工件几何建模时确定；与各运动构件固连的运动构件坐标系为 O_i-$X_iY_iZ_i$，这里 $i=1,2,\cdots,N$ (N 为构成多轴联动加工中心运动链的运动构件数量)。

3) 通用运动学数学模型构建

相邻坐标系间的变换矩阵为

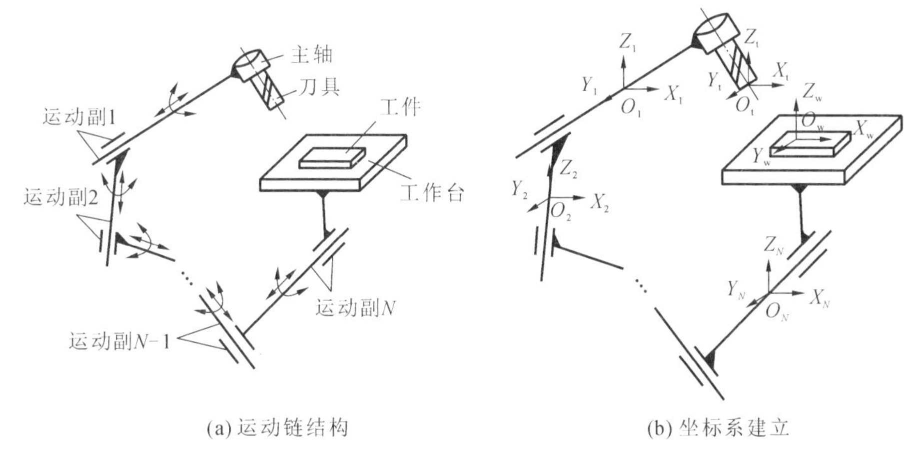

图 4-15 任意创新运动设计的多轴联动加工中心运动链与坐标系

$$\boldsymbol{Q}_{j+1,j} = \boldsymbol{P}(\boldsymbol{r}_{j+1,j}) \times \boldsymbol{M}(\boldsymbol{n}_j, \boldsymbol{s}_j) \tag{4-11}$$

式中：$\boldsymbol{P}(r_{j+1,j})$为由坐标系之间的初始位置关系确定的平移变换矩阵；$\boldsymbol{r}_{j+1,j}$为坐标系的原点$O_j$在坐标系$O_{j+1}$中的位置矢量，$\boldsymbol{r}_{j+1,j}=(x_{j+1,j}, y_{j+1,j}, z_{j+1,j})$；$\boldsymbol{M}(\boldsymbol{n}_j, \boldsymbol{s}_j)$为坐标系随其运动构件相对初始位置转动的变换矩阵，其中$\boldsymbol{n}_j$为单位法矢，$\boldsymbol{s}_j$为转动量。

确定刀具坐标系到工件坐标系的变换矩阵，实际上只需要知道各回转坐标系之间、刀具坐标系和与其相邻的回转坐标系之间，以及工件坐标系和与其相邻的回转坐标系之间的初始位置关系，涉及多个位置矢量。

因此，任意创新运动设计的多轴联动加工中心通用运动学模型创建流程如图 4-16 所示。

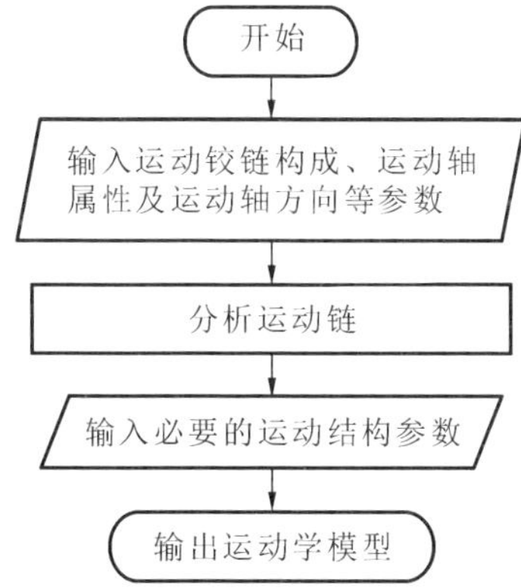

图 4-16 任意创新运动设计的多轴联动加工中心通用运动学模型创建流程

4）多轴联动加工中心运动求解

按照构建的通用运动学模型，依据被加工功能表面成形需要，便可计算出参与联动控制的回转轴的角位移和三个直线轴的线位移。

4.1.5 智能五轴联动加工中心关键技术特点

智能五轴联动加工中心在装备制造业中发挥了不可替代的作用，促进了航空航天、国防、农业、化工、新材料、新能源交通、IC等领域尖端科技的发展，其发展水平代表着一个国家的工业经济和整体科技的发展水平。到目前为止，由于五轴联动加工中心的复杂程度高，其应用受限、利用率低下并且在技术上仍然存在尚未解决的难题。其不同于三轴与四轴联动加工中心的技术特点主要体现在如下几个方面。

1. 五轴数控编程

五轴数控编程是令传统数控编程人员深感头疼的问题。三轴联动加工中心只有直线轴，而五轴联动加工中心结构形式多样，同一段数控代码可以在不同的三轴联动加工中心上获得同样的加工效果，但某一种五轴联动加工中心的数控代码却不适用于所有类型的五轴联动加工中心。对于智能五轴联动加工中心，数控编程时除了直线运动之外，还要完成协调旋转运动的相关计算，如旋转角度行程检验、非线性误差校核、刀具旋转运动计算等，要处理的信息量很大，数控编程抽象、复杂、困难。

五轴数控加工的操作和编程技能密切相关，如果用户为机床增添了特殊功能，则编程和操作会更复杂。只有反复实践，编程及操作人员才能掌握必备的知识和技能。经验丰富的编程、操作人员的缺乏，是五轴联动数控技术普及的一大阻力。

国内许多厂家从国外购买了五轴联动加工中心，由于技术培训和服务不到位，五轴联动加工中心固有功能很难实现，装备利用率很低，在很多场合被当作三轴机床使用。

五轴联动加工中心的编程一般都是采用CAD/CAM一体化计算机辅助自动编程软件来完成的，要求编程人员不仅具有丰富的数控加工工艺知识，还具备足够的CAD/CAM软件三维模型设计及应用能力。CAD/CAM一体化计算机辅助自动编程的主要流程如图4-17所示，整个流程主要包括制造模型的生成、加工环境的构建(夹具设计、机床设置、刀具设置)、前置处理(生成刀位数据文件)、后置处理(生成 NC 代码)、VERICUT 实时仿真加工环境构建及实时仿真加工,最后获得经干涉校验后的正确的数控代码并付诸实际加工。

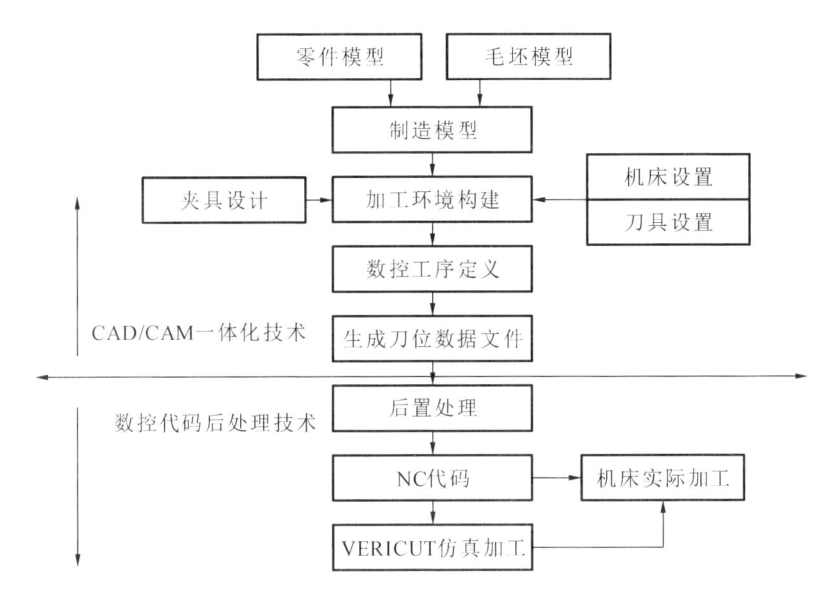

图 4-17 CAD/CAM 一体化计算机辅助自动编程的主要流程

2. 高性能 CNC 插补控制

1) 五轴联动加工中心数控流程

五轴联动加工中心可以实现五个运动轴运动的合成。两个回转轴的加入,不但增加了插补运算的负担,而且旋转坐标只要有微小误差就会大幅度降低加工精度。五轴联动加工中心具有高次样条曲线插补功能,要求数控系统有更高的运算精度和运算速度。同时,五轴联动加工中心完成复杂变曲率空间曲面的加工时,要求伺服驱动系统有很好的动态特性和较大的调速范围。考虑编程、数据处理和智能加工等各个环节,五轴联动加工中心整个工作过程的数控流程如图 4-18 所示。

2) 五轴联动加工中心的插补

对于复杂曲面的加工,CAD/CAM 生成正确的数控程序代码后传到 CNC 装置,CNC 装置对程序进行解释执行,通过插补运算进行各运动轴的速度规划和轨迹控制,完成各运动轴的指令分配,并通过各轴进给伺服系统驱动各轴运

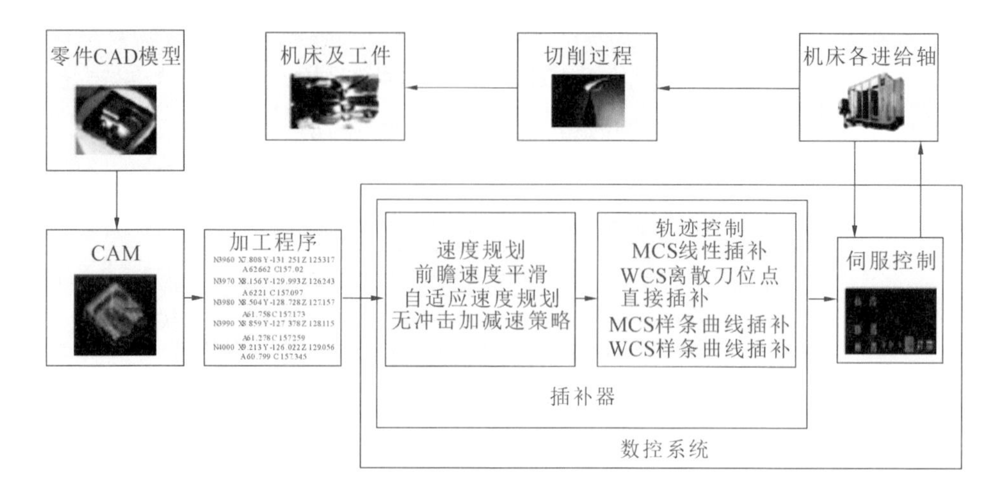

图 4-18　五轴联动加工中心的数控流程

注：MCS—机床坐标系；WCS—工件坐标系。

动，实现表面加工成形。如果通过后置处理来对刀位数据文件进行线性化，生成的数控程序就由若干段需要线性插补的小直线段的代码组成。对于五轴联动加工中心，线性插补是最基本的一种处理方法。由于旋转运动会引入非线性误差，数控系统会有针对性地做出高速插补处理。目前主要有四种高速插补方式。

（1）机床坐标系下的线性插补（MCS 线性插补）。先进行 CAM 后置处理，经过线性插补运算和坐标转换后输出数控代码，小线段采用前瞻速度平滑方法处理。这种方式会产生非线性误差。

这是五轴联动加工中应用最为广泛的一种高速插补方式，CAM 软件普遍支持该方式，所有的五轴数控系统也都支持这种方式。由于采用这种方式时数控代码由大量微小程序段组成，而且由这些程序段生成的刀具路径一阶不连续，采用传统的在单个程序段进行加减速的速度规划方式，会使进给速度波动严重，甚至根本达不到编程进给速度，从而影响加工质量和速度。前瞻速度平滑方法是解决这个问题的关键。但这种方式不能对工件坐标系下刀具参考点（刀尖点）的进给速度进行有效的控制。对于五轴线性插补的速度平滑问题，不但要考虑最大平移加速度的限制，还要引入两回转轴对应的最大角加速度限制。

(2) 工件坐标系下的离散刀位点直接插补(WCS离散刀位点直接插补)。对CAM输出的刀位点直接进行插补,插补后进行坐标转换。这种方式基本上不会产生非线性误差。

采用这种方式可以对工件坐标系下刀尖点的进给速度进行有效控制,一些高档数控系统提供这种功能,如西门子840D的TRAORI功能。但离散刀位点间的距离十分短且一阶不连续,配合这种插补方式的前瞻控制是实现进给速度平滑的关键。由于五轴联动加工中心运动学模型的非线性,尽管刀尖点的速度保持不变,分配到各轴的速度仍会不断变化。因此,采用这种方式时前瞻控制更为复杂。

(3) 机床坐标系下的样条曲线插补(MCS样条曲线插补)。先进行CAM后置处理,经过坐标转换后输出数控代码,在数控系统中用样条曲线拟合后插补。该种方式会产生非线性误差。

(4) 工件坐标系下的双样条曲线插补(WCS样条曲线插补)。由CAM直接输出样条曲线,数控系统做样条插补后进行坐标转换。这种方式基本上不会产生非线性误差。

采用这种方式时刀位数据文件比采用前两种方式时大大缩小,而且生成的刀具路径二阶以上连续,可以获得更平滑的进给速度。

采用双样条曲线描述的刀具路径包含更多的信息,为五轴侧刃加工时啮合线较长且运动学参数不一致的问题提供了解决途径。对于这种方式,关键是综合考虑插补精度、机床运动学、动力学模型、材料去除率等约束的自适应速度规划。目前,多数高档数控系统都支持这种插补方式,如西门子840D等。

3. 五轴数控程序校验和数字孪生技术

要提高加工效率,必须淘汰传统的“试切法”校验方式 。在五轴数控加工当中,数控程序的校验工作十分重要。因为五轴联动加工中心加工运动的复杂性、抽象性,碰撞很难预测,碰撞干涉是五轴数控加工中常遇到的问题。如果编程不当,刀具切入工件时可能以极高的速度碰撞到工件,刀具和装备本身、夹具及其他加工范围内的设备也可能发生干涉,机床上的运动件也可能与固定件或工件相碰撞。这样,五轴数控加工的程序校验和实时加工仿真就变得愈加重要,必须对制造装备运动学及控制系统进行综合分析,进行程序校验。

如果CAM系统检测到错误,可以立即对刀具轨迹进行处理;但如果在加工过程中发现数控程序错误，不能像在三轴数控加工中那样直接对刀具轨迹进行修改。在三轴联动加工中心上，操作者可以直接对刀具半径等参数进行修改。而在五轴数控加工中情况就比较复杂，操作者难以直接对刀具轨迹做出修正。因此，构建五轴联动实时加工仿真的数字孪生系统尤为重要。

依据五轴联动加工中心的选型运动范围、夹具装夹方式以及刀具选型等构建实时物理现实系统，基于CAD/CAM软件系统，构建智能加工装备的数字孪生模型，实现仿真加工，进行数控程序代码的校验和干涉检验，能确保加工程序正确和加工安全。如VERICUT仿真加工（见图4-17）模块实质上就是对现实物理加工系统构建的数字孪生模块，用于实时加工仿真，以对数控程序的正确性进行校验和进行干涉检验。目前，西门子、海德汉等新一代的智能数控系统已具备了多轴联动可视化加工映射数字孪生功能。

4. 刀具补偿

在五轴联动加工中，刀具长度补偿功能仍然有效，但刀具半径补偿却失效了。目前多数数控系统无法完成刀具半径补偿，如以圆柱铣刀进行接触成形铣削时，需要对不同直径的刀具编制不同的程序。用户在进行数控加工时需要频繁换刀或调整刀具的确切尺寸，按照正常的处理程序，刀具轨迹应送回CAM系统重新进行计算，从而导致整个加工过程效率十分低下。

例如，对于$XYZBC$结构的五轴联动加工中心，由于刀轴方向变化，在进行刀具长度补偿时，要考虑刀具长度变化量在X、Y、Z三轴上的分量，分别进行补偿。假设刀具原来长度为l_0，$(X_0, Y_0, Z_0, B_0, C_0)$为刀位点坐标，当刀具长度变为$l_1$时，刀位点坐标为$(X_1, Y_1, Z_1, B_1, C_1)$，由于刀具长度的变化对刀轴方向无影响，很明显有

$$B_1 = B_0, \quad C_1 = C_0$$

对于三个直线轴的坐标，有如下关系：

$$X_1 - X_0 = (l_1 - l_0)\sin B_0 \cos C_0$$

$$Y_1 - Y_0 = (l_1 - l_0)\sin B_0 \cos C_0$$

$$Z_1 - Z_0 = (l_1 - l_0)\cos B_0$$

B、C的具体定义与智能制造装备控制的实现有关，同时，刀具长度的变化还会造成线性误差的变化，如图4-19所示（P_n、P_{n+1}为刀位点）。当刀具长度为l_0时，智能制造装备刀具摆动中心的理想轨迹曲线为Q_nQ_{n+1}，而实际上所走轨

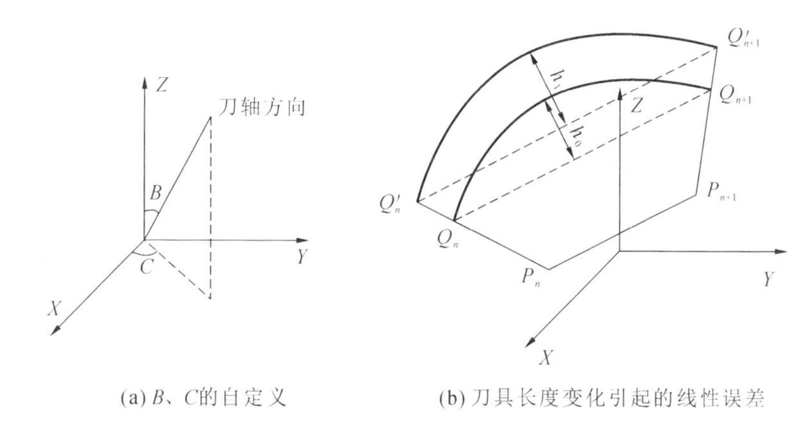

(a) B、C的自定义　　(b) 刀具长度变化引起的线性误差

图 4-19　刀具长度变化引起的信息化误差

迹为直线段 Q_nQ_{n+1}，从而引起线性化误差 h_0；当刀具长度为 l_1 时，摆动中心的理想轨迹曲线为 $Q'_nQ'_{n+1}$，而实际上所走轨迹为直线段 $Q'_nQ'_{n+1}$，从而引起线性化误差 h_1。可见，当刀具长度变大时，线性化误差将会增大。因此，若要实现高精度加工，应该把刀具长度变化对线性化误差造成的影响考虑进去。

5. 后置处理器开发

由于五轴联动加工中心比三轴联动加工中心多了两个回转轴，机床结构更加多样化，刀具位置从工件坐标系向机床坐标系转换，中间要经过多次坐标变换。利用市场上流行的后置处理器生成器，只需输入装备的基本参数，就能够产生三轴联动加工中心的后置处理器。而对于五轴联动加工中心，目前只有一些典型的产品具有经过改良的后置处理器。五轴联动加工中心的后置处理器还有待进一步开发。

三轴联动时，对于刀具轨迹的生成，不必考虑工件原点在工作台上的位置，后置处理器能够自动处理工件坐标系和机床坐标系的关系。对于五轴联动加工中心，例如在 XYZBC 结构的五轴联动加工中心上加工时，工件在 C 转台上的位置坐标以及 B、C 转台的相对位置，在生成刀具轨迹时都必须加以考虑。工人在装夹工件时通常要耗费大量时间来处理这些位置关系。如果后置处理器能处理这些数据，工件的安装和刀具轨迹的处理都会大大简化：只需将工件装夹在工作台上，测量工件坐标系的位置和方向，将这些数据输入后置处理器，对刀具轨迹进行后置处理即可得到适当的数控程序。

6.非线性误差和奇异性问题

由于旋转坐标的引入,五轴联动加工中心的运动学问题比三轴机床要复杂得多。和旋转有关的第一个问题是非线性误差,可以通过缩小步距加以控制。在前置计算阶段,编程者无法得知非线性误差的大小,只有通过后置处理器生成机床程序后,非线性误差才有可能计算出来,并由刀具轨迹线性化解决这个问题。有些控制系统能够在加工的同时对刀具轨迹进行线性化处理,但通常是在后置处理器中完成线性化处理。

回转轴引起的另一个问题是奇异性。如果奇异点处在回转轴的极限位置,则在奇异点附近有很小振荡都会导致回转轴的180°翻转,这种情况相当危险,应尽量避免。

7.CAD/ CAM 系统工具的熟练度

对于五面体,用户必须借助于成熟的CAD/CAM系统来完成加工,并且必须要有经验丰富的编程人员来对CAD/CAM系统进行操作。

另外,对于五轴联动加工中心,除了必要的投资外,还必须对CAD/CAM系统软件、后置处理器以及校验程序模块进行必要的升级,使之适应五轴联动加工的要求。

4.1.6 智能五轴联动加工中心及加工工艺的选用

4.1.6.1 智能五轴联动加工中心的选用

智能五轴联动加工中心突出的应用特点是能完成复杂空间曲面的加工。对于常见的三种结构类型的五轴联动加工中心(转台型、摆头转台型、摆头型),应根据工件大小等进行合理选择与应用。

1.摆头型的特点

摆头型五轴联动加工中心的两个回转轴都布置在刀具上,工件可以完全不动地放置在工作台上进行加工,适合加工零件体积和质量较大的工件,如大型的模具等;一般适合精加工,因为主轴采用摆头结构,刚度较低,主轴功率较小。

摆头型五轴联动加工中心加工时,尽管工件不做旋转运动,工件的尺寸和质量可以很大,但仍需考虑各直线轴的惯量能否满足机床的整体响应性能要求,以及回转轴的转矩是否能够满足主轴的需求。图4-20所示是摆头型五轴联动加工中心的应用场景。

图4-20　摆头型五轴联动加工中心应用场景

2.转台型的特点

对于转台型五轴联动加工中心，由于两个回转轴都布置在工作台上，工作台带动工件摆动，因此其所加工的工件不能太大、太重。一般所加工工件直径不超过800 mm，质量(含工装)不超过500～800 kg，这时需根据工件及工装质量、加工加速度计算摆动幅度最大时的转矩是否过载。

转台型机床的回转轴行程范围大，工艺性能好，转台的刚度大大高于摆头的刚度，因而机床的总体刚度也较高，刚度容易保证、工艺范围较广，实现容易。图4-21所示为转台型五轴联动加工中心的应用场景。

图4-21　转台型五轴联动加工中心的应用场景

3.摆头转台型的特点

摆头转台型五轴联动加工中心加工时，刀具与工件各有一个旋转运动，两个回转轴的方向都是固定的。该型五轴联动加工中心可加工工件的直径和质量可以增大到转台的上限，但此时仍需计算转矩是否过载。图4-22所示为摆头转台型五轴联动加工中心的应用场景。

图 4-22　摆头转台型五轴联动加工中心的应用场景

4.1.6.2　摆头型龙门五轴加工中心选型技巧

摆头型龙门五轴联动加工中心分为横梁移动式、工作台移动式和龙门移动式。下面着重就摆头型龙门五轴联动加工中心选型技巧做具体介绍。

1. 主体结构

对于机床，工件质量为关键参数，对承载工件的伺服轴的速度、加速度、惯量及响应性能等均有决定性的影响。

对于大型工件，质量不仅影响机床的速度、效率，还影响机床的加工精度。在选择摆头型龙门五轴联动加工中心时，一般选择横梁移动式，因其工件固定不动，工作台的承载可不受限制。对于横梁移动式龙门五轴联动加工中心，由于质量负载是定值，只要在设计时选择合适的导轨，机床即可长久保持精度。而工作台移动式龙门五轴联动加工中心长期负重运动，导轨磨损快，精度下降迅速。

对于龙门五轴联动加工中心的主体结构，以下几个因素才是需要加以注意的关键因素。

1）快移速度和加速度

工作台移动式龙门五轴联动加工中心在空载时一般都能达到其设计速度，但随着工件质量的增加，其移动速度必然大幅下降，从而影响加工效率。而横梁移动式龙门五轴联动加工中心由于工作台固定，无论承载多重的工件，均能保持设计速度，这一特点对于大型机床很有意义。

用户在关注快移速度时，往往忽略加速度。其实快移速度对加工效率的影响远远不如加速度大，尤其对于一些复杂形状工件的加工，加速度提高后有时加工效率能提高数倍。由于工作台移动式龙门五轴联动加工中心的工作台负载是个变量，一旦其设置较大的加速度，放置较重工件时，机床就会发生振动、冲击等进而造成传动系统损坏；龙门移动式龙门五轴联动加工中心加工时，尽管工件不参与运动，但龙门框架重心高，过高的加速度容易导致机床中产生较大的倾覆力，造成机床损坏，因此机床加速度也不宜设置得过高；而横梁移动式龙门五轴联动加工中心由于运动重心在横梁上，没有大的倾覆力矩，且运动质量保持不变，因此只要选择合适的伺服电动机便可获得很高的加速度，甚至可以获得接近于立式加工中心的加速度，这样不仅能够提高加工效率，还能提高加工表面质量。

2）结构对加工精度和表面粗糙度的影响

如图 4-23(a)(b)所示是工作台移动式与横梁移动式龙门五轴联动加工中心的传动示意图，可以看出工作台移动式龙门五轴联动加工中心的工作台传动机构由于自重较大，必须采用伺服电动机加行星减速箱减速才能提供足够的驱动力。在工作台不重或移动速度不快时，行星减速箱的间隙一般可以通过系统内嵌补偿单元补偿，但龙门机床一般承载都较大，且工作台本身就比较重，在高速反向时因惯量大，间隙无法忽略，易产生过切。横梁移动式龙门五轴联动加工中心采用双边驱动方式，不能使用有间隙的机构，因此一般较小规格的龙门机床采用伺服电动机与丝杠直连。大型龙门机床使用齿轮齿条传动，但齿轮齿条和减速箱结构均有间隙，因此国际上较先进的方法是采用同向差速消隙同步运动机构（见图 4-23(c)），即横梁的两边各采用两个伺服电动机驱动行星减速装置，通过先后运动产生一个拉紧力来消除减速箱和齿轮齿条间的间隙。同时，两边的驱动模组还必须保持同步运动。横梁移动式龙门五轴联动加工中心由于实现了无间隙传动，因此极大地避免了过切，尤其是提高加速度后仍能保持高加工精度。

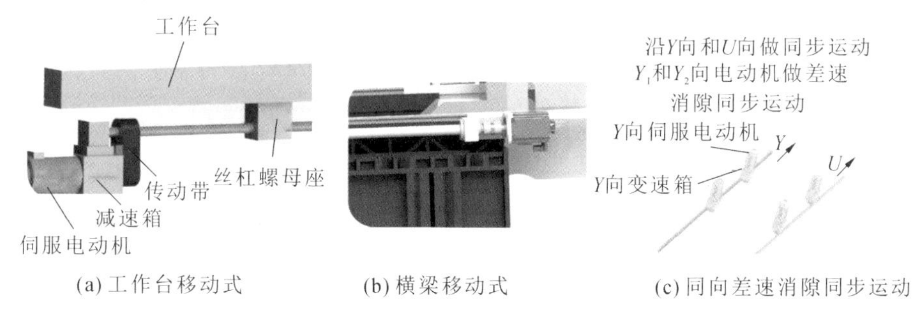

(a) 工作台移动式　(b) 横梁移动式　(c) 同向差速消隙同步运动

图 4-23　龙门五轴联动加工中心传动示意图

既然没有间隙，就不存在过切现象，就能提高加速度，同时机床运动负载不变，这样惯量比也能保持出厂时所设置的较高值。此时，可调高关键性电气参数值（例如增益等），机床电气性能得到提升，进而得到高表面质量。

2. 电气精度及响应性能

在选择智能五轴联动加工中心时，不仅要重视其制造的几何精度，电气控制精度和动态响应性能也同样至关重要。横梁移动式龙门五轴联动加工中心具备运动质量恒定不变的特点，因此在电气性能上有着先天性稳定优势。

运动部件的质量和伺服惯量对加速度有根本性影响，如果运动质量发生变化，则惯量一定会变化，亦即电气控制精度一定会变化，而智能制造装备出厂时所确定的参数是依据调试时的负载设定的，一旦运动质量有较大变化，伺服电动机的负载也会发生变化，但此时用户一般无法调整这些参数，将直接导致电气控制精度降低。这里的电气控制精度不是点位运动的精度，亦不是几何精度，而是轮廓插补精度。而横梁移动式龙门机床由于运动部件的质量是恒定值，工件无论轻重都不影响各轴的伺服性能，因此在电气控制精度参数的稳定性和一致性上具有极大优势。

在三种结构的龙门五轴联动加工中心中：工作台移动式一般得不到高精度和高的表面质量，而龙门移动式在急加减速时会产生一个倾覆力矩，导致机床不能实现快速响应，加工精度较低，因此，这两种结构的龙门五轴联动加工中心均不能满足大型工件的高精度五轴加工要求。横梁移动式由于运动质量可控且没有倾覆力矩，非常适合高速高精度加工，因此在国际上，大型高速铣龙门机床和龙门五轴联动加工中心普遍使用横梁移动式结构。

龙门五轴联动加工中心广泛采用的运动组合是龙门框架带动刀具实现三个直线轴运动，而两个回转轴也集中在刀具上，实现刀具的双轴摆动。五轴联动加工中心上用于安装刀具、能实现刀具多个运动的重要部件称为五轴头。当五轴头回转轴摆动时，其直线轴也需要跟随回转轴到达预定的位置（RTCP 功能）。高精度制造装备得到高精度的前提是各轴响应必须一致，因此各轴要有很好的伺服特性和惯量匹配性能。对于工作台移动式龙门五轴联动加工中心，因不同工件质量导致的惯量失配问题对机床轮廓插补精度的影响，智能数控系统须对伺服进给做出有针对性的适应性智能调控，这样才能保证机床轮廓插补精度。

针对某型龙门五轴联动加工中心，为了鉴别电气精度是否满足高精度加工的要求，可采用各直线轴两两循圆方式优化调整伺服进给性能。循圆直径越小越能看出响应性能。

3. 五轴头的选择

除工件尺寸、质量的区别外，五轴头也是五轴联动加工中心的一个重要区别。

1）依据加工材料及切削工况选择五轴头动力主轴

作为五轴联动加工中心的最关键部件，五轴头动力主轴的选择十分关键。首先应根据制造装备所要加工的工件材料来选择，铝材料的加工，钛合金等难加工材料、高档塑料模具的精加工以及复合材料的加工应采用不同的五轴头动力主轴。依据经验，对于铝材料加工，主轴转矩一般应达到 30 N·m 以上，功率应达到 20～35 kW，主轴采用 HSK-A63 型电主轴时，最高转速为 18000 r/min。对于钛合金等难加工材料，如主轴为电主轴，则主轴转矩至少应达到 300 N·m，这样才能满足一般的中等余量切削需求，如主轴为 HSK-A100 型电主轴，则最高转速为 8000 r/min。如果切削余量较大，则建议选择机械式主轴，转矩可达到1000 N·m，能满足一些重切削的要求，但转速一般不会超过 3000 r/min。在高档模具的加工中，因在前面工序中已经大量去除余量，在五轴联动加工中心上仅进行找平式的粗加工，加工余量在 0.2 mm 内。但高档模具尤其是高档塑料模具对精度及表面粗糙度的要求近乎苛刻，因此主轴转矩一般在 60 N·m 以上，功率为 25 kW，主轴采用 HSK-A63 型电主轴时，最高转速为 18000 r/min。

对于复合材料，选择何种五轴头动力主轴仍应视具体材料而定，但一般主轴转矩应在 20 N·m 以上，功率为 15 kW，且五轴头应具有防尘及密封功能。

A、*C* 轴一般应采用力矩电动机驱动，且速度、加速度及精度保持性要求均较高，选择时应该注意是否需要刹车。当然，主轴转矩达 500～1000 N·m 时，*A*、*C* 轴也有采用机械式的，此时刚度较高，但耐磨性及速度响应性不好，一般在转速要求较低的难加工材料加工场合选用。

2）五轴头结构形式选择

五轴头有两种流行形式，一种是双臂式，另一种是单臂式，如图 4-24 所示。直观地看，双臂式采用 *A* 轴双边驱动方式，驱动力较大，但需要考虑大驱动力是否有实际应用意义。同时，对于双臂式五轴头还应考虑加工尺寸干涉，尤其是对一些内腔的加工，双臂式往往会产生干涉，导致刀具需加长。而单臂式五轴头的主轴中心到主轴外的尺寸很小，可以满足狭窄部位的加工需求，而且当 C 轴旋转 180°后，可实现对边位置加工，因此实际加工范围大于双臂式，这一点需要用户重点考虑。但在重切削尤其是难加工材料加工场合，还是建议选择双臂式。如果双臂式不是由双电动机驱动的，则应尽量避免选择，因为此时不但可能因为无驱动边而缺乏支撑作用，还可能产生非线性阻力，影响精度和表面粗糙度。在选择双边驱动的双臂式五轴头时，还要注意双电动机的同步控制。

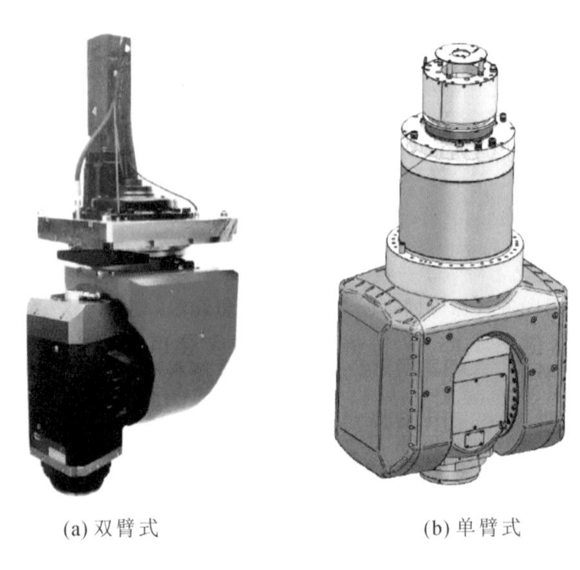

(a) 双臂式　　(b) 单臂式

图 4-24　五轴头形式

根据经验，满足模具加工需求的五轴头也可以用于加工铝件，以及中等加工精度的一般钢件。有些航空航天领域的用户在选择五轴头时，期望五轴头既能加工钛合金，又能加工铝，但这样很可能会出现加工钛合金时刚度不足、转矩不够，而加工铝时转速不够，效率、精度都不能满足要求的情况。

4. 其他部件的选择

在选购摆头型龙门五轴联动加工中心时还应注意一些主要部件的选择。目前市面上出现了采用直线电动机来驱动运动轴的机床，轴的速度快、加速度高，但应注意是否所有直线轴和回转轴均由直线电动机驱动。若还有轴是用丝杠驱动的，则有可能造成加速度不匹配，不能完全发挥直线电动机驱动的优势。同时还应注意直线电动机的能耗，滚珠丝杠机构和齿轮齿条机构均是减速增力机构，实际耗能减少，而直线电动机是由电磁力直接驱动的，相应耗电量会成倍提高。

光栅尺是龙门五轴联动加工中心必不可少的功能部件。全闭环控制系统会提高位置环精度，而非速度环和电流环精度，因此在点位加工时，全闭环控制系统可以提高加工精度，但在插补运动中，要想得到高轮廓精度和低表面粗糙度，依靠的是速度环及电流环的电气参数的匹配以及好的全闭环循圆效果。因此并不是安装了光栅尺机床的加工精度就一定高，如果设备本身刚度和精度不高，采用全闭环控制还会导致振动，进一步降低机床的加工精度。因此在机床考核验收时，应注意全闭环状态下的循圆效果，并可以试加工一个三轴以上插补的样件，检查表面粗糙度是否符合要求。

激光对刀仪也是建议选择的功能部件，由于五轴联动加工中心主轴会做高速旋转，因此一般选择热缩式刀柄或液压张紧式刀柄。不建议采用普通夹头式刀柄，如果刀柄本身动平衡不好或装夹不好，经过高速旋转后不仅精度变化大，而且对主轴轴承的寿命也会有一定影响。

当然在摆头型龙门五轴联动加工中心选型时还应注意很多问题，例如对于有些采用钢结构焊接的床身，应注意焊接结构设计、焊接工艺和时效工艺等；地基制作时一定要做到设计合理、承载富余（对于有些南方地区还建议打桩）、保养充分；在进行复合材料加工时要注意吸尘及车间环境影响等。

4.1.6.3 智能五轴联动加工中心加工工艺

对于智能五轴联动加工中心加工工艺，主要考虑以下几点。

（1）合理选择刀具类型。

（2）合理选择加工行距和步长。

加工行距的影响因素主要有刀具形状与尺寸、零件表面几何形状与安装方位、走刀进给方向以及允许的表面残余高度要求等。一般而言：用球头刀加工时，零件形状、安装方位及走刀进给方向的变化对加工行距的影响较小；用平底刀加工时，加工行距对零件形状、安装方位及走刀进给方向的变化非常敏感；用环形刀加工时，零件形状、安装方位及走刀进给方向的变化对加工行距的影响介于用平底刀加工与用球头刀加工时之间；用鼓形刀加工时，加工行距对零件形状、安装方位及走刀进给方向的变化也很敏感，但与用平底刀和环形刀加工时的规律相反。

(3) 合理选择走刀路线。

为了实现较高的加工精度和加工效率，在走刀路线方面采取的主要策略有：寻求最短加工路线；最终轮廓一次走刀完成；切向切入切出；避免引入反向间隙误差；选择使工件在加工后变形小的路线。铣削加工曲面时，常使用球头铣刀以“行切法”进行加工。所谓行切法，是指刀具与零件轮廓的切点轨迹是一行一行的，而行间距离是按照零件的加工精度要求确定的。

(4) 合理选择刀轴控制方式。

刀轴控制方式主要有刀轴垂直于表面、平行于表面以及相对于表面成某一角度三种情况。

(5) 合理选择切削用量三要素。

① 切削深度主要受机床、工件和刀具的刚度限制，在刚度允许的情况下，应尽可能加大切削深度，以减少走刀次数，提高加工效率；同时，对精度和表面粗糙度有较高要求的零件，应留有足够的精加工余量。

② 对于主切削速度，应考虑刀具耐用度的要求，按允许的切削速度 v 和刀具直径 D 来选择。

③ 进给速度要根据零件加工精度和表面粗糙度要求，以及刀具与工件材料选取。选择进给速度时需要注意一些特殊情况：加工圆弧段时，切削点的实际进给速度并不等于编程数值；对于复杂形状零件加工，尤其是多轴联动加工，如果进给速度是恒定的，材料切除率常常波动并且可能超过刀具容量，机床各运动轴的速度和加速度也可能超出允许的范围，对此必须特别予以关注；为了实现进给速度自动生成，必须根据工件与刀具的几何信息计算刀具沿轨迹移动时的瞬时材料切除率。

(6) 其他。

主要包括合理划分工序、合理选择装夹定位方式、对刀及换刀点设置、编程和数据处理误差，等等。

4.1.6.4 刀位轨迹的生成及 CAD/CAM 一体化编程

对于五轴联动加工中心，选择合适的 CAD/CAM 图形交互式自动编程工具至关重要，借助 CAD/CAM 工具，进行毛坯、零件三维模型的构建并进一步生成制造几何模型，然后构建加工环境，选择合理的装夹定位方式、刀具、工艺路线以及切削用量参数等，生成刀位轨迹文件，进行刀位轨迹仿真。在保证刀位轨迹仿真正确的前提下，进行后置处理，生成数控加工代码。

一般的CAD/CAM工具提供的都是三轴联动加工中心的后置处理器，对五轴不适用，需要进行个性化后置处理器开发。在合适的CAD/CAM工具平台基础上，结合五轴联动加工中心的具体运动链结构形式，构建其运动几何模型，开发专门的后置处理器。

随着智能数控系统的发展，复杂功能曲面的编程及加工逐渐实现自动化、可视化及智能化，实现了代码校验、数字化仿真与现实加工一体化可视监控的五轴联动数字孪生功能也被开发出来，这是智能五轴数控加工技术的一个重要发展成果。

4.1.7 智能五轴联动加工中心的智能化技术

随着物联网、大数据、5G通信、云计算及人工智能等先进技术的发展，五轴联动加工中心的智能化程度日益提升。目前，国际上智能制造装备的智能化技术的发展主要体现在如下几个方面。

1. 人机、机机交互的方便性、快捷性、多样性和随时随地互联

当今，随着物联网、Wi-Fi宽带、蓝牙通信、5G通信等通信与外设终端技术的发展，基于平板电脑、智能手机和穿戴设备等外部终端移动产品的普及和多样化发展，智能制造装备的控制模式和人机界面将会有很大的变化，与时俱进的触摸屏和多点触控的图形化人机界面将逐步取代按钮、开关、鼠标和键盘。人机交互、机机交互日益方便、快捷和多样，可以做到随时随地互联，人机交互内容日益丰富，同时误操作率明显降低。如图4-25所示，人们可以通过笔记本电脑、平板电脑和智能手机在Wi-Fi环境下进行数控制造装备操作，利用这些外部终端对设备的运转状况进行随时随地的实时监控和信息交互。例如，为了更好地保障无人化自动加工的安全可靠性，瑞士米克朗(MIKRON)公司将移动通信技术运用到了机床上。只要为机床配置SIM卡，数控系统便可以按照设定的程序，实时地将机床的运行状态(比如加工完毕或出现故障)发送给手机号码存储在机床联系人列表里的相关人员的手机上。

2. 云数控系统的发展

当今的智能数控系统不仅将人机的交互方式从控制面板延伸到移动终端，而且实现了物物通信，即设备和工具之间也可以进行通信。

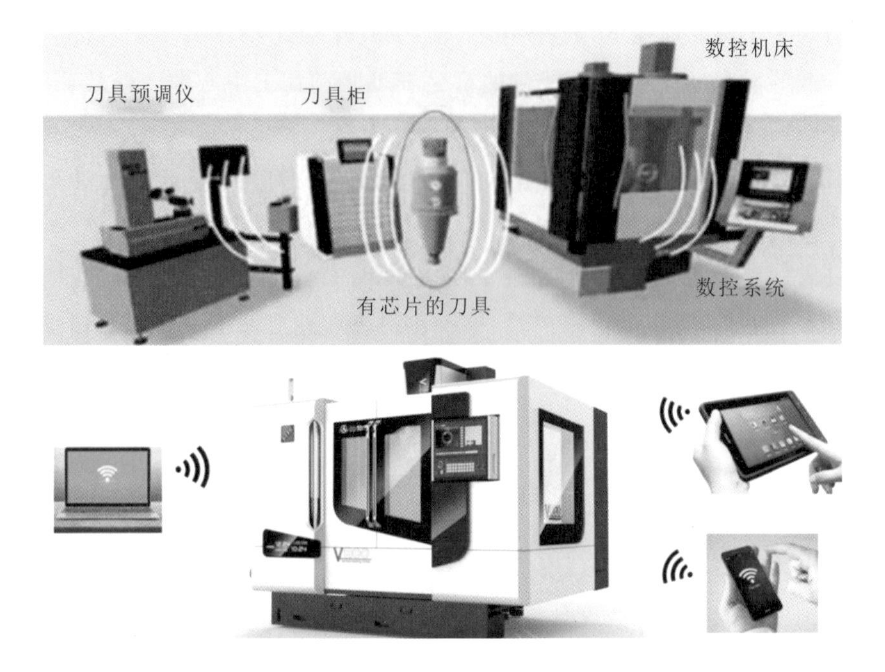

图 4-25　智能数控系统的人机和机机交互接口技术

在不同的加工情况下，往往需要设备具有不同的性能，可以根据设备工况的统计分析，从设备供应商或第三方 APP 应用软件商店购买和下载不同的软件，以提高设备精度、加工速度或实现节能等。

智能制造装备(智能机床和机器人等)的未来发展重点已经不在硬件。感知外部环境和工况变化需要更强大的计算能力、更大的通信带宽和更高的速度，以实现实时控制，形成真正的信息物理融合系统，并且使传统制造系统向制造执行系统(MES)和智能工厂方向发展。而 MES 和智能工厂都是建立在物联网、大数据、云计算基础上的智能制造系统，用以实现全局智能制造的高效、高精管控。因此，智能制造装备群控制的特点是将设备的控制分为实时计算和过程实施两部分，把运动控制保留在本地，而将计算移到云端，在云端“克隆”相应的制造装备，形成数字孪生体，在云端基于数字孪生虚拟制造装备进行虚拟制造，如图 4-26 所示，即最终形成所谓的云数控系统。

从图 4-26 可见，由具有计算能力的数控核心模块(NC)、PLC 模块、图形人机界面模块(HMI)和通信模块(COM)等构成设备群的云端控制系统，通过中间件控制虚拟制造设备 1、虚拟制造设备 2……虚拟制造设备 n，同时通过以太网接口下传至车间路由器，再经局域物联网与各智能制造装备控制器进行通信，实现相应制造装备的智能运动控制，从而将虚拟制造装备与实体制造装备组成一对一的仿真和监控系统。

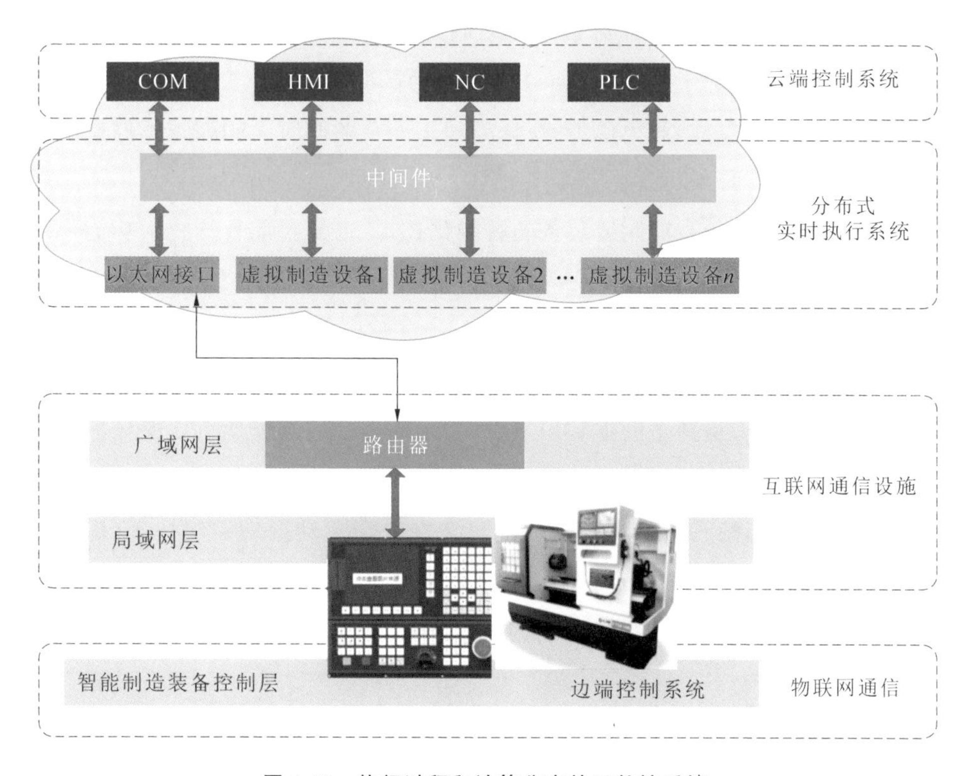

图 4-26　执行过程和计算分离的云数控系统

3. 智能制造装备智能化功能不断丰富，智能化程度不断提升

五轴联动加工中心智能化技术不断发展，智能化功能不断丰富，智能化程度不断提升，这些一般都是建立在制造装备功能部件硬件和数控系统软件协同设计基础上的。

日本山崎马扎克公司的“流畅技术”(smooth technology)体现了智能机床的最新发展。其数控系统 MAZATROL Smooth 配备 Windows 8 PC 的数控系统以及先进软件，极大地提高了加工效率。通过控制直线轴和回转轴的最佳加速度，使五轴联动加工的效率提高 30%；利用简单调谐功能，可根据加工工件自由调整加速度、转角精度、平滑度等参数，使之最优化。客户自身可简单方便地进行加工时间优先、加工面精度优先、加工形状优先等个性化选择。此外，该系统还具有全面工厂经营支持功能，采用开放的系统结构设计，人们可借助智能手机、平板电脑等外部终端对设备的运转状况进行远程实时监控。

机床在运行过程中产生的振动和温升往往是影响加工质量和加工效率的重要因素。日本大隈公司针对这两个问题开发的 OSP 数控系统智能模块，通过抑制温升保证了加工稳定性；通过选择振动区间，保证了零件精度和表面精度；通过模拟加工条件，避免撞击，在保障加工安全的同时大幅缩短了停机准备时间。

总结国际先进的智能制造装备的智能化技术，可知目前智能技术功能模块主要有如下几种。

1）振动智能控制技术模块

机床的各运动轴加减速时以及切削加工时产生的振动，直接影响加工精度、表面粗糙度、刀尖冲击磨损和加工时间，主动振动控制模块可使机床振动减至最小。

例如，日本山崎马扎克公司的智能机床在采用主动振动控制技术（优化加工工艺过程及切削用量，进而优化数控加工程序）后，在进给量为 3000 mm/min、加速度为 $0.43g$（$1\ g=9.8\ m/s^2$）时，振幅由 4 μm 减至 1 μm，如图 4-27 所示。

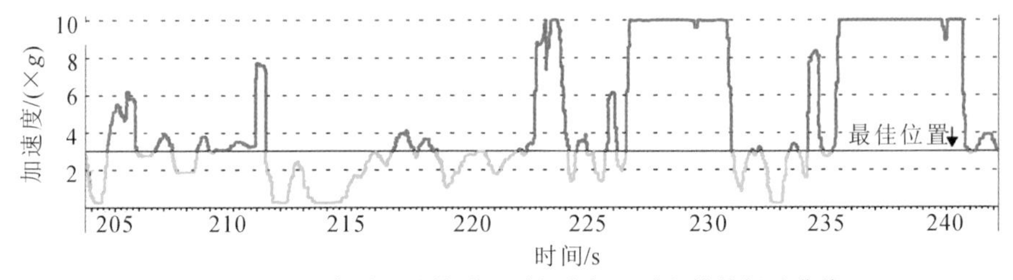

(a) 实时记录的采用原程序加工时主轴的振动曲线

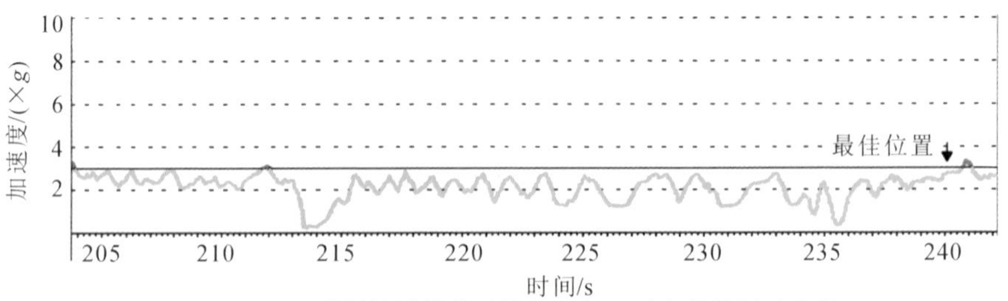

(b) 采用经过优化后的程序加工时主轴的振动曲线

图 4-27　优化前、后加工时主轴的振动曲线

再如日本大隈公司开发的 Machining Navi 工具。通过连续改变铣削主轴转速，利用轴转速改变时振动区域(不稳定区域)和不振动区域(稳定区域)交替出现这种周期性变化，搜索出最佳加工条件，最大限度地发挥机床与刀具的能力。Machining Navi 模块具有两项铣削和一项车削智能加工条件搜索功能。其中：铣削功能 Machining Navi M-i 是针对铣削主轴转速的自动控制而设置的，铣削功能 Machining Navi M-g 是铣削主轴转速优化选择功能。根据传感器收集的振动音频信号，将多个最佳主轴转速候补值显示在画面上，然后选择所显示的最佳主轴转速，便可快捷地确认其效果。大隈智能数控系统的 Machining Navi 工具的主轴转速优化原理是：利用智能主轴端部的振动位移传感器采集振动信号，反馈到 CNC 装置进行分析处理，并进行最佳主轴转速计算，然后给出主轴转速指令的变更结果。

图 4-28 展示了大隈智能主轴转速优化功能，即通过 Machining Navi M-g/

(a) 铣削加工

(b) 振动检测

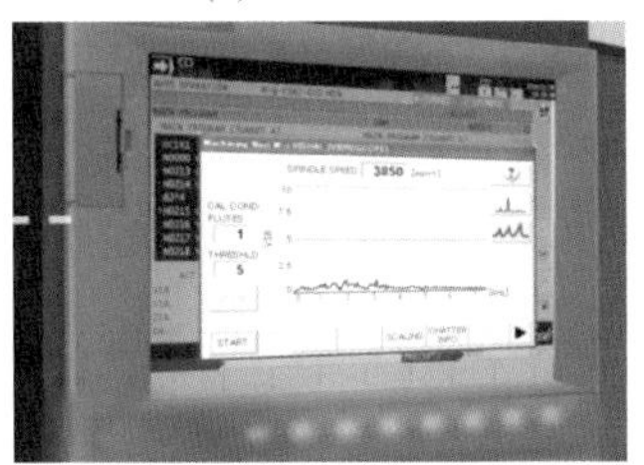

(c) 一般振动状态

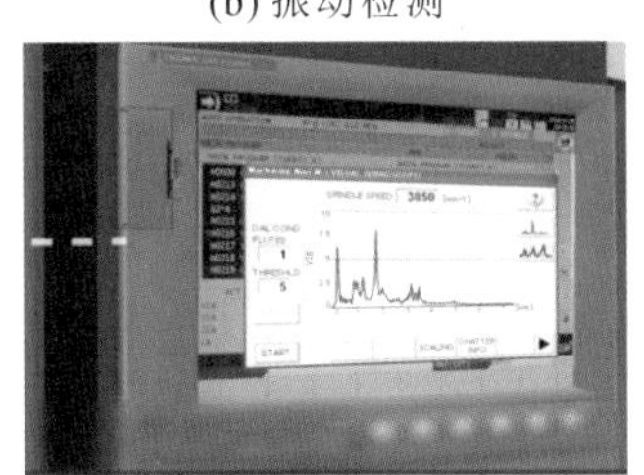

(d) 发生加工振刀

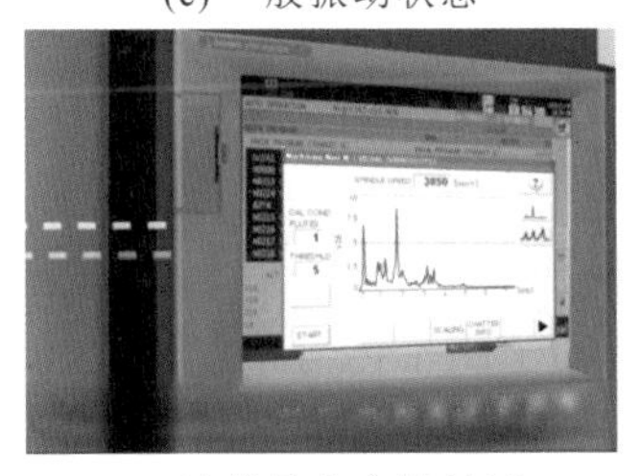

(e) 计算最佳主轴转速

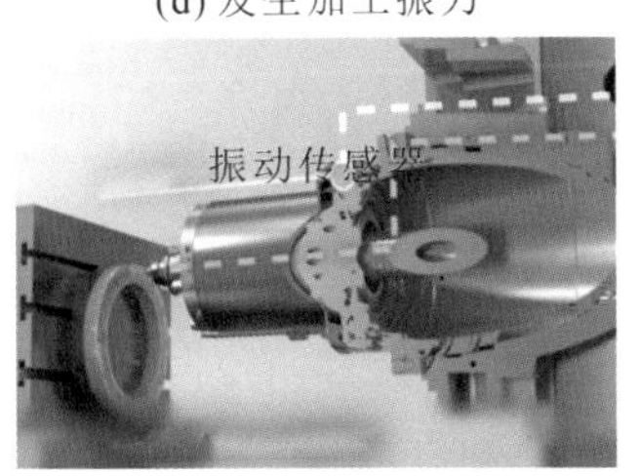

(f) 主轴转速变更

图 4-28　大隈智能主轴转速优化功能

T-g/L-g 智能优化功能调节主轴转速和变化频率，使主轴转速按照最佳的幅度和周期变化，从而抑制加工振动，达到最佳的加工效果。如图 4-29(a)所示，对某个平面进行铣削加工时，使用 Machining Navi M-g 功能对切削用量进行优化后振刀现象消失，加工效率提高到原来的三倍，且加工表面光滑，几乎无振纹；如图 4-29(b)所示，使用 Machining Navi T-g 功能可以避免螺纹车削加工振刀，提高螺纹切削质量；如图 4-29(c)所示，使用 Machining Navi L-g 功能实现车削时主轴转速的自动控制，从而达到最佳车削效果。

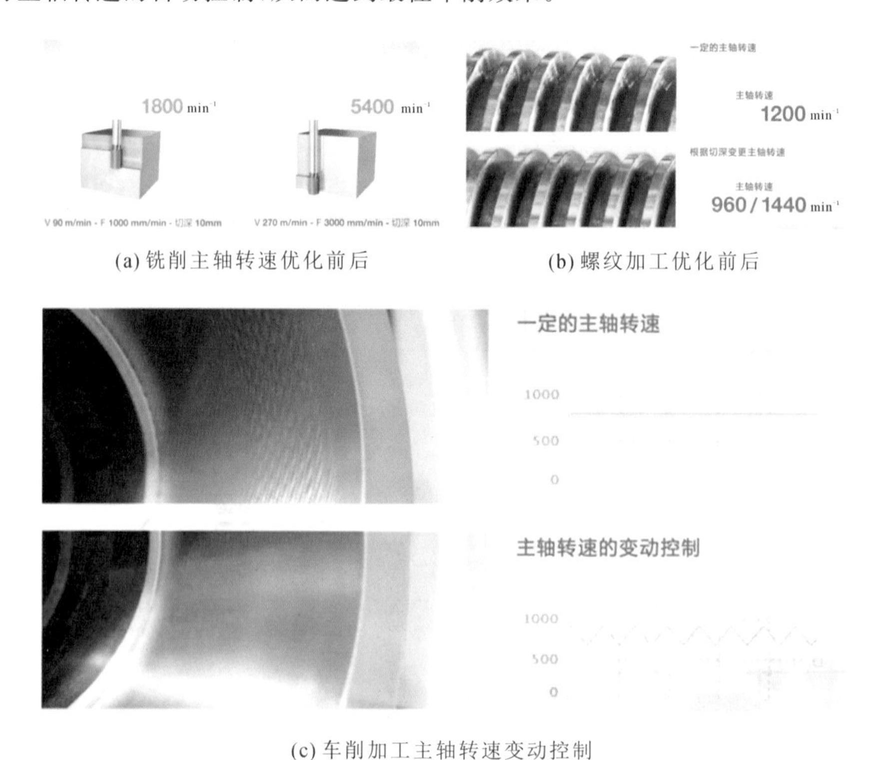

(a) 铣削主轴转速优化前后

(b) 螺纹加工优化前后

(c) 车削加工主轴转速变动控制

图 4-29 Machining Navi M-g/L-g/T-g **功能开/关加工结果比较**

2）智能防撞技术模块

智能防撞技术是指当操作者为了调整、测量、更换刀具、程序校验或首件试切等而手动操作机床时，若即将发生碰撞，可以使机床立即自行停止运动的技术。图 4-30(a)展示了智能数控系统的防撞系统(collision avoidance system)的工作原理。防撞系统是载有工件、刀具、卡盘、夹具、主轴台、刀塔、尾座等的 3D

模拟数据的数控装置，可以在实际机床动作前进行实时模拟，检查干涉、撞击发生的可能性，使机床能在撞击发生的前一瞬间停止动作，从而可大大缩短工装和加工试件的时间。

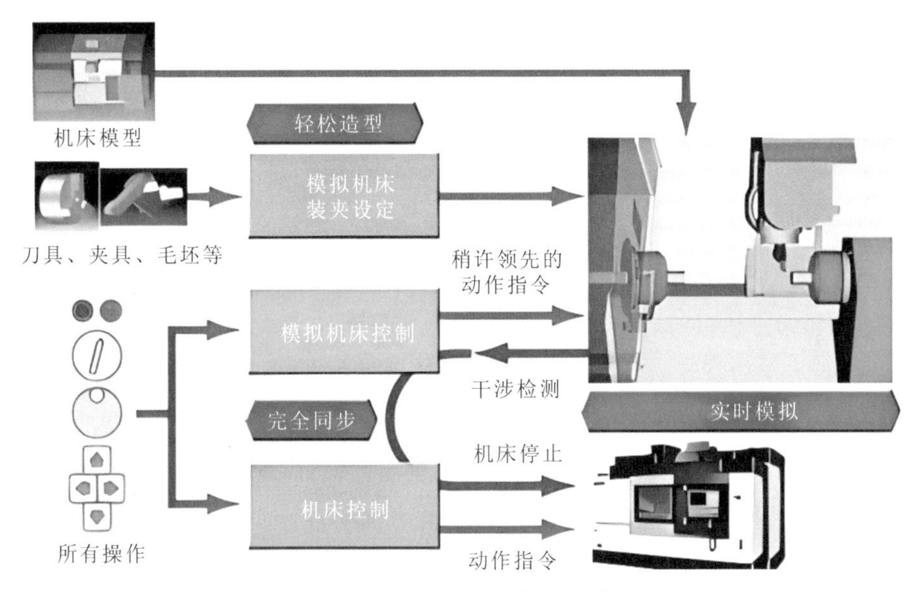

(a) 智能数控系统的防撞系统的工作原理

(b) 自动运行加工状态下的加工界面

(c) 手动调整安全界面(安全状态)

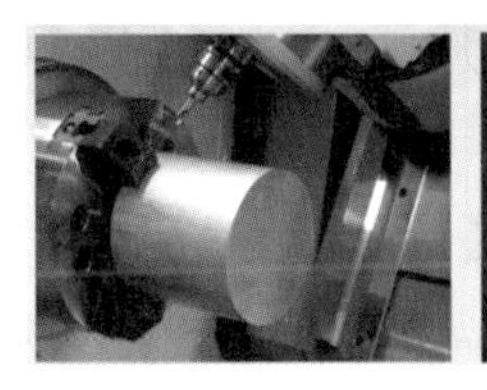

(d) 手动调整防撞界面1(机床构件即将和刀具相撞——卡盘撞件变红预警)

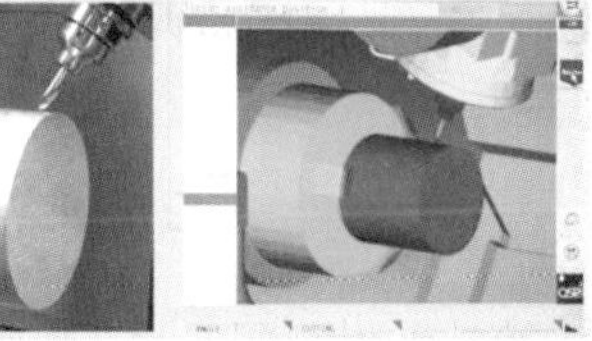

(e) 手动调整防撞界面2(工件即将和刀具相撞——工件变红预警)

图 4-30　智能数控系统的防撞系统的工作原理及实际制造装备/虚拟制造装备自动/手动加工界面

在应用防撞系统时，操作者仅需简单输入毛坯、刀具模型图形，系统就能够与在离线状态下检测机床干涉的3D虚拟监视器联动，以稍领先于实际机床动作的指令，对干涉进行干预。防撞功能可应用于自动加工和手动操作状态，如图4-30(b)～(e)所示。

该防撞系统还有简便的图形输入功能，操作者可从已登录的图形中选取，也可输入形状尺寸生成图形，还可将CAD生成的3D模型直接读入。实际上，智能制造装备智能防撞的原理就是通过构建机床实际加工系统数字模型(包括机床运动空间、刀具、夹具、毛坯等模型)，并以稍许领先的动作指令模拟机床控制，事实上稍许领先的机床控制模拟动作指令和实际的机床控制动作指令完全同步，动作指令执行时若检测到干涉则机床实际动作立即停止。

智能防撞功能开启时，数控系统首先读取数控程序，然后检测运动轴按设定原点补偿值、刀具补偿值的轴移动指令移动时是否存在干涉。一旦要发生撞击，就使机床动作暂时停止。某实际加工案例测试表明：当加工速度为12 m/min时，从开始碰撞检测至机床动作停止仅需0.01 s，停止距离在2 mm以内。智能防撞功能不仅使机床和零件的安全得到保障，而且大幅缩短了准备时间，使加工周期可以缩短约41%，如图4-31所示。

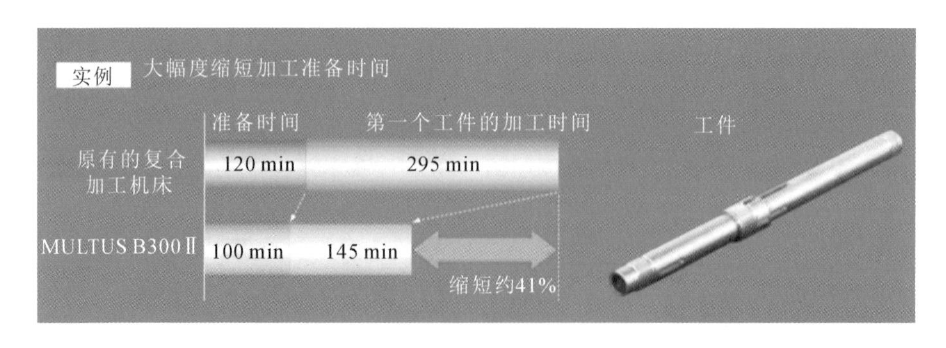

图4-31　智能防撞功能大幅度缩短准备时间实例

3）质量、惯性智能自动设置及反向间隙智能补偿、振动智能抑制、伺服进给智能优化控制模块(SERVO NAVI)

工件质量和惯性智能自动设置功能，实际上是根据工件的实际质量和惯量大小，对智能制造装备进行伺服进给运动加减速度的调整，实现进给运动的智能优化，同时对伺服进给运动进行反向间隙智能补偿、振动抑制，以消除反向凸起现象,提高加工精度和加工过程的稳定性。图4-32所示为利用SERVO NAVI智能模块对工件质量、惯性进行智能自动设置,反向间隙智能补偿与振动抑制后圆插补运动轨迹精度比较结果。

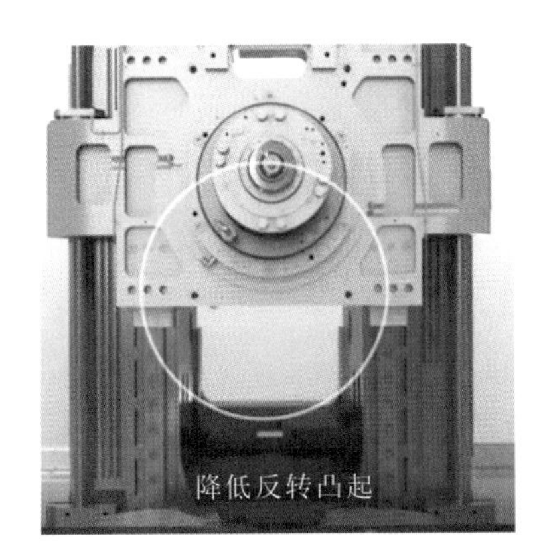

图4-32　反向间隙智能补偿和振动抑制后的圆插补运动轨迹精度比较

4）五轴智能自动调谐功能模块

该智能模块主要用于对 X、Y、Z 三直线轴及 A、C(或 B、C,或 A、B)两回转轴进行智能自动调谐。大多数五轴联动加工中心可能存在11种几何误差,五轴自动调谐过程就是利用目标球体和探针在整个行程范围内的多个不同接触点以及不同的旋转角度来精确定位和记录各轴运动误差,然后使用测量结果来执行补偿,以调整五个轴的运动精度。自动调谐过程完成后,将五个轴空间几何误差测量结果存储在补偿设置表中,以便在所有操作模式下在后台连续实时应用测量结果进行误差补偿。此功能既适用于定位加工,也适用于五轴联动加工,它可确保无论如何使用机床,都将获得尽可能高的精度——即使是时间推移。

自动调谐的工作流程是:首先,使五个轴一一分别往复直进,优化伺服性能;其次,在工作台上安装基准球,在主轴上安装测头并将测头移到基准球顶部,分别在三个直线轴方向上进行五点测量以确定基准球在工作台上的安装位置;最后,进行各角度测量,将几何误差自动写入补偿表,以便在以后的定位和加工中补偿实际空间位置,提高五轴联动的加工精度。

5）智能热位移补偿模块

工件的加工精度会受到机床周围环境散热、机床产生的热量、加工产生的热量等的影响，即便已在机械结构和冷却方式上做相关处理，但仍然不能百分之百解决问题。所以在精密、高精加工中，机床操作人员通常需要在开机后等上一段时间，待机床达到热稳定状态后再开始加工，或者在加工过程中人为地输入补偿值来调整热漂移。但智能制造装备在主要功能部件（如主轴、伺服驱动系统、刀具系统等）影响加工精度的部件上都设置了相关的温度检测传感器，以有效地进行热平衡控制和智能热补偿（ITC）。对于机床的结构设计，采用对称结构、箱式组合结构和热均衡结构等热位移对称结构，并采用温度均匀分布设计以及智能冷却系统，以便在普通的工厂环境中实现高精度加工。采用主轴热位移智能控制技术、环境热位移控制技术等，利用布置恰当的传感器所感知的温度信息和进给轴的位置信息，推测出机床构件的热位移，并进行准确补偿。

然而，因整体热结构设计、材料、几何装配、润滑冷却以及实际不同的切削加工材料、加工参数等各方面因素的影响，智能制造装备热位移呈现出强非线性规律。在微纳尺度高精度加工领域，如何针对某一具体智能制造装备实时构建热位移精确补偿模型是至关重要的。日本大隈、瑞士米克朗等公司通过长期研究切削热对加工造成的影响，积累了大量的经验数据，并在其智能制造装备数控系统中内置了存储有这些经验值的智能热控制模块，以自动处理温度变化造成的误差，获得了良好的效果。

如图 4-33(a)所示，主轴采用了热对称结构设计（红线所示结构）；如图 4-33(b)所示主轴采用了温度测量与热位移补偿技术；图 4-33(c)所示为装载 ITC 系统的米克朗 XSM400 机床在预热前后的 Z 轴误差，以及未装载 ITC 系统的其他品牌机床的 Z 轴误差对比图，由图可见，且经过 10 h 运行后，装载 ITC 系统的米克朗机床的 Z 轴误差基本稳定下来。

6）一键智能控制模块

根据加工需求，利用一键智能控制模块，可以实现全方位智能加工控制，包括上述各项智能技术的实施，使得操作更加简洁、智能。

7）主轴状态智能监控模块

该模块的主要功能包括主轴功率、转矩负载、主轴振动、主轴轴承温度及振动监测，主轴速度及加、减速度智能调控等，实现依据负载、温升、振动等运行状态的切削运动及动力参数的智能调整与健康监控。

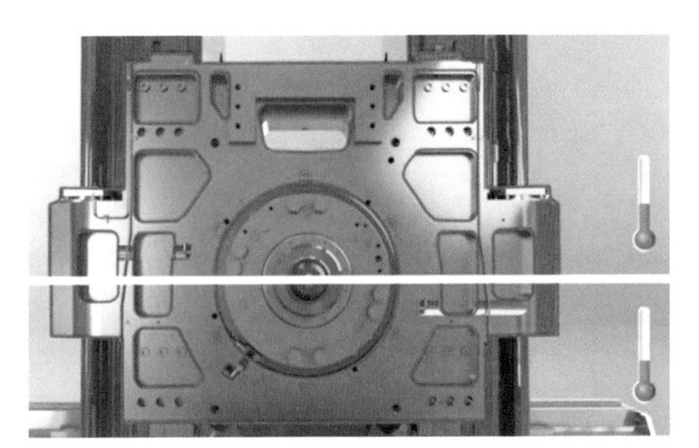
(a) 热对称结构设计

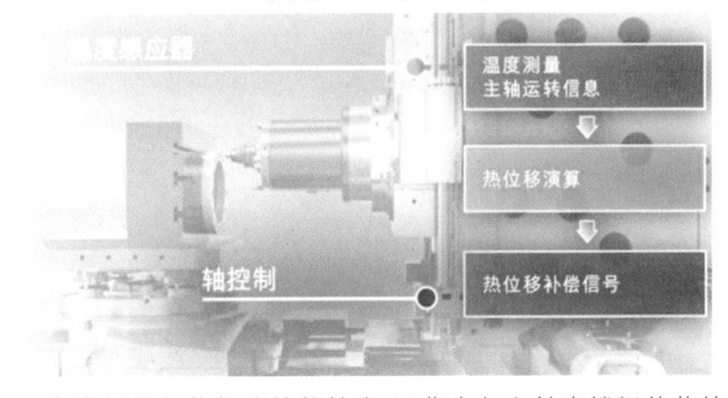

(b) 温度测量与热位移补偿技术+工作台与主轴支撑间绝热结构

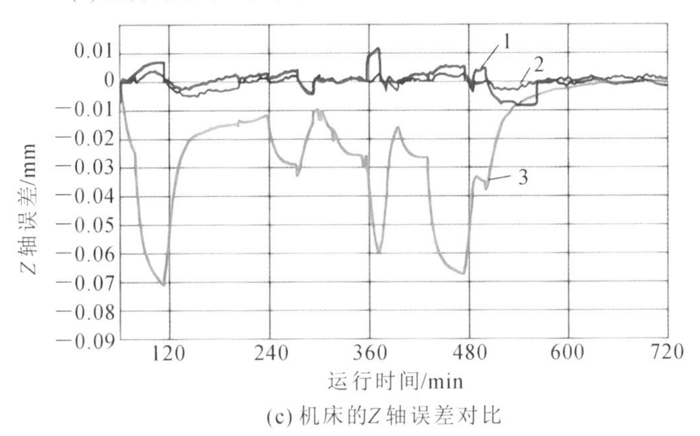

(c) 机床的Z轴误差对比

图 4-33 智能热位移补偿技术

1—装载 ITC 系统的米克朗 XSM400 机床经预热前；2—装载 ITC 系统的米克朗 XSM400 机床经预热后；
3—未装载 ITC 系统的其他品牌机床

8）智能刀具管理系统

智能制造装备配备了智能视觉对刀、磨损补偿及破损监测仪，配合智能刀具管理系统，实现了刀具的智能管控，包括智能对刀、磨损监测与补偿和破损监控预警等功能；借助于激光视觉对刀仪，自动获取旋转刀具的磨损图像以及智能主轴的热伸长量，并进行实时补偿；同时，实现了刀具的动态数据与全寿命周期智能数字化管理。图4-34为五轴联动加工中心配备的视觉在机对刀监测仪，其配合智能刀具管理系统软件，实现了刀具的动态智能管控。

图4-34　视觉在机对刀监测仪

9）机床健康管理系统

机床健康管理系统（MHMS）实时采集和分析主轴、轴承、传动轴、液压、润滑、冷却、进给伺服系统传感器等的数据，实现机床健康智能诊断和运维。

4.数字孪生技术

数字孪生技术实际上是虚拟复制加工现场的一种技术，通过数字孪生技术可以实现诸多智能控制功能，其中前述智能防撞功能也是建立在机床加工区域的局部数字孪生基础上的。同时，利用数字孪生技术还可以实现远程虚拟编程和虚拟仿真，编写和优化加工程序，进行设备运行状态及加工工况的实时监控，实现远程诊断运维，保障设备整体的安全，等等。国际上如山崎马扎克、西门子、大隈、德玛吉等品牌先进智能制造装备都已采用数字孪生技术。现在，这项技术正在世界各大智能制造装备企业不断得到创新应用。

4.2 智能高速加工中心

4.2.1 高速加工技术及其对智能高速加工中心的性能要求

1. 高速加工技术概述

高速加工一般是指在主切削速度、进给速度等高于常规速度5～10倍的情况下进行的切削加工。和常规加工比较，高速加工有着诸多突出的优点，主要表现在如下几个方面：

(1) 随着切削速度的提高，单位时间内材料切削量增加，切削时间缩短，切削效率提高，加工成本降低。

(2) 随着切削速度的提高，切削力减小(平均可减小15%～30%，甚至更多)，有利于对刚性较差和薄壁零件的切削加工。

(3) 随着切削速度的提高，切屑带走的热量增加，传给机床、工件的热量减少，机床与加工零件的变形小，提高了加工精度。在某些情况下，可以实现干切削，有利于实现绿色生产。

(4) 随着切削速度的提高，加工表面粗糙度有所降低，表面质量提高。

(5) 高速加工的实施扩大了工艺范围。不仅可以加工金属、非金属等硬质材料和超硬材料，也可以加工以常规加工速度不能加工的极软材料；同时，解决了极端制造领域(极大、极小)零件的加工，尤其是航空航天领域大型结构件和微/纳米机电(M/NEMS)领域极小尺寸零件的精密加工问题。

(6) 高速加工技术的应用，可大大缩短加工时间、提高加工效率，从而不仅可缩短物料周转时间，还可降低整体生产管理成本。

(7) 高速加工技术改变了航空航天及太空领域产品大型结构件的设计理念。如大型结构件(机翼)的结构设计，由分段组合改成采用整体式结构，结构件刚度和强度将提高。

正是因为高速加工有着诸多优越性，所以该技术已成为当今主流的先进制造技术。

然而，高速加工技术的实施必须借助于智能高速加工中心。高速加工技术是由诸多单元技术集成的一项综合技术，是在高速加工中心技术(包括高速主轴系统技术、快速进给系统技术、高性能数控系统技术、机床设计制造技术、高性能刀夹系统技术、高效高精度测试技术、高速切削安全防护与监控技术等)、高性能刀具技术、高速切削理论、高速切削工艺等诸多相关的硬件与软件技术均得到充分发展的基础上形成的。

2. 高速切削加工对智能高速加工中心的性能要求

在4.1节中讨论的智能五轴联动加工中心,其突出功能特点是能满足复杂功能形面创成加工的个性化需求。而智能高速加工中心的突出功能特点则是能满足切削加工的"高速"需求。为了实现切削加工的"高速"个性化需求,需要对智能高速加工中心提出一些特殊要求,从而会使智能高速加工中心呈现出不同于常规智能制造装备的结构特征。

沿袭数十年的普通数控制造装备的驱传结构无法适应高速切削加工的要求。因此,根据高速切削加工对机床的新要求,必须对智能高速加工中心采用全新的设计。智能高速加工中心不同于常规智能制造装备的性能要求如表4-1所示。

表4-1　智能高速加工中心的性能要求

结构	性能要求	功能描述
主轴驱动	电动机和主轴一体化结构——电主轴单元,要求具有高刚度、大功率;智能高速主轴单元	可以获得高的加、减速度,以实现快速启停、高速运转以及高动平衡等级
进给驱动	电动机和进给伺服系统一体化结构——直线电动机单元、智能驱动系统	获得高的加、减速度,以实现快速定位和高速移动
主轴支承	陶瓷轴承、非接触式液体动/静压轴承及磁浮、气浮轴承等;智能高速轴承单元	高刚度、高承载能力和高寿命,并具有高的转速特征值
数控系统	高性能插补技术及智能控制算法;高速、高精、多CPU结构(如32位或64位CPU结构、RISC(精简指令集计算机))结构	高速复杂曲线及曲面插补、高速数据处理和快速反应、智能决策与全闭环控制能力

续表

结构	性能要求	功能描述
冷却和润滑系统	高效、高压冷却及润滑装置，如采用高压喷射装置，主轴采用专门的冷却和润滑装置等	实现高效冷却和润滑，防止机床过热和过度磨损
床体结构	高强度、高刚度、高抗振性能和高阻尼特性——整体结构床身、大理石床身等	具有高刚度，优良的吸振性和隔热特性，优良的静、动态特性
安全系统	设置安全装置和实时监控系统	通过监控防止切屑飞溅，以及刀具意外崩刃或断裂时伤人
“刀-机-工”接口（刀夹及工装系统）	采用 HSK、KM 等新型刀柄结构和高刚度夹具，动平衡精度高，即要求采用高性能刀夹、工夹系统	保证高转速下刀具和工件定位和装夹可靠、传递转矩大、刚性好、重复定位精度高等

总之，制造装备的高速化已成为新一代智能制造装备发展的主要方向和特征之一，是实施高速加工必须满足的基本要求。由于高速加工的特殊性，必须对实施高速加工的智能高速加工中心提出新的相关要求，只有这样才能保证其能实现高速、高效、高精度的平稳切削。

4.2.2 智能高速加工中心主要组成部分及特征

1. 高速主轴驱动系统结构——电主轴单元

1）电主轴单元结构

高速主轴驱动技术是实现高速加工的最关键的技术之一，同时高速主轴驱动系统也是高速加工中心最为关键的部件。高速主轴驱动系统的性能，在很大程度上决定了高速加工中心所能达到的最高极限转速。随着变频调速技术的发展，在高速切削条件下，新一代智能高速加工中心的主轴驱动系统已大大简化，基本上取消了齿轮变速箱，代之以大功率、宽调速范围的交流变频电动机和主轴组件的一体化结构——电主轴单元，以实现主轴的高转速。图 4-35 所示为某些公司生产的电主轴产品外形。当然，根据主轴转速要求的不同，智能制造装备主轴也有采用电动机通过 1～2 级传动机构驱动，或用电动机通过联轴器直连带动主轴组件直接驱动，但是采用这些方式的主轴高速性能均不如采用结构更加紧凑、为获得高速性能而专门设计的电主轴单元。

图 4-35　电主轴产品

高速主轴驱动系统不仅应能够在很高的转速下旋转，而且要有高的同轴度、高的传递力矩和传动功率、高等级动平衡能力及良好的冷却能力。主轴部件的设计要保证其具有优异的动态和热态特性，可以实现极高的角加、减速度，以保证在极短时间内快速完成升、降速和定向准停。为了在短时间内获得极高的转速(转速达 10000～20000 r/min)和加、减速度(加、减速度达 9.8～98 m/s^2)，主轴单元必须采取“零传动”设计，即电动机与主轴部件间无传动副，实现直接驱动，这种结构即所谓的电主轴单元结构。电主轴将主轴电动机和主轴部件合二为一，即采用内藏电动机式主轴，将电动机的空心转子用压装配合的形式直接套装在主轴上，带有冷却套的定子则安装在主轴单元的壳体中，从而实现了变频电动机和主轴的一体化。

电主轴是数年前由德国博世力士乐(Bosch Rexroth)公司和日本发那科公司首先研制开发成功的。其结构紧凑、重量轻、惯性小、响应性能好并可避免振动和噪声，是理想的高速主轴。因此，电主轴产品近年来在国内外发展迅速，先后有多家公司都推出了自己的电主轴产品，这些电主轴产品也都各具特色。国际上生产电主轴的著名公司主要有瑞士 Fischer Precise 公司、IBAG 公司、瑞典 SKF 公司，德国的 GMN 公司、Kessler 公司、SycoTec 公司、Reckerth 公司，意大利的 FAEMAT 公司、RPM 公司、OMLAT 公司，美国的 Setco 公司，日本的 NSK 公司等；国内生产电主轴的主要有山东博特精工股份有限公司、广州市昊志机电股份有限公司（简称昊志机电）、河南省洛阳轴承研究所、安阳莱必泰机械有限公司、北京精雕集团以及普森精密主轴工业有限公司等。总结归纳国内外电主轴特点，可知依据其高速性能要求不同，主要可将电主轴分为不同支撑结构形式的四种类型（参见图 4-36 至图 4-39）。

近年来，国内外生产的高速加工中心，几乎无一例外地都采用了电动机和主轴合二为一的电主轴单元。

2）高速电主轴单元支承部件

高速电主轴单元设计的核心是主轴轴承。一般要求主轴轴承不但应在主轴旋转时有高回转精度、高刚度和高承载能力，而且有高寿命，这就要求电主轴的支承必须满足高速、高回转精度的要求，并且有较低的温升和尽可能高的径向和轴向刚度，以及较长的使用寿命，即高速主轴轴承必须具有耐磨、耐高温、高转速、高回转精度、高寿命等优异性能。

高速电主轴单元目前采用的轴承主要有接触式和非接触式两大类，包括接触式的陶瓷球轴承和非接触式的液体静/动压轴承、气体静/动压轴承以及磁浮轴承、气浮轴承等。

接触式轴承因为存在金属接触，摩擦系数大，其允许转速受到一定限制。随着电主轴单元的进一步高速化发展，非接触式轴承的广泛应用将成为必然。“非接触”主要是指主轴和主轴轴承并不直接接触，轴承是通过液力、气力或磁力来支承主轴的。通过液力来支承主轴的轴承为液体静/动压轴承，通过气力来支承主轴的轴承为气体静/动压轴承以及气浮轴承等，通过磁力来支承主轴的为磁悬浮轴承。

以下介绍目前高速电主轴单元常用的几种主轴轴承。

（1）陶瓷球轴承　滚动轴承是电主轴使用最为普遍的一种轴承。电主轴用滚动轴承具有刚度高、高速性能好、结构简单紧凑、标准化程度高及价格适中等优点，因而在电主轴中得到广泛的应用。电主轴一般采用高速性能好的角接触球轴承。角接触球轴承接触角通常为 15°、25°或 40°。接触角越大，轴承的轴向承载能力越大；而接触角越小，则越有利于高速旋转。但采用滚动轴承时，由于在高速运转下滚动体的离心力和陀螺力矩将急剧增大，轴承温升和磨损将急剧增大，因此，高速主轴单元轴承的主要设计参数应是转速。以 7010C 角接触球轴承为例，当转速由 10000 r/min 增大到 40000 r/min 时，离心力将增大 38 倍，陀螺力矩将增大 12 倍，轴承动摩擦损失将增大 3.3 倍。

陶瓷球轴承密度低、弹性模量中等，并且具有热膨胀系数小、硬度高、耐高温、耐腐蚀、无磁等优点，可显著提高轴承接触疲劳寿命，是新一代高速轴承。和同规格、同精度等级的钢质球轴承相比，其速度高 60%，温升低 35%～60%，寿命更是比前者高 3～6 倍。表 4-2 列出了高速滚动轴承滚动体常用的几种材料的性能参数，从中可以看出陶瓷球相对于一般钢质球在硬度、密度、热膨胀系数、耐腐蚀性、导磁性、导电性等关键性能指标方面具有较大优势，如采用 Si_3N_4 陶瓷球替换钢球可使角接触球轴承的转速和寿命成倍提高，这是因为 Si_3N_4 陶瓷球的质量仅为钢球质量的 1/3，而硬度是钢球硬度的 2 倍，弹性模量是钢球弹性模量的 1.5 倍，同等条件下温升比钢球温升低 35%～60%，因此陶瓷角接触球轴承在电主轴轴承中占据了主导地位。目前世界上在陶瓷球轴承研究方面处于领先水平的公司主要有瑞典的 SKF 公司，德国的 FAG 和 Schaeffler 公司，法国的 Saint-Gobain 集团，日本的 NSK、KOYO、NMB 等公司。

表 4-2　常用滚动体材料性能参数比较

参数	GCr15	M50	M50NiL	Si_3N_4	ZrO_2
密度/(kg/m^3)	7830	7972	7850	3200	5900
硬度/HRC	60～64	62～66	60～64	83～85	72～75
拉伸强度/MPa	1394	2200	1210	350～580	138
断裂韧性/($MPa \cdot m^{1/2}$)	22	23	51	7～8	10～12
杨氏模量/GPa	218	218	203	310	205
泊松比	0.300	0.296	0.290	0.260	0.300
热膨胀系数/($\times 10^{-6} K^{-1}$)	12.3	12.1	11.0	2.9	10.0
导磁性	导磁	导磁	不导磁	不导磁	不导磁
导电性	导体	导体	导体	绝缘	绝缘
耐腐蚀性	差	差	差	很强	强
滚动接触失效形式	剥落	剥落	剥落	剥落	剥落/断裂

图 4-36 所示为 SKF 公司研制的用于智能高速数控铣床的一种电主轴单元结构。其主轴采用四个陶瓷滚动球轴承支承，电枢部分采用循环水冷却，主轴

转速可高达 24000 r/min。瑞士米克朗公司 HSM700 高速加工中心采用 HF 系列以陶瓷轴承支承的电主轴，转速可以达到 42000 r/min。瑞士迪西(DIXI)公司的 WAHLIW50 型加工中心的电主轴单元使用陶瓷球轴承，主轴最高转速为 30000 r/min；日本新潟铁工所生产的高速数控铣床 UHS10，其电主轴单元采用陶瓷球轴承支承，驱动功率为 22 kW 时，转速高达 100000 r/min。该公司生产的加工中心 VZ40 的电主轴也采用陶瓷球轴承支承，主轴传动功率为 18 kW，转速达 50000 r/min。日本三井精机工业株式会社(简称三井精机)生产的 HT3A 卧式加工中心上采用陶瓷球轴承的电主轴转速为 40000 r/min。德国生产的 SPECHT500 高速加工中心装有混合陶瓷球轴承的电主轴功率为 22 kW，最高转速达 16000 r/min。意大利一些公司将内置电动机和陶瓷球轴承应用于电主轴单元，功率达到了 17 kW，最高转速为 30000 r/min。总之，陶瓷球轴承在电主轴单元中已经得到广泛应用。

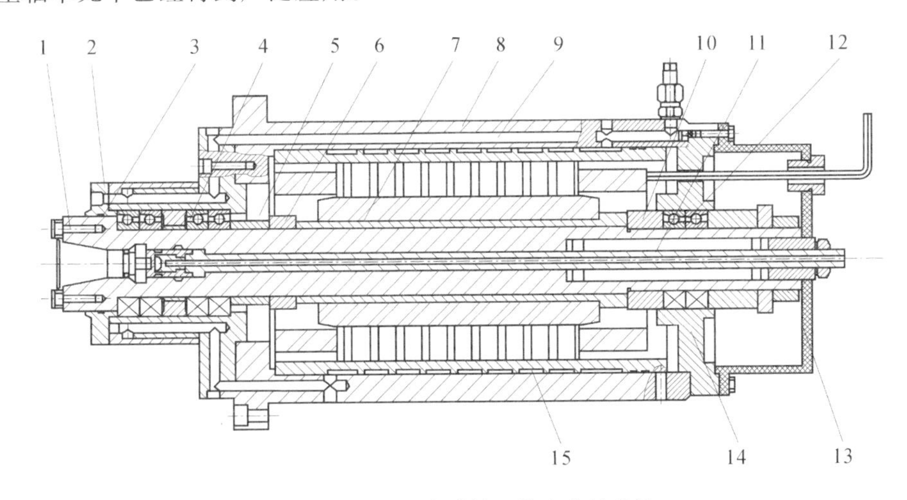

图 4-36　采用陶瓷球轴承的电主轴结构

1—主轴；2—前端盖；3—前密封组合；4—前陶瓷球轴承；5—油气密封圈；6—转子挡圈；7—内装电动机；8—前壳体；9—润滑油路；10—转子后挡圈；11—拉松刀装置；12—后陶瓷球轴承；13—防尘罩；14—后端盖；15—定子冷却套管路

(2) 液体静压和动静压混合轴承　液体静压轴承是指靠外部供给压力油，在轴承内建立静压承载油膜以实现液力支撑和润滑的轴承。液体静压轴承从主轴启动到停止始终在液体润滑下工作，所以没有磨损，发热小，使用寿命长。动压轴承是靠轴的转动形成油膜而实现承载的，承载能力与滑动速度成正比，低速时承载能力低。液体动静压混合轴承精度高、刚度大、寿命长、吸振抗振性能好，主要用于精密加工机械及高速、高精度设备的主轴。液体动静压混合轴承是一种综合了动压轴承和静压轴承优点的多油楔油膜轴承，它既避免了静压轴承在高速下会严重发热和供油系统复杂等问题，又克服了动压轴承启动和停止时可能发生干摩擦的弱点，具有很好的高速性能，且调速范围宽，既适合大功率的粗加工，又适用于超高速精加工，但动静压混合轴承必须专门设计和单独生产，标准化程度低，维护困难，目前在电主轴单元中应用较少。

图 4-37 所示为美国 Ingersoll 公司 HVM800 型高速加工中心上的采用液体静压轴承的电主轴单元，主轴转速可以达到 20000 r/min，轴径表面的圆周速度可以达到 50 m/s。对轴承元件的几何形状进行优化设计后，转速特征值可达 1×10^6 mm·r/min，轴径为 30 mm 时，主轴最高转速可达 30000 r/min 以上。该电主轴单元的最大特点是运动精度很高，回转误差一般在 0.2 μm 以下。另外，液体静压轴承油膜具有很大的阻尼，动态刚度高，特别适合用于铣削类加工的断续切削过程。德国 HYPROSTATIK 公司 HSK25 电主轴采用液体静压轴承，转速可达 60000 r/min，HSK100 主轴径向刚度达 1000 N/μm。瑞士 IBAG 公司也有采用液体静压轴承支承的电主轴系列产品。

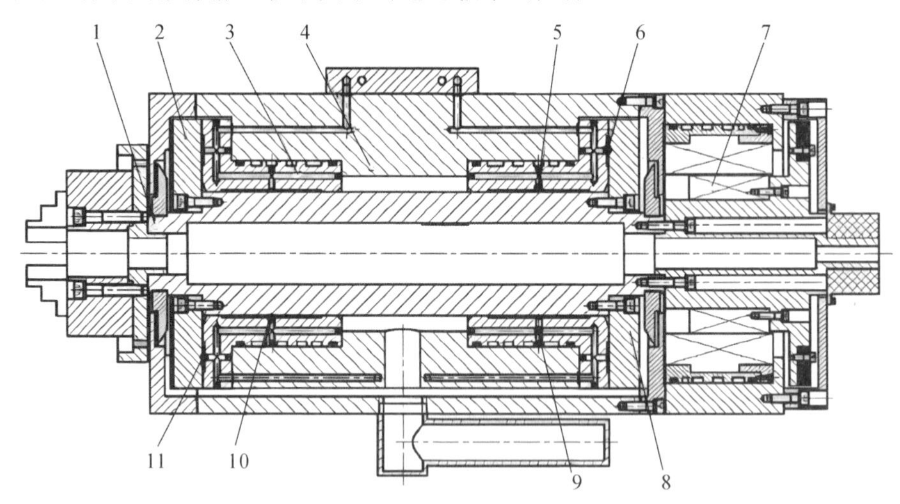

图 4-37　采用液体静压轴承的电主轴单元

1—转子；2—前止推盘；3—前轴承；4—壳体；5—后径向油腔；6—后止推油腔；7—电动机；8—后止推盘；9—后轴承；10—前径向油腔；11—前止推油腔

近 20 年来，以北京第二机床厂有限公司、北京航空航天大学和国家高效磨削工程技术研究中心等为代表的许多单位，广泛开发并应用了各具特色的动静压混合轴承技术。昊志机电专注于液体动静压主轴的理论基础研究与创新设计，目前已取得多项自主知识产权，如昊志机电生产的 DYFDM-100(020)800/08-XWS 电主轴采用液体静压轴承，转速可达 80000r/min。

(3) 气体静压轴承　气体静压轴承具有高精度、高转速和低温升，以及低摩擦、绿色环保、无污染等优点。其缺点是承载能力低，不适合材料切除量较大的应用场合。

图 4-38 所示是采用气体静压轴承的电主轴结构，其转速特征值可达 2.7×10^6 mm・r/min，回转误差在 0.05 μm 以下，最高转速可达 100000 r/min。采用金刚石刀具可以进行镜面铣削，加工各种复杂的高精度形面。如英国 Westwind 公司生产的 PCB 钻孔用主轴 D1795，转速最高可达 370000 r/min，动态偏摆小于 7 μm。美国 Precitech 公司研制的 Nanoform 系列纳米级机床电主轴采用了气体静压轴承，最高转速达 160000 r/min。

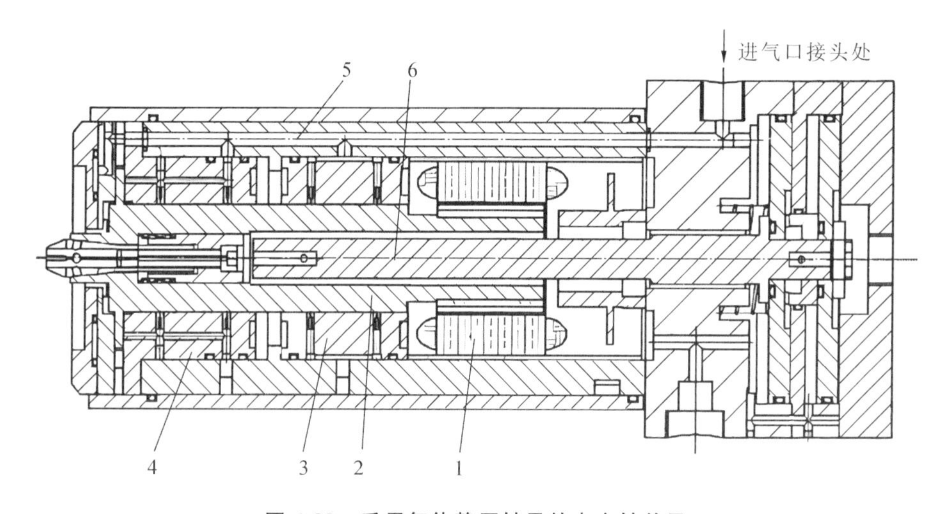

图 4-38　采用气体静压轴承的电主轴单元

1—电动机定子；2—主轴；3—后轴颈轴承；4—前轴颈轴承；5—供气通道；6—拉刀机构

(4) 磁浮轴承　图 4-39 所示为采用了磁浮轴承的高速电主轴单元。磁浮轴承是利用电磁力将主轴无机械接触、无润滑地悬浮起来的一种新型智能化轴承。工作时，转子的位置由高灵敏度传感器不断进行检测，反馈信号传给 PID

控制器，由其进行数据分析和处理，算出校正转子位置所需电流，经功率放大后，输入定子电磁铁，改变电磁力，从而始终保持转子(主轴)的正确位置。由于这种轴承是用电磁力进行反馈控制的智能型轴承，转子位置能够闭环自调节，主轴刚度和阻尼可调，因此当负载变化使主轴轴线偏移时，磁浮轴承能迅速克服偏移而回到正确位置，实现在线监控，使主轴始终绕自身的惯性轴回转，消除了振动，并可使主轴平稳地越过临界转速，实现主轴的超高速运转，主轴转速特征值可达 4×10^{6} mm·r/min，回转精度达 0.2 μm。这种轴承由于具有精度高、转速高、刚度高、寿命长、无润滑和密封、能耗低、无振动、无噪声等诸多优点，转子线速度可高达 200 m/s，有着不可比拟的优越性，因而备受青睐，已相继被许多国家用到高速加工机床上。如德国 Hüller-Hille 加工中心主轴单元，采用磁浮轴承支承，在主轴驱动功率为 12 kW 时，其转速能达到 60000 r/min。德国 KAPP-NILES 公司的砂轮主轴单元，采用磁浮轴承支承，转速也达到 60000 r/min。表 4-3 所示为法国 S2M 公司、瑞士 IBAG 公司以及德国 GMN 公司生产的三种型号的磁浮轴承主轴单元性能。显然，磁浮轴承是超高速加工机床主轴的理想支承元件，但是磁浮轴承要求的电气控制系统较为复杂、严格，整个轴承制造成本较高。

表 4-3　采用磁浮轴承的主轴的性能

生产公司	Ⅰ型		Ⅱ型		Ⅲ型	
	转速/(r/min)	功率/kW	转速/(r/min)	功率/kW	转速/(r/min)	功率/kW
S2M(法国)	30000	25	45000	20	60000	15
IBAG(瑞士)	40000	40	60000	20	80000	8
GMN(德国)	40000	18	80000	7	120000	2

(5) 气浮轴承　气浮轴承是利用空气压力将主轴无机械接触、无润滑地悬浮起来的轴承，一般用于高精度、高速度和轻载场合。使用气浮轴承的主轴单元，主轴转速可高达 150000r/min 以上，但输出转矩和功率较小，主要用于零件的光整加工。日本东芝机械株式会社在 ASV40 加工中心上采用改进的气浮轴承，在大功率下实现了 30000r/min 的主轴转速。英国 Westwind 气浮轴承主轴单元，主轴转速在其驱动功率为 9.1 kW 时达到了 55000 r/min。

综上所述，考虑功能和经济性方面的要求，一般情况下采用陶瓷球轴承或

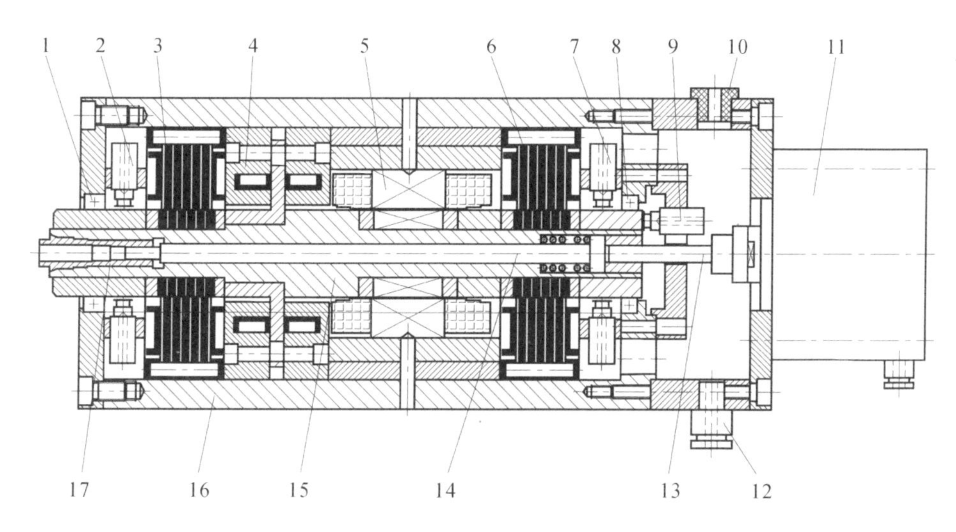

图 4-39　采用磁浮轴承的高速电主轴单元

1—下径向保护轴承；2—下径向传感器；3—下径向轴承定子；4—轴向轴承定子；5—电动机定子；6—上径向轴承定子；7—上径向传感器；8—上径向保护轴承；9—轴向传感器；10—出线孔；11—自动换刀气压缸；12—冷却气体入口；13—自动换到顶杆；14—气压拉杆；15—电主轴转子；16—外壳与基座；17—刀具连接部分

油基液体动/静压轴承是较好的可选方案。但对于更高速或超高速主轴单元，磁浮轴承是各研究机构和制造商更为重视的。

为了克服油基液体动/静压轴承油液黏度大和气浮轴承刚度、承载能力低的缺点，国外已开始研究水基动/静压轴承。

3）电主轴单元的智能控制

2.1.3 节典型智能制造装备结构组成中，以瑞士 IBAG 公司的智能主轴单元为例简单介绍了智能电主轴的结构及实现智能化功能设置的各种传感器系统。图 4-40 所示为德国 Kessler 公司的 V400-A15 系电主轴智能控制系统。该电主轴内置了传感器系统和传感器智能监控系统。其中：图 4-40(a)所示为电主轴运行智能控制系统，该系统主要包括端面接触检测系统、振动传感系统、模拟位移传感系统、轴向热伸长传感系统、夹紧状态监控系统、刀具夹紧位置监控系统、泄漏监控系统以及 PT100 温度传感器等八类传感检测监控系统，由各传感器检测各参数状态，送入集成传感电控单元调理后，由数控系统做出智能决策，再通过多主轴路由器控制主轴运行状态，实现对电主轴单元运行状态的智能监控(涉及刀具夹紧位置与状态、轴向热伸长量、旋转角位移、轴承预载荷、端面接触、振动、温升、冷却、油液泄漏等)。图 4-40(b)所示为电主轴的智能冷却系统,依据温升、预载荷检测由 CNC 决策控制液压系统实现智能冷却润滑调控。智能冷却系统采用了封闭冷却水套、油脂润滑/可加油脂润滑/油气润滑扩展模块。图 4-40(c)所示为 V400-A15 系电主轴实物形貌,其最高转速可达 15000 r/min,转矩为 300～640 MN·m,功率为 48～100 kW,依据需求选配不同功率的冷却电动机单元。

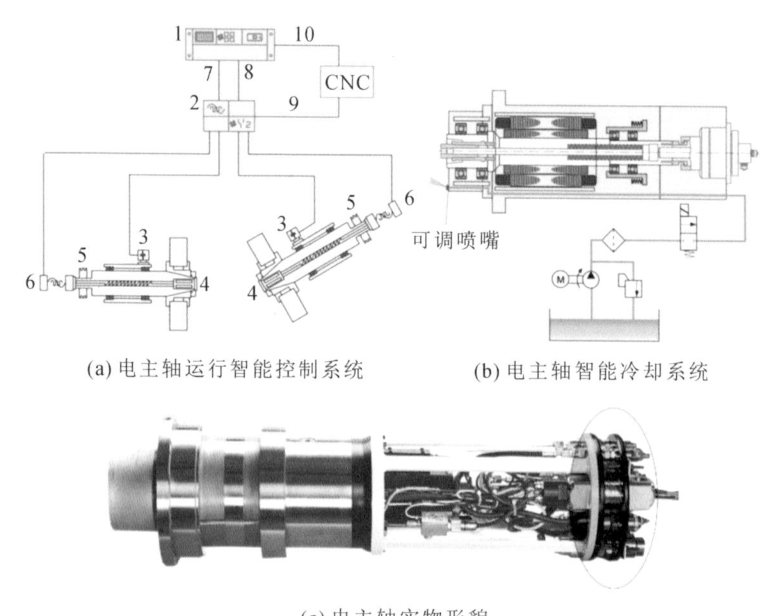

(a) 电主轴运行智能控制系统　　(b) 电主轴智能冷却系统

(c) 电主轴实物形貌

图 4-40　智能电主轴的控制

1—集成传感控制单元;2—多主轴路由器;3—振动传感器系统;4—内置平衡传感器;
5—接收器;6—集成速度传感发射器;7、8—多主轴路由器-传感控制单元通信链路;
9、10—集成传感控制单元、多主轴路由器与 CNC 通信链路

2. 进给伺服系统结构——直线电动机进给单元

1) 高速加工对直线进给伺服系统的要求

高速加工中心主轴转速提高,就要求进给伺服系统具有良好的快速响应特性,即系统跟随误差最大限度地减小,机床进给速度和其加、减速度也必须大幅度提高,以保证刀具每齿或工件每转进给量基本不变,否则会严重影响工件加

工的表面质量和刀具耐用度，同时机床空行程运动速度也必须大大提高。新一代智能高速加工中心进给部件的运动速度要求达到 30～200 m/min，进给加速度和减速度达到(1～5)g。

传统的"旋转电动机＋滚珠丝杠"的轴向进给方案受其本身结构的限制，最高进给加速度只能达到 1g，目前机床应用的仅达(0.3～0.5)g，满足不了高速加工的要求。为此，智能高速加工中心进给伺服系统的设计必须突破传统数控制造装备中"旋转伺服电动机＋普通滚珠丝杠"的驱传方式。在结构形式上采取的主要措施是大幅度减轻进给移动部件的重量。同样，和主轴驱动系统一样，最有效的办法就是在结构上实现所谓的"零传动"，即采用直线电动机直接驱动。

2）直线电动机驱动的特点

1993 年德国的 Ex-Cell-O 公司和美国的 Ingersoll 公司几乎同时把直线电动机成功地用在高速加工中心产品上，轰动了当时的国际机床界。将直线电动机应用在机床上是机床发展史上一个重大的创举，被誉为 20 世纪 90 年代世界机床技术的新高峰。面向 21 世纪的新一代智能高速数控制造装备的主要特征是实现了机床的直接驱动。

直线电动机高速进给单元由一系列安装于机床底座的磁铁(定子)和环绕在滑架上的叠钢片铁芯的线圈(动子)组成，利用动子脉冲电流产生的磁场和定子永磁磁场相互作用产生电磁推力，带动负载运行。与传统进给伺服系统相比，直线电动机进给伺服系统具有如下特点。

(1) 定位精度高。直线电动机工作时，电磁力直接作用于机床工作台，不需要传统进给伺服系统所采用的机械传递元件，消除了机械摩擦。因此，该系统不存在机械元件变形和间隙造成的机械滞后、滚珠丝杠导程误差、齿轮传动齿距误差以及机械摩擦对系统产生的扰动的影响，其精度完全取决于反馈系统本身的精度。

(2) 响应速度快。由于直线电动机与工作台间无机械连接，且电气时间常数小，因此，直线电动机驱动机构具有高固有频率和高刚度，伺服性能较好。这样，工作台对指令的响应快，跟踪误差小，使加工精度得到很大提高。

(3) 效率高。由于直线电动机驱动机构采用"零传动"方式，工作台和驱动源间无中间传动元件，故不存在效率损失，因此传动效率得到了提高。

(4) 进给速度高。由于直线电动机进给伺服系统不像传统数控制造装备进给伺服系统那样采用滚珠丝杠传动,使得进给速度的提高受到制约,因而可以获得比传统进给伺服系统更高的进给速度。

(5) 无机械磨损,无须定期维护。

直线电动机进给伺服系统与传统滚珠丝杠进给伺服系统的性能如表 4-4 所示,某机床分别采用直线电动机高速进给单元前后(之前采用滚珠丝杠)性能对比如表 4-5 所示。显然,直线电动机进给单元可为高速加工中心提供优异的加、减速度特性,因此其在智能高速加工中心中的应用日益广泛。如德国 Ex-Cell-O 公司生产的 XHC240 型加工中心,采用 Indramat 公司的直线电动机,其进给速度最高可达 60 m/min,加速度为 1g。当进给速度为 20 m/min 时,其轮廓加工精度可达 0.004 mm。日本 Kingsbury 公司制造的 Cyber-cell Ⅱ型加工中心,由于采用了直线电动机高速进给单元结构,其加速度达到 1.7g,在进给速度为 90 m/min 时,工件轮廓的精度仍然能够达到微米级。还有最早开发使用直线电动机的美国 Ingersoll 公司,其在 HMV800 加工中心的 X、Y、Z 三个方向上都使用了直线电动机高速进给单元,最高进给速度达到 76.2 m/min,加速度达到 (1~1.5)g。意大利 Vigolzone 公司生产的高速卧式加工中心,X、Y、Z 三轴采用直线电动机,三轴进给速度均达到 70m/min,加速度为 1g。

表 4-4 直线电动机进给伺服系统与传统滚珠丝杠进给伺服系统的性能比较

性能	滚珠丝杠进给伺服系统	直线电动机进给伺服系统	
		现状	展望
最高速度/(m/s)	0.67	2	3~4
最高加速度/(×g)	0.5~1	1~1.5	2~10
静态刚度/(N/μm)	88~176	69~265	
动态刚度/(N/μm)	88~176	157~206	
稳定时间/ms	100	10~12	
最大进给力/N	26700	9000	15000
工作可靠性/h	6000~10000	50000	

表 4-5　某机床使用直线电动机进给单元前、后性能比较

性能	采用直线电动机进给单元前	采用直线电动机进给单元后
速度/(m/min)	12.7～25.4	38.1
加速度/(×g)	0.5	1～1.5
加工精度/mm	0.02～0.025	0.003～0.005

3）直线电动机的工作原理和结构特征

直线电动机的工作原理和普通旋转电动机基本一样，将旋转电动机的定、转子直径无限增大，就形成了直线电动机，即把普通旋转电动机沿圆周方向拉开展平，对应于旋转电动机的定子部分变成直线电动机的初级，对应于旋转电动机的转子部分变成直线电动机的次级，如图 4-41(a)(b)所示。当多相交变电流通入多相对称绕组时，就会在直线电动机初级和次级之间的气隙中产生一个行波磁场，从而使初级和次级之间产生相对移动。

直线电动机有直流直线电动机、步进直线电动机和交流直线电动机三大类型。高速加工中心为满足机床大推力进给部件要求，主要采用交流直线电动机。直线电动机的结构和工作原理与旋转电动机并没有本质的区别。在结构上，直线电动机由初级和次级构成，且具有短次级和短初级两种形式，如图 4-41(c)(d)所示。

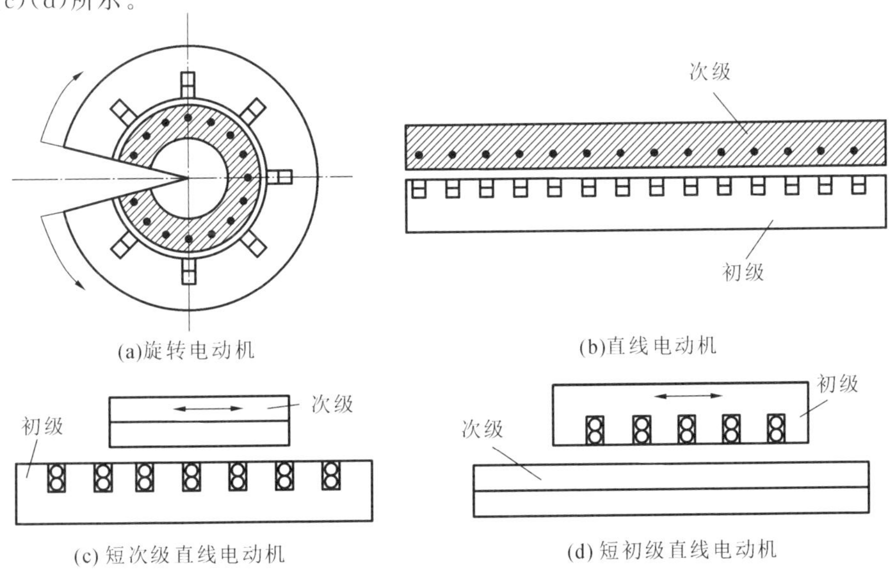

图 4-41　直线电动机的工作原理和结构形式

按励磁方式，交流直线电动机可以分为永磁（同步）式和感应（异步）式两种。

永磁式直线电动机的次级是一块一块铺设的永久磁钢，其初级是含铁芯的三相绕组。感应式直线电动机的初级和永磁式直线电动机的初级相同，而次级则采用了可自行短路的不馈电栅条。永磁式直线电动机在单位面积推力、效率、可控性等方面均优于感应式直线电动机，但其成本高，工艺复杂，而且会给机床的安装、使用和维护带来不便。感应式直线电动机在不通电时是没有磁性的，因此有利于机床的安装、使用和维护，近年来，其得到不断改进，性能已接近永磁式直线电动机，在机械行业中受到欢迎。

图 2-10(a)给出了由直线电动机驱动的 *X-Y* 二维伺服工作台的应用。高速进给伺服单元一般采用直线电动机直接驱动，或由旋转电动机直接连接滚珠丝杠副实现直接驱动，以尽可能满足高加速度、高进给速度的需求。

3.冷却润滑系统——高效快速的智能冷却润滑系统

智能高速加工中心不同于普通数控制造装备的另一主要特点还在于它的特殊的冷却润滑系统。在高速切削条件下，单位时间内切削区域会产生大量的热量（主要包括高速旋转支承部件所产生的热量和切削区域内产生的热量），这些热量如果不能迅速地被带走，不但会妨碍切削工作的正常进行，而且会造成机床-刀具-工件系统的热变形，严重影响加工精度和机床的动刚度。这就要求在机床结构上必须采取相应的措施。

高速加工时，因切屑快速流动可以带走大量的切削热，从而使切削区域温度保持在一定范围内，甚至可不加冷却液而实现环保绿色化的干切削。但是，高速运转的主轴单元内部会产生大量的热量且不能及时传递出去。高速运转的主轴单元是智能高速加工中心的主要热源之一，其传热量、温度场分布及温升热变形会严重影响机床的加工精度和刚度。因此，对于高速智能加工中心的主轴单元，必须设计专门的智能冷却润滑系统，以有效控制主轴单元的温升。

高速电主轴单元的热稳定性是影响机床加工精度的关键因素之一。电主轴将电动机集成于主轴组件的结构中，电动机因而成为一个内部热源。电动机的发热主要有定子绕组的铜耗发热及转子的铁损发热，其中定子绕组的发热占电动机总发热量的 2/3 以上。另外，电动机转子在主轴壳体内的高速搅动，也会使内腔中的空气发热，这些热源产生的热量主要通过主轴壳体和主轴进行散热，所以电动机产生的热量有相当一部分会通过主轴传到轴承上去，从而影响轴承的寿命，并且会使主轴产生热伸长，直接影响加工精度。为改善电主轴的热特性，应采取一定的措施和设置专门的冷却系统。高速电主轴单元主要的冷却方式有空冷、水冷或油冷等。一般是在电主轴定子和壳体连接处设计循环冷却水套，实现智能冷却。整个机床加工区域可以采用高压喷射装置，把高压、大流量的冷却液射向机床的切削部位进行冷却。有的高速加工中心则采用大量冷却液以瀑布方式由机床顶部淋向机床工作台，把大量的热切屑立即冲走，始终保持工作台的清洁，并形成一个恒温的小环境，从而保证高加工精度。进行高速电主轴单元结构设计时，智能冷却润滑系统的设计是不可忽视的一个重要方面。为了防止主轴部件在高速运转过程中出现过热现象，必须考虑对轴承采用有效的强制冷却手段。也就是说，对于高速加工中心，进行结构设计时应考虑设计必要的冷却、散热及润滑装置。

目前国际上开发了各种相应的冷却装置，其中主要就是高压大流量喷射冷却系统。如近年来日本三井精机株式会社和J.E.公司共同开发的HJH系列高压喷射中心(high jet center)，其通过对加工中心切削区供给压力为7 MPa、流量达60 L/min的高压冷却液来消除产生的瞬时热量，既大大提高了加工效率，又延长了刀具的使用寿命(3～5倍)；日本MaKino公司的“Fine Flush”冲洗系统，其供给压力为6.9 MPa；美国Monarch公司开发的高压冷却系统可提供压力为8.9 MPa、流量为19 L/min的冷却液。也可在刀具系统中开设一个直接供给冷却液的通路进行冷却，供液方式有三种：① 从刀夹的侧面供液；② 从刀具的凸缘供液；③ 主轴中心供液。由于高压冷却液的大量应用，采用主轴中心供液方式的机床越来越多，如日本大昭和精机株式会社开发的一种被称为“High jet holder”的高速高压型油孔刀夹产品，其通过高压油孔结构来实现切削刀具的冷却。

普通的数控制造装备和加工中心主轴轴承大都采用油脂润滑方式，而对于高速主轴单元，因旋转的支承部件间会产生大量的热量，单纯的油脂润滑方式已不能满足要求。为了适应主轴高速化发展需要，新的润滑方式相继被开发出来。这些新的润滑方式主要包括油气润滑方式、喷注润滑方式、突入滚道润滑方式等。如内径为100 mm的轴承以20000 r/min的速度旋转时，线速度为100 m/s以上，轴承周围的空气也伴随流动，流速达50 m/s。要使润滑油突破这层旋转气流很不容易，采用突入滚道润滑方式则可以将润滑油可靠地送入轴承滚道。图 4-42(a)所示是为适应该要求而设计的特殊轴承。润滑油的进油口在内滚道附近，利用高速轴承的泵效应，把润滑油吸入滚道。图 4-42(b)所示为和电主轴一体化设计的冷却油道。

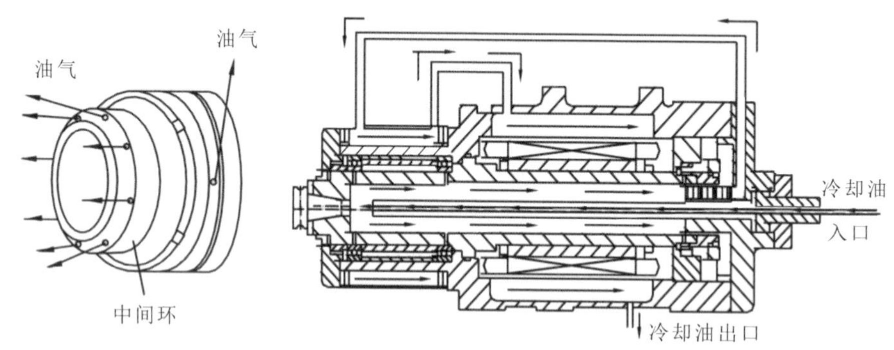

(a) 采用突入滚道润滑方式的特殊轴承　　(b) 电主轴内冷却油流道

图 4-42　电主轴单元冷却润滑单元的不同润滑方式的应用

为了防止切屑和冷却液外溅而污染环境或意外伤人，高速加工中心还要采取必要的防护措施。在高速加工中心工作时，必须用防护罩把切削区完全封闭起来。在高速旋转的刀具周围，用强度足够的优质钢板和防弹玻璃做成安全罩和观察窗进行密封和遮挡，以确保人和设备的安全。因为高速旋转的刀具发生崩裂时，飞出的刀具碎片能量很大，非常危险。

总之，高速加工中心必须配备高效、高压、大流量的冷却系统，有效的高速旋转部件润滑系统和必要的防护罩，这也是其区别于普通机床的一个的突出特点。

4. 刀-机-工接口标准——高速切削刀柄系统

1）高速切削对刀柄系统的要求

由于高速切削加工中离心力和振动的作用，刀具系统的动平衡精度要求非常高。刀柄是高速切削加工的一个关键部件，它要传递机床的动力，所以高速切削刀柄系统必须满足下列要求：① 很高的几何精度和装夹重复精度；② 很高的装夹刚度；③ 高速运转时安全可靠。

2）高速机床刀柄系统

(1) 7∶24 锥度刀柄系统　目前市场上大量应用的是 7∶24 锥度的工具系

统，如图 4-43 所示。标准的 7∶24 锥度连接有许多优点：有利于快速装卸刀具；刀柄锥体在拉杆轴向拉力作用下紧贴主轴鼻端内锥面，实心的锥体直接在主轴内锥孔内支承刀具，以减小刀具的悬伸量，刚度较高；只有一个锥度尺寸要求很高的加工精度，成本低且可靠，故应用广泛。但是随着加工速度的进一步提升，7∶24 锥度连接暴露出明显的缺点，主要表现有：

① 刚度不足。由于它不能实现与主轴端面和内锥面同时定位，所以采用标准的 7∶24 锥度连接时主轴端面和刀柄法兰端面间有较大的间隙。7∶24 锥度连接刚度对锥角的变化和轴向拉力的变化很敏感。当拉力增大 4～8 倍时，连接的刚度可提高 20%～50%，但是，过大的拉力在频繁换刀过程中会加速主轴内孔的磨损，影响主轴前轴承的寿命。高速主轴的前端锥孔由于离心力的作用会膨胀，导致刀具及夹紧机构质心的偏移，影响主轴系的动平衡等级。同时，为保证这种连接在高速下仍有可靠的接触，需有一个很大的过盈量来抵消高速旋转时主轴轴端的膨胀。

② 自动换刀重复精度不稳定，自动换刀后刀具的径向尺寸可能发生变化。

③ 轴向尺寸不稳定。主轴高速转动时因受离心力的作用内孔会增大，在拉杆拉力的作用下，刀具的轴向位置会发生改变。

④ 刀柄锥度较大，锥柄较长，不利于快速换刀及机床小型化。

⑤ 标准的 7∶24 锥柄较长，很难实现全长无隙配合。一般只要求配合面前段 70%以上接触，这样配合面后段会有一定间隙，从而易引起刀具径向跳动，影响刀具动平衡。因此，7∶24 锥度刀柄一般用于速度小于 15000 r/min 的场合。

(a)BT刀柄(7:24)

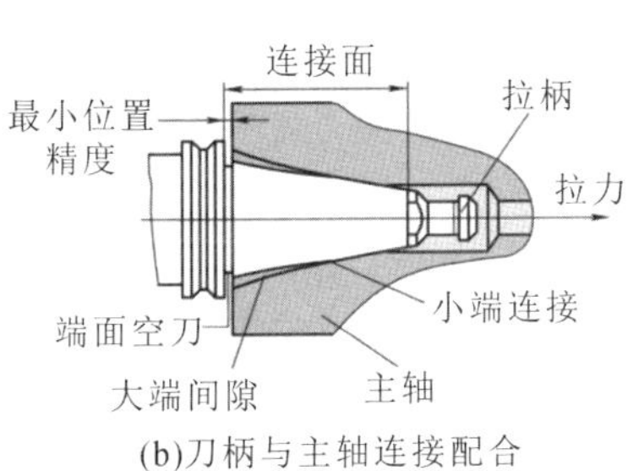

(b)刀柄与主轴连接配合

图 4-43　7∶24 锥度刀柄结构

（2）1∶10 锥度刀柄系统　为了满足更高速智能制造装备需求，针对 7∶24 锥度连接结构存在的问题，一些研究机构和刀具企业开发了一种可使刀柄在主轴内孔锥面和端面同时定位的新型连接方式。其中最具有代表性的是摒弃原有的7∶24标准锥度而采用新思路的替代性刀柄系统设计方案，如德国的HSK系列和美国的KM系列刀柄系统，其采用自锁性更好的1∶10锥度刀柄，实现了端面、锥面双面定位，提高了定位精度并增强了刀具夹持的可靠性，可满足更高速度的加工需求。

HSK刀柄是由德国亚琛工业大学机床研究室专为高速机床主轴开发的一种刀轴连接结构，如图4-44所示，其先被列入德国标准，后被列入国际标准，在高速智能制造装备上已经得到广泛应用。HSK短锥刀柄采用1∶10的锥度，它的锥体比标准的7∶24锥体短，锥柄部分采用薄壁结构，质量比标准的7∶24锥度刀柄小约50%，锥度配合的过盈量较小，刀柄和主轴端部关键尺寸的公差带特别严格，刀柄的短锥和端面很容易与主轴相应结合面紧密接触，实现双重定位，具有很高的连接精度和刚度。当主轴高速旋转时，仍能与主轴锥孔保持良好的接触，主轴转速对连接刚度影响小。HSK刀柄具有良好的静、动态刚度和极高的径向、轴向定位精度，其轴向定位精度比7∶24锥柄高三倍，动平衡性更好，特别适合用于高速粗、精加工和重切削。HSK刀柄薄壁液压夹头体积小、不平衡点少，因而振动小、夹紧力大、无间隙、装夹牢靠。

(a)HSK刀柄(1∶10)

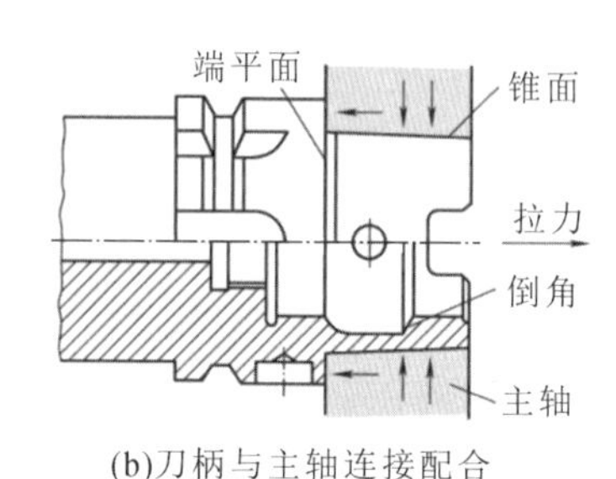

(b)刀柄与主轴连接配合

图4-44　HSK刀柄结构

KM刀柄是美国肯纳金属公司的专利，它也采用1∶10短锥配合，锥柄的长度仅为标准7∶24锥柄长度的1/3，由于配合锥体较短，部分解决了端面与锥面同时定位而产生的干涉问题，刀柄设计成中空的结构，在拉杆轴向拉力作用下，短锥可径向收缩，实现端面与锥面同时接触定位。锥面配合部分有较大的过盈量，所需的加工精度比标准的7∶24长锥配合所需的加工精度低。与其他类型的空心锥连接相比，相同法兰外径采用的锥柄直径较小，主轴锥孔在高速旋转时的扩张小。这种系统的主要缺点是：主轴端部需重新设计，与传统的 7：24 锥度连接不兼容；短锥的自锁会使换刀困难；锥柄是空心的，不能起到夹紧刀具的作用，夹紧需由刀柄的法兰实现，从而增加了刀具的悬伸量。由于端面接触定位是以空心短锥和主轴变形为前提实现的，主轴的膨胀会恶化主轴轴承的工作条件，影响轴承的寿命。表 4-6 列出了 BT、HSK、KM 刀柄的结构特点和紧固性能指标。

表 4-6　智能制造装备三种刀柄系统的对比

刀具类型	BT	HSK	KM
结合面	锥面	锥面＋端面	锥面＋端面
传力零件	弹性套筒	弹性套筒	钢球
典型规格	BT40	HSK-63B	KM6350
结构及公称尺寸（锥面基准直径、法兰直径）	φ63.00　φ44.45	φ63.00　φ38.00	φ63.00　φ40.00
柄部形状	实心	空心	空心
锁紧机构	拉紧力	拉紧力	拉紧力
拉紧力/kN	12.1	3.5	11.2
锁紧力/kN	12.1	10.5	33.5
理论过盈量/μm	—	3～10	10～25
柄部锥度	7：24	1：10	1：10

（3）两面定位刀柄系统　随着超高速、超精密加工技术的发展，发展高性能的两面定位系统的主轴接口形式的需求日益迫切。此类主轴接口主要有日本大昭和精机株式会社的 BBT(BIG-PLUS)接口、德国的 HSK 接口、瑞典山特维克可乐满 C 接口以及美国的 KM 接口，如图 4-45 所示。其中 BBT 和 HSK 接口主要用于铣削加工中心，可乐满 C 接口主要用于车铣复合制造装置，KM 接口在国内主要用在某些专机上。主轴与刀具的锥面与端面要做到两面约束，势必要将端面的间隙归零，从而增加了刀柄和主轴单元鼻端接口的加工难度。为此，BBT(BIG-PLUS)刀柄系统使用弹性变形的方式来达到两面约束的目的，如图 4-46 所示。

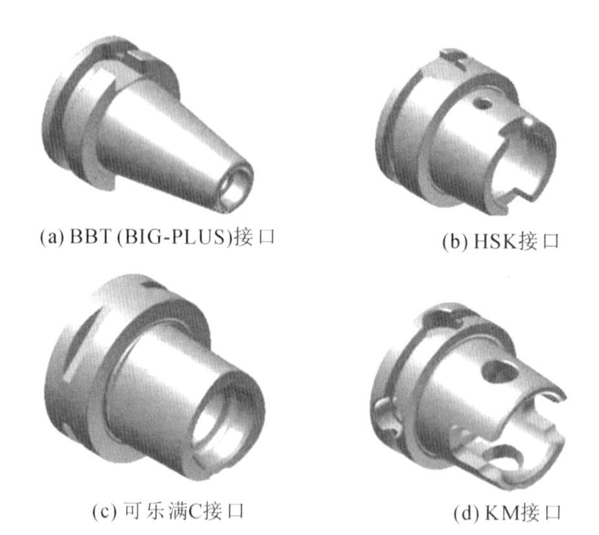

图 4-45 两面定位刀柄系统的主轴接口

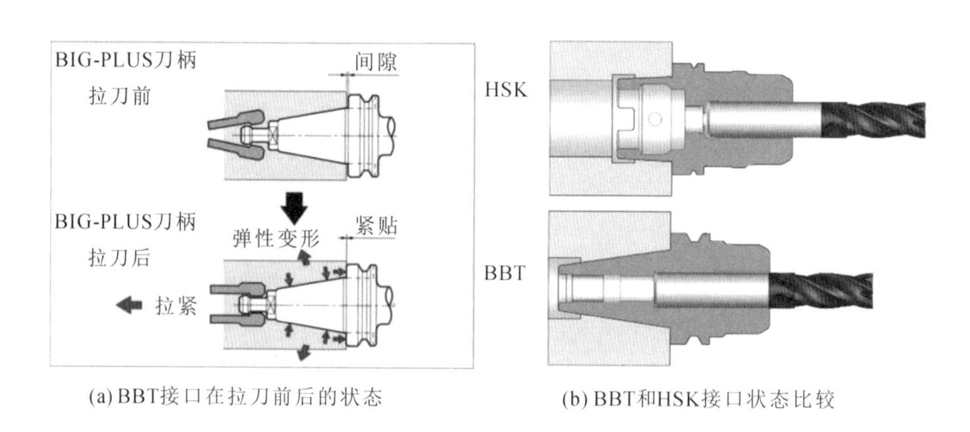

图 4-46 机-柄-刀接口状态

图 4-46(a)所示为 BBT 接口在拉刀前后的状态。在拉刀前，主轴与刀具仅有锥面接触，主轴与刀具端面留有一定的间隙；而在拉刀后，刀具受轴向力，主轴内孔受力扩张产生弹性变形，使主轴与刀具的端面间隙消除进而贴合，达到两面约束目的。由于 BBT 刀柄系统是靠弹性变形来实现两面约束的，因此刀具在拉刀时所产生的轴向位移量就显得非常重要。

图 4-46(b)所示为 HSK 刀柄系统和 BBT 刀柄系统与主轴连接配合后的接口状态。经比较可以看出，受本身结构限制，BBT 基础柄可以做得更短，刀具插

入量更大，从而使刀具伸出量更短。同时，在主轴拉紧后 BBT 基础柄接触面更大，有效锥面更长，主轴刚度更高，更适合重切削加工和刀柄悬伸长度比较大的加工场合。对于飞机、汽车制造等领域内多采用重切削加工方式的零件（如型模具、箱体、壳体等）以及需要刀柄悬伸长度比较大的零件，BBT 刀柄系统可以更好地保证加工效率、质量和稳定性。

总之，和 BT、HSK 以及 KM 刀柄系统相比较而言，BBT 刀柄系统有较大性能优势，在高速强力切削中得到了广泛应用。

综上所述，根据高速加工中心的个性化需求场景，其刀-机接口有特殊要求，这使得高速电主轴单元的鼻端接口形式也需一并相应做出改变，这也是电主轴单元不同于常规制造装备的一个重要方面。

同样，对工-机接口即工件和机床工作台连接的装夹方式和夹具选择，要保证工件定位准确、夹紧可靠，这也是高速加工中心所必须满足的要求。

5. 快速换刀装置

随着切削速度的提高，切削时间的不断缩短，对换刀时间的要求也在逐步提高。在高速加工的条件下，缩短换刀时间对提高机床的生产率显得尤为重要，换刀时间也成为高水平机床的一项重要指标。自动换刀装置（ATC）的高速化也就成为高速加工中心技术开发的重要内容。采用机械手进行刀具的交换，不仅在刀库的布置和刀具数量上不受传统结构的限制，具有很大的灵活性，还可以通过刀具预选减少换刀时间，提高换刀速度，因此该方法在加工中心应用最为广泛。图 4-47 所示为一机械手自动换刀装置。

快速自动换刀技术是快速换刀装置所应用的最重要的技术。它是以减少辅助加工时间为主要目的，综合考虑机床的各方面因素，以求在尽可能短的时间内完成刀具交换的技术。快速自动换刀技术涉及刀库的设置、换刀方式、换刀执行机构等多方面的问题。

1）换刀速度指标

衡量换刀速度的指标主要有三种：

（1）切屑对切屑（chip-to-chip）换刀时间，指刀具主轴从参考位置移向换刀位置，换完刀后再回到参考位置的过程中主轴启动并达到最高转速所需要经历的时间。

（2）切削对切削（cut-to-cut）换刀时间，指刀具主轴从参考位置移向换刀位

图 4-47　机械手自动换刀装置

置，换完刀后再回到参考位置所需要经历的时间。

(3) 刀对刀(tool-to-tool)换刀时间，指换刀装置从开始把要换的刀具从主轴上拔下到将下一工步需要的刀具完全插入主轴所需要经历的时间。

由于切屑对切屑换刀时间基本上就是加工中心两次切削之间的时间，反映了加工中心换刀所占用的辅助时间，因此切屑对切屑换刀时间应是衡量加工中心效率的最直接指标。而刀对刀换刀时间则主要反映自动换刀装置本身的性能好坏，更适合作为机床的性能指标。这两种指标通常用来评价换刀速度。换刀时间是高速加工中心的快速换刀装置并没有确定的指标，在技术条件可能的情况下，应尽可能提高换刀速度。

2) 提高换刀速度的基本原则

(1) 在高速加工中心上，由于切削速度大幅度提高，自动换刀装置和刀库的配置应有利于缩短换刀时间以减少辅助时间。或者说，高速加工中心的换刀时间一般应该比普通的加工中心换刀时间短得多。

(2) 高速加工中心换刀装置的设置要与不同的加工场合相适应。由于自动换刀装置是加工中心中故障率相对比较高的功能部件，因此应在换刀动作准确、可靠的基础上提高换刀速度。在缩短换刀时间对生产过程影响大的应用场合，要尽可能地提高换刀速度。例如：在汽车生产线上，换刀时间和换刀次数要计入零件生产节拍，换刀速度越快越好。而对于模具型腔加工，换刀速度的选择就可以放宽一些。

(3) 由于高速加工中心在结构上和传统的加工中心不同,其进给方式以刀具运动进给为主,减轻运动件的重量已成为高速加工中心的主要结构设计目标之一。因此,设计换刀装置时,要充分考虑到高速加工中心的结构特征。

3) 提高换刀速度的主要技术方法

(1) 按高速加工中心的结构特点设计刀库和换刀装置的形式和位置。由于高速加工多采用立柱移动的进给方式,为减轻运动件重量,刀库和换刀装置不宜再装在立柱上。

(2) 在高速加工中心上采用 HSK 刀柄,这是快速自动换刀装置的发展趋势。

(3) 采用动作速度更快的机构和驱动元件。

(4) 用新方法进行刀具快速交换,例如采用交换主轴等方法。

6. 高刚度的床体结构

高速加工中心在高速切削状态下,产生的切削力一般作用在床体上。另外,因高速度而产生的较大的附加惯性力也会作用在床体上,因而机床床身受力较大。高速加工中心床体结构必须具有足够的强度、刚度和高阻尼特性。此外,高刚度和高阻尼特性也是高速加工中心保证加工质量和提高刀具耐用度的需要。

支承件是机床的基础部件,包括床身、立柱、横梁、底座、刀架、工作台、箱体和升降台等。这些部件一般称为大件。从运动角度,可将它们分为移动支承件和固定支承件。对于固定支承部件,机床上变动的切削力、运动件的惯性力、旋转件的不平衡力等动态力会引发支承件和整机的振动。支承件的热变形会改变执行机构的正确位置或运动轨迹,影响加工精度和表面质量。因此必须重视支承件的设计。支承件的设计主要包括如下几个方面的内容。

1) 固定支承件高刚度、高阻尼设计

高速切削时,虽然切削力一般比普通加工时低,但因高加速度和减速度产生的惯性力、不平衡力等很大,所以机床床身等大件必须具有足够的强度和刚度、高结构刚度和高阻尼特性,使机床受到的激振力很快衰减。与之相对应的措施是:

(1) 合理设计支承件截面形状、合理布置肋板和肋条,以提高其抗扭、抗弯以及抗拉、抗压刚度,提高抗振性;

(2) 床身基体等支承件采用非金属环氧树脂、人造花岗石、特种钢筋混凝土或热膨胀系数比灰铸铁低 1/3 的高镍铸铁等材料制作；

(3) 大件采用特殊的轻质结构；

(4) 根据材质吸振性能不同，依据工况变化考虑机床结构阻尼的合理调控设计；

(5) 整体结构利用有限元法(FEM)进行优化设计。

2) 移动支承件的高刚度、高阻尼设计

对于刀架、升降台、工作台等移动支承件，设计时必须想方设法大幅度减轻其重量，保证移动部件的高速度和高加速度。具体措施有：

(1) 采用钛铝合金和纤维增强塑料等新型轻质材料制造拖板和工作台；

(2) 用有限元法优化机床移动支承件的几何形状和尺寸参数；

(3) 考虑智能主动阻尼器设计及动态调控；

(4) 考虑智能主动抑振策略。

总之，在不影响刚度的条件下，应使移动件的重量尽可能轻或使其惯性尽可能小。采取上述措施后，高速加工中心移动支承件的重量一般可比传统机床结构轻 30%～45%。图 4-48 所示为加工中心立柱横截面。如图 4-48(a)所示，XK716 型立式加工中心立柱采用了矩形外壁与菱形内壁形成的双层壁结构；如图 4-48(b)所示，MC118 型立式加工中心立柱的矩形外壁内用对角线加强肋组成了多三角形箱形结构，这样的结构使得立柱抗弯、抗扭刚度都很高。图 4-49 所示为某高速加工中心床身结构，在箱形的床身内部增加两条斜肋支承导轨，形成三个三角形框架，从而获得了较好的静刚度和抗振性能。图 4-50所示为某高速加工中心的床身和底座结构，床身内四面封闭，纵向每隔 250 mm 有一横隔板，且封闭床身内填满泥芯以增加阻尼，底座内填充混凝土。这样床身不仅刚度高，抗振性能也很好，更适合高速切削。

7. 安全装置和实时监控系统

在高速切削过程中，若刀具崩裂，崩出部分将如同子弹一般飞出，易于造成安全事故。为此，机床工作时必须用足够厚的钢板将切削区封闭起来，同时还要考虑便于观察切削区状况。工件和刀具必须保证夹紧牢靠，同时，必须采用主动在线智能监控系统，对刀具磨损、破损和主轴运行状况等进行智能化在线识别和监控，确保人身和设备安全。

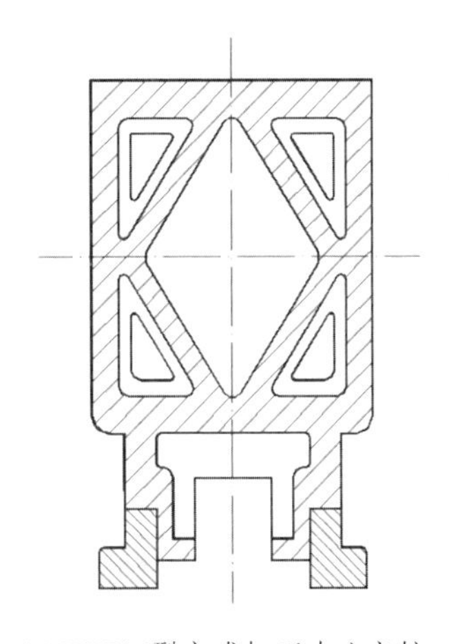

(a) XK716型立式加工中心立柱

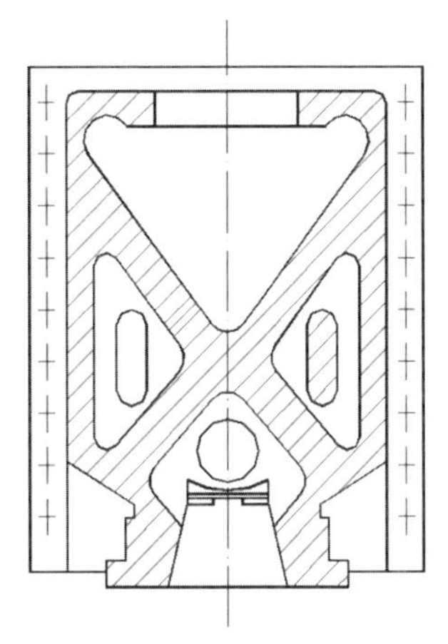

(b) MC118型立式加工中心立柱

图 4-48 加工中心立柱横截面

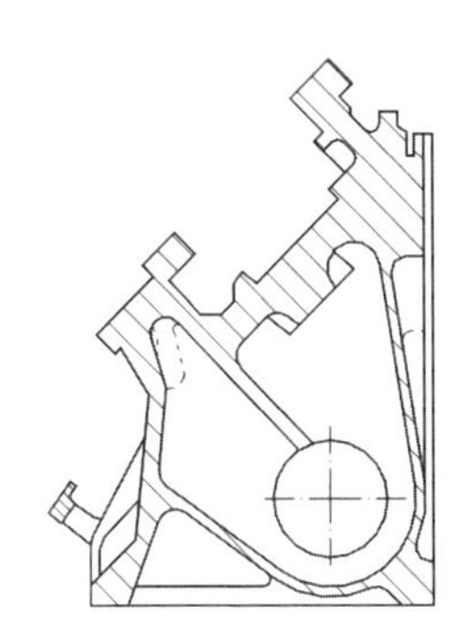

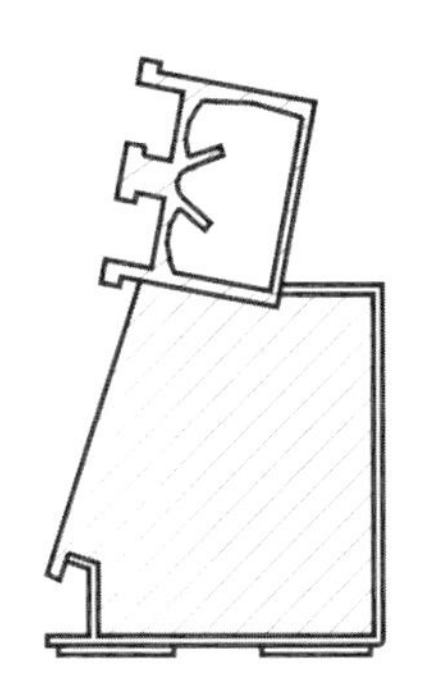

图 4-49 某高速加工中心床身结构　　图 4-50 某高速加工中心床身和底座结构

智能化实时监控系统通过配备各种智能传感器，实时全方位监控高速加工中心运行工况（包括切削力、切削温度、位移、速度、加速度等反映切削状态的重要参数，智能主轴单元、进给单元以及冷却润滑系统等的运行情况等），并进行智能补偿和机床工作状态调控，以提高高速切削过程的安全性。主要的智能监控技术涉及如下几个方面：

1）刀具磨损、破损的视觉/光学/力学监控技术

视觉、光学、力学传感技术可以实现刀具的过度磨损或破损监控。如刀具磨削的光学检测技术，其检测原理是：由于刀具磨损区域所反射的光强比未磨损区域所反射的光强要大得多，因此可根据反射光强的变化来测定刀具的磨损情况。在刀具的后刀面产生了磨损带后，光学传感器所感受到的光强会发生变

化，经过电路转换，可以测出磨损带的区域范围，据此判断后刀面的磨损情况。

2）位置变化监控技术

位置变化监控技术用于在线测量工件尺寸、刀具尺寸以及刀具与工件相对位置尺寸的变化。随着刀具磨损量的增加，刀尖位置相对后移，工件已加工表面与刀具某一设定点之间的相对位置尺寸会减小。通过测量这些尺寸的变化可以判断刀具的磨损情况。

3）能量消耗监控技术

输入切削加工系统的能量随着刀具磨损量的增加而增加，因此可根据能量输入的变化在线监测刀具的磨损状态。通过能耗异常检测也可判断刀具磨损情况或设备运行工况等。

4）噪声测量或声发射监控技术

切屑变形过程中由锋利切削刃产生的声发射信号与由磨钝或破损的切削刃产生的声发射信号，在信号模式和能量峰值等方面有明显的区别，失效切削刃产生的声发射信号在高频段的能量明显比锋利切削刃产生的声发射信号在高频段的能量要大得多。另外，设备运行噪声也是衡量加工状态或设备运行工况的依据。

5）振动监控技术

切削振动与刀具磨损及设备运行状况间存在着较强的内在联系，通过监测振动信号，可以在线监测刀具的磨损、破损状态或设备运行状况。

6）切削力监控技术

切削力和切削温度是切削过程中与刀具磨损/破损关系最为密切的物理量。利用切削力和切削温度信号在线监测刀具的磨损和破损状态，可获得较为理想的效果。

7）智能主轴单元、智能伺服进给单元的工况监控技术

借助智能主轴单元、伺服进给单元传感系统进行相关性能检测监控和智能运维。

总之，智能高速加工中心的安全性监控与防护要求远高于常规智能制造装备。

8.智能数控系统

智能高速加工中心对其所采用的数控系统提出了更高的性能要求。智能

高速加工中心的数控系统必须具备高性能的插补技术及智能控制算法，具有高次 NURBS 曲线、曲面插补功能。智能电主轴等在智能化管控、安全监控等方面也对数控系统本身提出了更高的要求。因此，智能高速加工中心的数控系统必须采用高速、高精、多 CPU 结构（如 32 位或 64 位 CPU 结构、RISC 结构），具有高速复杂曲线及曲面插补、高速数据处理、快速响应和智能决策，以及全闭环控制能力。简而言之，智能高速加工中心的数控系统应是一种能够满足复杂曲面高速、高精插补和控制需求的高性能的智能数控系统。

4.2.3 高速加工中心的合理选用

根据产品开发和加工的需求，在选择高速加工中心时，主要应注意如下几点。

（1）对机床的性能指标要从实际出发，根据产品需求和发展合理选择。在高速加工机床主要技术参数能够满足需求的情况下，切勿盲目追求“高转（移）速和大功率”，注意性价比，否则，易造成制造资源闲置和资金的巨大浪费。

（2）根据切削理论计算所需转速、转矩和功率等，合理选择电主轴最高转速，注意额定功率和转矩与转速的关系（电主轴的转速-功率-转矩特性），以及功率、转矩的匹配。电主轴参数可按照下列步骤确定：

① 依据加工工件材料、毛坯的状态、加工工艺性质和采用的刀具材料等确定切削用量参数；

② 计算主轴转速 $n=\frac{1000v}{\pi d}$，其中 v 为要求的合理切削速度（m/min），d 为刀具或工件直径（mm）；

③ 确定进给速度 v_f，机床的进给速度一般依据被加工表面质量要求确定；

④ 计算材料去除率 $Q=\frac{a_e a_p v_f}{1000}$，其中 a_p 为背吃刀量（mm），a_e 为切削宽度（mm），Q 为材料去除率（mm^3/min）；

⑤ 求功率 $P_c=\frac{Q}{K}$（kW），其中 K 为单位功率材料去除率（mm^3/(kW·min)），K 值参考切削用量手册选取。

（3）合理确定直线进给单元的速度和加速度参数，以及推动力大小。对于进给运动，直线进给单元的速度和加速度参数可参考上面电主轴参数计算过程和有关动力学分析选择确定。注意:高速加工中心的"高速"并不是单纯指主轴的高转速,还包括与高转速相匹配的高进给速度以及高进给加速度。

(4) 采用合适的支承方式、主轴润滑冷却方式,以便于维护。

(5) 充分考虑数控系统的功能,以满足高速切削加工需求。高速加工中心的数控系统不能像普通数控系统一样仅有直线插补和圆弧插补功能,还必须具有高次 NURBS 曲线插补功能、前馈功能,采用 32 位或 64 位 CPU 结构,以实现高速计算和程序段的快速处理。此外,还应具有以太网连接功能等强大的通信功能。

(6) 充分考虑加工的安全性。选择高速加工中心时还应保证其具有多种防护、监测、监控功能和各进给轴及主轴防碰撞功能等。

(7) 选择合适的机床和刀具、工件的接口(刀柄系统、工装系统)。传统的 ISO 系列 7∶24 锥柄形式不再适合于高速切削,必须采用支持高速切削的 HSK 标准的主轴端部结构和刀柄,且刀柄的制造要精细,应具有高动平衡性能;对高速重切削加工,尽可能选择支持 BBT 接口的高速加工中心。

4.3 智能增材制造装备

4.3.1 增材制造装备与技术概述

1.增材制造装备工作原理

增材制造也称为 3D 打印,是一种逐渐累积材料成形的制造技术,即快速成形技术。增材制造装备即 3D 打印机,是集设计与制造于一体的机、电、软有机融合的智能制造装备。增材制造的工作原理是:以数字模型文件为基础,采用特殊蜡材、粉末状金属或塑料等可黏合材料,通过一层层地黏合材料来制造三维物体,即把数据和原料放进增材制造装备中,增材制造装备会按照程序把产品一层层制造出来。整个制造过程分为增材制造装备获取 CAD 实体模型、CAD 实体模型的分层处理、堆叠成形、实体后处理四个阶段,如图 4-51所示。

增材制造装备在打印实体时,先通过计算机三维建模或三维扫描获取实体模型,然后使用计算机分层软件将实体模型分层,生成数据文件,再将数据文件传输给增材制造装备。增材制造装备根据指令驱动喷头(或激光发射器)按照

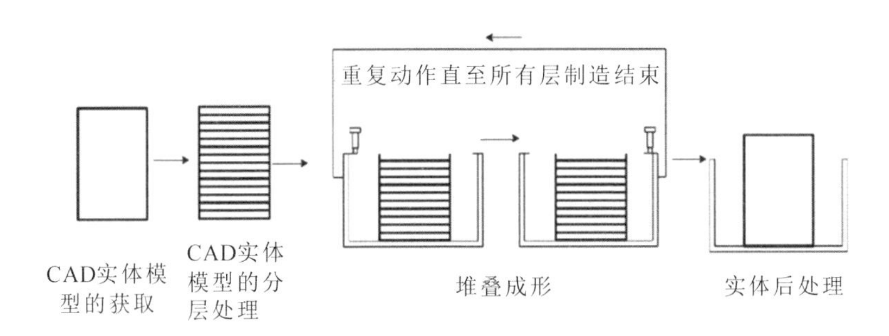

图 4-51　增材制造的过程

预定路径挤出材料(或进行激光烧结),形成固化平面层;第一层成形后,喷头会重新移动到第二层开始的位置,重复上述动作。如此循环往复,直至堆叠出目标实体。增材制造能满足人们将虚拟化、数字化的实体模型转化为现实物品的需求,是快捷满足人们个性化定制需求的有效可行的新型制造模式。

2. 增材制造技术的特点

增材制造不同于传统工艺的切割或模具成形,其在具有内部凹陷、空心或结构互锁的结构形状的零件的制造方面有着无可取代的优势。其主要有以下特点:

(1) 材料多、应用广。通过增材制造可成形任意材料、任意形状的零件,因此该技术在航空航天、能源交通、汽车、医疗及文化创意等领域具有广泛应用。常规的成形制造工艺如模压、冷轧、切削等通过材料去除的方式来制造具有一定形状的产品。尽管这些工艺可以很好地控制材料的制造过程和性能,但调控制品内部结构的能力受到限制。而增材制造技术借助于计算机辅助设计,可以方便快捷地制造出任意形状的复合结构,能够节省大量的材料成本。

(2) 能成形采用传统制造工艺不能生产的零件。增材制造是逐点成形的,理论上可成形任意复杂结构、镂空结构和内部中空结构的零件。对于传统制造工艺,工人技术熟练意味着需要漫长的培养周期,而增材制造的出现降低了生产制作的门槛,也降低了对生产人员的技能要求。只需通过计算机的设计和分层处理,增材制造装备即可完成产品制造或复制,甚至可以在远程控制和极端环境(如太空)下完成生产制造。传统制造工艺复杂的实现方法限制了设计人员的设计思路,而增材制造可以使设计人员的思路无限放宽,实现前所未见的形状。

(3) 设计、制造一体化,无须考虑约束。传统制造模式中,零件设计者往往需要考虑最终的加工制造性,而增材制造则解除了设计者的束缚,使设计者的创意能得到最大程度的发挥,实现“所见即所得”。

(4) 免装配。增材制造甚至可以实现多个零件的一次性打印,无须装配,从而可缩短制造流程,降低生产成本。增材制造装备最主要的特点就是装备一体化成形,无须如传统工艺一样建立不同的生产线和运输线来实现零件的运输与组装,极大降低了运输和组装带来的时间和资金消耗。传统制造模式是通过流水线大批量生产来降低成本,从而获取利润的。而增材制造技术的应用,使得人们可以根据自己的个性化需求定制所需要的产品,这样就能扩大柔性制造技术的应用范围,使产品更加多样化,同时降低单个产品的制造成本,并且可以加速产品开发,从而快速响应市场需求。同时,采用增材制造方法可最大限度地减少工厂库存、缩短产品交付时间、减轻产品生产导致的环境污染。

(5) 产品创新设计开发周期短,满足个性化需求的成本低。

近年来,增材制造装备技术发展势头强劲,诞生了一系列实力雄厚、技术先进的增材制造企业,如美国的 3D Systems 公司、ARC 集团和 Stratasys 公司,德国的 ConceptLaser GmbH 公司、SLM Solutions 公司和 EOS 公司,以色列的 Objet 公司等。

国内研究 3D 打印技术的机构比较多,在这方面也取得了许多研究成果,如清华大学王华明院士团队的基于激光金属沉积(laser metal deposition,LMD)技术的航空结构件制造技术,华中科技大学史玉生团队的基于选区激光熔化(selective laser melting,SLM)技术的航空部件、汽车部件、骨骼等的制造技术,西北工业大学黄卫东团队基于 LMD 技术的航空结构件制造技术,北京航空航天大学颜永年团队的熔融沉积成形(fused deposition modeling,FDM)技术,西安交通大学卢秉恒院士团队基于立体光固化成形(stereolithography apparatus,SLA)技术的生物芯片制造技术,等等。经过各研究机构的多年努力,我国增材制造技术水平已处于世界先进水平。

4.3.2 典型增材制造技术

增材制造装备和多轴联动加工中心唯一的区别就是前者用打印头替代了后者的刀具,并且增加了连续增材供料系统,其他的如驱动、传动控制结构,以及实现方法都是基本一样的。而增加的连续增材供料系统和原材料的不同决定了增材制造工艺及工作原理的差异。

目前,主流增材制造工艺主要有分层实体成形(laminated object manufacturing,LOM)、SLA、选择性激光烧结(selective laser sintering,SLS)、SLM、FDM、LMD 等。

4.3.2.1 LOM 工艺及制造装备

LOM 技术是一种历史悠久、技术成熟的增材制造技术。LOM 技术自 1991 年问世以来便得到迅速的发展。LOM 工艺多使用纸材、PVC(聚氯乙烯)薄膜等材料,加工成本低且成形精度高,因此受到了较为广泛的关注,在产品概念设计可视化、造型设计评估、装配检验、熔模铸造等方面应用广泛。图 4-52 所示为 LOM 制造装备工作原理。

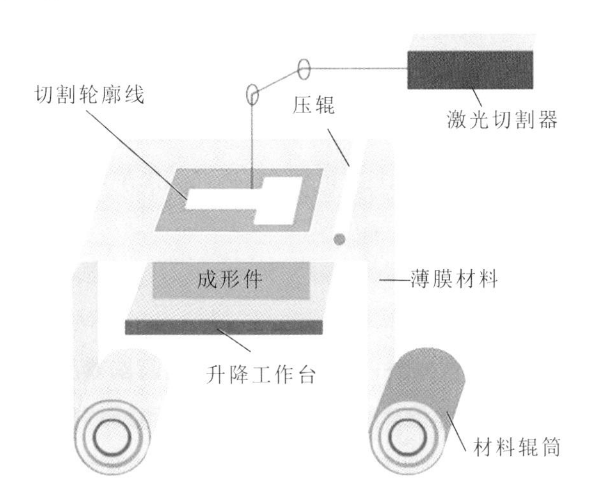

图 4-52　LOM 制造装备工作原理

LOM 制造装备主要由计算机、数控系统、原材料存储与运送部件、热黏压部件、激光切割系统、升降工作台等部分组成。

计算机负责接收和存储成形工件的三维模型数据,这些数据主要是沿模型高度方向提取的一系列截面轮廓。原材料存储与运送部件用于将存储在其中的原材料(底面涂有黏合剂的薄膜材料)逐步送至工作台上方。

激光切割器将沿着工件截面轮廓线对薄膜进行切割,升降工作台能支撑成形的工件,并在每层成形之后降低一个材料厚度,以便送进将要进行黏合和切割的新一层材料,最后热黏压部件会一层一层地把成形区域的薄膜黏合在一起。重复从薄膜切割到薄膜黏合的一系列步骤,工件最终完全成形。

LOM 工艺采用的原材料价格便宜,因此制作成本极为低廉,其适用于大尺寸工件的成形,在成形过程中无须设置支撑结构,多余的材料也容易剔除,精度也比较理想。但是,LOM 工艺存在成形材料的利用率低、材料浪费严重等问题。随着新技术的发展,LOM 工艺将有可能被逐步淘汰。

4.3.2.2 SLA 工艺及制造装备

1. SLA 原理

立体光固化成形(SLA)又称立体光刻成形,该工艺最早由 Charles W. Hull 于 1984 年提出并获得美国国家专利,是较早发展起来的增材制造技术之一。Charles W. Hull 在获得 SLA 专利后两年便成立了 3D Systems 公司并于 1988 年发布了世界上第一台商用 3D 打印机 SLA-250。

SLA 工艺以光敏树脂作为材料,在计算机的控制下用紫外激光对液态的光敏树脂进行扫描,从而让其逐层凝固成形。SLA 工艺能以简洁且全自动的方式制造出精度极高的几何立体模型。图 4-53 所示为 SLA 制造装备的工作原理。

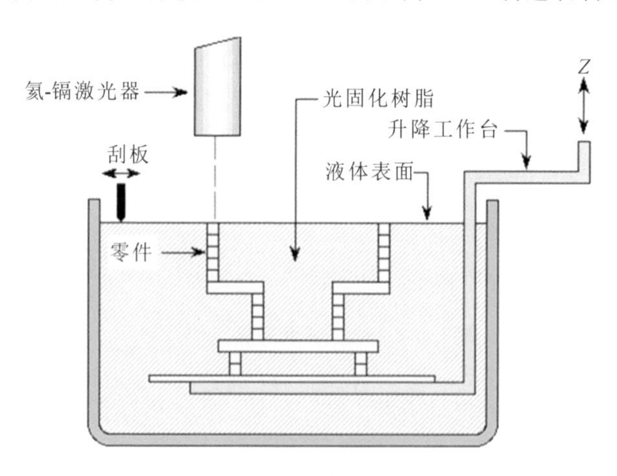

图 4-53　SLA 制造装备的工作原理

如图 4-53 所示,液槽中盛满液态的光敏树脂,氦-镉激光器(也可采用氩离子激光器)发射出的紫外激光束在计算机的操纵下按工件的分层截面数据在液态的光敏树脂表面进行逐行逐点扫描,使扫描区域的树脂薄层产生聚合反应而固化,从而形成工件的一个薄层。

一层树脂固化完毕后，工作台将下移一个层厚的距离，以便在原先固化好的树脂表面上再覆盖一层新的液态树脂。刮板将黏度较大的树脂液面刮平，然后进行下一层的激光扫描固化。液态树脂具有高黏性，因而流动性较差，在每层固化之后液面很难在短时间内迅速变得平整，这样将影响到实体的成形精度。采用刮板刮平后，所需要的液态树脂会均匀地覆盖在上一叠层上，这样经过激光固化后将可以得到较高的精度，使成形件的表面更加光滑、平整。

新固化的一层将牢固地黏合在前一层上，如此重复，直至整个工件层叠完毕，最后就能得到一个完整的立体模型。在工件完全成形后，首先需要把工件取出并把多余的树脂清理干净，接着还需要把支撑结构清除掉，最后还需要把工件放到紫外灯下进行二次固化。

2. SLA 耗材——光敏树脂

SLA 常用材料为热固性光敏树脂，该材料主要用于制造各种高强度、耐高温、防水的模具与模型等。光敏树脂由聚合物单体与预聚体组成，并添加了光敏剂。光敏树脂一般为液态，在一定波长（250～450 nm）的紫外光照射下能立刻发生聚合反应，完成固化。采用 SLA 工艺成形的光敏树脂产品如图 4-54 所示。

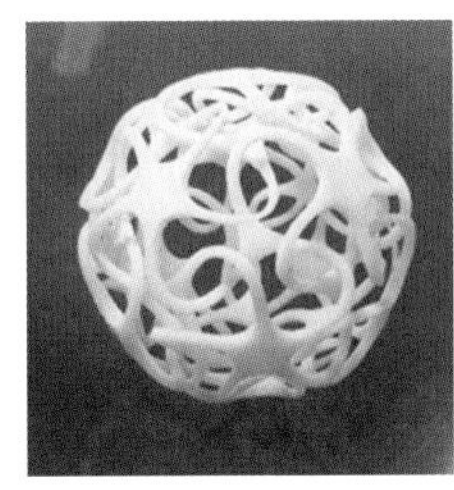
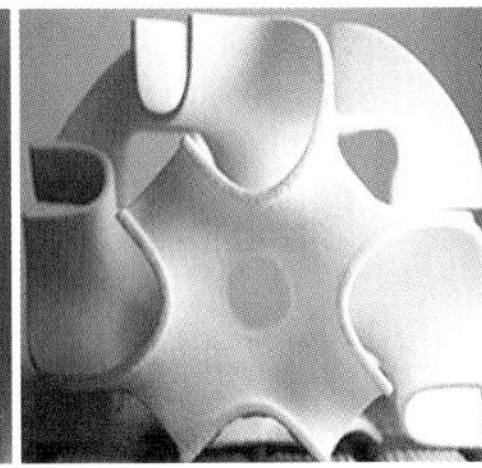
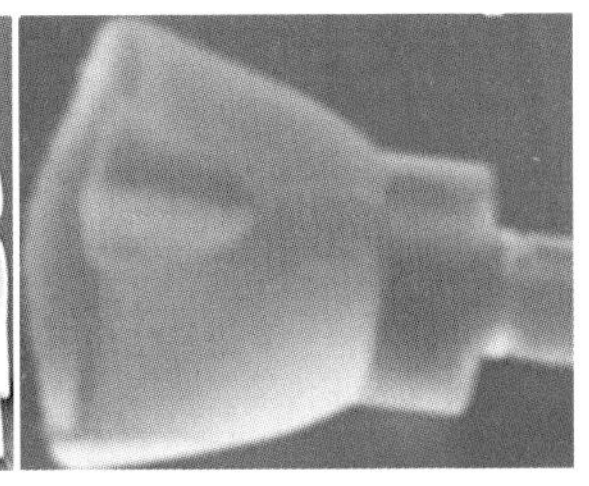

图 4-54　SLA 成形的光敏树脂产品

用于增材制造的光敏树脂的材料特性将直接影响 SLA 成形件的质量。这些材料特性应与光固化快速成形的工艺技术相匹配。高质量的用于 SLA 成形的光敏树脂材料除了要求与常规紫外光固化材料有相似的特性（如在常温下稳定、收缩率小、力学性能和热稳定性好等）外，还应有其他一些特性，如黏度低、耐溶剂性好、光学响应性好、固化速度快、成形精度高、力学强度高等。

美国 DSM 公司旗下子公司 Somos 是专门研发制造光敏材料的公司，所开发的常见光敏树脂有 Somos® imagine 8000、Somos® EvoLVe TM 128、Somos®Water Clear Ulter 10122、Somos®WaterShed XC 11122。

目前,光敏树脂材料的研发正朝着高精度和高速成形、功能化、无毒害、无环境污染的趋势发展。

3. SLA 工艺的特点

1) 优点

(1) 成形过程稳定,自动化程度高。

(2) 成形件的尺寸精度高,可达到±0.1 mm,有时甚至可达到±0.05 mm。

(3) 虽然采用 SLA 工艺固化时侧面及曲面可能出现台阶,但在成形件顶层表面可达到玻璃状的效果,表面质量较好。

(4) 设备分辨率较高,可构建结构复杂、尺寸比较精细的工件,尤其是内部结构十分复杂、一般切削刀具难以进入的模型。

(5) 可以直接制作面向熔模精密铸造的具有中空结构的消失模。

2) 缺点

(1) 由于 SLA 成形过程伴随着物理和化学变化,成形件较软、较薄的部位易发生翘曲变形,从而极大地影响成形件的整体尺寸精度。

(2) 支撑结构需在 SLA 成形件未完全固化时手工去除,而此时容易破坏成形件的表面精度。

(3) SLA 制造装备对空间环境要求严格,需要恒温恒湿的密闭空间。

(4) SLA 工艺目前可用的材料主要为光敏树脂,材料种类较少,并且在大多数情况下,不能抵抗外力和进行热测试。另外,光敏树脂有一定的气味和毒性,平时需要避光保存。

(5) 经 SLA 制造装备加工完成的成形件并未完全被激光固化。在很多情况下,为提高模型的使用性能和尺寸稳定性,通常需要进行二次固化,且固化后的成形件强度较低,不宜进行机械加工。

4. SLA 工艺成形实施步骤

SLA 原型的制作一般可以分为前处理、原型制作和后处理三个阶段。

1) 前处理阶段

前处理阶段的任务主要包括对原型的 CAD 模型进行数据转换、摆放方位确定、施加支撑和切片分层,实际上就是为原型的制作准备数据。下面以某一小扳手手柄的制作为例来介绍 SLA 原型制作的前处理过程。

(1) CAD三维造型　CAD三维模型是快速原型制作必需的原始数据源。没有CAD三维数字模型，就无法实现模型的快速原型制作。CAD模型的三维造型可以在UG、Pro/E、CATIA等大型CAD软件以及许多小型的CAD软件上实现，图4-55(a)给出的是小扳手手柄在UG NX2.0上的三维模型。

(2) 数据转换　数据转换是对产品CAD模型的近似处理，主要是生成STL格式的数据文件。STL数据处理实际上就是采用若干小三角形片来逼近模型的外表面，如图4-55(b)所示。这一阶段需要注意STL文件的精度控制。目前，通用的CAD三维设计软件系统都有STL数据输出功能。

(3) 确定摆放方位　摆放方位的处理是十分重要的，不但影响着制作时间和效率，更影响着后续支撑的施加以及原型的表面质量等，因此，摆放方位的确定需要综合考虑上述各种因素。一般情况下，为了缩短原型制作时间和提高制作效率，应该选择尺寸最小的方向作为叠层方向。但是，有时为了提高原型制作质量以及提高某些关键尺寸和形状的精度，需要将最大尺寸方向作为叠层方向。有时为了减少支撑，以节省材料及方便后处理，也经常采用倾斜摆放方式。确定摆放方式以及后续的添加支撑和切片处理等都是在分层软件系统上实现的。小扳手手柄的摆放方式如图4-55(c)所示。

(4) 添加支撑　摆放方式确定后进行支撑的施加。添加支撑是SLA原型制作前处理阶段的重要一步。对于结构复杂的数据模型，支撑添加是一项精细、费时的工作。支撑添加的好坏直接影响着原型制作的成功与否及制作质量的好坏。支撑添加可以手工进行，也可以用软件自动实现。软件自动实现的支撑添加一般都要经过人工的核查，进行必要的修改和删减。为了便于在后续处理中去除支撑及获得优良的表面质量，目前比较常采用的支撑类型为点支撑，即支撑与需要支撑的模型面之间的接触形式是点接触，图4-55(d)所示的支撑结构就是点支撑。

(5) 切片分层　支撑添加完毕后，根据设定的分层厚度沿着高度方向进行切片，生成SLC格式的层片数据文件，提供给SLA制造装备进行原型制作。

2) 原型制作阶段

SLA成形是在专用的SLA制造装备上完成的。在原型制作前，需要提前启动SLA制造装备，使树脂材料的温度达到预设的合理值，激光器启动后也需要一定的稳定时间。设备运转正常后，启动原型制作控制软件，读入在前处理

(a)CAD三维模型

(b) STL数据模型

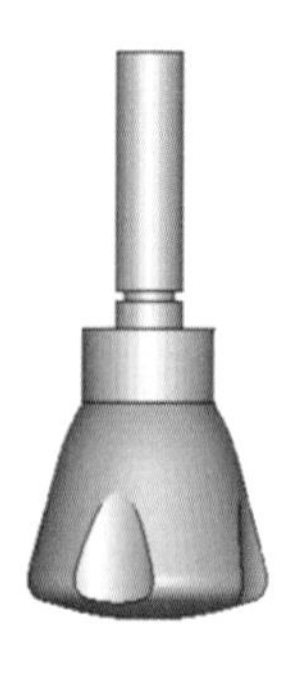
(c)摆放方式

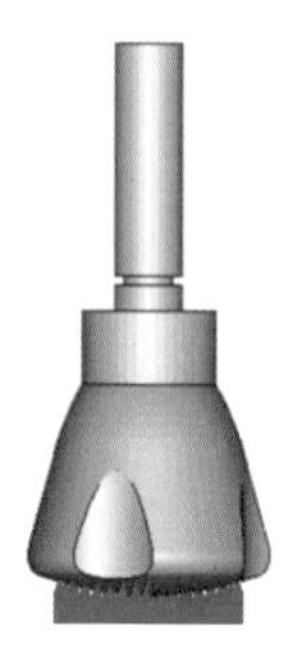
(d) 添加支撑

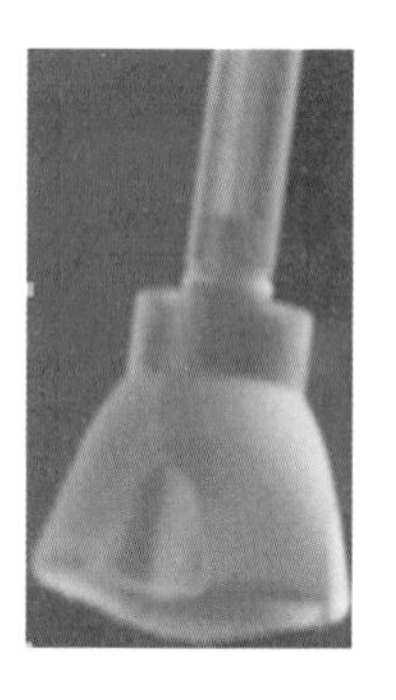
(e)SLA原型

图 4-55　SLA 成形的几个步骤

阶段生成的层片数据文件。

在原型制作之前,要注意调整工作台网板的零位与树脂液面的位置关系,以确保支撑结构与工作台网板稳固连接。一切准备就绪后,就可以开始叠层制作了。整个叠层的光固化过程都是在软件系统的控制下自动完成的,所有叠层制作完毕后,系统自动停止。图 4-56 给出了 SPS600 型 SLA 制造装备在进行光固化叠层制作时的界面。界面显示了激光扫描速度、原型几何尺寸、总的叠层数、目前正在固化的叠层、工作台升降速度等有关信息。

图 4-55(e)给出了手柄的 SLA 原型。

3）后处理阶段

在原型制作完毕后,需要进行剥离等后续处理工作,以便去除废料和支撑结构等。此外,还需要对原型进行后固化处理等。

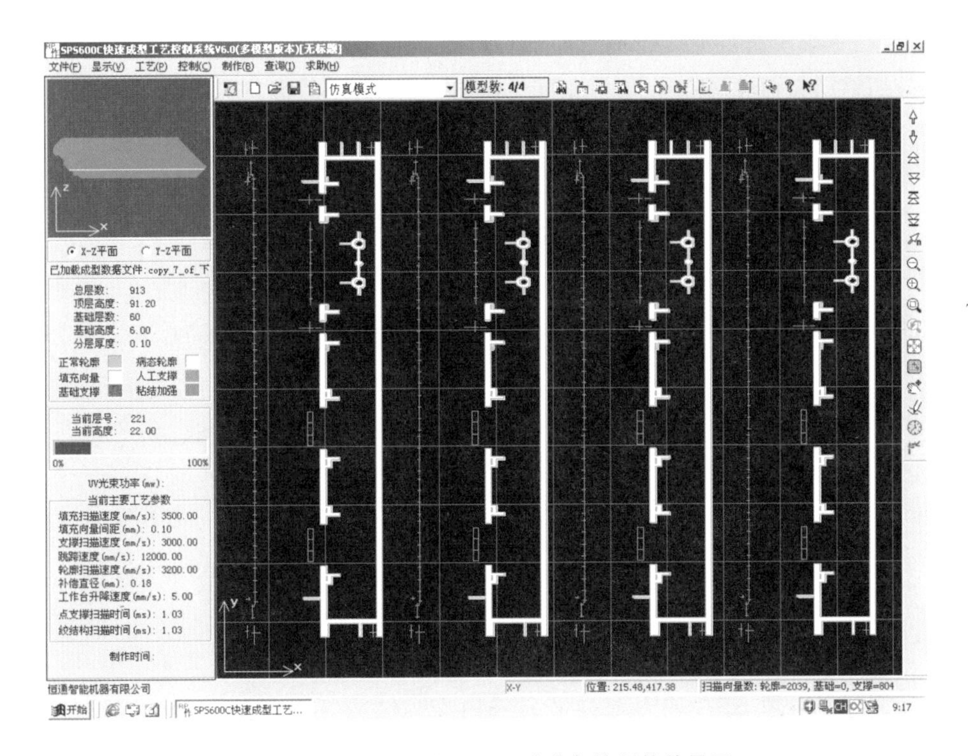

图 4-56　SPS600 型 SLA 制造装备控制软件界面

4.3.2.3　SLS 工艺及制造装备

SLS 工艺最早是由美国得克萨斯大学奥斯汀分校 C. R. Dechard 于 1989 年在其硕士论文中提出的，随后 C. R. Dechard 创立了 DTM 公司并于 1992 年发布了基于 SLS 技术的工业级商用 3D 打印机 Sinterstation。

得克萨斯大学奥斯汀分校和 DTM 公司在 SLS 工艺领域进行了大量的研究工作，在设备研制和工艺、材料开发方面都取得了丰硕的成果。德国的 EOS 公司针对 SLS 工艺也进行了大量的研究工作，并且已开发出一系列的工业级 SLS 快速成形设备。

在国内也有许多单位开展了对 SLS 工艺的研究，如南京航空航天大学、中北大学、华中科技大学、武汉滨湖机电技术产业有限公司、北京隆源自动成型系统有限公司、湖南华曙高科技股份有限公司等。

SLS 工艺使用的是粉末状材料，激光器在计算机的操控下对粉末进行扫描照射，实现材料的烧结黏合，材料层层堆积而实现成形。图 4-57 所示为 SLS 成形原理:采用压辊将一层粉末平铺到已成形工件的上表面,数控系统操控激光束按照该层截面轮廓在粉层上进行扫描照射,使粉末的温度升至熔化点,从而进行烧结。

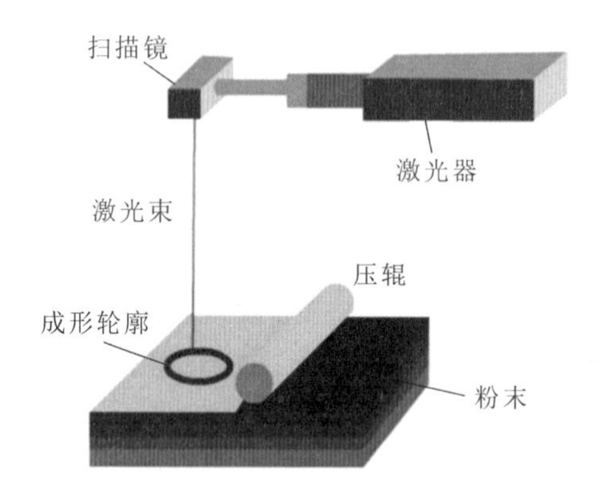

图 4-57 SLS **成形原理**

在成形的过程中,未经烧结的粉末对模型的空腔和悬臂起支撑作用,因此 SLS 成形时不像 SLA 成形那样需要采用支撑结构。SLS 工艺使用的材料与 SLA 相比更丰富一些,主要有石蜡、聚碳酸酯、尼龙、陶瓷,甚至还可以是金属。

SLS 工艺的优点是其支持多种材料,成形时不需要支撑结构,而且材料利用率较高。但 SLS 制造装备的价格和材料昂贵,烧结前材料需要预热,烧结过程中材料会挥发出异味,制造装备对工作环境要求相对苛刻。

4.3.2.4 SLM 工艺及制造装备

SLM 技术由德国弗劳恩霍夫激光技术研究所(Fraunhofer ILT)于 1995 年首次提出。图 4-58 所示为 SLM 成形原理。SLM 与 SLS 原理类似,仅在工艺实施上略有不同。当一层截面烧结完后工作台将下降一个层厚,这时压辊又会均匀地在工作台上铺上一层粉末并开始新一层截面的烧结,并与下面已成形的部分黏合。如此反复操作,直至工件完全成形。当工件完全成形并冷却后,工作台将上升至原来的高度,此时需要把工件取出,使用刷子或压缩空气把模型表层的粉末去掉。

SLM 是一种净成形技术,可以实现复杂精密构件整体成形,使复杂构件“功能优先”设计成为可能。SLM 成形件性能优于铸件,部分材料的 SLM 成形件性能优于锻件。

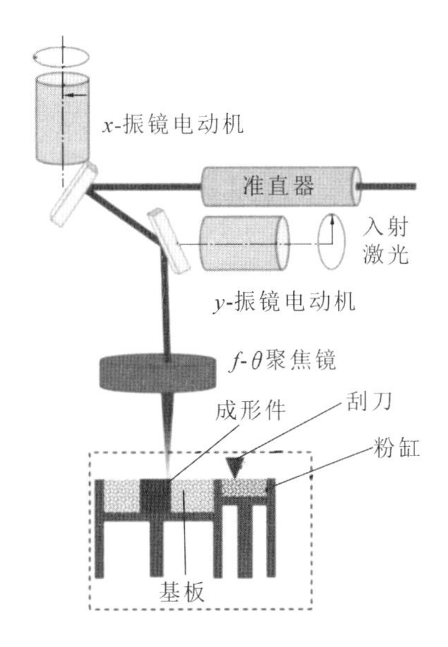

图 4-58　SLM 成形原理

山东创瑞激光科技有限公司(简称山东创瑞)联合哈尔滨工程大学研究和改进 SLM 技术,基于 SLM 技术开发了金属粉腔核屏蔽材料与结构制造技术,利用该技术开发的金属空心球复合材料粉腔屏蔽结构产品如图 4-59(a)所示。该项技术可用于核动力舰船和核电装备射线的屏蔽。同时,山东创瑞还研发了多激光 SLM 系列化制造装备(如单激光、双激光、三激光、四激光、六激光 SLM 制造装备,其中双激光、六激光 SLM 制造装备见图 4-59(b)),其可以快速成形各类中大型复杂结构件。

4.3.2.5　FDM 工艺及制造装备

1. FDM 成形原理

FDM 是继 LOM 和 SLA 技术之后发展起来的一种 3D 打印技术。该技术由 Scott Crump 于 1988 年发明,1992 年 Stratasys 公司推出了世界上第一台基于 FDM 技术的 3D 打印机——“3D 造型者”(3D Modeler),这也标志着 FDM 技术步入商用阶段。

国内的清华大学、北京大学、北京殷华激光快速成形与模具技术有限公司、中科院广州电子技术有限公司都是较早引进 FDM 技术并进行该项技术研究的科研单位。FDM 工艺不需要激光系统的支持,所用的成形材料价格也相对低

(a) 金属空心球复合材料粉腔屏蔽结构产品

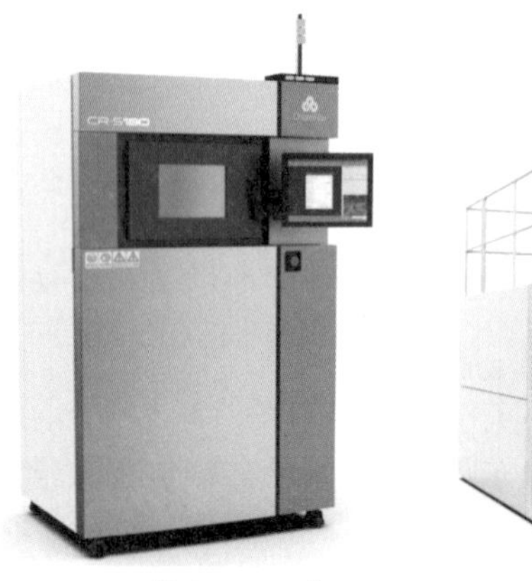

(b) 双激光SLM设备

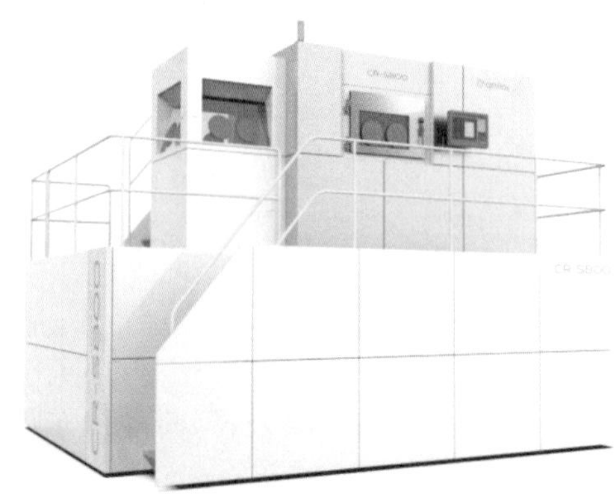

(c) 六激光SLM制造装备

图 4-59　SLM 制造装备与产品

廉,总体性价比高,因此 FDM 工艺也是众多开源桌面级增材制造装备主要采用的技术方案。

FDM 成形采用丝状塑料作为材料,通过加热喷头挤出丝材,使其熔化并形成实体模型。

在 FDM 成形过程中,由驱动齿轮将一定直径的热塑性线材送入高温喷嘴,喷嘴将熔融线材挤出,沉积在工作台(OXY 平面)上方。在每一层的熔融线材固化后,打印头沿 Z 轴向上移动或工作平台沿 Z 轴向下移动,如果热熔性材料的温度始终稍高于固化温度,而成形部分的温度稍低于固化温度,就能保证热熔性材料被挤出后会立即与前一层黏结在一起。一个层面沉积完成后,工作台按预定的增量下降,再继续熔喷沉积,直至完成整个实体造型。

图 4-60(a)～(d)分别为 FDM 成形原理和制造装备。FDM 成形的具体过程是:将实芯丝材原材料缠绕在供料辊上,由电动机驱动辊子旋转,辊子和丝材

之间的摩擦力使丝材向喷头的出口方向前进。在供料辊与喷头之间有一个导向套，导向套采用低摩擦材料制成，以便丝材能顺利、准确地被供料辊送到喷头的内腔（一般最大送料速度为 10～25 mm/s，推荐速度为 5～18 mm/s）。喷头的前端有电阻丝式加热器，在其加热下，丝材被加热熔融（熔模铸造蜡丝的熔融温度为 74 ℃，机加工蜡丝的熔融温度为 96 ℃，聚烯烃树脂丝的熔融温度为 106 ℃，聚酰胺丝的熔融温度为 155 ℃，ABS 塑料丝的熔融温度为 270 ℃），然后通过出口（内径为 0.25～1.32 mm，随材料的种类和送料速度而定）涂覆至工作台上，并在冷却后形成界面轮廓。受结构的限制，加热器的功率不可能太大，因此，丝材一般为熔点不太高的热塑性塑料或蜡。丝材熔融沉积的层厚随喷头的运动速度（最高速度为 380 mm/s）而变化，通常最大层厚为 0.15～0.25 mm。

采用 FDM 工艺制作具有悬空结构的工件原型时需要有支撑结构的支持，为了节省材料成本和提高成形的效率，新型的 FDM 制造装备会采用双喷头设计，一个喷头负责挤出成形材料，另外一个喷头负责挤出支撑材料，如图 4-60(d)所示。一般来说，成形材料丝精细而且成本较高，沉积的效率也较低。而支撑材料丝较粗且成本较低，沉积的效率也较高。采用双喷头设计的优点，除了沉积过程中具有较高的沉积效率和可降低模型制作成本以外，还包括可以灵活地选择具有特殊性能的支撑材料（如水溶性材料、低于模型材料熔点的热熔性材料等），以便于后处理过程中支撑结构的去除。

2. FDM 工艺的特点

FDM 制造装备具有结构简单、价格便宜等优点，适合于普通家庭使用。FDM 采用的丝材一般有 ABS、PLA（聚乳酸）、尼龙等，亦可采用复合材料，如低熔点合金等。不过，FDM 工艺在成形悬臂结构时需要支撑，导致制作时间较长，同时后期需要去掉支撑结构。由于丝材较粗，成形表面具有明显的条纹，因此成形精度稍低。

1）优点

（1）系统构造原理和操作简单，维护成本低，系统运行安全。

（2）可以使用无毒的原材料，设备可在办公环境中安装使用。

（3）用蜡成形的零件原型，可以直接用于失蜡铸造。

（4）可以成形任意复杂形状零件，常用于成形具有很复杂的内腔、孔等的零件。

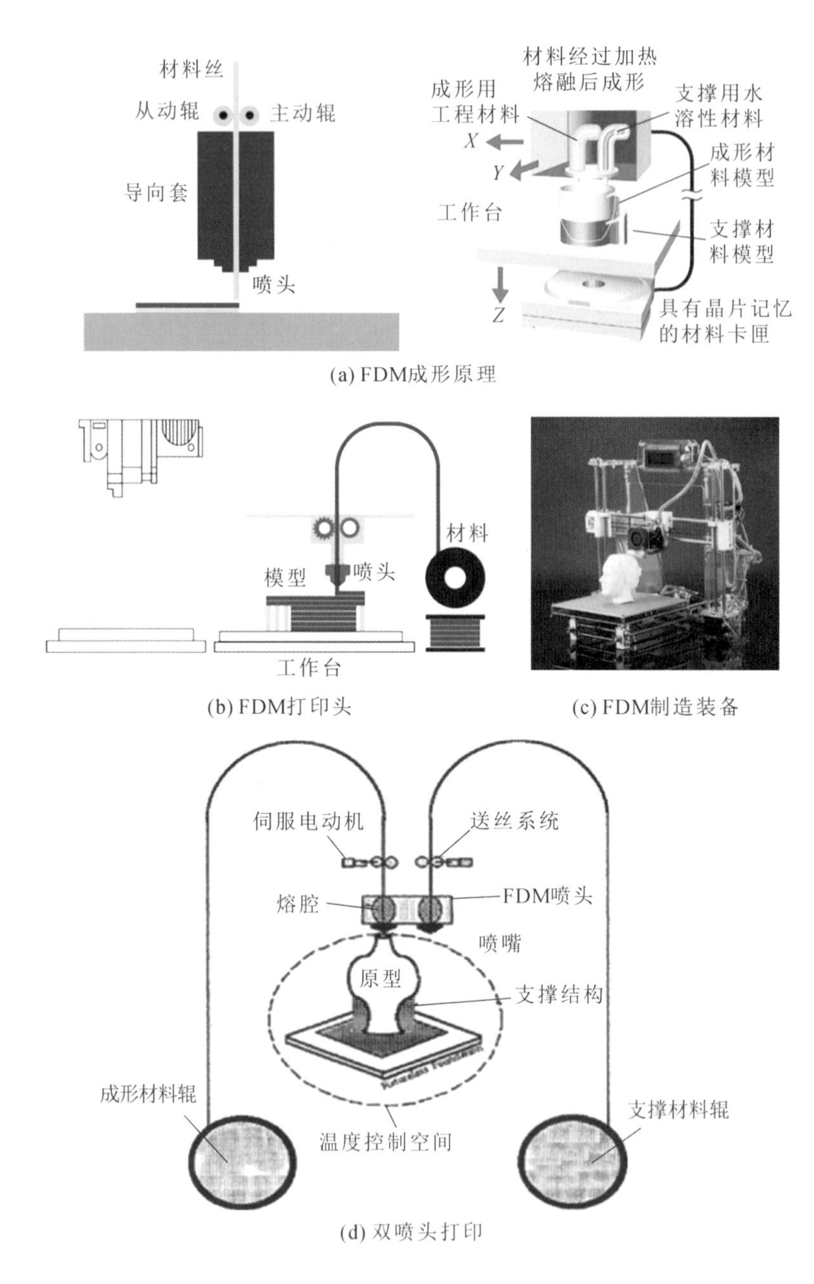

(a) FDM成形原理

(b) FDM打印头

(c) FDM制造装备

(d) 双喷头打印

图 4-60　FDM 成形原理及制造装备

(5) 原材料在成形过程中无化学变化，成形件的翘曲变形小。

(6) 原材料利用率高，且材料寿命长。

(7) 支撑结构去除简单,无须进行化学清洗,分离容易。

2) 缺点

(1) 成形件的表面有较明显的条纹。

(2) 沿垂直于成形轴方向的强度比较低。

(3) 需要设计与制作支撑结构。

(4) 需要对整个截面进行扫描涂覆,成形时间较长。

(5) 原材料价格昂贵。

3. FDM 成形过程影响因素分析

由于 FDM 制造装备操作简便、成本低,FDM 技术已经在小型公司甚至私人用户范围内得到广泛使用。然而,由于打印分辨率、线材均匀性、表面粗糙度、分层结构以及层间附着力等方面原因,在 FDM 成形过程中成形件容易出现结构缺陷,从而造成最终成形件的机械强度降低。通过调整工艺参数以及优化线材的生产工艺,可以在一定程度上减小 FDM 成形过程中产生的负面效应。

FMD 成形过程会受到材料性能、喷头和成形室温度、挤出速度、填充速度与挤出速度的交互、分层厚度的影响。

1) 材料性能的影响

由于 FDM 成形过程具有方向性,成形件的力学性能通常表现出各向异性。FDM 成形需要预先制备成形用线材,而且线材必须具有精确、均匀的直径尺寸和较低的熔体黏度,以保证稳定的流动性;同时,成形用线材还需要具备一定的强度和模量,从而使得成形件结构能够自我支撑。因此,FDM 原材料的力学性能和流变性能要达到一定的平衡。制备复合材料线材时,可以通过加入添加剂(如增容剂和增塑剂)来调节流变性能,减小材料与挤出机之间的机械摩擦或者改善各组分的均质性和黏结性。

2) 喷头温度和成形室温度的影响

FDM 的关键部件是热熔喷头,其温度对成形件质量影响较大。喷头温度过低丝材不易熔化,温度过高则丝材难以保持一定形态,因此合理控制喷头温度至关重要。需要综合考虑材料特性,如熔融温度、黏度和收缩率等来确定喷头温度。为了最大限度地减小导致层间附着力降低的热收缩效应,FDM 制造装备可通过改变工作台温度来控制熔融层的冷却速率。此外,还可以通过简化改装 FDM 制造装备来避免因线材软化而造成的喷嘴堵塞现象。

3）挤出速度的影响

挤出速度是指喷头内熔融态的丝材被喷嘴挤出的速度。单位时间内挤出丝材体积与挤出速度成正比。在与填充速度合理匹配的范围内，随着挤出速度增大，挤出丝材堆积形成的截面宽度逐渐增加，当挤出速度增大到一定值时，挤出丝材将黏附于喷嘴外圆锥面，使喷嘴不能正常加工。

4）填充速度与挤出速度交互的影响

填充速度应与挤出速度相匹配。填充速度比挤出速度快，则材料填充不足，易出现断丝现象，难以成形；相反，填充速度比挤出速度慢，则材料堆积在喷头上，将使成形面材料分布不均匀，表面出现疙瘩，影响成形件质量。因此，填充速度 v_t 与挤出速度 v_j 应在一个合理的比值范围内匹配。二者应满足下式：

$$v_j/v_t \in [a_1, a_2] \tag{4-12}$$

式中：a_1——成形时出现断丝现象的临界值；

a_2——出现黏附现象的临界值。

5）分层厚度的影响

分层厚度是指在成形过程中每层切片截面的厚度。由于每层有一定厚度，成形件表面会产生台阶现象，这将直接影响成形件的尺寸误差和表面粗糙度。对 FDM 工艺而言，完全消除台阶现象是不可能的。一般来说，分层厚度越小，实体表面产生的台阶越小，表面质量也越高，但所需的分层处理和成形时间会越长，加工效率越低；反之，分层厚度越大，实体表面产生的台阶也就越大，表面质量越差，不过加工效率则越高。为了提高成形精度，可在实体成形后进行打磨、抛光等后处理。

6）成形时间的影响

每一层的成形时间与填充速度、该层的面积大小及形状的复杂程度有关。若成形的面积小、形状简单、填充速度快，成形时间就短，反之，则成形时间就长。在加工时，控制好喷嘴的工作温度和每层的成形时间，才能获得精度较高的成形件。在加工一些截面很小的实体时，由于一层的成形时间太短，前一层还来不及固化，下一层的成形就已经开始，易引起坍塌和拉丝现象。为消除这两种现象，除了采用较小的填充速度、增加成形时间外，还应在当前成形面上吹冷风强制冷却，以加速材料固化速度，保证成形件的几何稳定性。而当成形的面积很大时，应选择较大的填充速度，以缩短成形时间。这样做也能提高成形效率,同时还可减小成形件的开裂倾向。当成形时间太长时,前一层截面已完全冷却凝固,后一层才开始堆积,将会导致层间黏结不牢固。

4.3.2.6 LMD工艺及制造装备

1. LMD成形原理

LMD工艺使用激光束作为高温热源将基材表面熔化产生熔池,通过送粉/送丝设备将金属粉末/丝材同步送入熔池,粉末/丝材经过快速熔化冷却后凝固并与基体材料形成冶金结合,激光沉积头在计算机控制下按照预先规划好的路径移动,并通过逐层堆积的方式实现零部件实体制造。整个过程通常需要在氮气或氩气等惰性气体氛围中进行,所采用的气体依据沉积材质的不同而有所不同。

LMD制造装备主要由激光沉积系统、运动控制系统和防护监测系统组成。激光沉积系统是整个LMD制造装备的核心,主要由激光器、送粉/送丝设备、冷却器、沉积头和工作台组成,用于输送并熔化沉积材料;运动控制系统主要由数控制造装备/机械手、程序控制器及CAM编程软件组成,用于实现沉积头/工作台的空间定位移动,对不同形状的构件进行制造;防护监测系统主要由安全外壳、气体室、在线监测设备及配套软件组成,用于保障加工安全,监测整个成形过程,保证加工精度。图4-61所示为典型LMD制造装备的组成。

LMD制造装备通常采用直径为45~150 μm的球形金属粉末或直径为0.8~3 mm的金属丝作为成形材料,目前应用较为广泛的合金材料有以Ti-6Al-4V(TC4)为代表的钛合金、以AlSi10Mg为代表的铝合金、以316L为代表的不锈钢、以300M为代表的高强钢、以H13为代表的模具钢、以Inconel 718(GH4169)为代表的镍基高温合金,以及铜合金、钨合金等。

2. LMD工艺的特点

(1) 不需要模具,成形尺寸不受限制,可实现大尺寸零件直接成形;

(2) 灵活性高,不需要支撑就可加工复杂零件;

(3) 可用于受损零件直接修复、多梯度零件制造;

(4) 加工周期短,材料利用率高,后期加工少;

(5) 成形件的室温综合力学性能优异,热处理后的零件力学性能可达锻件水平。

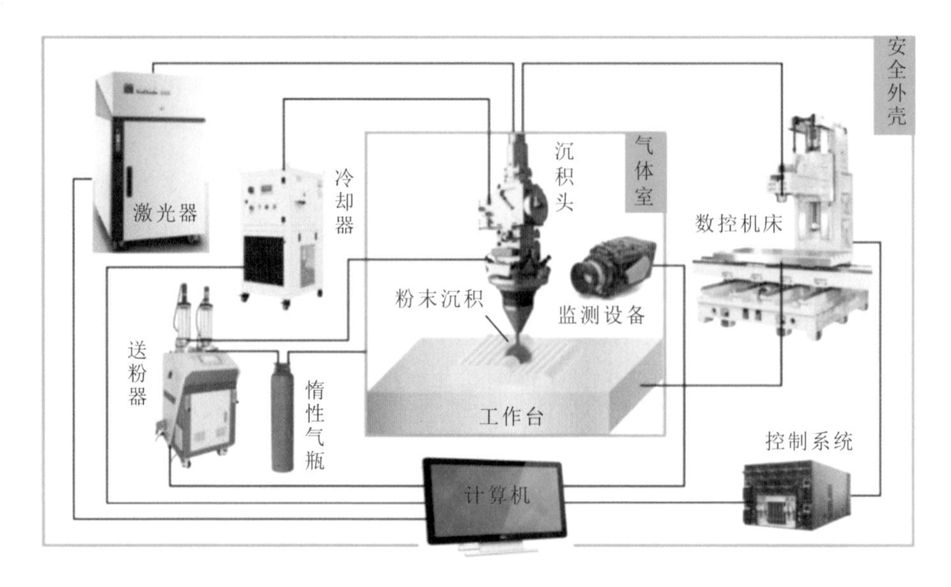

图 4-61　典型 LMD 制造装备的组成

4.3.3　增材制造技术应用与发展趋势

1. SLA 技术应用与发展

SLA 由于其所具有的工艺优势，已被广泛应用于航空航天、汽车、电器、消费品以及医疗等领域。在航空航天领域，航空航天零件往往运行在有限空间内的复杂系统中，利用 SLA 工艺可在最短的时间内、以最低的成本成形出零件，用于装配干涉检查和可制造性讨论评估，以便确定最佳的制造工艺。

另外，SLA 技术还可以与逆向工程、快速制模技术相结合，用于汽车车身设计、前后保险杠总成试制、内饰门板等结构/功能样件试制、赛车零件制作等。该技术也会给汽车维修技术发展、维修方法和汽车备件库存带来有利影响。SLA 技术已成为产品快速制造的强有力手段。目前，该技术正朝着高速、高精度、高可靠性以及智能化方向发展。

SLA 工艺成形效率高，系统运行相对稳定，成形件表面光滑，精度也有保证，适合制作结构异常复杂的模型，能够直接制作面向熔模精密铸造的中间模。尽管 SLA 工艺的成形精度高，但成形尺寸受到较大的限制，不适合制作体积庞大的工件。由于成形过程中伴随的物理变化和化学变化可能会导致工件变形，因此成形件需要有支撑结构。

目前,SLA工艺所支持的材料还相当有限且价格昂贵,而液态的光敏树脂具有一定的毒性和气味,同时需要避光保存以防提前发生聚合反应。SLA成形件硬度很低而且相对脆弱,使用SLA成形的模型还需要进行二次固化,后期处理相对复杂。

2. FDM技术应用与发展

FDM技术已被广泛应用于汽车、机械、航空航天、家电、通信、电子、建筑、医学、玩具等领域产品的设计开发过程,如用于产品外观评估、方案选择、装配检查、功能测试、用户看样订货、塑料件开模前校验设计以及少量产品制造等。用传统方法须几个星期、几个月才能制成的复杂产品原型,用FDM工艺无须任何刀具和模具,瞬间便可完成。

1) FDM在汽车行业的应用

日本丰田汽车公司采用FDM工艺制作了右侧镜支架和四个门把手的母模。通过FDM技术快速成形模具而非传统的数控加工制模,使得2000 Avalon车型的制造成本显著降低。其中右侧镜支架模具成本降低20万美元,四个门把手模具成本降低30万美元。

美国福特汽车公司常年需要部件的衬板,在运输部件的过程中,采用衬板可以起到支撑、缓冲和防护作用。衬板的前表面需要根据部件的几何形状设计,故福特汽车公司一年要采用一系列不同的衬板。采用FDM工艺后,福特汽车公司大大缩短了运输部件用衬板的制作周期,并显著降低了其制作成本。

韩国现代汽车公司采用了美国Stratasys公司的FDM快速原型系统,用于检验设计、空气动力评估和部件功能测试。图4-62(a)所示为采用该系统制作的汽车仪表盘。该系统在起亚的Spectra车型设计上得到了成功的应用,在1382 mm的长度上最大误差只有0.75 mm,完美地满足了设计要求。

2) FDM在儿童玩具产业的应用

从事模型制造的美国Rapid Models & Prototypes公司采用FDM工艺制作的玩具水枪模型如图4-62(b)所示。借助FDM工艺制作该玩具水枪模型,通过将多个零件一体化制作,减少了部件数量,省去了焊接与螺纹连接等组装环节,显著提高了模型制作的效率。

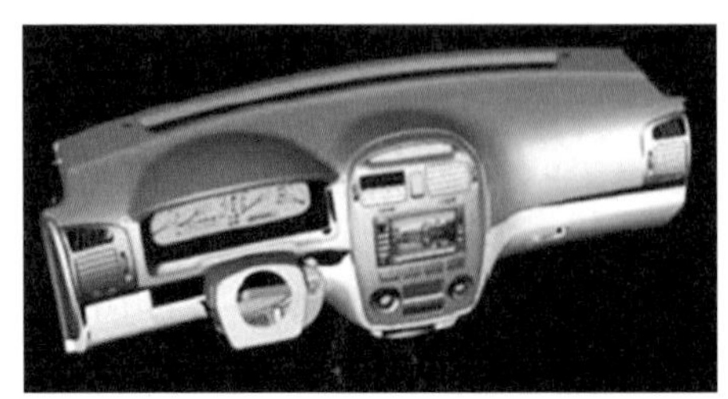

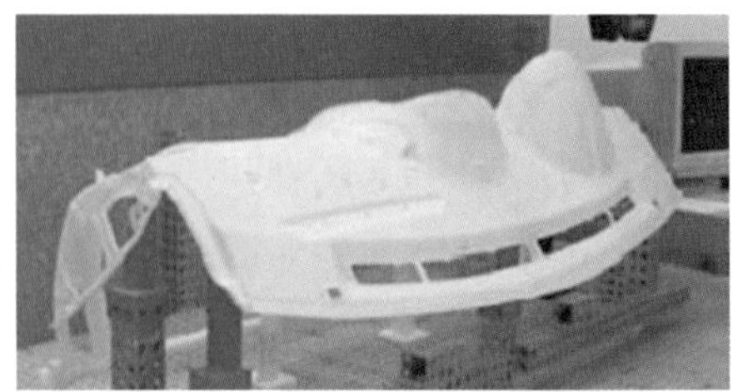

(a)汽车仪表盘

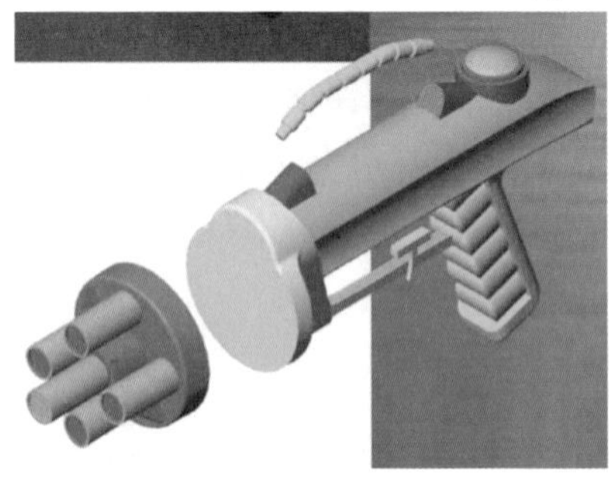

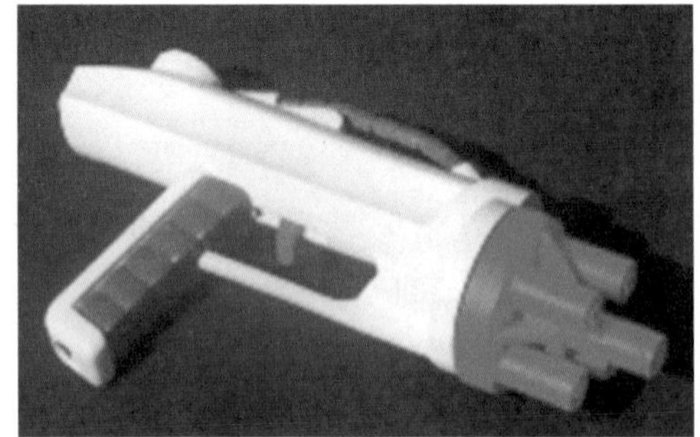

(b)玩具水枪模型

图 4-62　FDM 增材制造应用案例

3）FDM 在体育健身器材行业的应用

日本 Mizuno 是世界上最大的综合性体育用品制造公司。1997 年 1 月，Mizuno 公司开发了一套新的高尔夫球杆，高尔夫球头采用 FDM 工艺制作，这样就可以迅速地得到反馈意见并进行修改，大大加快了造型阶段的设计验证，一旦设计定型，制造出的 ABS 原型就可以作为加工基准用于在数控制造装备上进行钢制母模的加工。新的高尔夫球杆开发在 7 个月内就全部完成，而以往通常需要 13 个月的时间，开发时间缩短了约 46%。

3. LMD 技术的应用与发展

LMD 主要针对大型金属构件直接制造，解决难加工材料成形问题，以降低制造成本，缩短生产周期。早在 2000 年，美国国防部高级研究计划局和海军研究所就基于其主导的“钛合金柔性制造技术”项目，利用 LMD 工艺制造了战斗机 F/A-18E/F 机翼翼根吊环和降落连杆，相较于采用传统制造工艺时，零件的性能有一定提升，同时成本减少了 20%，周期缩短了 75%。英国 GKN 航空航天公司将 LMD 技术用于火箭喷嘴结构加固及关键连接部件成形，使用了超过

50 kg的镍基超高温合金，火箭喷嘴零件数量减少90%，成本降低40%，生产时间缩短30%。美国国家航空航天局(NASA)将开发的送丝LMD技术用于火箭喷嘴部件制造，成品如图4-63(a)所示。美国RPM Innovations公司采用LMD技术一体化成形弯管零件，四个弯折处的角度都达到了90°，如图4-63(b)所示。德国DMG MORI公司利用LMD工艺制造了多个316L不锈钢零件，如图4-63(c)所示。西北工业大学采用LMD技术为国内首架自研的C919大型客机制造了钛合金中央翼缘条，尺寸长达3070 mm，如图4-63(d)所示。北京航空航天大学利用LMD技术制造了钛合金飞机主承力构件加强框等多种大型钛合金部件，如图4-63(e)所示。南京中科煜宸激光技术有限公司采用自主研发的LMD制造装备成功沉积成形发动机叶片，如图4-64(f)所示。

(a) 火箭喷嘴部件

(b) 弯管零件

(c) 不锈钢零件

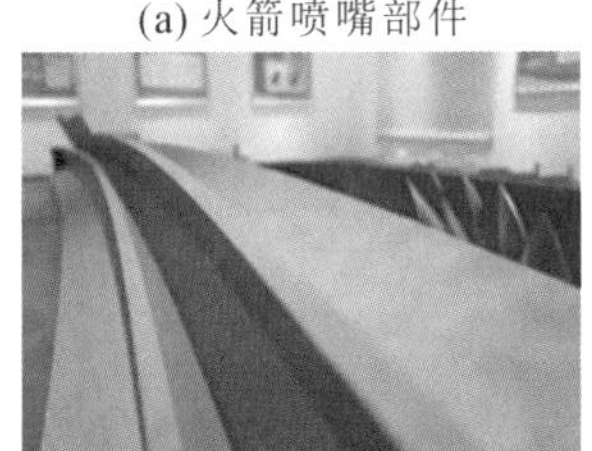
(d) 客机中央翼缘条

(e) 飞机主承力构件加强框

(f) 发动机叶片

图4-63　LMD成形零件

采用LMD技术，通过在现有零件表面熔覆不同材料，还可提高零件的防腐、耐磨、耐高温等性能。美国DM3D公司在铜基上沉积工具钢制造汽车部件模具，使得模具在注塑过程既保持了强度和耐磨性，又提高了冷却速率。德国TRUMPF公司采用LMD技术在铝压铸件表面添加铝合金结构，以提高零件整体性能，如图4-64(a)所示。法国BeAM公司采用LMD技术在304不锈钢零件表面添加了网状结构的Inconel 625镍基高温合金材料，如图4-64(b)所示。北京工业大学与中国铁道科学研究院、特冶(北京)科技发展有限公司合作，在U75V和U20Mn贝氏体钢轨上沉积高性能材料，以提高新型辙叉的抗冲击、耐滚动接触疲劳性能，如图 4-64(c)所示。

在修复再制造方面，LMD 技术提供了一种可靠的修复、重建零件受损区域的方法，大大降低了更换相应零件的成本。图 4-64(d)为美国 Optomec 公司采用基于 LMD 的激光近净成形(LENS)技术修理磨损的齿轮轴承。图 4-64(e)所示为美国罗切斯特理工学院(RIT)采用 LMD 技术修复的受损齿轮。图 4-64(f)所示为西北工业大学采用基于 LMD 的激光立体成形(LSF)技术修复的某型号发动机高压一级涡轮叶片。

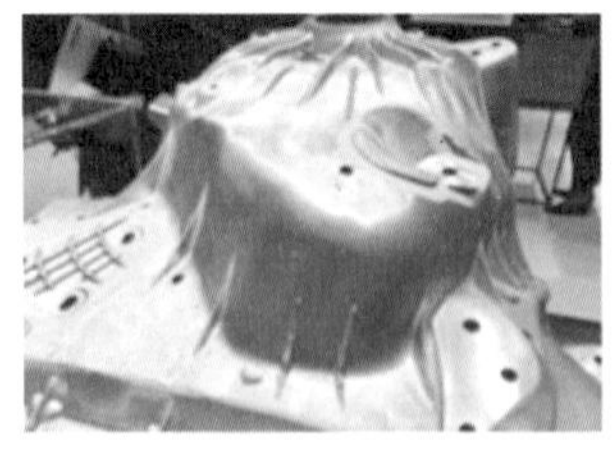

(a)铸件表面添加铝合金结构

(b)零件表面添加网状结构

(c)沉积高性能材料的新型辙叉

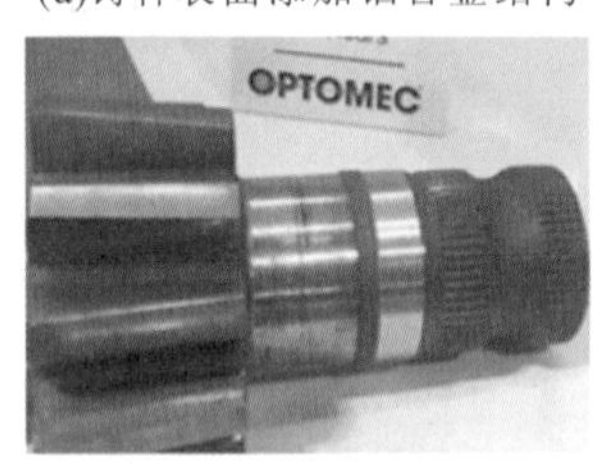

(d)磨损轴承修复

(e)受损齿轮修复

(f)发动机涡轮叶片修复

图 4-64　LMD 技术在结构添加及修复方面的应用

4. 增材制造装备技术的发展趋势

1) 新型激光沉积技术发展

新技术的开发有助于推动设备更新换代，更好地满足市场需求。美国 Formally 3D 打印公司率先将 450 nm 蓝光激光器(由 NUBURU 公司研发)应用到增材制造，金属材料对 45 mm 波长激光的吸收效果比对红外激光器激光的吸收效果高 3～20 倍，材料成形效率、精度、质量有很大的提高。德国弗劳恩霍夫激光技术研究所开发了送丝激光金属沉积(LMD-W)技术，该技术采用横向送丝方式，材料利用率可达到 100%。英国 GKN 航空航天公司和美国能源部橡树岭国家实验室(ORNL)也在进行相应研究，并计划将该技术用于制造大尺寸、高质量的飞机零部件。德国 Precitec 公司研制的 CoaxPrinter 金属沉积头，采用激光同轴送丝工艺,具有极高的沉积效率,如图4-65(a)所示。美国AddiTec公司发明的专利激光光内金属沉积线材/粉材(LMD-WP)工艺技术,开创性地将送粉和送丝技术结合,在单独进给粉末或丝材的同时,还可实现丝粉同时进给,图4-65(b)所示为采用该技术的μPrinter金属沉积头。苏州大学开发的中空环形激光光内送粉工艺,利用圆环-圆锥双反射镜对入射激光束进行分割与聚焦,形成环形光斑,送粉喷嘴被包裹在环形激光束内,避免了粉末分流,大大提高了粉末利用率。

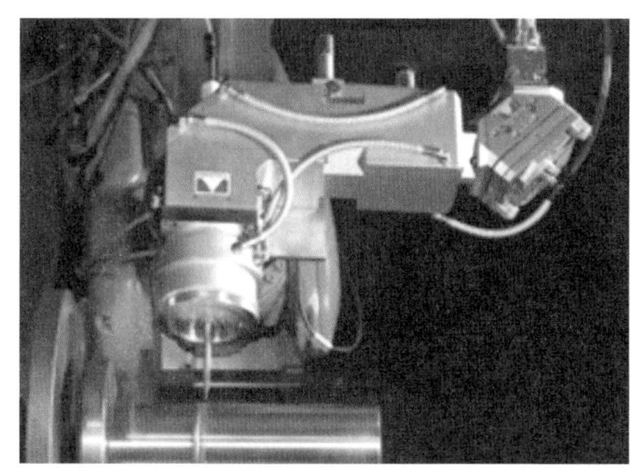

(a) CoaxPrinter金属沉积头

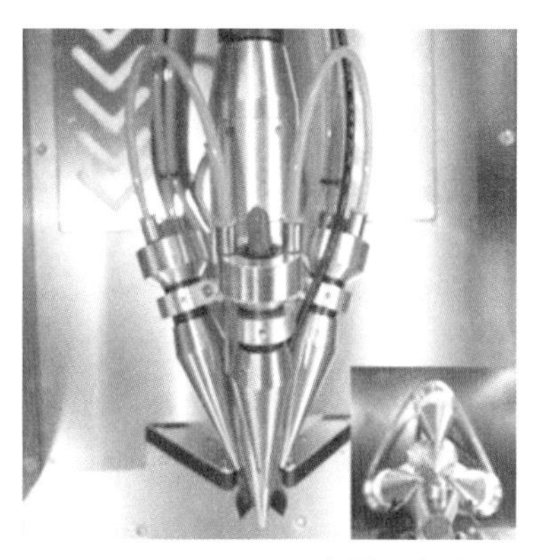

(b) μPrinter金属沉积头

图4-65　增材制造装备金属沉积头结构外形

2) 新型激光增材制造工艺的开发及应用

2022年,德国弗劳恩霍夫激光技术研究所的工程师宣布开发出一种新的光学系统,该系统通过使用玻璃基板和弧焊炬,将金属保护气体(MSG)焊接与使用环形光束的激光堆焊技术结合在一起,创造出一种全新的制造工艺——"COLLAR Hybrid"。这种工艺能够提升金属增材制造的焊接速度和沉积速度,它结合了线材电弧增材制造(wire arc additive manufacturing,WAAM)和金属丝激光沉积(wire-based laser metal deposition,WLMD)两种增材制造工艺。研究表明,采用这种基于WAAM和WLMD的混合增材制造新工艺,材料沉积效率最高可提高150%,沉积速度比采用单电弧技术时高一倍,零件表面质量也显著改善,所需要的后处理工作也大大减少,同时该工艺也可用于制造大型零件。

采用混合增材制造及多材料复合增材制造技术来改善性能,是增材制造技术发展的一个主要方向。

在WAAM技术的研究方面，哈尔滨工业大学和山东创瑞等也取得了长足的进展，其将WAAM技术用于大型结构件焊接与熔覆，实现了工件的连接、表面改性与再制造修复。图4-66所示为WAAM工艺原理。

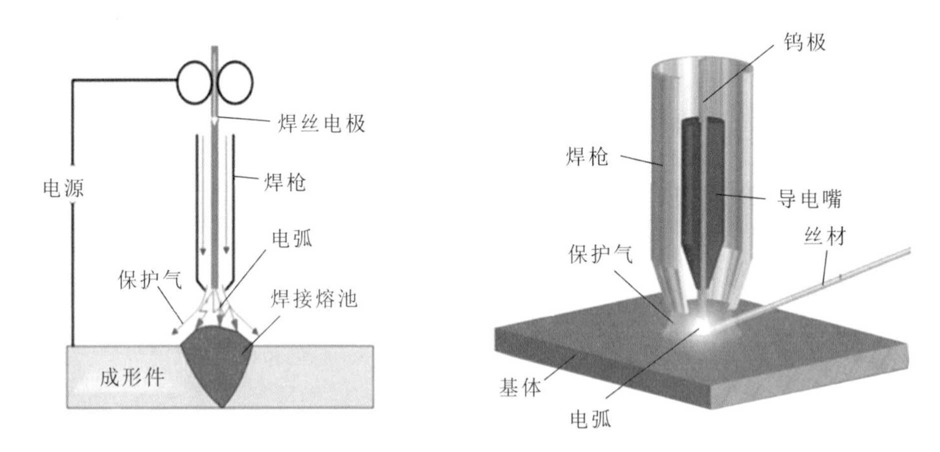

图4-66　WAAM工艺原理

3）增材制造材料的多样化、通用化发展和多材料混合增材制造

目前增材制造材料较为单一，主要为丝材和粉材，未来可考虑多材料增材制造，满足用户需求，其中彩色打印也是一个趋势。此外，相应的行业标准也应制定，以使增材制造的原材料和装备具有通用性。

梯度功能多材料混合增材制造是当前增材制造发展前沿研究方向，它不仅涉及梯度功能多材料配方，而且涉及多材料铺粉的核心技术理论和实现方法。图4-67为某公司生产的高通量多粉混合金属增材制造装备及配套件。

4）增材制造装备的便携化、智能化发展

随着机械零件朝轻量化和集成化方向发展，未来将会出现适合轻量化、集成化金属零件增材制造的装备，即便携式金属增材制造装备。这种装备将成为今后人们生产和工作中的实用工具，颠覆传统制造方式。增材制造的智能化，将使得增材制造装备可与人结合，模拟专家的思维，实现对增材制造工艺的实时动态调控。

5）增材制造应用领域不断扩大

如今增材制造技术的发展，尤其能够较好地满足复杂精密器件定制化制

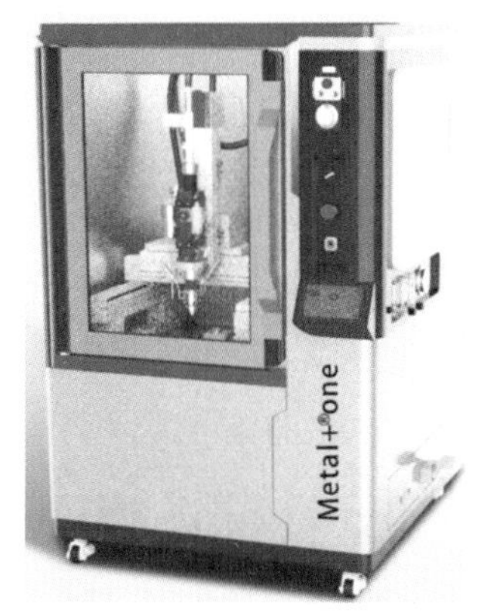

(a) 增材制造装备

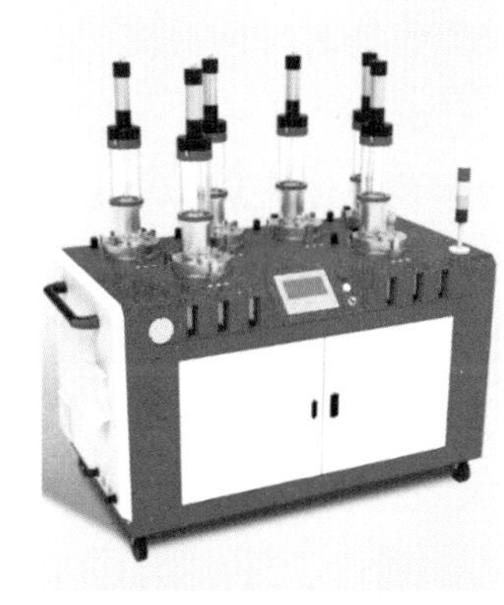
(b) 多桶送粉器

(c) 激光熔覆头

图 4-67　高通量多粉混合金属增材制造装备及配套件

造、微器件的制造需求。微纳传统制造工艺在光学、医疗、电子等领域中用于制造如微接插件、内窥镜用微镜片等高度复杂、微细、精密的小器件时面临诸多挑战。这些器件都需要高端精密制造工艺来创造精确的表面面型和复杂的内部结构,成本高昂。而今先进的微纳增材制造技术恰恰能逾越这些障碍,使复杂部件的定制化更加容易,生产速度也更快。这也响应了精密制造在其他领域逐步增长的需求。

同时,增材制造智能制造装备也在向大型化方向发展,如航空航天大型结构器件、房屋建造与建筑大型结构件等极端尺寸工件增材制造装备的开发研制,也是增材制造装备的一个发展方向。

总之,满足微纳尺度及极大尺寸工件制造需求的极端增材智能制造装备开发是一个发展趋势。

6）用于太空的增材制造技术的发展

增材制造可应用在航天领域,实现太空环境下的零件打印,这对空间站的应急与运维具有重大意义。在太空中,采用增材制造技术直接制造零件且现场进行材料或零件的更换,将大大降低维修成本。但是由于太空环境的复杂性,如何实现增材制造装备的稳定运行也是目前的一大难题。

7）4D 打印

4D 打印在传统 3D 打印的基础上增加了一个时间轴变量,能够打印更加复杂的自主变形结构。2015 年 1 月，在美国国际消费电子展(CES)上，Tibbits 打印出一件镂空的连衣裙，它能根据用户体型自行改变大小，解决了衣服不合身的问题。Tibbits 还打印出了世界上第一双 4D 鞋，这种鞋可以根据人脚的形状和大小自我调节，富有弹性的材料可以让制鞋的成本缩减到最低。

增材制造技术在国内外都受到了广泛关注，大量的科研机构和企业对这项技术进行了研究。我国也将增材制造作为重大技术创新项目推进。同时，将增材制造与互联网、大数据以及智能机器人等技术相结合，以打造智能工厂，实现智能制造。在“中国制造”向“中国智造”的发展进程中，增材制造必将发挥重要的作用。

目前，增材制造技术在医学、航天科技、考古、建筑业等行业得到广泛应用，受到社会的广泛关注，增材制造技术也得到飞速发展。随着增材制造技术的发展，增材制造成形件制作成本不断降低，制作精度进一步提高。增材制造行业在弥补传统工业不足的同时，也带动了传统制造业的发展。增材制造技术已在市场上显示出不可阻挡的发展势头。

增材制造装备具有灵活性、轻便性、移动性，操作人员可以通过网络发出指令，在不同的地方生产产品并配送给客户，这就颠覆了传统的生产时间和地点不易改变的观念，也颠覆了传统的供应链、分销网的部署格局，有助于实现真正的云制造。

依据当前现状，能够做到快速响应和满足个性化批量定制需求的增材制造技术，今后的发展重点主要在提高增材制造装备的控形精度、极端制造装备及多材料复合增材制造以及金属材料的精密 4D 打印等方面。

4.4 智能激光制造装备

激光加工技术是 21 世纪最有发展前景的制造技术之一，在科学技术进步和社会发展中发挥了极其重要的作用，众多的高新技术成果均与激光加工技术有着密切的联系。近年来，随着大功率、高性能智能激光制造装备的不断涌现，激光焊接、切割和熔覆等技术发展迅速，并在汽车、能源、电子、航空航天等领域得到快速发展与应用。智能激光制造装备的主体构成、“刀具”运动、控制机构与其他金属切削加工智能制造装备类似，不同之处在于这里采用“光刀”——激光束进行加工。

激光束具有可以在大气中进行加工的特点，聚焦后的光斑直径只有 0.1～1 mm，既可以切割、熔覆，又可以完成精密焊接，焊接时热输入量小，接头质量好。激光加工技术符合“优质、高效、低耗、无污染”的环保绿色生产发展要求，是值得大力推广的先进制造技术。

4.4.1 激光加工原理

激光加工技术是利用激光束与物质相互作用的特性对材料(包括金属与非金属)进行切割、焊接、表面处理、打孔、微加工等的一门技术。它以聚焦的激光束作为热源轰击金属或非金属工件，将材料熔化形成小孔、切口，或实现连接、熔覆等。激光加工实质上是激光与非透明物质相互作用的过程，从微观上来说是一个量子过程，在宏观上则表现为反射、吸收、加热、熔化、气化等现象。激光加工作为先进制造技术已广泛应用于汽车、电子、电器、航空航天、冶金、机械制造等工业领域，对提高产品质量和劳动生产率、减少材料消耗，以及实现自动化、无污染生产等起到越来越重要的作用。

1. 激光产生的基本原理

激光是物质在受激辐射作用下产生的增强光。受激辐射与自发辐射有本质的区别。光的受激辐射是指高能级(E_2)的粒子，受到从外部入射的频率为 ν 的光子的诱发，辐射出一个与入射光子一模一样的光子，而跃迁回低能级的过程，如图 4-68 所示。

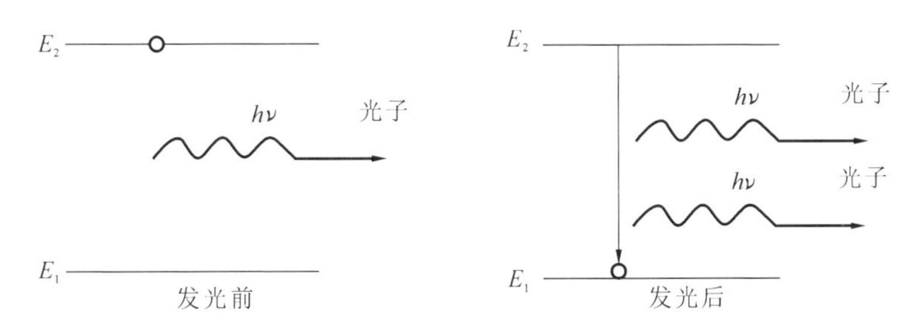

图 4-68 光的受激辐射

受激辐射光有三个特征：① 受激辐射光与入射光频率相同，即光子能量相同；② 受激辐射光与入射光相位、偏振和传播方向相同，所以两者是完全相干的;③ 受激辐射光得到了增强。

激光形成的物理过程是产生激光的工作物质受激发造成粒子数反转，使受激辐射不断增强至占主导的过程。将受激的工作物质放在两端有反射镜的光学谐振腔中，并提供外界光辐射，如氙灯或辉光放电等，则受激辐射将会持续进行，从而使激光光子不断产生。在产生的光子中，其运动方向与光腔轴线方向不一致的都从侧面逸出腔外，其功能转换为热能，没有激光输出；运动方向与光腔轴线方向一致的光子则被两面反射镜不断地往返反射，来回振荡，从而得到增强。当光能的增强量超过腔内损耗(包括散射、衍射损耗等)，即光强超出阈值时，在激光腔的输出端就会产生激光辐射——激光束。

由上述激光产生原理可知，任何类型的激光器都要满足三个基本要素：① 具备可以受激发的激光工作物质；② 工作物质能实现粒子数反转；③ 具备光学谐振腔。

2.激光的特性

激光的应用领域根据激光的特性而确定。激光除了具有普通光的反射、折射、干涉、衍射、偏振等性质外，还具有普通光所不具备的优异特性。激光有四大特性：高单色性、高相干性、高方向性和高亮度。这四个突出的特点是其他任何光源都不具备的。激光是目前相干性最好的光源，已被广泛应用到科技、军事、工业、医学、日常生活等几乎所有的领域。

1) 方向性好

激光的方向性好，亦即光线的发散度小，这是因为从谐振腔发出的只能是经反射镜多次反射后无法显著偏离谐振腔轴线的光波。由于不同激光器的工作物质类型和均匀性、光腔类型和腔长、激励方式以及激光器的工作状态不同，所产生的激光的方向性也不同。一般气体激光器由于工作物质有良好均匀性，并且腔长一般较大，因此其所产生的激光有最好的方向性，发散角可以达到 10^{-8} rad；固体激光器激光方向性相对较差，发散角一般在 10^{-2} rad 量级。当然，改进外光路系统(如加望远镜系统)，也可以改善激光的方向性。空间相干性和方向性对激光束的聚焦性能有重要影响。

2) 亮度高

激光是目前最亮的光源，只有氢弹爆炸瞬间强烈的闪光才能与它相比拟。太阳光亮度大约是 10^3 W/(sr·cm^2)，而一台大功率激光器的输出光亮度比太阳光亮度高7～14个数量级。亮度高正是能量集中的表现。尽管激光的总能量并不一定很大，但由于能量高度集中，激光很容易使某一微小点处产生高压和几万摄氏度甚至几百万摄氏度的高温，激光打孔、切割、焊接和激光外科手术就是利用了激光的这一特性。

3）单色性好

光是一种电磁波，光的颜色取决于它的波长。普通光源发出的光通常是各种波长的光，是各种颜色光的混合体。太阳光包含红、橙、黄、绿、青、蓝、紫七种颜色的可见光，以及红外光、紫外光等不可见光。而激光的波长变化范围小，谱线宽度窄，因此单色性好，为精密仪器测量和某些科学实验提供了极为有利的手段。

4）相干性好

相干性是激光区别于普通光源的重要特性。当两列振动方向相同、频率相同、相位固定的单色光波叠加后，光的强度在叠加区域不是均匀分布的，而是在一些地方有极大值，一些地方有极小值。这种在叠加区域出现的强度稳定的光的强弱分布现象称为光的干涉现象，即这两列光波具有相干性。普通光源的发光都是自发辐射，各发光中心彼此相互独立，基本上没有相位关系，因此很难有恒定的相位差，相干性很差；而激光是受激辐射占优势，加上谐振腔的作用，各发光中心是密切联系的，在较长时间内有恒定的相位差，能形成稳定的干涉条纹，所以激光的相干性好。

3.激光加工的特点

激光加工是指激光束作用于物体的表面而引起物体形状或性能改变的加工过程。激光加工是一种新型的高能束加工方法，与传统加工方法相比，激光加工有以下特点：

（1）几乎对所有的金属和非金属材料都可以进行加工，还可以加工玻璃等透明体；可以加工高硬度、高脆性及高熔点的材料。

（2）激光能聚焦成极小的光斑，可进行微细和精密加工，如微细窄缝和微型孔的加工。激光束易于导向、聚焦，极易与数控系统配合，对复杂工件进行加工。因此，激光加工是一种极为灵活的加工方法。

（3）可用反射镜将激光束送往远离激光器的隔离室或者其他地点进行加工。

(4) 加工时不需要刀具,属于非接触加工,高能量激光束的能量及其移动速度均可调,并且无机械加工变形。

(5) 不需要加工工具和特殊环境,便于进行自动控制连续加工,加工效率高,加工变形和热变形小。

(6) 与电子束加工相比,激光加工的优越性在于可以在大气中进行,不必在真空中进行,不受电磁干扰,设备相对简单,使用方便,性能良好。

4.4.2 先进激光加工技术

激光加工是以激光为能量源的一种加工手段,自 20 世纪 70 年代大功率激光器诞生以来,已出现了激光焊接、激光切割、激光打孔、激光表面处理、激光合金化、激光熔覆、激光快速原型制造、金属零件激光直接成形、激光刻槽、激光标记和激光掺杂等十几种激光加工工艺。从不同角度考虑,先进激光加工技术有多种分类方式,例如:按照激光与材料的作用机理可分为热加工和冷加工;按照材料是否增减,可分为激光增材制造、激光减材制造和激光表面工程;按加工目的,主要有激光表面处理、激光去除、激光连接、激光增材制造四大类。除此之外,还发展了许多新的技术,如激光材料制备等。以下主要介绍激光切割技术、激光焊接技术以及激光熔覆技术。

4.4.2.1 激光切割技术

1. 激光切割原理及分类

激光切割是利用经聚焦的高功率密度激光束照射工件,使被照射处的材料迅即熔化、汽化、烧蚀,并形成孔洞,同时借助与光束同轴的高速气流吹除熔融物质,随着光束和工件的相对运动,最终使工件上形成切缝,从而将工件切割开的一种热切割方法。图 4-69(a)所示为实际的激光切割场景,图 4-69(b)所示为激光头构造。

如图 4-69(c)所示,激光切割过程发生在切割终端处的一个垂直表面上,称之为烧蚀前沿。激光和气流从该处进入切口,激光能量一部分被烧蚀前沿吸收,一部分通过切口或经烧蚀前沿向切口空间反射。从切割过程的物理形式来看,激光切割大致可分为汽化切割、熔化切割、氧助熔化切割和控制断裂切割,其中以氧助熔化切割应用最为广泛。

(a) 激光切割场景

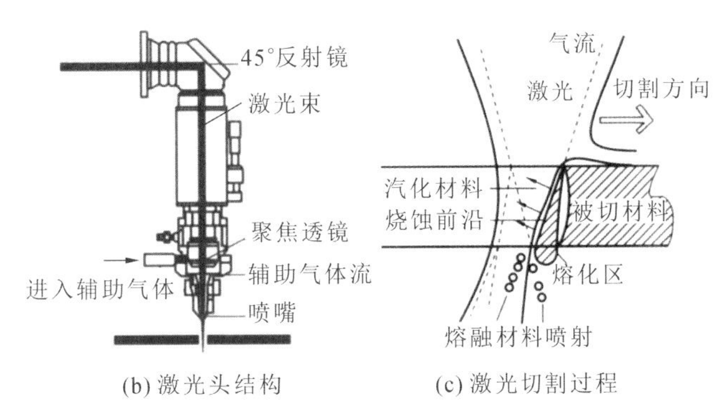

(b) 激光头结构　(c) 激光切割过程

图 4-69　激光切割

1）汽化切割

当高功率密度的激光照射到工件表面时，材料在极短的时间内被加热熔化并达到汽化点，部分材料化作蒸气逸出，部分材料以喷出物形式从割缝底部被辅助气体流驱除。用于汽化切割的激光功率密度一般为 10^8 W/cm^2 量级。汽化切割是大部分有机材料和陶瓷材料所采用的切割方式，飞秒激光切割任何材料都属于汽化切割。汽化切割的具体机理可描述如下：

(1) 照射到工件表面的激光束能量部分被反射，部分被材料吸收，反射率随着工件表面被持续加热而下降。

(2) 表面材料温度迅速升高到沸点温度，避免了热传导造成的熔化。

(3) 汽化的材料以接近声速的速度从工件表面飞快逸出，其加速力使材料内部产生应力波。当功率密度达到 10^9 W/cm^2 时，应力波在材料内的反射会导致脆性材料碎裂，同时使汽化前沿压力升高，汽化温度提高。

(4) 蒸气带走熔化质点和冲刷碎屑，使材料上形成孔洞。在汽化过程中，60%左右的材料是以熔滴形式被气流驱除的。

在汽化切割过程中，如激光功率密度过高，来自孔洞的热蒸气由于高的电子密度，会反射和吸收入射激光束。当激光功率密度超过相应材料的最佳功率密度时，蒸气将吸收和抵消掉所增加的部分功率，吸收波开始从工件表面向光束方向移开，造成汽化切割的不稳定。

对某些局部可透光束的材料，热量在材料内部被吸收，汽化前沿内部发生沸腾，材料在表面下以爆炸产物形式被去除。

2）熔化切割

利用一定功率密度的激光照射工件表面，使之熔化并形成孔洞，同时依靠与光束同轴的非活性辅助气体把孔洞周围的熔融材料吹除，形成切缝。熔化切割所需激光功率密度在 10^7 W/cm^2 左右。熔化切割的机理可概括如下：

（1）照射到工件表面的激光束功率密度超过某一阈值后，被辐照材料开始蒸发，工件表面上形成小孔。

（2）小孔一旦形成，它作为类黑体几乎会吸收所有光束能量；小孔被熔融金属壁所包围，高速流动的蒸气流维持熔融金属壁的相对稳定。

（3）熔化等温线贯穿工件，辅助气流靠喷射压力将熔化材料驱除。

（4）随着激光束扫描，小孔横移形成切缝，烧蚀前沿处熔化材料持续或脉动地从缝内被吹除。

3）氧助熔化切割

激光将工件加热到其燃点，利用氧气或其他活性气体使材料燃烧，产生激烈的化学反应而形成除激光以外的另一种热源，在两种热源共同作用下完成切割。这种切割方式称为氧助熔化切割。氧助熔化切割的机理较为复杂，简要描述如下：

（1）材料表面在激光辐照下被迅速加热到燃点，随之与氧气接触发生激烈燃烧反应，放出大量热量。在此热量作用下，材料内部形成充满蒸气的小孔，小孔周围为熔融金属壁。

（2）随着光束扫描的进行和蒸气流的运动，周围熔融金属壁向前扩展，产生热量和物质转移，形成切缝。

（3）最后达到燃点温度区域的氧气流可作为冷却剂，减小工件的热影响区。

氧气扩散穿过熔渣到达点火前沿的速度（即氧气流速）对氧气和材料的燃烧速度有较大的影响。氧气流速越高，燃烧速度就越快。但是，氧气流速过高，会导致切缝出口处的反应物冷却速度过快，影响切割质量。

据粗略估计，切割钢时，热反应提供的能量要占全部切割能量的60%左右，切割活泼金属时这一比例更高。因此，与熔化切割相比，氧助熔化切割具有更快的切割速度。

在拥有两个热源的氧助熔化切割中，如果氧气燃烧速度高于激光束的移动速度，切缝就宽而粗糙；反之，切缝就窄而光滑。

4）控制断裂切割

对于易受热破坏的脆性材料，可利用激光束加热进行高速、可控的切断，称为控制断裂切割。其切割机理可简述为：激光束加热脆性材料的小块区域，在该区域引起极高的热梯度，使材料产生严重的机械形变，形成切缝。只要保持均衡的加热梯度，激光束就可以引导切缝在任何需要的方向上产生。控制断裂切割的切割速度快，只需很小的激光功率，功率过高反而会造成工件表面熔化，破坏切缝边缘。控制断裂切割的主要控制参数是激光功率密度和光斑大小。

2.激光切割的特点

（1）切割质量好。由于激光的光斑小、切割速度快、能量密度高，因此激光切割能获得良好的切割质量。

① 切缝窄，切缝两边平行并且与表面垂直，切割零件的尺寸精度可达 ±0.05 mm。激光切割的切缝宽度一般为 0.10～ 0.20 mm。

② 切缝边缘垂直度好，切割表面光洁美观、无毛刺，表面粗糙度 *Ra* 值一般控制在 12.5 μm 以下。零件不需机械加工，可直接使用。

③ 热影响区小，激光加工的速度快、能量集中，因此传到被切割材料上的热量小，所引起的材料变形非常小，材料性能几乎不受影响。其热影响区宽度在某些场合可以控制在 0.05 mm 以下。

（2）可切割的材料种类多，既能切割金属材料又能切割各种非金属材料。

（3）切割效率高，激光切割机一般配备多台数控工作台，整个切割过程可以全部实现计算机控制。操作时，只需改变数控程序，就可进行不同形状零件的切割，实现无人化自动控制，提高切割效率。

（4）切割环境良好。切割时割炬等与工件无接触，工具无磨损。切割时没有强烈的辐射、噪声和污染，为操作者提供了良好的工作环境。

4.4.2.2 激光焊接技术

1.激光焊接原理

激光焊接（见图 4-70）的原理是：用大功率密度的激光束对材料表面进行照射，材料表面吸收光能并将其转化为热能，使焊接部位温度升高，熔化成液态，在随后的冷却凝固过程中实现两种材料的连接。

在激光焊接过程中，激光与材料的相互作用时间一般在微秒级，激光直接

图 4-70　激光焊接

穿透的材料深度为微米级。材料吸收激光能量后局部温度迅速升高，产生的热量通过扩散向材料内部传播，使内部温度逐渐升高，热量传递的速度和规律符合材料热力学的热传导理论方程。激光焊接工艺参数不同，热量传播的时间和传播的深度也不同。

激光焊接是激光加工技术的重要组成部分，经过多年的理论研究和应用实践，激光焊接技术的基础理论已比较完备，激光焊接应用技术体系也已建立起来。随着激光焊接技术的发展，其在汽车、船舶、航空航天装备、电子装备、压力容器、医疗器械等的制造领域得到了广泛的应用。

2. 激光焊接的特点

1）激光焊接的优缺点

激光焊接的优点主要有：① 能量密度高度集中，焊接时加热和冷却速度极快，热影响区小，焊接应力和变形很小；② 属于非接触式加工，对焊件不产生外力作用，适合在难以接触的部位施焊；③ 激光可以通过光学元件进行传输和变换方向，易于与机器人配合，自动化程度和生产效率高；④ 焊接工艺稳定，焊缝表面和内部质量好，性能高；⑤ 能够焊接高熔点、高脆性的难熔金属、陶瓷、有机玻璃和异种材料；⑥ 绿色环保，没有污染；⑦ 不受电场、磁场干扰，不需要真空保护。

激光焊接的缺点主要有：① 焊接淬硬性材料时易形成硬脆接头；② 合金元素蒸发造成焊缝易产生气孔和咬边；③ 对焊件装配、夹持及激光束精确调整要求较高；④ 能源转换效率低，设备昂贵，焊接成本较高。

2）激光焊接与电子束焊接的比较

激光焊接和电子束焊接都属于高能密度焊，在焊接特点上有很多相似性，但是也有显著的区别。电子束焊接一般在真空环境下进行，因此焊接过程不发生氧化，焊缝光滑美观，焊接质量良好；但是焊件尺寸和形状受真空室限制，焊接大型结构需要采用大真空室，因而导致设备成本大大提高，抽真空时间大大延长，生产效率降低。激光焊接不需在真空环境下进行，实施焊接非常方便，对焊件尺寸和形状限制较小；但是为了保证焊接质量，一般需要采用保护气体和保护装置。

激光焊接时材料对激光的反射率很高，大部分能量被材料反射而损失掉，仅有很少部分能量被材料吸收，用来加热焊件，因此激光的有效利用率很低。电子束不被材料反射，大部分能量被吸收，用来加热焊件。

激光器和电子束焊机成本随功率变化的规律不同。在几千瓦的功率范围内，激光器的成本低于电子束焊机；在几万瓦的功率范围内，电子束焊机的成本低于激光器；在中间功率范围内，二者成本相当。

激光焊接和电子束焊接各有优势，适用于不同的焊接对象和领域。焊接大厚板时优先选用电子束焊接，焊接薄板时优先选用激光焊接。随着激光技术的进步，激光器成本不断降低，激光焊接在厚板焊接方面的应用也在逐渐增多。

3. 激光焊接分类

根据使用的激光器类型的不同，激光焊接一般分为 CO_2 激光焊和 YAG 激光焊。YAG 激光的波长短，材料对其的吸收率高，在平均功率相同的条件下，实际功率密度更高，材料熔深更大，适合焊接反射率高的铝、铜等材料。YAG 激光可以采用光纤传输，使激光加工系统的运行更加灵活方便，特别适合用于多工作台、机械手、机器人的场合。

根据激光器工作方式的不同，激光焊接一般可以分为连续焊和脉冲焊。脉冲焊类似于点焊，一个激光脉冲在焊件上形成一个焊点，如果焊点之间有一定的重叠，也可以获得连续焊缝。脉冲焊主要用于微型、精密零件和电子元器件的焊接。

根据激光焊接机理的不同，激光焊接一般分为激光热导焊和激光深熔焊。激光焊接采用的激光功率密度一般在 $10^4 \sim 10^7$ W/cm^2 范围内，随激光功率密度的变化，激光焊接机理也会发生相应的改变。现介绍激光热导焊和激光深熔焊如下。

1）激光热导焊

激光热导焊的原理是：在较低的激光功率密度和较长的激光作用时间下，使材料从表层开始逐渐熔化，随输入能量增加和热传导，液固界面逐渐向材料内部迁移，最终实现焊接。图 4-71 是激光辐照下材料表层熔化过程示意图。

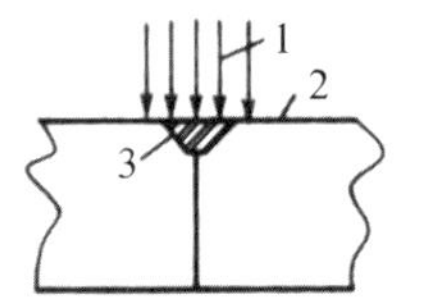

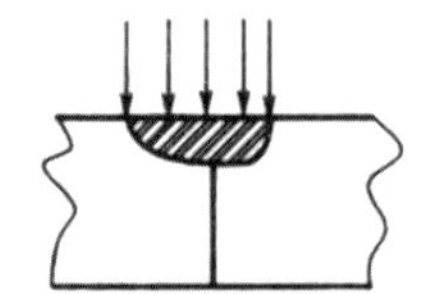
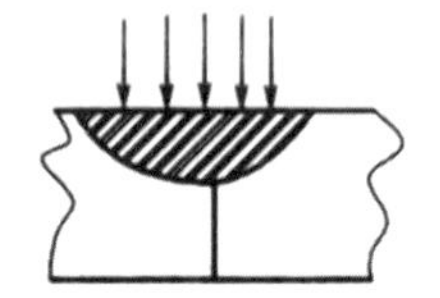
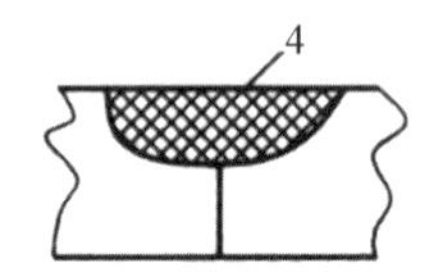

图 4-71　激光辐照下材料表层熔化过程示意图

1—激光束；2—母材；3—熔池；4—焊缝

在激光热导焊过程中，激光加热引起的温度变化使熔池表面的张力发生改变，在熔池内产生较大的搅拌力，使熔池中的液态金属按照一定的方向发生流动。

激光焊接是否以热导焊方式进行取决于激光工艺参数。一般要求激光功率密度为 $10^4 \sim 10^6$ W/cm^2。从本质上来说，在上述激光功率密度条件下，激光会将材料表面加热至熔点和沸点之间，保证材料既能充分熔化，又不至于汽化，因此不会产生小孔，焊接质量容易保证。

2）激光深熔焊

激光深熔焊原理如图 4-72 所示。激光深熔焊采用功率密度较高（一般为 $10^6 \sim 10^7$ W/cm^2）的激光。在高功率密度激光的连续照射下，金属材料被迅速加热熔化，其表面温度在极短时间内升高到沸点，导致金属汽化或蒸发，形成等离子体。金属蒸气以一定的速度逸出熔池时，对液态金属产生反冲压力，使熔池表面下沉形成凹坑。金属蒸气的持续逸出导致凹坑逐渐加深，最终在熔池中形成细长的小孔。当金属蒸气的反冲压力与液态金属的表面张力和重力平衡后，小孔形状和尺寸趋于稳定。

小孔内部充满金属蒸气，平衡温度高达 25000 ℃，热量从孔壁向外传递，有利于材料对激光的吸收，并能促进小孔周围金属熔化，形成熔池。小孔周围存在压力梯度和温度梯度。压力梯度使熔池金属从小孔前沿向后沿流动；温度梯

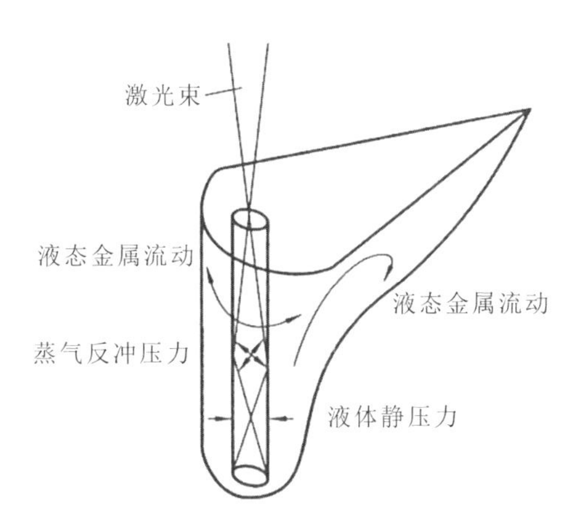

图 4-72　激光深熔焊原理图

度使小孔周围形成前大后小的表面张力，也促使熔池金属从小孔前沿向后沿流动。液态金属凝固后在小孔后方形成焊缝。

4.4.2.3　激光熔覆技术

1. 激光熔覆的原理

激光熔覆是指将具有特殊使用性能的材料用激光加热熔化后涂覆在基体材料表面，从而获得与基体形成良好冶金结合和具有良好使用性能的涂层，如图 4-73 所示。利用激光熔覆技术可在材料表面制备耐磨、耐蚀、耐热、抗氧化、耐疲劳或者具有特殊的光、电、热效应的涂层，可以较低成本显著提高材料的表面性能，扩大其应用范围，延长其使用寿命。例如：对 60 钢进行碳化钨激光熔覆后，熔覆层硬度最高达 2200 HV 以上，耐磨性能为基体 60 钢的 20 倍左右；在 Q235 钢表面激光熔覆 CoCrSiB 合金后，其耐蚀性明显高于 Q235 钢经火焰喷涂后的耐蚀性。

图 4-73　激光熔覆加工

激光熔覆能量密度高度集中，基体材料对涂层的稀释度很小，涂层组织性能容易保证；激光熔覆精度高，可控性好，适用于对精密零件或局部表面进行处理；激光熔覆的加热温度很高，可以处理的熔覆材料品种多、范围广。

激光熔覆技术是激光表面改性技术的一个分支，是20世纪70年代随着大功率激光器的发展而兴起的一种新的表面改性技术。它使用的激光功率密度的分布区间为$10^4 \sim 10^6$ W/cm^2，介于激光淬火和激光合金化用激光功率密度之间。

在整个激光熔覆过程中，激光、粉末、基体三者之间存在着相互作用关系。

(1) 激光与粉末的相互作用。当激光束穿越粉末时，部分能量被粉末吸收，致使能量在到达基体表面前已发生衰减；而粉末由于激光的加热作用，在进入金属熔池之前，形态发生改变。依据所吸收能量多少，粉末形态有熔化态、半熔化态和未熔相变态三种。

(2) 激光与基体的相互作用。使基体熔化产生熔池的热量来自激光与粉末作用衰减之后的能量，该能量的大小决定了基体熔深的大小，进而对熔覆层的稀释产生影响。

(3) 粉末与基体的相互作用。粉末与基体表层吸收激光能量后熔化，形成冶金结合，使基本表面形成涂层。合金粉末在喷出送粉口之后在载气流体力学因素的扰动下产生发散，导致部分粉末未能进入基体金属熔池，而是被束流冲击到未熔基体上，发生飞溅。飞溅的粉末可导致涂层表面不平整，影响涂层的质量和性能。

激光熔覆技术可获得与基体呈冶金结合、稀释率低、对基体热影响较小的表面熔覆层，能进行局部熔覆。从20世纪80年代开始，激光熔覆技术的研究领域进一步扩大和加深，研究内容包括熔覆层质量、组织和使用性能，合金选择，工艺性，热物理性能和计算机数值模拟等。

2. 激光熔覆的分类

合金粉末是激光熔覆最常用的材料。按送粉方式的不同，激光熔覆可以分为两种，即预置送粉式激光熔覆和同步送粉式激光熔覆。

1) 预置送粉式激光熔覆

预置送粉式激光熔覆是指将熔覆材料预先置于基材表面的熔覆部位，然后采用激光束辐照扫描熔化。预置送粉式激光熔覆的主要工艺流程为：基材熔覆表面预处理→预置熔覆材料→预热→激光熔化→热处理。

2）同步送粉式激光熔覆

同步送粉式激光熔覆是指将熔覆材料直接送入激光束，使供料和熔覆同时完成。熔覆材料主要也是以合金粉末的形式送入。同步送粉式激光熔覆的主要工艺流程为：基材熔覆表面预处理→送料和激光熔化→热处理。同步送粉式激光熔覆又可分为侧向送粉式激光熔覆和同轴送粉式激光熔覆。

图4-74为同步送粉式激光熔覆示意图。激光束照射基体形成液态熔池，合金粉末在载气的带动下由送粉喷嘴射出，与激光作用后进入液态熔池，随着送粉喷嘴与激光束的同步移动形成熔覆层。

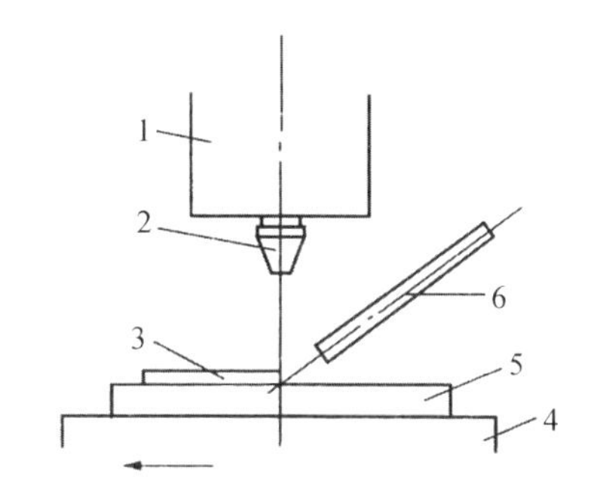

图4-74　同步送粉式激光熔覆示意图

1—聚焦镜；2—出光口；3—熔覆层；4—工作台；5—试样；6—粉末输送管

这两种方法效果相似。同步送粉式激光熔覆具有易实现自动化控制、激光能量吸收率高、熔覆层内部无气孔和加工成形性良好等优点，尤其在熔覆金属陶瓷时可以提高熔覆层的抗裂性能，使硬质陶瓷相可以在熔覆层内均匀分布。若同时加载保护气，可防止熔池氧化，获得表面光亮的熔覆层。目前实际应用较多的是同步送粉式激光熔覆。

3.激光熔覆的特点

激光熔覆技术同其他表面强化技术相比有如下优点。

（1）冷却速度快（高达$10^5\sim10^6$ K/s），容易得到细晶组织或产生平衡态所无法得到的新相，如亚稳相、非晶相等。

（2）热输入小，畸变小，熔覆层稀释率小（一般小于5%），与基体呈牢固的冶金结合，通过对激光工艺参数的调整，可以获得低稀释率的良好熔覆层，并且熔覆层成分和稀释率可控。

(3) 合金粉末选择几乎没有任何限制，许多金属或合金都能熔覆到基体表面上，特别是能熔覆高熔点或低熔点的合金(例如在低熔点金属表面熔敷高熔点合金)。

(4) 熔覆层的厚度范围大，单道送粉一次熔覆厚度为 0.2～2.0 mm；熔覆层组织细小致密，甚至产生亚稳相、超细弥散相、非晶相等，微观缺陷少，界面结合强度高，熔覆层性能优异。

(5) 能进行选区熔覆，材料消耗少，具有高性价比。采用高功率密度快速激光熔覆时，表面变形可降低到零件的装配公差内。

(6) 利用光束瞄准技术，可以对复杂件和难以接近的区域进行激光熔覆，工艺过程易于实现自动化。

在我国工程应用中钢铁材料占主导地位，金属材料的腐蚀、磨损、疲劳等大多发生在零部件的工作表面，需要对表面进行强化。为满足工件的服役条件而采用大的原位自生颗粒来增强钢铁基材料不仅浪费材料，而且成本极高。另外，从仿生学的角度考察天然生物材料，其组成为外密内疏，性能为外硬内韧，而且密与疏、硬与韧从外到内是呈梯度变化的，天然生物材料的特殊结构使其具有优良的使用性能。根据工程上材料特殊的服役条件和性能的要求，迫切需要开发强韧结合、性能呈梯度变化的新型表层金属基复合材料。激光熔覆技术有助于这种表面改性和梯度变化复合材料的研发。

4. 激光熔覆与激光合金化的区别

激光熔覆与激光合金化都是利用高能量密度的激光束产生快速熔凝过程，使基材表面形成与基体相互结合的、具有完全不同成分与性能的合金覆层。两者工艺过程相似，但却有本质上的区别，主要区别在于：激光熔覆过程中的覆层材料完全熔化，而基体熔化层极薄(稀释率很小)，因而对熔覆层的成分影响极小；而激光合金化则是在基体熔化层内加入合金元素，目的是形成以基材为基的新的合金层。激光熔覆实质上不是把基体表面层熔融金属作为溶剂，而是将另行配制的合金粉末熔化，使其成为熔覆层的主体合金，同时基体合金也有一薄层熔化，与之形成冶金结合。激光熔覆技术是实现极端条件下失效零部件的修复与再制造、金属零部件直接制造的重要技术基础，受到世界各国科学界和企业的高度重视。

4.4.3 激光智能加工装备及结构特点

4.4.3.1 智能激光切割机

1.智能激光切割机概述

世界上第一台CO_2激光切割机是20世纪70年代在澳大利亚Farley Laserlab公司诞生的。由于激光切割机应用领域的不断扩大和核心激光器技术的不断发展,目前国内外已有多家企业从事各种不同类型、不同规格的激光切割机产品生产,其中主要有二维板材切割机、三维空间曲线切割机、管材切割机等。国外从事激光切割机生产的知名企业有德国Trumpf公司,意大利Prima公司,瑞士Bystronic公司,日本AMADA公司、山崎马扎克公司、NTC公司等。国内生产二维板材切割、三维空间曲线切割及各类管材激光切割机的企业也非常之多,有的还配备有自动上下料单元,形成智能型材激光切割单元。

激光切割机按激光工作物质不同,可分为固体激光切割机和气体激光切割机;按激光器工作方式不同,分为连续激光切割机和脉冲激光切割机。

激光切割机的性能主要取决于所采用的激光器。激光切割机采用的激光器主要有YAG固体激光器、CO_2激光器以及光纤激光器等。其中光纤激光器可输出具有高功率密度的激光束,聚焦在材料表面,使聚焦区域瞬间气化或熔化;由数控系统和机械系统控制移动激光头,改变激光光斑位置,可实现自动切割,速度快,精度高。因此,光纤激光切割机得到了广泛的应用。

光纤激光切割机具有很多优势:

(1) 光纤激光器的波长仅为1.064 μm,可产生尺寸极小的光斑(光斑尺寸可达到CO_2激光器产生的激光斑的1/100),切割精度远远高于CO_2激光器;

(2) 光纤激光器能量转换率高,可达30%,从而可节省运维成本;

(3) 激光切割机采用半导体模块化和冗余设计,谐振腔内无光学透镜,因此无须在切割工作前花费大量时间启动和调整机器;

(4) 激光头配置保护镜片,可保护聚焦镜片,减少零件消耗;

(5) 激光头不会直接接触材料,可避免划伤材料,保证切割效果;

(6) 光纤激光器产生的切缝和热影响区小,可保证切割稳定性,避免材料变形;

(7) 高切割精度和快速的切割速度可显著提高材料利用率和加工效率;

(8) 光纤激光切割机工作安全环保,污染和噪声小,车间环境能得到较好的保护。

因此,光纤激光切割已发展为当今最高精度的激光切割方式,广泛应用于金属零件加工行业,可加工多种金属材料,包括不锈钢、碳钢、合金钢、铝、铜、银、金等,可以根据金属的特性选择不同的光纤激光源。

除了钣金切割,光纤激光切割机还可以加工异型金属和钢管。机器可配置一套钢管切割系统,扩大切割能力。刀口整齐光滑,满足工业中的高要求。

智能激光切割机主要由激光器、导光系统、数控运动系统、割炬、操作台、气源、水源及抽烟系统组成,输出功率为 0.5~10 kW。

2. 智能板材激光切割机

市面上需求量最大的智能板材激光切割机,其结构一般属于龙门式二维结构(见图 4-75(a)),采用三轴两联动控制方式。智能板材激光切割机主要由激光器、切割执行机构、切割平台、冷却系统、控制系统、智能数控系统等组成。其

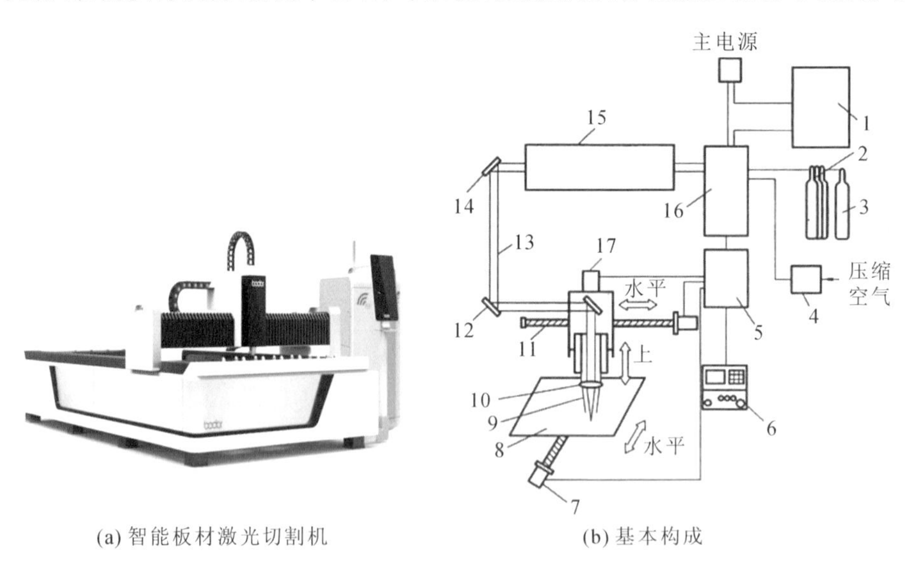

(a) 智能板材激光切割机　　(b) 基本构成

图 4-75　智能激光切割机及其基本构成

1—冷却水循环装置;2—激光工作介质气瓶;3—辅助气瓶;4—空气干燥器;5—数控装置;6—操作盘;7—伺服电动机;8—切割工作台;9—割炬;10—聚焦透镜;11—丝杠;12、14—反射镜;13—激光束;15—激光器;16—激光电源;17—伺服电动机和割炬驱动装置

中，切割执行机构主要包括机械运动机构，电、气、水输送机构，光路传输机构，激光聚焦、随动机构以及吸尘机构等。智能数控系统配备专业CAD/CAM一体化智能设计制造软件，以实现优化设计、排料、排产。

智能板材激光切割机的X、Y轴由数控系统进行联动伺服运动控制，Z轴由伺服液压缸和电容式垂直跟踪系统控制实现切割距离控制，同时激光头还可以进行二维角度调整。智能板材激光切割机的切割角度自动调节装置如图4-76所示。

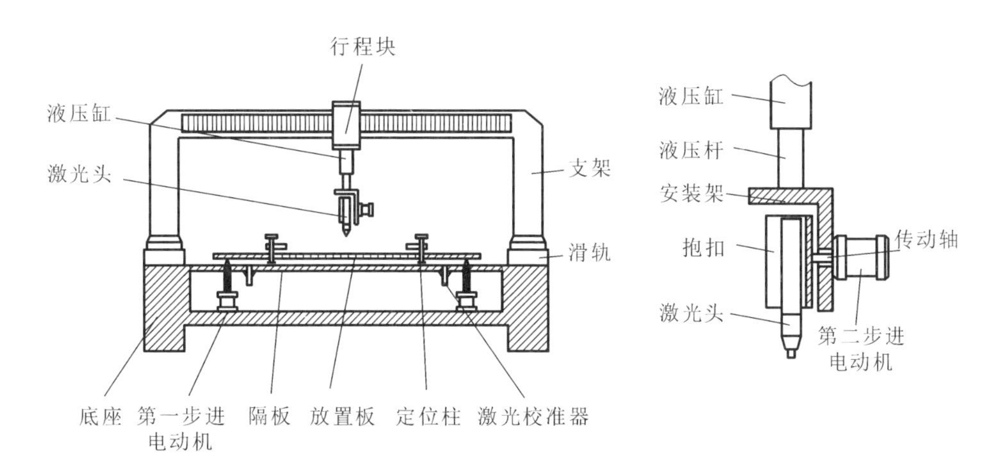

图4-76　切割角度自动调节装置

智能板材激光切割机主要组成部分（见图4-75(b)）及作用如下。

(1) 激光电源：供给激光器用的高压电源，产生的激光经反射镜、导光系统被导向切割工件所需要的方向。

(2) 激光器：用于产生激光的主要设备。

(3) 反射镜：用于将激光导向所需要的方向。为使光束通路不发生故障，所有反射镜都要用保护罩加以保护。

(4) 割炬：主要包括枪体、聚焦透镜和辅助气体喷嘴等零件。

(5) 切割工作台：用于安放被切割工件，能按控制程序正确并精确地移动，通常由伺服电动机驱动。

(6) 割炬驱动装置：由伺服电动机和丝杠等传动件组成，能按照程序驱动割炬在水平面内沿X和Y方向运动。

(7) 数控装置:用于对切割平台和割炬的运动进行控制,同时也可控制激光器的输出功率。

(8) 操作盘:用于控制整个切割装置的工作过程。

(9) 气瓶:包括激光工作介质气瓶和辅助气瓶,用于为激光器补充工作气体和供给切割用辅助气体。

(10) 冷却水循环装置:用于冷却激光器,采用冷却水把多余的热量带走以保持激光器的正常工作。

(11) 空气干燥器:用于向激光器和光束通路供给洁净的干燥空气,以保持光束通路和反射镜的正常工作。

基于三维切割工作台,对龙门支架上安装的激光头结构施加两个方向的旋转角度,三维切割设备就变成了五轴联动复杂曲线切割设备。

智能激光切割机控制系统操作界面如图 4-77 所示。作为一种专用的智能激光切割控制系统,该控制系统具有以下特点:

(1) 可对用户的待加工图形图像进行转化、编辑处理,即其具有矢量图形处理功能。

(2) 可以自行定义单元区域并快速加工。

(3) 可以进行加工轨迹仿真。

(4) 具备三维平台运动控制功能,能控制龙门式三维切割工作台进行切割。

(5) 具备激光切割速度跟随控制功能,输出信号形式按照激光器的要求设定。

(6) 不仅具有标准 G 代码功能,还具备数据文件接口,并能对读入的数据进行显示、编辑,能进行自动切割路径排序优化,以及内、外、中心切割轮廓的选取。

(7) 具有自动坐标系的标定功能与坐标系变换功能,可以自动一次性地完成坐标系标定与变换,也可以手动逐步完成。

3. 智能管材激光切割机

激光切割机除了板材切割,还可用于管材切割。智能管材激光切割机(或称智能管材激光切割单元)整机结构布局与组成如图 4-78 所示。

与锯切机、等离子切割机相比较,激光切割机价格较贵,但是由于加工质量

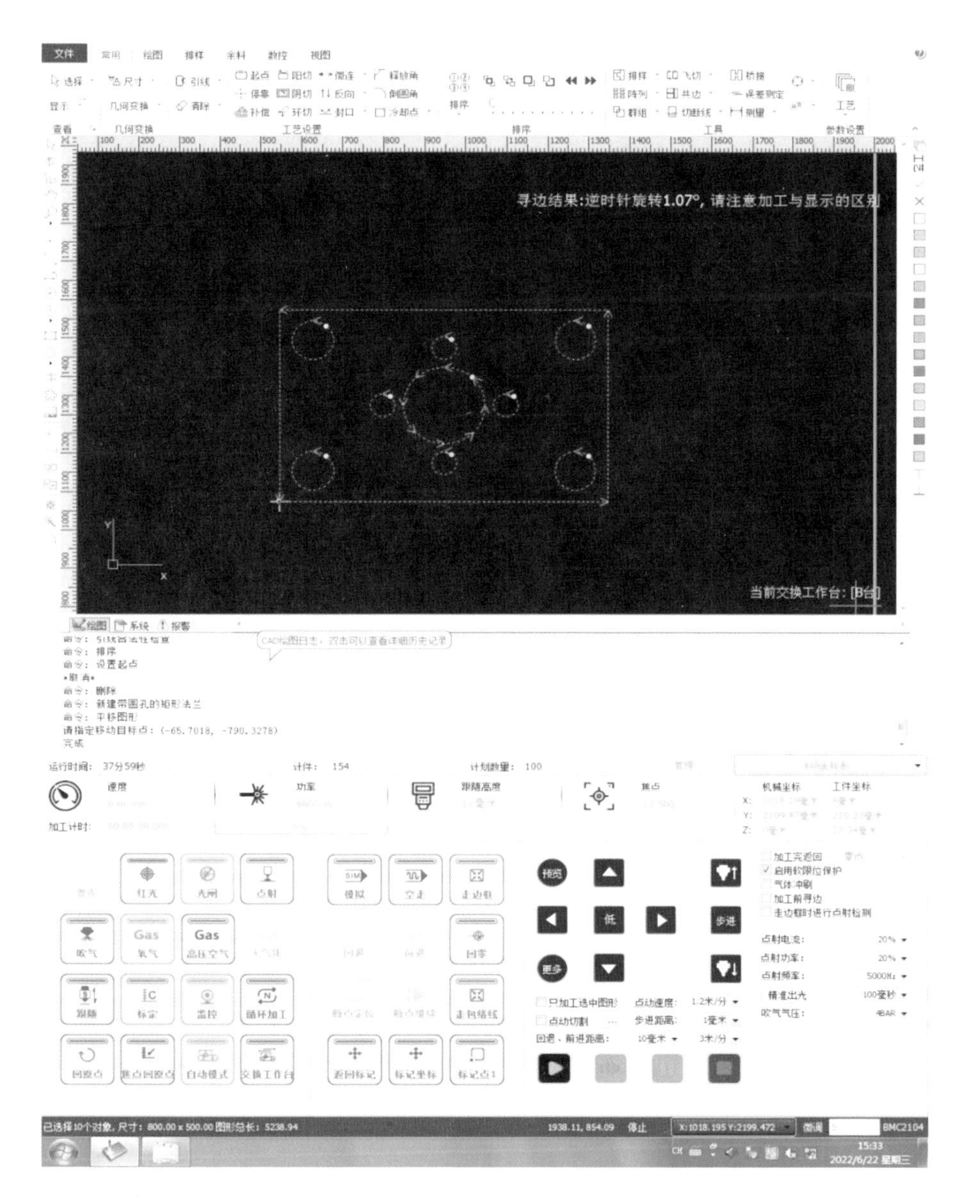

图 4-77 智能激光切割机控制系统操作界面

好、效率高且降低了后续工艺处理的成本,因此在大规模生产中采用这种设备是可行的。由于没有刀具加工成本,因此激光切割机也适用于各种尺寸工件的小批量切割下料生产场合。

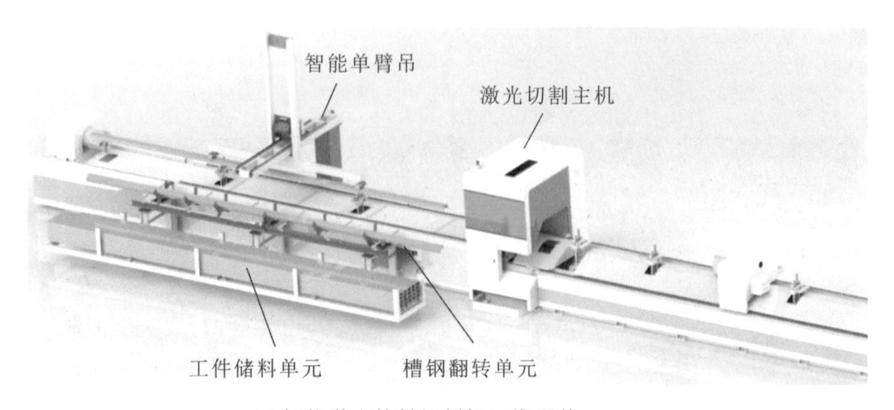

(a) 智能激光管材切割机三维形貌

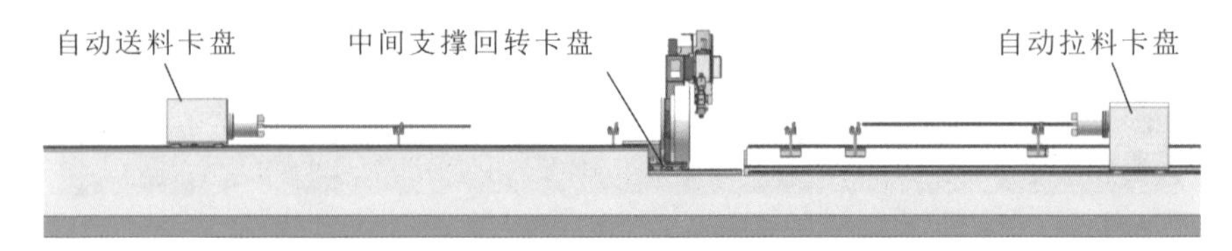

(b) 智能激光切割主机送料、拉料卡盘及中间支撑回转卡盘

(c) 智能激光管材切割机实物照片

图 4-78 智能管材激光切割机

4.4.3.2 智能激光焊接设备

1. 智能激光焊接设备组成

图 4-79 是常见智能激光焊接设备的组成框图。

实际上，由于应用场合不同、加工要求不同，图 4-79 所示的八个部分智能激光焊接设备不一定一一具备，各个部分的功能也差别很大，在选用设备时可酌

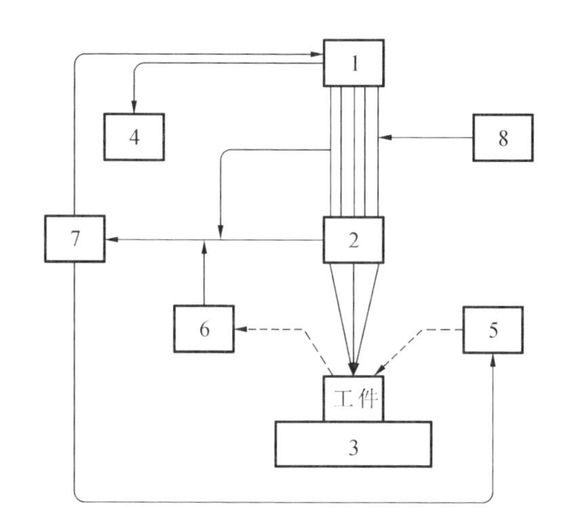

图 4-79 激光焊接设备组成框图

1—激光器;2—光学系统;3—激光加工机;4—辐射参数传感器;5—工艺介质输送系统;6—工艺参数传感器;7—控制系统;8—准直用氦-氖激光器

情而定。完整的智能激光焊接设备由激光器、光束传输和聚焦系统、气源、喷嘴、电源、工作台、控制系统等组成。

(1) 激光器:激光器是整个激光焊接系统的中心,用来产生激光。在焊接加工中,最常用的激光器是 CO_2 激光器和 YAG 激光器。

(2) 光束传输和聚焦系统:外部光学系统,用来传输激光束并将其聚焦在工件上,其端部安装提供保护或辅助气流的焊炬。

(3) 气源:用于提供保护气体。保护气体对激光焊接来说是必要的,在大多数焊接过程中,保护气体通过特殊的喷嘴被输送到激光辐射区域。目前的 CO_2 激光器大多采用氦气、氮气、CO_2 混合气体作为工作介质,其配比为 60%∶33%∶7%。氦气价格昂贵,选用 CO_2 激光器时应考虑其成本。一般保护气体压力较低,气体流速为 8～30 L/min。

(4) 喷嘴:一般设计成与激光束同轴放置,通常将保护气体从激光束侧面送入喷嘴。典型的喷嘴孔径为 4～8 mm,喷嘴到工件的距离在 3～10 mm 范围内。喷嘴结构如图 4-80 所示。

为了使激光焊接设备中的光学元件免受焊接烟尘和飞溅的影响,可采用几种横向喷射式喷嘴设计。其基本思想是考虑使气流垂直穿过激光束,针对不同的技术要求,或是用于吹散焊接烟尘,或是利用高动能使金属颗粒转向。

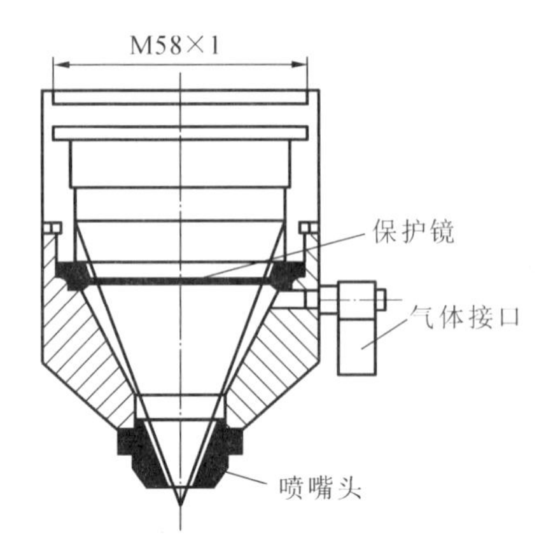

图 4-80　激光焊接用喷嘴的结构

(5) 电源：为保证激光器稳定运行，采用响应快、恒稳性好的固态电子控制电源。

(6) 工作台：由伺服电动机驱动，供安放工件，实现焊接。

(7) 控制系统：多采用数控系统。

2. 智能机器人三维激光焊缝跟踪系统

一般的智能机器人激光焊接单元（见图 4-81）都是通过示教编程的方式确定焊接轨迹，由机器人带动焊枪进行焊接工作的。但由于焊接组件下料误差、焊接组件定位装夹误差、机器人运动误差、焊接参数选择不当以及示教编程误差等的综合影响，机器人激光焊接质量的稳定性较差，实际生产中多数情况下需要采用人工补焊等操作，而且示教编程人为误差大、编程效率低。基于机器视觉的智能机器人三维激光焊缝跟踪系统（见图 4-82）则解决了机器人自动编程焊接的问题，并且可保证焊接质量。当前，在原有机器人激光焊接单元基础上加装三维激光焊缝跟踪系统的智能激光焊缝跟踪自动焊接集成单元是当前的主流智能焊接装备。

1) 智能机器人三维激光焊缝跟踪系统的主要性能特点

智能机器人三维激光焊缝跟踪系统的主要性能特点如下：

(1) 适用于加工表面具有反射特性（如铝和不锈钢材料表面）的情况；

(2) 受电场以及工作环境光源的影响极小；

(3) 滤光器以及高强度二极管激光的应用使探头对干涉光有极高的抗干扰作用；

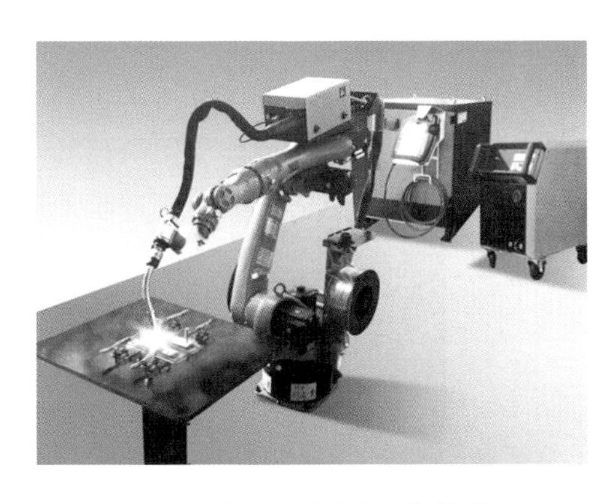

图 4-81　智能机器人激光焊接单元

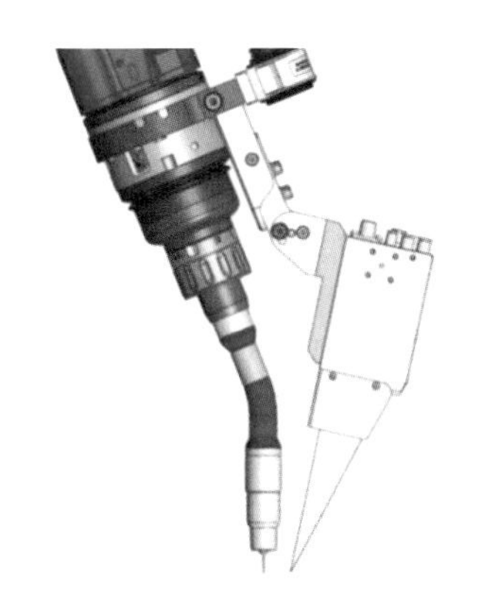

图 4-82　智能机器人三维激光焊缝跟踪系统

(4) 适用于所有常见焊接领域，如激光焊接、熔化极活性气体保护焊(MAG)、熔化极惰性气体保护焊(MIG)等；

(5) 一般可以支持多种机器人接口。

2) 智能机器人三维激光焊缝跟踪系统的结构组成

智能机器人三维激光焊缝跟踪系统的结构组成如图 4-83 所示，其工程应用如图 4-84 所示。该系统主要由激光探头、探头处理器、计算机控制器及采集识别控制软件等组成。激光探头测量信号由探头处理器处理后进入机器人控制器处理，实现三维焊接接头与坡口的识别(可识别的焊接接头与坡口形式见图

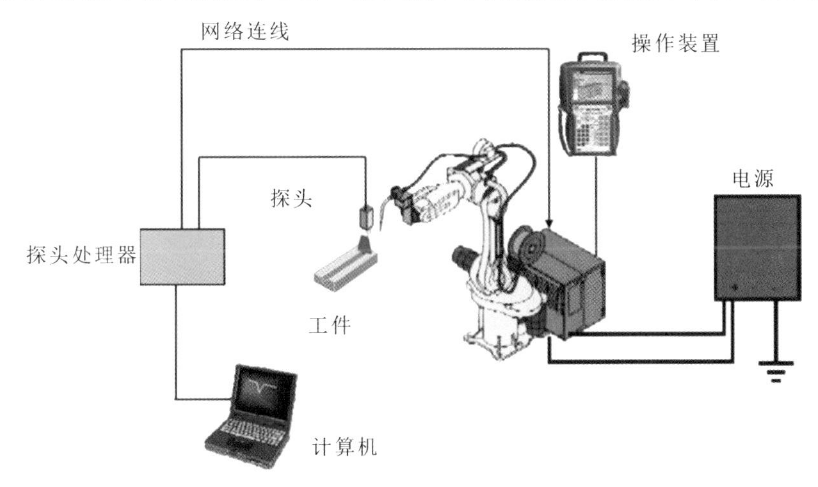

图 4-83　智能机器人三维激光焊缝跟踪系统的结构组成

4-85)，并将信息反馈给机器人控制器，作为机器人运动控制坐标参数，控制机器人带动焊枪跟踪焊缝运动，并调整焊枪姿态，实现智能高质量焊接。

图 4-84　智能机器人三维激光焊缝跟踪焊接系统应用

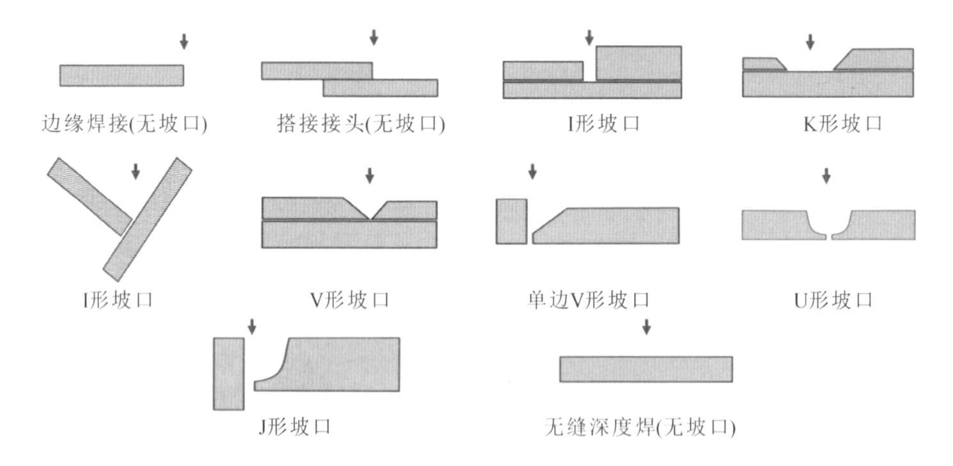

图 4-85　智能机器人三维激光焊缝跟踪系统可识别的焊接接头和坡口形式

4.4.3.3　激光熔覆设备

激光熔覆设备(见图 4-86)由多个系统组成，其必备的三大系统是激光器及光路系统、送粉系统、控制系统。

除这三大系统外，激光熔覆设备依据实验条件或工况还可配备辅助系统。

1. 激光器及光路系统

激光器作为熔化金属粉末的高能量密度的热源，是激光熔覆设备的核心部件，其性能直接影响熔覆的效果。光路系统用于将激光器产生的能量传导到加

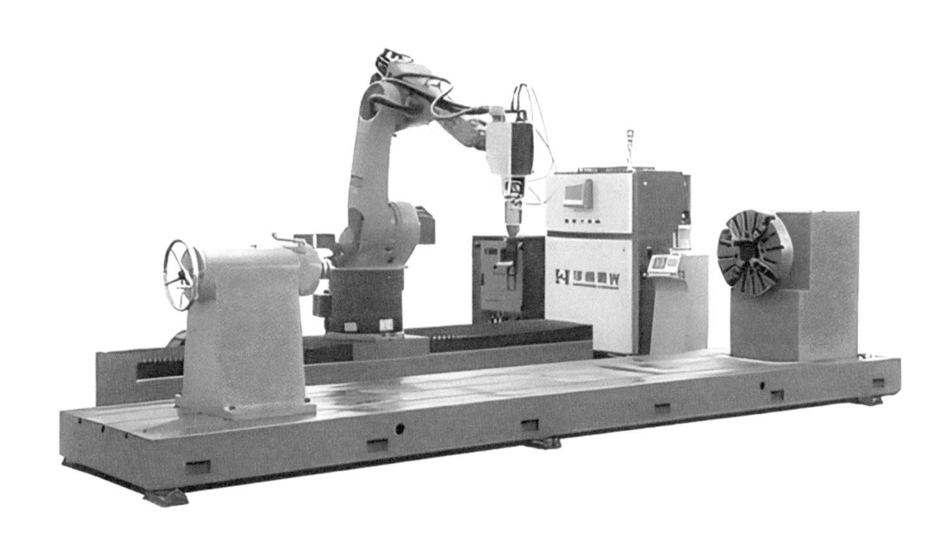

图 4-86　激光熔覆设备

工区域。

目前激光熔覆主要采用的是 CO_2 气体激光器和光纤激光器，少部分激光熔覆设备采用 YAG 固体激光器。

CO_2 激光器是应用最广、种类最多的一种激光器。目前应用于激光熔覆的 CO_2 激光器主要是输出功率为 1～10 kW 的 CO_2 激光器。对于连续 CO_2 激光熔覆，国内外已做了大量的研发工作。CO_2 激光器在钢铁材料、钛合金、铝合金的激光熔覆方面已获得应用，但铝合金基体在 CO_2 激光辐照条件下容易变形，甚至塌陷。

CO_2 激光器的主要特点如下：

(1) 功率高，CO_2 激光器的连续输出功率可达几十万瓦。

(2) 效率高，光电转换效率可达 30%以上，比其他加工用激光器的效率高得多。

(3) 光束质量高，模式好，相干性好，线宽窄，工作稳定。

近年来高功率 YAG 激光器的研制发展迅速，主要用于有色金属表面熔覆。用于激光熔覆的 YAG 激光器功率在 500 W 左右。YAG 激光器输出波长为 1.06 μm，较 CO_2 激光波长小一个数量级，因而更适合用于有色金属的激光熔覆。

目前激光熔覆技术的一个重要的发展趋势是采用高功率半导体激光器，利用波长范围为808～965 nm的红外或近红外激光，此类激光较CO_2激光易被金属吸收，用于激光熔覆加工时可省去前期预处理，从而方便操作。大功率半导体激光熔覆相对其他熔覆方法具有显著的优势。同时，半导体激光可以实现熔覆、运动与送粉的一体化控制，应用光纤传输与扩束技术进行导光聚焦，实现全封闭传输或光纤传输，实现光、机、电、粉、控一体化高度集成控制；与机器人(手)结合，可实现小型化和移动在线服务，满足不同层次的需求。可以预见，在传统CO_2、YAG激光熔覆技术之外，新型的大功率半导体激光熔覆设备与工艺将逐步发展起来并满足高质量激光熔覆和表面工程的需要。

2.送粉系统

送粉系统是激光熔覆设备的一个关键组成部分，送粉系统的技术属性及工作稳定性对最终的熔覆层成形质量、精度以及性能有重要的影响。送粉系统通常包括送粉器、粉末传输管道和送粉喷嘴。如果选用气动送粉系统，还应包括供气装置。

依据送粉原理，送粉器可分为重力式送粉器、气动式送粉器、机械式送粉器等几种。送粉器是送粉系统的核心，为了获得具有优异成形质量、精度和性能的熔覆层，一个质量稳定、精确可控的送粉器是不可缺少的。以气动式送粉器为例，不仅要求保证送粉电压与粉末输送量之间呈线性关系，还须保证送粉电压稳定，送粉流量不会发生较大波动，粉末输送流量要保持连续均匀。如果送粉器的送粉流量波动很大，进入熔池的粉末量会随之发生变化，导致最终成形的熔覆层尺寸偏差大，尤其是在熔覆层高度上的尺寸偏差最为明显。

送粉喷嘴孔径对粉末利用率有较大的影响。一般来说，送粉喷嘴的孔径应小于熔覆时激光的光斑直径，这样能保证粉末有效进入金属熔池。送粉式激光熔覆存在一个值得关注的问题，即粉末飞溅损失较大、利用率较低。粉末束发散是造成这一问题的主要原因。粉末束在喷嘴出口处形成的发散，导致到达基体表面的部分粉末飞落到熔池之外。只有进入熔池的合金粉末才有助于熔覆层成形，喷射到熔池之外的粉末颗粒在动能的作用下从基体上反弹出去，产生飞溅损失。粉末束的发散角越小，进入熔池的粒子越多，粉末实际利用率越高。

实践表明，减小送粉喷嘴孔径有利于减小粉末束的发散角。采用较小孔径的送粉喷嘴也可起到提高熔覆效率、节约合金粉末的作用。

3. 控制系统

控制系统包括激光器控制、送粉控制、扫描控制等部分，对实现激光熔覆成形的精确控制是必不可少的。控制系统须保证能够在 X、Y、Z 三个维度进行操纵，这在早期的数控制造装备上即可实现。但要实现任意复杂形状工件的熔覆，还需要至少两个维度的运动，即转动和摆动，数控机器人可满足这一需求。

4. 辅助系统

1）保护气系统

对于一些易氧化的熔覆材料，为提高激光熔覆成形质量，需要应用保护气。常见的保护气有氩气（Ar）和氦气。

2）监测与反馈控制系统

该系统用于对激光熔覆过程进行实时监测，并根据监测结果对熔覆过程进行反馈控制，以保证激光熔覆的稳定性。该系统对保证成形精度至关重要，如在激光头部位加装光学反馈跟踪系统，会大幅度提高熔覆精度。

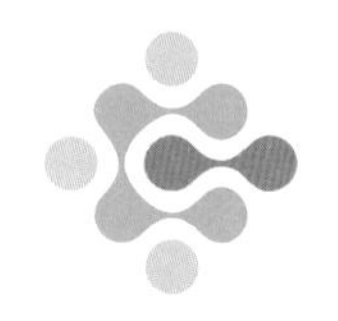

第5章 智能复合制造装备

5.1 智能复合制造装备概述

随着高性能制造个性化需求的日益增长，除了追求复杂曲面成形能力、高速高效能、特种制造工艺与方法等之外，功能复合化也成为智能制造装备的一个重要发展方向。

5.1.1 复合加工的内涵

复合加工是指一种能把多种不同工艺性质的加工方法和工序有效融合或集成在一台制造装备上完成加工的技术，以提高加工质量、精度和效率。具有这种复合加工功能的设备称为复合制造装备。复合加工按复合原理的不同分类如下：

(1) 两种或多种加工方法的有机融合或协同的复合加工(composition machining)，前者称为融合式复合加工，后者称为协同式复合加工；

(2) 两种或多种加工方法和工序集成的复合加工(integrated machining)，称为集成式复合加工。

融合式复合加工可以提高加工效率和加工精度，主要用于精整加工，例如化学机械抛光(chemical mechanical polishing，CMP)。该加工技术的原理是：抛光剂中软磨料与工件表面相对摩擦运动，使微观接触点产生高温，引起固相反应，反应生成物随后在机械摩擦作用下被去除。化学机械抛光的机械摩擦去除量可小至亚纳米量级。协同式复合加工是指在一种主要加工方法基础上叠加另外一种辅助的加工方法，例如超声振动车削、超声振动铣削。虽然超声波本身并不直接起材料切除作用，但超声振动可以改善切屑形成条件，通过不同的运动控制方法的协同作用，可以改善刀具切削加工的状态，提高切削硬脆材料刀具的寿命，同时也可改善表面加工质量或提高加工效率。

集成式复合加工通过把两种或多种加工方法集成在一台数控装备上，扩大了制造装备的加工功能，使需车、铣、磨等多工序加工的复杂零件可以在一台制造装备上通过一次装夹完成所有工序加工。其目的是省去多次装夹、转运，提高加工精度，并大大提高加工效率。

通常，制造装备的功能复合化是指工件在一台制造装备上经一次装夹后，通过自动换刀、旋转主轴头或工作台等方式，完成多工序、多表面且不同工艺性质的复合化加工。

复合制造装备能对复杂的不同工艺性质（或加工方法）的多工序零件进行完整加工，和加工中心相比，复合制造装备一般具备以下两个重要特征：

（1）具有两种及以上提供不同类型切削动力的主轴系统；

（2）具有五轴联动加工的功能。

5.1.2 发展智能复合制造装备的必要性

通常，一个零件的生产往往需要多道加工工序才能完成，且各道加工工序需要采用有着不同加工原理和特点的不同工艺方法，不同的加工工序有着不同的加工目的和要求。因此它们各自就需要用两台甚至多台不同的加工设备来完成，从而不仅会增加设备的台数和生产厂房的占地面积，也会增加企业的投入，另外还会增加用于工件装夹、定位找正、卸料、转运等的生产辅助时间。事实上，对于有些复杂的零件，工件转运、装卸等消耗的辅助时间甚至大大地超过了机器实际的加工时间，严重制约了生产效率的提高。因此，智能制造装备的功能复合化也是目前智能制造装备发展的一个必然趋势。

复合制造装备是一种应用对象比较明确的高效、精密数控制造装备，其衡量的标准在于它的适用性，能完成其他类型制造装备不易完成的零件的加工，而非仅把各种功能简单地组合和堆积在一起，徒然增加成本，缺乏技术竞争力。

工艺研究是复合机床总体方案设计的技术基础，基于功能模块可重构的功能复合则是经济地实现制造装备复合功能的重要结构措施。通过对其加工技术进行研究，合理配置切削功能部件和柔性辅助装置，复合制造装备能实现某一零件族的高效加工。

常见的复合制造装备主要有镗铣复合加工中心、车铣复合加工中心、车磨复合加工中心、内外圆磨削复合加工中心、齿轮加工复合制造装备等。考虑在笛卡儿坐标系下，由描述刀具、工件运动的12个运动坐标构成的空间中，相同维度的样本元素的多个组合（如 X_1、X_2）及工件、刀具同维度的同时组合（如 XX'）等，智能制造装备的结构方案布局创新设计具有无限的可能性。本章主要介绍工程实际中几种典型的智能复合制造装备，以此说明智能制造装备在功能复合化方面创新的可能性、必要性。

5.2 智能铣车复合加工中心

5.2.1 铣车复合加工中心结构布局特点

1. 五轴结构布局设计特点

当前最常见的复合制造装备就是基于车削中心（TC）增加摆角铣头的铣车复合机床（turning milling machine）以及基于铣削加工中心（MC）增加工件主轴头的车铣复合机床（milling turning machine）。以具有特色的济南第一机床有限公司生产的MAL-700ATC数控车铣复合中心[①]为例介绍智能铣车复合加工中心。该机床的设计目的主要是完成大型轴类（如凸轮轴）的高精高效加工，以满足国内高端市场需求为主。该机床是较大规格的数控铣车复合加工中心，设计上突出机床的高刚度、强力切削及优良的精度保持性，机床即使长期在重载或高速切削情况下工作，也能保持精度的稳定性。为此，其运动链设计及结构布局特点主要表现在如下几个方面：

(1) 采用 BX_1X_2ZCs 运动链结构布局设计。

基于第3章运动学组合创成理论和方法，该机遵循 BX_1X_2ZCs 的排列组合运动链结构布局设计。

(2) 采用虚拟 Y 轴运动设计，通过 X_1、X_2 轴复合插补实现。

(3) 采用斜床身、宽跨距导轨和床身、床座整体式箱形密肋结构，保证机床

① 该加工中心属于铣车复合加工中心，本书对其名称采用济南第一机床有限公司官网上的称呼。

床身具有高的整体刚度。

(4) 采用强力主轴驱动设计，且采用先进的主轴轮廓控制(Cs 控制)方式。

在主轴尾端上安装高密度圆光栅作为位置环反馈元件并构成闭环控制，具有较高的分度和插补精度；在进行 C 轴分度或进给运动时，主轴电动机用作伺服电动机，其通过圆弧同步齿形带与主轴连接，传动链短、回差小、精度高。另外，在进行铣削作业时，由于在主轴制动盘上增加了“缓制动”功能，可有效提高铣削工件的表面粗糙度及过象限铣削时的工件圆度。

(5) 副主轴安装在倾斜 45°的导轨上，可以沿 Z 轴往复移动。

Y 轴的运动通过 X_1、X_2 轴插补实现，加上 X_1 和 X_2 轴不插补时形成的 X 轴、刀具摆动轴 B，形成 X、Y、Z、B、C 五轴联动。其中，B 轴为工具主轴，采用空心力矩电动机直接驱动并配置绝对值编码器，确保刀架摆动无间隙传动和定位精度；C 轴为机床主轴，采用先进的 Cs 控制方式。五个运动轴的布局如图 5-1(a)所示。

2. 虚拟 Y 轴原理

结合图 5-1(b)(c)可以看出：做直线运动的滑板机构安装在水平的床身导轨上；沿 Z 方向运动的大拖板与床身导轨之间的安装夹角为 0°，该拖板自身的倾斜角度为 15°；倾斜角度为 45°的斜滑板在该拖板的导轨(X_2 轴)上移动，用于实现 X 方向直线进给的 X_1 轴布置在机床斜滑板的导轨上，通过 X_2 和 X_1 轴联动插补形成垂直方向的虚拟 Y 轴坐标运动，虚拟 Y 轴实现原理如图 5-1(b)所示；倾斜 45°的斜滑板与倾斜 15°的大拖板共同构成倾斜 60°的直线运动机构的布局。

5.2.2 铣车复合加工中心主要部件结构及性能特点

1. 主要功能部件结构及性能特点

1) 高刚度床身、床鞍

床座采用整体式箱形密肋结构铸件，具有优良的抗扭、抗弯特性，保证机床具有高的整体刚度。床身拖板导轨水平布置，尾座导轨倾斜角 45°，床身导轨采用特宽矩形淬硬滑动导轨。X_1 向导轨采用包容式结构，加宽导轨接触面，使滑板的刚度和切削刚度得到大幅提高；X_2 向导轨采用反包容式结构，节约了空间；滑动面采用接触刚度高的注塑材料工艺，适合用于大负载强力切削场合；整

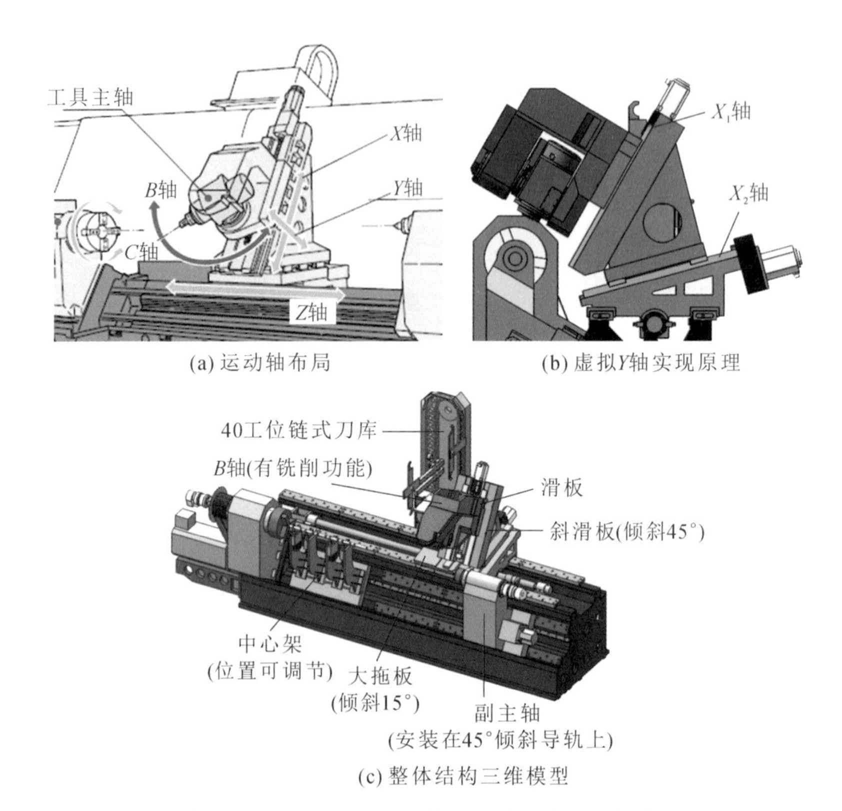

图 5-1　MAL-700ATC 数控车铣复合中心结构

体结构具有刚度高、吸振性好的特点，并且运动时摩擦系数小，使用寿命长。床座截面结构如图 5-2 所示。

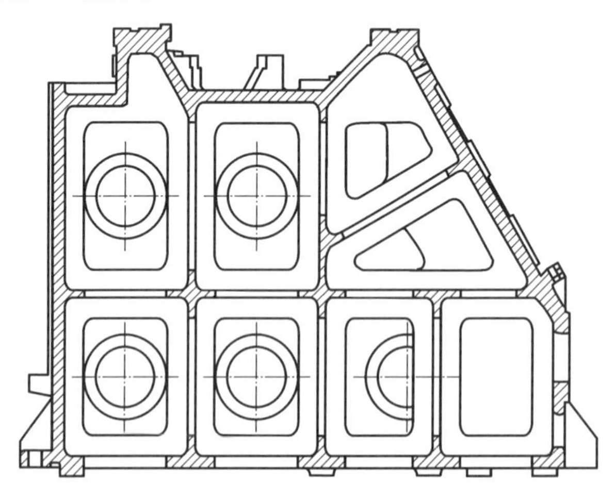

图 5-2　MAL-700ATC 数控车铣复合中心床座截面结构

2）强有力的主轴驱动

主轴箱是机床的构成装置中最为重要的部件之一。它主要由主轴箱体、主轴、主轴轴承、主轴轴承用调整螺母、位置编码器等组成。

主轴箱及主轴组件结构如图5-3所示。主轴前端采用NSK高精度双列圆柱轴承和高速精密向心推力球轴承支承定位；主轴轴承采用德国克鲁勃ISOFLEX NBU15高速润滑脂润滑，依靠非接触式的迷宫圈密封，能可靠地保证润滑在长时间内不失效。主轴箱体为带散热片式热对称单主轴结构，整个轴系具有刚度高、温升低、精度高、寿命长、易维修的特点。主轴驱动采用西门子1PH7型主轴电动机，在充分满足机床车削动力参数要求的前提下，使C轴转矩大大提高。主轴通过HTD型同步带由交流主轴电动机驱动。由于采用的是强力型交流主轴电动机，故主轴有较高的输出转矩。主轴采用两点式支承结构，且轴承的配置、组合形式不仅使主轴能满足高转速的需要，而且具有极高的刚度。主轴轴承采用套筒式轴承座，不但提高了轴承的安装精度，而且十分方便机床主轴的维修。

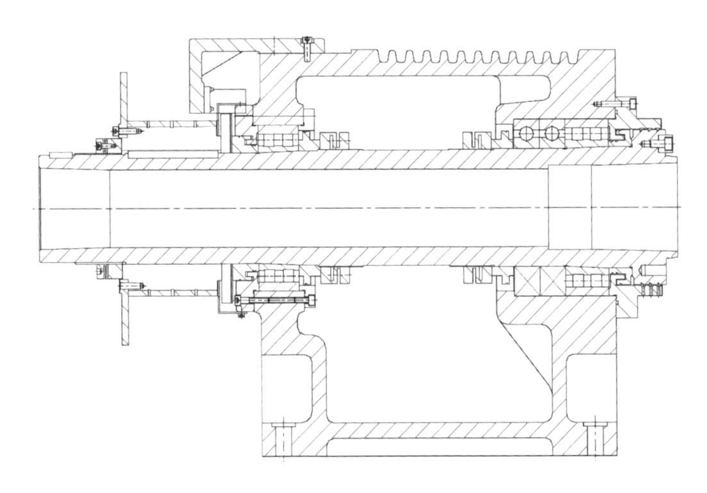

图5-3　主轴箱及主轴组件结构

3）高精度、高刚度的进给轴

机床滚珠丝杠采用外循环双螺母结构并均进行预拉伸，比一般不拉伸丝杠刚度高三倍并大大提高了抵抗热变形的能力。丝杠支承均采用NSK 60°专用角接触轴承，使进给的精度大幅度提高。滚珠丝杠与进给电动机间采用齿形带降速传动。

Z 轴滚珠丝杠与进给电动机间采用行星齿轮箱降速传动，不但可有效克服切削过程中的振动，同时可使进给轴获得更大的进给推力。Z 向进给系统结构如图 5-4 所示。横向进给轴的结构中，X_1 轴类似于 Z 轴结构，只是采用了直驱方式，X_2 轴通过一级齿轮传动带动丝杠。

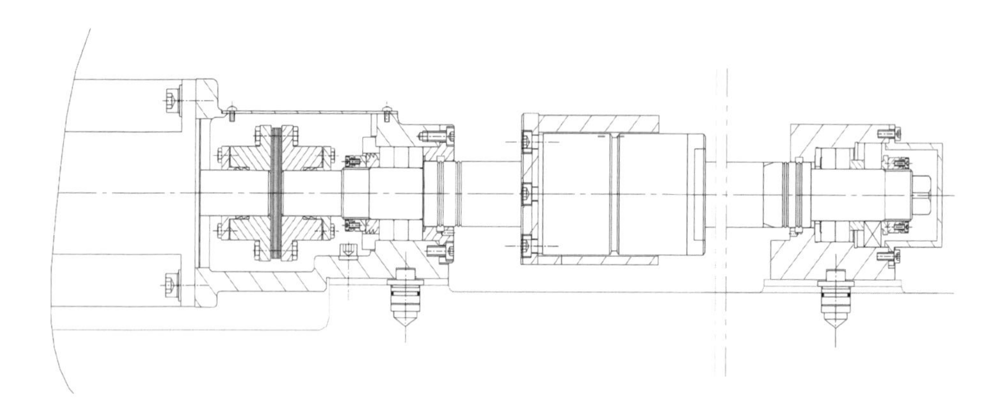

图 5-4　Z 向进给系统结构示意图

4）虚拟 Y 轴

如前文所述，虚拟 Y 轴由倾斜角度为 15° 的斜拖板导轨（ X_2 轴）与倾斜角度为 45° 的大拖板（X_1 轴）共同构成，如图 5-1(b)所示。

这种虚拟 Y 轴的结构设计较好地克服了真 Y 轴结构颠覆力矩大、易引起机床机械系统振动的缺陷。

5）高刚度、高可靠性的刀架

刀架采用意大利 DUPLOMATIC 公司的 ES-B20 刀架。刀具动力轴为电主轴，增大了铣削能力；由力矩电动机驱动的 B 轴带动刀具动力轴在 ±110°范围内转动，可加工具有复杂轮廓的零件。车削工作时，刀具动力电主轴及 B 轴均由齿盘锁紧，铣削时 B 轴缓慢制动。B 轴配置了绝对值编码器，确保刀架无间隙高精度摆动时的定位精度。B 轴结构外形如图 5-5(a)所示。

6）大容量刀库

刀库采用链式结构，刀库容量为 40 把，采用 Capto C6 刀柄，带有两套换刀机械手。刀库结构如图 5-1(c)及图 5-5(b)所示。

7）高刚度副主轴

机床配置高刚度副主轴，采用 A2-6 主轴头，配置德国 SMW(8 in，1 in＝

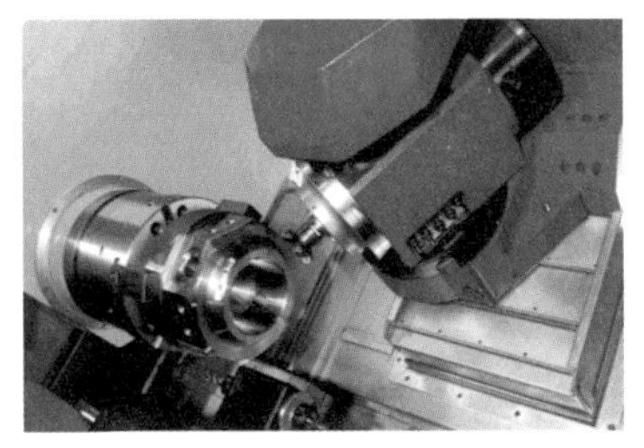

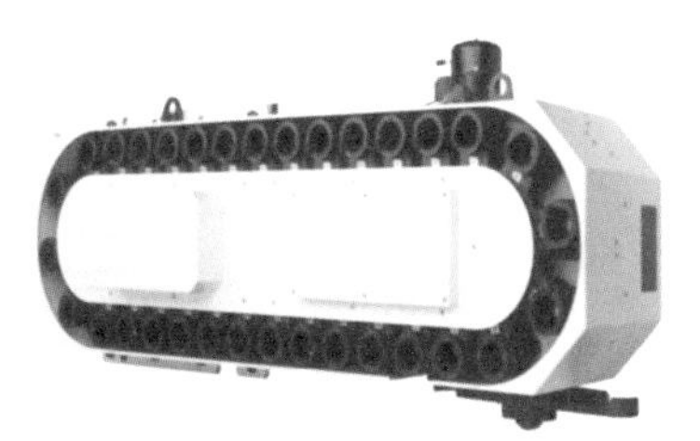

(a) 刀架及B轴结构　　(b) 链式刀库结构

图 5-5　刀架和刀库的结构

25.4 mm)后拉式浮动液压卡盘。副主轴前端轴承采用日本 NSK NN30 系列双列短圆柱滚子轴承＋接触角为 30°的 NSK BA 系列角接触球轴承,后轴承采用 NSK NN30 系列轴承;轴承采用德国克鲁勃 ISOFLEX NBU15 高速润滑脂润滑,整个轴系刚度高、温升低、精度高、寿命长、易维修。

副主轴移动由伺服电动机驱动齿轮齿条完成,稳定可靠。

8) 可调节中心架

机床上安装有德国 SMW 液压自定心中心架 SLU-X3-152,共四个,每两个为一组,采用 T 形槽安装,因此中心架安装方便可调。

9) 自动检测装置

工件检测采用雷尼绍工件检测装置 OMP40,测量稳定可靠。OMP40 采用调制传输功能,抗光干扰能力强。

10)分离式冷却液、铁屑箱

该箱与主机分离,免除了切削热对精度的影响。箱底采用万向脚轮,可向前、向后移动,清理方便;采用高压、高扬程冷却泵,保证了切削时对冷却液的需求并可使某些材料的工件可靠断屑。

11) 机床防护设计

对于高速强力切削,安全设计是极其重要的一个方面。为此,采用全封闭防护罩设计以及伸缩式不锈钢防护罩设计。

12) 数控系统及电气设计

采用先进的西门子 840D 数控系统,具有先进的多点接口(multiple point interface,MPI)总线技术和先进的控制算法,通过网络可以实现远程监控和维修。在电气设计上,采用电气模块化设计方法,使产品的电气部分具有较好的可靠性和易维护性，利于后期自动上下料的实现。

2. 外形

图 5-6 为 MAL-700ATC 数控车铣复合中心最终定型设计的实物照片。

图 5-6　MAL-700ATC 数控车铣复合中心实物照片

5.2.3　铣车复合加工中心主要技术参数和配置

1. 主要技术规格及参数

MAL-700ATC 数控车铣复合中心主要技术规格及参数如表 5-1 所示。

表 5-1　MAL-700ATC 数控车铣复合中心主要技术规格及参数

<table>
<tr><th colspan="3">项目</th><th>参数</th></tr>
<tr><td rowspan="6">能力</td><td colspan="2">床身上最大工件回转直径/mm</td><td>ϕ700</td></tr>
<tr><td colspan="2">滑板上最大工件回转直径/mm</td><td>ϕ600</td></tr>
<tr><td rowspan="2">最大工件加工直径/mm</td><td>车削</td><td>ϕ600</td></tr>
<tr><td>铣削</td><td>ϕ500</td></tr>
<tr><td colspan="2">最大工件车削长度/mm</td><td>4050</td></tr>
<tr><td colspan="2">尾座顶尖至主轴端面最大距离/mm</td><td>4225</td></tr>
<tr><td rowspan="6">主轴</td><td colspan="2">主轴转速范围/(r/min)</td><td>20～2000</td></tr>
<tr><td colspan="2">主轴最大输出转矩/(N·m)</td><td>2256</td></tr>
<tr><td colspan="2">主轴通孔直径/mm</td><td>105</td></tr>
<tr><td colspan="2">主轴头型号</td><td>A2-11</td></tr>
<tr><td colspan="2">液压卡盘直径/in</td><td>10</td></tr>
<tr><td colspan="2">主轴最小分割角度</td><td>0.001°</td></tr>
</table>

续表

项目	内容	参数
行程	*X* 轴行程/mm	550
	Y 轴行程/mm	220(±110)
	Z 轴行程/mm	4050
	B 轴摆动范围	−105°～+105°
	W 轴行程/mm	3500
电动机	主轴电动机额定功率/kW	37/46
	B 轴电动机额定功率/kW	5.4
刀具主轴	*B* 轴最小分割角度	0.001°
	电主轴最高转速/(r/min)	7000
	电主轴功率/kW	16.8/22
刀库	刀库形式	链式刀库
	刀库刀位数/位	40
	刀具最大长度/mm	300
	刀具最大直径/mm	相邻:ϕ100　不相邻:ϕ130
	刀具最大质量/kg	10
	刀柄规格	Capto　C6
	铣、钻、攻螺纹刀具规格	ϕ3～ϕ26/M4～M20
副主轴	副主轴通孔直径/mm	56
	副主轴头型号	A2-6
	副主轴孔锥度	NO:6
	液压卡盘/in	8
CNC系统	西门子 840D	
机床精度	定位精度/mm	*X*:0.015　*Y*:0.015　*Z*:0.03
	重复定位精度/mm	*X*:0.008　*Y*:0.006　*Z*:0.013

2. 主要配置

MAL-700ATC 数控车铣复合中心主要硬件配置如表 5-2 所示。

表 5-2　MAL-700ATC 数控车铣复合中心主要硬件配置

<table>
<tr><th>序号</th><th>配套件名称</th><th>型号与规格</th><th>生产厂家</th><th>备注</th></tr>
<tr><td>1</td><td>数控系统</td><td>840D</td><td>西门子</td><td></td></tr>
<tr><td>2</td><td>主轴电动机</td><td>1PH7167(37/46 kW)</td><td>西门子</td><td></td></tr>
<tr><td>3</td><td>B 轴电主轴</td><td>ES-B20</td><td>DUPLOMATIC</td><td></td></tr>
<tr><td>4</td><td>主轴电动机减速箱</td><td>2K300</td><td>ZF</td><td>1∶1/1∶4 两挡</td></tr>
<tr><td rowspan="2">5</td><td>主轴液压油缸</td><td>SIN-S150</td><td rowspan="2">SMW</td><td></td></tr>
<tr><td>主轴液压卡盘</td><td>AN-M400</td><td></td></tr>
<tr><td rowspan="2">6</td><td>副主轴液压油缸</td><td>SIN-S100</td><td rowspan="2">SMW</td><td></td></tr>
<tr><td>副主轴液压卡盘</td><td>FRC-NI15</td><td></td></tr>
<tr><td rowspan="3">7</td><td rowspan="3">进给电动机</td><td>X 轴:1FT6084
20 N·m</td><td>西门子</td><td></td></tr>
<tr><td>Y 轴:1FT6084
20 N·m</td><td>西门子</td><td></td></tr>
<tr><td>Z 轴:1FT6086
27 N·m</td><td>西门子</td><td></td></tr>
</table>

5.3　智能车铣/磨复合制造装备

5.3.1　车铣复合加工中心结构及功能简介

1. CXFK-SZ50X 双主轴车铣复合加工中心性能概述

图 5-7 展示的是龙口市亨嘉智能装备有限公司生产的 CXFK-SZ50X 双主轴车铣复合加工中心。其主要由机床床座、床身、双动力伺服电主轴、双进给系统、配置 *Y* 轴的双动力刀塔、数控系统、冷却系统、润滑系统、防护系统、排屑器等组成。采用双主轴+双刀塔的组合方式，高效完成中小型产品的机内车、铣、钻一体化加工。根据工件加工形式的不同要求，*X* 轴进给分为直立式进给和插补式进给两种方式。

对于复杂回转体零件，采用普通的车削中心虽然也能够完成车、铣、钻等不同工艺性质的多工序加工，但是其完整性加工一般均需要调头两次装夹才能完成。CXFK-SZ50X 双主轴车铣复合加工中心则很好地解决了这一问题，其突出

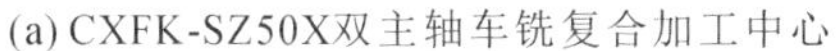
(a) CXFK-SZ50X双主轴车铣复合加工中心

(b) 双主轴＋双刀塔结构

图 5-7　智能车铣复合加工中心

的加工能力在于，双主轴加工能实现机内工件的自动对接交换和复杂工件的全序加工。根据需要，双主轴还可以同步进行车、铣、钻、铰、镗加工，一次装夹完成全部工序。配置外部机械手或后部增加棒料自动送料机，就可以组成少/无人化的单机自动加工单元；配置外部自动化的预留对接接口，可与工厂内部的制造执行系统自动化控制软件对接，实现现代化工厂的智能化加工要求。

2. 主机结构及运动设计特点

1）结构设计特点

图 5-8(a)～(e)分别示出了 CXFK-SZ50X 双主轴车铣复合加工中心整体三维结构模型以及左刀塔、左主轴、右刀塔、右主轴三维结构模型。该复合加工中心的主要结构特点如下：

(1) 机床结构布局基于常规卧式车削中心倾斜 45°床身结构布局；

(2) 运动链设计采用 $Cs_1X_1Y_1+Cs_2X_2Z_1+Y_2Z_3$ 三模块开式结构；

(3) 采用双主轴、双刀塔结构，且左边为主主轴、主进给系统，右边为副主轴。双刀塔上均有多个动力铣头。

2）运动设计描述

该复合加工中心采用了双主轴、双刀塔结构，相当于两台车铣集成设备。其中左主轴具有 Cs_1 控制功能，左刀塔用于实现 X_1、Y_1 轴控制，右主轴用于实现 Cs_2、Z_1 轴控制，右刀塔用于实现 Y_2、X_2 轴控制，累计共七个运动轴，采用双通道控制方式，可实现二至四轴联动控制；两个刀塔均有八个工位，依据需要安

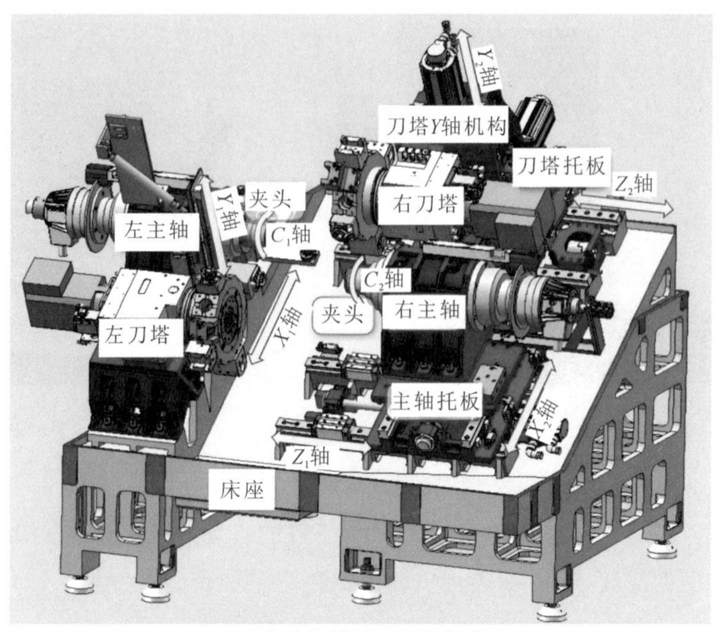

(a) 三维结构模型及坐标轴分布

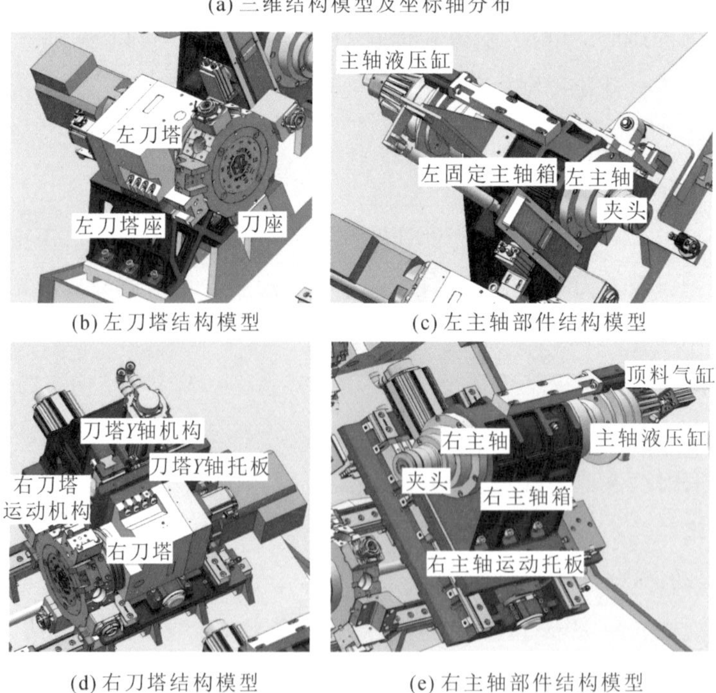

(b) 左刀塔结构模型　(c) 左主轴部件结构模型

(d) 右刀塔结构模型　(e) 右主轴部件结构模型

图 5-8　CXFK-SZ 系列双主轴车铣复合加工中心三维结构模型

装车刀、铣头，可实现旋转分度换刀。主、副主轴可以各自通过 X_1、X_2 轴控制调整至同轴线位置，均通过端部液压夹头夹紧和交换工件，且都具有 Cs 控制方式。这种运动设计省掉了柱体工件的调头加工，大大节省了辅助装夹时间，且扩大了加工工艺范围。

3. 车铣复合加工中心主要功能及技术参数

CXFK-SZ50X 双主轴车铣复合加工中心具备车削与铣削加工功能，具有自动送料、夹紧、切断、收料功能，主要技术参数如下。

(1) 主轴数量：双主轴，左为主主轴，右为副主轴。

(2) 主轴转速：最高转速为 6000 r/min。

(3) 主轴参数：功率为 15 kW，转矩为 200 N·m。

(4) 最大加工范围：ϕ50 mm×100 mm。

(5) X/Z 轴行程：X 轴为 200 mm，Z 轴为 400 mm。

(6) 定位精度：X 轴为 0.006 mm，Z 轴为 0.01 mm。

(7) 重复定位精度：X 轴为 0.003 mm，Z 轴为 0.005 mm。

5.3.2 车磨复合加工中心装备结构及功能特点

1. 车磨复合加工中心结构模型及功能

图 5-9 所示为 CMFK-L450 数控立式车磨复合加工中心实物及三维结构模型。这是一款专门针对制动盘行业研制生产的立式智能制造装备，该装备整合了刹车盘的双面精车和研磨工序，主要针对刹车盘半精车后要求磨花的产品，首先进行刹车盘双刹面的精车加工，继而进行双刹车面的磨花加工，一次性装夹完成多道加工工序，避免了工件二次装夹，极大地节省了人工，提高了生产效率。

2. 结构设计及性能特点

CMFK-L450 数控立式车磨复合加工中心的主要结构设计及性能特点如下。

(1) 机床的床座采用热对称式箱形肋板结构，材料为 HT300，可使热变形降至最低，为车磨切削提供强大的支撑力。

(2) 采用专用的磨床直驱主轴磨头，配置上、下双砂轮结构，具有高转速、大转矩、高精度等优良性能，运行稳定，加工精度高。

(a) 结构外形

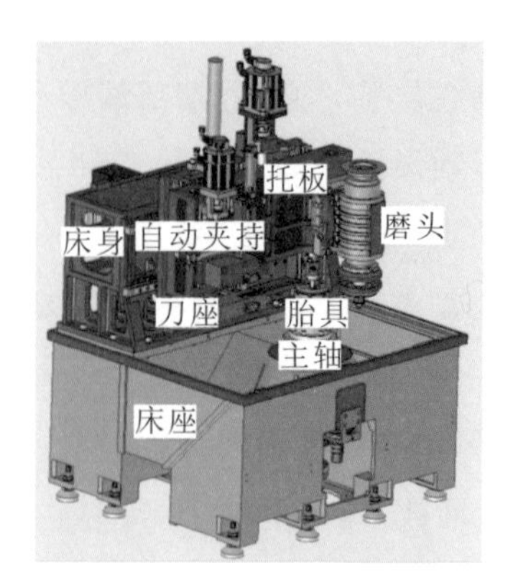

(b) 三维结构模型

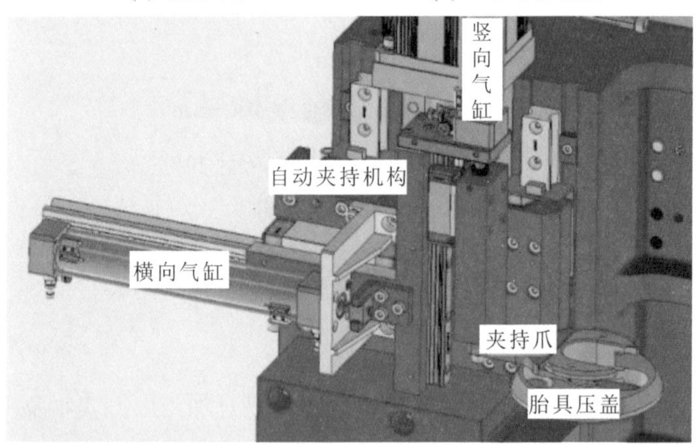

(c) 夹持机构及胎具压盖

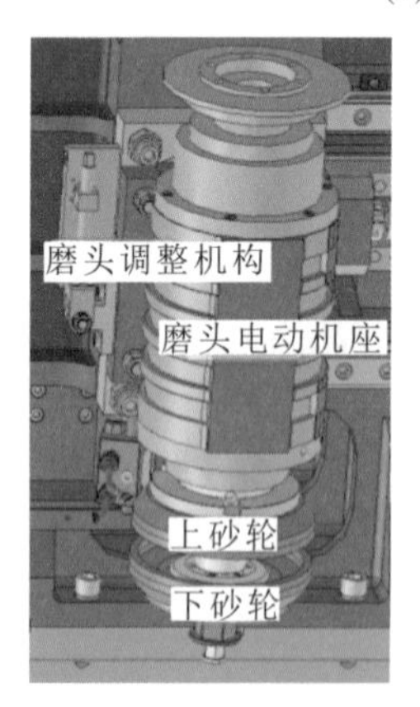

(d) 磨头主轴机构

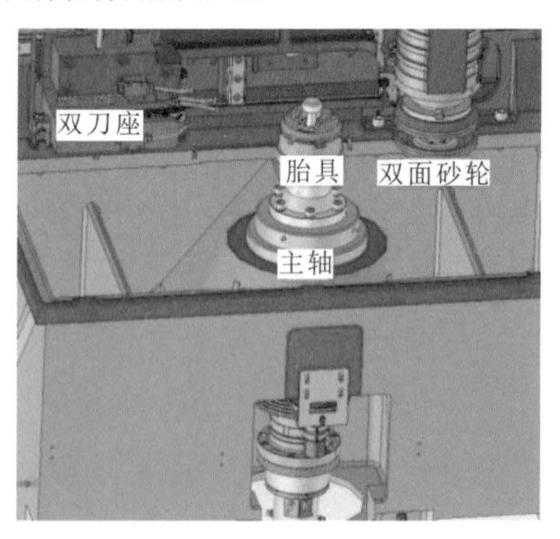

(c) 双车刀座及工件主轴

图 5-9　CMFK-L450 数控立式车磨复合加工中心

(3) 具有高强度、可承受重载荷的进给部件及丝杠导轨,传动精度和支承刚度高,为刹车盘的强力快速切削和磨削提供保障。

(4) 机床内部采用门式立柱、立式工件主轴、双车刀刀架和立式磨削主轴结构形式,可与上、下工序共同组线,上下料可采用机械手组线自动上下料,也可以人工组线上下料。

(5) 采用高封闭性的多层级防护手段,能最大限度地保证导轨、丝杠的自身精度。

(6) 数控系统根据客户个性化要求,可配备西门子、发那科、新代、凯恩帝等国内外数控系统,既可单机运行加工,又可联机组线实现机械手自动上下料。

5.4 精密数控磨复合制造装备

作为减材精密制造的一种方法,实现金属加工件精密磨削加工的装备是制造业广泛应用的一类工作母机,其主要分为平面磨、柱面磨以及异形功能表面磨削等制造装备。

这里简单介绍J4K-321精密复合数控磨床的研发案例。

5.4.1 J4K-321精密复合数控磨床结构设计和运动设计

1. 结构设计

J4K-321精密复合数控磨床是由济南四机数控机床有限公司生产的一种磨削内孔和外圆的复合数控磨削装备,典型的加工内容为精密机床空心主轴、法兰柱类回转体内外圆表面的高精度磨削加工。其主要技术指标:加工工件直径不大于320 mm,加工长度不大于1000 mm,磨削外圆圆度不大于0.4 μm,外圆表面粗糙度 *Ra* 不高于0.01 μm,内孔圆度不大于0.5 μm。图5-10(a)所示为J4K-321精密复合数控磨床三维整体结构模型。其主要由床身、工作台、纵/横向进给机构、头架、砂轮架、转台、内圆砂轮磨头、尾架以及砂轮轴系油冷机、转台水冷机、转台抱闸油箱、液压站等组成。针对其高性能技术指标要求,在结构设计上采取了针对性解决方案措施,主要如下:

(1) 采用高精密树脂床身,以提高机床整体的抗振能力,解决磨削过程中工件表面出现的振纹、棱形等问题,保证磨削的高精度和稳定性(对环境温度不敏

感)。

(2) 采用大锥度、多油楔、自动调隙的动压滑动砂轮箱轴系,以降低磨削表面粗糙度,使外圆表面粗糙度 Ra 不高于 0.01 μm。

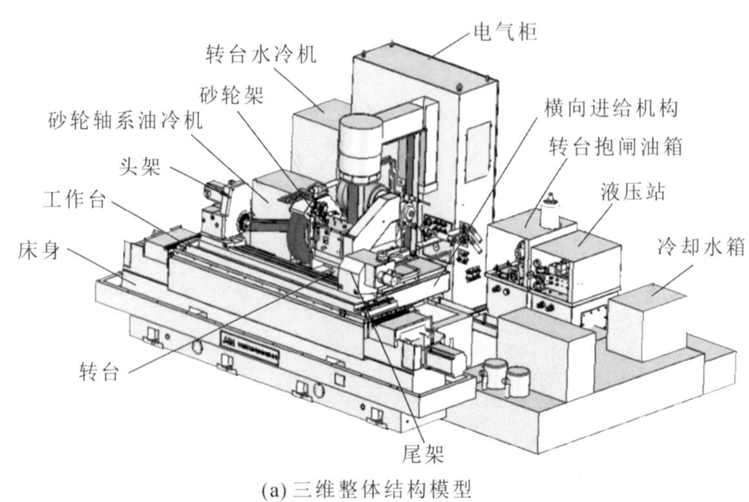

(a) 三维整体结构模型

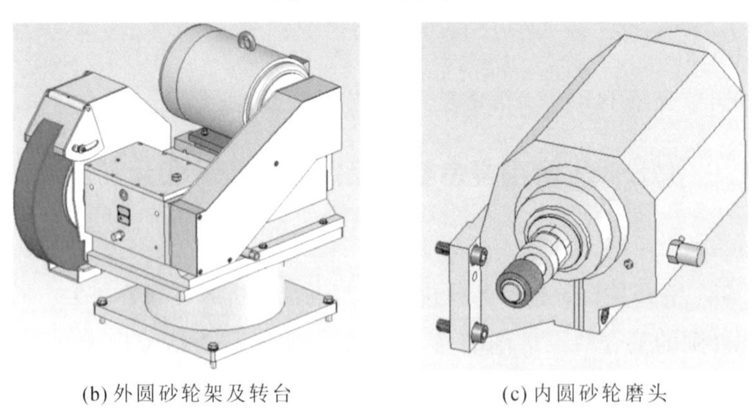

(b) 外圆砂轮架及转台　　(c) 内圆砂轮磨头

图 5-10　J4K-321 精密复合数控磨床三维整体结构及部件模型

(3) 采用高回转精度、大承载能力的力矩转台,以解决砂轮的自动更换问题。

(4) 采用机床头架大锥度动压滑动轴承支承轴系,以实现头架主轴高精度回转;采用高精度内圆磨头电主轴结构,以使内孔圆度不大于 0.5 μm。

(5) 采用高精度伺服驱动进给,以保证磨削尺寸精度。

(6) 配备工件在机精密检测装置,以实现高精度闭环反馈控制补偿。

(7) 研发适合内、外圆复合磨削的控制软件，以实现内、外圆高精度复合磨削控制。

2. 运动设计

该机床需要实现的运动主要包括工作台的纵向进给，砂轮磨头的横向进给及内、外圆磨头转台的旋转运动，外圆砂轮头架的旋转运动，内圆磨头的旋转运动以及头架旋转运动。图 5-10(b)(c)所示的外圆砂轮和内圆砂轮磨头是借助转台数控轴的精密控制来实现自动调换的。

5.4.2 J4K-321 精密复合数控磨床的主要技术参数和性能验证

1. J4K-321 精密复合数控磨床的主要技术参数

表 5-3 所示为 J4K-321 精密复合数控磨床的主要技术参数。

表 5-3 J4K-321 精密复合数控磨床主要技术参数

项目	主要技术参数
中心高	180 mm
顶尖距	1020 mm
最大磨削直径	ϕ320 mm
最小磨削直径	ϕ10 mm
最大磨削长度	1000 mm
磨削孔径范围	ϕ10～ϕ200 mm
磨削孔深	≤200 mm
工件质量	≤100 kg
砂轮架横向进给精度	±0.002 mm
工作台纵向进给精度	±0.003 mm
外径砂轮最大尺寸	ϕ500×80×ϕ203 mm
外径砂轮最小尺寸	ϕ400×15×ϕ203 mm
砂轮线速度	≤45 m/s
磨削外圆圆度	≤0.4 μm
磨削外圆表面粗糙度	Ra≤0.01 μm
内孔圆度	≤0.5 μm

2. J4K-321 精密复合数控磨床的性能验证

图 5-11(a)所示为某机器零件图，该零件外圆、内孔及表面质量要求都比较高，在该机床上进行最终精加工磨削，圆度误差及表面质量经检测均达到设计要求。图 5-11(b)(c)给出了所加工出零件的实际外圆、内孔圆度的测试结果，圆度误差分别是 0.2 μm、0.40861 μm。

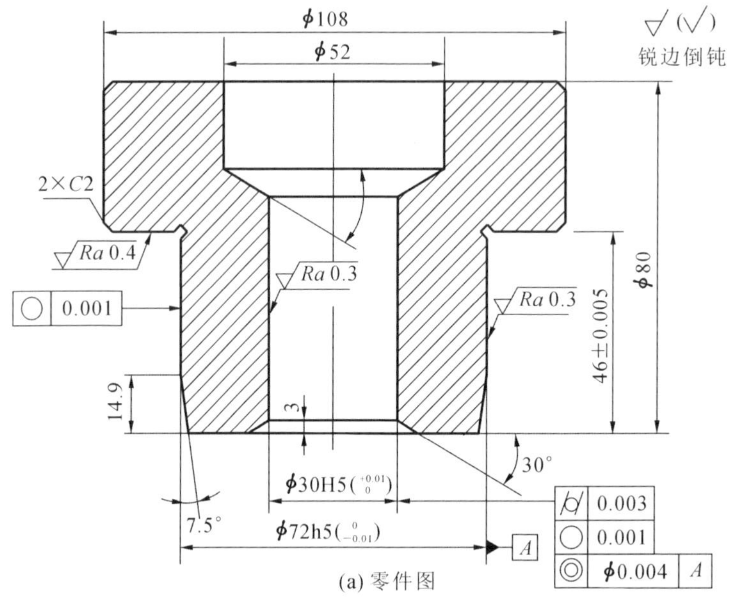

(a) 零件图

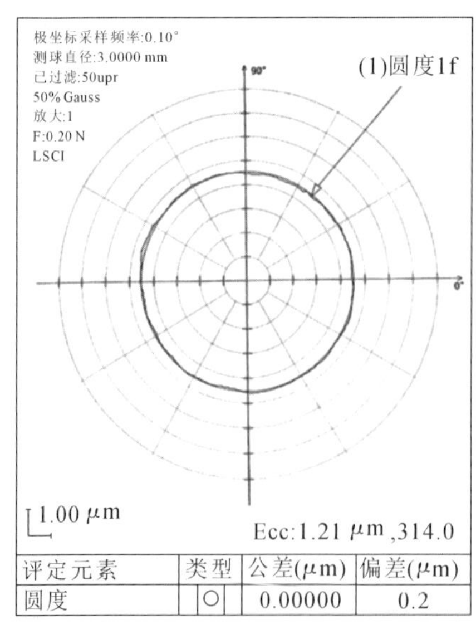

(b) 顶磨外圆圆度

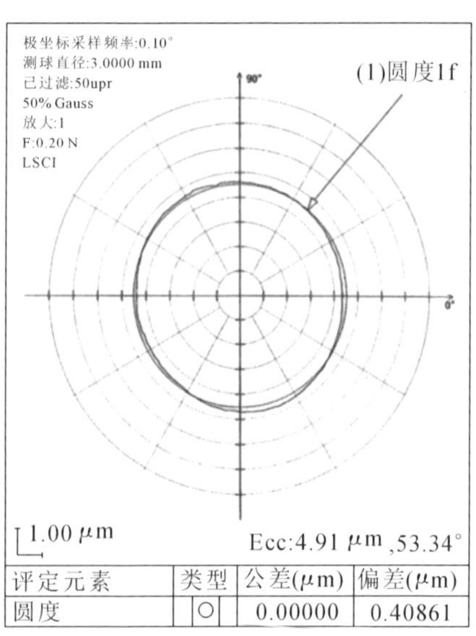

(c) 夹磨内孔圆度

图 5-11 零件图及零件检测结果

5.4.3 智能柔性制造单元

上述车削复合制造装备和车磨复合制造装备配备工件自动上、下料机构后便构成一个简单的智能柔性制造单元，可实现某一零件族的多工序集成高效完整加工。通过工序的有效科学集中、减少装夹次数、缩短工件周转时间等，可保证零件制造的加工精度和效率。除了通过复合加工中心或多台加工中心组合加上专门的上下料机构装置形成的柔性制造单元，另一类由机器人参与的机器人柔性制造单元在实际生产中也得到了广泛的应用。

1. 基于 CXFK-SZ50X 双主轴车铣复合加工中心的智能柔性制造单元

根据实际企业需求，在 CXFK-SZ50X 双主轴车铣复合加工中心基础上，集成自动上、下料装置，构建个性化智能制造单元，可高效、批量、自动化完成给定零件所有工序的加工需求。

1）基于 CXFK-SZ50X 双主轴车铣复合加工中心的智能柔性制造单元结构

图 5-12 所示为配备自动上料与下料装置的 CXFK-SZ50X 双主轴车铣复合加工中心单元结构。机床外加装了适应产品棒料特性的送料机构、下料机构等，其中：送料机构主要由储料仓、进料仓、顶料机构、气缸等组成，由人工在储料仓中预先装入多根原材料棒料；下料机构主要由推料气缸、推料杆、导料管、工件箱等部件组成。储料仓长度为 500～3000 mm，宽度为 700 mm，可放置 ϕ10～ϕ80 mm 的长棒料，储料仓下部设有顶料气缸，由数控系统控制，按照指令把储料仓中的单根料棒顶起，送入进料仓内后退回，等待下一指令。

2）圆棒料自动上料机构及工作原理

进料仓主体设有伺服电动机、液压马达、导向滑轨、轴承支承托轮、浮动轴承滚轮（控制气缸运动）、顶料送料杆、有料检测开关、送料到位开关等部件。检测到进料仓棒料到位后，系统发出指令，使液压马达启动，带动滑轨上的送料杆推动棒料顺主轴内的导料管进入主轴 1 内孔；伺服电动机输送棒料，前部定位挡块限定棒料伸出长度，弹簧筒夹夹紧棒料，浮动轴承滚轮带动气缸下行，与轴承支撑托轮一起抱住料棒，准备切削。

3）自动下料机构及工作原理

主轴 2 加工完成后，移至工件收料口处，夹头松开，气缸驱动推料杆把工件推入导料管内，工件顺着导料管落到工件箱内。导料管内铺衬了耐磨性能极好

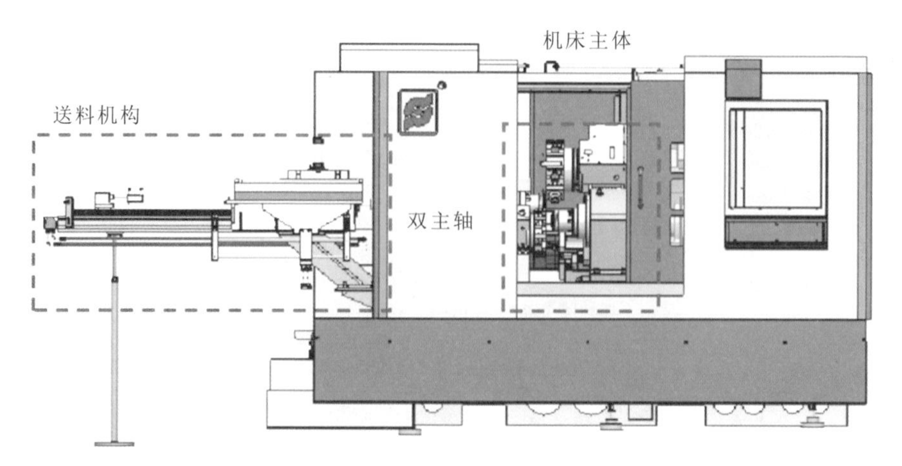

(a) 主机+送料机构

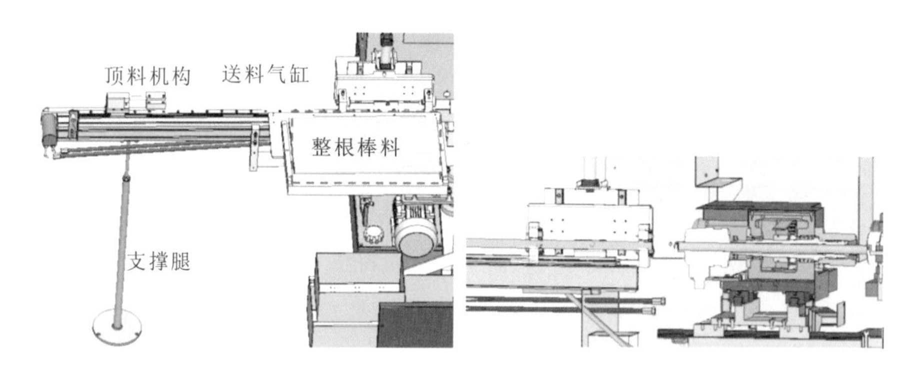

(b) 自动送料机构部分结构示意图

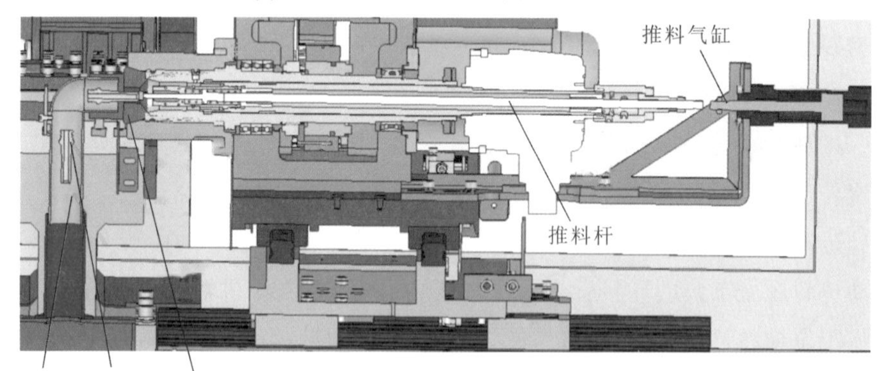

(c) 下料机构结构示意图

图 5-12 CXFK-SZ50X **双主轴车铣复合加工中心单元结构示意图**

的树脂管，避免造成已加工完成的工件的磨损。工件箱内放置黏稠度比较高的润滑油以起到缓冲作用，避免零件滑落时表面磕伤。

4）自动运行流程

生产单元各设备均独立运行，产品可在相应设备上完成所有加工内容。自动送料装置为各设备进行补料；设备通过程序控制完成自动装夹、自动加工、自动切断与自动调头；产品加工结束后自动下料，如此往复循环。车铣复合智能柔性制造单元自动化生产运行流程如图5-13所示。来料由人工装入送料器并扫码识别产品类别，从而调取自动加工程序；送料装置将原材料自动送入主轴装夹，运行程序完成所有工序加工；产品下料到集料器；系统检测主轴内是否有料，有料则自动进料到位装夹，继续下一个工件的加工，无料则反馈信息到送料装置，由其送料，准备好下面产品的加工。

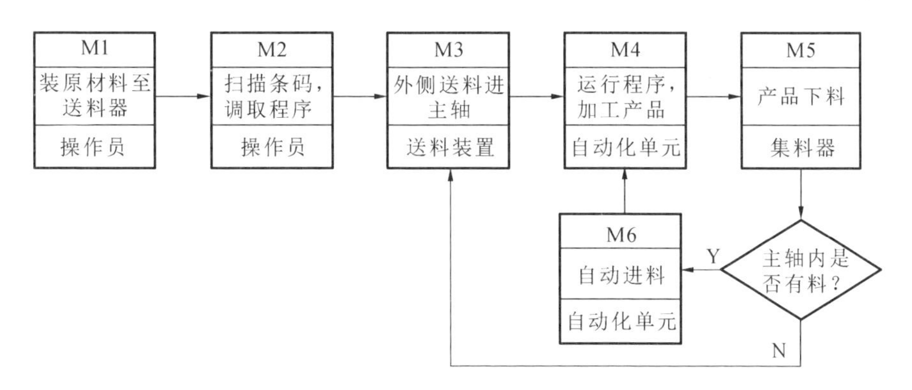

图5-13　车铣复合智能柔性制造单元自动化生产运行流程

2. 智能机器人柔性制造单元

如今，随着各种串并联结构机械臂、固定工业机器人、自动导引小车（AGV）、工业物联网技术的迅速发展，充分利用机器人运动的柔性，使机器人参与到生产环节的智能机器人柔性制造单元在制造业逐渐得到发展与应用。这类具有高度柔性的机器人加工单元可以高效解决目前很多传统固定式设备难以解决的加工问题。目前应用的智能机器人柔性制造单元主要有固定式智能机器人柔性制造单元和移动式智能机器人柔性制造单元两大类。

1）固定式智能机器人柔性制造单元

图5-14(a)所示为复杂法兰零件的智能机器人柔性加工场景。该智能机器

人柔性制造单元以机器人为中心，围绕机器人布置了十余把不同的动力刀具头，并配置了工件自动喂料、卸料转运机构。法兰零件四周边缘平面和四周断面等不同方位表面有上光孔、螺纹孔以及复杂字形（VYMS）曲线槽等。按照加工工序，机器人前端夹持机构从喂料工位取走工件并依次到相应各刀具加工工位，调整好加工姿态并进给完成工件所有加工，整个法兰盘加工过程不同工序间的空间运移、姿态变化、定位及加工进给等所有运动行为均依靠具有高度柔性的机器人完成。

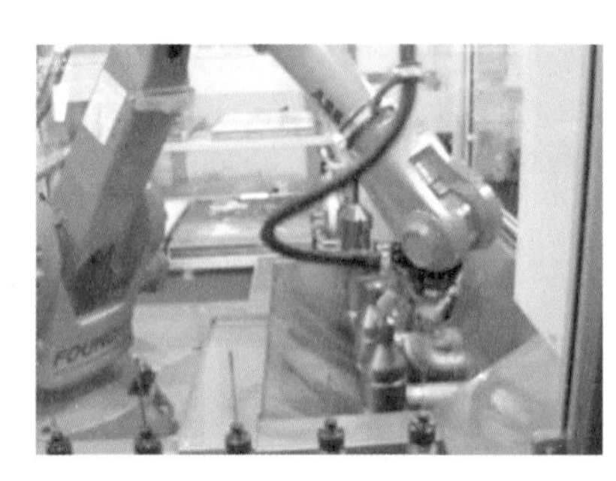

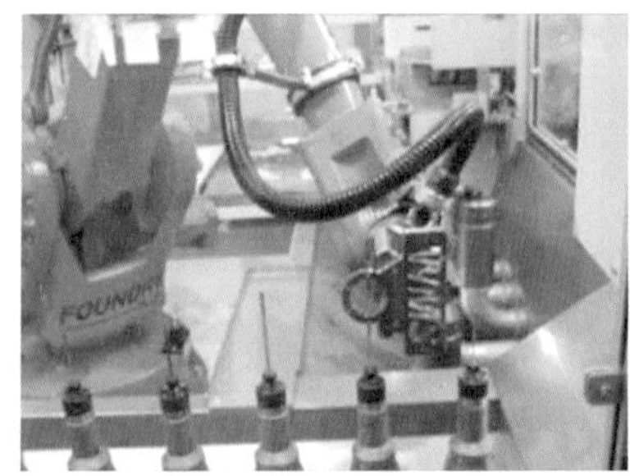
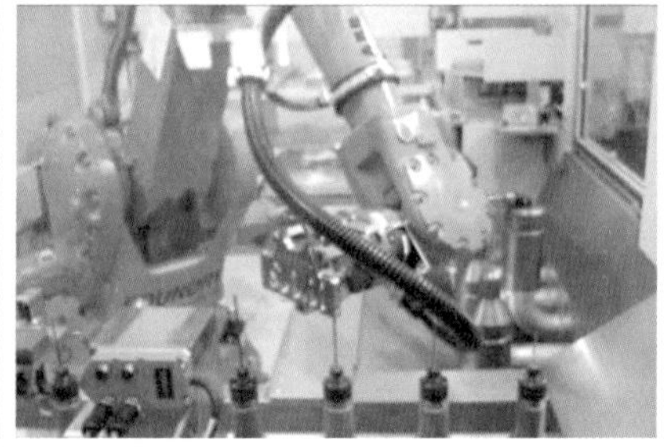

(a) 固定式智能机器人柔性制造单元

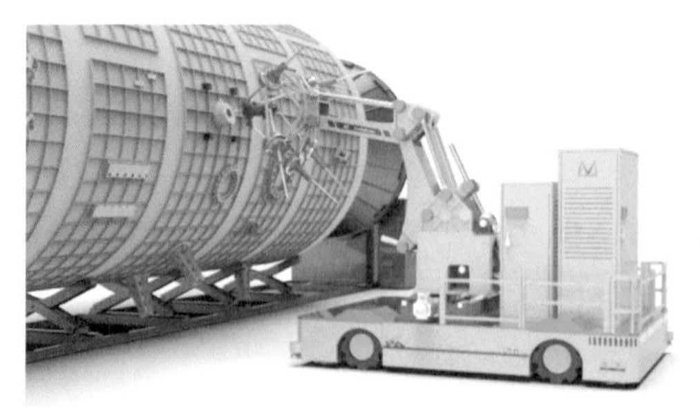
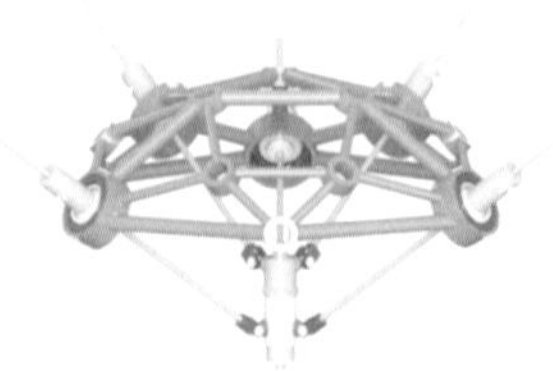

(b) 移动式智能机器人柔性制造单元

图 5-14　智能机器人柔性制造单元

2）移动式智能机器人柔性制造单元

图5-14(b)所示为一种混联结构的移动式智能机器人柔性制造单元。该智能机器人柔性制造单元由清华大学刘辛军教授团队研制，主要采用“全向移动平台＋高刚度机械臂＋五轴并联加工部件”构型。该移动式智能机器人柔性制造单元具备大范围定位和局部精细加工能力，其并联机构采用轻量化设计并具有五轴联动功能，已在航天制造企业应用于多种型号产品生产，解决了航天器舱体、卫星结构等大型构件的高效高精加工难题。

如图5-14(b)所示，将并联机构作为一个刀具单元，安装到机械臂末端后再装到AGV全向移动平台上，通过并联机构刀具单元＋机器人＋AGV移动平台的有效集成，构成新型移动式智能机器人柔性制造单元，不仅可以满足大型复杂构件的原位加工需求，还可以满足某些野外作业的重大装备和人难以接近的危险场合的现场加工需求。

事实上，移动式智能机器人柔性制造单元颠覆了传统固定式制造模式。移动式智能制造单元/系统/工厂，可以高效快捷地完成极端条件下的制造需求。这里的极端条件下的制造有两层含义：一层是指具有极端尺寸的零件的制造，如航空航天、轨道交通以及船舶等领域的极大尺寸复杂结构件的原位制造；另一层则是指在人不易接近的极端危险、恶劣环境下的制造。

总之，充分利用机器人的柔性特点，随着机器人加工精度的提高，由移动平台＋机器人＋智能制造执行单元构成的满足不同工艺需求的各种移动式智能机器人柔性制造单元在实际智能制造工程中将会越来越多地得到应用，由机器人作为主角构成的固定式、移动式智能机器人柔性制造单元将会在各种制造行业发挥日益重要的作用。

5.5 智能柔性制造系统

5.5.1 柔性制造系统概述

柔性制造系统(flexible manufacturing system，FMS)的概念最早由英国莫林斯(Molins)公司提出，该公司1965年获得了FMS发明专利，并在1967年推出了第一套FMS——Molins System-24。该系统可以加工一系列不同零件。

操作工人把工件安装在托盘上，然后托盘被送到各台机床上；每台机床配有一个刀库，系统从刀库中选用刀具进行各种不同的加工操作；多台机床的控制由一台计算机实现，整个系统可无人看守，实现 24 h 自动化运行。

FMS 是市场需求的产物，它适应了多品种、小批量生产的要求。同时，数控技术、计算机技术、机器人技术以及现代管理技术的发展和进步，为 FMS 的发展提供了条件。在 FMS 诞生后，世界上各工业发达国家争相发展和完善这项新技术，使柔性制造技术得到了迅速的发展，一系列柔性制造单元(FMC)、柔性制造自动线(FML)、FMS 等先进制造装备和系统被开发出来，并在实际应用中取得了明显的经济效益。而今随着人工智能、智能制造、大数据、云计算技术的发展，智能 FMS 和智能工厂也成为当今智能制造装备发展的又一重要方向。随着智能制造技术的发展，智能 FMS 的应用范围将不断扩大。

1. FMS 的定义与组成

FMS 是由若干台数控设备、物料运储装置和计算机控制系统等组成，能根据制造任务和生产品种变化而迅速进行调整的自动化制造系统。它能迅速响应市场需求而相应调整生产产品品种，适合多品种、中小批量个性化生产。

如图 5-15 所示，FMS 主要由加工系统、物流系统、计算机管控系统三个子系统组成。这三个子系统有机结合，构成了 FMS 的能量流、物料流和信息流。

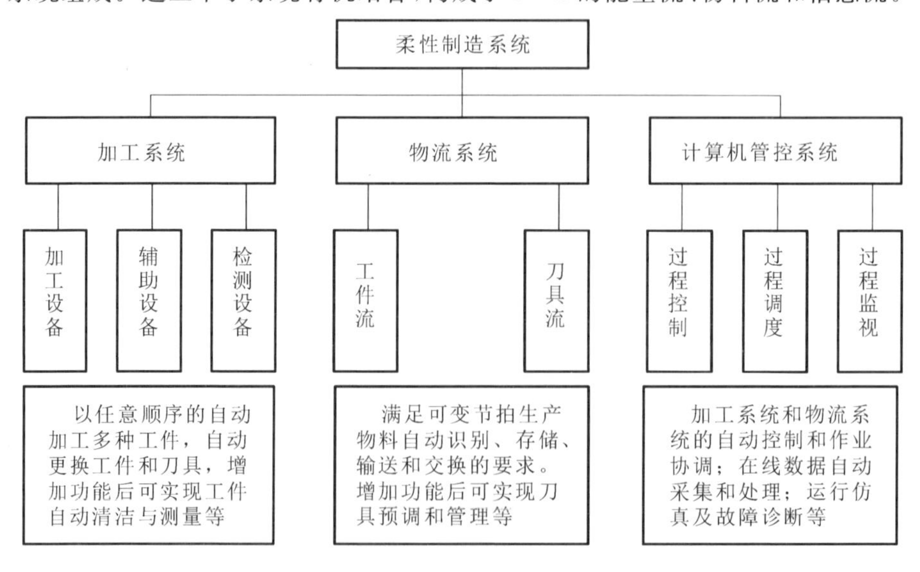

图 5-15　FMS 的基本构成框架

1）加工系统

加工系统由两台以上的数控制造装备、加工中心或柔性制造单元，以及其他的加工设备所组成，能实现多种工件的自动加工，工件和刀具的自动更换，甚至可实现工件的自动清洁和测量。

2）物流系统

物流系统由工件流和刀具流组成。工件流由工件装卸站、自动化仓库、AGV、机器人、托盘缓冲站、托盘交换装置等组成，能对工件和原材料进行自动装卸、运输和存储。刀具流包括中央刀库、机床刀库、刀具预调站、刀具装卸站、AGV 或机器人、换刀机械手等，能满足变节拍生产的刀具自动识别、存储、输送和交换的要求，实现刀具的预调和管理等功能。

3）计算机管控系统

计算机管控系统的作用就是实现对整个制造系统的有效控制和管理，包括实现在线数据的采集和处理，实现 FMS 的计划调度、运行控制、物料管理、系统监控和网络通信等功能。

2. FMS 的特点

FMS 有两个主要特点，即高柔性和高度自动化。

1）高柔性

FMS 与传统的单一品种的刚性自动生产线相比的主要特点是具有高柔性，能适应多品种中小批量生产需求。一个理想的 FMS 应具备八种柔性：

（1）设备柔性　设备柔性指系统中的加工设备具有适应加工对象变化的能力，衡量指标是当加工对象变化时系统软、硬件变更与调整所需的时间短。

（2）工艺柔性　工艺柔性指系统能以多种方法加工某一族零件的能力，又称混流柔性，衡量指标是系统能够同时加工的零件品种数。

（3）产品柔性　产品柔性指系统能够经济而迅速地转换到一族新产品生产的能力，衡量指标是系统从一族零件加工转向另一族零件加工所需的时间。

（4）工序柔性　工序柔性指系统改变每种零件加工工序先后顺序的能力，衡量指标是系统以实时方式进行工艺决策和现场调度的水平。

（5）运行柔性　运行柔性指系统处理局部故障并维持原定工件生产的能力，衡量指标是系统发生故障时生产率下降的程度或处理故障所需的时间。

（6）批量柔性　批量柔性指系统在成本核算上能适应不同生产批量的能

力，衡量指标是系统保持经济效益的最小运行批量。

(7) 扩展柔性　扩展柔性指系统根据生产需要能方便地进行模块化组建和扩展的能力，衡量指标是系统可扩展的规模和扩展难易程度。

(8) 生产柔性　生产柔性指系统适应生产对象变换的范围和综合能力，衡量指标是前述七项柔性的总和。

2) 高度自动化

FMS采用了基于计算机数字控制技术的多台加工设备和其他生产设备，各设备通过物料输送装置连接。FMS具有高度自动化的特点，主要表现为：

(1) 系统内各机床在工艺能力上互补或可相互代替；

(2) 可混流加工不同的零件；

(3) 系统局部调整或维修不中断整个系统运作；

(4) 采用多层计算机控制，可以与上层计算机联网；

(5) 可进行三班无人干预生产。

5.5.2　FMS的加工系统

FMS中的加工系统是实际完成加工任务，将工件从原材料转变为产品的执行部分。加工系统的结构形式以及所配备的机床数量、规格、类型取决于工件的形状、尺寸和精度要求，以及生产批量和加工自动化程度。

1. 加工单元类型

目前在FMS上加工的零件一般具有一定的复杂度，其主要有两大类：一类是棱柱体类零件，如箱体、框架、平板灯；另一类是回转体类零件。对于加工棱柱体类零件的FMS，其设备一般选用立式、卧式或立卧两用的加工中心，数控组合机床，托盘交换器。用于加工回转体类零件的FMS，通常选用数控车床或车削加工中心、数控组合机床、上下料机器人，以及棒料输送装置等制造装备。FMS按其机床设备的配置方式，有互替式、互补式以及混合式等多种形式，以满足FMS柔性和高效率的生产要求。

1) 互替式配置

互替式配置是指纳入FMS的机床是并联关系，各机床功能可以互相代替，工件可随机输送到任何一台恰好空闲的机床上加工。在这种配置形式中，若某台机床发生了故障，系统仍能维持正常的工作。机床应具有较大的工艺柔性和较宽的工艺范围。

2）互补式配置

互补式配置是指纳入FMS的各机床功能是互补的，各自完成特定的加工任务，工件在一定程度上必须按顺序经过各台加工机床。当零件族中的全部工序不能被一种机床完全覆盖时必须采用这种配置。这种机床配置形式的特点是具有较高的生产率，能充分发挥机床的性能，但由于各机床采用串联配置形式，因而系统的可靠性降低，即当某台机床发生故障时，系统就不能正常地工作。

3）混合式配置

混合式配置系统中，有的机床采用互替式配置，有的机床采用互补式配置，能充分发挥两种方式各自的优点。

2.加工系统性能要求

由于FMS所加工的零件多种多样，因此所需的FMS加工机床类型也是多样化的。无论采用什么形式的加工系统，纳入FMS的机床都应当是可靠的、自动化的、高效率的加工设备，其实用性、匹配性和工艺性应良好，并能适应加工对象在尺寸范围、精度、材质等方面的特点。它应具备如下的性能要求。

（1）工序集中。

所选用的机床应尽可能地工序集中，如选用多功能机床、加工中心等，以减少工位数，减轻物流的负担，并减少装夹次数，保证加工质量。

（2）控制功能强、可扩展性好。

如选用模块化结构、外部通信功能和内部管理功能强、有内装PLC、有用户宏程序的数控系统，以便与上下料、检测等辅助设备相连接，增加各种辅助功能等。

（3）高刚度、高精度、高速度。

切削功能强、加工质量稳定、生产效率高、经济性好（如导轨油可回收）、排屑处理快速彻底等，以延长刀具使用寿命，节省系统运行费用。

（4）可操作性、可靠性、可维修性好，具有自保护性和自维护性。

如能设定切削力过载保护、功率过载保护、运行行程和工作区域限制等，具有故障诊断和预警功能等。

（5）对环境适应性与保护性好。

对工作环境的温度、湿度、噪声、粉尘等要求不高，各种密封件性能可靠、无泄漏，切削液不外溅，能及时排除烟雾、异味，噪声振动小，能保持良好的工作环境。

5.5.3 FMS的物流系统

自动化的物流系统是FMS必不可少的组成部分。其输送对象有工件、夹具、刀具等物料，又常常分为两个子系统：一个是工件流支持子系统，另一个是刀具流支持子系统。

5.5.3.1 工件流支持子系统

工件流支持子系统由自动化仓库、工件装卸工作站、托盘缓冲站、物料运载装置等组成。物料运载装置通过物料运送线路在自动化仓库、工件装卸工作站、托盘缓冲站等之间传送物料。

1.自动化仓库

FMS中输送线本身的储存能力一般较小，当需加工的工件较多时，大多设立自动化仓库(见图5-16)，用于存储毛坯、在制品、夹具、工装组件、托盘等。自动化仓库可以分平面仓库和立体仓库。

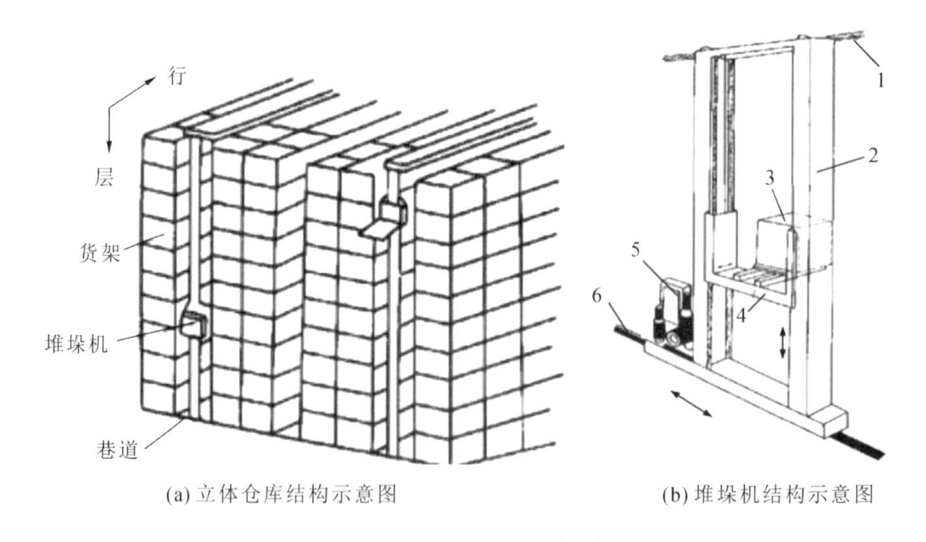

(a)立体仓库结构示意图　(b)堆垛机结构示意图

图5-16　自动化仓库及堆垛机

1—上导轨；2—支柱；3—物料；4—托架；5—移动电动机；6—传感器

平面仓库结构简单、投资小，但占地面积大，只适用于小规模生产企业和大型工件的存储。

图 5-16(a)为立体仓库的结构示意图。其主要由堆垛机、高层货架、场内有轨运输车、控制计算机等组成。高层货架成对布置，货架之间有巷道，物料按分类和细目分别存放在货架的存储笼内。每个巷道配有自己专用的堆垛机，如图 5-16(b)所示。堆垛机是一种三维的搬运设备，能沿巷道移动，其起重托架能够自动升降。当找到需要的货位时，货叉会自动将物料推入存储笼内，或从存储笼中取出物料。自动化仓库内的每个存储笼都设有固定的地址编码，每种物料也都编有物料码。这些编码按一一对应的关系存储在计算机内，在从物料准备入库到完成加工的整个物料流动过程中，物料代码、存放地址和工艺流程等信息始终由计算机进行跟踪，物料入库、搬运、出库和在机都是由计算机系统自动控制的。立体仓库虽然结构复杂、投资大，但占地面积小；由于货位采用多层布局，能有效地利用空间；堆垛机可以自动寻址和移载，从而可大大节约物料运送时间。立体仓库适用于大中型企业的中小件柔性自动化生产管理。

2. 工件装卸工作站

工件装卸工作站是安装和拆卸工件及夹具的场所，它的主要作用是为加工单元提供已经安装好的工件/夹具/托盘组件。工件装卸工作站设在 FMS 的入口处，通常由机器人或人工完成对毛坯和已加工工件的装卸。

3. 托盘缓冲站

托盘缓冲站是暂时存放工件/夹具/托盘组件的场所，它的主要作用是在加工单元无空闲而出现等待加工的工件/夹具/托盘组件，或装卸站无空闲而出现已加工的工件/夹具/托盘组件时，暂时将其存储起来。托盘缓冲站一般设置在机床附近，呈直线形或环形布置，可存储若干个工件/夹具/托盘组件。当机床发出已准备好接收工件信号时，系统通过托盘交换器将工件从托盘缓冲站送到机床上进行加工。

4. 物料运载装置

物料运载装置负责工件与其他物料的运送任务，担负物料在各加工机床、自动化仓库和托盘缓冲站之间的搬运和输送作业。物料运载装置形式有很多种，比较实用的主要有三种：传送带、搬运机器人和运输小车。

传送带主要是从传统的机械式自动线发展而来的，柔性差；搬运机器人工作灵活性强，还具有视觉和触觉能力，但一般在其工作范围内搬运；运输小车用于在站点之间运输物料，是一种无人驾驶的自动搬运设备，分为有轨小车和无轨小车（AGV）。对于FMS中站点间的物料运送，目前一般采用AGV或AGV＋搬运机器人方式。

AGV是一种由计算机控制并按照一定程序自动完成运输任务的运输工具。从智能制造的发展来看，AGV将成为柔性物流系统中主要的物料运输工具。AGV主要由车体、蓄电池、驱动装置、转向装置、控制系统、移载装置、安全装置、导航装置等组成。

1）车体

车体由车架和相应的机械电气结构，如减速箱、电动机、车轮等组成。车架常采用焊接钢结构，要求有足够的刚度。

2）蓄电池

AGV常采用24V或48V直流工业蓄电池。

3）驱动装置

驱动装置是一个伺服驱动变速控制系统，可驱动AGV运行并具有速度控制和制动能力。它由车轮、减速器、制动器、电动机及速度控制器等部分组成。速度调节可采用脉宽调速或变频调速等方法。

4）转向装置

AGV的运动模式有三种：只能向前；能向前与向后；能纵向、横向、斜向及回转全方位运动。转向装置的结构相应地有以下三种。

（1）铰轴转向式三轮车型　车体的前部为一个铰轴转向车轮，它同时也是驱动轮，转向和驱动分别由两个不同的电动机带动。车体后部为两个自由轮。由前轮控制转向，实现单方向向前行驶。这种转向装置结构简单、成本低，但定位精度较低。

（2）差速转向式四轮车型　车体的中部有两个驱动轮，由两个电动机分别驱动。前、后部各有一个转向轮（自由轮）。控制中部两个轮的速度比可实现车体的转向，并实现前后双向行驶和转向。这种转向装置结构简单，定位精度较高。

（3）全轮转向式四轮车型　车体的前、后部各有两个驱动和转向一体化车轮，每个车轮分别由各自的电动机驱动，可实现沿纵向、横向、斜向和回转方向任意路线行走,控制较复杂。

5）控制系统

AGV控制系统包括车上控制器和地面(车外)控制器,均采用微型计算机进行通信。输入AGV的控制指令由地面控制器发出,存入车上控制器(计算机);AGV运行时,车上控制器通过通信系统从地面站接收指令并报告自身的状态。车上控制器可完成手动控制、安全装置启动控制、蓄电池状态监控、转向极限控制、制动器解脱控制、行走灯光控制、驱动和转向电动机控制,以及充电接触器的监控等。控制台与AGV间可采用定点光导通信和无线局域网通信两种方式通信。采用无线通信方式时,控制台和AGV构成无线局域通信网,控制台和AGV在网络协议支持下交换信息。无线通信要完成AGV的调度和交通管理。在出库站和移载站都设有红外光通信系统,其主要功能是完成移载任务通信。AGV充电可以采用在线自动快速充电方式。

6）移载装置

移载装置采用滚柱式台面,其要求站台必须带有动力传动辊道。AGV停靠在站台边,AGV上的辊道和站台上的辊道对接之后同步动作,实现货物移送。升降式台面的升降台下设有液压升降机构,可以自由调节升降台高度。AGV必须精确停车才能与站台进行自动交换,实现顺利移载。AGV用移载装置来装卸货物。

常见的AGV装卸方式可分为被动装卸和主动装卸两种。采用被动装卸方式的小车本身不具有完整的装卸功能,它采用助卸方式,即由小车配合装卸站或接收物料方的装卸装置自动装卸;采用主动装卸方式的AGV具有完整的装卸功能。

7）安全装置

为确保AGV在运行过程中的自身安全和现场人员及各类设备的安全,AGV通常采取多级硬件、软件的安全保障措施。在AGV的前面一般设有红外光非接触式防碰传感器和接触式防碰传感器——保险杠,并会安装醒目的信号灯和声音报警装置,以提醒周围的操作人员。一旦发生故障,AGV将自动进行声光报警,同时以无线通信方式通知AGV监控系统。

安全装置一般有接触和非接触式两种。

(1) 接触式安全装置,如障碍物接触式缓冲器。障碍物接触式缓冲器是一种强制停车安全装置,它产生作用的前提是与其他物体相接触,使其发生一定的变形,从而触动有关限位装置,强行使 AGV 断电停车。

(2) 非接触式安全装置,如障碍物接近传感器,它是障碍物接触式缓冲器的辅助装置,是先于障碍物接触式缓冲器发生作用的安全装置。为了安全,障碍物接近传感器是一个多级的接近检测装置,用于在预定距离内检测障碍物。

AGV 的行走路线上一般有许多交叉点,小车在岔道处方向的选择多采用频率选择法:在岔道交叉点处同时有多种不同频率的信号,在 AGV 接近交叉点前由控制调度计算机做出决策,确定应跟踪的频率信号,从而实现路径的自动寻找。

8) 导航装置

AGV 的导航过程是 AGV 根据路径偏移量来控制速度和转向角,从而精确行驶到目标点的过程。其中主要涉及三大技术要点:

(1) 定位:确定 AGV 在工作环境中相对于全局坐标系的位置及航向,是 AGV 导航的最基本环节。

(2) 环境感知与建模:为了实现 AGV 自主移动,需要根据多种传感器识别多种环境信息,如道路边界、地面情况、障碍物等。AGV 通过环境感知确定前进方向中的可达区域和不可达区域,确定在环境中的相对位置,以及对动态障碍物运动进行预判,从而为局部路径规划提供依据。

(3) 路径规划:根据 AGV 对环境信息物料掌握程度的不同,可分为两种类型,即基于环境信息已知的全局路径规划和基于传感器信息的局部路径规划。后者适用于环境未知或部分未知的情况,障碍物的尺寸、形状和位置等信息必须通过传感器获取。

常见的 AGV 导航方式主要有如下十种:

(1) 磁条导航　磁条导航已是一项非常成熟的技术,主要通过测量路径上的磁场信号来获取车辆自身相对于目标跟踪路径的位置偏差,从而实现车辆的控制及导航。磁条导航具有很高的测量精度及良好的重复性,不易受光线变化等的影响,在运行过程中,磁传感系统具有很高的可靠性和鲁棒性。

磁条导航的优点:现场施工简单,成本和维护费用低,使用寿命长,且增设、变更路径较容易,不受声光干扰。

磁条导航的缺点:磁条易破损;由于地面铺设磁条,整体环境美观性会下降;磁条缺乏连贯性,因为AGV转弯时会碾压磁条,在转弯处只能不铺设磁条;磁条会吸引金属物质,易导致AGV出现故障;需要采用其他传感器来实现定位站点功能。

(2) 磁钉导航　该导航方式是通过磁导航传感器检测磁钉的磁信号来寻找行进路径的。磁钉导航与磁条导航原理相似,只是将导航时对磁条的连续感应变成对磁钉的间歇性感应,磁钉之间的距离不能够过大,且在两磁钉之间时AGV需要采用编码器计量所行走的距离。

磁钉导航的优点:成本低、技术成熟可靠;导航的隐秘性好,不影响环境的美观程度,因为磁钉填埋在地面下,整个工厂地面以上没有其他导航辅助设备;磁钉抗干扰能力强,抗磨损性好,并且可抗酸碱、油污等的影响;可用在户外、下雨的场景。

磁钉导航的缺点:AGV导航地面需满足技术要求,即AGV导航路线内不能有其他磁性物质存在;导航线路中不能有消磁、抗磁物质,以免其影响AGV磁钉磁性;磁钉导航施工会对地面造成一定程度的破坏,需要回填才能恢复。

(3) 激光导航　激光导航的原理是:在AGV行驶路径的周围安装激光反射板,AGV通过发射激光束,同时采集由反射板反射的激光束来确定其当前的位置和方向,并通过连续的三角几何运算来实现导航。它是目前国内外许多AGV生产厂家优先采用的先进导航方式。

激光导航技术优点:AGV定位精确,地面不需其他定位设施;行驶路径灵活多变,能够适合多种现场环境。

激光导航技术缺点:成本高,对环境要求相对苛刻(外界光线、地面要求、能见度要求等),适用于无遮挡环境。

(4) 电磁导航　电磁导航是较为传统的导航方式之一,目前仍被采用,它的原理是:在AGV的行驶路径上埋设金属线,并在金属线上加载低频、低压电流,产生磁场,由车载电磁传感器识别导引磁场强弱来实现AGV的导航功能。电磁导航类似于磁条导航,由于其存在美观性不足、路径变更困难等缺点,逐渐被AGV厂商放弃,但是某些特定的场合(比如高温环境下、对线路平直性要求严格的场合)比较适合采用该导航技术。

电磁导航的优点:引线隐蔽,不易污染和破损,导航原理简单而可靠,便于控制和通信,对声光无干扰,制造成本较低。

电磁导航的缺点：路径难以更改和扩展，对于复杂的路径局限性大，对RFID硬件的要求较高。

(5) 测距导航　该导航技术主要是应用导航传感器对周围环境进行扫描测量，获取测量数据，然后结合导航算法实现AGV导航。导航传感器通常使用具有安全功能的激光扫描仪实现，在保证安全性的同时也能够实现导航测量。采用测距导航技术的AGV可以进入集装箱内部进行自动取货和送货。

(6) 轮廓导航　轮廓导航是目前应用于AGV的最为先进的导航技术。该技术利用二维激光扫描仪对现场环境进行测量、学习，并绘制导航环境，然后进行多次测量学习并修正地图，进而实现轮廓导航功能；利用自然环境（墙壁、柱子以及其他固定物体）进行自由测距导航，根据环境测量结果更新位置。轮廓导航不需要反射器或其他人工地标，可以降低安装成本，减少维护工作，是激光导航的替代方案。

(7) 混合导航　混合导航是多种导航方式的集合体。采用混合导航方式，如果现场环境的变化导致某种导航方式暂时无法满足要求，就可以切换到另一种导航方式，使AGV能连续运行。

(8) 光学导航　该导航方式一般要在AGV小车行驶路径上离散铺设快速响应(QR)二维码，然后通过AGV车载摄像头扫描解析二维码获取实时坐标。光学导航也是目前市面上最常见的AGV导航方式。这种方式相对灵活，铺设和改变路径也比较方便，缺点是二维码易磨损，需定期维护，适用于环境较好的仓库。

(9) SLAM（即时定位与地图构建）导航　SLAM导航包括SLAM激光导航和SLAM视觉导航。

SLAM激光导航是以工作场景中的自然环境，如车间的立柱、墙面等作为定位参照物来实现定位导航的。相对于传统的激光导航，它的优势在于成本较低。

SLAM视觉导航也是基于SLAM算法的一种导航方式，这种导航方式通过车载视觉摄像头采集运行区域的图像信息，通过对图像信息的处理来进行定位和导航。SLAM视觉导航具有灵活性强、适用范围广和成本低等优点，但是目前该技术成熟度一般，利用车载视觉系统快速准确地实现路标识别的研究仍处于瓶颈阶段。

随着SLAM算法的发展,SLAM导航成为许多AGV厂家优先选择的先进导航方式,SLAM方式不需其他定位设施,形式、路径灵活多变,能够适应多种现场环境。随着算法的成熟和硬件成本的降低,SLAM导航无疑会成为未来AGV主流的导航方式。

(10) 惯性导航　惯性导航的原理是:在AGV上安装陀螺仪,利用陀螺仪获取AGV的三轴角速度和加速度,通过积分运算对AGV进行导航定位。惯性导航的优点是成本低,短时间内精度高,但这种导航方式缺点也特别明显:陀螺仪随着时间增长会产生累积误差且累积误差会持续增大,直到丢失位置。该导航方式通常作为其他导航方式的辅助,如在采用光学导航方式时可以辅以惯性导航,在两个二维码之间的盲区使用惯性导航方式,通过二维码时再重新校正位置。

目前AGV主流的导航方式是光学导航+惯性导航,这种方式使用上相对灵活,铺设或改变路径也比较容易,但路径需要定期维护,如果场地复杂则要频繁地更换二维码,另外对陀螺仪的精度及使用寿命要求严格。

AGV导航技术一直在朝着高柔性、高精度和强适应性的方向发展,且对辅助导航标志的依赖性越来越低。作为自由路径导航方式,SLAM导航无疑是未来主流的SLAM导航方式。相信不久的将来,随着5G通信、人工智能、云计算、IoT等技术与智能机器人的交互融合,SLAM导航方式将具有更高柔性、更高精度和更强适应性,同时也会更适应复杂、多变的动态作业环境。

5.物料运送线路

在FMS中,物料运送线路由通过各连接点(如加工机床、自动化仓库、工件装卸站、托盘缓冲站以及各种辅助处理工作站)、分支点和交汇点的基本回路组成。归纳起来,基本回路形式有以下几种。

(1) 直线输送回路:运载工具沿直线路线单向或双向移动,顺序地在各个连接点停靠。

(2) 环形输送回路:运载工具沿环形路线单向或双向移动,无论沿哪一方向行进均可返回到起始点。

(3) 网状输送回路:由多个回路相互交叉组成,运载工具可以由一个环路移动到另一个回路。采用这种回路时,各环路交叉点的管理较为复杂,用通常的互锁装置不足以防止运载工具的碰撞,需要按交通管理规则由计算机进行控制管理。例如，在任何时刻的每一环形回路中只允许有一辆小车运行，计算机实时记录各小车所在位置，当某小车需要通过交叉点运行到另一环路时，首先要检查该环路中是否存在另一小车，以免发生碰撞。

5.5.3.2 刀具流支持子系统

FMS虽然由多台加工中心构成，但是为了节省刀具，节约刀具投入成本，需对多台智能制造装备的刀具实行协同管理，统一调度。因此，FMS有专门的刀具流支持子系统，也称刀具运储系统。

1. 刀具流支持子系统的构成及功用

为了适时地向加工单元提供加工所需刀具，取走已用过及寿命耗尽的刀具，刀具流支持子系统必须完成刀具组装、刀具预调、刀具运送和刀具存储等任务。典型的刀具流支持子系统由刀库系统、刀具预调站、刀具装卸站、刀具运载交换装置以及刀具计算机控制管理系统组成，如图5-17所示。

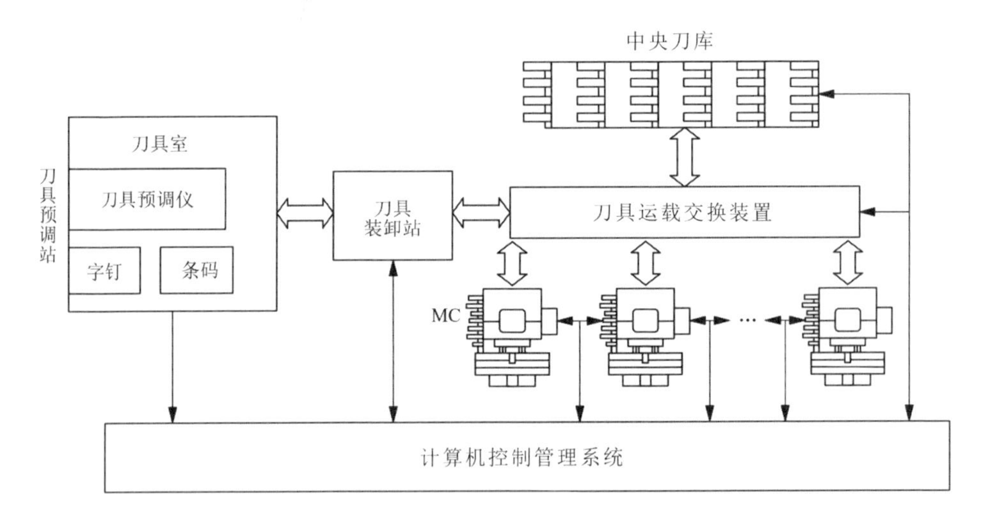

图5-17　FMS刀具流子系统的构成

1）刀库系统

刀库系统包括构成FMS的机床本身自带的刀库和中央刀库。机床刀库中存放加工单元当前所需要的刀具。中央刀库是刀具系统的暂存区，它集中储存FMS的各种刀具，每把刀具都有射频识别(RFID)芯片，分配专门识别码，每把刀具都经过精准检测并按一定位置放置，通过换刀机器人或刀具传输小车为若干加工单元进行换刀服务，不同的加工单元可以共享中央刀库的资源，从而提高了系统的柔性。

2）刀具预调站

刀具预调站是进行刀具预调及刀具装卸的区域。刀具进入FMS以前，应先在刀具预调仪上测出其主要参数，安装刀套，打印钢号或贴条形码标签，并进行刀具登记。然后将刀具挂到刀具装卸站的适当位置，通过刀具装卸站进入FMS。刀具预调站一般设置在FMS之外，按要求对刀具进行装配和调整。

3）刀具装卸站

刀具装卸站负责管理进入或退出FMS的刀具，是刀具进出FMS的门户，其结构多为框架式。刀具装卸站的主要指标有刀具容量，可挂刀具的最大长度、直径、质量。为了保证机器人能可靠地取刀和送刀，还应该对刀具在刀具装卸站上的定位精度提出一定的技术要求。

4）刀具运载交换装置

刀具运载交换装置负责完成刀具装卸站与中央刀库，或中央刀库与加工机床之间的刀具交换。刀具交换包括：机床刀库与机床主轴刀具的交换，由机床换刀装置完成；刀具装卸站、中央刀库、各机床刀库间刀具的交换；AGV运载的刀架与机床刀库间刀具的交换。

FMS中刀具运载工具同工件运载工具一样也有多种形式，常见的有换刀机器人、刀具运载小车（AGV）等。换刀机器人有采用地轨形式和高架导轨形式的两种。

刀具运载AGV与物料运输AGV相同，只是在AGV上放置了一个刀架。该刀架一般可容纳5～20把刀具，刀具运载AGV在刀具装卸站、各加工机床与中央刀库之间运载与交换刀具。也有的刀具运载AGV上附设有一个小型机器人，当小车到达一个目标时，由附设的机器人进行刀具交换。

5）刀具计算机控制管理系统

刀具计算机控制管理系统用于刀具运输、存储和交换管理，刀具信息管理，刀具的使用状况监控，以及及时取走已报废或寿命已耗尽的刀具。

刀具信息的结构如图5-18所示。

刀具信息包括静态刀具信息和动态刀具信息：

① 静态刀具信息：固定不变的信息，如刀具类型、编码、几何形状、结构参

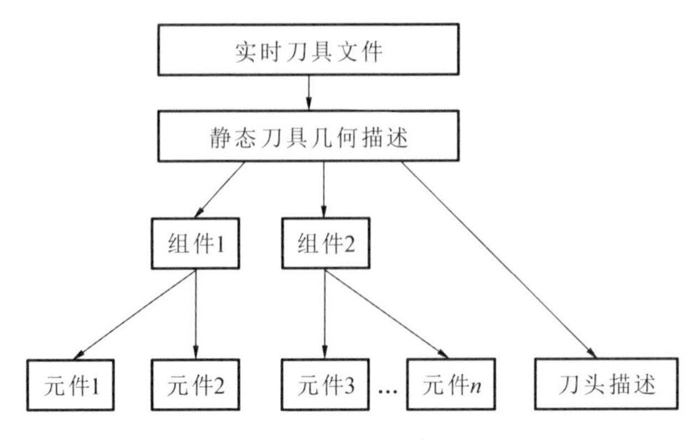

图 5-18　刀具信息的结构

数等。

② 动态刀具信息：随时间不断变化的刀具参数，如刀具寿命、实际参与切削时间、工作直径和长度等。

四层刀具信息结构中：第一层为动态的实时刀具文件，每把在线刀具都拥有一个独立文件，记载刀具实时动态数据；第二层为静态的刀具类型文件，每一类刀具拥有一个文件；第三层为刀具组件文件；第四层为刀具元件文件。

2. 刀具流运动过程

刀具流运动过程反映了刀具运储系统的作业过程，如图 5-19 所示。刀具运储系统作业过程可大致描述如下：

系统工作时，由人按照要求将刀刃磨好或将采购来的标准刀具组装好，在刀具预调站由人在预调仪上测量有关参数并记录下来，再将测得参数、刀具的几何参数、刀具代码以及其他有关刀具信息输入刀具管理计算机。预调好的刀具一般由人搬运到刀具装卸站，准备进入系统。

刀具运载交换装置根据系统指令将刀具从刀具装卸站搬运到中央刀库，以供加工单元调用。根据工艺规划要求，刀具运载交换装置从中央刀库将各加工单元所需的刀具取出，送至各加工单元刀具库，以便让刀具参与切削加工。工件加工完成后，若某些刀具暂时不再使用，则刀具运载交换装置根据刀具管理计算机指令，将这些已使用过的刀具从各个加工单元的机床刀库取出，送回中央刀库，供下次某个加工单元需要时调用；如有需要重磨、重新调整以及断裂报废的刀具，可直接将其送至刀具装卸站进行更换或重磨。

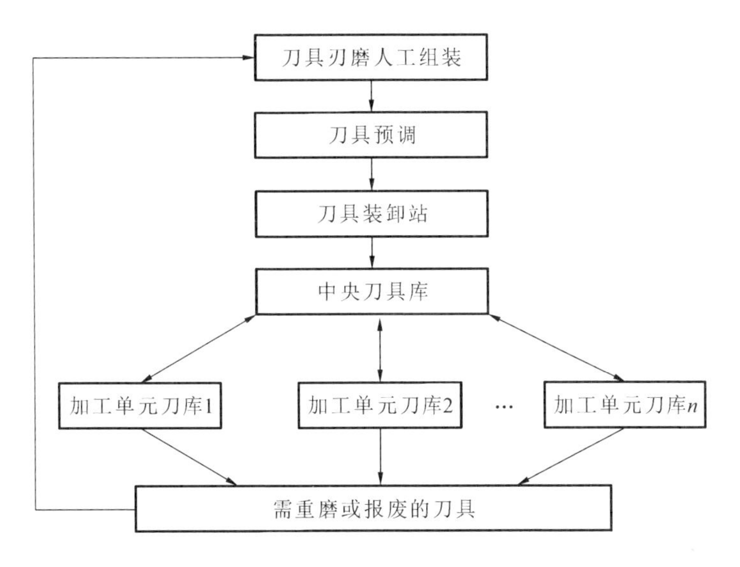

图5-19　刀具流运动过程

5.5.4　Fastems智能柔性制造系统简介

Fastems公司是业内领先的多品种、小批量机加工自动化解决方案供应商，同时作为开放的集成商，专注于托盘交互技术、机器人自动化技术，以及智能制造管理软件MMS和柔性制造系统的开发。Fastems公司的主要产品包括WCO(工作单元自动化系统)、FPT(圆形托盘库系统)、FPC(柔性托盘库系统)、FMS ONE(组合柔性自动化系统)、MLS(定制化柔性制造系统)、RoboFMS ONE(机器人柔性制造系统)、FMS装卸站和物料站，以及GTS(龙门架式刀具库系统)和CTS(中央刀具库系统)自动化解决方案。其智能制造管理软件MMS能够根据不同的生产订单进行生产计划与执行、资源规划，并使生产过程可视化，能够对接各种生产数据系统，高效控制整个生产流程，完成生产计划和资源管理。Fastems智能柔性制造系统可集成100种不同的机床品牌，包括多轴(3～5轴)联动的数控铣床、车床或车铣复合加工中心、磨床以及其他辅助工艺设备等。

现以Fastems智能柔性制造系统产品为例说明当前智能制造装备的发展。

1. 智能柔性托盘库系统

Fastems公司可为带托盘的机床提供负载为50～10000kg(含托盘)的柔性

自动化系统，能够集成多种辅助工艺，比如清洗、三坐标测量或打标等，并且配备行业领先的 MMS 控制软件，可实现多品种生产的灵活切换和高效加工。其生产的柔性托盘库系统有 FPC 型（简易型）和 FPT 型两大类多种不同规格、系列的产品，可以和 100 余种不同品牌的机床接口。图 5-20 所示为由 Fastems 柔性托盘库系统构成的智能柔性制造系统。其中采用 FPT 型托盘库的 FMS 主要由堆垛机、托盘库、控制系统、装载站等构成。使用 Fastems 柔性托盘库系统后，机床主轴每天的切削时间达到 1420 min，机床可以实现近乎 24 h 的不停机工作，工作效率达到 98.6%。

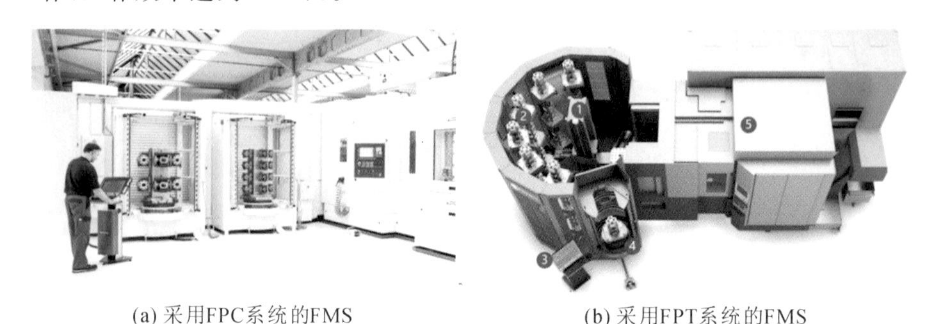

(a) 采用FPC系统的FMS　　(b) 采用FPT系统的FMS

图 5-20　由 Fastems 托盘库系统构成的智能柔性制造系统

1—堆垛机；2—托盘库；3—控制系统；4—装载站；5—加工中心

2. 智能中央刀具库系统

Fastems 刀具自动化解决方案——智能中央刀具库系统可清晰显示未来刀具需求信息，无装刀失误，避免主轴碰撞，实现了自动化刀具设置变更、磨损刀具更换和机床刀具共享。刀具自动化在降低对机床大容量刀具库需求的同时可以将机床利用率提升至 95%以上。图 5-21 所示为 Fastems 中央刀具库系统，包括龙门架式中央刀具库系统（GTS，龙门架可放在地面上，为节省空间也可放在机床上）和中央刀具库系统（CTS）。在实际生产中，基于刀具信息智能管控，中央刀具库系统可以在线测量刀具磨损，以预测磨损刀具是否需要更换。

3. RoboFMS 系列智能机器人柔性制造系统

Fastems 公司提供基于标准模块化组合的机器人柔性制造系统 RoboFMS ONE 以及定制化机器人柔性制造系统 RoboFMS。RoboFMS 是工业机器人和 FMS 的有机结合，可以和一到多台多轴（3～5 轴）联动数控制造装备进行无缝组合，构成从小型（1～2 台车床）到大型的各种定制化系统（10 台以上机床）。

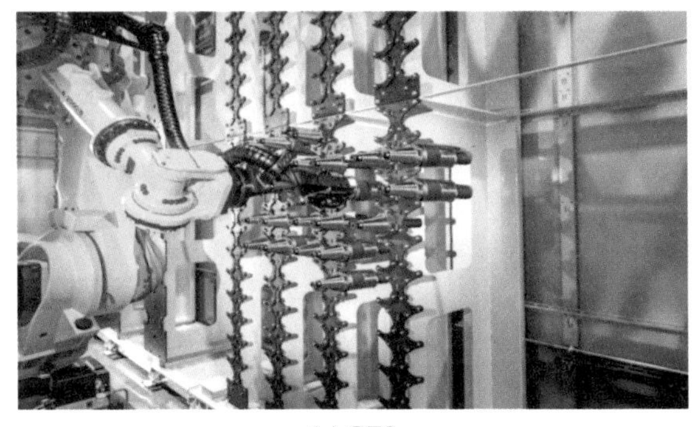
(a) GTS

(b) CTS

图 5-21 Fastems **中央刀具库系统**

4. MMS 智能制造管理软件

Fastems 公司的 MMS 智能制造管理软件提供了三种模式，用于集中管理自动化产线中的所有生产资源。这三种模式包括单机 MMS 工作单元模式、托盘 MMS 交互模式以及工件 MMS 交互模式。其中：单机 MMS 工作单元模式用于管理单机和手动工作单元的产量、工作序列和各种资源，单机 MMS 工作单元可独立使用，也可和托盘或工件交互自动化设备联合使用；托盘 MMS 交互模式用在托盘交换式的自动化系统中，实现通过堆垛机或者输送机器人传输托盘和工装夹具；工件 MMS 交互模式用于管理机器人抓取工件并直接传输至机床进行加工的过程。不同模式可以灵活组合应用，从而实现整厂范围内的精细排产、资源管理和生产状态监控。

MMS 软件的主要优势如下：

(1) MMS 系统为独立于机床的开放式系统，不需要单独的软件来管理数控程序、刀具、物料或生产订单。

(2) 采用完全模块化的软件解决方案，功能集成度高，可以与 ERP、MES、TDM(旋转机械诊断监测管理)系统，以及发那科、西门子、海德汉数控系统等进行集成。其主要包括中央托盘柔性管理系统、中央刀具库管理系统、工件库管理系统、智能制造装备群管理系统。图 5-22 所示为 MMS 软件集中管控的六种资源。

(3) 可以进行智能预测性排产，实现了对从订单导入到产品准时交付的整个生产流程的线性管控，如图 5-23 所示。

图 5-22　MMS 软件集中管控的六种资源

实时预览订单状态
以及机床负载
生产计划

2

ERP系统自动导入订单或者
手工创建生产任务
订单导入
1

产能需求计算，生产资源(包括
加工程序、机床、刀具、工装
夹具、原材料)需求提前检测
3 资源检查

接收订单

准时交付

预测性排产
规划工作站和机床任务，同时
基于实时订单优先级变更或突
发状况自动更新生产计划

操作指南
5
可以存放供操作工
使用的生产信息、
图样、文本或视频

4
避免瓶颈
给操作工提供资源缺失信息、
刀具缺失信息或者即将发生的
生产工作停止信息

仪表盘
整体实时图表化信息仪
表盘提供的主轴利用率、
机床产能、设备综合利
用率等指标数据

远程监控
生产信息和报
警信息可以发
送至移动端

图 5-23　MMS 软件预测性排产的线性化管控流程

(4) 具有主动式托盘调度和仿真功能，使操作者不会为资源或品种过多所累，从而优化生产流程；此外，还提供了刀具数据库，具有生产订单管理、精细调度、诊断和报告、主数据管理、生产调度排产等功能。

(5) 实现了制造过程的实时、随地的可视化，无论是跟踪关键绩效指标，调查紧急生产订单的影响，还是了解完整的生产场景、关键的生产数据、生产状态等，只要短短数秒皆可实现；可以为从事生产管理、生产规划等不同工作的人员提供专业数据信息。所有用户界面均基于浏览器，可利用笔记本电脑或平板电脑在任何位置自由使用。图5-24所示为MMS软件的其中一个功能界面。

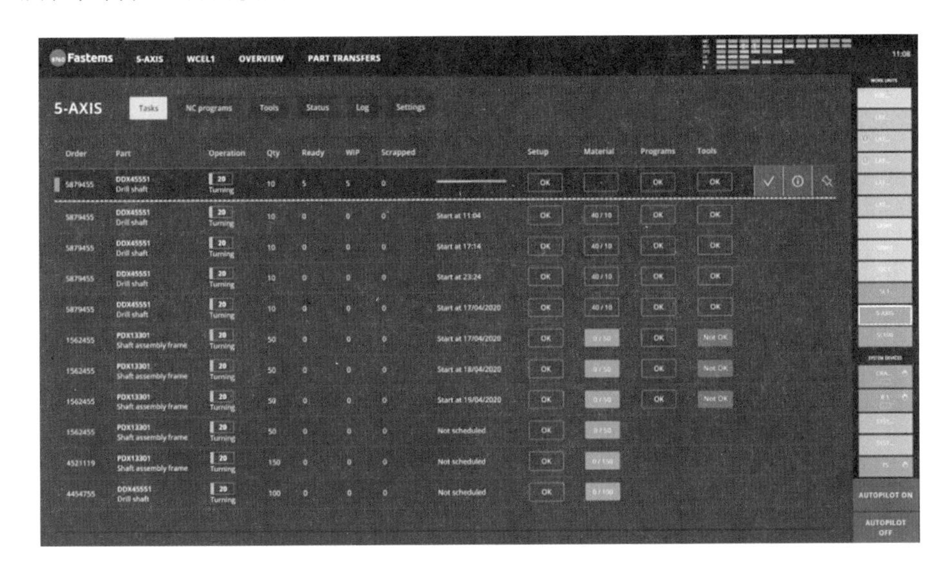

图5-24 MMS软件功能界面

(6) 提供了用户可编辑的窗口工具，可满足用户的个性化需求。

总之，采用智能柔性制造系统有助于减少机床调整时间，大大增加无人生产时间，增加实际有效切削时间，缩短交货期。

5.6 智能工厂

5.6.1 智能工厂的概念和框架结构

德国"工业4.0"作为基于工业互联网的智能制造战略，其核心是建立信息物理系统，实现智能＋网络化。信息物理系统是一种使能系统，它将虚拟世界和现实世界联系在一起创建一个真实的网络世界。它通过确定和识别工厂中每个工作单元的活动，配置合理的选项和生产条件，为工厂提供最优化的生产过程。在生产系统中部署信息物理系统，将实现单机智能设备的互联。不同类型和功能的智能单机设备互联组成智能生产线，不同的智能生产线互联组成智能车间，智能车间互联组成智能工厂，不同地域、行业、企业的智能工厂互联组成一个制造能力强大的智能制造系统。单机智能设备、智能生产线、智能车间和智能工厂可以自由动态地组合，形成灵活的生产系统，这一系统能够从根本上允许生产流程的实时自优化，以满足不断变化的制造需求。图 5-25 展示了由不同单机智能设备、智能生产线等构成的智能工厂（车间），通过工业物联网使各智能制造单元、智能制造生产线间互联互通，实现信息交互，物料的交互转运则由 AGV 运载工具实施，整个智能（车间）工厂实现无人化运营管控。

图 5-25　由不同单机智能设备、智能生产线等构成的智能工厂（车间）

图 5-26 是未来基于现代信息集成制造的智能工厂的框架结构。物联网和服务互联网分别位于智能工厂的三层信息技术基础框架的底层和顶层。顶层包含与生产计划、物流、能耗、销售经营、管理等相关的 ERP、PLM（产品生命周期管理）、SCM（供应链管理）、CRM（客户关系管理）、QMS（质量管理系统）等系统，与服务互联网紧密相连。中间层通过信息物理系统实现制造装备的连接、控制和调度等功能，进行从智能物料的供应、加工到智能产品的产出的整个产

品生命周期管理。底层则依靠物联网实现车间制造装备的互联互通,进而实现传感、控制、执行,最终实现智能生产。

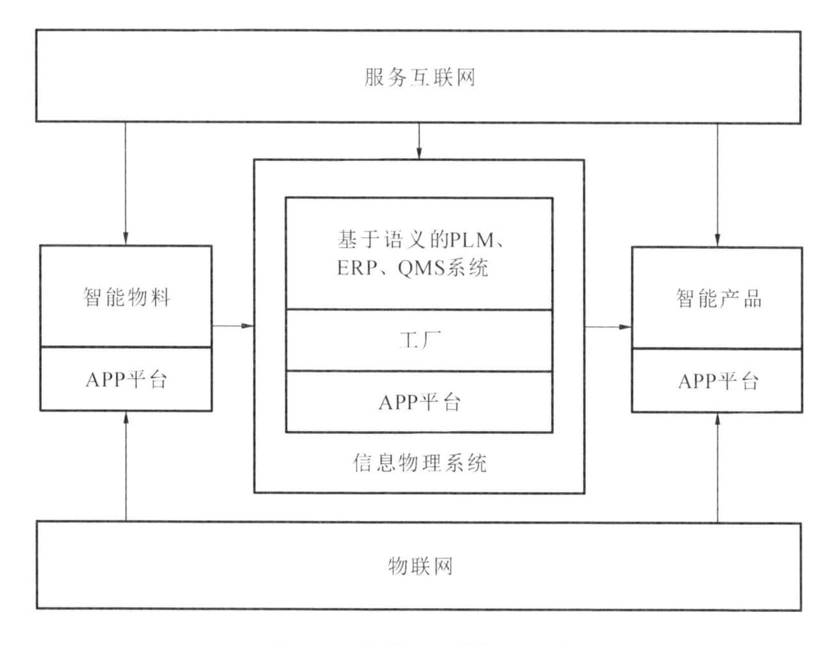

图5-26 智能工厂的框架结构

智能工厂的实现需要三类集成:纵向集成、端对端集成、横向集成。《德国工业4.0战略计划实施建议》认为:纵向集成是将各种不同层面(如执行器和传感器,以及控制、生产管理、制造和执行、企业计划等层面)的信息技术(IT)系统集成到一起,完成企业内部不同信息技术系统、生产设施(以数字化、智能化生产设备为主)的全面集成,建立一个高度集成化的系统,为智能工厂中网络化制造、个性化定制、数字化生产提供支撑;端对端集成是为了实现产品全生命周期过程中的所有工程活动(包括研发、生产、服务等),将全价值链上为满足客户需求而协作的不同公司进行集成;横向集成是将各种处于不同制造阶段和执行不同商业计划的信息技术系统集成在一起,以供应链为主线,将企业间的物流、能源流、信息流结合在一起,实现社会化协同生产。德国希望通过这三类集成,全面完成企业内(信息化系统及生产设备)、企业间、生态圈的集成和协同,实现灵活的、个性化的、高效的、社会化的、智能化的生产,从而巩固其在全球制造业中的领先地位。

5.6.2 基于智能工厂的制造业变化

智能制造的载体是由智能制造装备构成的智能制造系统和智能工厂，脱离智能制造系统和智能工厂谈智能制造没有任何意义。历史经验表明，每次产业革命都会催生一批新业态和新模式，带来产品、服务和制造的重大变化。随着工业互联网的发展和“工业 4.0”的提出，新一轮产业变革初现端倪，新型信息技术与制造业的融合日益深入，彻底改变了制造业的产业链、价值链和产业模式，进而深刻影响全球制造业变化。基于智能工厂的智能制造生产的主要变化表现在以下几个方面。

(1) 制造生产设计从实体物理空间转移到虚拟数字空间。

利用大数据、云计算和设计软件技术，采用面向产品全生命周期、具有丰富设计知识库、支持模拟仿真的数字化、智能化设计系统，在虚拟现实技术、计算机网络技术、数据库技术等的支持下，可在虚拟的数字环境中并行地、协同地实现产品的全数字化设计，以及结构、性能、功能的模拟和仿真优化，极大地提高产品设计质量和一次研发成功率，缩短产品上市周期，降低产品开发成本，提高产品市场竞争力。虚拟产品开发模式将为制造业缩短创新周期、满足客户多样化需求等提供最强有力的支撑。

(2) 制造生产模式由大批量、标准化的推动式生产向市场需求拉动的批量化定制生产转变。

以智能工厂为代表的未来制造业建立在信息物理系统的基础上，实现制造装备的数字化、网络化、智能化，生产过程的计算机辅助智能规划与优化，可大幅度提升生产系统的功能、性能与自动化程度，使制造系统向柔性制造系统、数字化/智能化车间、数字化/智能化工厂，以及智能制造系统方向发展，使得以最低的资源、能源消耗为每位顾客提供最优化的产品制造成为可能；同时，使用工业控制系统连接和监控的机器人取代大部分人力，能够节省人力成本、提高生产效率和质量。智能生产模式将为客户高效率地提供符合个性化需求的高质量定制产品，使大规模个性化、定制化的生产成为可能。

(3) 制造价值的实现形式由有形产品向提供整体解决方案转变。

新一代信息技术与制造业的深度融合，将使企业能实现产品全生命周期各环节、各业务、各要素的协同规划与决策优化管理，有效提高企业的市场反应速度，并为客户提供最优化的整体解决方案。互联网技术、大数据技术等新型信息技术的发展使客户与企业之间的交流沟通变得更加高效，企业能够更加全面及时地了解客户对产品的功能、样式、包装等的要求，在智能生产的基础上完成满足需求的产品制造；同时还能实现自检测、自维修等功能，降低产品运行成本和维修成本，为客户提供最优化的解决方案。由此，制造业将实现从以产品为中心向以客户为中心的根本性转变，制造业企业将从生产型企业向服务型企业转变。

5.6.3 中国制造业发展对策

当前，全球制造业格局正处于调整重塑期，新一轮科技革命和产业变革与我国加快转变经济发展方式形成历史性交汇，工业互联网与“工业 4.0”也给中国制造业带来了深刻的变化和启示，中国为发展自己的制造业，也制定了相应的发展计划，即“中国制造 2025”。我们要充分把握“工业互联网”与“工业 4.0”给全球制造业带来的挑战与机遇，加快实施“中国制造 2025”战略，推动中国制造业实现由大到强的历史性跨越。

(1) 加快推进信息化与工业化的深度融合。美国基于其强大的信息技术产业推进工业互联网建设；德国“工业 4.0”的实施基于其全球领先的制造技术水平；中国要将智能制造作为未来的制高点、主攻方向、突破口，加快部署和利用新一轮科技与产业革命的核心技术，实现制造数字化、网络化、智能化，并行推进工业 2.0、工业 3.0、工业 4.0，力争实现战略性重点突破、重点跨越。

(2) 坚持创新驱动发展。创新是制造业发展的引擎，是结构调整优化和转变经济发展方式的不竭动力。美国与德国在发展制造业的战略行动计划中都将创新放在极其重要的位置。我国要进一步优化整合科技规划和资源，建立和完善全国制造业创新网络，完善政府对基础性、战略性、前沿性科学研究和共性技术研究的支持机制，弥补基础研究和产业化中间环节缺失造成的创新效益外溢，形成政、产、学、研、用、金的有机创新组合体，提高制造业自主创新能力。

(3) 强化智能制造基础。智能装备是制造业发展不可或缺的载体，工业软件直接决定信息化与工业化融合的进程和先进制造业的水平。我国要加快发展数字化、网络化、智能化高端装备和工业软件的核心关键技术，强化智能制造网络信息平台、标准体系和信息安全保障系统的建设，积极推进工业互联网基础设施建设,夯实智能制造发展基础。

(4) 重视高技能人才培养。人才建设是建设制造强国的根本。我国工程科技人才培养普遍缺乏实践性和创新性,难以适应制造强国建设要求。要改变目前工科教育理科化的倾向,加强高等工科学校学生实践能力和创新能力的培养,重视各层次(从领军人才到高级技工)工程技术人员的培养,特别是一线技能人员的培养。

(5) 加强制造业国际合作。在全球化背景下,信息技术与制造技术的深度融合将推动制造业资源、技术、人才的全球性配置。中国制造业正在转型升级,从国际产业链的低端向中高端转移,从提供廉价产品向生产高附加值产品、引领行业发展转变。为实现中国制造业由大到强,必须加强国际合作,积极引进先进技术与理念,推动中国制造业优势产能走出去,在国际合作中实现共赢发展。

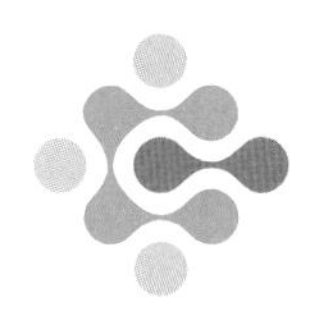

第6章 智能制造装备运动系统

6.1 智能制造装备运动系统概述

6.1.1 智能制造装备运动系统的特点与分类

1. 智能制造装备运动系统的特点

智能制造装备的运动系统和普通制造装备有着本质的区别。虽然智能制造装备的运动系统也主要分为主运动系统、进给伺服系统和辅助运动系统，但是，智能制造装备的运动系统一般是借助于智能控制器，通过一定的运动控制方法控制驱动电动机，带动执行机构的运动系统，具有高度的柔性和一定的智能性。而普通制造装备则主要靠复杂的机械传动机构手动操作控制变换来获得所需要的运动，其运动输出是刚性的。

2. 智能制造装备运动分类

在智能制造装备的主运动、进给运动和辅助运动三类运动中，主运动和进给运动为零件功能表面成形需要的两类运动。主运动一般是智能制造装备主轴的旋转运动，消耗功率最大；进给运动是表面成形需要的基本运动，通过进给运动不断将多余的材料投入切削区完成切削；辅助运动是为了减少辅助时间或辅助完成表面成形加工所需要的运动，如换刀机械手的运动、刀库的运动、排屑器的运动等。

6.1.2 智能制造装备运动控制技术

1. 运动控制技术的概念与理解

从广义上讲，运动控制(motion control)就是控制物体的运动。有人认为运动控制技术是在电驱动技术研究基础上发展而成的一门综合性、多学科交叉技术。从实现方式上解释，运动控制系统是通过对电动机电压、电流、频率等输入电量的控制，来改变工作机械的转矩、速度、位移等机械量，使各种工作机械按人们期望的要求运行，以满足生产工艺及其他应用的需要的。

新一代的运动控制技术已成为电机学、电力电子技术、计算机控制技术、机电智能控制理论、机械传动技术、信号检测与处理技术、微电子技术等多门学科相互交叉的综合性学科，如图 6-1 所示。

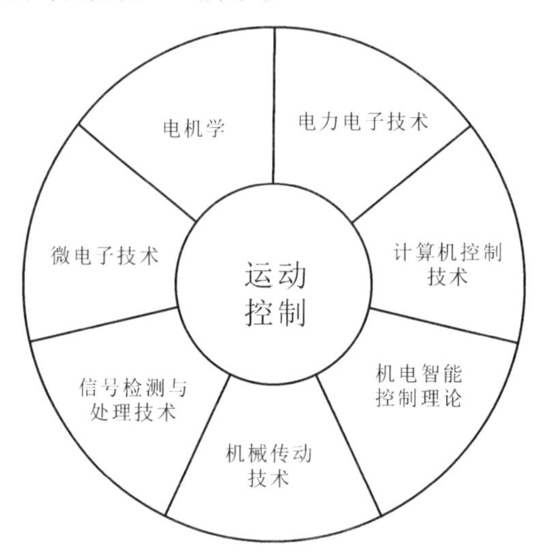

图 6-1　运动控制技术包含的学科

2.伺服控制的含义

谈及运动控制时，人们往往会联想到伺服控制，但是实际上，伺服控制仅仅是运动控制中的一种，伺服控制是对描述运动状态的各参数，如位移、速度、力矩、运动规律等的实时而精确的控制。

伺服指系统根据外部指令执行人们所期望的运动，运动要素包括位置、速度、力矩、状态等。伺服系统是使被控对象的位置、方位、运动状态等输出被控量能够跟随输入目标值或给定值变化的自动控制系统。其主要任务是按控制命令的要求，对功率进行放大、变换与调控等处理，灵活、方便地控制驱动装置输出的力矩、速度和位置。例如，加工中心的复杂曲面的加工过程就是一个伺服控制过程，位移传感器不断地将刀具进给的位移传送给计算机，通过与目标加工位置比较，计算机输出继续加工或停止加工的控制信号。

零件功能表面的高效、高精度的智能柔性创成，要求运动控制系统可以实现多样化、复杂的驱动控制功能和驱动控制性能的高效化、高精化以及智能化等，满足新的生产要求，同时运动控制系统的发展将使生产更灵活，并能提高产品质量和降低设备成本。

为了实现多样和复杂的驱动控制功能，使运动控制系统具有高速度、高精度、高效率和高可靠性这样的四位一体的高性能控制能力，需要采用先进的伺服控制技术。伺服控制技术已成为运动控制的基础和关键技术之一。

3. 伺服系统的组成及工作原理

智能制造装备的伺服系统结构、类型繁多，其经历了从液压伺服系统、气动伺服系统到电气伺服系统的发展过程，现在广泛应用的是电气伺服系统。图 6-2 所示是智能制造装备中应用广泛的典型进给伺服系统组成原理框图。该系统主要由伺服电动机、传动装置、反馈装置、驱动器等组成。它是一个双闭环系统，内环是速度环(即速度控制单元)，外环是位置环(即位置控制单元)。速度环由速度调节器、电流调节器及功率驱动放大器等部分组成，利用测速发电机、脉冲编码器等速度传感元件作为速度反馈的测量装置。位置环由计算机数控位置控制模块、位置检测与反馈控制装置等组成。对于智能制造装备运动轴的控制，不仅要实现单个轴的速度、位置控制，而且在多轴联动时，要求各轴具有良好的动态联动配合精度，这样才能保证表面成形加工精度、表面粗糙度和加工效率。控制单元中的控制器通常是计算机或 PID 控制电路，其主要任务是对比较元件输出的偏差信号进行变换处理，以控制执行元件按要求动作。

图 6-2 所示进给伺服系统由比较环节、位置和速度调节环节、功率放大环节、执行环节、检测与反馈环节组成。

位置环和速度环都有其各自的比较环节和调节环节。比较环节是将输入的指令信号与系统的反馈信号进行比较，以获得输出与输入间的偏差信号的环节，通常由专门的电路或计算机来实现。

执行环节的作用是按控制信号的要求，将输入的各种形式的能量转化成机械能，驱动被控对象工作。智能制造装备中的执行元件一般指主运动和进给运动系统所带动的主轴和工作台，因为最终是通过这些执行元件驱动工件和刀具，实现工件的表面成形运动。

检测与反馈环节是指能够对输出进行测量并转换成比较环节所需要的反

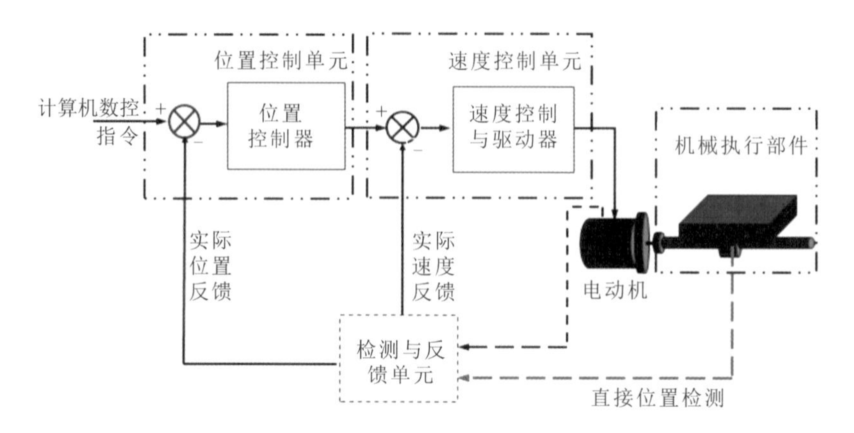

图 6-2　智能制造装备进给伺服系统组成原理框图

馈量的装置,一般包括传感器和转换电路。

4. 伺服技术的发展趋势

目前伺服技术主要呈现如下几种发展趋势。

1) 交流替代直流

虽然驱动源有多种,但交流伺服电动机目前占据了80%以上的市场。发展全数字交流伺服技术则是今后伺服技术发展的一个趋势。

2) 数字代替模拟

早先的电动机驱动器主要是模拟控制器,诸如位置、速度及电流等参量的调节都借助于电阻、电容等模拟器件进行,电路复杂,通用性、可靠性都比较差,且控制性能受到器件性能、温度、环境等因素的影响。随着计算机与集成电路(IC)技术的发展,采用新型的高速微处理器和专用全数字信号处理器(DSP)的伺服控制单元将全面替代以模拟电子器件为主的伺服控制单元,从而实现全数字化的智能伺服控制。

3) 智能集成功率模块(IPM)的应用

随着第三代半导体衬底材料的发展,耐高温、耐腐蚀的新型功率器件被应用到伺服驱动器,并表现出很好的技术性能。目前,伺服系统的输出器件越来越多地采用开关频率很高的新型功率半导体器件,主要有大功率晶体管(GTR)、金属-氧化物半导体场效应晶体管(MOSFET)和绝缘栅双极型晶体管(IGBT)等。这些先进器件的使用显著降低了伺服系统的功耗,提高了伺服系统的响应速度,降低了运行噪声。

4）高度集成化伺服系统

新的伺服系统将原来的伺服系统划分成速度伺服单元和位置伺服单元两个模块，形成内置 CPU 或 DSP 的高度集成化的数字化伺服控制单元。只要通过软件设置系统参数，就可以改变其性能。

5）智能化伺服系统

伺服系统的智能化是所有工业控制设备的发展趋势。新型数字化伺服控制单元通常都设计成智能型产品，它们的智能化特点主要表现在如下方面。

（1）系统参数既可以通过软件进行设置，也可以通过人机界面进行实时修改，使用十分方便。

（2）系统都有自诊断和分析功能，无论什么时候，只要出现故障，伺服系统就会将故障的类型和产生故障的原因以代码的形式进行显示，从而简化调试工作。

（3）系统具有参数的自整定功能。自整定往往可以节省很多调试时间，同时也可以大大减小调试的工作量，特别是对初学者而言。

6）模块化、网络化

以工业局域网技术为基础的工厂自动化工程技术在近些年得到了长足的发展，并显示出良好的发展势头。为适应这一发展趋势，新型的伺服系统都配备了标准的串行通信接口（如 RS-232C 或者 RS-485 接口），有的伺服系统还配备了工业以太网接口，这些接口显著地增强了伺服单元与其他设备的互连能力。

6.2 智能制造装备主运动系统

6.2.1 智能制造装备主运动系统概述

1. 智能制造装备主运动系统组成

智能制造装备的主运动系统是用来实现制造装备主切削运动的系统，也称主驱动系统。对于车削类的智能制造装备，如智能车铣复合加工中心、智能车削加工中心，主运动系统指的是工件主轴的旋转运动；对于铣削类智能制造装备，如智能铣削加工中心、镗铣复合加工中心等，指的是刀具主轴的旋转运动。

设计时应考虑到主轴需具有合适的转速和足够的变速范围，以便采用不同材料的刀具，加工不同材料、不同尺寸、不同要求的工件，并能方便地实现运动轴的启停、变速、换向和制动等。

智能制造装备主运动系统主要包括主电动机、主传动系统和智能主轴部件。与普通制造装备的主运动系统相比，智能制造装备主运动系统在结构上比较简单，因为变速功能全部或大部分由主轴电动机的无级调速实现，省去了复杂的齿轮变速机构，有些只有二级或三级齿轮变速系统，用以扩大电动机无级调速的范围。

2. 智能制造装备主运动系统总体要求

由于智能制造装备主运动系统提供切削用量三要素中的主切削速度，材料不同、加工性质不同，要求的主切削速度也不同，因此，为了满足加工适应性要求以及达到最佳的切削速度，对主运动系统的一般总体要求是：

(1) 足够的功率，全部机构和元件具有足够的强度和刚度，以满足机床的动力要求；

(2) 高、低速性能和足够的变速范围，一般要求变速范围宽，可实现无级调速，同时考虑智能制造装备的高速性能要求；

(3) 高的回转精度和刚度，传动平稳，抗振性好，热变形小；

(4) 合适的刀具接口形式、安装结构，保证刀具或工件安装方便、可靠、安全；

(5) 主轴系、主运动控制的智能化程度符合要求。

6.2.2 智能制造装备主运动系统设计

1. 主运动传动系统结构配置形式

智能制造装备的主运动系统按结构配置形式主要分为直接驱动型和间接驱动型两类。

间接驱动型一般是电动机和主轴系间经带传动机构驱动或经一至两级齿轮传动机构驱动。图 6-3(a)所示为经过两级齿轮传动机构驱动主轴的结构配置形式，这种形式在大、中型智能制造装备中采用较多。采用一级多楔带传动机构驱动主轴系时，一般主轴变速范围和主轴输出转矩较小，因此这种方式适合于中小型智能制造装备。采用这种方式时主传动系统一般安装方便，电动机的振动、发热对主轴系的回转精度几乎没有影响。

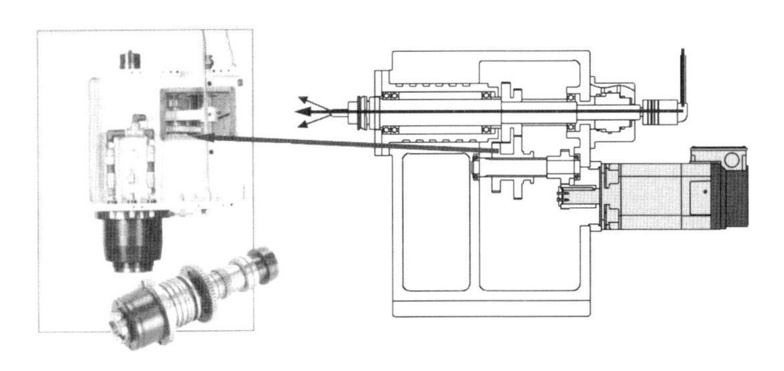

(a) 经两级齿轮机构驱动

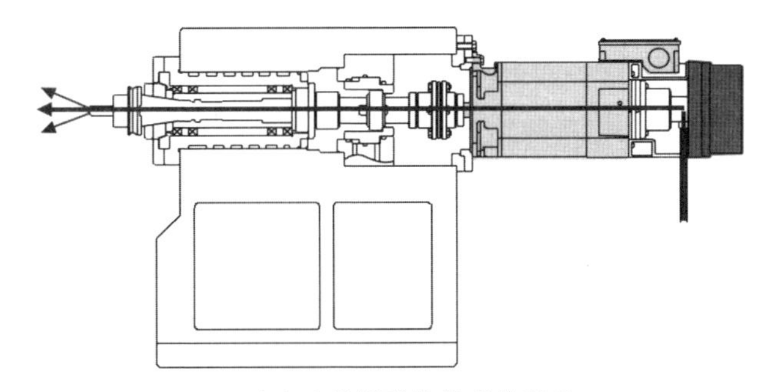

(b) 由电动机经联轴器直接驱动

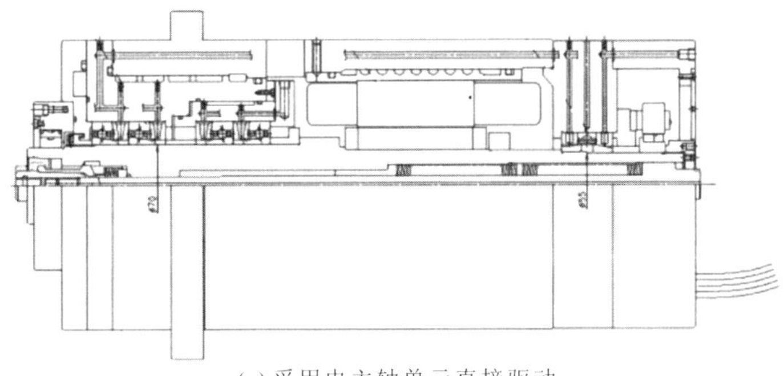

(c) 采用电主轴单元直接驱动

图 6-3　主运动系统的传动配置形式

直接驱动型有两种：一种是由电动机经联轴器驱动主轴单元，如图 6-3(b)所示；另外一种则是采用主轴和电动机一体化的电主轴结构，如图 6-3(c)所示。图 6-3(b)所示的主传动方式大大简化了主轴箱体与主轴的结构，有效地提高了主轴部件的刚度，主轴转速高，但主轴输出转矩较小，电动机发热对主轴的精度影响较大；电主轴单元结构形式是高速加工中心最为常用的结构配置形式，电动机和主轴一体化。但高速化对电主轴的智能化设计、支承方式、冷却方式以及主轴系的动平衡等级等都提出了更高的要求。

从动力源角度而言，主电动机一般采用三相交流异步电动机或感应变频电动机，通过变频实现无级调速功能。高档的智能制造装备的主轴一般采用具有编码器反馈装置的伺服电动机驱动，设计成主轴伺服驱动方式，但一般要求主轴伺服电动机功率和输出转矩足够大，这样主运动系统便可实现 360°范围内的任意定向准停控制。对于采用一般交流电动机作为主电动机的加工中心类智能制造装备，必须设置专门的定向准停机构才能实现做旋转运动的主轴的定向准停，以满足装/卸刀和特殊加工工艺需求等。

2. 主运动驱动控制方式和变速范围

对于采用三相交流异步电动机驱动的主运动系统，主电动机应配置相应变频器，实现主轴运动的无级变速控制，使主轴在一定的调速范围内能够选择到合理的切削速度，且在运转中还能自动变速。由于智能制造装备主轴一般要求调速范围较宽、输出功率较大，单靠常规调速电动机无法满足其性能要求，因为其恒功率变速范围一般为 2～3，恒转矩变速范围在 30 左右，调速电动机的功率和转矩特性难以直接与机床的功率和转矩要求完全匹配。因此，使用常规主轴电动机的时候，需要在无级调速电动机之后串联机械分级变速传动装置，采用图 6-3(a)所示的结构配置形式，以满足智能制造装备对主轴调速范围和功率、转矩的要求。

高性能智能制造装备的主运动系统也可以采用主轴伺服驱动的控制方式，但主轴驱动用伺服电动机功率一般要足够大，足以满足主切削运动的要求。这时，由数控系统通过伺服驱动器位置控制、速度控制或力矩控制工作方式，实现主运动的伺服控制。

3. 主轴的功率与转矩特性曲线

主轴所传递的功率与转速之间的关系，称为制造装备主轴的功率特性；主轴所传递的转矩与转速之间的关系，称为制造装备主轴的转矩特性。智能制造装备主轴在整个转速范围内，以计算转速为界分为两个区域：计算转速 n_j 到最大转速之间为恒功率区域；计算转速 n_j 以下到最小转速之间为恒转矩区域。主运动系统中其余传动件的计算转速可根据主轴的计算转速及其转速范围确定。

在设计主运动系统时采用的主轴的最大输出转矩公式为

$$M = 9550 \frac{P\eta}{n} \tag{6-1}$$

式中：M——主轴最大输出转矩，N·m；

P——主轴电动机输出最大功率，kW；

η——主运动系统传动效率，对于间接驱动型（如含齿轮传动机构）的一般取0.75～0.85，对于直接驱动型一般取0.85～1；

n——主轴的计算转速，r/min。

图6-4所示为Motor α112S/20000iB型电动机的功率与转矩特性曲线。对于主轴传递的功率和转矩，一般考虑传动比后通过一定的比例换算得到。对于直接驱动型主运动系统，由图6-4可以看出主轴计算转速为6000 r/min。由式(6-1)可得，主轴传递的最大功率为15 kW时，其最大输出转矩约为24 N·m。

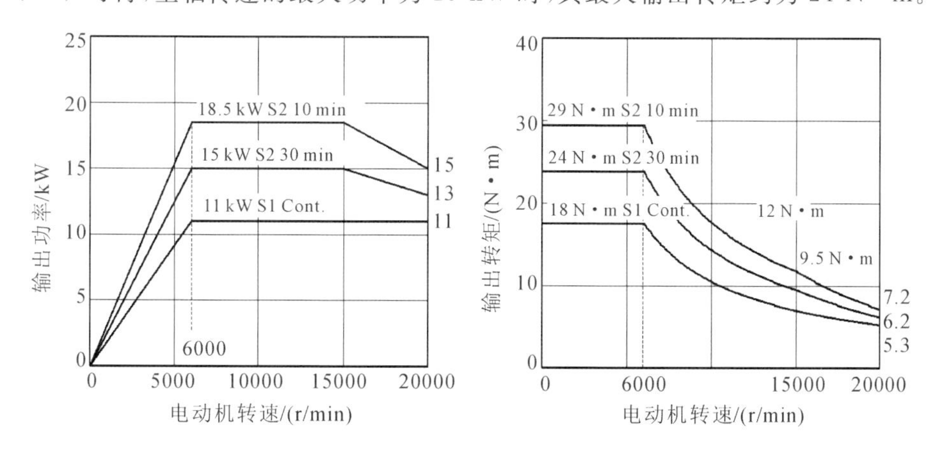

图6-4 Motor α112S/20000iB **型电动机功率与转矩特性曲线**

注：S1 Cont表示连续工作制；S2表示短时工作制。

4. 主轴和其他传动元件的计算转速

主轴的计算转速就是主轴传递全部功率时主轴所有转速中的最低转速。对于智能制造装备，主轴传动链较为简单，一般仅仅包含具有固定传动比的少量元件，往往依据选择的主驱动电动机功率与转矩特性推算主轴的转速。同样，主运动系统中的主要传动件的计算转速则是主轴传递全部功率时的最低转速。

计算转速在主轴转速范围中所处的位置因机床种类而异。当主轴的计算转速确定后，就可以由转速图确定其他各传动件的计算转速。确定的顺序通常是由后往前，即先定出位于传动链后端（靠近主轴）的传动件的计算转速，再顺次由后往前确定其他传动件的计算转速。

为了使传动件工作可靠、结构紧凑，必须对传动件进行动力计算。主轴及其他传动件（如传动轴、齿轮及离合器等）的几何尺寸主要根据它所传递的转矩来确定，即主轴及其他传动件的几何尺寸与其传递的功率和转速这两个因素有关。变速传动链内的有些零件的转速是恒定的，但进行变速传动链的动力计算及确定结构几何尺寸时，应以其计算转速为依据。

5.驱动电动机和主轴功率特性的匹配设计

设计智能制造装备主运动系统时，一般必须考虑电动机与设备主轴功率特性匹配问题。如果主轴要求较大的功率和较宽的变速范围，在电动机性能参数不能直接满足要求的情况下，电动机与主轴之间应串联一个分级变速机构，以扩大主轴恒功率变速范围，满足低速大功率切削对电动机的输出功率的要求。在设计分级变速机构时，应考虑机床结构复杂程度、运转平稳性要求等因素。

随着技术的发展，如车铣复合加工中心等高档智能制造装备主轴驱动采用先进的 Cs 控制模式，即主轴的旋转运动也要求实现精准的数字化控制，从而要求主运动系统采用主轴伺服控制方式。

6.主轴组件的设计

主轴组件是智能制造装备的一个重要组成部分，包括主轴、轴承以及安装在主轴上的传动件。主轴组件不仅要传递转矩，直接承受切削力，还要满足制造装备在结构和性能上的一些要求。设计主轴组件时应保证其在性能上满足高回转精度、高刚度、高抗振性、良好的精度保持性等要求。同时，主轴的轴端结构设计与制造也应保证和刀具连接可靠、方便、精度高。

另外，随着智能化技术的发展，主轴智能化水平也越来越高。对智能主轴相关技术前面已有介绍，这里不再论述。

6.3 智能制造装备进给伺服系统

由于智能制造装备进给运动系统直接参与零件功能表面成形，为了保证成形的精度，必须实现精确的进给运动控制，为此，其运动控制实现方式必然是伺服控制。实现进给运动伺服控制的系统一般称为进给伺服系统。相较于主运动系统,进给伺服系统要复杂得多。

6.3.1 智能制造装备进给伺服系统分类

1.进给伺服系统的分类

1)按使用的驱动元件分类

根据驱动元件的不同,进给伺服系统可以分为电液进给伺服系统和电气进给伺服系统。电液进给伺服系统的执行元件是电液脉冲马达和电液伺服马达。但由于该系统存在噪声大、漏油等问题,故其逐渐被电气进给伺服系统所取代。

电气进给伺服系统全部采用电子元件和电动机部件,操作方便,可靠性高。目前电气进给伺服系统的驱动元件主要有步进电动机、直流伺服电动机和交流伺服电动机三种,则依据所采用的驱动元件不同,可将电气进给伺服系统分为步进进给伺服系统、直流进给伺服系统和交流进给伺服系统三种。目前应用广泛的是交流进给伺服系统。根据快速响应性要求,进给伺服系统可采用直线电动机直接驱动。这些驱动元件的结构和工作原理不再赘述。

2)按反馈比较控制方式分类

(1)脉冲/数字比较进给伺服系统　该系统是闭环进给伺服系统中的一种,它将数控装置发出的数字(或脉冲)指令信号与检测装置测得的数字(或脉冲)形式的反馈信号直接进行比较,以产生位置偏差信号,实现闭环控制。该系统结构简单,容易实现,整机工作稳定,因此得到了广泛的应用。

(2)相位比较进给伺服系统　该系统中位置检测元件采用相位工作方式,指令信号与反馈信号都被转化成某个载波的相位,通过相位比较来获得实际位置与指令位置的偏差,实现闭环控制。

该系统适应感应式检测元件(如旋转变压器、感应同步器)的工作状态,同时由于载波频率高、响应快,抗干扰能力强,因此特别适合用于连续控制的进给伺服系统。

(3)幅值比较进给伺服系统　该系统以位置检测信号的幅值来反映机械位移的大小,并以此信号作为位置反馈信号,与指令信号进行比较,以获得位置偏差信号,实现闭环控制。

上述三种进给伺服系统中,相位比较进给伺服系统和幅值比较进给伺服系统的结构与安装都比较复杂，因此在一般情况下都会选用脉冲/数字比较进给伺服系统，同时相位比较进给伺服系统相对幅值比较进给伺服系统应用得也要更广泛一些。

（4）全数字进给伺服系统　随着微电子技术、计算机技术和伺服控制技术的发展，数控制造装备的进给伺服系统已开始采用高速、高精度的全数字进给伺服系统，使伺服控制技术从模拟方式、混合方式转向全数字方式。全数字进给伺服系统的位置环、速度环和电流环三环反馈全部数字化，系统柔性好，使用灵活方便。全数字控制使进给伺服系统的控制精度和控制品质大大提高。

3）按有无反馈检测元件分类

按照有无反馈检测元件，进给伺服系统可以分为开环进给伺服系统、半闭环进给伺服系统、全闭环进给伺服系统和混合进给闭环伺服系统。

（1）开环进给伺服系统　开环进给伺服系统不带位置测量元件，数控装置根据信息载体上的指令信号，经控制运算发出指令脉冲，使伺服驱动元件转过一定的角度，并通过传动齿轮、滚珠丝杠副，使执行机构（如工作台）移动或转动。这种控制系统没有来自线位移测量元件的反馈信号，对执行机构的动作情况不进行检查，指令单向流动。图 6-5(a)为开环进给伺服系统组成框图。

步进进给伺服系统是最典型的开环进给伺服系统，其特点是系统结构简单，调试维修方便，工作稳定，成本较低。由于开环进给伺服系统的精度主要取决于伺服元件和机床传动元件的精度、刚度和动态特性，因此其控制精度较低，目前多用于经济型数控制造装备。

（2）全闭环进给伺服系统　这是一种包含功率放大和反馈功能的自动控制系统，可使输出变量的值响应输入变量的值。数控装置发出指令脉冲后，当指令信号被送到位置比较电路时，若工作台没有移动，即没有位置反馈信号，则伺服电动机按指令给定的转速转动，并经由齿轮、滚珠丝杠副等传动元件带动制造装备工作台移动。装在工作台上的线位移测量元件测出工作台的实际位移量后，将测量值反馈到数控装置的比较器中与指令值进行比较，并用比较后的差值进行控制。若两者之间存在偏差，则放大器对偏差信号进行放大，再控制伺服电动机转动，直至差值为零，工作台才停止移动。图 6-5(b)为全闭环进给伺服系统组成框图。在该系统中线位移测量元件装在进给运动的末端执行件——工作台上。全闭环进给伺服系统的优点是精度高、速度快，主要用于具

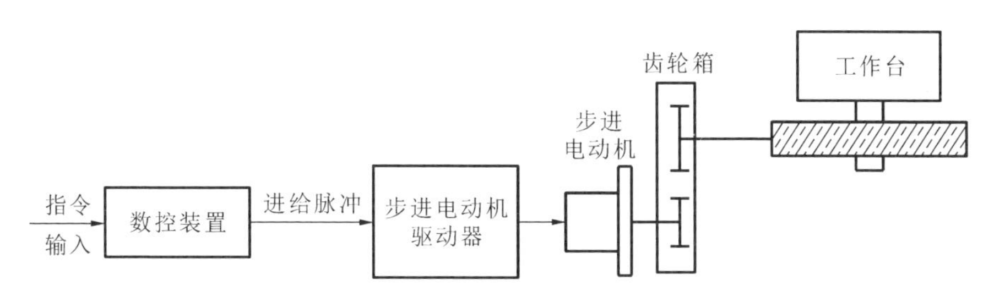

(a) 开环进给伺服系统组成框图

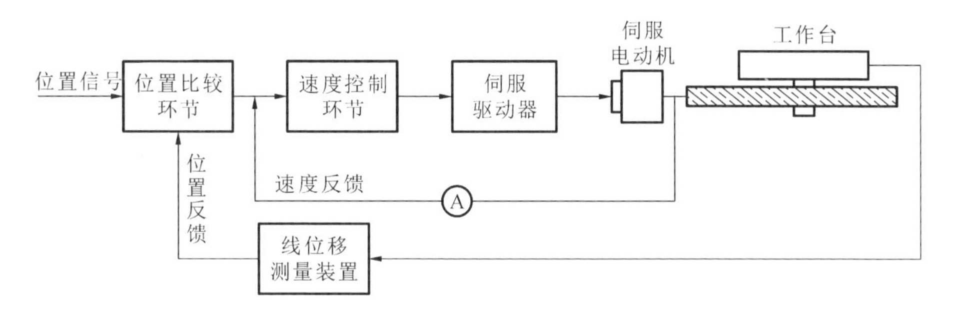

(b) 全闭环进给伺服系统组成框图

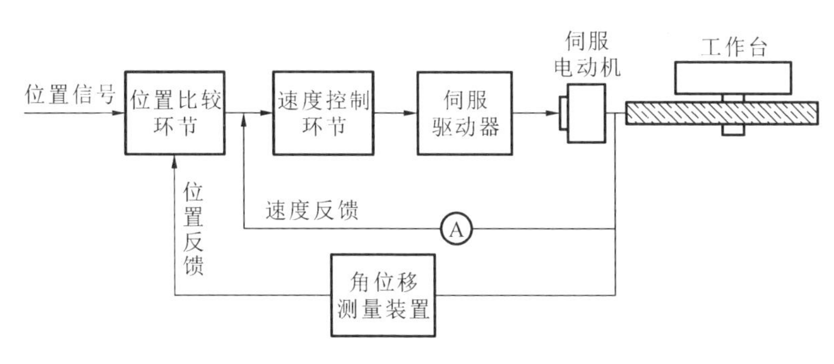

(c) 半闭环进给伺服系统组成框图

图 6-5　开环、闭环与半闭环进给伺服系统组成框图

有高精度要求的智能制造装备。

(3) 半闭环进给伺服系统　这种控制系统不直接测量工作台的位移量，它通过旋转变压器、光电编码盘等角位移测量元件，测量伺服机构中电动机或丝杠的转角，来间接测量工作台的位移。这种系统中滚珠丝杠副和工作台均在反馈环路之外，其传动误差等仍会影响工作台的位置精度，故称为半闭环进给伺服系统。图 6-5(c)为半闭环进给伺服系统组成框图。

半闭环进给伺服系统性能介于开环和全闭环进给伺服系统之间，由于角位移测量元件比线位移测量元件结构简单，且角位移测量元件与伺服电动机采用一体化设计，使用起来十分方便。半闭环进给伺服系统的加工精度虽然没有全闭环系统高，但是由于采用了高分辨率的测量元件，仍可获得比较满意的精度和速度。半闭环进给伺服系统调试比全闭环进给伺服系统方便，稳定性更好，成本也比全闭环进给伺服系统低。目前，大多数智能制造装备采用的都是半闭环进给伺服系统，只有高精度要求的高档智能制造装备采用全闭环伺服系统。

(4) 混合闭环进给伺服系统　这种进给伺服系统在结构组成上和全闭环进给伺服系统是一样的，只是在运动控制方法和控制过程方面与后者有区别。为了充分利用半闭环控制的较高的精度及优异的稳定性，在加工过程中伺服控制基本采用半闭环控制，只在需要精准的定位时才切换到全闭环控制，实现精准的定位控制。

2. 智能制造装备进给伺服系统的硬件构成

智能制造装备进给伺服系统的硬件组成可以分为两大部分，即电控部分和机械部分，主要包括智能数控系统、伺服驱动器、伺服电动机、机械传动结构、执行机构(刀具执行部分或工件执行部分)。图 6-6 比较直观地给出了智能制造装备进给伺服系统的电控部分硬件构成，而其机械部分的构成依据智能制造装备的运动链设计及结构形式要求不同略有差异(参见图 2-10)。

图 6-6 为某三轴联动加工中心智能制造装备的运动控制系统(包括主运动系统和进给伺服系统)硬件接线原理图。从图中可以看出，智能制造装备进给伺服系统硬件采用了新一代的驱动产品——SINAMICS S120 伺服驱动器，控制单元是一个集 V/f 控制、矢量控制和伺服控制于一体的多轴驱动系统，它采用了模块化的设计方案，包括控制单元模块、整流回馈模块、电动机模块、传感器模块和电动机编码器等。各个模块通过高速驱动接口——DRIVE-CLiQ 接口相互连接。

DRIVE-CLiQ 协议是用于 SINAMICS S120 伺服驱动器内部组件之间的专用通信协议。从外观上看，DRIVE-CLiQ 接口与一般的以太网接口(RJ-45)类似，但二者的引脚定义不同。

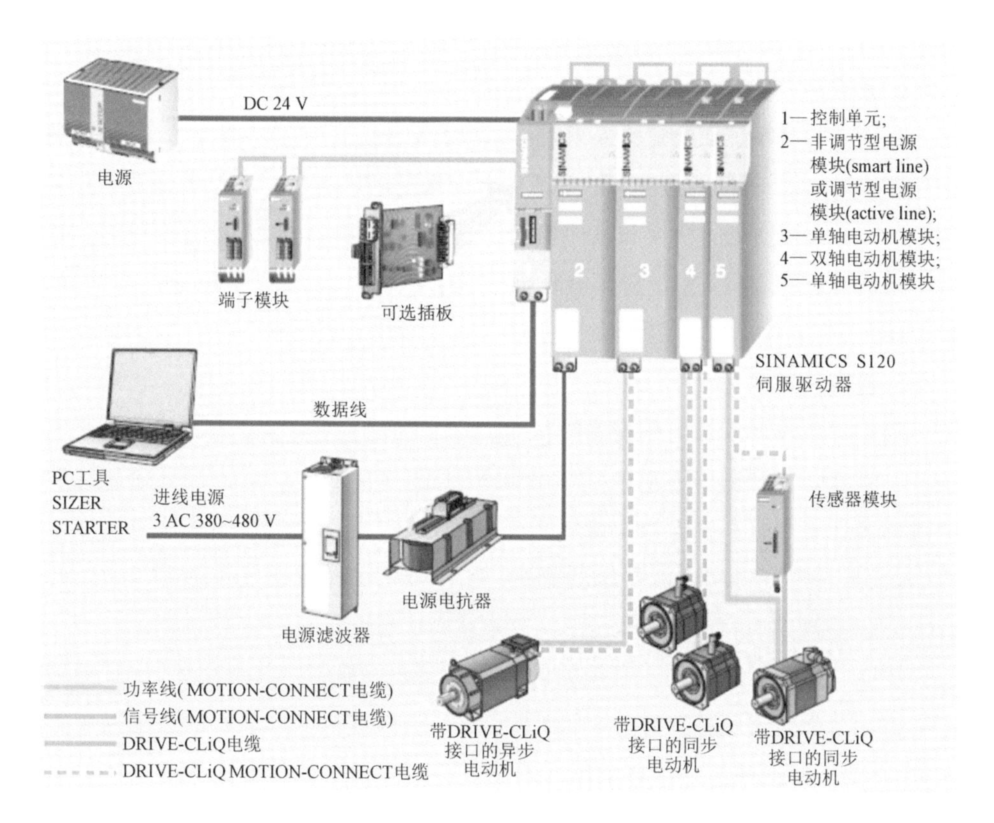

图 6-6 智能制造装备运动控制系统硬件接线原理图

6.3.2 智能制造装备进给伺服系统设计要求

由于进给运动直接参与工件的表面成形,因此智能制造装备对进给伺服系统性能提出了一些有针对性的要求,主要有如下几个。

1. 高精度

进给伺服系统的精度是指输出量能够复现输入量的精确程度。由于智能制造装备执行机构是由伺服电动机直接驱动的,为了保证移动部件的定位精度和零件轮廓的加工精度,进给伺服系统应具有足够高的定位精度和联动运动轴的协调一致精度。一般的智能制造装备要求的定位精度为 0.01～0.001 mm,高档设备的定位精度要求达到 0.1 μm 以上,微纳超精密、超高精密智能制造装备的运动控制精度要求达到 0.01～0.001 μm。在速度控制中,要求高的调速精度和比较强的抗负载扰动能力。因此,进给伺服系统应具有良好的动、静态精度。

2. 良好的稳定性

稳定性是指系统在给定输入下,经过短时间的调节后达到新的平衡状态,或在外界干扰作用下,经过短时间的调节后重新恢复到原有平衡状态的能力。稳定性直接影响数控加工的精度和表面粗糙度。为了保证切削加工的稳定、均匀,智能制造装备的进给伺服系统应具有优异的抗干扰能力,以保证进给速度的均匀、平稳。

3. 动态响应速度快

动态响应速度是进给伺服系统重要的动态品质指标,它反映了系统的跟踪精度。目前智能制造装备数控系统的插补时间一般在2～20 ms内,在如此短的时间内进给伺服系统要快速跟踪指令信号,伺服电动机就必须能够迅速加减速(尤其是在具有高速性能要求的场合,进给加速度和减速度可达到9.8～40 m/s^2),以实现执行部件的加减速控制,并且要求超调量很小。

智能制造装备进给伺服系统的设计必须突破一般制造装备中的“旋转伺服电动机＋普通滚珠丝杠”的进给传动方案。在结构形式上可采取的主要措施有三种:一是大幅度减轻进给移动部件的重量,为此,最有效的办法就是在结构上实现“零传动”,直接采用直线电动机驱动;二是采用多头螺纹行星滚柱丝杠代替常规钢球式滚珠丝杠,以及采用无间隙直线滚动导轨,实现进给部件的高速移动和快速准确定位;三是采用快速反应的伺服驱动计算机控制系统。

4. 调速范围要宽,低速时能输出大转矩

机床的调速范围 R_n 是指机床要求电动机能够提供的最高转速 $n_{\max}$ 和最低转速 $n_{\min}$ 之比:

$$R_n = \frac{n_{\max}}{n_{\min}}$$

式中:$n_{\max}$ 和 $n_{\min}$ 分别指额定负载下电动机的最高转速和最低转速,对于小负载的机械也可以是实际负载下的最高和最低转速。一般的智能制造装备进给伺服系统的调速范围 R_n 为1∶24000;高档智能制造装备进给伺服系统的调速范围则可达到1∶100000,同时要求速度均匀、稳定、无爬行,且速降要小,在平均速度很低的情况下(1 mm/min以下)要求有一定瞬时速度,零速度时要求伺服电动机处于锁紧状态,以维持定位精度。

智能制造装备的加工特点是低速时进行重切削,因此要求进给伺服系统具有低速时输出大转矩的特性,以适应低速重切削的加工要求,同时具有较宽的调速范围以简化机械传动链,进而增加系统刚度,提高运动精度。一般情况下,进给系统的伺服控制属于恒转矩控制,而主轴系统的伺服控制在低速时为恒转矩控制,高速时为恒功率控制。

车床的主轴伺服系统一般是速度控制系统,除了一般性要求之外,还要求主轴和进给伺服驱动装置可以实现同步控制,以实现螺纹切削的加工要求。有的车床要求主轴具有恒线速功能。

5. 高性能进给伺服电动机

伺服电动机是进给伺服系统的重要组成部分,为使进给伺服系统具有良好的性能,伺服电动机也应具有高精度、快响应、宽调速和大转矩性能。伺服电动机应满足的具体性能要求如下:

(1) 在从最低速到最高速的范围内能够平滑运转,转矩波动小,尤其是在低速时无爬行现象;

(2) 具有大的、长时间的过载能力,数分钟内过载4~6倍也不会烧毁;

(3) 为了满足快速响应的要求,随着控制信号的变化,能在较短的时间内达到规定的速度;

(4) 能适应频繁启动、制动和反转工况。

6.3.3 进给伺服系统等效转动惯量和等效转矩的计算

在研究伺服系统驱动力矩、加速或减速控制以及制动等性能时,往往要以某一特定轴(主要是电动机轴或某一控制轴等)来进行讨论,因而需要将系统中其他部件的转动惯量、所受力和力矩(包括负载、摩擦阻力和转矩等)转换到特定轴上,即要计算其等效转动惯量和等效转矩,其目的是合理选择伺服电动机。

1. 通用进给伺服系统构成

图6-7给出了智能制造装备直线运动进给伺服系统的结构,其中图6-7(a)所示为通用进给伺服系统结构,其由m个转动零件和n个移动零件构成;图6-7(b)所示为智能制造装备上常用的典型进给伺服系统的结构,伺服电动机经一级齿轮传动机构和滚珠丝杠副驱动工作台运动。

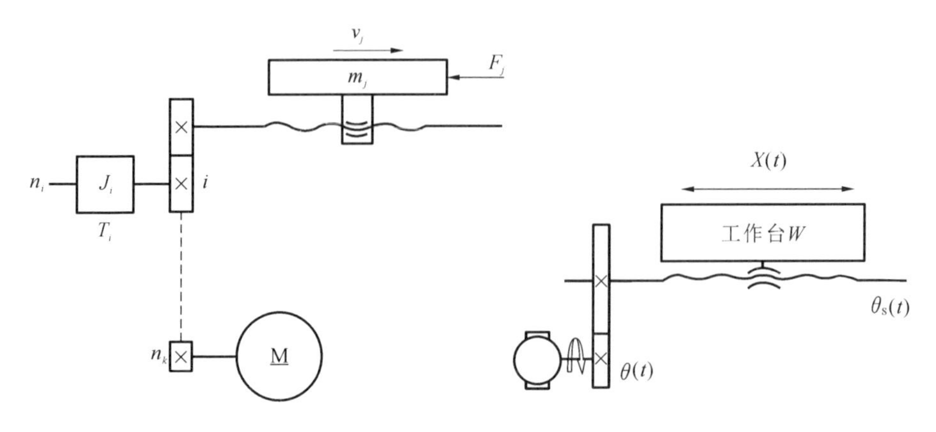

(a) 通用进给伺服系统的结构　　(b) 典型进给伺服系统的结构

图 6-7　智能制造装备进给伺服系统结构

2. 伺服电动机的选择计算

伺服电动机的选择计算，包括系统的惯量匹配计算和伺服电动机的转矩计算。

1) 惯量匹配计算

惯量匹配对进给伺服系统的灵敏度影响很大，如果负载转动惯量过大，则电动机加速或减速的时间要长一些，同时也会影响系统的稳定性等。根据相关经验和资料介绍，伺服电动机应满足下列关系式：

$$0.5 \leqslant \frac{J_M}{J_M + [J_L]} \leqslant 0.8 \quad \text{或} \quad 0.25 \leqslant \frac{[J_L]}{J_M} \leqslant 1 \tag{6-2}$$

式中　J_M——伺服电动机转子的转动惯量（kg·m²）；

$[J_L]$——折算到伺服电动机轴上的全部负载转动惯量（kg·m²），即等效转动惯量。

2) 伺服电动机的负载转矩计算

根据图 6-7 所示的进给伺服系统结构，当驱动智能制造装备进给伺服系统的工作方式确定后，即可按给定条件，求得加在伺服电动机输出轴上的负载转矩 T。一般分两种情况进行计算。

(1) 快速空载启动时的负载转矩　快速空载启动时，伺服电动机的负载转矩 T 的计算式为

$$T = T_{amax} + T_f + T_0 \tag{6-3}$$

式中　T_{amax}——空载启动时折算到电动机轴上的加速转矩(N·m)；

T_f——折算到电动机轴上的摩擦转矩(N·m)；

T_0——丝杠预紧引起的折算到电动机轴上的附加转矩(N·m)，粗估计算时此项可不考虑。

T_{amax}的计算式为

$$T_{amax}=\frac{2\pi n_{max}[J_M]}{60t} \tag{6-4}$$

式中　$[J_M]$——折算到电动机轴上总的等效转动惯量(kg·m^2)，$[J_M]=J_M+[J_L]$；

N_{max}——快速空载启动时伺服电动机的最高转速(r/min)；

t——系统的时间常数或加速时间(s)。

T_f 的计算式为

$$T_f=\frac{F_0P}{2000\pi\eta i} \tag{6-5}$$

式中　F_0——滚珠丝杠轴向牵引力(N)，一般取 $F_0=9.8Wf$，其中 W 为移动部件工作台总重量(N)，f 为工作台和导轨间的摩擦系数；

P——滚珠丝杠导程(mm)；

η——进给伺服系统总的传动效率，一般取 0.7～0.85，直接驱动时可取 0.85～0.95；

i——传动比，如果主动齿轮齿数为 Z_1，被动齿轮齿数为 Z_2，则 $i=Z_2/Z_1$。

(2) 切削时的负载转矩　为安全起见，此时对于电动机的负载转矩计算不仅要考虑切削力所需的转矩，还应考虑在切削过程中相应的加速度和摩擦引起的转矩，所以这时的负载转矩为

$$T=T_F+T_a+T_f+T_0 \tag{6-6}$$

式中　T_F——克服切削力所需的转矩(N·m)；

T_a——切削时产生加速度所需的转矩(N·m)。

由于智能制造装备中伺服电动机的转矩主要用来产生加速度，以保证制造装备的动态性能要求，而切削负载转矩所占的比重较小，一般小于电动机额定转矩的 10%～30%，因此计算伺服电动机所需转矩时常按快速空载启动时所需

转矩来计算，即用式(6-3)至式(6-5)进行计算。

3. 等效转矩和等效转动惯量的计算

1）等效转动惯量的计算

对于图 6-7(a)所示的通用进给伺服系统，令构成它的转动件 i 的转动惯量、转速和转矩分别为 J_i、n_i(或 ω_i)和 $T_i(i=1,2,\cdots,m)$，移动件 j 的质量、移动速度和所受力分别为 m_j、v_j 和 $F_j(j=1,2,\cdots,n)$，则进给伺服系统运动部件能量总和为

$$E=\frac{1}{2}\sum_{i=1}^{m}J_i\omega_i^2+\frac{1}{2}\sum_{j=1}^{n}m_jv_j^2 \tag{6-7}$$

将其等效转化到转速为 $n_k(\omega_k)$的特定的轴 k 上，令特定轴等效转动惯量为 $[J_k]$，则特定轴的能量为

$$E_k=\frac{1}{2}[J_k]\omega_k^2$$

根据能量守恒定律，有 $E=E_k$，即

$$\frac{1}{2}\sum_{i=1}^{m}J_i\omega_i^2+\frac{1}{2}\sum_{j=1}^{n}m_jv_j^2=\frac{1}{2}[J_k]\omega_k^2 \tag{6-8}$$

故等效转动惯量为

$$[J_k]=\sum_{i=1}^{m}J_i\left(\frac{\omega_i}{\omega_k}\right)^2+\sum_{j=1}^{n}m_j\left(\frac{v_j}{\omega_k}\right)^2 \tag{6-9}$$

当用工程上的常用单位表示时，式(6-9) 可改写为

$$[J_k]=\sum_{i=1}^{m}J_i\left(\frac{n_i}{n_k}\right)^2+\frac{1}{4\pi^2}\sum_{j=1}^{n}m_j\left(\frac{v_j}{n_k}\right)^2 \tag{6-10}$$

式中 J_i——转动件 i 的转动惯量(kg·m^2)；

n_i——转动件 i 的转速(r/min)；

n_k——特定轴 k 的转速(r/min)；

m_j——移动件 j 的质量(kg)；

v_j——移动件 j 的速度(m/min)。

2）等效转矩的计算

上述进给伺服系统工作一段时间 t 后，系统克服所受力和转矩而做的总功应为

$$W=\sum_{i=1}^{m}T_i\omega_it+\sum_{j=1}^{n}F_jv_jt \tag{6-11}$$

同理，特定轴 k 在时间 t 内的转角为 $\varphi_k=\omega_k t$，设转化到特定轴上的等效转矩为 $[T_k]$，则依据功相等原理，特定轴做功为

$$W_k=[T_k]\omega_k t=W \tag{6-12}$$

可得等效转矩 $[T_k]$ 为

$$[T_k]=\sum_{i=1}^{m}T_i\frac{\omega_i}{\omega_k}+\sum_{j=1}^{n}F_j\frac{v_j}{\omega_k} \tag{6-13}$$

当用工程上的常用单位表示时，式(6-13)可写成：

$$[T_k]=\sum_{i=1}^{m}T_i\frac{n_i}{n_k}+\frac{1}{2\pi}\sum_{j=1}^{n}F_j\frac{v_j}{n_k} \tag{6-14}$$

式中 T_i——转动件 i 所受转矩(N·m)；

F_j——移动件 j 所受力(N)。

6.4 进给伺服系统动力装置

6.4.1 伺服电动机概述

进给伺服系统动力装置为伺服电动机，是转速及方向都受控制电压信号控制的一类电动机。它是一个执行元件，它的作用是把信号(控制电压信号或相位信号)变换成机械位移，也就是把接收到的电信号变为电动机的转速或角位移。按电源类型，伺服电动机可以分为直流伺服电动机与交流伺服电动机。

1. 直流伺服电动机结构和工作原理

1）有刷直流伺服电动机

直流伺服电动机的输出转速与输入电压成正比，并能实现正反向转速控制，具有启动转矩大、调速范围宽、机械特性和调节特性的线性度好、控制方便等优点，但换向电刷的磨损和换向火花等都会影响其使用寿命。

如图6-8所示，直流伺服电动机的结构与一般的电动机结构相似，也是由定子、转子和电刷等部分组成，在定子上有励磁绕组和补偿绕组，转子上有电枢绕组，并通入直流电。由于转子磁场和定子磁场始终正交，二者相互作用产生转矩使转子转动。定子在励磁电流作用下产生电势 V_s，转子在电枢电流 i_a 作用下产生磁通势 F_r，V_s 和 F_r 垂直正交；补偿绕阻与电枢绕组串联，补偿绕组在电

流 i_a 作用下产生补偿磁通势 F_c，F_c 与 F_r 方向相反，它的作用是抵消电枢磁场对定子磁场的转矩，使电动机有良好的调速特性。在电动机旋转过程中，由于电刷和换向器的作用，直流电流交替在电枢绕组线圈中正向、反向流动，始终产生同一方向的电磁力矩，使电动机连续旋转。

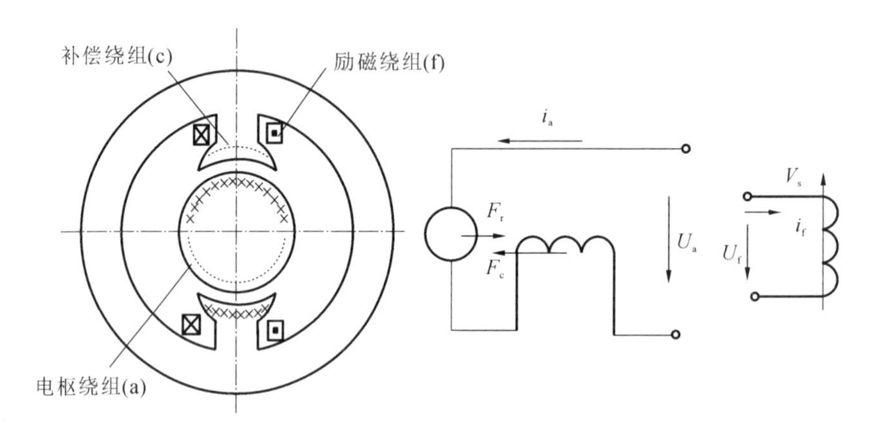

图 6-8　直流伺服电动机的结构和工作原理

永磁直流伺服电动机的转子绕组由电刷供电，并且在转子尾部装有旋转变压器或光电编码器，定子磁极是永久磁铁。与普通直流电动机相比，永磁直流伺服电动机具有更高的过载能力、更大的转矩转动惯量比、更宽的调速范围等。因此，永磁直流伺服电动机曾广泛应用于制造装备进给伺服系统。直到 20 世纪 80 年代以后，性能更好、转子采用永磁铁的交流伺服电动机出现，永磁直流伺服电动机的应用才越来越少。

2）无刷直流伺服电动机

近年来出现的无刷直流伺服电动机由于没有采用电刷和换向器，避免了电刷摩擦和换向干扰，因此和采用传统结构的电动机相比，其具有灵敏度高、死区小、噪声低、寿命长，以及对周围电子设备干扰小的优点。其采用了电子换向方式，换向灵活，可以正弦波换向，容易实现智能化控制。此外，无刷直流伺服电动机还具有体积小、重量轻、出力大、响应快、速度高、惯量小、转动平滑、力矩稳定等优点，同时电动机免维护，效率很高，运行温度低，电磁辐射很小，寿命长，可用于各种环境。图 6-9 所示为德国 Faulhaber 集团生产的三相无刷直流伺服电动机的结构组成。

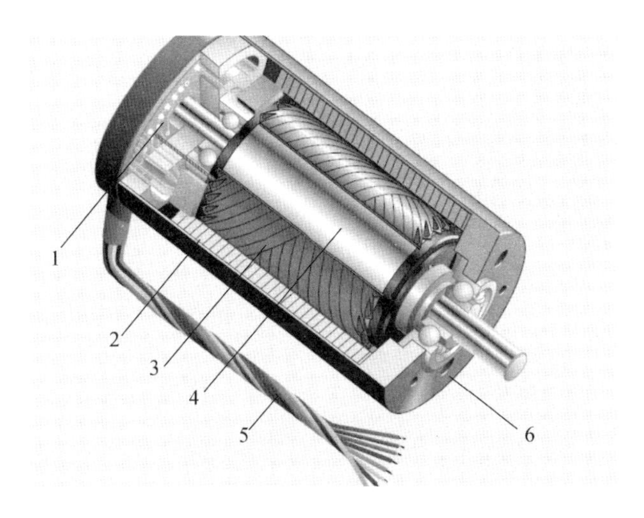

图6-9　三相无刷直流伺服电动机

1—印刷电路板及霍尔传感器；2—叠层及外壳；3—斜绕组；4—转子；

5—驱动器连线；6—外壳前端盖

为了实现无刷换向，无刷直流电动机将电枢绕组安装在定子上，而把永久磁铁安装在转子上，该结构与传统的直流电动机相反。由于去掉了由电刷和换向器构成的滑动接触换向机构，消除了传统有刷直流电动机故障的主要根源。

无刷直流伺服电动机的换向原理是：采用三个霍尔元件用作转子的位置传感器，安装在圆周上，三个霍尔元件两两相隔120°；转子上的磁铁触发霍尔元件产生相应的控制信号，该信号控制三个晶体管依次有序地通断，使得电动机上的三相定子绕组随着转子的位置变化而顺序通电、换向，形成旋转磁场，驱动转子连续不断地运动。

无刷直流伺服电动机的输出转速与输入电压之比的传递函数可近似视为一阶滞后环节，其机电时间常数一般在十几毫秒到几十毫秒之间。而某些低惯量直流伺服电动机（如空心杯转子型、印刷绕组型、无槽型）的机电时间常数仅为几毫秒到二十毫秒。小功率的无刷直流伺服电动机的额定转速在3000 r/min以上，甚至大于10000 r/min。而近年来发展起来的直流力矩伺服电动机（即低速直流伺服电动机）可在几十转每分的低速下，甚至是较长时间堵转的条件下工作，故可直接驱动被控件而不需减速。

2.交流伺服电动机结构和工作原理

随着大功率电力电子器件技术、变频调速技术以及数控技术的发展，到20

世纪 80 年代，西门子、发那科等公司几乎同步研制出各自的交流伺服电动机产品，这些产品也迅速得到了推广应用。

交流伺服电动机与直流伺服电动机相比有如下优点：

① 结构简单、无电刷和换向器，工作可靠、寿命长；

② 由于线圈安装在定子上，转子的转动惯量小，动态响应快；

③ 比同体积直流电动机功率大，即功率密度高。

因此，在智能制造装备精密进给伺服系统中交流伺服电动机已经取代了直流伺服电动机。交流伺服电动机分为交流同步伺服电动机（交流永磁式伺服电动机）和交流异步伺服电动机（交流感应式伺服电动机）。

1）交流同步伺服电动机

交流同步伺服电动机的永磁材料都采用稀土材料钕铁硼，它具有磁能积高、矫顽力高、价格低等优点，为生产体积小、性能优、价格低的交流伺服电动机提供了基本保障。典型的交流同步伺服电动机如西门子的 1FK 、1FT 和 1FW 电动机等。

图 6-10　交流同步伺服电动机结构

1—转子轴；2—外壳；3—永磁体；4—定子；5—制动装置；6—编码器

交流同步伺服电动机的结构如图 6-10 所示，其与交流异步伺服电动机的根本区别是转子侧装有磁极并通入电流励磁。由于定、转子磁场相对静止与气隙合成磁场恒定是所有旋转电动机稳定实现机电能量转换的两个前提条件，因此,同步伺服电动机的运行特点是转子的旋转速度必须与定子磁场旋转速度严格同步,即同步伺服电动机转速 n 与定子电流频率 f、极对数 p 之间严格保持以下关系:

$$n = n_s = \frac{60f(1-s)}{p} \tag{6-15}$$

式中 n——同步电动机转速;

n_s——定子磁场旋转速度;

f——定子电流频率;

p——极对数;

s——转差率。

交流同步伺服电动机的工作原理与直流电动机非常相似,但交流同步伺服电动机的永磁体在转子上,而绕组在定子上,这正好和传统的直流电动机相反。进给伺服系统工作时,由伺服驱动器给伺服电动机提供三相交流电,同时检测电动机转子的位置以及电动机的速度和位置信息,使得电动机在运行过程中,转子永磁体和定子绕组产生的磁场在空间上始终垂直,从而获得最大的转矩。永磁同步电动机的定子绕组通入的是正弦电,因此产生的磁通也是正弦量。而转矩与磁通之间存在正比例关系。三相绕组处在转子的正弦分布旋转磁场中,正弦电输入电动机定子的三相绕组,每相电产生相应的转矩,每相转矩叠加后形成恒定的电动机转矩输出。

2) 交流异步伺服电动机

交流异步伺服电动机(如西门子公司典型的交流异步伺服电动机 1PH7、1PH4 和 1PL6 等)一般有位置和速度反馈测量系统。与交流同步伺服电动机相比,交流异步伺服电动机的功率范围更大,从几千瓦到几百千瓦不等。主运动系统多数采用这种电动机驱动。

交流异步伺服电动机的定子气隙侧的槽里嵌入了三相绕组,当电动机通入三相对称交流电时,将产生旋转磁场。这个旋转磁场在转子绕组或者导条中感应出电动势。因感应电动势而产生的电流和旋转磁场之间的作用促使转矩产生,从而使电动机的转子旋转。

3) 交流同步伺服电动机与交流异步伺服电动机的比较

通常情况下,对于功率在 30 kW 以下的应用场合,使用交流同步伺服电动机，而对于大功率应用场合则使用交流异步伺服电动机。同步电动机结构紧凑，在功率或尺寸相同时，同步电动机转矩比异步电动机大 60%，且转子转动惯量更低，可以满足高动态特性控制需求，同时在输出相同转矩的条件下冷却功率更小。另外，在转子的温度特性方面，同步电动机也与异步电动机有很大区别，例如：当实际转速为两倍的额定转速时，同步电动机转子所消耗的功率比异步电动机明显更低；而当实际转速在额定转速两倍以上时，在无负载的情况下，同步电动机转子上所产生的热量要高于异步电动机，因此在这个区域同步电动机开始出现弱磁现象，需要在线圈上加额外的弱磁电流。但是在有负载的情况下，同步电动机的温度要低于异步电动机，后者的线圈温度在有负载的情况下可达 250℃。因此可以得出，异步电动机在弱磁范围内最大转速会增加，同时其输出功率范围较大。

6.4.2 直驱型电动机

为了满足智能制造装备的一些个性化运动需求或结构要求，也出现了一类可以直接驱动负载的电动机，称为直驱型电动机，主要有直线电动机、空心力矩电动机和空心无框架电动机。直驱型电动机消除了丝杠、齿轮箱和传动带等的传动带来的机械误差，消除了机械间隙，同时结构紧凑，节省了安装空间。

1. 直线电动机

1）直线电动机进给伺服系统结构

智能制造装备典型的“旋转电动机＋滚珠丝杠”数字伺服运动实现方式，因受自身结构的限制，在进给速度、加速度、快速定位精度等方面很难有突破性的提高，无法满足超高速切削、超精密加工对制造装备进给伺服系统伺服性能提出的更高要求，而直线电动机的出现和应用则将智能制造装备的进给传动链的长度缩短为零，电动机和工作台间无任何传动副。直线电动机驱动技术大大提高了制造装备的加工精度、加工效率、速度、加速度和刚度，并大大改善了动态性能。

直线电动机的工作原理和结构特征可参见 4.2.2 节。图 6-11 所示为某单坐标直线电动机进给伺服系统结构组成。

2）直线电动机进给伺服系统的特点

直线电动机进给伺服系统的主要特点如下。

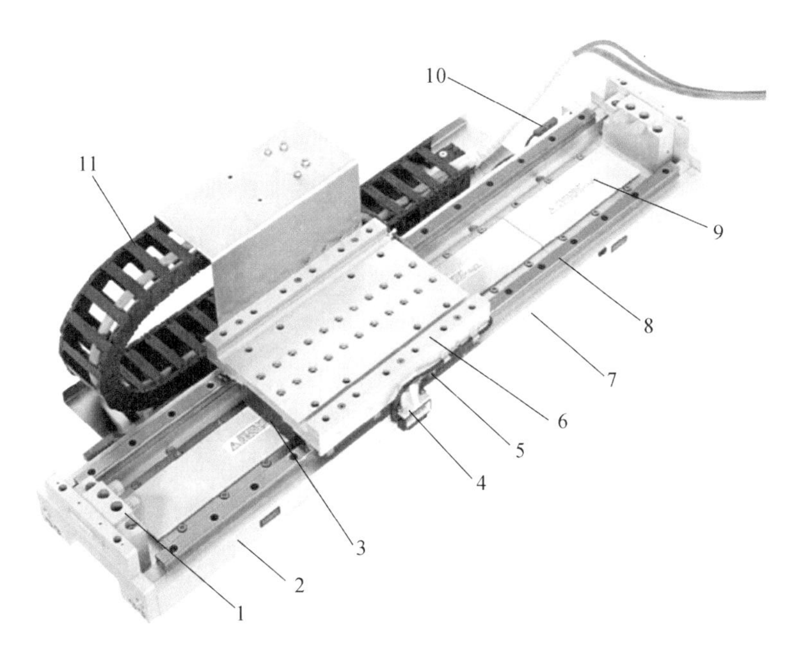

图 6-11　直线电动机进给伺服系统结构图

1—挡块；2—底座；3—动子；4—光栅读数头；5—滑块；6—动子座；
7—位置反馈装置；8—滑轨；9—定子；10—极限开关；11—拖链

(1) 反应速度快、灵敏度高。整个直线电动机驱动装置中只有动子会运动，惯性质量小，因而大大地提高了系统的灵敏度、快速性和随动性。

(2) 精度高。直线电动机进给伺服系统取消了丝杠等部件，因而避免了相应的传动间隙和误差，减小了插补运动时进给伺服系统滞后带来的跟踪误差；通过直线位置检测反馈控制，可大大提高机床的定位精度。

(3) 动刚度高。由于采用直接驱动方式，避免了启动、变速和换向时中间传动环节的弹性变形、摩擦磨损和反向间隙造成的运动滞后现象，同时也提高了传动刚度。

(4) 速度快、加减速过程短。直线电动机提供的进给速度可达 200 m/min 甚至更高，远超滚珠丝杠动力装置提供的进给速度，可以满足超高速数控制造装备的最大进给速度要求(60～100 m/min 或更高)。也由于“零传动”的高速响应性，机床加/减速过程大大缩短，在启动瞬间即可达到高速，高速运行时又能瞬间准停。采用直线电动机传动可获得较高的加速度，一般可达 $2g$～$10g$，而采用滚珠丝杠传动时最大加速度一般只有 $0.2g$～$1g$。

(5) 机床行程长度不受限制。直线电动机的次级(定子)可以一段一段地铺在机床床身上,可以无限延长机床行程长度(有大型高速加工中心 X 轴长达 40 m),而对系统的刚度不会产生影响,且其制造工艺简单。

(6) 运动噪声低。由于避免了丝杠等部件带来的机械摩擦,且导轨又可采用滚动导轨或磁悬浮导轨(无机械接触),其运动时噪声可大大降低。

(7) 效率高。由于无中间传动环节,消除了机械摩擦造成的能量损耗,因此传动效率大大提高。

(8) 结构简单、工作安全可靠。由于直线电动机不需要丝杠、轴承、联轴器等附加装置,因而系统本身的结构大为简化。另外,直线电动机是以无接触方式来传递力的,机械摩擦损耗几乎为零,较少出现故障。

3) 直线电动机在智能制造装备中的应用

随着智能制造装备高速化、精密化要求的提高,直线电动机已经较多地应用于智能制造装备的直线进给运动中。

1993 年德国 Ex-Cell-O 公司生产的 XHC-240 型高速加工中心是世界上最早使用直线电动机驱动的制造装备,其在三个坐标方向上都采用了交流感应式直线电动机,进给速度达 60 m/min,加速度为 $1g$,进给力为 2800 N,当进给速度为 20 m/min 时,加工精度达到 4 μm。直线电动机在高速加工中心上的成功应用,轰动了国际机床界。于是,各国纷纷开始研制采用直线电动机的机床。

目前,直线电动机在车床、铣床、磨床、加工中心、电加工机床、压力机、激光加工机床、雕刻机等加工设备上都获得了应用。美国 Cincinnati Milacron 公司为航空工业生产的 HyperMach 大型高速加工中心主轴转速为 60000 r/min,主电动机功率为 80 kW。其直线进给采用直线电动机实现,直线轴行程长达 46 m,工作台快速行程为 100 m/min,加速度达 $2g$。在这种机床上加工一个大型薄壁飞机零件只需 30 min,而在一般高速铣床上加工该零件需耗费 3 h,在普通数控铣床上加工则需 8 h。意大利 MCM 公司生产的 E63 加工中心采用直线电动机,快速移动速度为 80 m/min,加速度为 $2g$;意大利 Samputensili 公司生产的 RSB 18CNC 八轴数控剃齿刀磨床的工件头架滑板采用直线电动机驱动后,其最高冲程次数可达 70 次/min,加工效率提高 50%。作为全球最大的切削装备制造商之一的 DMG 集团,其 DMC 75V linear 立式精密加工中心所有进给轴都采用高动力性能直线电动机驱动,加速度高达 $2g$,快移速度为90 m/min,

因而生产率也较高。该系列加工中心特别适合用于模具加工。德国 Zimmermann 公司的直线驱动龙门铣床 FZ38,即便是在高进给率的情况下仍能保持非常小的拖曳距离和高定位精度。此外,德国 Deckel Maho 公司生产的铣床、日本三井精机株式会社生产的高速工具磨床、澳大利亚 Kirby Engineering 公司生产的珩磨机、日本 SODICK 公司生产的电火花加工机床、美国 Cincinnati Shaper 公司生产的 CL-7 型高速 CO_2 激光切割机床、中国台湾上银科技股份有限公司生产的 3D 雕刻机等都采用直线电动机驱动。

2.空心伺服电动机

目前用于旋转运动输出的直驱型电动机一般是空心伺服电动机。空心伺服电动机目前有两种:一种是力矩电动机(见图 6-12(a)),其一般具有低速大转矩输出特性,是直驱型电动机成品,可以直接使用。另一种是空心无框电动机,空心无框电动机的长径比要比力矩电动机大,其工作原理和结构与相同构成的实心轴伺服电动机一样,唯一不同的是其转子为空心轴。对于直驱型空心无框电动机,专业厂家只提供电动机的核心部件,空心转子、定子还必须由用户按照专业厂家的装配和安装准则,进行紧凑结构化设计,与主轴负载形成一体化结构,以实现主轴负载直接驱动。

图 6-12(b)所示为 Kollmorgen(科尔摩根)公司生产的 KBM 系列空心无框无刷力矩电动机定子安装结构。KBM 系列无框无刷力矩电动机的装配与安装规则如下:

(1) 选配合适的轴承。用户提供的轴承系统必须有足够的刚度,以使得在任何操作条件下转子和定子之间都能保持均匀的刚性间隙;要求定子与转子具有较高的同心度,以便通过合适的径向力和预紧力达到所需的电动机运行间隙和总径向跳动;选择摩擦小以及具有高质量润滑剂的轴承,以最大限度地减小系统总摩擦,进而实现最佳电动机操作。

(2) 定子安装及安装材料。建议采用外壳/夹持结构实现定子的牢固安装,以保证最佳传导散热路径和结构完整性。定子固定外壳可使用铝合金,通过环氧结构胶黏合或热套装,不过在热要求并不特别重要的应用系统中,也可以采用不锈钢。

(3) 转子安装材料。磁化转子可以安装到用户选择的任何金属轴上。

(4) 接地。定子的叠片段(或裸金属外护套)必须与电动机机壳以及驱动放

(a) 力矩电动机外形

(b) KBM系列空心无框无刷力矩电动机定子安装结构

图 6-12　力矩电动机

大器机壳位于相同的电气接地电位。

(5) 接线。正确连接引线,连线路径不要经过尖角、夹点或可能刺破绝缘层的边缘。

在空心无框电动机安装中,最关键的是角位移检测元件——旋转编码器的安装。对安装在空心无框同步伺服电动机输出轴上的旋转编码器,安装时必须注意其转子和电动机轴的位置关系。因为伺服电动机在启动时需要立即获得转子的位置信息,而这个信息则由带附加换向信号的旋转编码器提供。

事实上,旋转编码器安装需要借助于直流电源和示波器等设备。对于海德汉编码器,可以借助 PWM9 相位角测量设备等进行安装,以保证编码器零位信号与电动机电动势信号相位对准,这样电动机才能获得尽可能稳定的电流。如果编码器零位信号与电动机电动势信号对准不好,将造成电动机噪声大、功耗高、转矩波动大。旋转编码器具体安装步骤如下:

(1) 给电动机线圈通入直流电,用直流电流将转子固定在一个稳定的最佳位置处。

(2) 借助示波器,寻找编码器零位信号(零位参考点),使得电动势信号相位大致与旋转编码器零号信号对正。

(3) 通过示波器观察电动机电流波形,校验零位信号是否和电动机电动势信号相位对准。

图6-13所示为旋转编码器安装位置正确和位置不佳时的电动机电流。

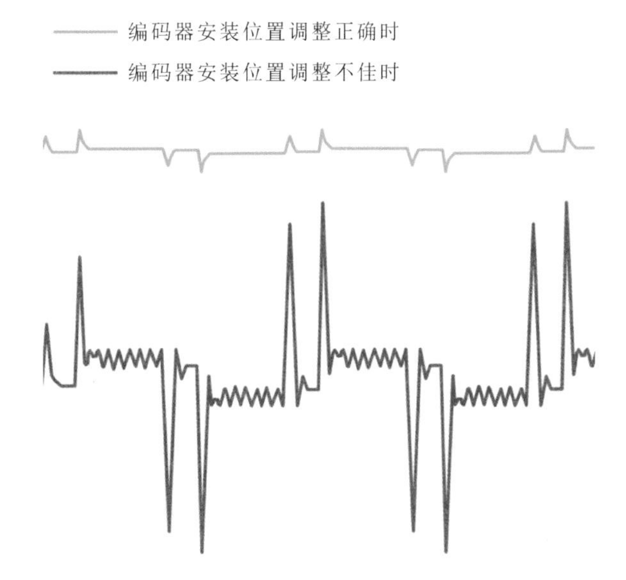

图6-13 旋转编码器处于不同安装位置时的电动机电流

6.4.3 伺服电动机主要性能参数和选择原则

1.伺服电动机主要性能参数

采用驱动器驱动伺服电动机时,必须将电动机参数准确输入驱动器。伺服电动机的参数可以分为参考参数、物理参数、散热参数以及电气参数,如表6-1所示。

表6-1 伺服电动机主要性能参数

参考参数	物理参数	散热参数	电气参数
转矩(N·m)	最大机械转速(r/min)	热量损失(kW)	极对数
额定转速(r/min)	最大变频转速(r/min)	无载热损失(kW)	电压常数[V/(r/min)]
额定功率(kW)	转子惯量(kg·m^2)	热阻(K/W)	定子电阻(Ω)
弱磁转速(r/min)	电动机质量(kg)	热容(J/C)	定子电感(mH)
最大转速(r/min)	机械气隙(mm)	热时间常数(s)	额定电流(A)
电机常数	转子直径(mm)		额定电压(V)

续表

参考参数	物理参数	散热参数	电气参数
最大转矩(N·m)	负载最大惯量(kg·m^2)		电动机效率
			转矩上升时间(s)
			空载电流(A)
			去磁电流(A)
			峰值电流(A)
			电气时间常数
			静态启动电流(A)
			静态启动转矩(N·m)
			短路制动阻抗(Ω)
			短路制动转矩(N·m)
			转矩常数[(N·m)/A]

(1) 功率:电动机的机械输出功率和电动机的转速、转矩紧密相关,指定功率时还必须说明转速或转矩中任意一个指标。伺服驱动器对伺服电动机采用矢量控制,电动机的转矩在零速至额定转速范围内可以保持恒转矩输出,所以伺服电动机有一个确定的功率指标——额定功率。额定功率是指电动机在额定转速下保持一定转矩的机械输出功率。

(2) 转矩:伺服电动机的转矩表示电动机出力的大小,可分为零速转矩和额定转矩两种。

零速转矩是仅对伺服电动机而言的。当电动机的转速升高时,其铁损、机械损耗等增大,为了使电动机的温升不超过允许值,电动机在高速时的转矩会略有下降。而电动机铁损等损耗与驱动器的脉宽调制频率、电流谐波频率等指标有相当大的关系。零速转矩是指伺服电动机在极低转速下,相电流为额定电流时产生的转矩。额定转矩是指在伺服电动机相电流为额定电流时,电动机在额定转速下运行而产生的转矩。

(3) 额定转速:伺服电动机可输出额定转矩的最高转速。超过额定转速运行,伺服电动机受驱动器的限制,转矩会以较大幅度下降,直至电动机停转。

(4) 额定电流:伺服电动机的电气参数,表示伺服电动机输出额定转矩时所需的相电流。伺服电动机转矩与相电流成线性正比关系,在电动机的过载范围内,相电流的增减必然引起转矩的增减。对于步进电动机,该参数表示步进电动机输出保持转矩时所需的相电流,也称为静态相电流。步进电动机转矩与相电流成非线性正比关系,当电动机转速上升时,由于电动机电感及反电动势的作用,步进电动机的相电流会急剧下降,从而引起转矩急剧下降。

(5) 转子惯量:电动机转子本身自有的惯量。

伺服驱动器对伺服电动机所带的负载惯量的要求是:负载惯量小于电动机转子惯量的5倍。所以,电动机转子惯量较大时,负载惯量可较大,但电动机的机械时间常数会增大,电动机对速度的响应会降低;电动机转子惯量较小时,电动机的机械时间常数小,电动机对速度的响应快,但电动机负载惯量不能太大。

2. 伺服电动机选择原则

选择伺服电动机时,需要考虑以下因素:

(1) 要求精度(转子惯量、电动机类型、转矩抖动等)。

(2) 编码器的类型、连接与输出方式、分辨率等。

(3) 最高转速与最大加速度:电动机选择首先依据机床快速行程速度。在快速行程中,电动机转速应严格保持在电动机的额定转速之内。

(4) 负载(转矩、惯量):为了保证足够的角加速度,使系统反应灵敏和满足系统的稳定性要求,应将负载惯量 J_L 限制在2.5倍电动机惯量 J_M 之内,即 $J_L<2.5J_M$。

(5) 过载能力:连续过载时间 t_{Lon} 应小于电动机规定过载时间 t_{Mon}。

(6) 使用环境与冷却方式。

总之,伺服电动机的选择应根据智能制造装备的运动和动力要求进行,做到动力匹配、机电转动惯量匹配以及性能匹配优化,尽可能使系统在给定的硬件设计下输出高质量的运动,满足使用性能需求。

6.5 进给伺服系统的位置检测装置

位置检测装置是智能制造装备中高性能闭环进给伺服系统的重要组成部分。它的主要作用是检测位移,并发出反馈信号,与智能数控装置发出的指令信号进行比较,二者若有偏差,则将反馈信号放大后用于控制执行部件,使其向消除偏差的方向运动，直至偏差为零。为了提高智能制造装备的加工精度，必须提高位置检测装置的测量精度。

6.5.1 智能制造装备位置检测概述

1.智能制造装备对位置检测装置的要求

检测系统的精度决定了智能数控系统的精度和分辨率。不同类型的智能制造装备对位置检测装置的精度和适应速度的要求是不同的。对于大型智能制造装备，位置检测装置主要应满足速度要求；对于中小型和具有精度要求的智能制造装备，则位置检测装置主要应满足精度要求。位置检测装置的分辨率一般要比加工精度高一个数量级。智能制造装备对位置检测装置的总的要求主要有：

（1）满足智能制造装备的精度和速度要求。随着智能制造装备的发展，其精度和速度越来越高。从精度上讲，某些制造装备的定位精度已达到±0.002 mm/300 mm，一般制造装备的精度要求为±（0.002～0.02）mm/m，位置检测装置分辨率为0.001～0.01 mm；从速度上讲，制造装备进给速度已从10 m/min提高到50～100 m/min，主轴转速也达到10000 r/min以上，有些高达100000 r/min，因此要求位置检测装置必须满足智能制造装备高精度和高速度的检测要求。

（2）高可靠性和高抗干扰性。位置检测装置应有较强的抗干扰能力，能抗各种电磁干扰，并且基准尺寸对温湿度敏感性低，温湿度变化对测量精度影响小。

（3）使用维护方便。所选择的传感器要适合制造装备的运行环境；位置检测装置安装时要保证安装精度要求，整个检测装置要求采用较好的防尘、防油雾、防切屑等措施。

（4）成本低、性价比高。

2.位置检测装置的分类

不同类型的智能制造装备，根据不同的工作环境和不同的检测要求，应该采用不同的检测方式。位置检测装置按照测量位移的类型不同分为旋转型（角位移测量）和直线型（线位移测量）；按照输出信号不同有模拟式和数字式两大类，或者分为增量式和绝对式两大类。位置检测元件的具体分类见表6-2。

表 6-2　位置检测装置的具体分类

类型	数字式		模拟式	
	增量式	绝对式	增量式	绝对式
旋转型	增量式编码器、圆光栅	绝对式光电脉冲编码器	旋转变压器、圆形感应同步器、圆磁尺	多级旋转变压器、三速圆形感应同步器
直线型	计量光栅、激光干涉仪	多通道投射光栅	直线型感应同步器、磁尺	三速直线形感应同步器、绝对式磁尺

1）增量式与绝对式检测装置

增量式检测装置只测量位移增量，移动一个测量单位即发出一个测量信号。其优点是结构比较简单，能做到高精度，任何一个对中点均可作为测量起点；其缺点是一旦计数有误，此后结果全错，发生故障（如断电、断刀等）时，在事故排除后，再也找不到正确的位置。

绝对式检测装置在测量时，被测量的任一点都以一个固定的零点作为基准，每一被测点都有一个相应的测量值，这样就避免了增量式检测装置的缺陷，但其结构较为复杂。

2）数字式与模拟式检测装置

数字式检测是将被测量数字形式表示，被测量量化后转换成脉冲个数，便于计算机处理。数字式检测装置因输出信号为数字脉冲信号，结构简单，一般都进行双极性脉冲信号差分输出，抗干扰能力强。

模拟式检测是将被测量用连续变量来表示，在大量程内做精确的模拟式检测，在技术上对检测装置有较高的要求。数控制造装备中的模拟式检测装置主要用于小量程测量。

3）直接测量与间接测量检测装置

对制造装备的直线位移采用直线型检测装置检测，称为直接测量。其测量精度主要取决于测量元件的精度，不受制造装备传动装置的直接影响，但检测装置要与制造装备行程等长，这对大型数控制造装备来说是一个很大的限制。

对制造装备的直线位移采用旋转型检测元件测量，称为间接测量。间接测量位置精度取决于检测装置和制造装备传动链两者的精度，但间接测量无长度限制。

6.5.2 智能制造装备常用的位置检测装置

6.5.2.1 脉冲编码器

脉冲编码器是一种旋转式脉冲发生器，它可以把机械转角转化为脉冲，从而实现位移的测量。脉冲编码器是智能制造装备上应用最为广泛的位置检测装置，同时也作为速度检测装置用于速度检测。

根据脉冲编码器的信号转换原理不同，脉冲编码器分为光电式、接触式、电磁感应式三种。从精度和可靠性方面来看，光电脉冲编码器优于其他两种。智能制造装备上常用的是光电脉冲编码器。它的型号是按分辨率，即每转发出的脉冲数(p/r)来划分的。智能制造装备上常用的脉冲编码器分辨率有 2000 p/r、2500 p/r 和 3000 p/r 等。在高速、高精度的数字进给伺服系统中，应用高分辨率(如 20000 p/r、25000 p/r 和 30000 p/r 等)的脉冲编码器。由于机械码盘高精密刻线和电气细分技术的发展，目前脉冲编码器已经可以具有很高的分辨率，如海德汉 ECN/EQN 1300 系列编码器可以达到 33554432 p/r 的分辨率，即每转 2^{25} 个脉冲。

脉冲编码器根据其安装方式的不同有不同的连接结构，如中空结构、实心轴结构、定子联轴器结构等。图 6-14(a)所示为中空结构，脉冲编码器依靠键连接安装在运动轴上；图 6-14(b)所示为实心轴结构，一般依靠弹性联轴器安装在运动轴上；图 6-14(c)所示为定子联轴器结构，依靠定子联轴器或转子内孔安装。如海德汉的 ECN、EQN、ERN 系列编码器，内置轴承和安装式电子联轴器，编码器轴可直接连接被测轴。

(a) 中空结构

(b) 实心轴结构

(c) 定子联轴器结构

图 6-14 三种连接结构的编码器

根据编码器输出位移的特征，脉冲编码器又分为增量式和绝对式。增量式脉冲编码器能够把回转件的旋转方向、旋转角度和旋转角速度准确地测量出来。绝对式脉冲编码器可将被测转角转换成相应的代码来指示绝对位置而没有累积误差，是一种直接编码的测量装置。

下面以光电脉冲编码器为例说明脉冲编码器结构组成和工作原理。

1.光电脉冲编码器的结构组成

如图6-15所示，光电脉冲编码器主要由光电转化电路板、圆光栅、指示光栅、工作轴、光敏元件、光源、连接法兰等组成。其中：圆光栅是一个圆盘，其圆周上刻有间距相等、一定数量的透明和不透明的线纹，圆光栅与工作轴一起旋转。与圆光栅相对平行地放置的一个固定的扇形薄片称为指示光栅，上面刻有相差1/4节距的两个狭缝和一个零位狭缝(一转发出一个脉冲)。光电编码器通过弹性联轴器或键与伺服电动机或运动轴相连。增量式光电脉冲编码器的码盘圆周沿着半径方向刻有线纹，如图6-16(a)所示；而绝对式光电脉冲编码器码盘则在不同半径的圆上沿着圆周方向制有明暗相间的图案，按照一定的编码规则，使得码盘沿半径方向由内向外在扇形区域内形成编码。图6-16(b)所示是一种混合式光电脉冲编码器码盘结构，靠近码盘中心的图案用于绝对式编码，而最外面的沿半径方向等间隔分布的明暗相间的线纹则用于增量式编码。该编码器既可用作增量式编码器也可用作绝对式编码器。

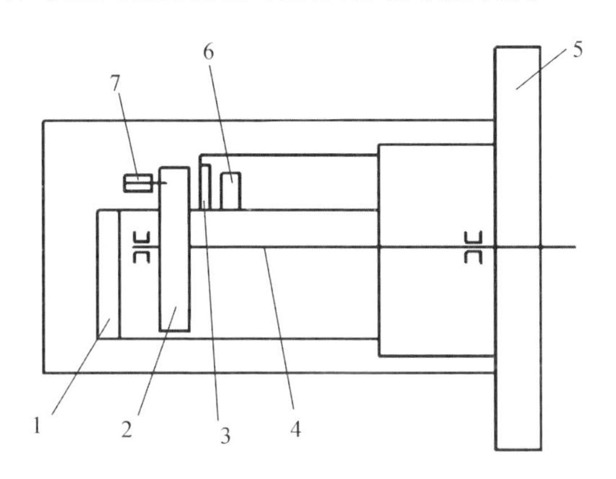

图6-15 光电脉冲编码器结构示意图

1—光电转化电路板；2—圆光栅；3—指示光栅；4—工作轴；5—连接法兰；6—光敏元件；7—光源

2.光电脉冲编码器的工作原理

增量式光电脉冲编码器的输出信号有辨向信号和零位(基准)信号之分，又

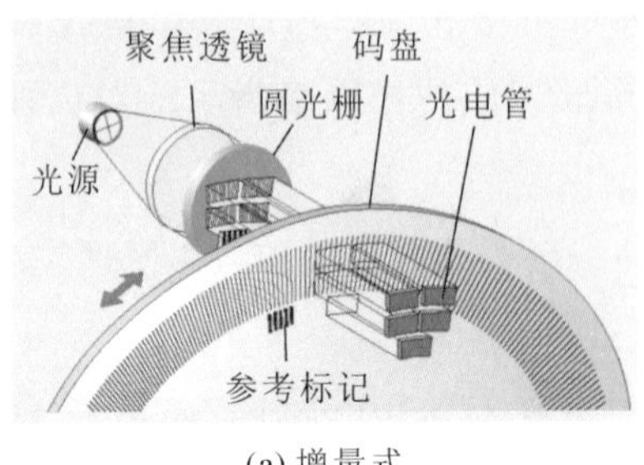

(a) 增量式

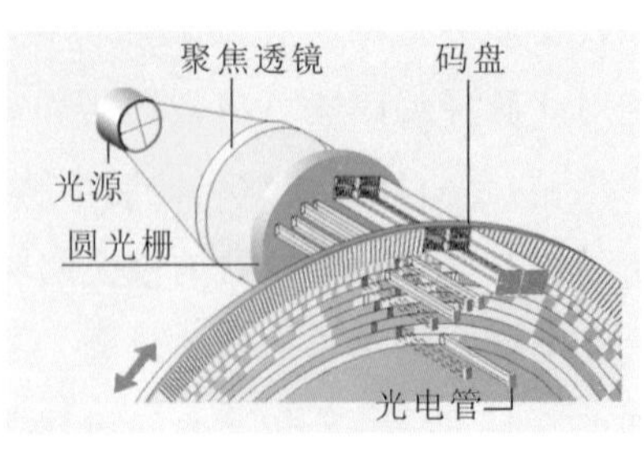

(b) 混合式

图 6-16　增量式和混合式光电脉冲编码器的码盘结构

有数字脉冲信号和正余弦模拟信号之分，如图 6-17 所示。图 6-17(a)所示为增量式光电脉冲编码器的数字脉冲信号，其中 U_A 和 U_B 信号为辨向信号，二者相位差 90°；图 6-17(b)所示为正余弦模拟信号，其中 A_1、B_1 为正余弦输出信号，A、B 分别为 A_1、B_1 经十倍频后的输出信号(对信号进行倍频处理，可以提高测量分辨率)。这两路信号为辨向信号。还有一个一转只发出一个脉冲的 Z 信号为零位信号，该脉冲用来产生智能制造装备数控轴运动的参考点(或称基准点、零点)。

图 6-17(c)所示是绝对式光电脉冲编码器的串行信号。绝对式光电脉冲编码器也称串行编码器，因为其信号是以串行格式输出的。

从图 6-17 可看出，根据信号 A 和信号 B 的发生顺序，即可判断光电脉冲编码器轴的正反转状态。若 A 相超前于 B 相，则光电脉冲编码器轴正转；若 B 相超前于 A 相，则光电脉冲编码器轴反转。智能制造装备数控系统正是利用这一相位关系来判断运动轴转动方向的。

测量信号 A、B 一部分被引入位置控制回路，经辨向电路、倍率转换电路及可逆计数器等，形成代表位移的测量脉冲，反馈给伺服驱动器位控单元，进行位置调节；另一部分经频率-电压变换器后变成与编码器输出脉冲信号频率成正比的电压信号，作为速度反馈信号，供给速度控制单元，进行速度调节。

编码器的信号输出有单极性输出和双极性输出两种形式。双极性输出也称差分输出，单极性输出则为非差分输出。二者的不同之处在于抗干扰能力不同，传输距离不同。光电脉冲编码器以差分信号输出大大提高了传输的抗干扰能力，增大了传输距离。

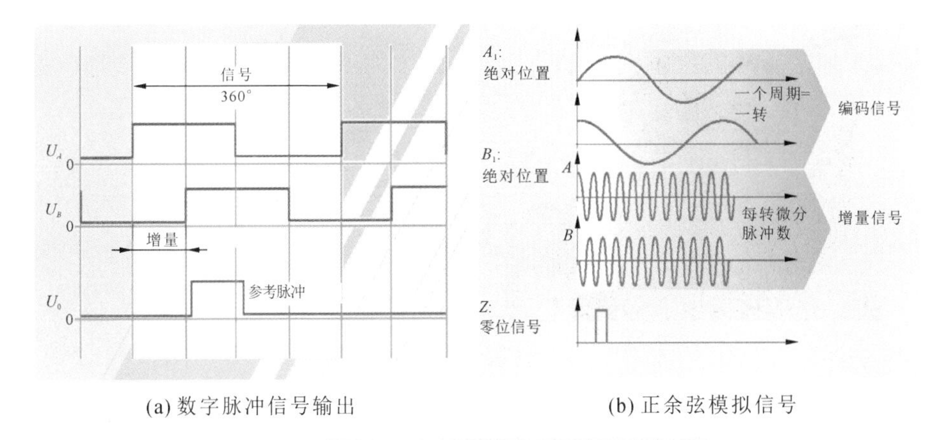

(a) 数字脉冲信号输出　　　　(b) 正余弦模拟信号

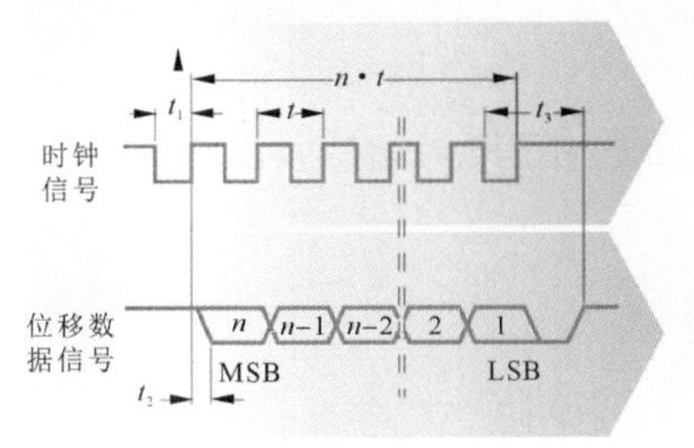

(c) 绝对式编码器的串行信号

图 6-17　光电脉冲编码器的输出波形

注：MSB—最高有效位；LSB—最低有效位。

6.5.2.2　旋转变压器

1. 旋转变压器概述

旋转变压器是一种电磁式位置检测装置，可用于角位移测量，如图 6-18 所示。其结构与绕线式异步电动机相似，由定子和转子组成。激磁电压一般接到定子绕组上，激磁频率通常为 400 Hz、500 Hz、1000 Hz 及 5000 Hz。转子绕组输出感应电压，且输出电压随被测角位移的变化而变化。旋转变压器可单独和滚珠丝杠相连，也可与伺服电动机连成一体。

2. 旋转变压器工作原理

旋转变压器是一种测量角位移和转速的传感器，一般也称为正余弦旋转变压器，其定子与转子各有轴线互相垂直的两个绕组。其中：定子上的两个绕组分别为正弦绕组（激磁电压为 U_{1s}）和余弦绕组（激磁电压为 U_{1c}）；转子绕组中的一个绕组输出电压 U_2，另一个绕组接高阻抗作为补偿。图 6-19 为旋转变压器

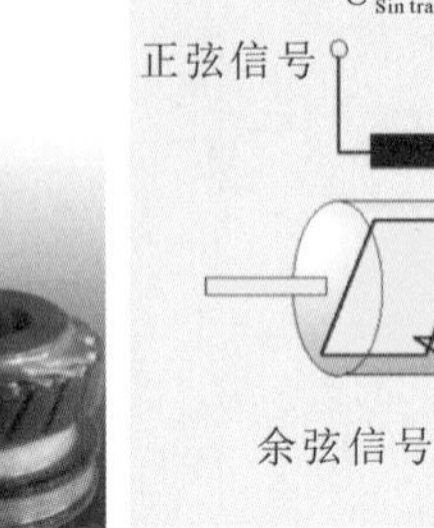

(a) 旋转变压器外形　　　　(b) 旋转变压器结构原理图

图 6-18　旋转变压器

原理图。定子绕组通入不同的激磁电压,在转子上获得感应电压,进而通过变换处理得到角位移。旋转变压器具有两种不同的工作方式:鉴相工作方式和鉴幅工作方式。

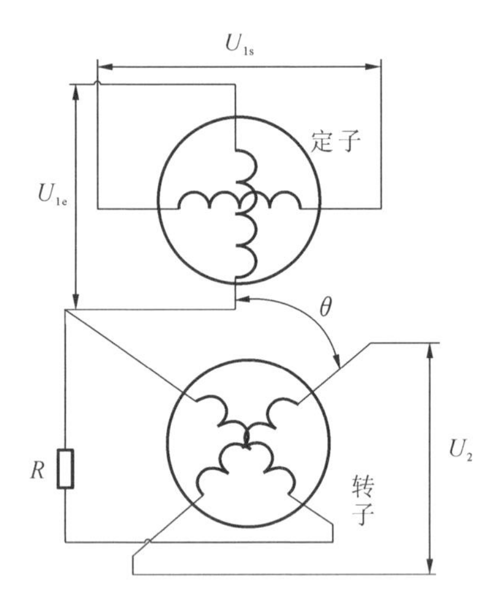

图 6-19　旋转变压器原理图

1) 鉴相工作方式

给定子的两个绕组施加相同幅值、相同频率,但相位相差 $\pi/2$ 的交流激磁电压,有

$$U_{1s} = U_m \sin(\omega t) \tag{6-16}$$

$$U_{1e} = U_m \sin(\omega t + \pi/2) = U_m \cos(\omega t) \tag{6-17}$$

式中　U_m——激磁电压幅值(V)。

当转子正转时，这两个激磁电压在转子绕组中产生的感应电压叠加，则转子上的感应电压为

$$U_2 = kU_m\cos(\omega t - \theta) \tag{6-18}$$

式中 k——电磁耦合系数，$k<1$；

θ——相位角，也即转子偏转角(rad)。

当转子反转时，则可得到

$$U_2 = kU_m\cos(\omega t + \theta) \tag{6-19}$$

可见，转子输出电压的相位角和转子的偏转角之间有严格的对应关系，只要检测出转子输出电压的相位角，就可以求得转子的偏转角，也就可得到被测轴的角位移(因为在结构上被测轴与旋转变压器的转子连接在一起)。

2) 鉴幅工作方式

在定子的正弦、余弦绕组上分别通以频率相同、相位相同，但幅值分别为 U_{sm} 和 U_{em} 的交流励磁电压，则有

$$U_{1s} = U_{sm}\sin(\omega t) \tag{6-20}$$

$$U_{1e} = U_{em}\sin(\omega t) \tag{6-21}$$

当给定电气角 α 时，交流励磁电压幅值分别为

$$U_{sm} = U_m\sin\alpha \tag{6-22}$$

$$U_{em} = U_m\cos\alpha \tag{6-23}$$

当转子正转时，U_{1s}、U_{1e} 叠加，转子上的感应电压为

$$U_2 = kU_m\cos(\alpha - \theta)\sin t \tag{6-24}$$

当转子反转时，同理有

$$U_2 = kU_m\cos(\alpha + \theta)\sin t \tag{6-25}$$

$kU_m\cos(\alpha-\theta)\sin t$、$kU_m\cos(\alpha+\theta)\sin t$ 为感应电压的幅值。可见，转子感应电压的幅值随转子的偏转角变化而变化，测量出幅值即可求得偏转角 θ，被测轴的角位移也就可求得了。

6.5.2.3 感应同步器

1. 感应同步器的结构和特点

感应同步器是一种电磁感应式的高精度位置检测装置。实际上它是多极旋转变压器的展开形式。感应同步器分旋转式和直线式两种，旋转式用于角位移测量，直线式用于线位移测量，二者的工作原理相同。图 6-20 给出了直线感

应同步器测量系统结构组成。直线感应同步器主要由定尺和滑尺两部分组成，定尺与滑尺之间有均匀的气隙。定尺表面制有连续平面绕组,绕组节距为 P。滑尺表面制有两段分段绕组,即正弦绕组和余弦绕组,它们相对于定尺绕组在空间上错开 1/4 节距($P/4$),如图 6-21 所示。

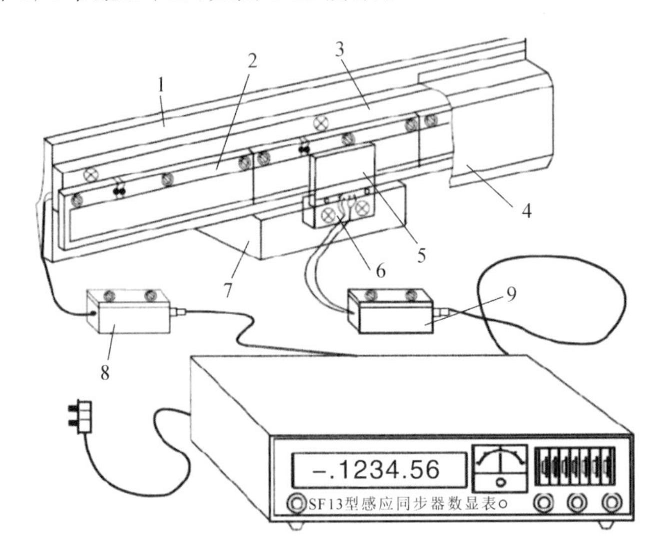

图 6-20　直线感应同步器测量系统结构组成

1—机床固定部分;2—定尺;3—定尺座;4—防护罩;5—滑尺;6—滑尺座;
7—机床运动部分(移动工作台);8—前置放大器;9—励磁绕组

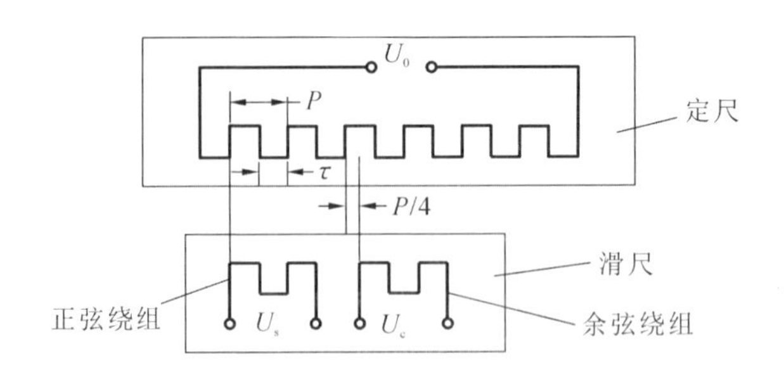

图 6-21　直线感应同步器定尺和滑尺绕组示意图

定尺和滑尺的基板采用与机床床身材料热膨胀系数相近的钢板,经精密的照相腐蚀工艺制成印刷绕组,在尺子的表面涂有保护层。滑尺的表面有时还会贴上带绝缘层的铝箔,以防出现静电感应现象。

感应同步器的主要特点如下:

(1) 精度高。感应同步器直接对制造装备工作台的位移进行测量,其测量精度只受本身精度限制。另外,安装于设备上的定尺、滑尺,其材料的热膨胀系数和制造装备机体材料一致,受热变形的影响极小,且定尺的节距误差有均化效应,定尺本身的精度可以做得很高,可达±0.001 mm。

(2) 工作可靠,抗干扰能力强。在感应同步器绕组的一个周期内,测量信号与绝对位置有一一对应的单值关系,不受干扰的影响。

(3) 维护简单,寿命长。定尺和滑尺之间无接触磨损,安装简单。使用时要加上防护罩,防止切屑进入定尺和滑尺之间划伤其表面,并避免定尺和滑尺受到灰尘、油雾的影响。

(4) 测量距离长。根据测量需要,将多块定尺拼接在一起便可测量长距离位移,智能制造装备移动基本上不受限制,适合于大、中型智能制造装备。

(5) 成本低,易于生产。

(6) 与旋转变压器相比,感应同步器的输出信号比较微弱,需要一个放大倍数很高的前置放大器。

2.感应同步器的工作原理

感应同步器的工作原理与旋转变压器基本一致。使用时,给滑尺绕组通以一定频率的交流电压,由于电磁感应,在定尺的绕组中产生感应电压,其幅值和相位取决于定尺和滑尺的相对位置。滑尺在不同的位置(见图6-22(a))时定尺上的感应电压如图6-22(b)所示。当定尺与滑尺重合时,感应电压最大(见图6-22(b)中的a点);当滑尺相对定尺平行移动后,感应电压逐渐变小,在定尺和滑尺错开1/4节距时,感应电压为零(见图6-22(b)中的b点);依此类推,在定尺和滑尺错开1/2节距时,感应电压与定尺和滑尺重合时相同,极性相反(见图6-22(b)中的c点);在定尺和滑尺错开3/4节距时,感应电压又变为零(见图6-22(b)的d点);当定尺和滑尺错开一个节距时,感应电压与定尺和滑尺重合时相同(见图6-22(b)中e点)。这样,滑尺在移动一个节距的过程中,感应电压按余弦规律发生一个周期的变化,即滑尺每移动一个节距的机械位移,感应电压就变化一个周期,其相位角也相应地发生变化。

按照供给滑尺两个正交绕组励磁信号的不同,感应同步器也和旋转变压器一样有鉴相和鉴幅两种工作方式。

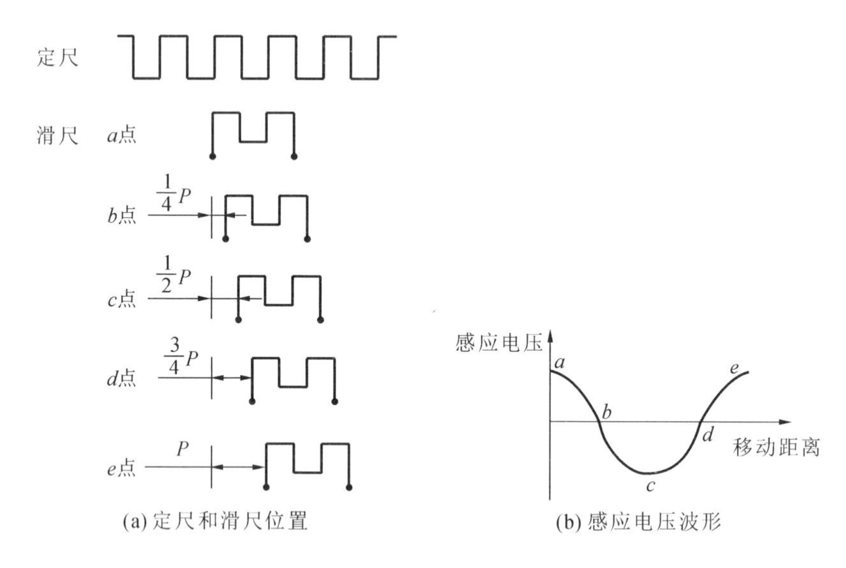

(a) 定尺和滑尺位置　　(b) 感应电压波形

图 6-22　感应同步器工作原理

1）鉴相工作方式

在这种工作方式下，给滑尺的正弦绕组和余弦绕组施加幅值相等、频率相同、相位相差 90°的交流电压：

$$
\begin{aligned}
U_s &= U_m \sin(\omega t) \\
U_c &= U_m \cos(\omega t)
\end{aligned}
\tag{6-26}
$$

励磁信号将在空间中产生一个以 ω 为频率移动的行波。磁场切割定尺导片，并在定尺绕组上产生感应电压，该电压随着定尺与滑尺相对位置的不同而产生超前或滞后的相位差 θ。根据线性叠加原理，在定尺上的工作绕组中产生的感应电压为

$$
\begin{aligned}
U_0 &= KU_s \cos\theta - KU_c \sin\theta \\
&= KU_m [\sin(\omega t)\cos\theta - \cos(\omega t)\sin\theta] \\
&= KU_m \sin(\omega t - \theta)
\end{aligned}
\tag{6-27}
$$

式中　ω——励磁角频率；

K——电磁耦合系数；

θ——滑尺绕组相对于定尺绕组的空间相位角，$\theta = \dfrac{2\pi x}{P}$。

可见，在一个节距内 θ 与 x 是一一对应的，通过测量定尺感应电压的相位

θ，就可以测量定尺对滑尺的位移 x。由此反馈信号，智能制造装备数控系统便可实现对工作台的精确的运动位移闭环控制。

2）鉴幅工作方式

给滑尺的正弦绕组和余弦绕组分别通以频率相同、相位相同，幅值不同的交流电压：

$$\begin{aligned} U_s &= U_m \sin \alpha_{电} \ \sin(\omega t) \\ U_c &= U_m \cos \alpha_{电} \ \sin(\omega t) \end{aligned} \tag{6-28}$$

若滑尺相对于定尺移动一个距离 x，其对应的相移为 $\alpha_{机}$，则有

$$\alpha_{机} = \frac{2\pi x}{P}$$

根据线性叠加原理，在定尺绕组上的感应电压为

$$\begin{aligned} U_0 &= KU_s \cos \alpha_{机} - KU_c \sin \alpha_{机} \\ &= KU_m \sin(\omega t)(\sin \alpha_{电} \ \cos \alpha_{机} - \sin \alpha_{电} \ \sin \alpha_{机}) \\ &= KU_m \sin(\alpha_{机} - \alpha_{电}) \sin(\omega t) \end{aligned} \tag{6-29}$$

由以上可知，若电气角 $\alpha_{电}$ 已知，则只要测出 U_0 的幅值 $KU_m \sin(\alpha_{机} - \alpha_{电})$，便可以间接地求出 $\alpha_{机}$。若 $\alpha_{电} = \alpha_{机}$，则 $U_0 = 0$，这说明电气角 $\alpha_{电}$ 的大小就是被测角位移 $\alpha_{机}$ 的大小。采用鉴幅工作方式时，不断调整 $\alpha_{电}$，让感应电压的幅值为 0，用测量 $\alpha_{电}$ 来代替对 $\alpha_{机}$ 的测量，而 $\alpha_{电}$ 可通过具体电子线路测得。

定尺绕组上的感应电压的幅值随指令给定的位移量 $x_1(\alpha_{电})$ 与工作台的实际位移 $x(\alpha_{机})$ 的差值按正弦规律变化。采用鉴幅工作方式的感应同步器用于数控制造装备闭环系统时，若工作台未达到指令要求值，即 $x \neq x_1$，则定尺绕组上的感应电压 $U_0 \neq 0$。该电压经过检波器放大后用于控制伺服执行机构带动机床工作台移动。当工作台移动到 $x = x_1(\alpha_{电} = \alpha_{机})$ 时，定尺绕组上的感应电压 $U_0 = 0$，工作台停止运动。

6.5.2.4 光栅尺

在高精度智能制造装备上，光栅测量装置即光栅尺应用较多。光栅是用真空镀膜的方法，在透明玻璃片或长条形金属镜面上刻上均匀密集线纹而形成的。光栅上相邻两条光栅线纹间的距离称为栅距，每毫米长度上的线纹数称为线密度，栅距与线密度的数值互为倒数。常见的直线光栅线密度为 50 条/mm、100 条/mm、200 条/mm。由于超精密加工及激光技术的发展，光栅制作精度得

到很大的提高，目前常规的光栅精度可达微米级，再通过高倍率细分电路后可以达到 0.1～0.001 μm 甚至更高的分辨率。

不同形式的光栅尺结构外形及配套位移数显表如图 6-23 所示。对于普通机械式或无数控系统的自动化制造装备，为了显示某运动轴位移，可通过安装光栅尺并配备数显装置将其改造成数显制造装备。

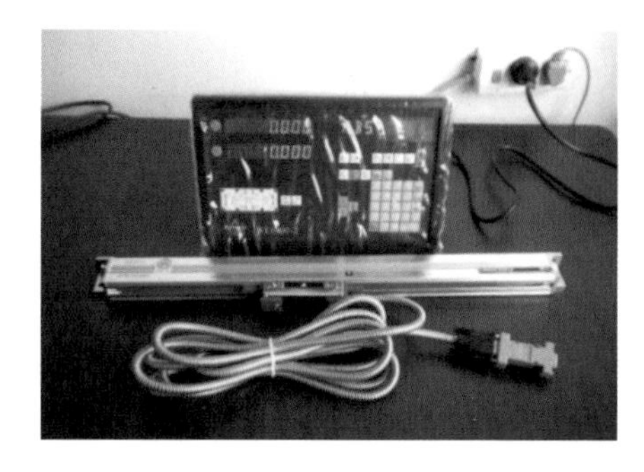

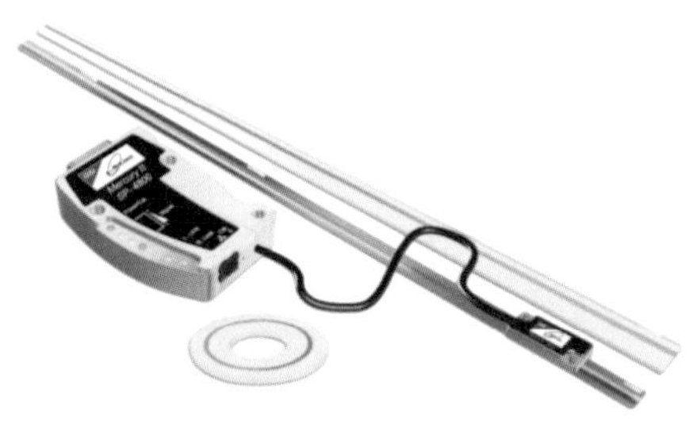

图 6-23　不同形式的光栅尺结构外形及配套位移数显表

1. 光栅尺的结构和工作原理

光栅尺由标尺光栅和光栅读数头两部分组成，光栅读数头又由光源、透镜、标尺光栅、指示光栅、光敏元件和驱动电路组成，如图 6-24 所示。

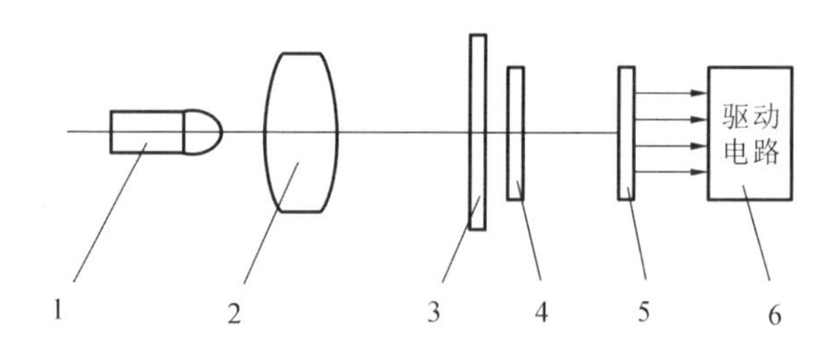

图 6-24　光栅尺结构组成

1—光源；2—透镜；3—标尺光栅；4—指示光栅；5—光敏元件；6—驱动电路

通常标尺光栅固定在制造装备的活动部件上，光栅读数头装在制造装备的固定部件上，指示光栅装在光栅读数头中。标尺光栅不属于光栅读数头，但它要穿过光栅读数头来安装。

安装时，要严格保证标尺光栅和指示光栅的平行度以及两者之间的间隙(0.05～0.1 mm)，并且要使其线纹相互偏斜一个很小的角度 θ，使两光栅线纹相交，如图 6-25 所示。当光线通过时，由于光的干涉作用，在两光栅线纹相交处出现黑色条纹，称为莫尔条纹。莫尔条纹的方向与光栅线纹的方向大致垂直。

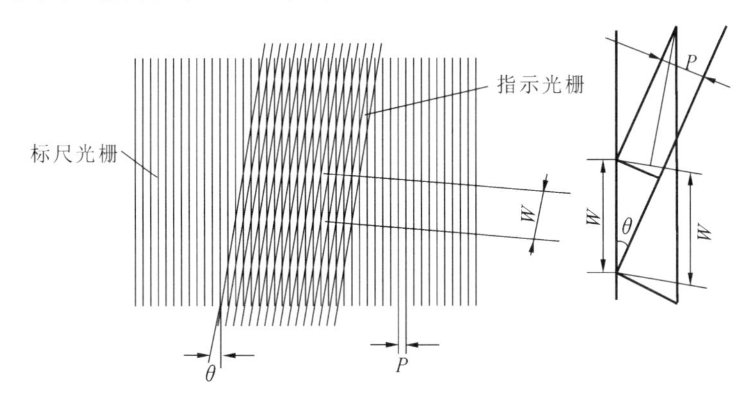

图 6-25　光栅莫尔条纹的形成原理

指示光栅与标尺光栅之间相对移动一个栅距时，莫尔条纹也移动一个莫尔条纹间距，且其移动方向几乎与光栅移动方向垂直。设莫尔条纹的节距为 W，则从图 6-25 所示的几何关系可得

$$W = P/\sin\theta \tag{6-30}$$

式中　θ——光栅线纹间的夹角，rad。

由于 θ 很小，$\sin\theta \approx \theta$，因而可得

$$W \approx P/\theta \tag{6-31}$$

可见，莫尔条纹具有放大作用。若 $P=0.001$ mm，$\theta=0.001$ rad，则 $W\approx1$ mm，莫尔条纹的节距相对光栅栅距放大 1000 倍。这样，利用光的干涉现象，不需复杂的光学系统就可大大提高光栅的分辨率。虽然光栅栅距很小，但莫尔条纹清晰可见，便于测量。光电元件所接收的光线受莫尔条纹的影响呈正弦规律变化，因此在光电元件上产生近似按正弦规律变化、相位相差 90°的 A、B 两相光栅输出电流信号，如图 6-26 所示。

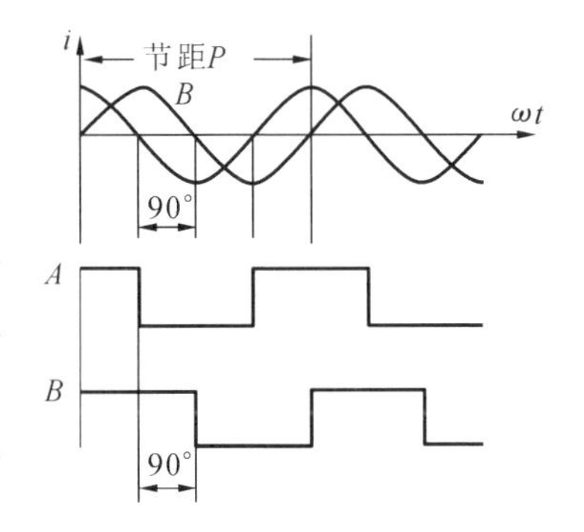

图 6-26　光栅输出电流信号

2. 光栅尺的种类

光栅尺种类很多，按形状可分为圆光栅尺和直线光栅尺，圆光栅尺用来测

量角位移，直线光栅尺用来测量线位移。光栅尺按用途又可分为物理光栅尺和计量光栅尺。物理光栅尺的刻线细而密，栅距为 0.002～0.005 mm，通常用于光谱分析和光波波长测定。计量光栅尺相对来说刻线较粗，栅距为 0.004～0.25 mm，通常用于智能制造装备的位移检测系统，用来检测运动轴的直线位移和角位移。

光栅尺根据材料的不同又有玻璃透射光栅尺和金属反射光栅尺之分。玻璃透射光栅尺的加工方式是：在光学玻璃的表面上涂上一层感光材料或金属镀膜，再在涂层上刻出光栅条纹，用刻蜡、腐蚀、涂黑等办法制成光栅条纹。金属反射光栅尺的加工方式是：将钢尺或不锈钢带的表面光整加工成反射光的能力很强的镜面，再用照相腐蚀工艺制作光栅条纹。金属反射光栅尺的特点是：其线膨胀系数可以做到和机床的线膨胀系数一样，易于安装，易于制成较长光栅尺，但其刻线密度小，分辨率低。

根据光栅尺的工作原理，玻璃透射光栅尺可分为莫尔条纹式光栅尺和透射直线式光栅尺两类。

1）莫尔条纹式光栅尺

前面已经介绍了莫尔条纹的基本工作原理。莫尔条纹式光栅尺的应用很普遍，莫尔条纹具有下列特点。

（1）误差小。莫尔条纹是由若干光栅刻线通过光的干涉形成的，例如 250 线光栅，10 mm 宽的莫尔条纹就由 2500 条刻线形成。这样一来，栅距之间的相邻误差就被平均化了。

（2）莫尔条纹的移动距离与栅距的移动距离成正比。当光栅移动时，莫尔条纹就沿着垂直于光栅的运动方向移动，并且光栅每移动一个栅距 P，莫尔条纹就准确地移动一个节距。只要测量出莫尔条纹的数目，就可以知道光栅移动了多少个栅距，光栅的移动距离就可以计算出来。莫尔条纹的移动方向也与光栅移动的方向相同。

（3）放大作用。这是莫尔条纹独具的特点，调整两光栅的倾斜角 θ，就可以改变放大倍数。

2）透射直线式光栅尺

透射直线式光栅尺由光源、标尺光栅（即长光栅）、指示光栅（即短光栅）、光电子元件组成。当两块光栅之间有相对移动时，由光电元件把两光栅相对移动产生的明暗变化转换为电流变化。当指示光栅的刻线与标尺光栅的透明间隔完全重合时,光电元件接收到的光通量最弱;当指示光栅的刻线与标尺光栅的刻线完全重合时,光电元件接收到的光通量最强。光电元件接收到的光通量忽强忽弱,由此产生近似于正弦波的电流信号,该电流信号再由电子线路转变为以数字显示的位移量。

玻璃透射光栅尺的特点是信号增幅大,装置结构简单,但光栅密度小。

在实际应用中,应根据制造装备使用环境工况(如灰尘、湿度、振动状况等),有针对性地选择相应的光栅尺。

3.提高光栅尺测量精度的倍频细分技术

提高光栅尺测量精度的最直接的方法就是提高刻线精度和增加刻线密度。但是受限于高精密制造技术的发展水平,在1 mm内进一步增加刻线数量不仅会带来制造上的困难,造成成本高昂,而且刻线增加数量也是有限的。为此,通常采用倍频细分的方法来提高光栅尺的测量精度。图6-27(a)所示为采用四倍频方案的光栅检测装置细分电路。光栅刻线密度为250条/mm,采用四个光电元件和四个缝隙,每隔1/4栅距产生一个脉冲,测量精度可以提高四倍,并且可以辨向。

当指示光栅和标尺光栅相对运动时,硅光电池把接收的光能转换成电能,使回路输出正、余弦电流信号,经差动放大器和整形电路后,输出的正、余弦电流信号成为两路正弦及余弦方波信号。这两路信号经过微分电路后,又成为脉冲信号。由于脉冲是在方波的上升沿产生的,为了能在方波信号0°、90°、180°、270°的相位上都得到脉冲,必须把正弦和余弦方波分别反相一次,然后微分,从而得到四个脉冲。为了辨别正向和反向运动,可以用二输入与门把四个方波信号(即A、B、C、D信号)和四个脉冲信号进行逻辑组合。当被测工作台正向运动时,通过与门$Y_1 \sim Y_4$及或门H_1得到$A'B+AD'+C'D+B'C$四个脉冲的输出。当被测工作台反向运动时,通过与门$Y_5 \sim Y_8$及或门H_2得到$BC'+AB'+A'D+CD'$四个脉冲的输出。这样虽然光栅栅距为0.004 mm,但是经过四倍频以后,脉冲当量就会变成1 μm,测量精度提高了四倍。四倍频细分电路的输出波形如图6-27(b)所示。此外,也可以采用八倍频、十倍频,甚至更高倍的倍频细分电路。考虑机械的超精密刻线和高倍频细分技术发展,当前光栅尺测量位移的分辨率已经达到纳米级。例如,海德汉LC400系列绝对式直线光栅尺测量

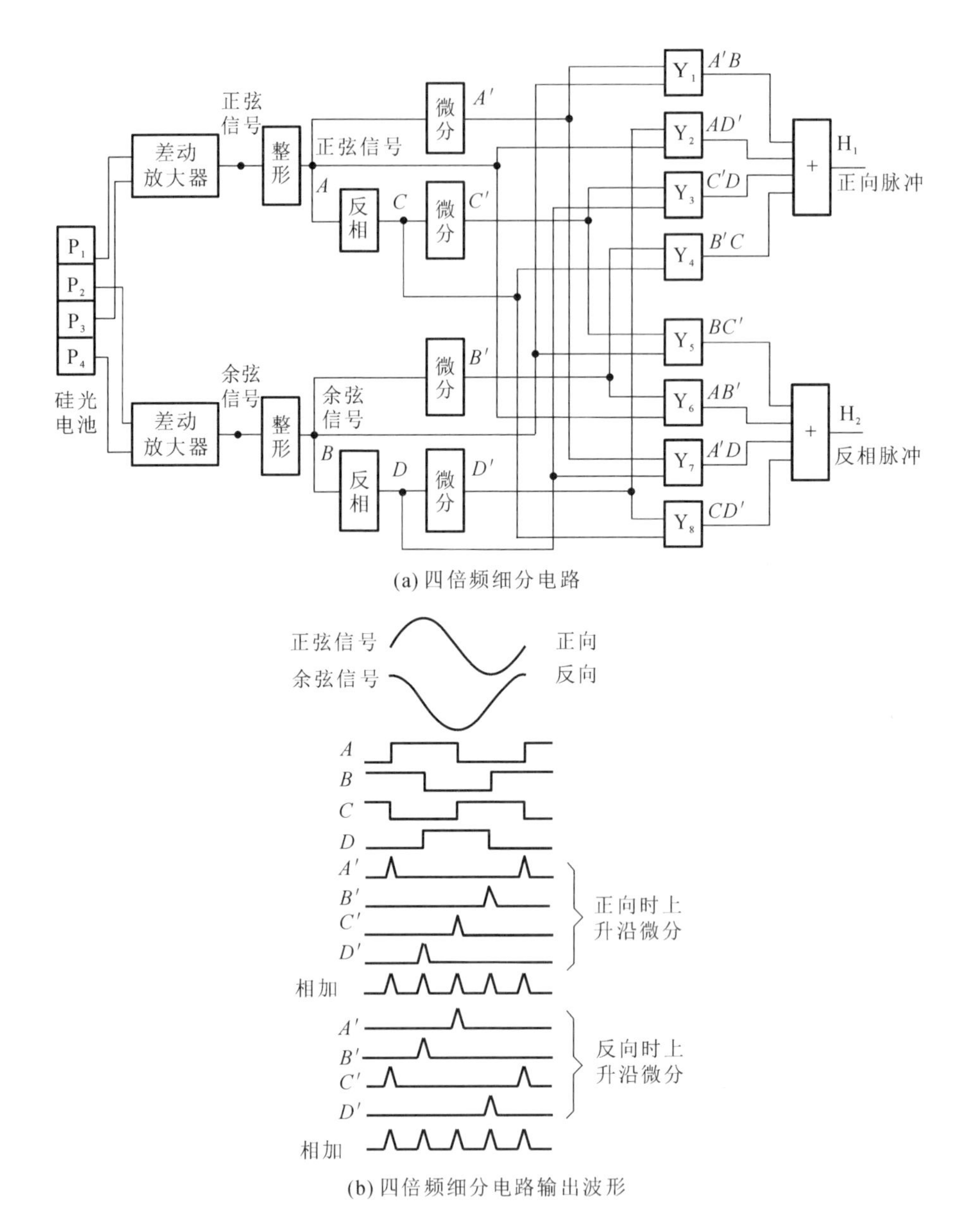

(a) 四倍频细分电路

(b) 四倍频细分电路输出波形

图 6-27　光栅尺的四倍频细分电路与输出波形

步距为±3 μm 时分辨率可以达到 1 nm,美国 Mercury Ⅱ 系列直线金属光栅尺最高分辨率可以达到 1.2 nm。

无论是光栅尺还是旋转编码器等,都可以通过倍频细分技术,以极小的成本来大大提高测量分辨率,提高测量精度。

6.5.3 智能制造装备几何精度检验仪

在高精度的磨床、镗床和坐标测量机等要求有高精度的位置检测装置以及定位系统装备上经常使用双频激光干涉仪。双频激光干涉仪、球杆仪等是目前国家标准规定的用于智能制造装备出厂精度检验的必备仪器。双频激光干涉仪是利用光的干涉原理和多普勒效应来进行位置检测的,本节简单介绍双频激光干涉仪的工作原理。

1. 激光干涉法测距

光的干涉原理表明,两列具有固定相位差,且具有相同频率、相同振动方向或振动方向之间夹角很小的光互相交叠,将会产生干涉。激光干涉仪利用这一原理使激光束产生明暗相间的干涉条纹,光电转化元件接收干涉条纹信号并将其转换为电信号,经处理后由计数器计数,从而实现对位移的检测。

激光干涉仪中光的干涉现象如图 6-28 所示。由激光器发出的激光经分光镜 A 分成反射光束 S_1 和透射光束 S_2,S_1 由固定反射镜 M_1 反射,S_2 由可动反射镜 M_2 反射,反射回来的光在分光镜处汇合,形成相干光束。

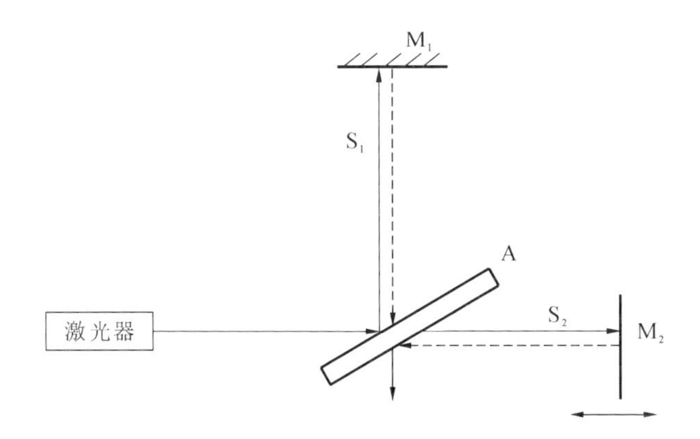

图 6-28 激光干涉仪中光的干涉现象

图 6-29 所示为雷绍尼公司生产的 XL-80 型激光干涉仪实物外形,其包括 XL-80 激光头、XC-80 补偿器和传感器等。其可通过空气温度、气压、相对湿度传感器和补偿器实现对波长稳定性变化的补偿,实现高精度测量。

该激光干涉仪利用 XL-80 激光头及相关配套附件可以高精度地完成智能

图 6-29　激光干涉仪

制造装备的线位移、角位移、直线度、垂直度、平行度、对角线垂直度、平面度等的测量，以及高精度机械元件的校准、传感器校准和智能制造装备的有关动态精度的测量等。激光干涉仪是目前智能制造装备出厂时用于检验其几何精度和动态精度的基准测量仪。

2. 多普勒效应

双频激光测量是建立在多普勒效应基础之上的。多普勒效应是一种很重要的波动现象。当光源以速度 u 远离观察者时，观察者接收到的光源的频率 f' 与光源静止时的频率 f 之间存在差值 Δf，称之为多普勒频差。

不论光源与观察者的相对速度如何，测得的光速都是一样的。即测得的光频率与波长虽有所改变，但两者的乘积即光速保持不变。光源从观察者离开时与观察者从光源离开时有完全相同的多普勒频率，由相对性原理给出的光的多普勒频率为

$$f' = f\frac{1-u/c}{\sqrt{1-(u/c)^2}} \tag{6-32}$$

式中　c——光速(m/s)。

令观察者从光源离开的速度为 v，将式(6-32)利用二项式展开，当 u/c 比值很小时略去高次项，并用 v 代替 u，就可得出

$$\Delta f = f - f' = f\frac{v}{c} \tag{6-33}$$

3. 双频激光干涉仪的基本原理

双频激光干涉仪由激光管、检偏器、放大器、光电元件、计算机等组成，如图6-30所示。

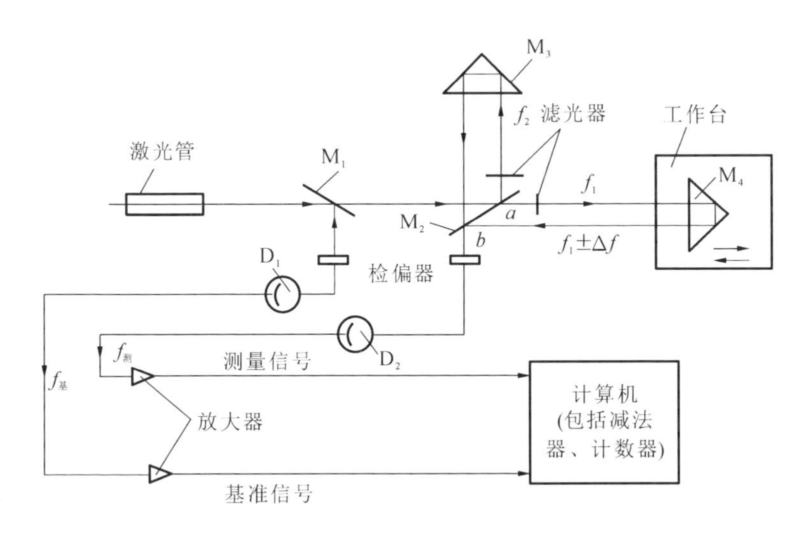

图6-30 双频激光干涉仪的组成

将激光管放置于轴向磁场中，发出方向相反的右旋圆偏振光和左旋圆偏振光，得到频率分别为 f_1、f_2 的两种双频激光。经过分光镜 M_1 后，一部分反射光经检偏器射入光电元件 D_1，获得频率为 $f_{基}=f_1-f_2$ 的光电流，另一部分通过分光镜 M_1 的折射到达分光镜 M_2 上的点 a 处。频率为 f_2 的光束发生完全反射，经滤光器变为线偏振光，投射到固定棱镜 M_3 上，后被反射到分光镜 M_2 上的点 b 处；频率为 f_1 的光束发生折射，经滤光器变为线偏振光，投射到可动棱镜 M_4上后也被反射到分光镜 M_2 上的点 b 处。两种反射光汇合，形成相干光束。若 M_4移动，则反射光的频率发生变化，产生多普勒效应，其频差为多普勒频差 Δf。

频率为 $f'=f_1\pm\Delta f$ 的反射光与频率为 f_2 的反射光在点 b 处汇合后，经检偏器后入射到光电元件 D_2 中，得到频率为 $f_{测}=f_2-(f_1\pm\Delta f)$的光电流。这路光电流与经光电元件 D_1 得到的频率为 $f_{基}$的光电流经放大器放大后被送进入计算机，由减法器与计数器算出频差值。

在双频激光干涉仪中，可动棱镜的速度是 v，由于光线先射入可动棱镜，后

又从可动棱镜处返回，相当于光电接收元件相对光源的移动速度是 $2v$，根据式(6-33) 有

$$\Delta f = f\frac{2v}{c} \tag{6-34}$$

Δf 就是由可动棱镜移动而产生的光的频率变化，即多普勒频差。据此，可导出可动棱镜在时间 t 内移动的距离 L：

$$L = \int_0^t \frac{\lambda}{2}\Delta f \mathrm{d}t \tag{6-35}$$

式中　λ——光的波长。

而 $\int_0^t \Delta f \mathrm{d}t$ 是在时间 t 内计算机计得的脉冲数 N，因此式(6-35)就变形为

$$L = \frac{\lambda}{2}N \tag{6-36}$$

这就是由光的多普勒效应推导得出的激光干涉仪测长的基本公式。

可动棱镜 M_4 固定在机床工作台上，因而可由式(6-36) 计算出机床工作台的位移量。由于激光的单色性好，其波长值很准确，因而用双频激光干涉仪进行机床位置检测精度极高。

同时，由于采用了多普勒效应，双频激光干涉仪计算频率差时，不受激光强度和磁场变化的影响，即使光强衰减 90%，双频激光干涉仪也能正常工作，这是双频激光干涉仪的一个特点。

图 6-31 所示为双频激光干涉仪在智能制造装备上测距的场景，具体测量步骤这里不再赘述。

图 6-31　双频激光干涉仪在智能制造装备上的应用

6.6 智能伺服驱动技术

和普通的三相异步电动机接上三相电源就能运转不同,伺服电动机需要配备专门的驱动器,这样才能实现精确的运动控制。这种专门的驱动器称为伺服驱动器(servo driver),也称伺服放大器或伺服控制器。用来控制伺服电动机的伺服驱动器(见图6-32)一般通过位置、速度和力矩三种方式对伺服电动机进行控制,实现高精度的传动系统定位和运动控制。变频器作为变频电动机或普通的异步电动机控制器,主要用来实现调速控制,其结构类似于伺服驱动器。随着计算机技术及人工智能技术的发展,伺服驱动器的结构逐渐由模拟伺服结构发展为全数字伺服驱动结构和全数字智能伺服驱动结构,智能伺服驱动器内嵌计算机控制单元,通过该控制单元和智能控制算法实现电动机运动的智能精准控制。

图6-32 伺服驱动器

6.6.1 直流伺服驱动技术

1. 直流伺服电动机调速方法

对于直流电动机,在转子磁场不饱和的情况下,改变电枢电压即可改变转子转速。直流电动机的转速可以表示为

$$n=\frac{U-IR}{K_{e}\varphi} \tag{6-37}$$

式中 n——转速(r/min);

U——电枢电压(V);

I——电枢电流(A)；

R——电枢回路总电阻(Ω)；

φ——励磁磁通(Wb)；

K_e——由电机结构决定的电动势常数。

根据式(6-37)，显然，直流电动机调速方法主要有三种：

(1) 调节电枢供电电压 U，即对电动机加以恒定励磁，用改变电枢两端电压 U 的方式来实现调速控制，这种方法也称为电枢控制。

(2) 调节励磁磁通 φ，即对电枢加以恒定电压，用改变励磁磁通的方法来实现调速控制，这种方法也称为磁场控制。

(3) 改变电枢回路电阻 R 来实现调速控制。

对于结构固定的直流电动机，因为线圈、励磁磁场已相对确定，改变励磁磁通和电枢回路电阻相对困难，不太方便，但改变供电电枢电压则相对较为容易。随着电力电子驱动器件技术的发展，得到可调节的直流电压的方法很多，例如，使用可控硅整流器(silicon controlled rectifier，SCR)(即晶闸管)获得可调的直流电压，利用直流斩波器(利用晶闸管来控制直流电压，形成直流斩波器或称直流调压器)或脉宽调制器产生可变的平均电压。

脉宽调制器是一个电压-脉冲变换装置，由控制系统通过输出的控制电压 U_c 进行控制。控制系统为脉宽调制器提供所需的脉冲信号，其脉冲宽度与 U_c 成正比。常用的脉宽调制器有模拟式和数字式两种。模拟式是用锯齿波、三角波作为调制信号的脉宽调制器，或用多谐振荡器和单稳态触发器组成的脉宽调制器。数字式是用数字信号作为控制信号，从而改变输出脉冲序列的占空比的脉宽调制器。

2. 晶体管脉宽调制速度控制单元

晶体管脉宽调制(PWM)速度控制单元主回路如图 6-33 所示，四路脉宽调制方波信号分别连接在 U_{b1}、U_{b2}、U_{b3}、U_{b4} 端子处，施加于四个大功率晶体管的基极上。晶体管脉宽调制速度控制单元的任务是将连续控制信号变成方波脉冲信号，作为功率转换电路的基极输入信号，改变直流伺服电动机电枢两端的平均电压，从而控制直流电动机的转速和转矩。方波脉冲信号可由脉宽调制器生成，也可由全数字软件生成。图 6-34 和图 6-35 给出了两种基本的脉宽调制器电路。

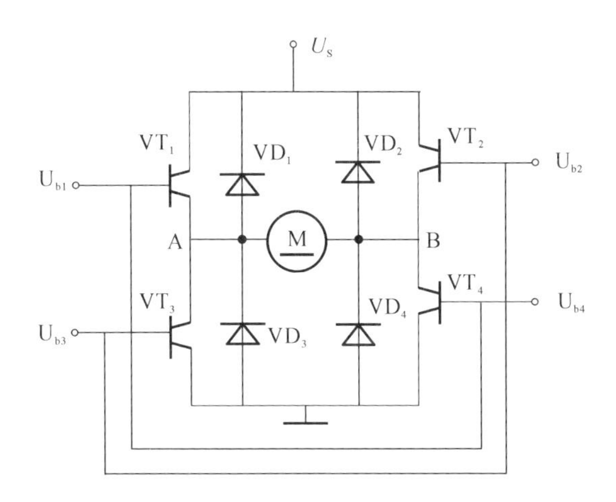

图 6-33 晶体管脉宽调制速度控制单元主回路

1）三角波脉宽调制器电路

如图 6-34 所示，三角波脉宽调制器主要由采用 LM324 放大器设计构成的三角波发生器电路、加法电路、过零检测脉宽调制电路等组成。来自数控系统的运动控制插补变换电流指令值与电流反馈值比较，经 PI 调节器调节后输出，该输出信号和三角波发生器产生的三角载波信号先经加法电路，后经过过零检测比较输出电路，最终输出占空比可调的脉宽调制信号。

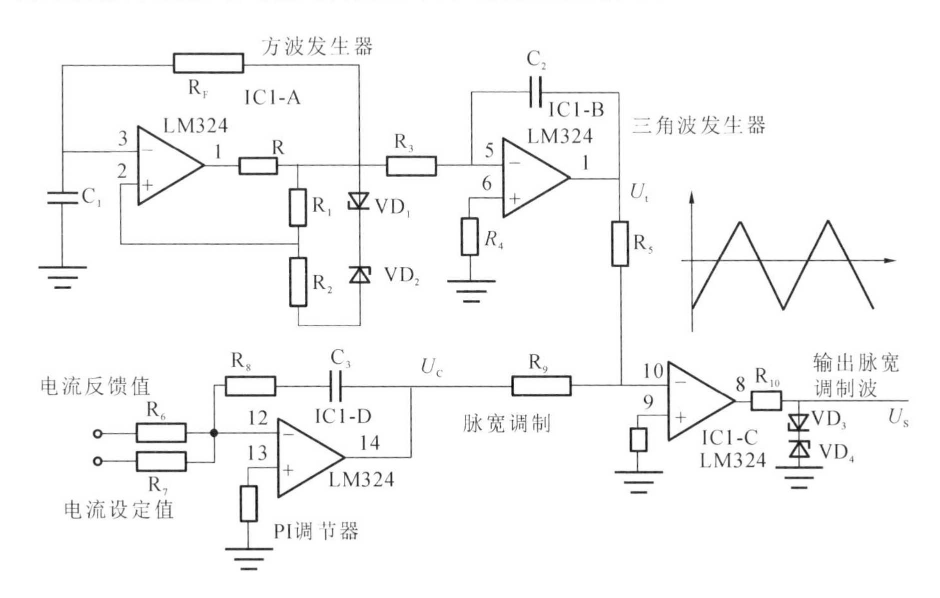

图 6-34 三角波脉宽调制器

2）数字脉宽调制器电路

图 6-35 给出了基于 8031 单片机的数字脉宽调制器电路。其控制信号是数字信号，由信号值可确定脉冲的宽度。只要维持调制脉冲序列的周期不变，就可以达到改变占空比的目的。用微处理器实现数字脉宽调节的方法可分为软件法和硬件法两种。软件法会占用较多的计算机机时，于控制不利，但柔性好，投资少。目前得到广泛应用的是硬件法。

随着电力电子技术、计算机技术、超大规模集成电路技术以及人工智能技术的发展，智能全数字脉宽调制直流伺服控制技术的应用将日益增多。

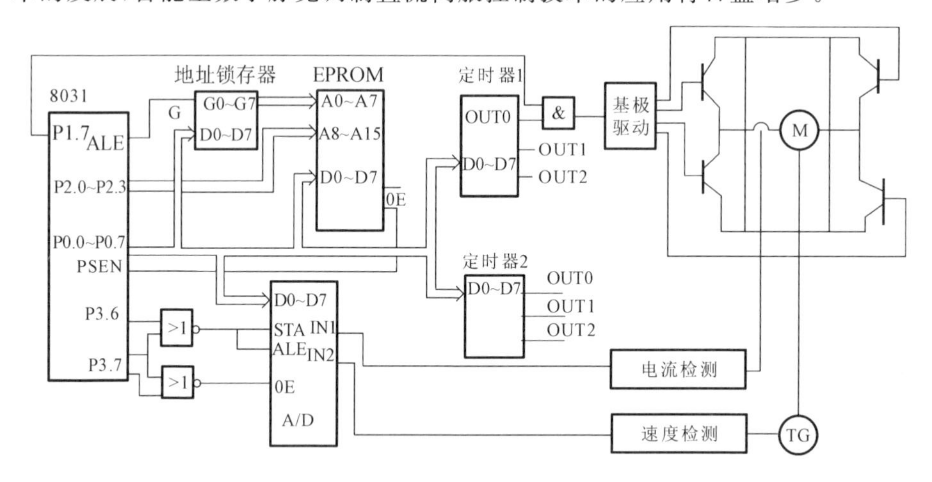

图 6-35　数字脉宽调制器电路

3. 直流调速系统的动态响应

1）直流电动机调速系统动态响应模型

图 6-36 所示为直流电动机的数学模型。直流电动机转速的控制是通过对电枢电压的调节来实现的。求取直流伺服电动机的传递函数时，设输入信号为电枢电压 $u_A(t)$，输出信号为电动机转角 $\theta(t)$。根据基尔霍夫定律，建立电枢回路的微分方程：

$$L_A \frac{di_A(t)}{dt} + R_A i_A(t) + E(t) = u_A(t) \tag{6-38}$$

式中　L_A——电枢回路总电感(H)；

R_A——电枢回路总电阻(Ω)；

$i_A(t)$——电枢回路电流(A)。

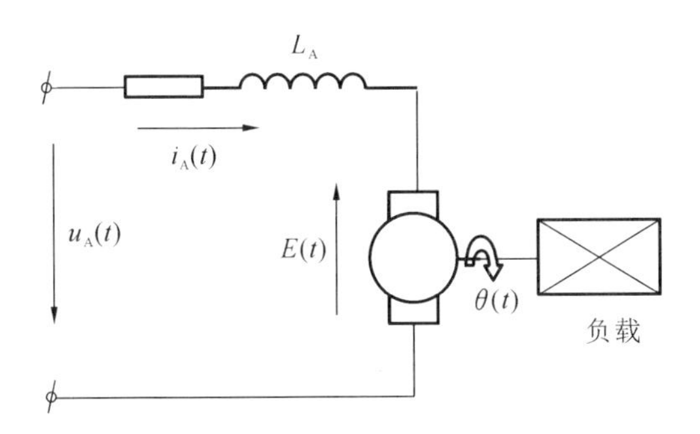

图 6-36　直流电动机的数学模型

电动机的反电动势的表达式为

$$E(t) = K_E \frac{d\theta(t)}{dt} \tag{6-39}$$

式中　K_E——电动机反电动势系数(V·s/rad)。

电动机轴上转矩的平衡方程为

$$J_M \frac{d^2\theta(t)}{dt^2} + f_M \frac{d\theta(t)}{dt} = M_A(t) \tag{6-40}$$

式中　J_M——电动机轴上的转动惯量($kg \cdot m^2$);

f_M——电动机黏性阻尼系数(N·s/m);

$M_A(t)$——电动机的电磁转矩,有

$$M_A(t) = K_M i_A(t) \tag{6-41}$$

其中 K_M 为电动机的力矩系数。

将式(6-41) 代入式(6-40)中得

$$i_A(t) = (J_M \frac{d^2\theta(t)}{dt^2} + f_M \frac{d\theta(t)}{dt})/K_M \tag{6-42}$$

故有

$$\frac{di_A(t)}{dt} = (J_M \frac{d^3\theta(t)}{dt^3} + f_M \frac{d^2\theta(t)}{dt^2})/K_M \tag{6-43}$$

将式(6-39)、式(6-42)、式(6-43) 代入式(6-38),得

$$J_M L_A \frac{d^3\theta(t)}{dt^3} + (J_M R_A + f_M L_A) \frac{d^2\theta(t)}{dt^2} + (R_A f_M + K_E K_M) \frac{d\theta(t)}{dt} = K_M u_A(t) \tag{6-44}$$

假设初始条件为零,对式(6-44) 两端进行拉氏变换,得

$$J_M L_A s^3\theta(s) + (J_M R_A + f_M L_A)s^2\theta(s) + (R_A f_M + K_E K_M)s\theta(s) = K_M U_A(s)$$

令电动机的传递函数为 $G_A(s)$，则

$$G_A(s)=\frac{\theta(s)}{U_A(s)}=\frac{K_M}{s[J_ML_As^2+(J_MR_A+f_ML_A)s+(R_Af_M+K_EK_M)]}$$
$$=\frac{K_A}{s(T_As^2+T_Ms+1)} \tag{6-45}$$

式中：

$$K_A=\frac{K_M}{R_Af_M+K_EK_M},T_A=\frac{J_ML_A}{R_Af_M+K_EK_M},T_M=\frac{J_MR_A+f_ML_A}{R_Af_M+K_EK_M} \tag{6-46}$$

显然可以看出，电动机的角速度对电枢电压而言是二阶微分量，角位移对电枢电压而言是三阶微分量，电枢电压变化会引起转速和转角变化。惯量 J_M 的变化也会引起转速和转角变化。引起惯量变化的因素主要是负载转矩，而负载转矩的变化又会引起电枢电流的变化，因此通过对电流的检测可以判定电动机的速度是否稳定。

2）转速负反馈无静差调速系统

电动机的调速响应有两个方面的含义：一是改变电动机的转速，当速度指令改变时，电动机的转速随之改变，并希望以最快的加、减速度达到新的指令速度值；二是当速度指令不变时，希望电动机转速保持恒定不变。直流电动机的机械特性较软，当外加电压不变时，电动机的转速将随着负载的变化而变化。调速的重要任务是当负载变化时或电动机驱动电源电压波动时保持电动机的转速稳定不变。

最基本的调速系统是转速负反馈单闭环无静差调速系统，如图 6-37 所示。该系统的调速原理是：利用测量元件测出电动机的转速，并将实测值反馈给控制端，若被控的速度出现偏差，系统将自动纠偏，从而保持速度稳定。

所谓无静差调速，是指稳定运行时，输入端的给定值与实测值的反馈值保持相等，相差为零，当电动机的速度发生变化时，反馈值与实测值不等，此时就用两者的差值纠正速度偏差。基于图 6-37 所示调速系统和调速模型，用比例积分(PI)调节器可以实现闭环无静差调速。PI 调节器输入端输入给定值和反馈值，当给定值和反馈值之差不等于零时，比例部分能够迅速响应控制作用，积分部分则能够最终消除稳态偏差。调速模型可表示为

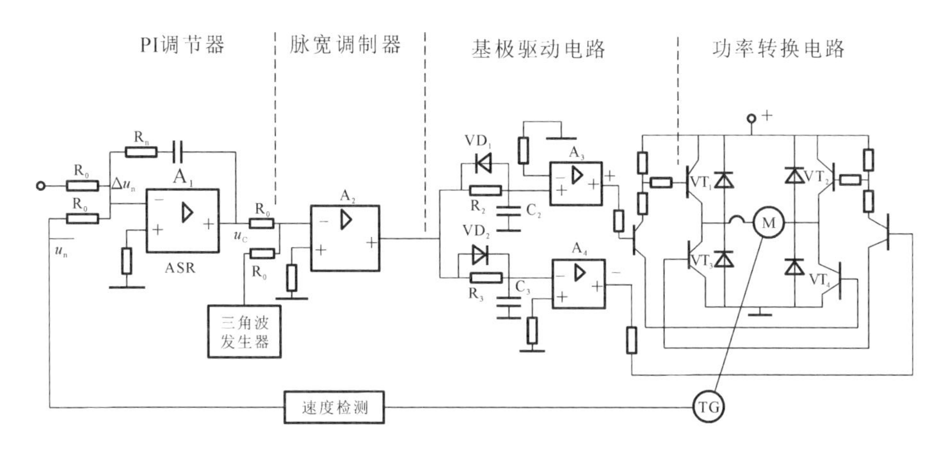

图 6-37 转速负反馈单闭环无静差调速系统

注：ASR——速度自动调节器。

$$\Delta u_c = K_P \Delta u_n + \frac{1}{\tau}\int \Delta u_n \mathrm{d}t \tag{6-47}$$

图 6-37 所示的速度负反馈单闭环无静差调速系统可以保证系统稳定后无静差，但动态响应过程不是最快，其最大缺点是不能控制电枢电流的波形。在电动机升速的实际控制过程中，希望电枢电流一直保持恒定的最大许用值，使电动机在最大转矩下加速，这样可以充分利用电动机的过载能力，获得最快的动态响应。一般的直流伺服电动机的电磁时间常数 T_i 受整个电枢回路的阻抗影响，其数值为 10～30 ms；也有些直流伺服电动机的电磁时间常数小于 1 ms。而机械时间常数 T_m 受电动机转子及传动部分折算到电动机轴上的转动惯量的影响，其值为几毫秒到几秒。由于 T_i 和 T_m 相差很大，用一个调节器调节两个参数，很难获得良好的动态品质。为了克服单闭环控制的缺点，可以采用速度、电流双闭环系统，这样能获得更为理想的调速效果。如图 6-38 所示为转速-电流负反馈双闭环无静差调速系统。

3）全数字直流调速系统

全数字直流调速系统如图 6-39 所示。该系统是代表直流伺服电动机调速技术发展水平的一种先进的调速系统，其最大特点是除功率放大元件和执行元件的输入信号与输出信号为模拟信号外，其余的控制信号均为数字信号。因此，随着智能算法发展，该系统更容易实现电动机的转速和转矩的智能调控，获得更优越的动态性能。全数字直流调速系统的主要技术特征表现在如下几个方面：

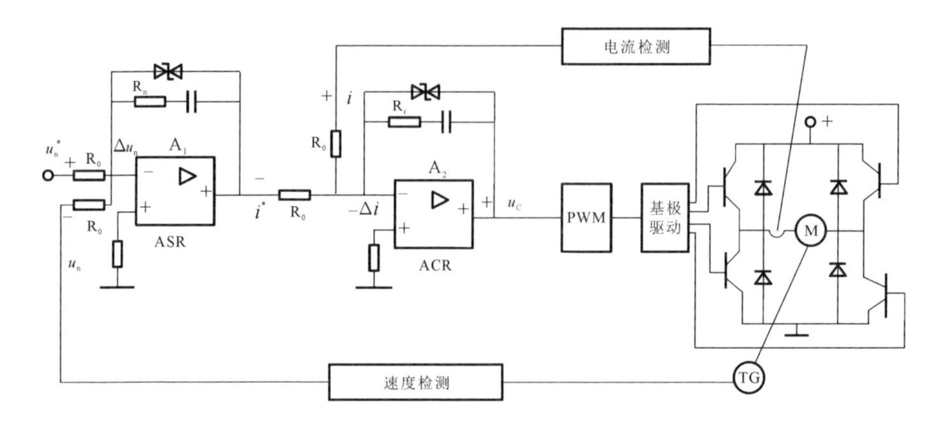

图 6-38　转速-电流负反馈双闭环无静差调速系统

注：ACR—电流自动调节器。

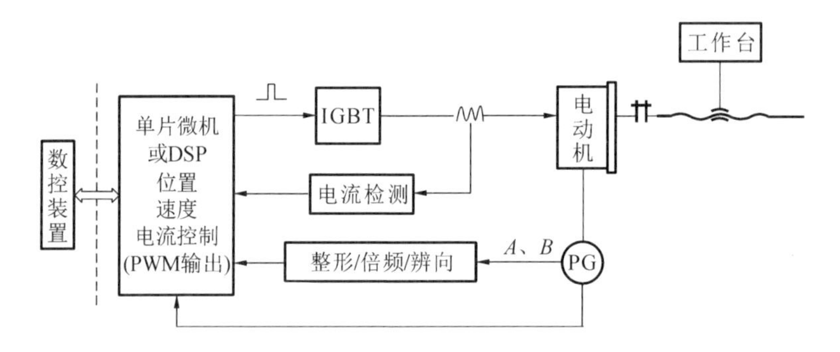

图 6-39　全数字直流调速系统

（1）系统的所有控制调节全部由软件完成，最后直接输出逻辑电平脉宽调制信号，驱动功率晶体管放大器对伺服电动机进行控制，完成位置控制任务。

（2）调节器的全软件化使得系统智能化、柔性化水平更高，可以体现控制理论中更多的控制策略和方法，控制性能好。经典的、现代的、智能的新型控制方法，如鲁棒控制、自适应控制、变参数控制、变结构控制、神经网络控制、模糊控制、专家系统控制等等方法，都可以方便地用软件来实现，还可以完成参数的自动优化和故障的自动诊断等，使系统控制性能进一步得到提高。

（3）采用了数字 PI 调节器。在全数字直流调速系统中，速度环和电流环不是靠模拟 PI 调节器调节，而是由计算机计算出的数据调节的，因其计算公式的功能与 PI 调节器功能相同，故而称为数字 PI 调节器。

(4) 适当选择采样周期。全数字控制是按采样周期间断给出控制数据的,采样周期受闭环系统频带宽度和时间常数影响。电流环的采样周期为1～3.3 ms,当电磁时间常数 T_i 很小时,电流环的采样时间应小于 1 ms;速度环的采样时间可为 10～15 ms。在每个采样周期内,计算机必须完成一次全控制数据计算,输出一次控制数据,对电动机的速度和转矩进行一次控制。采样周期越短,控制越及时,但采样时间越短,采样精度越难保证。采样周期也受计算机的计算速度影响,计算机必须有充足的时间执行完全部程序,否则不能给出控制数据。

4. 直流进给伺服系统的位置控制

位置控制与速度控制是紧密联系的,速度环的给定值就来自于位置环。智能制造装备中位置环的输入数据来自于数控装置,在每个插补周期内数控装置进行一次插补运算,输出一组数据给位置环,位置环根据速度指令中的要求及各环节的放大倍数(或称为增益)对位置数据进行处理,再把处理的结果传送给速度环,作为速度环的给定值。位置控制伺服系统可分为开环、半闭环和闭环的三种。直流进给伺服系统的闭环位置控制伺服系统常用的有以下三种:数字脉冲比较伺服系统、相位比较伺服系统、幅值比较伺服系统。

1) 数字脉冲比较伺服系统

用脉冲比较的方法实现闭环或半闭环控制的系统称为数字脉冲比较伺服系统。该系统的主要优点是结构比较简单,在半闭环控制中多采用光电编码器作为检测元件,在闭环控制中多采用光栅尺作为检测元件。系统通过检测元件进行位置检测和反馈,实现脉冲比较。

图 6-40 为数字脉冲比较伺服系统的结构框图。该系统的工作原理如下:

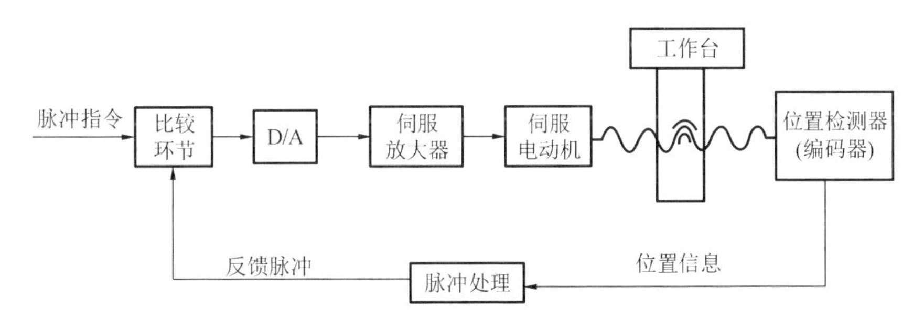

图 6-40　数字脉冲比较伺服系统结构框图

(1) 开始时,脉冲指令值 $F=0$,且工作台处于静止状态,则反馈脉冲值 P_f

为零，经比较环节的比较，得偏差 $e=F-P_f=0$，那么伺服电动机的速度给定值为零，伺服电动机不动，工作台处于静止状态。

(2) 当指令脉冲为正向指令脉冲时，$F>0$，在工作台运动之前，反馈脉冲值 P_f 仍为零。经比较环节比较，得 $e=F-P_f>0$，则调速系统驱动工作台正向进给。随着电动机的运转，检测元件的反馈脉冲信号通过采样进入比较环节，该脉冲比较环节对 F 和 P_f 进行比较，按负反馈原理，当指令脉冲和反馈脉冲个数相等时，偏差 $e=F-P_f=0$，工作台重新稳定在指令所规定的平衡位置上。

(3) 当指令脉冲为负向脉冲指令时，$F<0$，其控制过程与 F 为正向指令脉冲时的控制过程相似，只是此时 $e<0$，工作台反向进给。最后，工作台准确地停在指令所规定的反向的某个稳定位置上。

(4) 比较环节输出的位置偏差信号为一个数字量，经数/模(D/A)转换后才能变为模拟给定电压，使调速系统工作。

数字脉冲比较伺服系统的优点是结构比较简单，易于实现数字化控制。在控制性能上，数字脉冲比较伺服系统要优于模拟式、混合式伺服系统。

2) 相位比较伺服系统

相位比较伺服系统是智能制造装备中常用的一种位置控制系统，其结构形式与所使用的位置检测元件有关。常用的位置检测元件是旋转变压器和感应同步器，其采用鉴相工作方式。图 6-41 所示为相位比较伺服系统结构框图。该系统主要由基准信号发生器、脉冲调相器、鉴相器、伺服放大器、伺服电动机等组成。其中，脉冲调相器的作用是将来自数控装置的进给脉冲信号转换为相位变化信号，该相位变化信号可用正弦波或方波表示。若没有进给脉冲输出，则脉冲调相器的输出与基准信号发生器输出的基准信号同相位，相位差等于零。若输出一个正向或反向进给脉冲，则脉冲调相器的输出就比基准信号超前或滞后一个相应的相位角。

鉴相器有两个同频率的输入信号 A 和 B，其相位均以与基准信号的相位差表示。通过鉴相器鉴别这两个输入信号的相位差，并输出正比于该相位差的电压信号。鉴相器的输出信号反映了指令位置与实际位置的偏差，这个偏差再经伺服放大器进行功率放大，从而驱动伺服电动机带动工作台执行机构，实现位置跟踪。

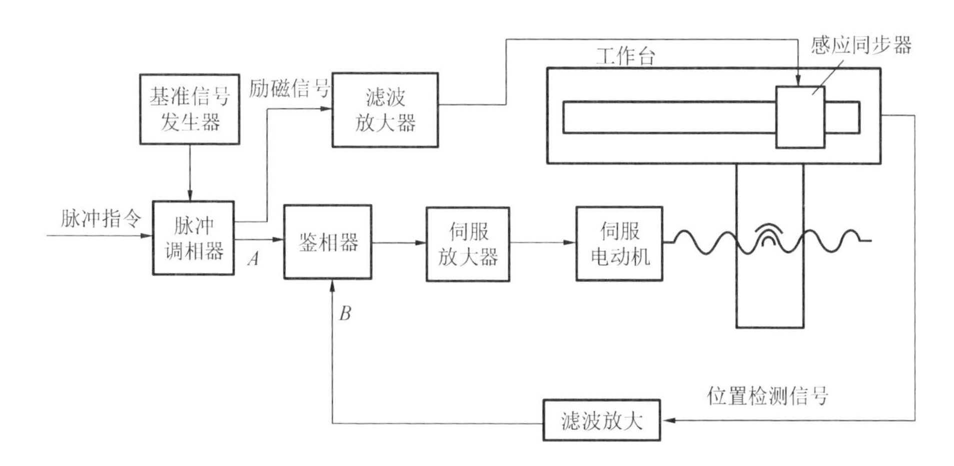

图 6-41　相位比较伺服系统结构框图

3）幅值比较伺服系统

幅值比较伺服系统通过检测信号的幅值来反映机械位移的数值，并以此作为反馈信号。采用的检测元件和相位比较伺服系统一样，工作原理类似于闭环相位比较伺服系统，只是比较的量是幅值而不是相位，即检测元件采用鉴幅工作方式。

6.6.2　交流变频驱动技术

随着大规模集成电路、计算机控制技术以及现代控制理论的应用，交流电动机调速系统逐步具备了宽调速范围、高稳速范围、高稳速精度、快动态响应以及在四象限做可逆运行等良好的技术性能。在交流调速技术中，变频调速具有绝对优势，该方法不但调速性能好，节电效果明显，而且易于实现过程自动化，深受工业行业的青睐。

1. 交流伺服电动机调速的理论基础

交流伺服电动机的转速计算式为

$$n = \frac{60f}{p}(1-s) \tag{6-48}$$

式中　f——电源频率；

s——转差率；

p——电动机极对数。

交流电动机的电磁感应电动势为

$$E = 4.44 f \omega k \Phi$$

式中　Φ—磁通量。

交流电动机线圈电压为

$$U \approx E = 4.44 f \omega k \Phi$$

交流电动机的电磁转矩为

$$M = C_m \Phi I_2 \cos\theta \tag{6-49}$$

显然,电动机制造结构确定后,电动机极对数、转差率均已确定,改变供电频率显然是一个调速的最佳方法,但是调频的同时线圈电压也会发生变化。因此,交流伺服电动机变频调速的关键是要获得可调频调压的交流电源。

2. 交流变频调速驱动技术及其发展

交流伺服电动机一般采用变频器作为调频调压电源。变频器主要有交-交型和交-直-交型两种,如图 6-42 所示。

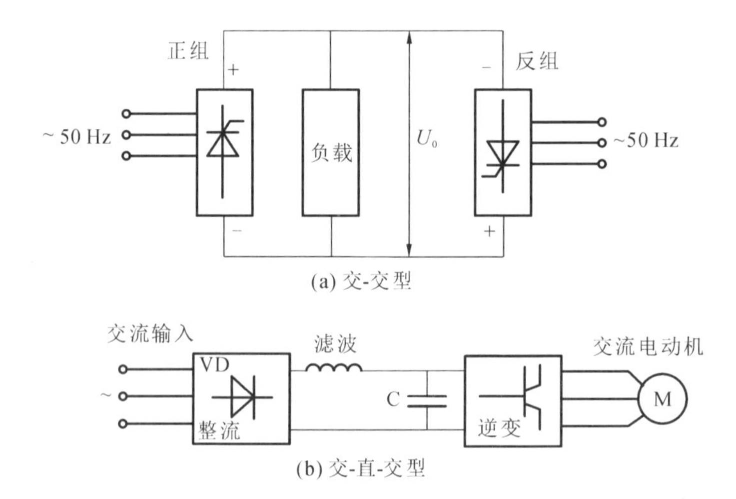

图 6-42　变频器变频实现原理

交流伺服电动机分为交流永磁式伺服电动机和交流感应式伺服电动机。交流永磁式伺服电动机相当于交流同步电动机,其具有硬的机械特性及较宽的调速范围,常用于进给系统;交流感应式伺服电动机相当于交流感应式异步电动机,它与同容量的直流电动机相比,重量可减轻 1/2,价格仅为直流电动机的 1/3,常用于主轴伺服系统。

交流伺服电动机的旋转机理都是由定子绕组产生旋转磁场而驱使转子运转。两种交流伺服电动机的不同之处在于:交流永磁式伺服电动机的转速和外加电源频率之间存在严格的正比关系，所以电源频率不变时，它的转速是不变的。交流感应式伺服电动机由于需要转速差才能在转子上产生感应磁场，所以电动机的转速比其同步转速小，外加负载越大，转速差越大。旋转磁场的同步速度由交流电源的频率来决定：频率低，转速低；频率高，转速高。因此，这两类交流电动机的调速主要是通过改变供电频率来实现的。

当前交流变频调速技术的发展主要体现在如下四个方面。

1）电力电子器件的发展——智能功率模块

变频器的功率逆变器从采用半控型器件晶闸管发展到采用全控型电子器件电力晶体管GTR，其输出波形从交流方波发展为脉宽调制波，大大减小了谐波分量，拓宽了异步电动机变频调速范围，并减小了输出转矩的脉动幅度。然而，GTR工作频率一般在2 kHz以下，使变频器载波频率和输出信号的最小脉宽都受到限制，难以得到较为理想的正弦脉宽调制波，从而使异步电动机在变频调速时易产生噪声。

IGBT的工作频率可为10～20 kHz，与GTR相比，不仅工作频率高出一个数量级，而且在电压和电流指标方面均已超过GTR。采用IGBT后，逆变器载波频率提高，并且可形成特定的脉宽调制波，因此异步电动机变频调速控制器的谐波噪声大大降低。

智能功率模块（IPM）是以IGBT为开关器件，同时含有驱动电路和保护电路的一种功率集成器件（PIC）。IPM的保护功能有过电流保护、短路保护、欠电压保护、过电压保护和过热保护等，还可以实现再生制动。由IPM组成的逆变器只需对桥臂上各个IGBT提供隔离的脉宽调制信号即可。简单的外部电路和控制电路的集成化，使变频器体积大大减小。

2）变频调速控制策略的发展

第一代变频器采用的是恒压频比控制方式，它按异步电动机等效电路确定的线性特性进行变频调速。

第二代变频器的主要特征是采用矢量控制方式，它参照直流电动机的控制方式，将异步电动机的定子电流空间矢量分解为转子励磁分量和转矩分量。在矢量控制的基础上，又进一步发展出了无速度传感器矢量控制方法：根据异步电动机实际运行的相电压和相电流，以及定、转子绕组参数推算出转速观测值，以实现磁场定向的矢量控制。由于转速观测值的精度受到所用计算参数与电动机实际运行参数之间偏差大小的影响，因此无速度传感器矢量控制的调速精度低于带速度编码器的矢量控制，调速范围也比后者窄。一般前者的调速精度为1%，输出额定转矩时的最低频率只能达到1 Hz左右，而后者调速精度为0.01%，最低频率为0.1 Hz。

近几年来，不依赖电动机模型的模糊自寻优控制、人工神经网络控制等智能化控制方法开始被引入交流调速系统，成为交流调速控制理论、控制技术新的研究和发展方向。

3）数字变频控制器技术的发展

数字化使得控制器对信息的处理能力大幅度提高，许多难以解决的复杂控制问题，采用微机控制器后便迎刃而解。微机控制技术及大规模集成电路的应用提高了交流调速系统的可靠性，操作、设置的多样性和灵活性，降低了变频调速装置的成本和体积。

以微处理器为核心的数字控制已成为现代交流调速系统的主要特征之一，用于交流调速系统的微处理器从早期的单片机、数字信号处理器、RISC芯片，已发展为如今的高级专用集成电路（ASIC）控制器。

（1）单片机　开始采用微机控制时，总要选用中央处理器（CPU）、只读存储器（ROM）、随机存储器（RAM）、定时器/计数器、I/O芯片、模/数（A/D）转换器、D/A转换器等，组成最小微机系统。单片机大大缩小了控制器的体积，降低了其成本，增强了其功能。然而单片机的数据处理能力和浮点运算能力有限，运算速度有待进一步提高。

（2）数字信号处理器（DSP）　20世纪80年代初期出现了数字信号处理器，其具有很多优点，包括集成了硬件乘法器、提高了时钟频率、支持浮点运算等等，从而提高了运算速度。近几年来，一般将数字信号处理器做成磁心，把脉宽调制器、A/D转换器等集成于一个芯片，形成一种32位的速度高、功率强大的单片机，其应用日益广泛。

（3）RISC芯片　RISC芯片在1986年前后问世，它是将控制器、脉宽调制器、A/D转换器等集成到一个芯片上而形成的。RISC芯片的成功开发是计算机体系结构上的一次突破，使微处理器在性能上获得了质的飞跃。RISC芯片把着眼点放在经常使用的基本指令的执行效率上，依靠硬件与软件的优化组合来提高速度，摒弃了运算复杂而用处不大的指令，省出这些指令所占用的硬件资源，以提高简单指令的运行速度。

(4) 高级专用集成电路　高级专用集成电路是适合特定用途的集成电路。能完成特定功能的初级专用集成电路早已商品化,例如交流变压变频用正弦脉宽调制(SPWM)波形发生器 HEF4752、SLE4520。高级专用集成电路的功能远远超过了一个发生器,往往能够包括一种特定的控制系统,例如德国应用微电子研究所(IAM)于 1994 年推出的 VECON 是一种交流伺服系统单片矢量控制器,它是将能完成矢量运算的数字信号处理器、脉宽调制定时器及其他外围和接口电路都集成在一个芯片之内而形成的,可靠性较高。

4) 变频器功能的发展

新一代的变频器由于有功能很强的微处理器的支持,除能完成电动机变频调速的基本功能外,还具有内置编程、参数辨识及通信等功能。以下对新一代变频器的功能做简单介绍。

(1) 自动加减速　变频器可实现模糊最优加减速,能根据电动机的负载状态而自动设定加减速的最短时间;或者在设定的最短加减速时间内限制加速电流,将减速的直流过电压控制在允许值以内。

(2) 程序运行　变频器可以根据预设的速度值和运行时间执行多段程序,各段运行时间、加减速时间以及运转方向均可事先设定。

(3) 节电运行　变频器能自动选定输出电压,使电动机运行于最小电流状态,从而使电动机损耗最低,使其效率在原有节能基础上再提高 3%。

(4) 电动机参数辨识　无速度传感器矢量控制变频器需要根据电动机参数推算转速观测值。一般制造厂商将变频器供电的标准电动机参数事先设定好,也可以由用户将所有电动机的参数进行新的设定。新型变频器可以做到第一次试运行时按规定程序自动辨识电动机参数,这样就拓宽了变频器的应用范围,而且使用很方便。

(5) 通信和反馈　新型变频器一般都带有 RS-232、RS-422、RS-485 通信接口,可以实现上位工控机对变频器的一对一或一对多的通信,上位工控机可将运行指令下达到变频器,变频器也可将运行状态上传到上位机。在需要高精度控制时,可选用编码器,将转速反馈信号反馈到变频器,构成闭环控制系统。变频器的通信功能对于不同的厂家有不同的表现形式。完善的软件功能和规范的通信协议,使它可实现灵活的系统组态,组成现场总线系统,而变频器在其中作为通信的从站和传动执行装置。

(6) 智能自动跳频　对于变频调速驱动系统，当变频器设置调整速度恰恰在机械系统固有频率附近时，系统将会发生共振，整个系统振动将会不断加剧，这时变频器将会自动跳频，避开系统共振区工作。

6.6.3　全数字智能交流伺服驱动器结构

随着计算机、人工智能等技术的发展，伺服驱动技术不断向数字化、智能化方向发展。图 6-43 为一种全数字智能交流伺服驱动器结构原理框图，其中上半部分为主驱动电路，下半部分为控制电路。三相交流 220 V 电源经三相整流电路后变成直流电，再经智能功率模块逆变，输出调压调频交流信号驱动永磁同步交流伺服电动机，智能功率模块的六个场效应管导通状态分别由驱动电路输出的六路脉宽调制信号控制。对于驱动器其他各部分电路设计功能，这里不做过多详细描述。

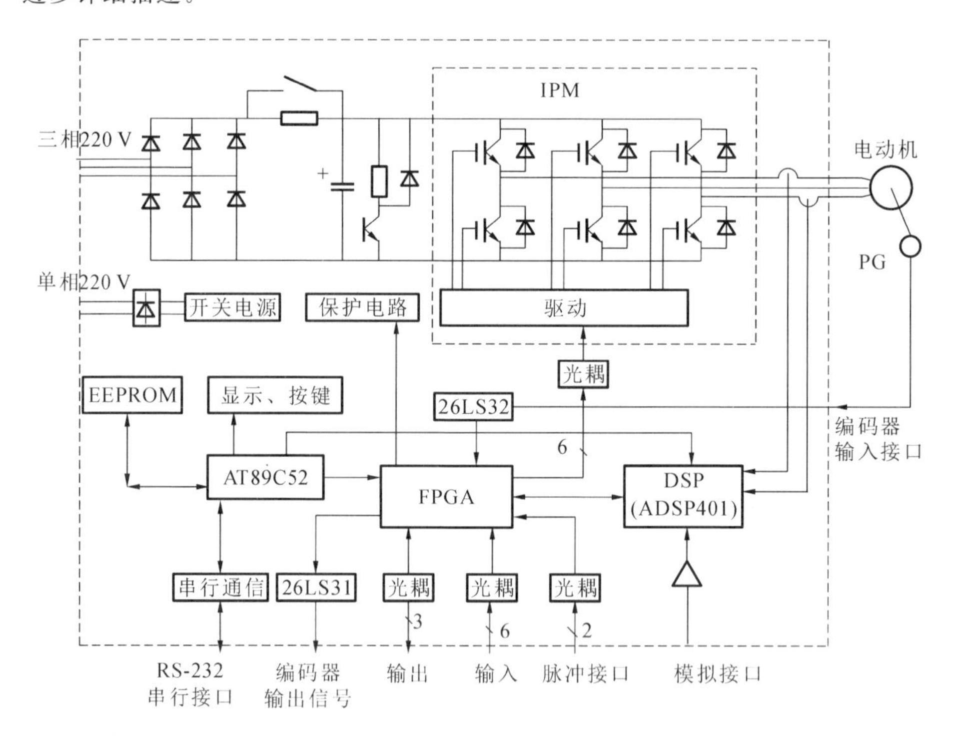

图 6-43　全数字智能交流伺服驱动器结构原理图

注：EEPROM—带电可擦可编程只读存储器。

总之，随着智能伺服控制算法以及集成电路技术的发展，全数字伺服控制的智能化程度日益提高,基于深度学习的智能制造装备的伺服运动控制性能日益提升。

6.6.4 进给伺服系统的控制模式

1.基于伺服驱动器结构的控制模型概述

伺服驱动器通常为三环结构,包括电流环、速度环以及位置环。电流环的等效传递函数为一阶系统函数,该一阶系统包括电动机定子电感和阻抗。速度环的闭环传递函数为二阶系统函数,该二阶系统包括电动机的一阶惯性环节,由电动机转子的转动惯量、阻尼构成。通过电动机二阶系统分析可以得出,电动机的定子阻抗与电感对系统的电流控制影响比较大,因此在驱动器中设定电动机参数时,定子线圈阻抗与电感必须设置正确,否则会引起系统的过电流故障。另外,电动机的转动惯量对速度的调整影响大,而电动机的阻尼通常被忽略。

对于由速度环构成的二阶系统,电动机与负载因素会影响其动态性能;同时,速度控制器的参数比例增益与积分时间也会影响二阶系统的性能,增加比例增益会增加系统的带宽,缩短积分时间会减小系统的静态误差,但是也会增加系统的阻尼。过小的阻尼会使二阶系统在截止频率处产生谐振,如图6-44所示。对于二阶系统,理想的系统阻尼为0.707。

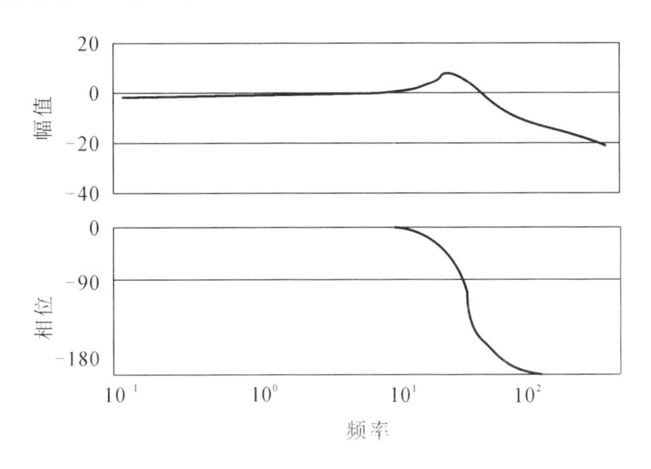

图6-44 二阶系统的伯德图

以上控制回路没有考虑负载对系统的影响,但在实际应用中,负载对整个系统的模型有着不可忽视的影响。例如,当电动机与负载之间有减速箱、联轴器等机械传动设备时，电动机的模型不能简单地简化为一个积分或者惯性环节，电动机与负载以及中间连接器一起构成二自由度振动系统，如图 6-45 所示，其等效模型会叠加到速度环上，在系统的高频范围内引起谐振。

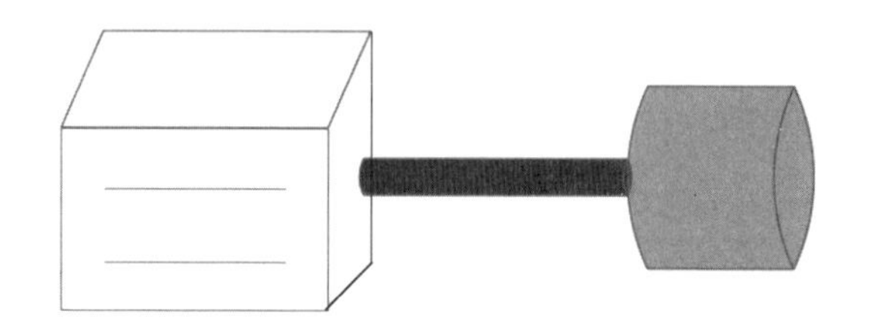

图 6-45　电动机与负载构成的二自由度振动系统

负载与电动机的惯量比会影响谐振，惯量比越大，谐振越严重。

2. 伺服驱动控制模式

由于智能交流伺服驱动器主要由位置、速度、电流控制器和脉宽调制波生成电路组成，因此，交流伺服驱动控制系统相应也有三种控制模式：速度控制模式、位置控制模式和转矩控制模式。

1）速度控制模式

速度控制模式主要以模拟量来进行控制。如果对位置和速度有一定的精度要求，用速度或位置控制模式均可；如果上位控制器有比较好的闭环控制功能，则可选用速度控制模式。下面以脉宽调制型变频调速为例来详细说明交流伺服控制原理。

图 6-46 给出了脉宽调制型调速系统示意图。主电路由不可控整流器 UR、平波电容器 C 和逆变器 UI 构成。逆变器输入为固定不变的直流电压。系统通过占空比可调的脉宽调制信号调节逆变器输出电压的脉冲宽度和频率，以实现调压和调频，同时减小输出的三相电流的波形畸变。这种形式主电路的特点如下。

（1）电路中只有一个功率控制级逆变器，因而结构简单。

（2）由于使用了不可控整流器，因而电网功率因数跟逆变器的输出大小无关。

（3）逆变器在调频时实现调压，与中间直流环节的元件参数无关，从而加快了系统的动态响应。实际的变频调速系统一般都需要采取完善的保护措施以确保系统能安全运行。

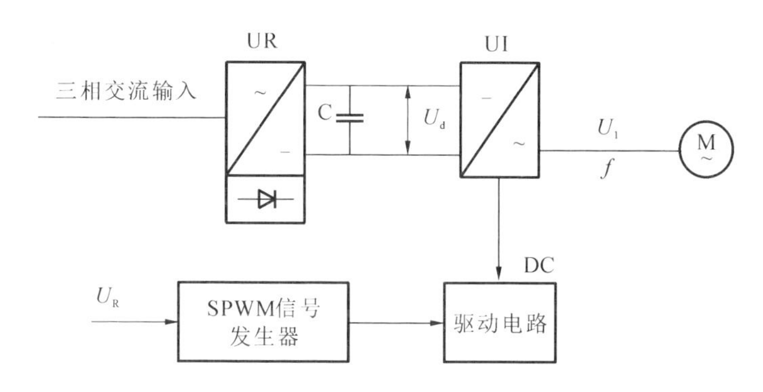

图 6-46　脉宽调制型调速系统示意图

在有上位机控制装置的外环 PID 控制中，采用速度控制模式也可以实现定位，但必须把电动机的位置信号或直接负载的位置信号反馈给上位控制器以进行运算。

2）位置控制模式

位置控制模式一般支持执行机构位置信号直接检测反馈闭环控制，同时，电动机轴端的编码器只检测电动机转速。由于在位置控制模式下系统对速度和位置都有很严格的控制要求，因而位置控制模式主要应用于智能制造装备的精密定位装置和运动控制。

3）转矩控制模式

转矩控制模式实际上就是通过外部模拟量的输入或直接的地址赋值来设定电动机轴的输出转矩。如果外部模拟量设定为 5 V，电动机轴输出为 2.5 N·m，那么，当电动机轴负载低于 2.5N·m 时电动机正转，负载等于 2.5 N·m 时电动机不转，负载大于 2.5 N·m 时电动机反转（通常在有重力负载的情况下产生）。可以通过及时改变模拟量的设定来改变电动机轴设定输出转矩的大小，也可通过通信改变对应地址的数值来实现。转矩控制模式主要应用在对材质的受力有严格要求的缠绕和放卷装置（如张力控制绕线装置等）中。

6.7　智能进给伺服系统的优化

在伺服驱动器中完成了驱动器与电动机的基本组态之后，就可以通过速度控制方式来启动电动机，并使之以一定的速度旋转。但由于电动机带动的机械系统负载不同，此时系统的动态跟踪与抗干扰能力都还很差，因此要提高系统速度、位置控制的精准度，需要针对带有负载的系统做进一步的控制参数调整，即实现进给伺服系统的智能优化。由于智能制造装备是一个复杂的机电综合系统，要做好系统智能优化，首先需要研究进给伺服系统的固有属性，进行机电系统动力学建模分析，同时对伺服驱动控制理论有所了解。下面从模型开始介绍如何进行进给伺服系统的智能优化。

6.7.1 智能进给伺服系统优化的理论基础

1.典型进给伺服系统各组成环节及控制数学模型

众所周知，典型的伺服驱动器通常由电流环、速度环与位置环组成，每个环都有自己的设定点、反馈值、控制器以及内部系统传递函数模型，但电流环因直接作用于电动机线圈，厂商一般在调好后就不允许客户再做调整。实际上，可以将整个伺服驱动控制回路或者每一个控制环节都看成一个黑匣子，这个黑匣子只有一路输入和一路输出，根据其输出与输入的比得到黑匣子的传递函数，如图6-47所示。在理想的情况下，希望输出信号 Y 能够紧紧跟随输入信号 X，即设定输入值为1，输出值也是1，而且从输入到输出没有时间延迟。但实际上，由于系统机电部分固有物理属性的影响，对于不同频率的输入信号，输出信号在相位与幅值上都会相应地有所不同。

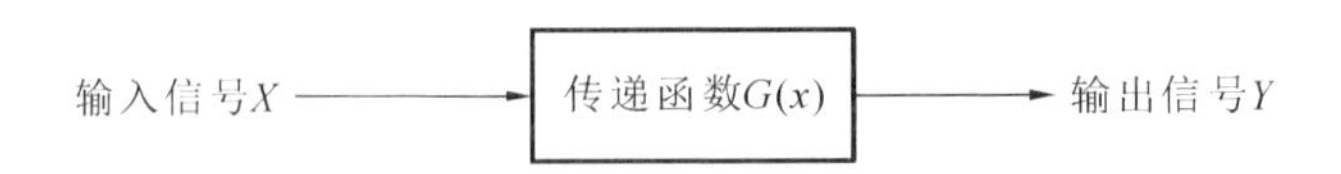

图6-47 系统传递函数模型

这里以直流电动机驱动并采用线位移检测元件作为位置检测装置的双闭环进给伺服系统为例来讨论典型进给伺服系统的组成环节及其数学模型，系统原理框图如图6-48所示。

该系统由内外双环组成，内环是速度环，外环是位置环。各组成环节的数学模型分析如下。

1）比较环节

依据自动控制理论，比较环节（或称相加器）用于完成给定信号和反馈信号的比较，两者相减，获得偏差信号。

速度环的比较运算公式为 $C_2 = C_f - B_2$

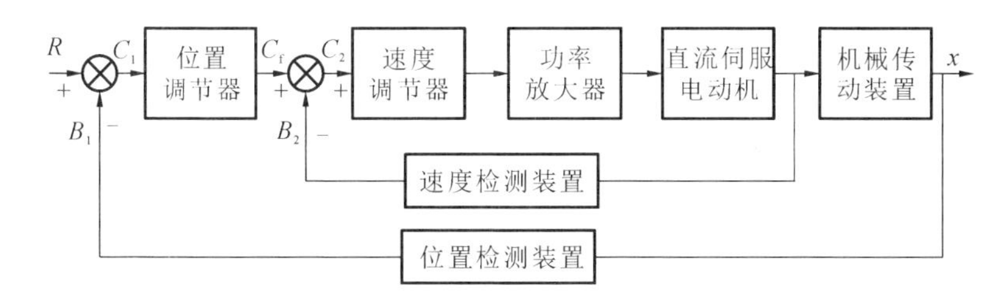

图6-48　直流电动机进给伺服系统原理框图

位置环的比较运算公式为　$C_1 = R - B_1$

2）校正环节

在进给伺服系统中，校正环节一般采用比例（P）调节器或比例积分（PI）调节器。比例调节器实际上是一个可调放大倍数的放大器。比例积分调节器的比例积分调节作用（亦称PI作用）遵循的规律是$G_c(s)=K_c(1+1/T_i)$，其中：K_c是比例放大倍数，也是积分时间常数；T_i为积分时间。K_c和T_i两个参数都可以调整，但T_i的改变只影响积分调节作用，而K_c的改变却会同时影响比例及积分作用两个部分。为方便问题分析，这里采用比例调节器。比例调节器的传递函数为

$$G_m(s) = K_c$$

并设位置调节器的传递函数为

$$G_1(s) = K_1$$

速度调节器的传递函数为

$$G_2(s) = K_2$$

3）检测反馈环节

在闭环控制系统中，检测反馈环节起到两个作用：一个作用是检测被测信号的大小；另一个作用是把被测信号转换成可与指令信号进行比较的物理量，从而构成反馈通道。通常检测反馈环节可以看成一个比例环节，其比例系数就是转换系数。设速度检测反馈环节的传递函数为$H_v(s)$，则$H_v(s)=K_v$；设位置检测反馈环节的传递函数为$H_P(s)$，则$H_P(s)=K_P$。

4）功率放大器

由变流技术可知，功率放大器是基于晶闸管或晶体管，抑或场效应管的整流逆变装置，通常是一个延迟环节，其传递函数为$G_s'(s)=K_e e^{T_s \cdot s}$（$T_s$表示滞后

时间)。由于滞后时间很短,可将其视为比例环节。因此,可以将速度调节器和功率放大器合在一起以一个环节——速度放大器来表示,其传递函数为 $G_s(s)=K_n$。

5)直流伺服电动机

直流伺服电动的传递函数参见6.6.1节式(6-45),据此可得直流伺服电动机的传递函数结构方框图,如图6-49所示。

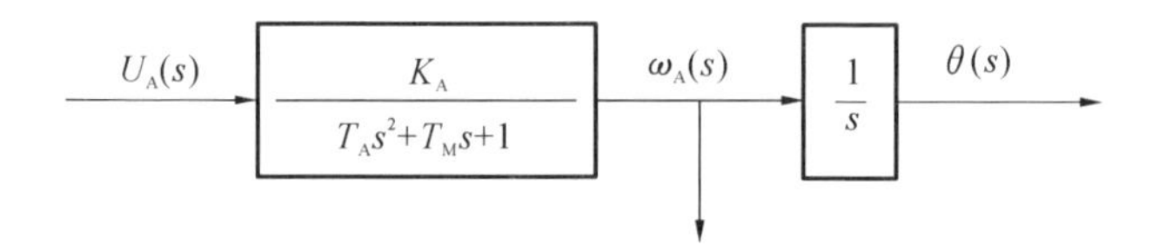

图6-49 直流伺服电动机的传递函数结构方框图

6)机械传动系统

电动机通过一定的机械传动装置带动工作台运动(参见图6-7(b))将整个机械传动装置的刚度、惯量、阻尼折算到丝杠上,设丝杠输出转角 $\theta_s(t)$ 为输出信号,电动机的转角 $\theta(t)$ 为输入信号,其微分方程为

$$J_s \frac{d^2\theta_s(t)}{dt^2} + f_s \frac{d\theta_s(t)}{dt} = M_s(t) \tag{6-50}$$

式中 J_s——折算到丝杠轴上的总转动惯量($kg \cdot m^2$);

f_s——折算到丝杠轴上的黏性阻尼系数($N \cdot s/m$)。

丝杠的驱动转矩的表达式为

$$M_s(t) = K_s(i\theta(t) - \theta_s(t)) \tag{6-51}$$

式中 K_s——折算到丝杠轴上的扭转刚度($N \cdot m/rad$);

i——电动机轴到丝杠的传动比。

将式(6-51)代入(6-50)得

$$iK_s\theta(t) = J_s \frac{d^2\theta_s(t)}{dt} + f_s \frac{d\theta_s(t)}{dt} + K_s\theta_s(t) \tag{6-52}$$

对式(6-52)进行拉普拉斯变换,并令初始条件为零,得

$$\frac{\theta_s(s)}{\theta(s)} = \frac{iK_s}{J_s s^2 + f_s s + K_s}$$

设工作台的位移为 $x(t)$,则有

$$x(t)=\frac{L_s}{2\pi}\theta_s(t) \tag{6-53}$$

式中　L_s——丝杠的导程。

对式(6-53)进行拉普拉斯变换，并令初始条件为零，得

$$X(s)=\frac{L_s}{2\pi}\theta_s(s)$$

所以机械传动装置的传递函数 $G_J(s)$ 为

$$G_J(s)=\frac{X(s)}{\theta(s)}=\frac{\dfrac{L_s}{2\pi}\cdot\dfrac{iK_s}{J_s}}{s^2+\dfrac{f_s}{J_s}s+\dfrac{K_s}{J_s}}=\frac{K_0\omega_n^2}{s^2+2\xi\omega_n s+\omega_n^2} \tag{6-54}$$

式中：

$$K_0=\frac{iL_s}{2\pi},\quad \omega_n=\sqrt{\frac{K_s}{J_s}},\quad \xi=\frac{f_s}{2\sqrt{J_sK_s}}$$

可见，对于机械传动装置，当输入为电动机转角、输出为工作台位移时，显然可将其视为一个二阶振荡环节。

2. 智能制造装备进给伺服系统的传递函数

上面分析了各个组成环节的传递函数，那么将各组成环节按照系统的工作原理有机组合起来，就可以得到系统的方框图。利用方框图化简法则或梅逊(mason)公式，即可求出整个进给伺服系统的传递函数。智能制造装备进给伺服系统方框图如图 6-50 所示，其中：

$$G_1(s)=K_1,\quad G_2(s)=K_2,\quad G_s(s)=K_2\,G'_s(s)=K_n,$$

$$G'_A(s)=\frac{K_A}{T_As^2+T_Ms+1}$$

$$G_J(s)=\frac{K_0\omega_n^2}{s^2+2\xi\omega_n s+\omega_n^2},\quad H_V(s)=K_V,\quad H_P(s)=K_P$$

令系统的传递函数为 $G(s)=\dfrac{X(s)}{R(s)}$，则整个进给伺服系统的传递函数为

$$G(s)=\frac{K_0K_1K_AK_n\omega_n^2}{T_As^5+as^4+bs^3+cs^2+ds+K_PK_0K_1K_AK_n\omega_n^2} \tag{6-55}$$

式中　$a=T_M+2T_A\xi\omega_n,\quad b=T_A\omega_n^2+K_AK_VK_n+2T_M\xi\omega_n+1$

$c=2(K_AK_VK_n+1)\xi\omega_n+T_M\omega_n^2,\quad d=(K_AK_VK_n+1)\omega_n^2$

显然，该进给伺服系统为一个五阶系统。

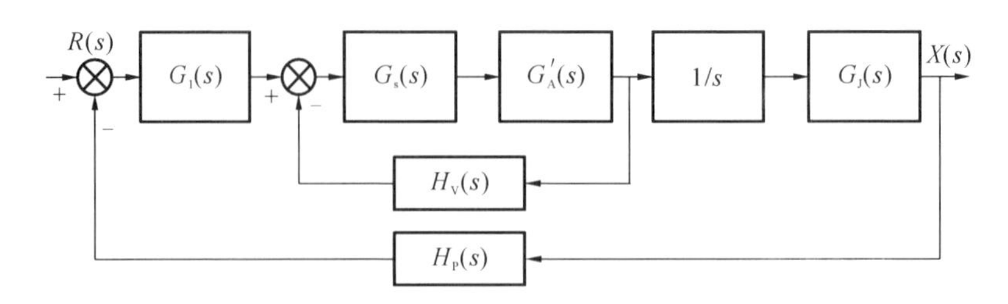

图 6-50　智能制造装备进给伺服系统方框图

6.7.2　进给伺服系统的动态性能分析

1. 进给伺服系统的性能指标

根据控制工程理论，控制系统的性能主要从三个方面衡量，即系统的动态特性（快速性）、稳定性和稳态精度（伺服精度）。同时，对一个具体的进给伺服系统，还要综合考虑其性能，即鲁棒性、抗干扰能力及控制信号输出能力等。

1）动态特性

动态特性的衡量标准为频响特性的带宽以及对阶跃信号的动态响应时间，也就是瞬态响应性能，可以采用更短的采样周期与更高的控制器的比例增益来提高系统的动态特性。

2）稳定性

可以通过开环特性的幅值裕度与相位裕度来判断系统的稳定性，同时也可以通过超调量的大小来判断系统的稳定性。小的控制器比例增益有助于提高系统的稳定性。由此可见，系统的动态特性与稳定性是相互矛盾的。在调试过程中，应在保持系统稳定性的前提下尽量提高其动态特性。

3）精度

可以通过开环特性的低频高比例增益来提高精度。系统的静态误差与跟随误差越小，精度越高。控制器的积分环节可以用来消除系统的静态误差，但比例增益过大会导致系统过于敏感，从而引发振荡或造成系统不稳定，使系统整体性能降低。

4）鲁棒性

鲁棒性是指在运行条件发生变化时，系统保持稳定性与动态特性的能力，其中，稳定性包括机械特性的稳定性和电机特性的稳定性。

影响系统鲁棒性的因素有很多,如驱动器的输出能力、系统的稳定性等。

5)控制信号限制

由于电动机以及驱动器输出能力有限,而控制信号的设定必须与电动机和驱动器的输出能力范围相适应,因此要考虑控制信号的限制。例如在设定负载的加速度时,就要考虑其加速转矩是否已经超出了驱动器或者电动机的驱动能力。

6)抗干扰与抗噪声能力

(1)低频扰动　低频扰动由交叉耦合或摩擦引起,主要解决方法有两种:一是采用低频高比例增益;二是采用积分与滤波器。

(2)高频噪声　高频噪声由电动机与机械谐振引起,主要解决方法有两种:一是采用高频低比例增益;二是采用滤波器。

2.进给伺服系统的动态性能分析

1)快速性

所谓快速性,是指系统瞬态响应指标的优劣。从较为直观的时域瞬态响应指标上看,我们总是希望系统具有较小的调整时间 T_s(调整时间通常被定义为系统输出首次进入并保持在设定范围内的最短时间),同时又不产生振荡(即具有较小的超调量)。分析系统快速性的方法很多,这里采用一种间接评价法——频率特性分析法。

对于高阶系统,有

$$T_s = \frac{K\pi}{\omega_c}$$

提高增益交点频率 ω_c,则可提高系统的快速性。将系统的方框图6-50简化成标准形式,如图6-51所示。图中

$$K_Z = \frac{K_A K_n}{K_A K_V K_n + 1}$$

所以系统的开环频率特性可表示为

$$G_K(j\omega) = \frac{K_K}{s[T_0^2(j\omega)^2 + \varepsilon T_0(j\omega) + 1]\left[\frac{(j\omega)^2}{\omega_n^2} + \frac{2\varepsilon}{\omega_n}(j\omega) + 1\right]} \tag{6-56}$$

式中

$$K_K = \frac{K_P K_0 K_I K_A K_n}{K_A K_n K_V + 1}$$

由式(6-54)知,当丝杠导程为6 mm,且电动机直接带动丝杠,即 $i=1$ 时,

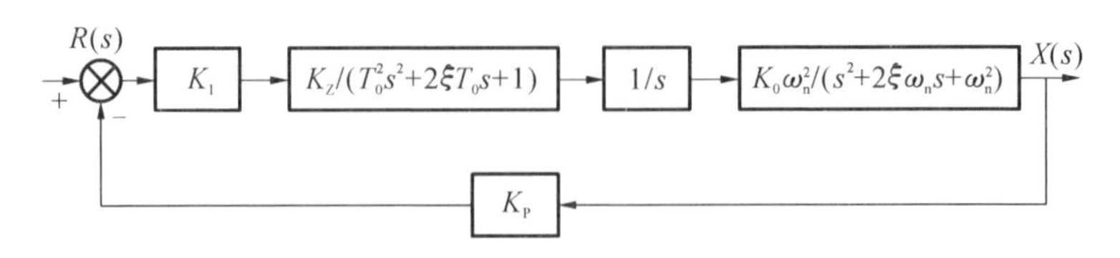

图 6-51 系统方框图

$K_0 \approx 1$。通常 $K_A K_n K_V \gg 1$,则 $K_K \approx \dfrac{K_I K_P}{K_V}$ 。由系统的开环频率特性,其对数幅频特性如图 6-52(a)所示。

图 6-52(b)所示为增益对幅频特性的影响。由图 6-52(b)可知,提高系统的开环增益 K_K 可提高增益交点频率 ω_c,从而可提高系统的快速性。但是随着开环增益 K_K 和增益交点频率 ω_c 的提高,系统也将出现负面效应,即相位裕度降低,从而使系统稳定性变差,甚至使系统不稳定。所以必须兼顾系统的快速性和稳定性,统筹配置。

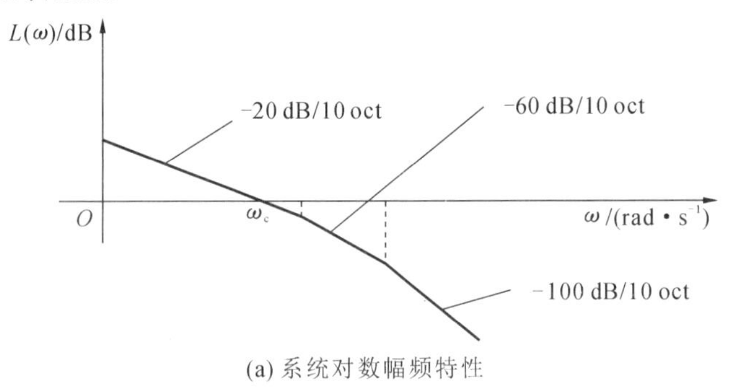

(a) 系统对数幅频特性

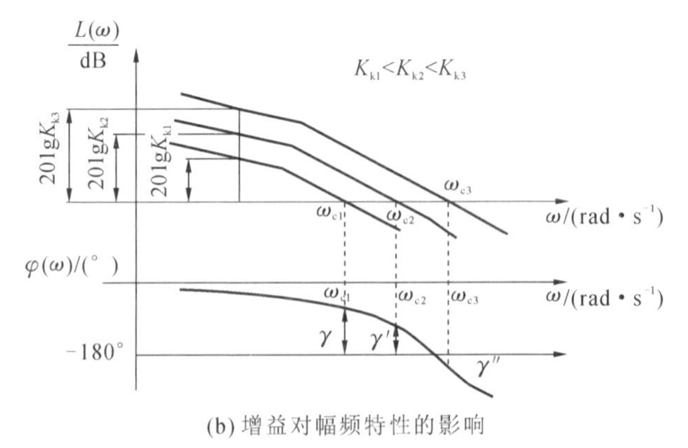

(b) 增益对幅频特性的影响

图 6-52 系统对数幅频特性曲线

对于高速智能制造装备，依据上述进给伺服系统动力学模型，必须从控制调节系统和机械系统两大方面采取一切可能的措施，使装备执行件的工作速度高于常规制造装备的工作速度的5～10倍，加(减)速度值达到(1～10)g($g=9.8\ m/s^2$)，这样做的目的是使执行部件的快速响应性能大大提高，保证高速智能制造装备的高加工精度，使得高速智能制造装备在结构设计和控制系统设计上都呈现出与普通制造装备不同的特点。因高速智能制造装备采用了直驱进给伺服系统，即零传动进给伺服系统——电主轴单元和直线电动机单元，没有如传统制造装备进给伺服系统一样采用带传动、齿轮变速传动机构等中间传动环节，所以一般智能制造装备进给伺服系统动力学模型(见式(6-55))便由五阶系统降为三阶系统。

2）稳定性

稳定性是智能制造装备正常工作的首要条件，如果系统不稳定，讨论其快速性和伺服精度没有任何意义。

对于线性系统，系统稳定的充要条件是该系统特征方程的全部特征根的实部为负。实际上，对于高阶系统，求解特征根是一件非常烦琐的工作。通常基于特征方程的系数，采用间接法判断系统稳定性。这里采用域判据——罗斯判据，即列写系统的特征方程，首先令各项系数均大于零，然后作罗斯表，若表的第一列元素均大于零，则系统稳定。系统的特征多项式为其传递函数的分母多项式。

由于电动机电枢回路的电感很小，可以忽略，即$L_A=0$，同时若忽略电动机的反电动势，即$K_E=0$，则特征方程可表示为

$$T_M s^4+(K_A K_V K_n+2T_M\varepsilon\omega_n+1)s^3+[2(K_A K_V K_n+1)\varepsilon\omega_n+T_M\omega_{2n}]s^2$$
$$+(K_A K_V K_n+1)\omega_n^2+K_P K_0 K_I K_A K_n\omega_n^2=0 \tag{6-57}$$

式中：
$$K_A=\frac{K_M}{R_A f_M},\quad T_M=\frac{J_M}{R_A}$$

依据式(6-50)、式(6-54)、式(6-55)、式(6-57)可知，影响系统稳定性的因素有九个：位置调节器增益K_I、速度反馈系数K_V、位置反馈系数K_P、机械传动部件的扭转刚度K_s、惯量J_s、黏性阻尼系数f_s、电动机的力矩常数K_M、速度放大器增益K_n和电枢回路总电阻R_A。利用罗斯判据即可看出上述参数对系统稳定性的影响：提高K_P、K_I、K_M、K_n对稳定性不利；提高K_s、f_s、K_V、R_A，降低J_s

对稳定性有利。

3）伺服精度

系统的伺服精度是指系统在稳态时指令位置与实际位置的偏差大小。影响伺服精度的因素有两类：一类是位置测量误差，一类是系统误差。系统误差与输入信号的形式和大小、系统的结构和参数有关。这里只讨论系统误差对伺服精度的影响。

对于高阶系统，瞬态响应由常数项、指数衰减项和振荡衰减项组成。如果忽略掉影响小的项，即确定出系统的闭环主导极点，就可以将高阶系统近似为低阶系统去研究。

如前所述，对于容量小的直流伺服电动机，可取 $L_A=0$，即 $T_A=0$；对于机械传动装置，忽略折算惯量和折算阻尼，则有

$$G_J(s)=K_0=\frac{iL}{2\pi}$$

所以，近似系统可用如图 6-53 所示的方框图表示，即系统可近似为一个二阶系统。

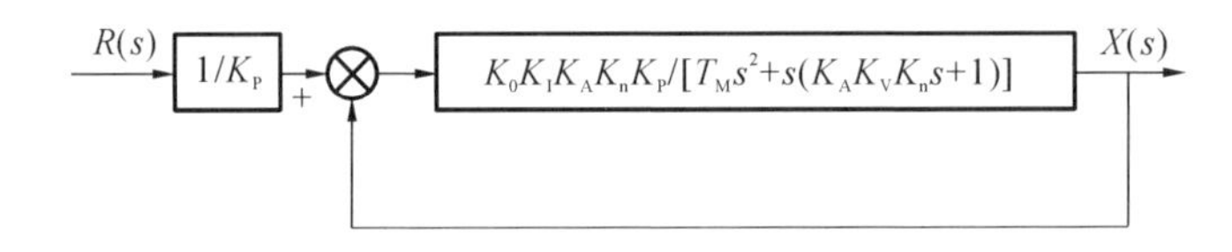

图 6-53 近似系统方框图

系统的典型输入信号有两种：一种是阶跃输入信号，常见于采用点位控制方式的数控系统；一种是斜坡输入信号，常见于采用直线插补方式的数控系统。另外，还存在扰动输入。由于系统开环传递函数中包含一个积分环节，故该系统为Ⅰ型系统。

当输入单位阶跃信号，即 $R(s)=\frac{1}{s}$ 时，依据控制工程理论，稳态误差 $e_{ss}=0$。当然这个结论是在忽略电动机轴上负载的情况下得出的。如果考虑负载，只有当电动机输出转矩与负载转矩平衡时才停止进给。为了维持这个输出转矩，放大器输入端就得有一定的偏差电压，所以稳态误差就不等于零。当输入单位斜坡信号，即 $R(s)=\frac{1}{s^2}$ 时，依据控制工程理论，稳态误差 $e_{ss}=$

$\frac{1}{K_0K_AK_nK_IK_P^2}=\frac{1}{K}$，可见开环增益越大，稳态误差 e_{ss} 越小。

如图6-54所示，当存在扰动输入 $N(s)$ 时，为了消除扰动输入引起的稳态误差，可以采用前馈控制。如图6-55所示，把扰动输入 $N(s)$ 经一补偿装置 $G_c(s)$ 送到输入端与给定输入信号共同控制系统，即实现前馈控制。当 $G_c(s)=\frac{1}{K_P}$ 时，系统输出响应中不包含 $N(s)$，即可消除扰动输入对稳态误差的影响。

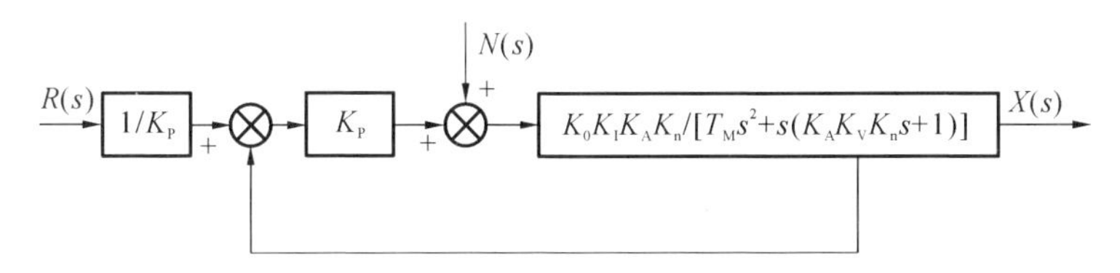

图6-54　存在扰动时的系统方框图

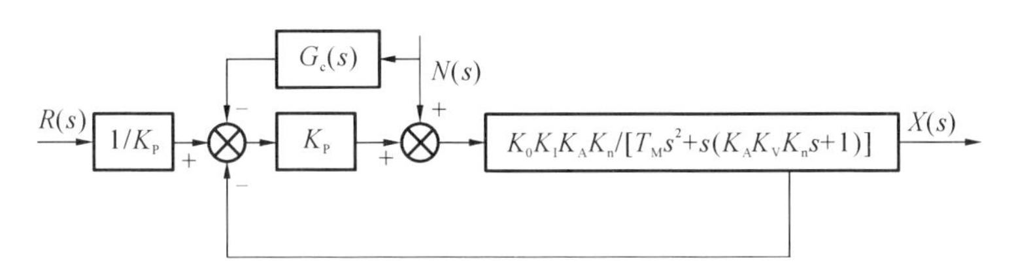

图6-55　前馈控制系统方框图

3.基于动态性能分析的伺服优化关键

1）影响进给伺服系统动态性能的机械因素分析总结

由进给伺服系统的机械结构可以看出来，智能制造装备实际的运动链是：电动机根据系统的运动指令转动相应的角度，电动机的旋转运动经过传动部件传递到丝杠，丝杠又通过和工作台连接在一起的螺母把旋转运动转变成工作台的直线运动。一般而言，工作台位移理论给定值和实际值之间有一个微小差值，这个差值是由系统的惯性和连接元件的弹性变形引起的，这个差值就是系统的动态误差的主要组成部分。

影响系统的动态特性的因素主要有以下几个：

(1) 直线移动部分的质量，比如工作台和工件的质量。

(2) 旋转移动部分的惯性。

(3) 摩擦力，主要有工作台导轨之间、丝杠和螺母之间以及丝杠和轴承之间的摩擦力。这些力在制造装备设计以后就定下来了,所以大型制造装备的动态特性很难达到中小型制造装备的水平,同时制造装备的润滑情况也会影响系统的动态特性。

(4) 弹性变形和热变形。连接和传动元件的弹性变形、热变形也是影响系统动态性能的关键因素。一般来说,系统的刚度越高,系统的动态特性就越好,所以在进行伺服优化之前应先尽量在机械方面提高系统的刚度,比如检查和联轴器的连接、丝杠的间隙等。

从理论上讲,理想的驱动传递环节是纯线性环节,只有这样,输出才能真实地跟随输入,但实际上在传递环节中存在很多弹性环节,所以一个传递环节可以近似简化为一个线性环节和一个弹性环节的组合,并且弹性环节部分的频率常常是机电系统 $1 \sim n$ 阶不同固有频率的组合。这样,在传递环节的输出部分,有的输入会被抑制,从而使系统的动态特性变差,而有的输入则会被放大,也就是产生俗称的“共振”。这些共振是造成智能制造装备不稳定的致命因素,而伺服优化的大部分工作就是找出共振频率,通过滤波的方法来抑制共振,增强系统的稳定性,这样就可以提高系统的增益,从而改善系统的动态特性。

2) 智能伺服优化的关键

在驱动器中的三环,即电流环、速度环和位置环中:位置环一般是一个简单的比例调节器,因而调节起来比较简单;速度环和电流环是由比例积分调节器组成的,是驱动的核心部分,其中电流环在满足载荷和器件设计参数要求时一般不再调整,而速度环是优化的重点对象。伺服优化的关键是改善速度环的动态特性,而改善速度环动态特性的关键又在于提高速度环比例环节的增益,降低积分环节的时间常数。

如前所述,找出驱动传递环节的共振频率是改善系统动态特性的首要条件,那么怎样找出这些频率呢? 怎样评价驱动传递环节的动态特性呢?

给电动机驱动器输入一个频率范围很宽的噪声信号,再检查驱动器输出端的应答信号,根据它们的关系绘制一个输入和输出的关系图,即伯德图。驱动轴正常工作时,根据电动机的速度可以推算出输出到电动机电源的频率,该频率一般都较低,为几十到几百赫兹。但在系统加减速过程中,输出到电动机的电源频率范围很宽,一般能到千赫级。在伯德图中,当幅值比从 0 dB 往下降且相位滞后接近180°时，这个频率称为拐点频率。拐点频率越高，驱动系统的动态特性越好，反之则越差。伺服优化的过程就是尽量让拐点频率提高，让幅值比更接近0 dB。

6.7.3 伺服参数的智能优化

智能制造装备的伺服系统必须在保证稳定性的前提下，获得尽可能高的频响特性，这样才能使得智能制造装备具有更高的加工精度和加工效率。为此，对伺服参数进行优化尤其重要。而实施优化的方法一般是借助伺服控制软件，先手动优化，再借助球杆仪等进行在线自动智能优化。目前多数数控系统已具备伺服参数智能优化的功能。

1. 电流环、速度环、位置环的优化准则

电流环是以电流信号作为反馈信号的控制环节，速度环是以速度信号作为反馈信号的控制环节，位置环是以位置信号作为反馈信号的控制环节。

电流环为最内环，在智能制造装备进给伺服系统中它主要起提高系统的机械特性的作用。其反馈元件一般为电流互感器。

速度环在电流环外面，在智能制造装备的进给伺服系统中它主要起控制转速的作用。其反馈元件一般为模拟测速机或编码器。

位置环在速度环的外面，在智能制造装备上是数控系统的位置控制单元。其反馈元件一般为编码器、光栅、感应同步器、旋转变压器等。

对于进给伺服系统的电流环、速度环和位置环三环结构，其参数优化一般由里及外，逐层展开。其中，电流环在电动机和功率模块的型号确定后采用厂家的默认参数即可，一般不需要优化。如果自主调节则必须慎重，切勿随意修改电流环增益有关参数，因为电流环是整个进给伺服系统的底层核心，直接决定了线圈电流大小，超限可能烧坏电动机。一般是先优化速度环，再优化位置环。

2. 离线优化流程

离线优化流程如图6-56所示。

电流环和速度环属于进给伺服系统的内部双闭环控制单元。先将电流内环调稳，再调速度外环。

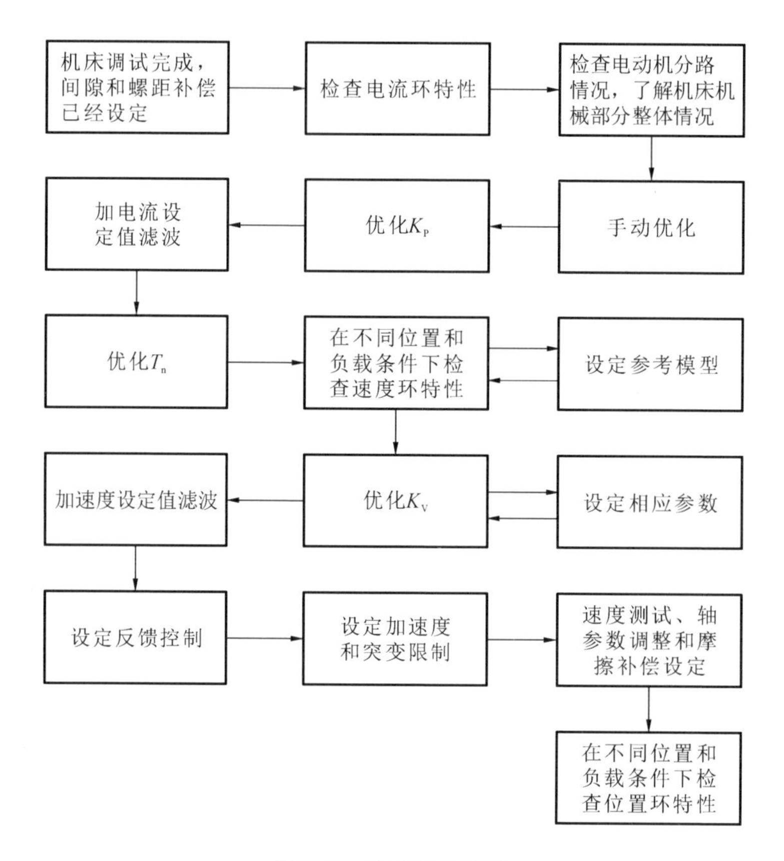

图 6-56　离线优化流程

速度环的优化一般涉及速度环增益和速度环时间常数。速度环时间常数越大、增益越低，速度环越稳定，但系统控制精度越低，动态特性越差。一般来说，速度环时间常数设在 10 ms 左右，而速度环增益调整至使速度环的阶跃响应有 20%～40%的超调量。

位置环的优化涉及位置环增益和加速度，调整时可以先减小加速度，再增加位置环增益值，保证系统稳定，然后适当增大加速度，使之适应机床的机械特性。注意：同一组插补轴的位置环增益要一致，否则会影响加工精度。

位置环通过数控系统和进给伺服系统共同实现控制，使伺服轴运动到数控系统指定的位置，并在数控系统的屏幕上显示坐标值。

3. 伺服参数智能优化实例

目前，先进智能制造装备的数控系统一般都具有专门的伺服参数优化软件工具，借助其软件和球杆仪测量工具可以实现手动离线和在线进给伺服系统参数的智能优化。如发那科系统的高速响应矢量(high response vector，HRV)控制、大隈五轴加工中心的智能自动调谐等，都属于伺服参数的智能优化功能，其目的是使个性化的智能制造装备伺服运动控制性能达到最优化。这里以发那科系统为例，其用于伺服调整的软件是ServoGuide，该软件具有自动调整向导功能，如初始增益调整向导、滤波器的向导等功能，但在实际使用时，因各种不同智能制造装备结构工艺和制造水平存在个体差异，机械系统的摩擦、间隙、刚度、阻尼等差异较大，基于ServoGuide软件向导自动生成的调整推荐值应用效果并不是都很明显，多数参数仍然需要手工优化调整。总体上而言，还应结合具体使用场合进行伺服HRV功能参数设置。

1) 发那科系统的HRV控制功能

HRV控制功能是发那科为实现高性能伺服控制而设置的。HRV控制功能的优点主要有：

(1) 采用了先进的前馈控制算法，可以改进数字伺服电流环的特性；

(2) 可以减少电流环中的控制延迟，从而提高电动机在高速旋转时的速度控制特性，可以使得加工形状精度得到明显改善；

(3) 能提高αL和αM系列电动机的最大转矩，增加强切削时的OVC(过热电流)报警极限；

(4) 在高速运行或稳定旋转时，可以削减死区电流，所以能减少电动机的热损耗；

(5) 对于αL和αM系列电动机，可使电动机在低速到中速区内的转矩特性得到改善，驱动转矩可比使用常规控制方法时高5%～30%。

(6) 可以提高进给伺服系统刚度和抵抗外界干扰的能力，利用先进前馈控制技术可以大幅度地缩小伺服位置指令的时延，最大限度地减小加工误差，提高加工精度。

2) 离线HRV功能参数调整

借助ServoGuide软件对HRV功能参数进行相应调整，不同的发那科系统参数略有差异。表6-3列出了发那科0/16/18/21/0i系统相关HRV功能参数号、参数含义及推荐设定值。

表 6-3 发那科 0/16/18/21/0i 系统 HRV 功能参数号、参数含义及推荐设定值

参数号		参数含义	推荐设定值
Series 0	Series 16/18/21/0i		
No:517	No:1825	位置环增益	5000(半闭环) 4000(全闭环)
No:8x03	No:2003	#3:速度环 PI 控制 #4:1 脉冲抑制	00011000
No:8x21	No:2021	速度环增益 (负载惯量比)	512*
No:8x66	No:2066	250 μs 加速反馈	−10
……	No:2017	速度环比例项高速处理	10000000

注:“*”表示当速度环发生振动时,应减小此值。

HRV 功能参数调整的具体步骤如下:

(1) 首先按照通常的标准参数设定值完成相关基本参数的设定和调整;

(2) 按照表 6-3 依次进行 HRV 位置环增益、速度环 PI 控制及 1 脉冲抑制参数、速度环增益、250 μs 加速反馈参数、速度环比例项高速处理参数等伺服参数的调整。

当增大位置环增益而引起进给伺服系统振动时,应减小位置环增益,一般将其值设定为系统稳定时的 70%~80%。

同样,当增大速度环增益而引起进给伺服系统振动时,应减小速度环增益,一般将其值设定为系统稳定时的 70%~80%。

进行速度环比例项高速处理参数调整,其目的是有效避开在提高速度环增益时可能引发的伺服振动,以提高速度环指令的跟随性和进给伺服系统的刚度。

250 μs 加速反馈功能是指使用电动机的速度反馈信号的积分乘上加速度增益后补偿到转矩指令中,用于控制速度环的振动。

3) 在线伺服参数调整

一般而言,结合智能制造装备具体应用工况,利用发那科系统 ServoGuide 软件手工进行优化调整后,要使用球杆仪进行测试,以进一步对进给伺服系统参数进行在线优化。这一步称为智能数控系统的自动调谐。其具体操作方法是:通过球杆仪实测智能制造装备工作台双轴联动圆周进给运动误差,自动读取圆度误差、反向跃冲误差等数据,并自动判断需要优化的参数和调整量,按照

新参数写入后自动启动智能制造装备重复画圆操作，然后再次通过球杆仪实测各数据，如此循环，直到圆度误差值等性能指标满足要求为止。基于球杆仪的在线伺服参数优化流程如表6-4所示。

表6-4　基于球杆仪的在线伺服参数优化流程

序号	操作流程	操作图示
1	安放磁力中心座和基准球	
2	将探针安装到主轴上并将探针移动到基准球正上方，留1 mm左右间隙	
3	将中心座中的球碗抬起并与主轴探针接触，二者吸附在一起后扳动锁紧座杠杆，使中心座中的球碗中心位置固定，然后将主轴向上抬起吸上球杆仪	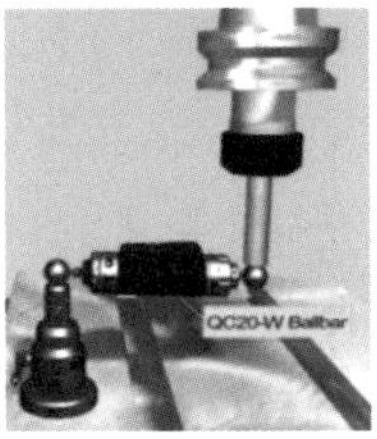
4	设置好球杆仪测试程序后运行机床程序，主轴围绕球碗中心在 Oxy 平面内连续顺、逆时针旋转360°，实测画圆误差，绘制圆图象。实测画圆误差并自动读取圆度、反向跃冲、伺服不匹配度数据	
5	主轴驱动球杆仪分别在 Oxz、Oyz 平面内绕球碗中心线顺、逆时针旋转（大于180°），实测画圆误差并自动读取圆度、反向跃冲、伺服不匹配度数据	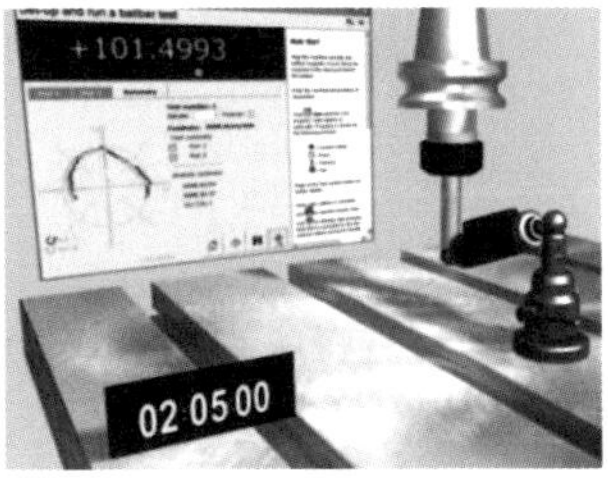
6	循环重复 Oxy、Oxz、Oyz 平面内的画圆运动，进一步优化各运动轴伺服参数，直到各性能指标满足要求为止	

对于大隈进给伺服系统，可以采用其SERVO NAVI模块的智能自动辨识

优化功能，实现进给伺服系统的自动调谐、重量和惯性自动设置与反转凸起振动抑制。

大限进给伺服系统的伺服参数在线调整是基于加工中心在机测量探针完成的，其自动调谐流程如表 6-5 所示。

表 6-5　基于探针测量的伺服参数自动调谐流程

序号	操作流程	操作图示
1	在工作台上安装基准球(借助磁力表座)	
2	将探针安装到主轴上并将探针移动到基准球正上方，开始测量基准球的位置(x，y，z)	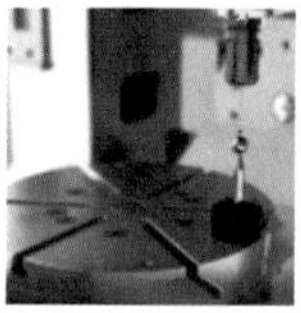
3	分度测量不同的角度	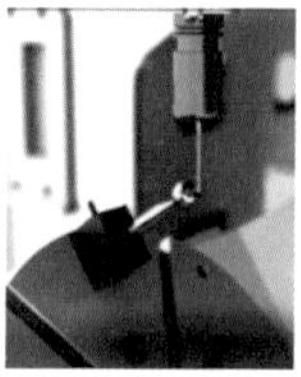
4	自动调谐前后空间误差比较：调整前空间误差为 0.35 mm，调整后空间误差为 0.009 mm	

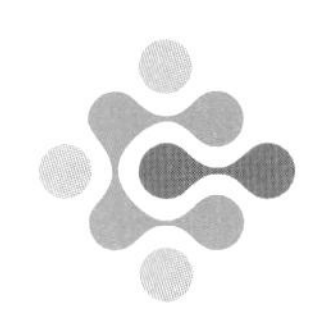

第7章 智能制造装备数控系统

7.1 数控技术概述

7.1.1 智能制造装备数控系统的任务

在机械制造中，被加工零件的几何形状和尺寸是千变万化的。因此，从自动控制的角度来看，智能制造装备数控系统的任务主要是轨迹控制（G代码），即控制刀具与工件的相对运动，形成规定的几何轨迹，从而制造出各种规定的几何形状。智能制造装备数控系统本质上是以多执行部件（各运动轴）的位移量为控制对象并使其协调运动的自动控制系统，是一种配有专用操作系统的计算机控制系统。从外部特征来看，数控系统是由硬件（通用硬件和专用硬件）和软件（专用）两大部分组成的。

在智能制造装备的数字化加工过程中，数控系统还需要控制主轴的旋转与停止（M03、M04、M05）、主轴速度选择（S）、自动换刀（T）、刀具尺寸补偿（半径补偿和长度补偿）和进给速度（F）以及加工区域必要的开关量。

总之，智能制造装备数控系统的根本任务就是进行运动轨迹行程量控制和开关量控制。从总体运动控制方面来看，数控系统采用了G代码指令和M代码指令以及F、S、T等数字控制指令，以与其根本任务相适应。

数控系统以计算机作为控制部件，通常由安装在其内部的数控系统软件实现部分或全部数控功能，从而对制造装备的运动进行实时控制。只要改变数控系统软件就能实现一种全新的控制方式。数控系统有多种类型（如车床数控系统、铣床数控系统、加工中心数控系统等），但是一般都会包括以下几个部分：中央处理单元(CPU)、存储器(ROM/RAM)、输入/输出(I/O)设备、操作面板、显示器和键盘、PLC。

另外,为了满足未来机械制造自动化、数字化、网络化以及柔性智能化的发展以及市场适应性、个性化定制需求,制造装备数控系统应具有工业物联网络通信和智能控制等功能,自身应具有结构上的开放性和功能上的可重构性。

7.1.2 数控系统和数控制造装备的内涵

自作为工作母机的制造装备诞生以来,人们一直在为实现其自动化和智能化而不断努力,但现有的制造装备数控系统绝大多数都是采用基于固定程序的控制方式,即需要在系统中提前编写好负责特定加工工序的数控程序,制造装备在启动后按照既定的程序自动运行,完成要求的工序。操作员通常需要进行监控,以防在程序运行过程中出现问题,并且在出现问题后进行手动干预。这个阶段的数控系统通常缺乏自适应性和智能性,无法根据外部环境、材料特性或生产需求进行自动调整。数控系统虽然实现了软件化的数控加工,但是这种基于G代码的数控加工完全是按照预先规划好的工艺流程、工序及确定的工艺参数进行加工的,即所形成的完全是一个信息单向流的开环加工体系,没有自适应、自学习和智能调控功能。

新一轮工业革命的核心技术是智能制造,该技术也是制造业数字化、网络化和智能化发展的基础。智能制造将先进信息技术(特别是新一代人工智能技术)和制造技术进行深度融合,推进了新一轮的工业革命。而智能制造实施的关键则是制造装备工作母机的高度智能化。

2017年年底,中国工程院提出了智能制造的三个基本范式——数字化制造、数字化网络化制造、数字化网络化智能化制造,为智能制造的发展统一了思想,指明了方向。制造智能化首先是制造装备的智能化,而制造装备的智能化又首先取决于其“大脑”——数控系统。因此,基于智能制造三个范式发展历程的数控制造装备向智能制造装备演化的三个阶段可总结为:

(1) 数字化+制造装备,即数控制造装备;

(2) 互联网+数控制造装备,即互联网制造装备;

(3) 新一代人工智能+互联网+数控制造装备,即智能制造装备。

因此,智能数控系统则是指:具有感知、思考、推理、决策等功能的拟人智能特征,通过对影响加工精度和效率的加工系统内、外状态的感知检测、处理、建模分析等，采用如人工智能、机器学习和大数据分析等先进的控制算法和技术，自动适应材料变化、环境工况变化以及加工状况变化等，快速做出实现最佳目标的智能决策，对进给速度、切削深度、主轴转速等工艺参数进行实时控制，使制造装备的加工过程处于最佳状态。

总之，智能数控系统是智能制造装备核心组件，其通过智能决策与控制，使得制造装备通常具有更高的自动化程度，可以在少/无人工干预的情况下高效高质地执行并完成复杂的制造任务。

7.1.3 智能数控系统的基本组成和工作流程

智能数控系统的基本组成和工作流程与常规数控系统基本一样，二者的根本区别在于前者具有更优越的智能化软件和更丰富的外围传感系统。

1. 智能数控系统的组成

智能数控系统的核心是CNC装置。如图7-1所示，智能数控系统主要由输入和输出装置、CNC装置、PLC、主轴驱动控制单元、速度控制单元和位置检测器等组成。其中，CNC装置主要通过数控加工程序实现对制造装备的软件化控制，如通过键盘输入和编辑数控加工程序，通过通信接口由计算机程序编辑器、自动编程器、CAD/CAM系统或上位机提供数控加工程序。当前，高档数控系统一般内含一套自动编程系统或CAD/CAM系统，只需采用键盘输入相应的信息，数控系统本身就能生成数控加工程序，或者借助于CAD/CAM系统进行人机交互式自动编程前置处理和后置处理，生成刀位轨迹文件和数控代码程序。之后再进行刀位轨迹数值模拟、程序校验等，有时甚至可以基于3D数字孪生系统进行实时加工状态模拟或实时再现加工状态。

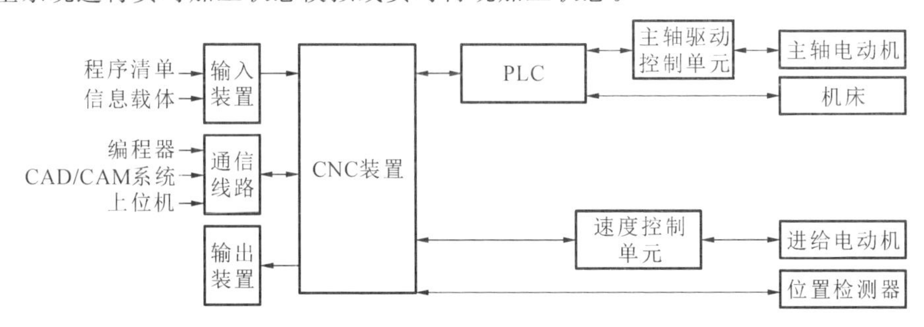

图7-1 智能数控系统的基本组成

数控系统采用PLC取代了传统的机床电气逻辑控制装置(即继电器控制电路)。

随着智能主轴技术和智能伺服技术的发展,数控系统智能化水平日益提升。

2. 智能数控系统的工作流程

目前广泛采用的数控技术是指利用计算机按事先存储的控制程序来执行对设备的控制功能,从而实现数字化控制的技术。由于采用计算机替代原先用硬件逻辑电路组成的数控装置,使输入数据的存储、处理、运算、逻辑判断等各种控制功能的实现均可通过计算机软件来完成,故也称为软件数控。

智能数控系统的工作流程如图7-2所示,包括程序存储、译码、数据处理、插补、位置控制、伺服驱动、机床反馈等几个环节。零件的程序文本(通常采用ASCⅡ码)以程序段的方式转换成后续所要求的数据结构。系统软件子程序间的数据交换一般是通过缓冲区进行的,当前程序段被解释完后便将该段的数据信息送入空闲的缓冲区组,后续程序(如刀补程序)从该缓冲区组中获取程序信息进行工作,最后经位置控制、伺服驱动放大环节后通过伺服电动机驱动机床。

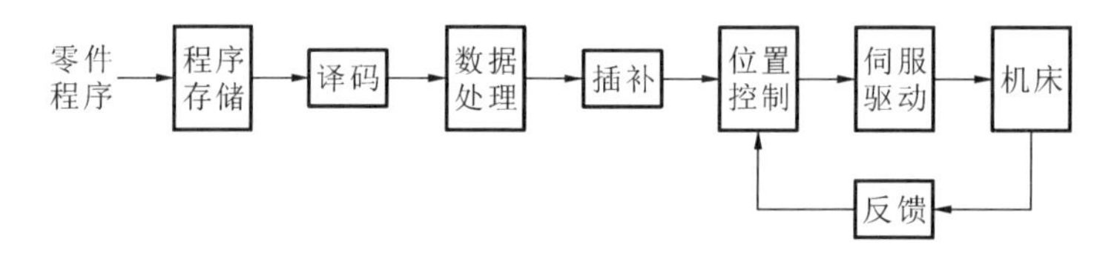

图7-2　智能数控系统工作流程

7.1.4　智能数控系统的功能

1. 典型CNC装置的主要功能

CNC装置的硬件是基于微处理器的计算机系统,它靠执行软件来实现智能制造装备数字化控制的各项功能。CNC装置的功能通常分为两类:一类是基本功能,如控制功能、插补功能、辅助功能(M代码)、主轴功能、进给功能、刀具功能、准备功能(G代码)、自诊断功能、第二辅助功能等;另一类是选择功能,如固定循环功能、补偿功能、通信功能、其他的准备功能(G代码)、人机对话编程功能、图形显示功能等。基本功能是CNC装置必备的功能,选择功能是供用户根据数控制造装备特点和用途进行选择的功能。不同类型、档次的数控制造装备，其CNC装置的功能有很大的不同，但主要功能大致如下：

（1）控制功能　控制功能是指数控系统能够控制单个运动轴以及同时控制两个及以上运动轴的功能。一般加工中心都必须对三个或三个以上的运动轴进行控制，同时控制运动轴数量不低于两个（即两轴联动）。五轴联动加工中心可以联动控制五个运动轴的运动。

（2）主轴功能　主轴功能也称主轴转速功能（即S功能），它用来指定机床主轴转速（切削速度）。

（3）准备功能　准备功能也称G功能，它用来指定机床动作方式。准备功能指令用地址字G及其后的数字来指定机床动作。

（4）辅助功能　辅助功能也称M功能，它用来指定机床辅助动作及状态。辅助功能指令用地址字M及其后面的数字来表示。

（5）刀具功能　刀具功能用来选择刀具，刀具功能指令用地址字T及其后面的数字表示。

（6）进给功能　进给功能用来指定运动轴的进给速度，进给功能指令用地址字F及其后面的数字表示。

（7）第二辅助功能　第二辅助功能用来实现工作台分度，第二辅助功能指令用地址字B及其后面的三位数字表示。

（8）插补功能　CNC装置一般通过软件进行直线和圆弧插补，这是数控系统最常用的两种基本插补功能。高档数控系统的CNC装置还具有抛物线插补、螺旋线插补、极坐标插补、正弦插补、NURBS曲线插补等功能。

（9）自诊断功能　CNC装置设置了各种诊断程序，用于在故障出现后迅速查明故障类型及部位，减少故障停机时间。

（10）固定循环功能　在CNC装置中，一些典型的加工工序（如钻孔、镗孔、深孔钻削等）被预先编入程序并存储在存储器中，形成固定循环功能。

（11）补偿功能　补偿功能主要有两类：一是刀具长度、刀具半径和刀尖圆弧半径补偿功能，用于实现刀具磨损补偿，以确保换刀时对准正确位置；二是工艺量的补偿，包括运动轴的反向间隙补偿、进给传动件的传动误差补偿。传动误差补偿主要包括丝杠螺距误差补偿、进给齿条齿距误差补偿、机件的温升变形补偿等。

(12) 通信功能　CNC装置通常具有RS-232、RJ-45等接口，有的还具备DNC(直接数字控制器)接口，可以进行信息的远程或近程高速传输。有的CNC装置还可以与MAP(制造自动化协议)接口相连，接入通信网络，适应FMC、FMS、CIMS以及MES管理的要求，实现工业物联。

总之，CNC装置的功能多种多样.并且随着技术的发展，其功能会越来越丰富。

2.智能数控系统的主要智能功能

随着人工智能技术、大数据技术、工业物联网技术、传感技术以及先进制造技术的发展，作为制造装备“大脑”的数控系统的智能化水平越来越高。智能数控系统除了典型CNC系统的主要功能外，应具有以下体现智能化的主要智能功能：

(1) 编程操作智能化　新一代的智能数控系统将自动从三维CAD模型中提取特征语义，自主构建加工环境、确定工艺路线、选择加工参数，并优化刀具路径，实现智能自动编程操作，直接生成无G指令的数控程序。

(2) 加工和管理智能化　从单体的制造装备运动控制器进化为车间管理系统的终端，成为工厂网络的基层节点，并可接入云平台，实现云数控加工和管控。

(3) 工业物联网接口功能　嵌入MTConnect适配器和代理应用程序或具备TCP/IP协议的工业物联网接口，能够实现制造装备之间的互联互通，进行信息交互，边缘计算、云计算等大数据分析功能进一步增强。该接口是获取海量数据、进行大数据分析、云边计算和智能决策的基本工具。

(4) 数字孪生功能　基于数字孪生功能，构成虚拟制造装备，使产品设计、加工制造、测量检验、装配、使用连接成数字主线，对这些环节的相互影响进行实时监测，以便做出更好的决策，更高效、高质量地保障制造装备运行，高效快捷地加工出高品质工件，同时实现设备远程监控与运维。

(5) 其他智能功能　具有感知、思考、推理、决策与各种智能控制功能，如主轴运动状态监控、防碰撞、智能伺服调控、进给优化、智能运维、热误差实时补偿、刀具磨损补偿、自学习以及强化学习控制等功能。

总之，智能制造装备数控系统的智能化主要体现为操控智能化、加工智能化、管理智能化和远程运维智能化等，是产品全生命周期范围内的全方面、全过程的智能化。

7.2 智能制造装备数控系统硬件体系结构

由于智能制造装备功能和性能要求不同，作为其“大脑”的数控系统的功能和性能也不同，相应的硬件体系结构自然也有所不同。数控系统从功能水平高低的角度来考虑有高档、中档、低档之分；从价格与性能的角度来考虑有经济型和高性能型数控系统之分；从采用微处理器数量的角度来考虑，有单微处理器结构和多微处理器结构数控系统之分；从结构开放性的角度来考虑，有专用型结构和通用型结构数控系统之分。尽管不同发展阶段的数控系统功能和硬件结构有差异，但其都是基于计算机系统而发展起来的。现对基于计算机技术的智能制造装备的数控系统硬件体系结构进行介绍。

7.2.1 典型数控系统硬件体系结构

1. 单微处理器数控系统硬件体系结构

早期的数控系统和现在一些经济型数控系统一般都采用单微处理器结构，如图7-3所示。这种数控系统只有一个微处理器，该微处理器通过总线与存储器、I/O接口等相连，对存储、插补运算、I/O控制、CRT(阴极射线管)显示等功能进行集中控制和分时处理。

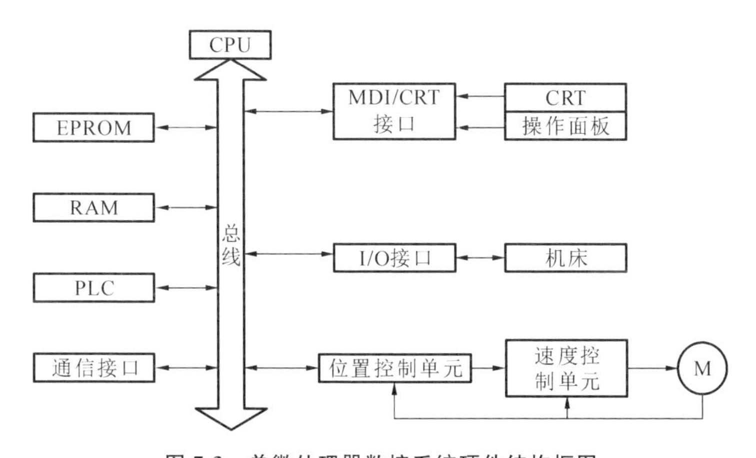

图7-3 单微处理器数控系统硬件结构框图

构成数控系统的各主要部分的作用如下：

1）微处理器（CPU）

微处理器负责数控系统的运算和管理，它由运算器和控制器两部分组成，是数控系统的核心。

2）总线

总线由一组物理导线构成，按所传递信号的物理意义，可分为数据总线、地址总线、控制总线三组。数据总线用于传送数据，数据总线的位数和传送的数据宽度相等，采用双方向线。地址总线传送的是地址信号，与数据总线结合使用，以确定数据总线上所传输数据的来源或目的地，采用单方向线。控制总线传输的是管理总线的某些控制信号，如数据传输的读写控制、中断复位及各种确认信号，采用单方向线。

3）存储器

CNC 装置的存储器包括只读存储器（ROM）和随机存储器（RAM）两类。ROM 一般采用可擦可编程只读存储器（EPROM），这种存储器的内容只能由 CNC 装置的生产厂家固化（写入），写入信息的 EPROM 即使断电，信息也不会丢失。CPU 只能随时读出 EPROM 中的内容，不能写进新的内容，除非先用紫外线抹除旧的内容。常用的 EPROM 有 2716、2732、2764、27128、27256 等型号。RAM 中的信息可以随时被 CPU 读或写，但断电后信息也随之消失。如果要求断电后信息仍能保留，一般可采用后备电池。

4）I/O 接口

CNC 装置和机床一般不直接连接，而通过 I/O 接口电路连接。接口电路的主要任务是：进行必要的电气隔离，防止干扰信号引起错误动作。要用光电耦合器或继电器将 CNC 装置和机床之间的信号在电气上加以隔离。I/O 信号经接口电路送至系统寄存器的某一位，CPU 定时读取寄存器状态，经数据滤波后做相应处理。同时，CPU 定时向输出接口送出相应的控制信号。

5）位置控制器

CNC 装置中的位置控制单元又称为位置控制器或位置控制模块。位置控制主要是对制造装备运动轴的位置进行控制。数控制造装备上控制要求最高的是轴控制，数控制造装备不仅对单个轴的运动和位置精度有严格要求，而且在多轴联动时，还要求各运动轴有很好的动态配合。数控制造装备对主轴的控制要求是：在相当宽的范围内速度连续可调，并且在每一种速度下均能提供足够的切削所需的功率和转矩。某些高性能的数控制造装备还要求主轴位置可任意控制(即 C 轴位置控制)。

6) MDI/CRT 接口

MDI 接口即手动数据输入接口,数据通过操作面板上的键盘输入。CRT 接口用于在数控软件配合下,实现字符和图形显示。显示器多为 CRT 显示器。近年来较常采用平板式液晶显示器(LCD),使用这种显示器可大大缩小 CNC 装置的体积。

7) 可编程逻辑控制器(PLC)

PLC 用来代替传统机床强电部分的继电器逻辑控制电路,利用 PLC 的逻辑运算功能可实现各种开关量的控制。

8) 通信接口

该接口用来与外部设备进行信息传输,如与上级计算机或直接数字控制器等进行数字通信。

2. 多微处理器数控系统硬件体系结构

机械制造技术的发展对制造装备的数控功能和性能提出了更高的要求,以适应更高层次的需要。为此,多微处理器硬件体系结构得到迅速发展,许多数控装置均采用了这种结构。其主要特点有:采用模块化结构,具有比较好的扩展性;提供多种可供选择的功能,配置多种控制软件,以满足多种制造装备的控制需求;具有很强的通信能力,便于和 FMS、CIMS 连接。

多微处理器 CNC 装置采用模块化设计,包括紧耦合的许多功能组件或功能模块,如 CNC 管理模块、插补模块、PLC 模块、位置控制模块、存储器模块、通信模块、操作面板监控和显示模块等。

多微处理器数控系统结构一般又划分为两种:共享总线结构和共享存储器结构。

1) 共享总线结构

以系统总线为中心的多微处理器 CNC 装置的所有功能模块都插在配有总线插座的机柜内,共享严格设计和定义的标准系统总线。系统总线的作用是把各个模块有效地连接在一起,按照标准协议交换各种数据和控制信息,构成完整的系统,实现各种预定的功能,如图 7-4 所示。

这种结构中只有主模块有权控制使用系统总线,由于有多个主模块,而某

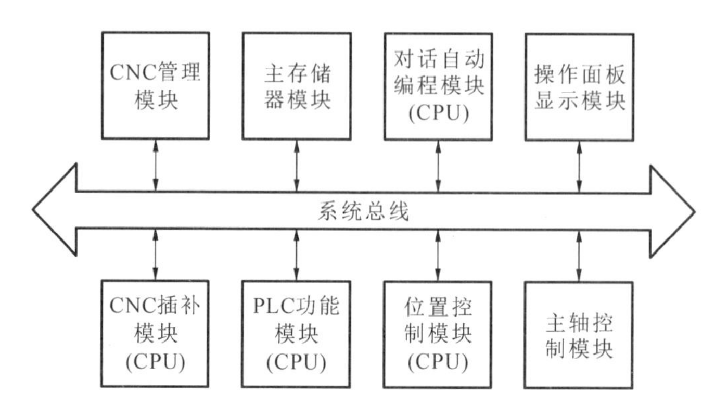

图 7-4　多微处理器共享总线结构框图

一时刻只能有一个主模块占用总线，因此系统设有总线仲裁电路来解决多个主模块同时请求使用总线而造成的竞争问题。每个主模块按其负担的任务的重要程度，已经预先安排好优先级高低。总线仲裁电路的目的就是在多个主模块争用总线时，判别出其优先级的高低。

2）共享存储器结构

多微处理器共享存储器结构框图如图 7-5(a)所示。在这种结构中，通常采用多端口存储器来实现各微处理器之间的连接与信息交换，由多端口控制逻辑电路解决访问冲突。

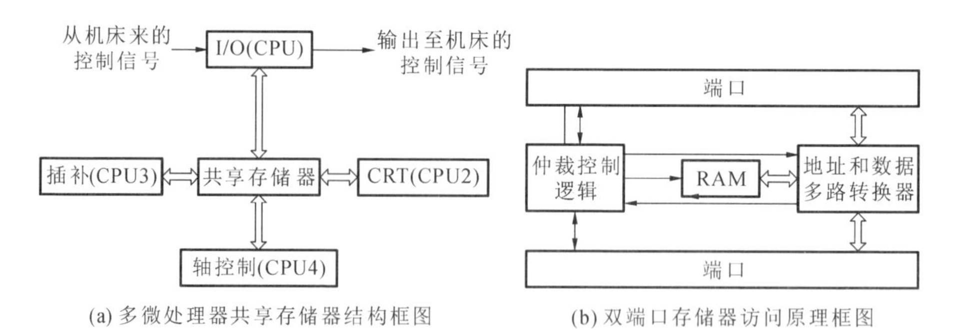

(a) 多微处理器共享存储器结构框图　　(b) 双端口存储器访问原理框图

图 7-5　多微处理器共享存储器结构及其双端口存储器访问原理框图

图 7-5(b)所示是一个双端口存储器访问原理框图，它配有两套数据、地址与控制线。当不同设备通过两个端口同时访问存储器时，由内部硬件电路裁决由其中哪一个端口的设备优先访问。但在这种结构中，由于同一时刻只能有一个微处理器对多端口存储器进行读或写操作，所以当 CNC 装置功能复杂、采用

更多的微处理器时,信息传输会因共用存储器而产生阻塞,降低系统效率。

7.2.2 智能制造装备用PLC

1. PLC概述

PLC是以微处理器为基础,专门用于工业自动化生产场合的通用型自动控制装置。PLC具有与计算机类似的一些功能器件和单元,包括CPU、用于存储系统控制程序和用户程序的存储器、与外部设备进行数据通信的接口及工作电源等。为实现与外部机器之间的信号传输,PLC还具有I/O接口。PLC有了这些功能器件和单元,即可完成各种指定的控制任务。PLC一般采用以顺序控制为主、回路调节为辅的方式来实现逻辑运算、计时、计数和算术运算等功能。其既能控制开关量,也能控制模拟量。顺序控制是以机械设备的运行状态和时间为依据,使设备按预先规定好的动作次序进行工作的一种控制方式。在数控制造装备出现以前,顺序控制技术在工业生产中已经得到广泛应用,许多机械设备的工作过程都需要遵循一定的步骤或顺序。在PLC诞生之前,都是采用传统的继电器逻辑电路(relay logic circuit,RLC)。

RLC是将继电器、接触器、按钮、开关等机电式控制器件用导线连接而形成、用以实现规定的顺序控制功能的电路。在实际应用中,RLC存在一些难以克服的缺点,例如:只能实现开关量的简单逻辑运算和定时、计数等有限几种功能,难以实现复杂的逻辑运算、算术运算、数据处理,以及数控制造装备所需要的许多特殊控制功能;修改控制逻辑需要增减控制元器件和重新布线,安装和调整周期长,工作量大;继电器、接触器等器件体积较大,每个器件工作触点有限;当制造装备受控对象较多,或控制动作顺序较复杂时,需要采用大量的器件,使得整个RLC体积庞大、功耗高、可靠性差;等等。由于RLC存在上述缺点,因此其只能用于一般的工业设备和数控车床、数控钻床、数控镗床等控制逻辑较为简单的数控制造装备。

PLC是一种与RLC工作原理完全不同的顺序控制装置。PLC具有如下特点:

(1) 具有逻辑控制、定时控制、计数控制、步进(顺序)控制、模拟量控制、PID数值控制和其他过程监控等功能,能进行逻辑运算、计时、计数、算术运算、PID运算等。

(2) 具有面向用户、用于实现各种控制功能的丰富的指令集,适用于控制对象动作复杂、控制逻辑需要灵活变更的场合。高性能的 PLC 还具有精确的伺服运动控制功能。

(3) 用户程序多采用图形符号和逻辑顺序关系与 RLC 十分近似的“梯形图”编辑。梯形图形象直观，其原理易于理解和掌握。

(4) 具有通信和联网控制功能，可与计算机及其他设备连接，方便地实现信息交互、显示，以及程序编辑、诊断、存储和传送等操作。

(5) PLC 不会与继电器一样发生接触不良，触点熔焊、磨损和线圈烧断等故障，运行中无振动、无噪声，且具有较强的抗干扰能力，可以在较为恶劣的环境(如粉尘、高温、潮湿环境)下稳定、可靠地工作。

(6) PLC 结构紧凑、体积小，容易装入机床内部或电气箱内，便于实现数控制造装备的机电一体化。

PLC 是一种新型的数控制造装备顺序控制装置，在实际应用中显示出了强大的生命力。现在 PLC 已成为智能制造装备的一种基本的控制装置。与 RLC 相比，采用 PLC 的制造装备结构更紧凑，功能更丰富，工作更可靠。对于各种加工中心、FMC、FMS 等机械运动复杂且要求自动化程度高的智能制造装备和系统，PLC 是不可缺少的控制装置。

早期，对于智能制造装备数控系统，PLC 和 CNC 装置分别担负着不同的功能。CNC 装置主要完成各个运动轴的实时运动控制，而 PLC 主要完成各种动作行为的顺序控制。但是，随着计算机技术及先进控制技术的发展，智能制造装备 CNC 装置和 PLC 的功能逐渐相互渗透，真正实现了有机融合，各种不同品牌的高性能 PLC 不断推向市场。在工业自动化领域：低档 PLC 向中小型、简易、廉价方向发展；中、高档 PLC 向大型、高速、多功能方向发展，能取代工控机的部分功能，实现对大规模复杂系统的综合性自动控制。

2. PLC 的硬件系统结构与工作原理

1) PLC 的硬件系统结构

PLC 的类型繁多，功能和指令系统也不尽相同，但结构与工作原理则大同小异，通常由主机、I/O 接口、电源和外部设备接口等几个主要部分组成。PLC 的硬件系统结构如图 7-6 所示。

(1) 主机　主机部分包括中央处理器(CPU)、系统程序存储器和用户程序及数据存储器。CPU 是 PLC 的核心，它用以运行用户程序、监控 I/O 接口状

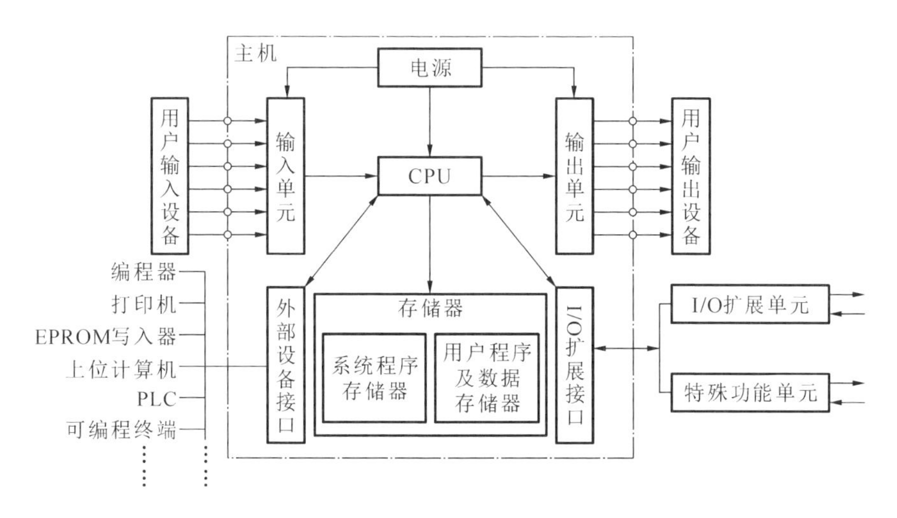

图 7-6 PLC 的硬件系统结构框图

态、做出逻辑判断和进行数据处理，即读取输入变量、完成用户指令规定的各种操作，将结果送到输出端，并响应外部设备(如计算机、打印机等)的请求以及进行各种内部判断等。PLC 的内部存储器有两类：一类是系统程序存储器，主要存放系统管理和监控程序、对用户程序做编译处理的程序，系统程序已由厂家固定，用户不能更改；另一类是用户程序及数据存储器，主要存放用户编制的应用程序及各种暂存数据和中间结果。

(2) I/O 接口　I/O 接口是 PLC 与输入和输出设备连接的部件。输入接口接收输入设备(如按钮、传感器、触点、行程开关等)的控制信号。输出接口用于是将经主机处理后的结果传输到功放电路，以驱动输出设备(如接触器、电磁阀、指示灯等)。I/O 接口一般采用光电耦合电路进行隔离，以减少电磁干扰，提高可靠性。I/O 点数即输入与输出端子数，它是 PLC 的一项主要技术指标。通常小型机有几十个 I/O 点，中型机有几百个 I/O 点，大型机则有一千多个 I/O点。

(3) 电源　PLC 的电源是指为 CPU、存储器、I/O 接口等内部电子电路所配置的直流开关稳压电源，通常也为输入设备提供直流电源。

(4) 外部设备接口　PLC 主要通过外部设备接口与外部设备连接，进行信息交互等。外部设备如编程器、计算机、打印机、条码扫描仪、变频器等，用户利用这些外部设备来输入、检查、修改、调试程序或监视 PLC 的工作情况。外部设备接口通过专用的PC/PPI电缆将PLC与计算机相连接，并利用专用的软件进行计算机编程和监控等。

(5) I/O扩展接口　I/O扩展接口用于将扩充外部I/O点数的扩展单元或特殊功能单元与主机基本单元连接在一起。

2) PLC的软件结构

PLC的软件分为两大部分：系统程序和用户程序。

(1) 系统程序：用于控制PLC本身的运行，一般包括系统诊断程序、输入处理程序、编译程序、信息传送程序、监控程序等。系统程序是由PLC制造厂商设计编写的，保存在PLC的系统存储器中，用户不能直接读写与更改。

(2) 用户程序：由PLC的使用者编制，用于控制被控装置的运行。PLC的用户程序是用户利用PLC的编程语言，根据控制要求编制的程序。在PLC的应用中，最重要的是用PLC编程语言来编写用户程序，以实现控制目的。由于PLC是专门为工业控制而开发的装置，其主要使用者是广大电气技术人员，为了适应他们的习惯并考虑其掌握能力，PLC的主要编程语言采用比计算机语言简单、易懂、形象的专用语言。PLC编程语言是多种多样的，对于不同生产厂家、不同系列的PLC产品采用的编程语言也不相同，但基本上可归纳两种类型：一类是采用字符表达方式的编程语言，如语句表等；另一类是采用图形符号表达方式的编程语言，如梯形图等。

3) PLC的工作原理及工作过程

PLC主要是采用循环扫描的方式工作的。PLC接通电源并开始运行后，立即开始进行自诊断，自诊断时间的长短随用户程序的长短而变化。自诊断通过后，CPU就对用户程序进行扫描。扫描从0000H地址所存的第一条用户程序开始顺序进行，到用户程序占用的最后一个地址为止，形成一个扫描循环，周而复始。循环扫描的工作方式简单直观，它简化了程序的设计，并为PLC的可靠运行提供了保障。一方面，所扫描到的指令被执行后，其结果马上就可以被将要扫描到的指令所利用；另一方面，可以通过CPU设置的扫描时间监视定时器来监视每次扫描是否超过规定的时间，从而避免由于CPU内部故障，程序执行陷入死循环而造成的故障。

PLC在一个扫描周期内完成的任务包括读输入、执行程序、处理通信请求、CPU自诊断及写输出等，如图7-7(a)所示。而对用户程序的执行过程可分为输入采样、程序执行、输出刷新三个阶段，如图 7-7(b)所示。扫描周期的长短与程序的长短有关。

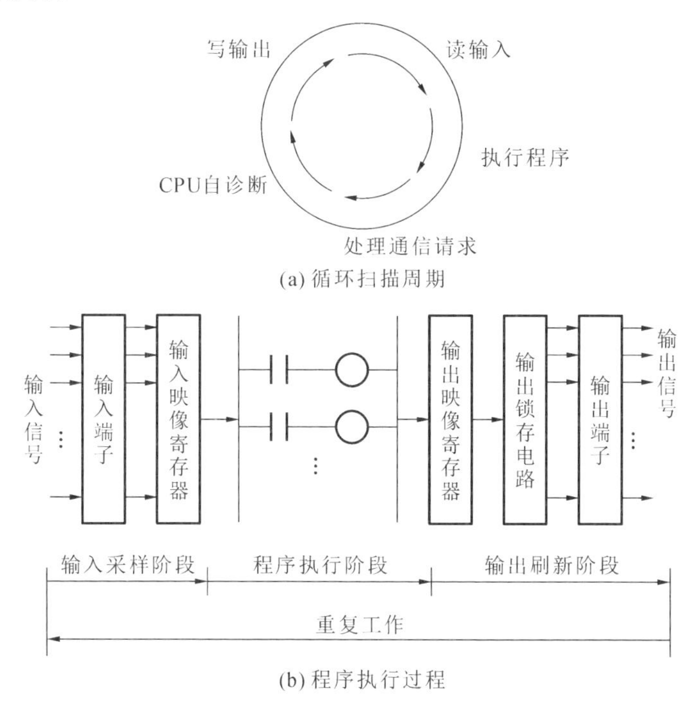

图 7-7　PLC 的工作扫描周期与程序执行过程

(1) 输入采样阶段　在输入采样阶段，PLC 以扫描方式将所有输入端的输入信号状态(ON/OFF 状态)读入输入映像寄存器并寄存起来，这一过程称为对输入信号的采样。在程序执行期间，即使输入状态变化，输入映像寄存器中读入的内容也不会改变。即使输入信号状态发生变化，PLC 也只能在下一个工作周期的输入采样阶段才重新读入输入信号状态。

(2) 程序执行阶段　在程序执行阶段，PLC 对程序按顺序进行扫描。如程序用梯形图表示，则总是按先上后下、先左后右的顺序扫描。每扫描到一条指令时所需要的输入状态或其他元素的状态，分别由输入映像寄存器或输出映像寄存器中读入，然后进行相应的逻辑或算术运算，运算结果再存入专用寄存器。执行程序输出指令时，则将相应的运算结果存入输出映像寄存器。

(3) 输出刷新阶段　在所有指令执行完毕后，输出映像寄存器中的状态就是待输出的状态。在输出刷新阶段，将输出映像寄存器中的状态转存到输出锁存器，再经输出端子输出信号去驱动用户输出设备，这就是 PLC 的实际输出。

由于 I/O 模块滤波器的输出响应达到稳定值需要一定的时间，输出继电器存在机械滞后，并且程序是按工作周期执行的，输入与输出响应会滞后。对一般工业控制设备来说，这种滞后现象是允许的。但有一些设备要求 PLC 能对某些信号做出快速响应，因此，有的 PLC 采用高速响应的 I/O 模块，也有的 PLC 将顺序程序分为快速响应的高级程序和一般响应速度的低级程序两类。如 FANUC-BESK PLC 规定高级程序每 8 ms 扫描一次，而把低级程序自动划分为多个分割段，当开始执行程序时，首先执行高级程序，然后执行低级程序的分割段 1，然后又去执行高级程序，再执行低级程序的分割段 2，这样每执行完低级程序的一个分割段，都要重新扫描执行一次高级程序，以保证高级程序对信号响应的快速性。

PLC 循环扫描工作过程可分为以下几个部分：

(1) 上电处理　PLC 上电后对系统进行一次初始化，包括硬件初始化和软件初始化、停电保持范围设定及其他初始化处理等。

(2) 自诊断处理　PLC 每扫描一次就执行一次自诊断检查，确定 PLC 自身的动作正常。例如会检查 CPU、电池(电压)、程序存储器、I/O 接口等是否存在异常或出错，若检查出异常，CPU 面板上的 LED 灯及异常继电器会接通，在特殊寄存器中会存入出错代码。当出现致命错误时，CPU 被强制变换到 STOP 模式，所有的扫描便停止。

(3) 通信服务　PLC 在自诊断处理完成以后便进入通信服务过程。首先检查有无通信任务，如有则调用相应进程，完成与其他设备的通信，并对通信数据做相应处理；然后进行时钟、特殊寄存器更新处理等工作。

(4) 程序扫描过程　PLC 在上电处理、自诊断和通信服务完成以后，如果工作模式选择开关处在 RUN(运行)位置，则进入程序扫描工作阶段。先完成输入处理，即把输入端子的状态读入输入映像寄存器，然后执行用户程序，最后把输出处理结果传输到输出锁存器中。

3. PLC 的 I/O 单元

PLC 的 I/O 单元主要有开关量 I/O 单元和模拟量 I/O 单元两类。

PLC 可通过输入单元实现不同输入电路电平的转换，得到 PLC 所需的标准电平，供PLC进行处理。接到PLC输入接口的输入器件是各种开关、按钮、传感器等。PLC输入电路一般采用光电耦合器和RC滤波器，用以消除输入触点的抖动和外部噪声干扰。PLC输入电路通常有三种类型：直流（12～24 V）输入电路、交流（100～120 V或200～240 V）输入电路和交直流（12～24 V）输入电路。

以下介绍典型的PLC I/O单元。

1）直流开关量输入单元

当PLC需要接入直流电压开关信号时，要配接直流开关量输入单元。直流开关量输入电路的电压允许范围是12～24 V，输入单元模块一般分为8点、16点、32点的三种。直流开关量输入单元由二极管D_1、光电耦合器及LED输入指示灯D_2组成，如图7-8所示。D_1用于防止误将反极性输入信号接入，电阻R_2和R_1构成分压电路，$R_2=1.5\ k\Omega$，$R_1=150\ \Omega$。图7-8所示的直流开关量输入单元采用用户电源。

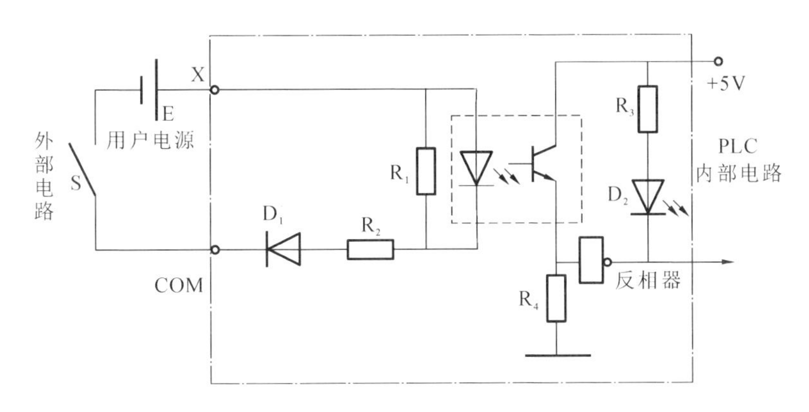

图7-8　直流开关量输入单元

2）交/直流开关量输入单元

交/直流开关量输入单元如图7-9所示，它和直流开关量输入单元相似，所不同的是它不仅能接入直流开关信号，也可以接入交流开关信号。若作为直流开关量输入电路，则可以接入80～150 V的电压。若作为交流开关量输入电路，则可以接入97～132 V、50～60 Hz的电压。电路中电阻R_1和R_2构成分压电路，电容C为抗干扰电容，R_3为限流电阻，光电隔离器起到隔离与耦合双重作用。

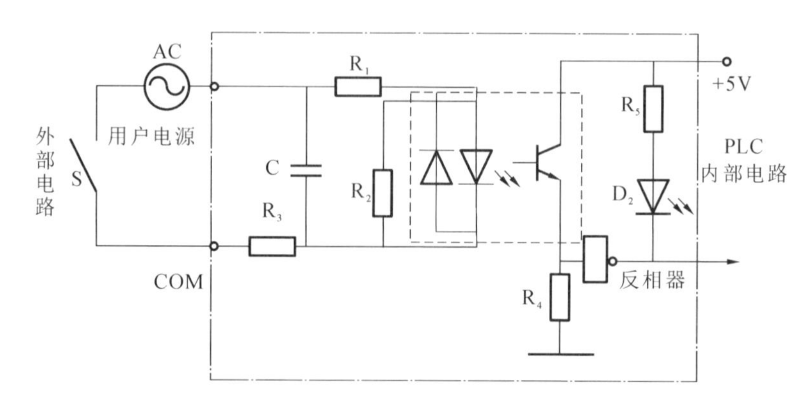

图 7-9　交/直流开关量输入单元

3）开关量输出单元

利用开关量输出电路可以将 PLC 内部电路输出的电平转换成能直接驱动 PLC 外部负载的信号。开关量输出单元分为继电器输出单元、晶体管输出单元和晶闸管输出单元。

（1）继电器输出单元　图 7-10 所示为继电器输出单元。继电器输出电路通过继电器接点控制负载回路电源的通断，继电器接点的状态对应于 PLC 程序中输出继电器的状态，假设 PLC 执行程序的结果为高电平，则需要驱动外部负载，此高电平经反相器后变为低电平，使继电器线圈通电，其触点闭合，PLC 的负载与用户电源接通。继电器输出单元在使用时必须外加电源。继电器输出单元对于交、直流负载均适用且带负载能力强，但其动作及响应速度相对较慢。

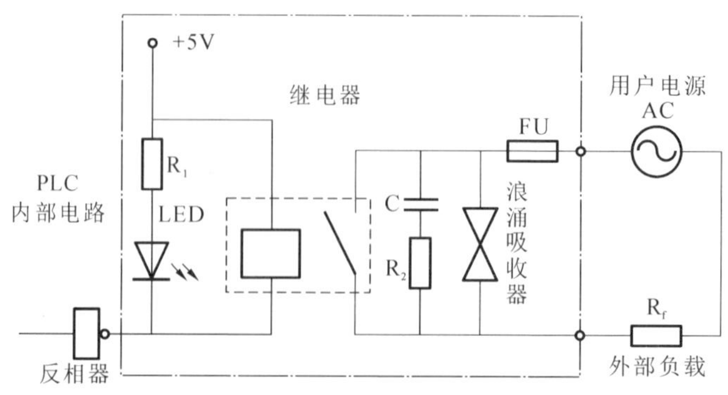

图 7-10　继电器输出单元

(2) 晶体管输出单元　如图 7-11 所示,晶体管输出单元通过控制晶体管 T 的导通与截止,从而控制负载电源(用户电源)的接通与断开。图 7-11 中晶体管 T 为开关器件,晶体管的开关状态由用户程序决定,若 PLC 执行程序的结果为高电平,经过反相器变为低电平,使 LED 指示灯点亮,并通过光电耦合器控制晶体管 T 饱和导通,使负载与用户电源接通。反之,若程序执行的结果为低电平,则晶体管 T 截止且切断负载电源。D 为晶体管的极间保护二极管。晶体管输出单元具有动作频率高、响应速度快等优点,其缺点是只能接直流负载且带负载能力较差。

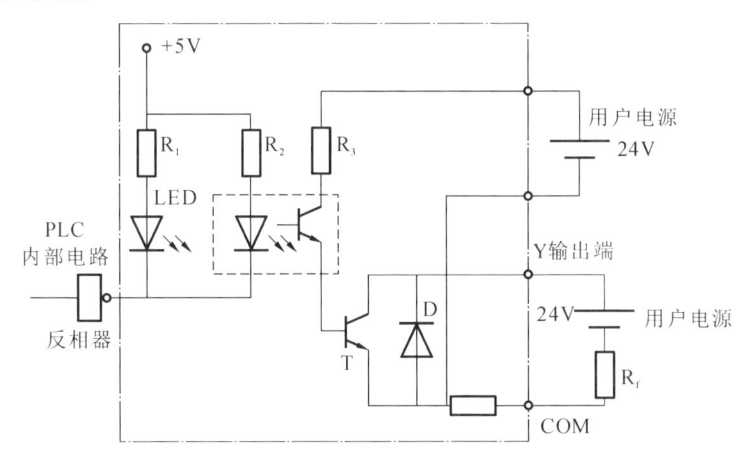

图 7-11　晶体管输出单元

(3) 晶闸管输出单元　如图 7-12 所示,晶闸管输出单元中的光电耦合器采用双向晶闸管作为开关器件。PLC 的用户程序控制晶闸管的控制极,双向晶闸管可实现将用户交流电源接入负载。浪涌吸收器起限幅作用,可以减小噪声干扰的影响。晶闸管输出单元适合接交流负载,具有响应速度快且带负载能力强的特点。

4) 模拟量 I/O 单元

PLC 除了开关量信号以外,在工业控制中还要对温度、压力、流量等过程变量进行检测和控制。模拟量 I/O 单元可以将过程变量转换成 PLC 可以处理的数字信号,也可以将数字信号转换成模拟量输出。选取模拟量 I/O 单元时应注意以下两点。

(1) 信号类型与量程　模拟量输入单元接入的是温度、压力、流量等传感器

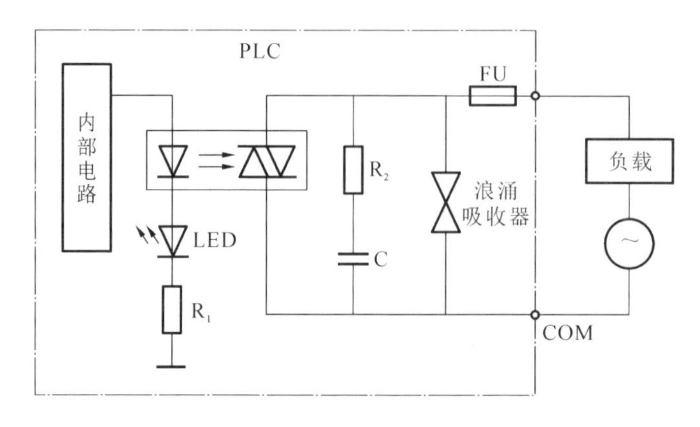

图 7-12 晶闸管输出单元

与变送器的模拟信号；模拟量输出单元输出的是驱动调节阀、变频器、伺服驱动器及图表记录仪等执行机构的模拟量信号。两类单元均接收电流和电压信号，其中电压的标准量程（即量值范围）为 0～5 V、0～10 V、－10～10 V、1～5 V 等，电流的标准量程为 0～20 mA、4～20 mA（大多数情况下使用 4～20 mA 的量程）。根据外接器件与装置的信号类型和量程选取相应的模拟量单元。

（2）模拟量点数与精度　模拟量输入单元和输出单元均可以同时接入 2 点、4 点或 8 点等点数的标准量程的电流或电压信号。电流与电压信号的分辨率通常可通过控制字进行设置，每一点的 A/D 或 D/A 转换所需时间一般不超过 1 ms，具体视采用的 A/D 或 D/A 转换器及 PLC 的性能而定。

4. 智能制造装备数控系统与 PLC 的硬件结构体系

PLC 作为数控系统的一大组成部分，按硬件体系结构可分为两类：一类是专为实现智能制造装备顺序控制而设计制造的嵌入 CNC 装置中的内装型（built-in type）PLC；另一类是 I/O 信号接口技术规范、I/O 点数、程序存储容量以及运算和控制功能等均能满足智能制造装备控制要求的独立于 CNC 装置外的独立型（stand-alone type）PLC。

1）内装型 PLC

内装型 PLC（或称内含型 PLC、集成式 PLC）从属于 CNC 装置，PLC 与数控系统间的信号传送在 CNC 装置内部即可实现。PLC 与机床之间的信号传送则通过输入与输出电路实现。图 7-13 所示为具有内装型 PLC 的数控系统框图。

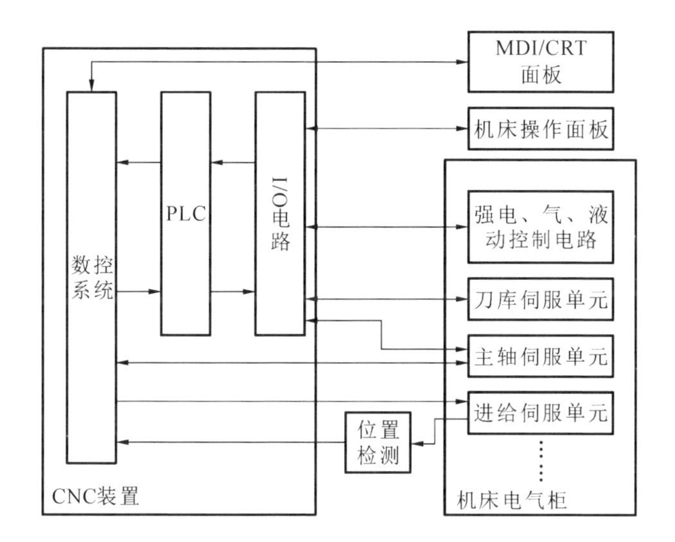

图7-13　具有内装型PLC的数控系统框图

内装型PLC有如下特点：

(1) 内装型PLC实际上是CNC装置的部件，PLC功能一般作为一种基本的或可选择的功能提供给用户。

(2) 内装型PLC的性能指标(如I/O点数、程序最大步数、每步执行时间、程序扫描周期、功能指令数目等)是根据其所从属的CNC装置的规格、性能、适用机床的类型等确定的。其硬件和软件整体结构十分紧凑，且PLC所具有的功能针对性强，技术指标亦较合理、实用，尤其适合用于单机数控设备的应用场合。

(3) 内装型PLC可与CNC装置共用CPU，也可以单独使用一个CPU；PLC的硬件控制电路可与CNC装置的其他电路制作在同一块印刷电路板上，也可以单独制成一块附加板，当CNC装置需要附加PLC功能时，再将此附加板插装到CNC装置上。内装型PLC一般不单独配置I/O电路，而是使用CNC装置本身的I/O电路；PLC控制电路及部分I/O电路(一般为输入电路)所用电源由CNC装置提供，不需另备电源。

(4) 采用内装型PLC的CNC装置可以具有某些高级的控制功能，如梯形图编辑和传输功能，在CNC装置内部直接处理数控制造装备窗口的大量信息等。

自20世纪70年代末以来，世界上著名的数控系统厂家的CNC装置大多采用了内装型PLC。随着大规模集成电路的开发与利用，带与不带PLC功能，

CNC 装置的外形尺寸已没有明显的变化。一般来说,采用内装型 PLC 省去了 PLC 与机床间的连线,具有结构紧凑、可靠性好、安装和操作方便等优点。

国内常见的国外公司生产的带有内装型 PLC 的数控系统系统有:发那科公司的 FS-0(PMC-L/M)、FS-0 Mate(PMC-L/M)、FS-3(PLC-D)、FS-6(PLC-A、PLC-B)、FS-10/11(PMC-1)、FS-15(PMC-N),西门子公司的 SINUMERIK 810、SINUMERIK 820,Allen-Bradley 公司的 8200、8400、8600,等等。

2) 独立型 PLC

独立型 PLC 又称通用型 PLC。独立型 PLC 是独立于 CNC 装置,具有完备的硬件和软件功能,能够独立完成规定控制任务的设备。采用独立型 PLC 的数控系统框图如图 7-14 所示。

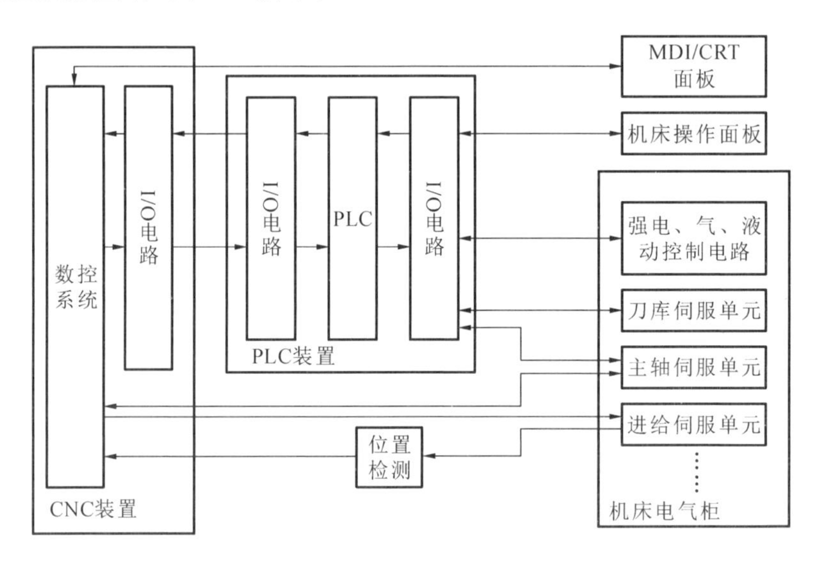

图 7-14　具有独立型 PLC 的数控系统框图

独立型 PLC 主要由 CPU 及其控制电路、系统程序存储器、用户程序/数据存储器、I/O 电路、与编程机等外部设备通信的接口和电源等组成,其具有如下特点:

(1) 独立型 PLC 各功能电路多做成独立的模块或印刷电路插板,具有安装方便、功能易于扩展和变更等优点。例如:可采用通信模块与外部 I/O 设备、编程设备、上位机、下位机等进行数据交换;采用 D/A 模块可以对外部伺服装置直接进行控制;采用计数模块可以对加工工件数量、刀具使用次数、回转体回转分度数等进行检测和控制;采用定位模块可以直接对诸如刀库、转台、直线运动轴等机械运动部件或装置进行控制。

(2) 独立型PLC的I/O点数可以通过I/O模块或插板的增减灵活配置。有的独立型PLC还可通过多个远程终端连接器构成有大量I/O点的网络,以实现大范围的集中控制。

另外,专为FMS、工厂自动化(factory automation,FA)而开发的独立型PLC具有强大的数据处理、通信和诊断功能,是智能制造装备与系统的重要控制装置。

国内工控市场上已引进应用的独立型PLC有德国西门子公司的S7系列产品、美国Allen-Bradly公司Rockwell PLC、日本三菱(Mitsubishi)公司Q系列PLC等。近年来,国内PLC技术发展迅速,也相继有了自主品牌PLC产品,如台达、汇川、信捷、禾川等品牌的PLC。

5. PLC、CNC装置和机床的关联

智能制造装备的数控系统包括两大部分:一是CNC装置,二是PLC。这两者在智能制造装备中的功能是不相同的。PLC、CNC装置与机床间的硬件配置根据具体需求也有各种不同的形式。

1) PLC、CNC装置与机床的配置方式

PLC在CNC装置与机床中的配置方式主要有三种情况:① 装在机床侧(见图7-15(a)),此时PLC为独立型;② 装在CNC装置侧(见图7-15(b)),此时PLC可为独立型,也可为内装型,PLC将其I/O端子延伸到机床侧,与机床上的感知和执行元件连接;③ 嵌入CNC装置(见图7-15(c)),此时PLC为内装型,机床通过总线和PLC远程I/O模块连接,而远程I/O模块就近装在机床侧感知元件和执行元件附近。

2) PLC与外部的信息交互

编写PLC程序时,PLC要和CNC装置、机床交互,涉及CNC装置给PLC的信号、PLC给CNC装置的信号、PLC给机床和HMI的信号、从机床和HMI到CNC装置的信号等。PLC、CNC装置以及机床之间的信息交互按信号流向分类如下:

(1) 机床侧至PLC　机床侧的开关量信号通过I/O接口输入PLC,除极少数信号外,绝大多数信号的含义及所配置的输入地址,均可由PLC程序编制者或者程序使用者自行确定。机床生产厂家可以方便地根据机床的功能和配置,

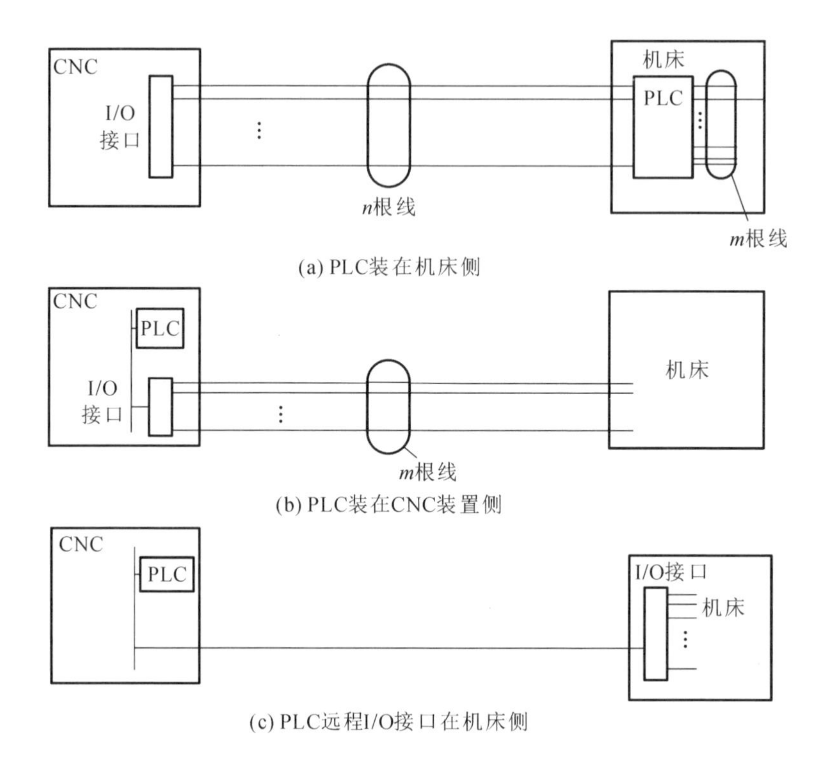

图 7-15　PLC 在机床中的配置方式

对 PLC 程序和地址分配进行修改。

(2) PLC 至机床侧　PLC 控制信号通过 PLC 的输出接口被送到机床侧，所有输出信号的含义和输出地址也是由 PLC 程序编制者或者使用者自行确定的。

(3) CNC 装置至 PLC　CNC 装置送至 PLC 的信息可由 CNC 装置直接送入 PLC 的寄存器，所有 CNC 装置送至 PLC 的信号的含义和地址（开关量地址或寄存器地址））均由 CNC 装置厂家确定，PLC 程序编制者只可使用这些信息，不可加以改变和增删。

(4) PLC 至 CNC 装置　PLC 送至 CNC 装置的信息也存放在 CNC 装置内部确定的寄存器中，所有 PLC 送至 CNC 装置的信号的含义和地址均由 CNC 装置厂家确定，PLC 编程者只可使用这些信息，不可加以改变和增删。

3)PLC 在机床中的控制功能

在机床中，刀具相对于工件各轴几何运动的控制是由 CNC 装置来实现的；机床辅助控制则是由 PLC 来实现的，在机床运行过程中，PLC 根据 CNC 装置内部标志以及机床各控制开关、检测元件、运行部件的状态，按照程序设定的控制逻辑对诸如主轴的正、反转和启动/停止，进给运动中的限位、到位检测，刀库运动、换刀，冷却液等的运行进行控制。PLC在机床中的控制功能主要如下：

(1) 操作面板控制　操作面板分为系统操作面板和机床操作面板。系统操作面板的控制信号先是进入CNC装置，然后由CNC装置传送到PLC，用于控制机床的运行。机床操作面板控制信号直接进入PLC，用于控制机床的运行。

(2) 机床外部开关输入信号控制　接入机床侧的开关输入信号，进行逻辑运算。这些开关输入信号包括检测元件（如行程开关、接近开关、模式选择开关等）信号。

(3) 输出信号控制　PLC输出信号经外围控制电路中的继电器、接触器、电磁阀等输出给控制对象。

(4) T功能实现　系统送出T指令给PLC，经过译码，在数据表内检索，找到T代码指定的刀号，并与主轴刀号进行比较。如果不符，发出换刀指令，实现换刀，换刀完成后系统发出完成信号。

(5) M功能实现　系统送出M指令给PLC，经过译码后输出控制信号，控制主轴正反转和启动/停止等。M功能执行完成后系统发出完成信号。

7.2.3 基于运动控制器的IPC开放式数控系统

上述典型的单微处理器和多微处理器结构的数控系统一般由数控系统厂商专门设计和制造，其特点是布局合理，没有通用性，硬件之间彼此不能交换。这类数控系统也称为专用型数控系统。

随着计算机技术的发展，基于PCI或ISA总线的PC（个人计算机）硬件资源和PC操作系统及软件资源日益丰富。20世纪90年代，各数控系统厂商以IPC（工业PC机）作为平台架构，再根据需要装入PCI总线运动控制卡和数控软件，便构成了相应的开放体系结构的数控系统。由于IPC大批量生产，资源丰富，成本很低，因而数控系统的成本也就降低了，同时IPC的维护和更换均相对容易。开放体系结构是当今数控系统的发展方向。

开放式数控系统采用模块化结构，支持多个制造商的硬件设备，这使得用户能够选择不同的硬件和软件组件。用户可以选择不同的数控设备、伺服驱动器、传感器等，并将它们整合到同一个系统中，以满足个性化定制需求。这种可定制性意味着用户可以根据需要配置系统，满足不同的生产流程和工件生产要求。制造智能化与制造装备智能化的前提必须是数控系统的智能化，而数控系统的智能化要求数控系统必须建立在开放体系结构的网络化的基础上，支持网络连接，实现远程监控和管理，真正实现生产数据的智能分析、诊断、决策与智能控制。

目前基于运动控制器的IPC开放式数控系统结构主要有如下两类。

1. 基于PCI总线运动控制卡的开放式数控系统硬件体系结构

基于PCI总线运动控制卡的开放式数控系统硬件体系结构如图7-16(a)所示。将PCI总线运动控制卡插入PC主板PCI总线插槽里，构成基于PC的数控系统，数控系统的核心CNC装置为标准的PC结构。数控系统的上层软件以PC为平台，数控系统人机界面(HMI)可以借助面向对象的高级语言进行个性化开发，机床的运动控制、逻辑控制功能一般由独立的运动控制卡完成。运动控制卡通常选用高速数字信号处理器(DSP)作为运算处理器，具有较强的运动控制和PLC控制能力。图7-16(b)为IPC开放式车床数控系统的个性化人机交互界面(HMI)数控面板。

2. 基于网络总线运动控制器的开放式数控系统硬件体系结构

网络总线运动控制器主要有两种硬件结构形式：一是嵌入PC的插卡式网络总线运动控制器，用于插入IPC中构成IPC开放式数控系统，运动控制器通过网络和各伺服驱动器连接，实现各轴的运动控制；二是独立于PC机的网络总线运动控制器，运动控制器通过网络接口和IPC连接，构成IPC开放式数控系统。

图7-17所示为采用固高GSN系列高性能多轴网络运动控制器构成的IPC开放式数控系统的整体架构。GSN系列高性能多轴网络运动控制器是一款网络型、模块化的插卡式运动控制器。其通过gLink-Ⅱ总线连接固高科技股份有限公司(简称固高公司)自主开发的gLink-Ⅱ驱动器，驱动多个直线电动机轴，通过gLink-Ⅰ总线与I/O模块相连接。基于IPC，利用一系列的模块化功能组件快速搭建高性能运动控制系统，实现分布式现场运动控制和控制系统的柔性化和智能化。

目前，市面上数控系统运动控制器类产品很多，可以根据具体需求进行选择，如固高公司的PC-Based运动控制器产品有DMC系列脉冲式运动控制卡和总线系列运动控制器、PC-Based编码器计数卡和I/O卡以及独立的运动控制器，美国Delta Tau公司的PMAC多轴运动器，等等。

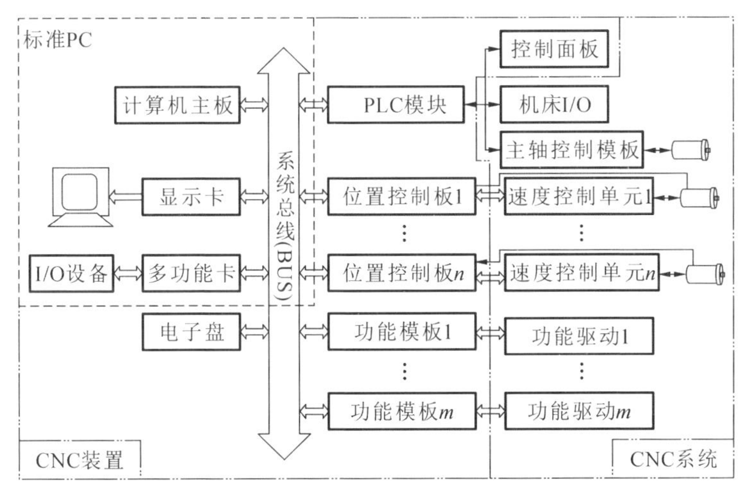

(a) 基于PCI总线运动控制卡的开放式数控系统硬件体系结构

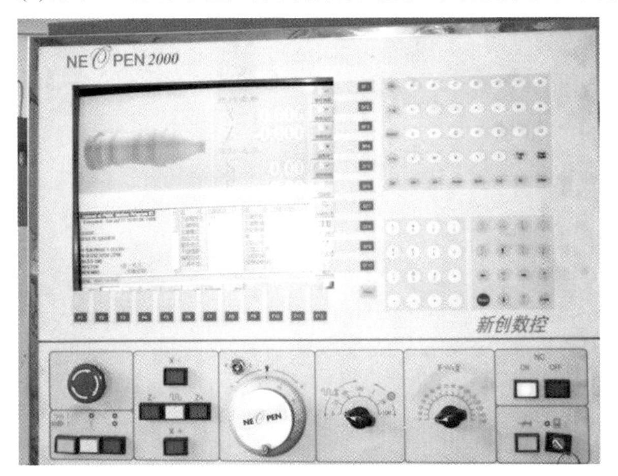

(b) IPC开放式车床数控系统的个性化人机交互界面数控面板

图 7-16　基于运动控制卡的开放式数控系统硬件体系结构与数控面板

图 7-18 所示为固高公司各种不同结构形式的多轴运动控制器产品。

图 7-18(a)所示为 GTS 系列基于 PCI 总线的运动控制器。它通过 DSP 和可编程门阵列(field-programmable gate array,FPGA)进行运动规划,可以输出脉冲或模拟量指令。它支持点位和连续轨迹运动,多轴同步运动,以及直线、圆弧、螺旋线、空间直线插补等运动模式。GTS 系列运动控制器可以自由设定加减速、S 形曲线平滑等相关参数,有助于用户更好地进行运动规划。通过 GTS 系列运动控制器提供的 VC、VB、C#、LabVIEW 等开发环境下的库文件,用户

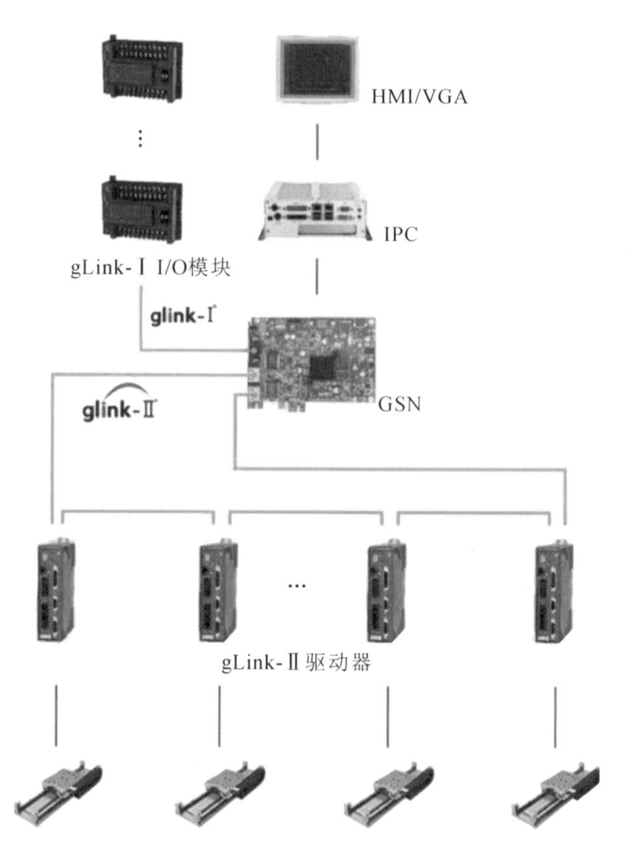

图 7-17　采用 GSN 系列高性能多轴网络运动控制器构成的 IPC 开放式数控系统的整体架构

(a) PCI总线插卡式结构

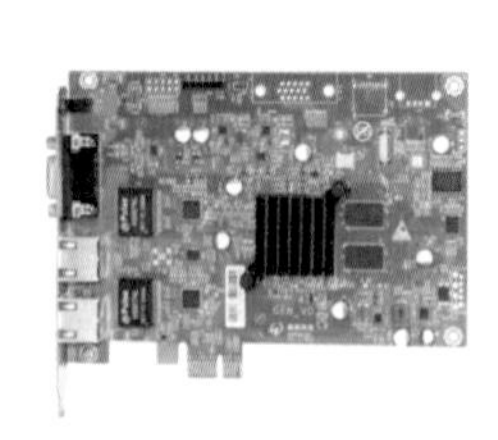

(b) 网络化插卡式结构

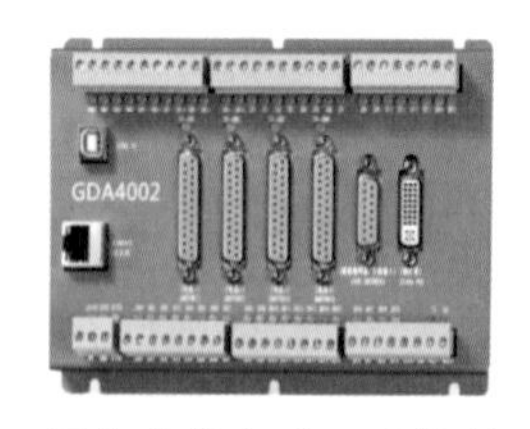

(c) 网络化独立式运动控制器

图 7-18　固高公司各种不同结构形式的运动控制器

可以轻松实现对控制器的编程，构建自动化控制系统。

图 7-18(b)所示为 GEN 系列多轴网络运动控制器，这是一款基于 Ether-CAT 总线的插卡式运动控制器，它采用 PCIe 总线(一种高速串行计算机扩展

总线)内嵌于PC的结构,集成了EtherCAT主站解决方案,可实现64轴同步运动控制,同时支持gLink-Ⅰ I/O模块和EtherCAT I/O模块扩展,为用户提供了多轴、多I/O点的总线控制解决方案。

图7-18(c)为GDA系列的基于工业以太网的独立于PC机外的一种四轴运动控制器,它提供了快捷的电气接线、完善的运动控制功能。

GDA系列运动控制器产品还有八轴运动控制器可供用户选择。GDA系列控制器通过以太网口、USB接口与工控机通信,降低了对工控机插槽的要求,可以轻易扩展多卡而不增加工控机的成本,亦可脱机使用。GDA系列控制器支持以太网通信,指令周期为2 ms,通信距离达100 m,可实现分散式控制,降低系统布线成本;GDA系列控制器支持USB通信,USB2.0的带宽可达480 Mb/s,指令周期为200 μs,通信距离可达5 m以上,该控制器提供了完善的运动控制功能。

3.基于PC的全软件型数控系统硬件体系结构

基于PC的全软件型数控系统与基于网络总线运动控制器的数控系统相同的是,二者都是基于PC操作系统平台开发的数控系统,不同的是它们的硬件结构形式有所不同。基于网络总线运动控制器的数控系统借助的是通用的IPC硬件平台,基于PC的全软件型数控系统硬件在遵循PC总线架构基础上一般由数控系统厂商自主开发,具有开放式结构体系,在此基础上所有的数控功能都借助于开发软件来实现。典型的基于PC的全软件型数控系统有西门子SINUMERIK MC、SINUMERIK 840D,发那科18i以及华中8型数控系统等。西门子SINUMERIK MC数控系统内置了SINUMERIK系统、SIMATIC控制器以及Windows 10操作系统,这种基于PC的数控系统具有可定制的操作界面,可通过WinCC或Run MyHMI /3GL进行开放式用户界面设计,是针对特殊机床的最佳方案;SINUMERIK 840D是针对模块化机床的高档开放式数控系统,可实现最大限度的开放性和灵活性,对需要根据用户个性化需求来扩展机械结构的机床而言,SINUMERIK 840D sl是最佳的数控系统。

为应对智能制造装备行业内数智化转型带来的各种挑战,西门子公司专门开发了全球第一套数字化原生数控系统SINUMERIK ONE。它带来了制造装备行业的模式转变——数字化原生数控系统,即数字孪生数控系统。数字孪生技术正成为数控系统不可或缺的一部分,成为数控系统厂商获得市场成功的关键性因素，它可以逼真并且详细地实现制造装备工作方式和加工过程仿真。

7.2.4 基于 PLC 架构的开放式数控系统

当今 PLC 技术的发展，使得 PLC 的功能极为丰富，市面上各类品牌的高性能的 PLC 不仅具有常用的顺序控制功能，更重要的是具有与数控系统一样的多轴运动控制功能。在模块化 PLC 功能模块总线基板基础上，选择运动 CPU 模块，构成 PLC CPU＋运动 CPU 控制器结构形式，便形成了基于 PLC 的开放式数控系统结构。图 7-19 所示为基于三菱 Q 系列高性能 PLC＋运动 CPU 控制器的开放式数控系统结构。这类数控系统的体系结构属于多轴运动控制器嵌入 PLC 的结构，因此其 PLC 具有多轴运动控制功能。其中的运动 CPU 控制器通过 SSCNET Ⅲ/H 总线控制各伺服轴的运动，而 PLC 仍然主要用于实现顺序控制。

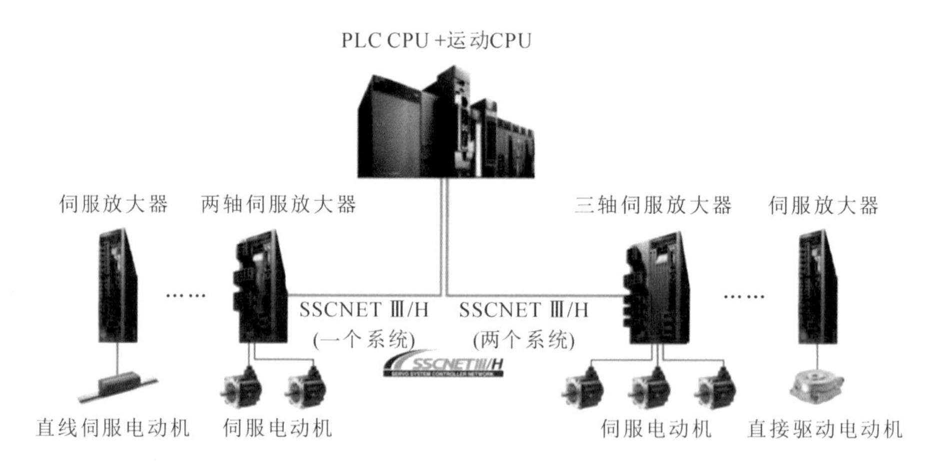

图 7-19 运动 CPU 控制器嵌入 PLC 架构下的开放式数控系统体系结构

7.2.5 基于通用 IPC 硬件平台架构的开放式数控系统

开放式数控系统允许第三方开发者创建自定义应用程序和插件，以扩展系统的功能。这种支持创新的环境可以激发新的想法和解决方案，推动技术进步。开放式数控系统更具竞争力，有助于降低采购和运营成本。

总之，建立开放式数控系统有助于实现制造业的数智化转型。开放式数控系统增强了制造系统的灵活性、互操作性和可维护性，提高了生产效率和竞争力，有助于推动制造业的创新和可持续发展。

随着 RISC 芯片技术的发展，计算机微处理器运算位数、主频的提高，计算机的运算速度和精度大大提高。借助于通用 IPC 系统，原来由硬件实现的制造装备自动化功能完全可以借助软件来实现，且仍然能够保证较高的实时性控制和精度要求，从而实现全软件化数控。充分利用通用计算机丰富的软、硬件平台资源，快速开发个性化的基于 PC 的全软件型数控系统是今后数控系统技术的发展趋势。

图 7-20 所示为基于通用 IPC 硬件平台架构的开放式数控系统体系框架，该系统会满足不同程序的编译要求，并针对各种通用功能进行模块化封装，且用户可以通过自定义进行修改。这种数控系统采用主流的工业通信协议来保证系统的迭代升级和可移植性，且其对于不同的计算机操作系统都具有很好的兼容性和适配性。

图 7-20　基于通用 IPC 硬件平台架构的开放式数控系统体系框架

7.3 数控系统的软件结构

数控系统由软件和硬件组成，硬件为软件的运行提供了支持环境。由于软件和硬件在逻辑上是等价的，因此在数控系统中，由硬件完成的工作原则上也可由软件来完成。但是硬件和软件各有不同的特点。硬件处理速度较快，专用性强，但造价较高；软件设计灵活，适应性强，但处理速度较慢。数控系统是一个实时的运动控制系统，实时性要求最高的任务就是插补和位置控制，即在一个采样周期内必须完成控制策略相关计算，而且还要留出一定的时间去做其他的事。数控系统的插补既可由硬件来实现也可由软件来实现，到底采用软件还是硬件来实现由多种因素决定，这些因素主要包括专用计算机的运算速度、所要求的控制精度、插补算法的运算时间，以及性价比等。

7.3.1 智能制造装备数控系统的软件组成和工作过程

1.数控系统软件组成

图 7-21(a)所示为智能制造装备数控系统的软件组成。智能制造装备数控系统软件必须完成管理和控制两大任务，即包括管理软件和控制软件两大类。系统的管理软件主要包括零件程序的输入与输出处理、通信、显示和诊断等程序。系统的控制软件的主要任务是处理零件加工程序，包括译码、刀具补偿、速度控制、插补运算、位置控制、开关量控制程序。

2.数控加工的工作过程

智能制造装备主要是借助其“大脑”——数控系统而进行控制工作的，包括按照用户的零件程序实现数控加工的过程以及管理和诊断整个设备的状况。图 7-21(b)所示为智能制造装备数控系统处理零件加工程序的工作流程，实际上也是零件程序加工处理工作过程，包括输入、译码、数据处理、插补、位置控制、管理与诊断等环节。

1) 输入

数控系统中的零件加工程序一般都是通过键盘、磁盘或通信接口等输入的。在软件设计中，这些输入方式大都通过中断来实现，且每一种输入法均有一个相对应的中断服务程序。无论采用哪一种输入方法，输入的零件程序都会

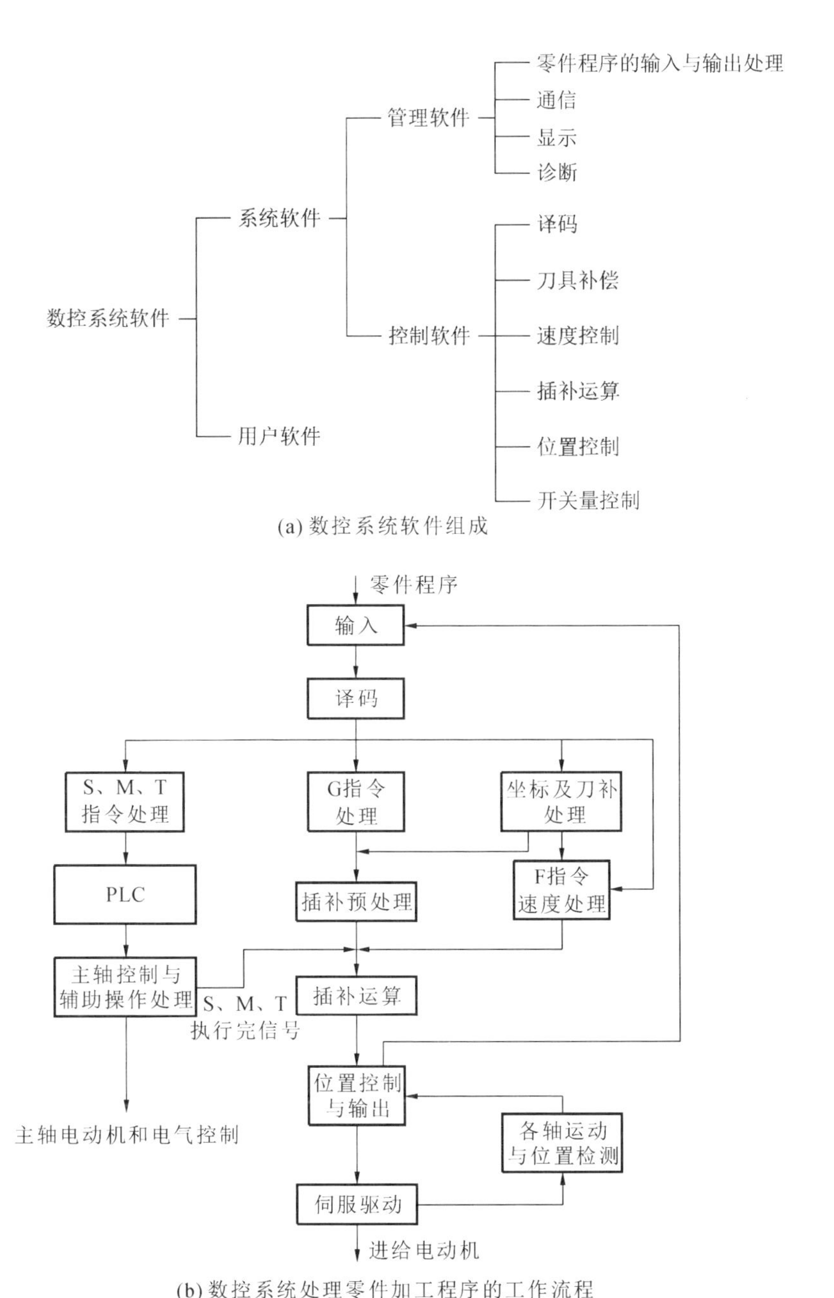

(a) 数控系统软件组成

(b) 数控系统处理零件加工程序的工作流程

图7-21 数控系统的软件组成和工作流程

先被存放到缓存器中，再经缓存器到达零件程序存储器。

2）译码

在译码处理过程中，系统以一个程序段为单位对零件程序进行处理，把其中的各种零件轮廓信息（如起点、终点、直线或圆弧等）、加工速度信息（F 代码）和其他辅助信息（M、S、T 代码等）按照一定的语法规则表示成计算机能够识别的形式，并以一定的数据格式存放于指定的内存单元。在译码过程中，还要完成对程序段的语法检查，若发现语法错误便立即报警。

3）数据处理

数据处理即预计算，通常包括刀具长度补偿、刀具半径补偿、反向间隙补偿、丝杠螺距补偿、过象限及进给方向判断、进给速度换算、加减速控制及机床辅助功能处理等。

4）插补

插补的任务是在一条给定起点、终点和形状的曲线上进行“数据点的密化”。根据规划的进给速度和曲线形状，计算一个插补周期中各运动轴进给的长度。数控系统的插补精度直接影响工件的加工精度，而插补速度决定了工件的表面粗糙度和加工速度，所以插补是一项精度要求较高、实时性很强的运算。插补通常由粗插补和精插补组成，精插补的插补周期一般取进给伺服系统的采样周期，而粗插补的插补周期是精插补的插补周期的若干倍。

5）位置控制

位置控制的主要任务是在进给伺服系统的每个采样周期内，将由精插补得出的理论位置与实际反馈位置进行比较，并将二者的差值作为伺服调节的输入，经伺服驱动器控制伺服电动机。在位置控制中通常还要完成位置回路的增益调整、机床的螺距误差补偿和反向间隙补偿，以提高机床的定位精度。

6）管理与诊断

数控系统管理软件的主要任务包括 CPU 管理和外部设备管理，如前后台程序的合理安排与协调、中断服务程序之间的通信管理、控制面板与操作面板上各种信息的监控等。诊断程序可以防止故障的发生或扩大，而且在故障出现后，可以帮助用户迅速查明故障的类型和部位。诊断程序可以在系统运行过程中进行检查与诊断，也可以作为服务程序在系统运行前或在故障发生并停机后进行诊断。

7.3.2 数控插补原理与方法

插补计算是数控装置根据输入的基本数据(如直线终点坐标值,圆弧起点、圆心、终点坐标值等),按照一定的方法产生直线、圆弧等基本线型,并以此为基础进行所需轮廓轨迹的拟合。插补实质上是根据有限的信息完成数据点的密化工作。

加工各种形状的零件轮廓时,必须控制刀具相对工件以给定的速度沿指定的路径运动,即控制各运动轴以某一规律协调运动,这一功能为插补功能。平面曲线运动轨迹需要两个运动轴的协调运动来实现,而空间曲线运动轨迹则要求三个以上的运动轴的协调运动来实现。

数控插补有多种方式,根据数学模型可分为一次插补、二次插补和高次插补。直线插补是一次插补,圆或抛物线插补是二次插补等。数控插补根据实现的方式来分类有硬件插补和软件插补。一般硬件数控插补模块由数字电路组成,速度较快,但硬件升级不易,柔性较差。这种插补称为硬件插补。计算机数控系统的插补模块均由软件来实现,速度虽然没有硬件数控插补快,但软件容易升级,成本也较低廉。这种插补称为软件插补。数控插补根据插补计算方法分为基准脉冲插补和数据采样插补。基准脉冲插补又称为行程标量插补、脉冲增量插补,其特点是数控装置在每次插补结束后,向相应的运动轴输出基准脉冲序列,每个脉冲代表的运动轴的最小位移称为脉冲当量,即运动轴的最小位移单位。脉冲序列的频率代表运动轴的运动速度,脉冲的数量代表运动轴的位移。基准脉冲插补只涉及加法和移位计算,实现起来比较简单,也容易用硬件实现。较常用的基准脉冲插补法有逐点比较法、数字积分法、矢量判别法、比较积分法、最小偏差法等。数据采样插补法又称为时间分割法,与基准脉冲插补法不同,数据采样插补法得出的不是进给脉冲,而是用二进制表示的进给量。该方法适用于闭环、半闭环交/直流伺服电动机驱动控制系统。为了满足复杂空间曲面的高精度加工需求,高档多轴联动智能制造装备的数控系统还有椭圆插补、抛物线插补、NURBS 曲线插补等高次曲线插补功能。

7.3.3 全软件型开放式数控系统开发环境

早期的数控系统采取封闭式结构,不同厂商的数控系统间无法进行信息交互,数控系统本身不支持二次开发。为了使得不同厂商开发的数控系统之间具有通用性和互换性,以及机床厂商和用户能根据需要对数控系统进行二次开发,需要打破传统的封闭式架构,采取基于通用总线的开放式数控系统硬件架构,同时需要建立通用的开放式软件平台,支持机床厂商和用户根据需要对数控系统进行二次开发,增加定制功能,提高制造装备的性能。随着计算机技术的发展,计算机硬件资源、软件资源都日益丰富,且运算速度逐渐提高。基于PC软、硬件资源的开放式数控系统成为当前智能制造装备数控系统发展的主流,尤其是基于PC的智能全软件型数控系统,其可以更好地满足用户个性化定制需求。当前,基于通用PC的开放式体系结构的个性化智能数控系统的二次开发软件平台主要有如下几种。

1. TwinCAT 系统平台

TwinCAT(twin controller for automation technology)系统是由德国Beckhoff公司开发的一种工业自动化和实时控制系统,主要用于工业自动化、机械控制、物流自动化等领域。它是一个全面的软件平台,用于开发开放式数控系统和执行实时控制任务。

1) TwinCAT 系统简介

TwinCAT 系统是一个高性能、精确的实时控制系统。TwinCAT 系统可将任何一个基于PC的系统转换为一个带多PLC、CNC装置和机器人实时操作系统的实时控制系统。其主要的优势如下:

(1) 集成了Visual Studio,界面简单直观,好上手,仅需一个软件即可实现编程和数控系统需求配置,可用于控制各种自动化装置和机械系统。

(2) 支持IEC 61131-3标准,支持多任务、多线程的编程方式,允许用户使用不同的PLC编程语言(如结构化文本、梯形图、功能块图、顺序功能图和结构化文本)进行程序开发。

(3) 提供先进的运动控制功能,包括伺服驱动控制、轴控制、插补运动控制等,可用于机床、机器人、飞行器等需要精密控制的装备。

(4) 支持各种工业通信协议,如EtherCAT、Profinet、Modbus TCP等,以便与其他自动化设备和系统进行通信和集成。

(5) 提供了一套集成的工程工具,用于项目开发、监视和诊断。这些工具包括 TwinCAT Vision、TwinCAT Analytics、TwinCAT XAE(Engineering)、

TwinCAT Scope、TwinCAT HMI 等。TwinCAT Vision 具有图像处理和视觉识别功能，用于质量控制、产品跟踪和机器视觉。TwinCAT Analytics 具有数据实时采集和分析功能，以实现过程优化、故障诊断和预测性维护。这些工具包均可以在 Windows 操作系统上运行，与多种硬件平台(包括 Beckhoff 工控设备以及第三方硬件)兼容。

总之，TwinCAT 系统的灵活性、实时性和开放性使其成为工业自动化领域的强大工具，适用于从工业机械到过程控制和物流领域的各种应用。

2) TwinCAT 的结构

如图 7-22 所示，TwinCAT 系统平台包含三层结构：PLC 轴、数控轴和物理轴。其中，PLC 程序中定义的轴变量称为 PLC 轴，数控配置界面定义的轴变量称为数控轴，在 I/O 配置中扫描到的硬件称为物理轴。图 7-22 显示了三个轴之间的联系。PLC 程序对电动机进行控制时必须经过两个环节：从 PLC 轴到数控轴的环节和从数控轴到物理轴的环节。

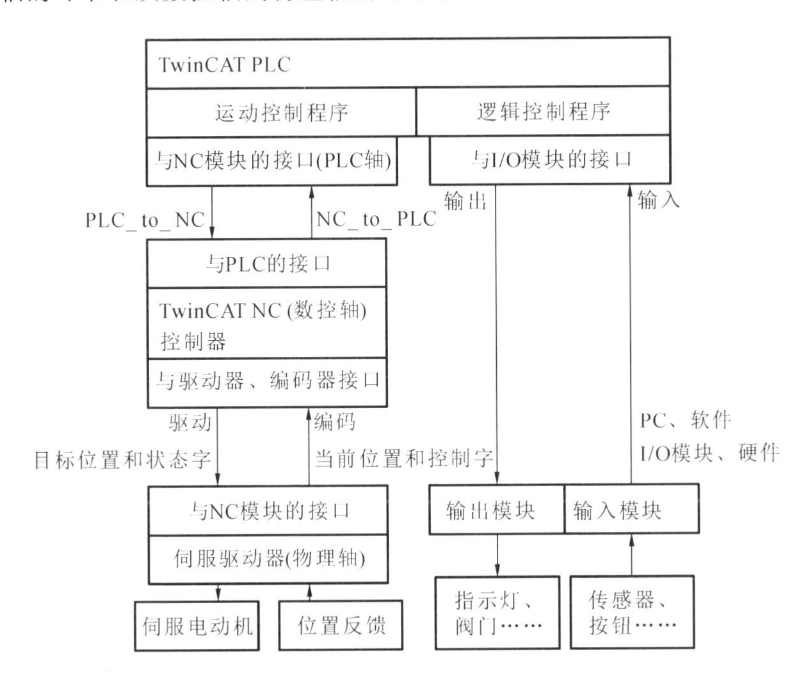

图 7-22　TwinCAT 系统平台架构

TwinCAT 系统与 PLC 运行在同一个 CPU 上，运动控制和逻辑控制之间的数据交换更直接、快速。TwinCAT 系统的运动控制可不依赖于 PC 以外的其他任何硬件，可以选择不同厂家的驱动器和电动机，而不需要改变控制程序。

2. 基于 CODESYS 的工业控制系统开发平台

CODESYS 是用于工业控制系统的领先的、基于 IEC 61131-3 标准的控制系统编程开发平台，由德国工业软件巨头 CODESYS 软件集团开发。基于 IEC 61131-3 标准的 CODESYS Development System 是 CODESYS 开发平台的核心。该软件提供了各种用户友好的功能，使用户的工业应用开发过程更加高效。

1) 基于 CODESYS 的工业控制系统开发平台功能简介

(1) CODESYS 的功能可以通过 CODESYS Automation Platform 软件无缝扩展。使用 CODESYS Automation Platform 软件开发工具包(SDK)，用户可以在. net 环境下自主开发插件并将它们集成到系统中，从而实现对上位编程环境的二次化开发。

(2) CODESYS 可满足离散制造行业智能工厂的各种自动化应用的编程开发需求，包括单台设备的自动化控制编程和复杂的自动化装配生产线的编程开发。

(3) 支持符合 IEC 61131-3 标准的五种编程语言及连续功能图(continuous function chart，CFC)语言，提供多种专业的算法库和功能块，支持客户开发并封装了面向具体行业的应用程序模块。

(4) 能够解决不同架构控制器的应用程序不兼容的问题，实现了仅通过更换设备描述文件完成对不同品牌控制器的适配和编程。仅使用 CODESYS 软件就可以实现对不同硬件厂商设备的统一编程，进而赋能整条生产线的智能控制解决方案。

(5) 支持离散制造行业智能工厂的诸多自动化控制程序开发，如支持 PLC 逻辑编程、冗余控制系统开发、本地或网页可视化界面的设计与开发、主流工业现场总线的通信配置、基于 PLCopen 标准的基础运动控制编程、CNC+Robotics 复杂运动控制编程，以及符合 IEC 61508 SIL2 / SIL3 国际标准的安全控制系统开发。因此，用户可以在一个开发界面下实现复杂且完整的自动化项目的编程开发。

2) 基于 CODESYS 的工业控制系统及 CODESYS 工厂自动化产品

利用CODESYS系统开发的基于PLC运动控制器的工业控制系统架构如图7-23所示。其中，整个控制系统软件可以采用CODESYS开发系统进行开发，PLC运动控制器通过EtherCAT总线控制多根伺服轴，实现给定规律的运动。

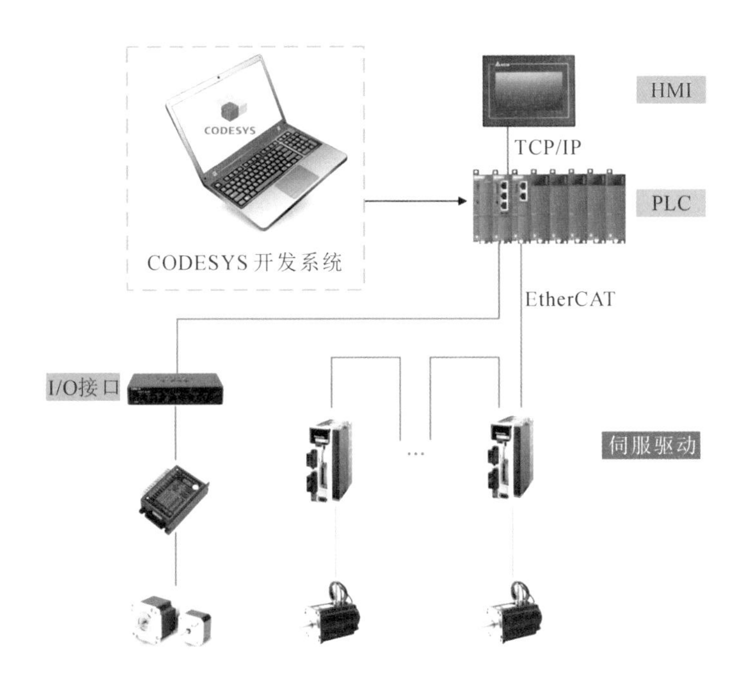

图7-23　利用CODESYS系统开发的基于PLC运动控制器的工业控制系统架构

适用于工厂自动化的CODESYS产品主要有以下四类。

（1）总线及通信类：CODESYS EtherCAT、CODESYS CANopen、CODESYS Modbus TCP/RTU、CODESYS EtherNet/IP、CODESYS Profibus、CODESYS Profinet、CODESYS Sercos Ⅲ、CODESYS OPC UA。

（2）功能组件：CODESYS SoftMotion、CNC＋Robotics（CNC数控系统＋多轴工业机器人控制）、CODESYS TargetVisu（本地可视化）、CODESYS WebVisu（网页可视化）、CODESYS Safety for EtherCAT（支持EtherCAT总线通信的安全远程I/O模块）。

（3）工具类：CODESYS Professional Developer Edition（专业开发工具）、CODESYS Depictor（3D仿真工具）、ILOT通信库（工业物联网通信库）。

(4) 其他特殊功能:CODESYS SIL 2 和 CODESYS SIL 3 安全控制系统解决方案。

3. Kithara 软件开发平台

1) Kithara 软件简介

德国 Kithara 软件公司是业界知名的 Windows 实时拓展软件公司,自 1996 年开始致力于 Windows 实时拓展软件的研发。Kithara RealTime Suite (KRTS)是其推出的模块化 Windows 实时拓展软件,支持 Windows XP/7/8/10(32&64bit),为 Windows 平台提供优秀的实时性能,支持 EtherCAT 工业实时以太网主协议站,支持图像信息实时采集和处理。目前国内外很多大公司都采用其产品,如博世、西门子、阿尔斯通等公司都是其重要客户。

Kithara KRTS 实时拓展套件的主要功能模块如下。

(1) 基础模块:提供 Windows 实时拓展、内核实时应用开发基本支持。

(2) 实时通信模块:提供以太网接口、串口、PCI 接口、USB 接口的实时通信驱动功能。

(3) 工业自动化模块:提供 EtherCAT 主站、CANopen 主站。

(4) 机器视觉模块:提供 GigE 和 USB3.0 接口的相机图像实时采集驱动功能,支持在内核实时环境下采用 Halcon 和 OpenCV 库进行图像处理。

(5) 汽车电子模块:提供 FlexRay、CAN、LIN、BroadR-Reach 汽车总线。

(6) 数据实时存储模块:支持 PCAPNG 和 MDF 数据格式。

2) Kithara 系统设备连接方案

Kithara 为用户提供了一套直接采用标准 PC 硬件和 Windows 操作系统的实时数据采集及设备控制解决方案。用标准 PC 硬件取代传统专有硬件,构建全软件型数控系统,不需系统硬件开发,让软件定义机器。图 7-24 所示为基于 Kithara 的标准 PC 硬件数控系统方案与传统专有硬件数控系统方案的对比。

借助标准硬件接口(网口、串口、USB 接口、PCI 接口等)实时驱动,搭载标准协议栈(EtherCAT、CANopen、GigE Vision 等),让设备数据实时采集及控制更加方便。基于 Kithara 的全软件型数控系统设备连接方案如图 7-25 所示。

4. KRMotion 运动控制开发平台

KRMotion 是山东易码智能科技股份有限公司基于德国 Kithara 公司的 Windows 实时运动拓展套件 KRTS 开发的开放式运动控制平台。该平台构建

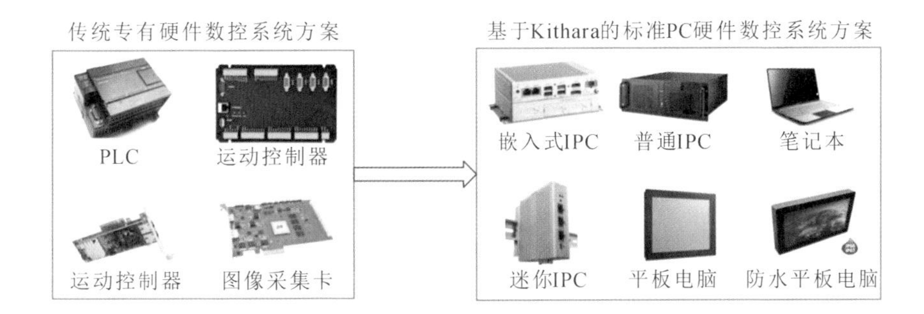

图 7-24 基于 Kithara 的标准 PC 硬件数控系统方案与传统专有硬件数控系统方案的对比

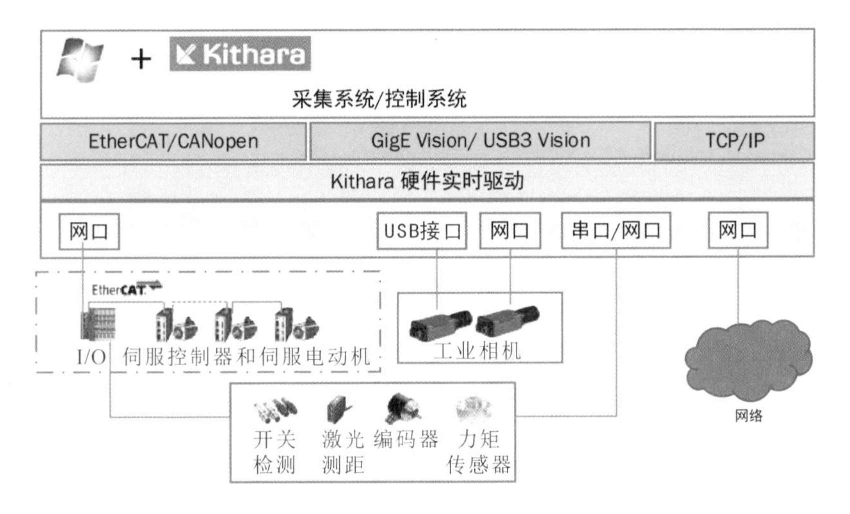

图 7-25 基于 Kithara 的全软件型数控系统设备连接方案

了数据采集、运动控制、逻辑控制、实时视觉等功能库以及具备可视化工程配置、设备调试、变量监控、模拟仿真等功能的系统配置工具，为智能制造装备及工业工程控制数控系统提供了一个基于 IPC 的全软件型实时自动化控制系统解决方案。

1）KRMotion 运动控制开发平台系统架构

KRMotion 软件系统架构如图 7-26 所示，其主要特点如下：

（1）集成到 Windows 系统中，构建了设备抽象层，实现对伺服驱动器、I/O 设备及相机等物理设备的抽象，屏蔽掉不同协议及厂商的总线从站设备的区别。

（2）在设备抽象层之上封装了 I/O 控制库、基本轴控接口控制库（包括单

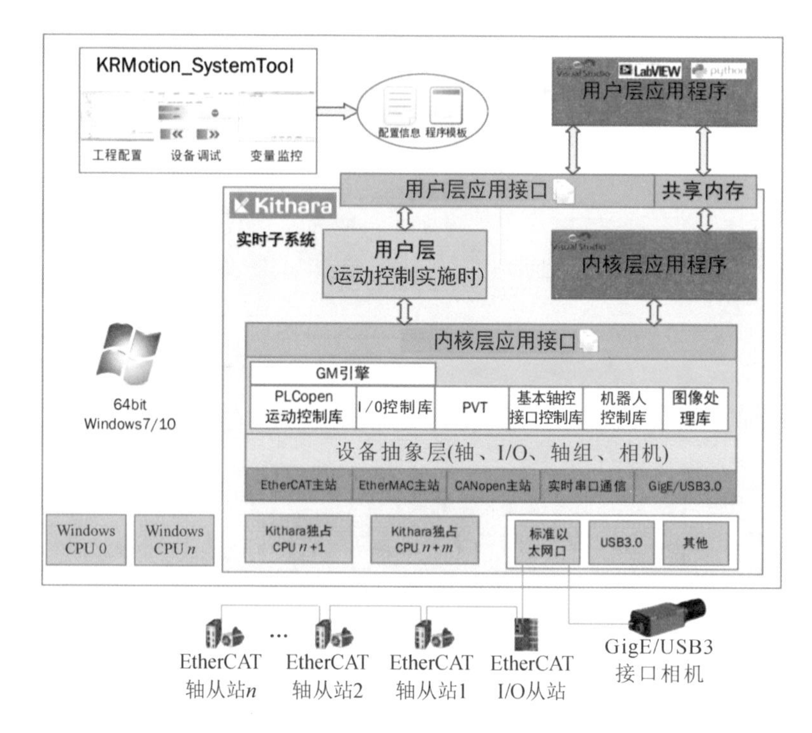

图 7-26 KRMotion 软件系统架构

轴运动控制库、多轴插补运动控制库)、机器人控制库等运动控制库,提高了应用开发效率。

(3) 提供基本轴控接口及设备 PDO(过程数据对象)接口映射机制,支持底层算法开发。

(4) 在内核实时环境下,支持 GigE 和 USB3.0 接口相机图像实时采集,以及采用 OpenCV 和 Halcon 库进行实时处理,并能够实现相机实时数据处理与运动控制任务无缝衔接,实现基于机器视觉图像反馈的闭环伺服控制。

(5) 内核支持实时多任务处理,并支持任务独占 CPU 核。

(6) 提供可视化工程配置、设备调试、变量监控工具——KRMotion_SystemTool,其内核实时应用开发和调试可直接在 Visual Studio 平台上进行。

2) 基于 KRMotion 的运动控制和逻辑控制实现方案

基于 KRMotion 的运动控制和逻辑控制实现方案中,硬件仍然采用标准的 IPC,通过可视化系统配置工具 KRMotion_SystemTool 和 KRMotion 软件提供的 I/O 控制库、PLCopen 运动控制库、机器人控制库等,对工程及连接设备进行配置，用户在标准PC硬件基础上，采用如Visual Studio、LabView等Windows下的通用编程平台，编写运动控制和逻辑控制应用程序。其运动控制软件实现方案主要有两种：

（1）总线任务在Windows用户层执行——用户模式。

当总线任务在Windows用户层执行时，用户任务逻辑运行在非实时环境下。KRMotion应用程序即为Windows平台下的普通应用程序。KRMotion提供了Windows动态链接库接口，用户可以采用任何能够调用动态链接库的编程语言，如Visual Studio、LabVIEW、Qt Creator等开发KRMotion应用。

（2）总线任务在Kithara内核层执行——内核模式。

当总线任务在Kithara内核层执行时，用户任务逻辑运行在实时环境下。应用程序必须采用Windows动态链接库的形式。KRMotion同样提供了动态链接库接口，用户可以像调用普通Windows动态链接库那样调用这些动态链接库，实现运动控制和逻辑控制。

总之，不管采用哪种方案，应用工程的所有配置工作都是通过可视化配置工具KRMotion_SystemTool来完成的，并通过其生成的工程文件（*.KRMPrj）完成系统的初始化。KRMotion集成了I/O控制、通用运动控制、机器人控制、CNC、实时视觉等功能模块。该平台采用总线结构，支持EtherCAT和EtherMAC实时工业以太网总线通信协议，提供一个基于Windows的全软件解决方案，不需运动控制器、PLC等专用硬件即可实现高速高精度运动控制。同时KRMotion采用S形速度曲线，支持在线变位置变速度，支持位置、速度、力矩控制以及前馈速度补偿功能，支持电子凸轮、电子齿轮功能，支持3D桁架、Scara等轴组的时间同步点位（point to point，PTP）控制、直线插补、圆弧插补功能，提供PDO映射机制，支持运动控制算法拓展及实时应用逻辑开发。

7.4 基于KRMotion的全软件型数控系统

7.4.1 基于KRMotion的全软件型数控系统硬件架构

随着工业发展的集成化和自动化程度不断加深，IPC计算速度大大提高，并行计算能力飞速提高，除此之外，对外部设备的需求量也在变大，这就促使IPC拥有更多的硬件接口。如图7-27所示，采用通用的IPC硬件，基于KRMotion工业运动控制软件平台，使用其中的一个CPU逻辑核和KRMotion支持的一个标准以太网卡，并将IPC与n个EtherCAT从站设备连接后，就可以构建一个基于EtherCAT总线的集成运动控制和逻辑控制的典型的全软件型数控系统单元。该数控单元的运行不影响Windows系统的运行，此外，通过合理分配CPU资源和外部设备接口资源，也不影响运行在该系统上的其他控制单元（如视觉控制单元、HMI显示单元、通信单元等）。

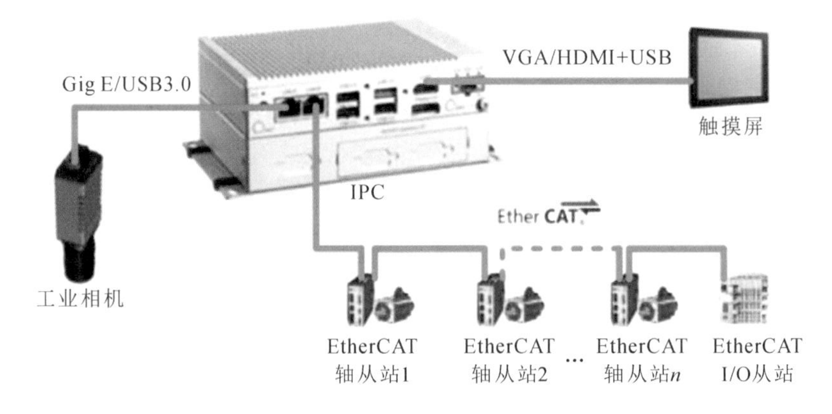

图7-27　基于KRMotion的全软件型数控系统的典型硬件架构

7.4.2　基于KRMotion的全软件型数控系统软件架构

图7-28所示为基于KRMotion的全软件型数控系统的软件架构。用户层应用程序可以调用提供的API（应用程序接口）加载工程文件来启动，并且通过共享内存、管道等方式和内核层程序进行数据交互。用户层应用程序可以调用KRMotion提供的用户层API以实现对运动轴和I/O设备的控制。内核层应用程序可以调用在设备抽象层之上封装的虚拟设备控制库API来控制虚拟设备，其映射到物理设备后，就可以间接控制物理设备。内核层应用程序还可以调用基本轴控接口来实现对虚拟轴的位置、速度、力矩以及前馈信息的直接控制。内核层应用程序可以通过API获取总线控制指针接口，而后可以通过接口直接控制物理设备。内核层应用程序可以调用KRMotion提供的实时视觉相关接口，实现对GigE相机数据的实时采集。在获取图像信息后，可以直接在内

核实时环境中调用 OpenCV 或者 Halcon 库，对获取到的图像信息进行实时处理。在内核层，可以通过 Kithara 提供的实时以太网模块和实时通信模块与其他外部设备进行实时数据交互。在用户层，可以实现人机交互、非实时视觉、与其他设备互联互通等功能。

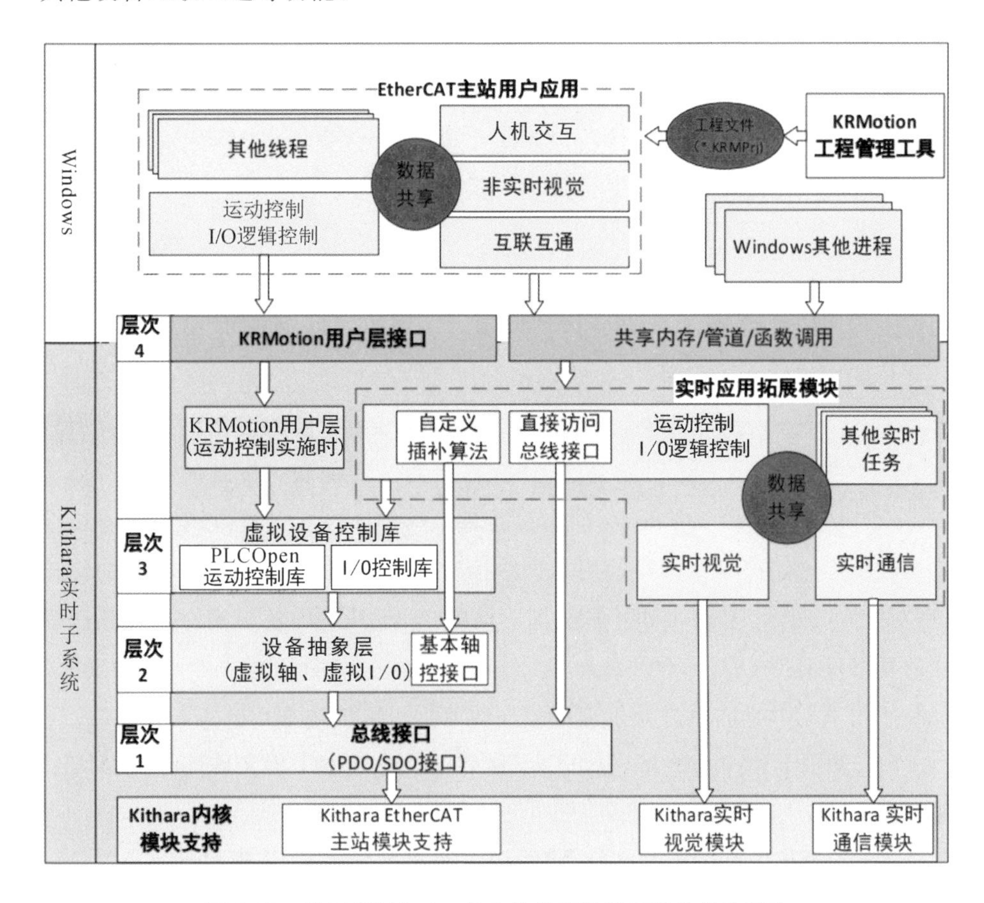

图 7-28　基于 KRMotion 的全软件型数控系统的软件架构

EtherCAT 主站用户应用可以只是一个 Windows 普通应用程序，通过调用 KRMotion 提供的用户层接口来实现运动和逻辑控制功能。当用户控制逻辑有实时要求，或者 KRMotion 提供的算法无法满足需求，需要自行编写运动控制算法时，可以通过在内核层实时应用拓展模块中编写相应的实时应用程序来实现。

7.4.3 基于 KRMotion 的全软件型数控系统开发过程

KRMotion 应用程序可以在安装了 Windows 操作系统和 KRMotion SDK 的 PC 或 IPC 上进行开发。开发出来的可执行程序可以直接在本机上运行，或者部署到其他安装了 KRMotion 软件的 PC 或 IPC 上运行。

用户层应用程序是 Windows 下普通的应用程序，其逻辑的执行不具备实时性。该应用程序可以是带图形界面的 C#、MFC、Qt 程序，也可以是不带图像界面的控制台程序。而内核层实时功能拓展模块只能以 Windows 动态链接库(*.dll)的形式存在，其加载到 Windows 内核层空间运行。一般情况下，仅当用户逻辑有实时性要求，以及 KRMotion 算法库无法满足要求，需要编写新的算法程序的时候，才需要开发内核层实时功能拓展模块，其他情况下用户只需要开发用户层应用程序。

KRMotion 为用户的应用编程提供了 Windows 下带图形化界面的应用程序，便于用户进行生成工程配置文件的操作、调试设备和对设备的状态进行监视。KRMotion 库以 Windows 动态链接库(*.dll)的形式提供用户层应用接口和内核层应用接口给用户使用。这些接口有函数接口，也有面向对象的类接口，支持 C/C++、C#、LabVIEW 等不同的语言，其中内核层实时功能拓展模块的开发仅支持 C/C++语言。

使用 KRMotion 软件开发应用程序的流程可以描述为：

(1) 使用 KRMotion_SystemTool 配置 KRMotion 工程文件(*.KRMPrj)并保存。

(2) 打开配置好的工程文件，将系统切换到运行状态，调试 EtherCAT 总线从站设备。

(3) 使用编程工具，如 Visual Studio 编写 KRMotion 应用程序。

(4) 结合 KRMotion_SystemTool 状态监视功能调试应用程序，确认设备运行状态是否符合预期。

(5) 在仿真模式下可以利用 KRMotion_SystemTool 状态监视功能监视设备状态，确认设备运行是否符合预期，在实际运行时可以直接观察设备的运行状态。若设备运行正常，则结束应用程序的开发，否则继续调试并修改应用程序。

利用编程软件开发应用程序的过程比较复杂。图 7-29 所示为采用 C/C++语言开发应用程序的流程。

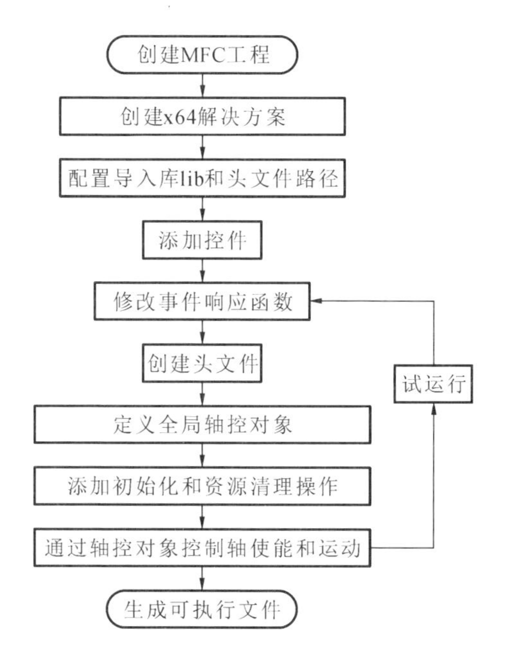

图 7-29 利用 C/C++语言开发应用程序的流程

7.5 智能云数控系统

7.5.1 智能云数控系统的概念

物联网是将现实世界和信息技术紧密结合的网络系统，它是基于射频技术、电子产品代码(EPC)技术等，在互联网的基础上，通过传感技术把所有物品连接起来而构成的实现物品信息实时共享的智能化网络。工业物联网的“物”主要指的是工业产品和装备，物联网的体系构架分为应用层、网络层和感知层。智能云数控系统则是将物联网和互联网相结合的制造装备数控系统平台，即由人工智能+互联网+物联网+数控系统构成的具有云-端远程数控功能的智能制造装备数控系统。如华中数控的 iNC-Cloud 智能云数控系统，通过移动终端可以实现制造装备的远程监控管理、设备生产状态的实时监控、制造装备及生产数据的统计、故障诊断与运维等。

7.5.2 智能云数控系统体系架构

图 7-30 所示为智能云数控系统的体系架构。该系统主要由云端控制系统、分布式实时执行系统、互联网通信设施及边端控制系统等构成。边端为智能制造装备控制层，依靠物联网边端控制系统实现各智能制造装备间的信息互通互联。云端控制系统主要包括人机交互界面、CNC 装置、PLC 等，其通过中间件，以太网接口和路由器实现边端多个智能制造装备的远程控制。人机交互硬件产品目前主要包括手机、平板电脑等移动终端和具有远程通信与控制功能的触摸屏等。云端控制系统通过中间件和边端制造装备的数字孪生模型相连，边端各制造装备的数字孪生模型构成分布式实时执行系统。互联网通信设施包括局域网层和广域网层。

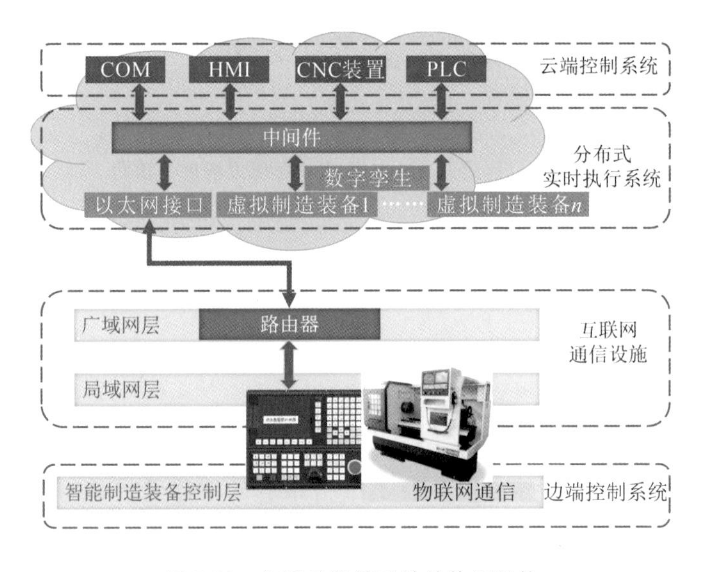

图 7-30 智能云数控系统的体系架构

随着大数据、云计算、人工智能以及超大规模集成电路和超算技术的发展，智能云数控制造装备成为满足云制造发展需求的重要手段，是智能制造装备和智能制造的发展方向。

7.6 智能制造装备的互联通信技术

7.6.1 国内外智能制造装备数控系统互联通信协议

1.数控系统互联通信协议概述

智能制造的核心是信息物理系统(CPS)。CPS利用大数据、物联网、云计算等技术,将物理设备连接到互联网上,实现虚拟网络世界与现实物理世界的融合,让物理设备具备计算、通信、精确控制、远程协调、自治、数据采集等功能,从而实现智能制造。由此可见,实现智能制造的重要前提之一就是设备的互联互通。

智能制造装备是制造业的工作母机和至关重要的基础装备,是智能制造的主力军。以数字化为基础,贯通装备间的信息交流途径、加强历史数据的应用、引入智能化算法是数控装备向智能装备转变的主要方式和途径;智能制造装备的互联通信是实现资源共享与高效管理的核心环节,是获取智能决策管控素材、实现智能制造的关键。

国外智能制造装备的互联通信技术已经取得了较大进展。早在2006年,美国机械制造技术协会(AMT)就提出了数控设备互联通信协议,简称MT-Connect协议。同年,国际组织OPC基金会在OPC(OLE for process control,面向过程控制的OLE,OLE指对象连接与嵌入)基础上重新发展了OPC UA(OPC unified architecture,面向过程控制的OLE统一架构)工控互联协议。2013年,OPC基金会与AMT协商将以上两种协议统一,由此MTConnect协议和OPCUA协议在业界受到广泛关注。2016年,AMT在其上海技术服务中心举办了“智能工厂——数控设备互联通信MTConnect协议”的介绍推广会。2017年德国机床制造商协会(VDM)在OPC UA基础上提出了UMATI(universal machine tool interface,通用机床接口)。

国内在制造装备互联技术方面也做出了有益的探索。中国机床工具工业协会牵头成立了“中国数控机床互联通讯协议标准联盟”,经过两年的研究,于2018年9月推出《数控装备工业互联通信协议》(简称NC-Link协议),后经过多次修订和实践验证,于2020年12月1日正式发布,并于2021年1月1日开始实施。

NC-Link 标准的研制和实施使得我国数控装备互联互通具有了统一的标准。该标准是对智能制造标准体系的补充和完善，是制造装备行业和制造业向智能制造方向发展的重要保障，对我国智能工厂、智能车间的建设及智能生产的实现必将带来积极的促进作用。

目前，NC-Link 标准的推广应用取得了明显进展，借助 NC-Link 协议，可以实现制造装备主机、数控系统、产线软件、机器人、互联终端（适配器）等产品之间的互联互通，满足实际生产加工过程的任务协同分配与运行需求，实现各不同厂家制造装备间的信息传递与交互。

2. 国内外数控系统常用的互联通信协议

从制造装备大数据在智能制造装备和其他外部应用系统间的流通需求来看，智能制造装备互联通信协议可以分为三个层次：感知层、通信层和语义层。

1）感知层互联通信协议

感知层互联通信协议主要用于实现智能制造装备数控系统和各种制造装备运行状态、运行环境信息等相关数据的采集、控制与管理。此类协议以各类现场总线协议为主。当前主流的现场总线协议主要有 Profibus、Profinet、CANopen、ControlNet、Ethernet、Modbus、RS-232/RS-485、CC-Link、EtherCAT、TwinCAT 等。

2）通信层互联通信协议

通信层互联通信协议主要负责实现从制造装备数控系统到应用系统之间的数据传输，以各类以太网协议为主。当前常用的以太网协议包括 CoAP（constrained application protocol，受限应用协议）、MQTT（message queuing telemetry transport，消息队列遥测传输协议）、DDS（data distribution service，数据分发服务）协议、AMQP（advanced message queuing protocol，高级消息队列协议）、OPC UA 协议等。

3）语义层互联通信协议

语义层互联通信协议具备面向应用集成的对智能制造装备模型数据的解释能力，主要涉及模型设计和数据字典协议。目前常用的语义层协议包括 MTConnect、UMATI 以及 NC-Link 等。

7.6.2 现场总线通信模型与协议

1. 现场总线通信模型

1）OSI参考模型

多数计算机网络都采用层次式结构，即将一个计算机网络划分成若干层次，层次间的每个模块都可以用新的模块取代（新模块与旧模块应具有相同功能和接口，但它们使用的算法和协议可以不一样）。为使不同厂家的产品能够相互通信，需要建立一个国际通用的网络体系标准。国际标准化组织ISO于1981年正式推荐了一个七层网络通信系统参考模型——OSI（开放系统互联）参考模型，大大地推动了网络通信的发展。

OSI参考模型将整个网络通信系统功能划分为七个层次。这七个层次由低到高分别是物理层、链路层、网络层、传输层、会话层、表达层、应用层，如图7-31所示。

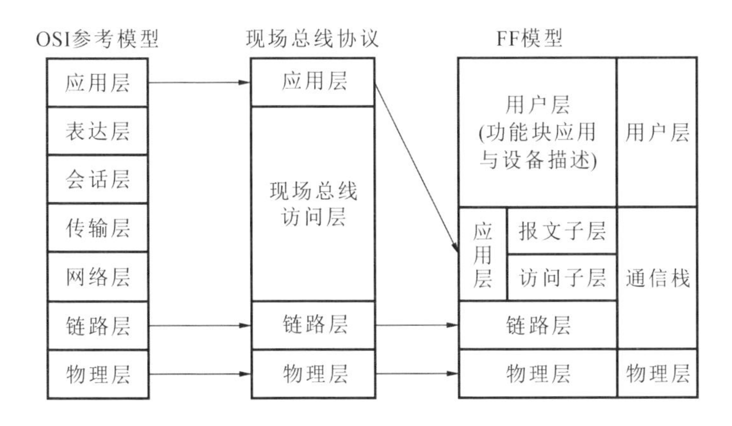

图7-31 现场总线通信模型与OSI模型之间的关系

物理层是OSI参考模型的第一层，它利用传输介质为链路层提供物理连接。物理层的作用是通过传输介质发送和接收二进制比特流。

链路层为网络层提供服务，解决两个相邻节点之间的通信问题，传送的协议数据单元称为数据帧。链路层还要协调收发双方的数据传输速率，即进行流量控制，以防止接收方因来不及处理发送方传送来的高速数据而导致缓冲器溢出及线路阻塞。

网络层为传输层提供服务，传送的协议数据单元称为数据包或分组。该层的主要作用是解决如何通过各节点传送数据包的问题，即通过路径选择算法（路由）将数据包送到目的地。另外，为避免通信子网中出现过多的数据包而造成网络阻塞，需要对流入的数据包数量进行控制（拥塞控制）。当数据包要跨越多个通信子网才能到达目的地时，还要解决网际互连的问题。

传输层的作用是为上层协议提供端到端的可靠和透明的数据传输服务，包括差错控制和流量控制等。该层向高层屏蔽了下层数据通信的细节，使高层用户看到的只是在两个传输实体间的一条主机到主机的、可由用户控制和设定的、可靠的数据通路。传输层传送的协议数据单元称为段或报文。

会话层的主要功能是管理和协调不同主机上各种进程之间的通信，即负责建立、管理和终止应用程序之间的会话。

表达层处理流经节点的数据编码的表示方式，应保证一个系统应用层发出的信息可被另一系统的应用层读出。如果有必要，该层可提供一种标准表示格式，用于将计算机内部的多种数据表示格式转换成网络通信中采用的标准表示格式。数据压缩和加密也是表达层可提供的功能之一。

应用层是 OSI 参考模型的最高层，是用户与网络的接口层。该层通过应用程序来满足网络用户的应用需求，如文件传输、收发电子邮件等。

每一层都直接为上一层提供服务，并且所有层都相互支持。

2）现场总线通信模型

OSI 参考模型只提供了网络通信的通用框架。作为工业数据通信的控制网络，现场总线根据现场环境的要求，对模型进行优化，除去实时性不强的中间层，并增加用户层，这样就构成了典型的现场总线通信模型。其中现场总线协议对应 OSI 参考模型采用了物理层、链路层和应用层，并将 OSI 参考模型中的第三至六层简化为现场总线访问层。其中物理层、链路层采用 IEC/ISA 标准。基金会现场总线（foundation fieldbus，FF）模型是现场总线模型的一种，包括物理层、链路层和用户层。应用层又包括访问子层（FAS）和报文子层（FMS）两个子层。链路层、访问子层和报文子层集成在一起形成 FF 模型的通信层，称为通信栈。FF 模型是 OSI 参考模型的简化形式，既考虑到开放系统的要求，又兼顾了测控系统的特点。图 7-31 显示了 OSI 参考模型、现场总线通信协议与 FF 模型的对应关系。

2.现场总线协议

通信协议是现代通信系统不可缺少的非常重要的组成部分。现场总线协议由物理层、链路层、应用层和现场总线访问层组成，其主要功能是对工业生产过程中的各个参数进行测量、信号变送、控制、显示、计算等，实现对生产过程的自动检测、监视、自动调节、顺序控制和自我保护。

1）物理层

物理层直接面向实际承担数据传输任务的物理媒体（即通信通道），物理层的传输单位为比特（bit）。物理层不是指具体的物理设备，也不是指信号传输的物理媒介，而是指在物理媒介之上为上一层（链路层）提供一个传输原始比特流的物理连接。简单来说，物理层用于确保原始的数据可在各种物理媒介上传输。

2）链路层

为了使传输发生差错时只需将有错的有限数据进行重发，链路层将比特流以帧为单位进行传送。每帧除了要传送的数据外，还包括校验码，以使接收方能发现传输中的差错。帧的组织结构必须设计成接收方能够明确地从物理层收到的比特流中对其进行识别的形式，也即能从比特流中区分出帧的起始位置与终止位置，这就是帧同步要解决的问题。由于网络传输很难保证计时的正确性和一致性，因此不可采用依靠时间间隔关系来确定一帧的起始位置与终止位置的方法。

链路层的主要功能包括以下三个：

（1）为网络层提供定义的服务接口。链路层通过在帧前后附加特定的二进制编码来达到识别帧的目的。

（2）处理传输错误。传输线路上突发的噪声干扰可能把数据帧完全破坏掉，在这种情况下发送设备必须重新传送该帧。

（3）流量控制。控制发送方的发送速率必须使接收方来得及接收。

考虑到现场设备故障较多、更换频繁，所以链路层媒体访问多采用受控访问（包括轮询和令牌）协议。通常以各CPU、PLC作为主站，智能传感器、变送器等作为从站。

3）应用层

应用层直接与应用程序连接，并提供常见的网络应用服务。应用层是开放系统的最高层，是直接为应用进程提供服务的。现场总线应用层一般直接为用户层服务，提供了用户与现场设备之间的接口。

OSI 的应用层协议包括文件传输、访问及管理(FTAM)协议，文件虚拟终端协议(VIP)和公共管理信息协议(CMIP)等。

4) 总线访问层

总线访问层负责数据的路由和寻址、表达与传输，以及网络拓扑的管理和维护。它将数据从发送端发送到目标设备，并负责处理网络中的冲突和碰撞等问题。在某些现场总线协议中，还可以通过网关实现不同现场总线之间的互联互通。此外，在某些现场总线协议中，还增加了用户层作为面向用户的接口，具有标准功能块和装置描述功能，进一步增强了系统的灵活性和可配置性。

综上所述，现场总线协议的分层结构确保了数据在传输过程中的可靠性和高效性，同时提供了灵活的配置和扩展能力，满足了工业自动化领域的多样化需求。

7.6.3 工业主流的现场通信总线

目前国际上存在十几种现场总线标准，其中主流的现场总线主要有 Profibus、Profinet、CC-Link、CAN 和 LonWorks 等。

1. Profibus 总线

1) Profibus 总线简介

Profibus 是一种国际化、开放式、不依赖于设备生产商的标准现场总线，广泛适用于制造业自动化、流程工业自动化和楼宇、交通电力等其他领域自动化。它是根据国际标准 ISO7498，以 OS 网络作为参考模型建立的。Profibus 传输速率为 9.6 kb/s～12 Mb/s，最大传输距离在 9.6 kb/s 的传输速率下为 1200 m，在 12 Mb/s 的传输速率下为 200 m，可采用中继器延长至 10 km，传输介质为双绞线或者光缆，最多可挂接 127 个站点。

Profibus 总线提供了三种数据传输形式：RS-485 传输、IEC1157-2 传输和光纤传输。

Profibus 总线由三个兼容部分组成，即 Profibus-DP、Profibus-PA 和 Profibus-FMS。其中，Profibus-DP 是一种高速低成本通信电子元件，用于设备级控制系统与分散式I/O设备之间的通信，总线周期一般小于10 ms，使用协议第一、二层和用户接口，确保数据传输快速、有效进行；Profibus-PA是专为过程自动化而设计的，它可将传感器和执行器接在一根共用的总线上，应用于本征安全领域；Profibus-FMS用于车间级监控网络，它是令牌结构的实时多主网络，用来完成控制器和智能现场设备之间的通信以及控制器之间的信息交换，主要使用主-从方式，通常周期性地与传动装置进行数据交换。Profibus总线可实现现场设备层数据通信和控制及车间级监控，为实现工厂综合自动化和现场设备智能化提供了可行的解决方案。

2）Profibus协议结构

（1）Profibus-DP　定义了第一、二层和用户接口，第三到第七层未加描述。用户接口规定了用户、系统以及不同设备可调用的应用功能，并详细说明了各种不同Profibus-DP设备的行为。

（2）Profibus-PA　Profibus-PA采用扩展的Profibus-DP协议来实现数据传输。另外，Profibus-PA还描述了现场设备行为的过程自动化行规。根据IEC1158-2标准，Profibus-PA的传输技术可确保其本征安全性，而且可通过总线给现场设备供电。使用连接器可在Profibus-DP上扩展Profibus-PA网络。

（3）Profibus-FMS　定义了第一、二层及第七层，第七层（应用层）包括现场总线信息规范（fieldbus message specification，FMS）和低层接口（lower layer interface，LLI）。FMS包括了应用协议并向用户提供了可广泛选用的强有力的通信服务。LLI可协调不同的通信关系，并提供不依赖设备的第二层访问接口。

3）Profibus传输技术

Profibus提供了三种数据传输方式：RS-485传输、IEC1157-2传输和光纤传输。

（1）RS-485传输　RS-485传输是Profibus最常用的一种传输方式。RS-485传输用于Profibus-DP与Profibus-FMS。

RS-485传输技术的基本特征是：网络拓扑为线性总线，两端有有源的总线终端电阻；传输速率为9.6 kb/s～12 Mb/s；介质为屏蔽双绞电缆，也可取消屏蔽，具体如何取决于环境条件；不带中继时每分段可连接32个站，带中继时连接的站点可多达 127 个。

RS-485 传输设备安装要点：全部设备均与总线连接；每个分段上最多可接 32 个站（主站或从站）；每个分段的头、尾各有一个总线终端电阻，确保操作运行不发生误差；两个总线终端电阻必须一直有电源；当分段站点超过 32 个时，必须使用中继器来连接各总线段，串联的中继器一般不超过 4 个；传输速率可选 9.6 kb/s～12 Mb/s，一旦设备投入运行，全部设备均需选用同一传输速率。电缆最大长度取决于传输速率。采用 RS-485 传输方式的 Profibus 网络最好使用 9 针 D 型插头。当连接各站时，应确保数据线不要拧绞，系统在高电磁发射环境下运行时应使用带屏蔽功能的电缆，屏蔽可提高电磁兼容性。如用屏蔽编织线和屏蔽箔，应在两端采取保护接地措施，并尽可能用大面积屏蔽接线来屏蔽电子干扰，以保持良好的传导性。

(2) IEC1157-2 传输　IEC1157-2 传输方式用于 Profibus-PA，能满足化工行业的要求。它可保持现场的本征安全，并通过总线对现场设备供电。IEC1157-2 是一种位同步协议，可进行无电流的连续传输。

(3) 光纤传输　Profibus 系统在电磁干扰很大的环境下应用时，可使用光纤导体，以增加高速传输的距离。可使用两种光纤导体：一种是价格低廉的塑料纤维导体，用在距离小于 50 m 的情况下；另一种是玻璃纤维导体，用在距离小于 1 km 的情况下。许多厂商提供了专用总线插头，可将 RS-485 信号转换成光纤导体信号或将光纤导体信号转换成 RS-485 信号。

4) Profibus 控制系统组成

(1) 一类主站　一类主站指 PLC、PC 或可做一类主站的控制器，用于完成总线通信控制与管理。

(2) 二类主站　二类主站包括以下三种。

① PLC（智能型 I/O 设备）：由于 PLC 自身有程序存储和执行功能，因此 PLC 的 CPU 执行部分程序并按执行结果驱动 I/O 设备，这时 PLC 就作为 Profibus 上的一个从站。作为从站的 PLC 的存储器中有一个特定区域是与主站通信的共享数据区。主站可通过通信间接控制从站 PLC 的输入与输出。

② 分散式 I/O 设备（非智能型 I/O 设备）：通常由电源、通信适配器、接线端子三部分组成。分散式 I/O 设备不具有程序存储和执行功能，通信适配器部分接收主站指令，按主站指令驱动 I/O 设备，并将 I/O 设备输入及故障诊断信

息等返回给主站。分散型 I/O 设备通常由主站统一编址，这样在主站编程时使用分散式 I/O 设备与使用主站的 I/O 设备就没有什么区别。

③ 驱动器、传感器、执行机构等现场设备：即带 Profibus 接口的现场设备，可由主站在线完成系统配置、参数修改、数据交换等功能。

2. Profinet 总线

Profinet 协议是西门子公司在 Profibus 协议基础上发展出的一种高速通信协议，结合了 Profibus 与 Ethernet 的特点，Profinet 总线其传输速率可达 100 Mb/s。实践证明，Profinet 总线传输是一种高效的通信方式。

3. CC-Link 总线

1）CC-Link 总线及通信原理

CC-Link 是 Control&Communication Link（控制与通信链路）的缩写，是以三菱电机株式会社为主导的多家公司开发的一种开放式现场总线，具备高实时性，能实现分散控制、与智能设备通信等功能。CC-Link 总线支持高速通信，数据传输速率最高可达 10 Mb/s，具有性能卓越、应用广泛、使用简单、节省成本等突出优点。

CC-Link 总线的底层通信遵循 RS-485 协议。CC-Link 总线提供了循环传输和瞬时传输两种通信方式。一般情况下，CC-Link 总线主要采用广播-轮询（循环传输）的方式进行通信，具体的方式是：主站将刷新数据（RY/RWw）发送到所有从站，与此同时轮询从站 1；从站 1 对主站的轮询做出响应（RX/RWr），同时将该响应告知其他从站；然后主站轮询从站 2（此时并不发送刷新数据），从站 2 给出响应，并将该响应告知其他从站；依此类推，循环往复。该方式的数据传输速率非常高。除了广播-轮询方式以外，CC-Link 总线也支持主站与本地站、智能设备站之间的瞬时通信。

2）CC-Link 总线的结构

CC-Link 系统只有一个主站，可以连接远程 I/O 站、远程设备站、本地站、备用主站、智能设备站等总计 64 个站。CC-Link 站的类型如表 7-1 所示。CC-Link 系统可配备多种中继器，可在不降低通信速度的情况下延长通信距离，最长可达 13.2 km。例如，可使用光中继器，在保持 10Mb/s 通信速度的情况下，将总距离延长至 4300 m。另外，T 形中继器可完成 T 形连接，更适合现场的连接要求。

表 7-1　CC-Link 站的类型

CC-Link 站类型	说明
主站	控制 CC-Link 网络上全部站,需设定参数。每个 CC-Link 系统中必须有一个主站
本地站	具有 CPU 模块,可以与主站及其他本地站进行通信,如 A/QnA/Q 系列 PLC 等
备用站	主站出现故障时,接替前者作为主站,继续进行数据传输,如 A/QnA/Q 系列 PLC 等
远程 I/O 站	只能处理位信息,如远程 I/O 模块、电磁阀等
远程设备站	可处理位信息及字信息,如 A/D、D/A 转换模块,变频器等
智能设备站	可处理位信息及字信息,也可完成不定期数据传送,如 A/QnA/Q 系列 PLC、人机界面等

3) CC-Link 总线的优势

(1) 具有自动刷新和预约站功能。

从网络模块到 CPU 的数据刷新是自动完成的,不需要专用的刷新指令;对于以后需要挂接的站,可以事先在系统组态时加以设定,当设备挂接在网络上时,CC-Link 系统可以自动识别该设备并纳入系统的运行,不必重新进行组态,使系统保持连续工作,方便设计人员设计和调试系统。

(2) 具有完善的 RAS 功能。

“RAS”中,“R”表示 reliability(可靠性),“A”表示 availability(有效性),“S”表示 serviceability(可维护性)。RAS 功能包括故障子站自动下线功能、修复后的自动返回功能、站号重叠检查功能、故障无效站功能、网络链接状态检查功能、自诊断功能等,这些功能能帮助用户在最短时间内恢复网络系统。

(3) 具有互操作性和即插即用功能。

CC-Link 厂商给合作厂商提供了描述每种类型产品的数据配置文档。这种文档称为内存映射表,用来定义控制信号和数据的存储单元(地址)。合作厂商可按照内存映射表的规定,进行 CC-Link 兼容性产品的开发工作。以模拟量 I/O 开发工作表为例,在映射表中位数据 RX0 被定义为“读准备好信号”,字数据 RWr0 被定义为模拟量数据。由不同公司生产的同样类型的产品,在数据的配置上是完全一样的,用户不需要考虑产品在编程和使用上的不同。另外,如果用户换用同类型的不同公司的产品，程序基本上不用修改，可实现即插即用。

(4) 具有循环传送和瞬时传送功能。

CC-Link 总线提供了两种通信模式：循环通信和瞬时通信。循环通信是数据一直不停地在网络中传送，数据可以共享。循环通信由 CC-Link 核心芯片 MFP(三菱现场网络处理器)自动完成。瞬时通信是在循环通信的数据量不够用或需要传送比较大的数据(最大为 960B)时采用的通信模式，可以用专用指令实现一对一的通信。

(5) 具有优异的抗噪性能和兼容性。

为了保证多厂家网络的良好的兼容性，一致性测试是非常重要的。通常只是对接口部分进行测试。CC-Link 总线的一致性测试程序中包含抗噪声测试。因此，所有 CC-Link 兼容产品均具有高水平的抗噪性能和兼容性。

4) CC-Link 总线的应用特点

CC-Link 总线可以直接连接各种流量计、电磁阀、温控仪等现场设备，降低了配线成本，并且便于接线设计的更改。同时，CC-Link 总线通过中继器可以在4.3 km以内保持 10 Mb/s 的高通信速度，因此其广泛用于半导体生产线、自动化传送线、食品加工线以及汽车生产线等各个现场控制领域。国内已经有不少地方使用了 CC-Link 总线。现将其应用特色归纳如下：

(1) 便于组建价格低廉的简易控制网。

CC-Link 总线不仅可以连接各种现场仪表，还可以连接各种本地控制站 PLC 作为智能设备站。在各个本地控制站之间通信量不大的情况下，采用 CC-Link 总线可以构成一个简易的 PLC 控制网，并且成本极为低廉。例如海尔集团的空调测试生产线，该生产线的每个测试工位都采用了一套独立的 PLC(三菱 FX2N PLC)，用来完成该测试工位的测试任务。为了使管理层的人员能够及时了解生产线上各工位的工作情况，采用 CC-Link 总线将各个独立的控制站连接成一个网络，通过与主站(三菱 A1SJHCPU)连接的上位机来监控整个测试线的工作情况。与传统的 RS-485 通信方式相比，CC-Link 总线不仅通信距离长、速度快、成本低，还具有以下优势：由于 CC-Link 提供了强大的 RAS 功能，因此在上位机上可以监控各个现场测试站的工作情况，及时发现各种异常，以及网络连线的异常等；当现场测试站中的某一个 PLC 站出现问题时，其会自动断线而不影响其他站的工作，该站修复完成后会自动上线。

(2) 便于组建成本低廉的冗余网络。

一些领域对系统的可靠性提出了很高的要求,这时往往需要设置主站和备用主站,构成冗余系统。虽然 CC-Link 是现场级网络,但是其也提供了很多高一等级网络所具有的功能,例如可以对其设定主站和备用主站,由于其造价低廉,因此性价比较高。以银川的热电厂项目为例,该项目采用了 CC-Link 总线,其主站、备用主站均采用三菱 Q2ASHCPU,通过 CC-Link 总线连接了两个远程输入站和远程输出站。当主站、备用站均正常工作时,由主站对远程站进行控制;当主站出现故障时,备用主站将自动接管系统的控制权,作为主站工作,避免了系统的停滞。

(3) 适用于一些控制点分散、安装范围狭窄的现场。

在楼宇监控系统(如燃气监控系统)中,相应的检测点很多,而且比较分散。另外,高层建筑为追求设计的经济性,往往尽量缩小夹层和上下通道的尺寸。采用 CC-Link 总线连接分立的远程 I/O 模块,一层网络最多可以控制 64 个部位的 2048 个网络连接点,总延长距离可达 7.6 km。小型的 I/O 模块尺寸仅为 87.3 mm×50 mm×40 mm,可以安装在极为狭窄的空间内。例如上海西派埃科技发展有限公司测控部采用 CC-Link 网络,成功地开发了“FLD 现场总线式燃气泄漏监控系统”并将其产品化,此产品已成功应用于上海浦东国际机场等项目。

(4) 适用于直接连接各种现场设备。

由于 CC-Link 网络是一个现场总线网络,因此它可以直接连接各种现场设备。采用 CC-Link 连接变频器,不仅可连接的数量多,通信距离也很长,而且具有网络通信的总体监控和诊断功能,通信编程方便。

4. CAN 总线

CAN(controller area network, 控制器局域网络)是由德国博世公司开发的,CAN 标准最终也成为国际标准(ISO 11898)。目前,CAN 总线已成为国际上应用最广泛的现场总线之一,在智能网联汽车、工业自动化、船舶、医疗设备、工业设备等领域得到广泛应用,被誉为自动化领域的计算机局域网。它的出现为分布式控制系统实现各节点之间实时、可靠的数据通信提供了强有力的技术支持。

CAN 是一种有效支持分布式控制或实时控制的串行通信网络。基于

CAN 总线的分布式控制系统在以下方面具有明显的优越性。

(1) 网络各节点之间的数据通信实时性强。

首先,CAN 控制器工作于多种方式,网络中的各节点都可根据总线访问优先权(取决于报文标识符)采用无损结构的逐位仲裁方式竞争而向总线发送数据,且 CAN 协议废除了站地址编码,而对通信数据进行编码,这样可使不同的节点同时接收到相同的数据,从而使得 CAN 总线构成的网络各节点之间的数据通信实时性强,并且容易构成冗余结构,提高系统的可靠性和灵活性。

(2) 缩短了开发周期。

CAN 总线通过 CAN 收发器接口芯片 82C250 的两个输出端 CANH 和 CANL 与物理总线相连,而 CANH 端的状态只能是高电平或悬浮状态,CANL 端的状态只能是低电平或悬浮状态。这就保证 CAN 网络中不会同 RS-485 网络中一样出现系统错误导致的节点损坏现象。而且 CAN 节点在错误严重的情况下具有自动关闭输出功能,以使总线上其他节点的操作不受影响,从而保证不会因个别节点出现问题而使得总线处于"死锁"状态。此外,CAN 具有的完善的通信协议可由 CAN 控制器芯片及其接口芯片来实现,从而大大降低系统开发难度,缩短开发周期。

总之,与其他现场总线比较,CAN 总线具有通信速率和实时性高、可靠性好、灵活性强、易于实现、性价比高等诸多特点。

CAN 总线已被公认为几种最有前途的现场总线之一。其典型的应用协议有 SAE J1939/ISO 11783、CANopen、CANaerospace、DeviceNet、NMEA 2000 等。

5. EtherCAT 总线

1) EtherCAT 总线概述

EtherCAT 现场总线协议是德国 Beckhoff 公司在 2003 年提出的一种开放式实时以太网协议,EtherCAT 总线通过改造以太网协议结构实现了带宽的最大化利用(利用率可达 90%以上),采用主从模式进行数据通信,充分利用了以太网的全双工特点。EtherCAT 总线数据传输速度快,可达到 100 Mb/s。EtherCAT 总线引入分步时钟(distributed clock,DC)机制,产生的同步时钟信号能够将各从站设备之间的同步误差控制在纳秒级,满足控制系统的高同步性要求。卓越的同步特性可使各个从站的协同工作达到一个很高的水平。Ether-

CAT 现场总线广泛应用于要求精度比较高的自动化领域，例如伺服驱动器、集散控制系统均可采用 EtherCAT 总线等。EtherCAT 协议的开放性、高性能、低成本以及灵活的拓扑结构等，使得 EtherCAT 技术可以在众多硬件平台和操作系统上得以实现，有利于开发出功能丰富的 EtherCAT 产品，应用于各种工业现场。目前 EtherCAT 总线已在工控领域得到广泛应用。

2）EtherCAT 总线的通信原理

要对数据进行实时处理，就必须将数据快速传送出去，这就要求数据的物理传输通路有较高的速度。在几个站需要同时发送数据时，要求快速地进行总线分配。

EtherCAT 系统一般采用主从式环形通信结构，这种结构的 EtherCAT 系统由一个主站与一个或若干个从站构成。所有通信均由主站发起，利用以太网的全双工通信技术，使得主站可通过传输线（TX）发出报文，同时从接收线（RX）接收返回的数据。采用这种数据通信机制可避免网络中产生通信冲突，使通信的可靠性大大提高。整个网络一次通信过程大致可分为以下几部分：

（1）EtherCAT 主站发出下行报文，其中包含各个从站所需数据；

（2）第一个 EtherCAT 从站收到主站报文，由从站专用硬件解析，只寻址到与自身相关的数据，根据相应命令从报文中抽取或插入相关数据，然后转发报文至下一个相邻从站，后续从站均重复完成该过程；

（3）报文一路经过所有从站，到达网络中末尾的从站时，它先完成自身的数据处理，然后将主站上行报文由各个从站一路转发，直到主站收到返回的报文并做相应处理。值得注意的是，从站采用专用硬件实现报文处理，传输时延只有几百纳秒。

EtherCAT 通信原理如图 7-32 所示。

3）EtherCAT 系统组成

与标准的七层 OSI 参考模型不同，EtherCAT 系统将其通信参考模型压缩成三层：物理层、链路层、应用层。EtherCAT 主、从站分别对这三层做了相应实现。

（1）主站组成　EtherCAT 主站在硬件上采用标准的以太网控制器，以实现物理层与链路层，上层的应用层则完全由软件实现。主站结构如图 7-33 所示。物理层由 PHY（physical，物理层）芯片构成，用于完成对数据的编码、译码、收发等任务；链路层主要是通过介质访问控制（media acess control，MAC）

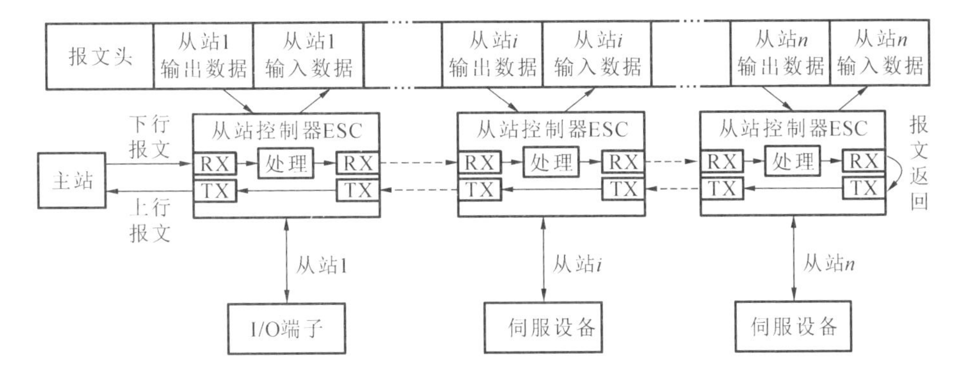

图 7-32 EtherCAT 通信原理

来处理数据帧,采用以太网标准通信芯片实现;应用层上主站由相应驱动与控制程序实现。

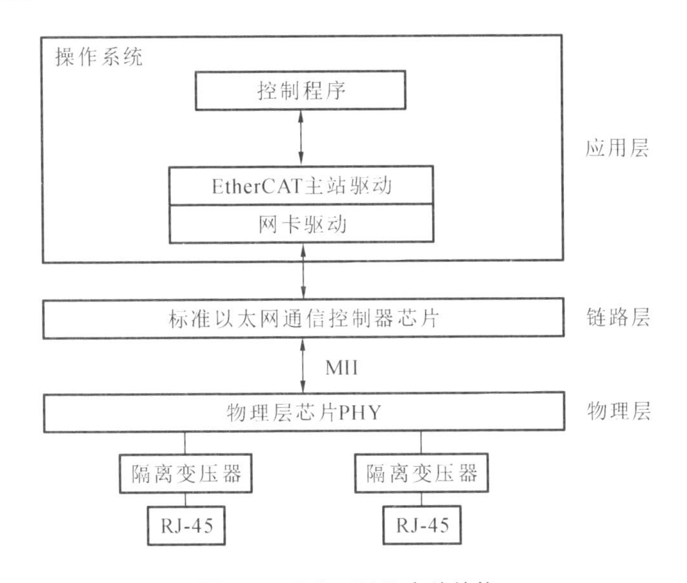

图 7-33 EtherCAT 主站结构

物理层采用了一种介质独立接口(media independent interface,MII),以实现与上层的数据交互。MII 作为以太网物理层所定义的标准电气机械接口,其应用与传输介质无关,因而可以实现物理层与以太网数据链路层的隔离,使以太网可以方便地选用任何传输介质。其中隔离变压器位于 RJ-45 接口与 PHY 之间,主要用于隔离信号间的相互干扰,提高通信的可靠性。

(2) 从站组成 EtherCAT 从站由物理层器件、从站控制器(ESC)、从站控制微处理器和其他应用层器件构成。其结构和各组成部分作用如图 7-34 所示。

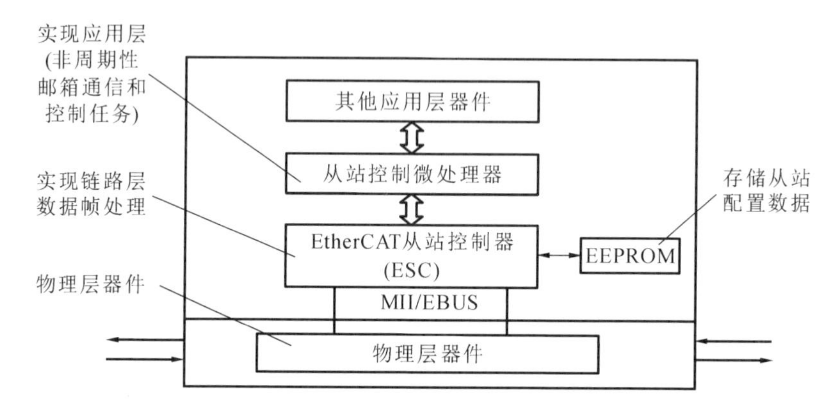

图 7-34 EtherCAT **从站组成**

EtherCAT 主、从站分别支持多种同步模式。其中主站中的分布时钟模式与从站中的同步于分布时钟模式的组合，能很好地保证主站与各从站精准运行。

非周期性邮箱通信用于传输非实时数据，包括主、从站间的双向邮箱通信。而要实现从站到从站的数据通信，则需将主站视为路由器，实现数据转发。由于非周期性邮箱通信的非实时性，故其一般可用于配置 EtherCAT 相关参数等。

4) EtherCAT 总线的特点

EtherCAT 总线的特点主要包括以下几个：

(1) 适应性好。EtherCAT 主站对硬件并没有特殊要求，任何带有商用以太网控制器的处理器都可作为主站，处理器可以是 PC，也可以是小型的 16 位处理器。其对计算机无特殊要求，所以应用十分普遍。

(2) 完全符合以太网标准。EtherCAT 总线与标准的以太网设备可以并存，并无冲突。利用以太网交换机，EtherCAT 可以实现大规模的多种物理拓扑结构。

(3) 不需要从属子网。EtherCAT 从站构成简单，复杂的带有处理器的伺服驱动设备或 2 位的 I/O 节点都可以作为从站。

(4) 效率高。EtherCAT 总线能充分地利用以太网的传输带宽进行用户数据的交换。其数据刷新周期短，可以达到小于 100 μs，可用于对周期性要求高的伺服控制系统。

（5）同步性好。利用分布在 EtherCAT 网络各个从站节点上的分布时钟，从站设备间可以达到小于 1 μs 的时钟同步精度。

7.6.4 工业以太网技术

1. 工业以太网概述

工业以太网是以太网，甚至是互联网系列技术延伸到工业应用环境中的产物。工业以太网涉及企业网络的各个层次，包括用于工业环境的企业信息网络、工业物联控制网络以及新兴的实时以太网等。

工业以太网是基于 IEEE802.3（Ethernet）的强大的区域和单元网络。利用工业以太网，SIMATIC NET 提供了一个无缝集成到新的多媒体世界的途径。企业内部互联网（Intranet）、外部互联网（Extranet）以及国际互联网（Internet）提供的广泛应用不但已经进入办公领域，而且还可以应用于生产和过程自动化。随着互联网技术的发展与普及，Ethernet 技术也得到了迅速的发展。Ethernet 传输速率的提高和 Ethernet 交换技术的发展，给解决 Ethernet 通信的非确定性问题带来了希望，并使 Ethernet 全面应用于工业控制领域成为可能。在今天的工厂自动化、智能化控制系统中，以太网的应用几乎已经和 PLC 一样普遍。工业以太网技术的发展将体现在通信确定性、实时性、稳定性与可靠性等方面。

2. 工业以太网协议

工业自动化网络控制系统不单单是一个完成数据传输的通信系统，还是一个借助网络完成控制功能的自控系统。它除了完成数据传输之外，往往还需要依靠所传输的数据和指令，执行某些控制计算与操作功能，由多个网络节点协调完成自动控制任务。因而，它需要在应用层、用户层等高层协议与规范上满足开放系统的要求。

如前所述，对应于 OSI 七层网络通信系统参考模型，以太网技术规范只映射为其中的物理层和链路层，而网络层和传输层目前主要采用 TCP/IP 协议（已成为以太网之上传输层和网络层事实上的标准），对较高的层次如会话层、表示层、应用层等则没有做技术规定。目前商用计算机之间是通过 FTP（文件传送协议）、Telnet（远程登录协议）、SMTP（简单邮件传送协议）、HTTP

(WWW 协议)、SNMP(简单网络管理协议)等应用层协议来实现信息透明交互和访问的，它们如今在互联网上发挥了非常重要的作用。但这些协议所定义的数据结构等特性并不适用于工业过程控制领域现场设备之间的实时通信。

为满足工业现场控制系统的应用要求，必须基于 Ethernet＋TCP/IP 协议建立完整、有效的通信服务模型，制定有效的实时通信服务机制，协调好工业现场控制系统中实时和非实时信息的传输服务，形成为广大工控设备生产厂商和用户所接受的应用层、用户层协议，进而形成开放的标准。

为此，各现场总线组织纷纷将以太网引入其现场总线体系中的高速部分，利用以太网、TCP/IP 技术和原有的低速现场总线应用层协议，构成了所谓的工业以太网协议，如高速以太网(high speed ethernet，HSE)协议、Profinet 协议、EtherNet/IP 协议等。

1) HSE 协议

HSE 总线是现场总线基金会(FF)在放弃了原有高速总线 H2 计划之后新设计的现场总线。现场总线基金会明确将 HSE 的作用定位于实现控制网络与互联网的集成。由 HSE 链接设备(linking device)将 H1 网段信息传送到以太网的主干上并进一步送到企业的 ERP 系统。操作员在主控室可以直接使用网络浏览器查看现场运行情况。现场设备同样也可以从网络获得控制信息。

HSE 协议在物理层、链路层、网络层和传输层直接采用以太网＋TCP/IP，在应用层和用户层直接采用 FFH1 的应用层服务和功能块应用进程规范，并通过链接设备将 FFH1 网络连接到 HSE 上。HSE 链接设备同时也具有网桥和网关的功能，它的网桥功能能用来连接多个 H1 总线网段，使不同 H1 网段上的 H1 设备之间能够进行对等通信而不需主机系统的干预。HSE 主机可以与所有的链接设备和链接设备上挂接的 H1 设备进行通信，使操作数据能传送到远程的现场设备，并接收来自现场设备的数据信息，实现监控和报表功能。监视和控制参数可直接映射到标准功能块或者柔性功能块(FFB)中。

2) Profinet 协议

Profibus 国际组织针对工业控制要求和 Profibus 技术特点，提出了基于以太网的 Profinet 协议。Profinet 总线采用标准 TCP/IP＋以太网作为连接介质，采用标准 TCP/IP 协议加上应用层的 RPC/DCOM 来完成节点之间的通信和网络寻址。它可以同时挂接传统 Profibus 系统和新型的智能现场设备。现有的

Profibus 网段可以通过一个代理设备(proxy)连接到 Profinet 网络当中,使整套 Profibus 设备和协议能够原封不动地在 Profinet 网络中使用。传统的 Profibus 设备可通过代理设备(proxy)与 Profinet 上面的 COM 对象进行通信,并通过 OLE 自动化接口实现 COM 对象之间的调用。

3) Ethernet/IP 协议

Ethernet/IP 协议是一个面向工业自动化应用的工业以太网协议,由美国 Rockwell 自动化公司开发。Ethernet/IP 网络采用商业以太网通信芯片、物理介质和星形拓扑结构,采用以太网交换机实现各设备间的点对点连接,能同时支持传输速率为 10 Mb/s 和 100 Mb/s 的以太网商用产品。Ethernet/IP 协议由 IEEE802.3 物理层和数据链路层标准、TCP/IP 协议组、控制信息协议(control information protocol,CIP)三个部分组成。为了提高设备间的互操作性,Ethernet/IP 协议采用了与 ControlNet 和 DeviceNet 控制网络中相同的控制信息协议。控制信息协议一方面提供实时 I/O 通信功能,另一方面实现信息的对等传输——其控制部分用来实现实时 I/O 通信,信息部分则用来实现非实时的信息交换。

由于以太网具有价格低廉、通信速率高、软/硬件产品丰富、应用支持技术成熟等优点,目前它已经在工业企业综合自动化系统中的资源管理层、执行制造层得到了广泛应用,并呈现向下延伸直接应用于工业控制现场的趋势。从国内外工业以太网技术的发展来看,目前工业以太网在制造执行层已得到广泛应用,Ethernet/IP 已成为事实上的现场总线标准。未来工业以太网将在工业企业综合自动化系统中的现场设备之间的互连和信息集成中发挥越来越重要的作用。

3. 基于工业以太网技术的现场设备与分布式网络控制系统

1) 基于工业以太网技术的现场设备

目前,工业以太网产品日益丰富,主要分为两类:一类是工业以太网网络产品,如工业以太网集线器、路由器、网关和网卡等;另一类是工业以太网测量与控制设备,如工业以太网 I/O 设备、工业以太网现场设备等。

目前市场上大多数以太网设备所用的接插件、集线器、交换机和电缆等网络设备是为办公室应用而设计的,抗干扰能力较差,不符合工业现场恶劣环境的要求,也不具备向现场仪表供电的性能。

随着网络技术的发展,上述问题正在迅速得到解决。此外,在实际应用中,主干网可采用光纤传输，现场设备的连接则可采用屏蔽双绞线、光纤等，重要的网段还可采用冗余网络技术，以提高网络的抗干扰能力和可靠性。

2）基于工业以太网技术的智能制造装备分布式网络控制系统

工业物联网技术以及智能制造技术的发展，使得智能云数控平台可以通过以太网将智能制造装备工业母机连接起来，实现互联互通和边端控制。工业自动化领域的中上层间、管理层和控制层间，以及企业中心和自动化岛屿间的数据通信均通过工业以太网来实现，而真正的自动化任务是由下位的单元级与现场级中的现场总线来完成的。如 Profibus 现场总线的主要生产厂商西门子公司有多种 TCP/IP Ethernet 接口设备，允许把 S7-PLC、操作面板、IPC 等通过以太网连接起来，构成基于工业以太网的分布式网络控制系统，如图 7-35 所示。

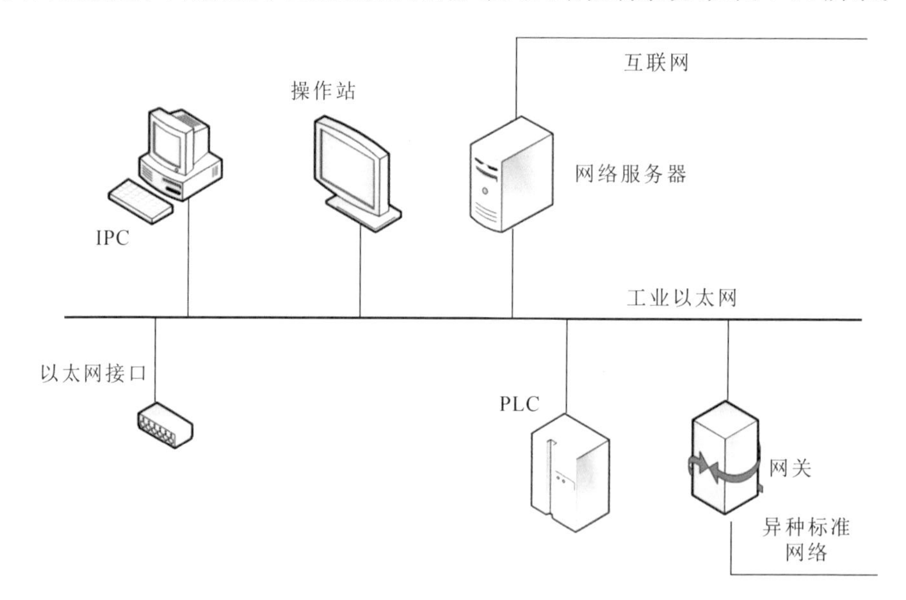

图 7-35　基于工业以太网的分布式网络控制系统

7.7　智能数控方法

7.7.1　自动控制概述

制造装备运动控制都是建立在基于自动控制理论的控制策略和方法基础

上的。自动控制理论经历了从经典控制理论到现代控制，再到智能控制理论的发展过程。一般来说，经典控制理论主要用于通过微分方程或传递函数分析工具来解决线性定常单输入-单输出系统问题。现代控制理论除了线性定常单输入-单输出问题之外，还可用于解决非线性时变多输入-多输出问题，其分析工具是状态方程和输出方程。而智能控制理论则是模仿人类智能所形成的一类控制理论，可用来处理各种复杂系统，求解过程主要依靠搜索、自学习、模拟进化等手段。

目前，基于经典控制理论、现代控制理论和智能控制理论发展了一系列的控制策略，且各种典型控制策略的渗透与融合又促使多种各具特色的复合控制策略形成，如图 7-36 所示。属于经典控制理论范畴的控制策略主要包括传统的 PID 控制策略、针对大时延惯性环节的 Smith 预估补偿控制策略和多变量耦合系统的解耦控制策略。属于现代控制理论范畴的控制策略包括自适应控制、变结构控制、鲁棒控制和预测控制等先进控制策略。融合传统的自动控制理论、运筹学、信息论、计算机科学、生物学和人工智能等多门学科知识而形成的智能控制理论则涵盖模糊控制、专家系统、神经网络和遗传算法(genetic algorithm，GA)等基本的学科领域。传统的控制理论与智能控制理论之间相互渗透，形成了模糊 PID、专家 PID、模糊专家 PID、神经网络 PID、模糊预测控制、模糊神经网络控制、遗传算法模糊控制和遗传算法预测控制等各种复合控制策略。

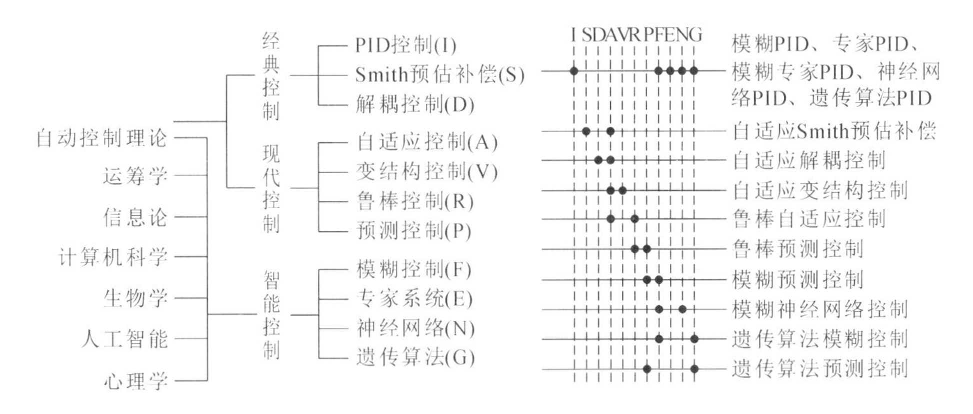

图 7-36　各种典型控制策略及复合控制策略

智能控制理论是控制理论发展到高级阶段的产物，是人工智能、信息科学、控制科学、运筹学等多门学科深度交叉融合的结果。随着先进制造技术、检测与控制技术、信息技术、运筹学以及人工智能科学与技术的发展，智能制造装备的各种先进智能运动控制算法得到迅速发展。然而，要全面深入理解智能控制策略及其工程实现方法，首先就要全面、深刻理解传统控制策略，限于篇幅这里仅做简单介绍。

7.7.2 先进 PID 控制技术

1. PID 控制原理和基本 PID 控制方法

在工业控制领域，PID 控制是应用最为普遍的一种控制方法，具有原理简单、易于实现和适应性强等优点，在机械、冶金、化工等行业获得了非常广泛的应用。常规 PID 控制原理框图如图 7-37 所示。

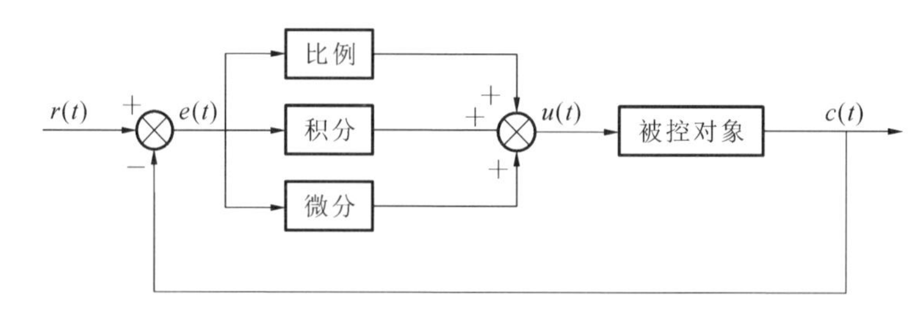

图 7-37 PID 控制原理框图

PID 控制器是一种线性控制器，它根据给定量 $r(t)$ 和实际输出 $c(t)$ 之间的控制偏差 $e(t)$，将偏差的比例(P)、积分(I)和微分(D)控制分量线性组合构成控制量，进而对被控对象进行控制。其输入与输出的关系为

$$u(t) = K_P\left[e(t) + \frac{1}{T_I}\int_0^T e(t)\mathrm{d}t + \frac{T_D \mathrm{d}e(t)}{\mathrm{d}t}\right] = u_P(t) + u_I(t) + u_D(t) \tag{7-1}$$

或者

$$U(s) = K_P E(s) + \frac{K_P}{T_I}\cdot\frac{E(s)}{s} + K_P T_D s E(s) \tag{7-2}$$

式中 K_P——比例常数；

T_I——积分时间常数；

T_D——微分时间常数。

在式(7-1)中，$u_P(t) = K_P e(t)$ 为比例控制分量，$u_I(t) = (K_P/T_I)\int_0^T e(t)\mathrm{d}t$ 为积分控制分量，$u_D(t) = K_P T_D \mathrm{d}e(t)/\mathrm{d}t$ 为微分控制分量。对上述各控制分量

进行线性组合，可构成比例（P）控制器、比例-积分（PI）控制器、比例-微分（PD）控制器、比例-积分-微分（PID）控制器等。

比例控制、积分控制和微分控制的作用分别如下：

（1）比例控制用来及时成比例地反映系统的偏差信号 $e(t)$，偏差一旦形成，控制器就立即产生控制作用，以减小偏差。

（2）积分控制主要用来消除静差，提高系统无差度。积分控制作用的强弱取决于积分时间常数 T_I 的大小，T_I 越大，积分作用越弱，反之则越强。

（3）微分控制可以反映偏差信号的变化趋势（变化速率），并能在偏差信号变得太大之前，引入一个有效的早期修正量，从而加快系统的响应，缩短调节时间。

对于数控系统，控制器每隔一个控制周期 T 进行一次控制量计算，并输出到执行机构。计算时只能根据采样时刻的偏差值进行计算，因此式（7-1）中的积分项和微分项并不能直接使用，需进行离散化处理。设控制周期为 T，在控制器的采样时刻 t，对积分运算和微分运算做如下近似：

$$\begin{cases} t \approx kT \\ \int_0^T e(t)\mathrm{d}t \approx T\sum_{j=0}^{K} e(jT) = T\sum_{j=0}^{K} e(j) \\ \dfrac{\mathrm{d}e(t)}{\mathrm{d}t} \approx \dfrac{e(kT) - e[(k-1)T]}{T} = \dfrac{e(k) - e(k-1)}{T} \end{cases} \tag{7-3}$$

式中　k——采样序号，$k=0,1,2,\cdots$；

T——采样周期；

$e(k)$——第 k 次采样时刻输入的偏差值；

$e(k-1)$——第 $k-1$ 次采样时刻输入的偏差值。

显然，上述离散化过程中，采样周期 T 必须足够短才能保证有足够的精度。因为 T 是确定的，为方便书写，将 kT 简化表示成 k。将式（7-3）代入式（7-1），可得离散的 PID 表达式为

$$u(k) = K_P\left\{e(k) + \frac{T}{T_I}\sum_{j=0}^{K} e(j) + \frac{T_D}{T}[e(k) - e(k-1)]\right\} \tag{7-4}$$

或

$$u(k) = K_P e(k) + K_I\sum_{j=0}^{K} e(j) + K_D[e(k) - e(k-1)] \tag{7-5}$$

式中　$u(k)$——第 k 次采样时刻的计算机输出值；

K_I——积分系数，$K_I = K_P T/T_I$；

K_D——微分系数，$K_D=K_P T_D/T$。

式(7-5)通常称为位置式 PID 数字调节器表达式。计算机输出的 $u(k)$直接用于控制执行机构，$u(k)$的值和执行机构的位置是一一对应的。每次输出时计算机都要对 $e(k)$进行累加，运算工作量大。由于计算机输出的 $u(k)$对应的是执行机构的实际位置，如计算机出现故障，$u(k)$的大幅度变化会引起执行机构位置的大幅度变化。在实际生产中这种情况是不允许出现的，因而对式(7-5)进行改进，将增量 $\Delta u(k)$作为数字控制器的输出，相应的控制算法即为增量式 PID 控制算法。

令式(7-5)中 $k=k-1$，得

$$u(k-1)=K_P e(k-1)+K_I\sum_{j=0}^{K-1}e(j)+K_D[e(k-1)-e(k-2)] \tag{7-6}$$

用式(7-5)减去式(7-6)，即可得到增量式 PID 控制规律：

$$\Delta u(k)=u(k)-u(k-1)=K_P[e(k)-e(k-1)]+K_I e(k)+K_D[e(k)-2e(k-1)+e(k-2)] \tag{7-7}$$

增量式 PID 控制具有如下优点：

(1) 误动作时产生的影响小，运动控制不会造成“飞车”，必要时可用逻辑判断的方法去除误动作造成的影响。

(2) 手动/自动切换时冲击小，便于实现无扰动切换。

(3) 计算中不需要累加。控制增量 $\Delta u(k)$的确定仅与最近 k 次的采样值有关，所以较容易通过加权处理获得比较好的控制效果。

但增量式 PID 控制也有其不足之处：积分截断效应大，有静态误差；溢出的影响大。因此，在工程实际应用中，针对不同的被控对象、不同的控制要求，可以采用不同的 PID 改进算法。主要的 PID 改进算法有积分分离 PID 控制、遇限削弱积分 PID 控制、不完全微分 PID 控制、微分先行 PID 控制和带死区 PID 控制算法等。

随着计算机技术的发展，在实际工程控制中，PID 的发展逐步实现数字化，并发展了多种数字 PID 控制系统，常用的主要有单回路 PID 控制系统、串级 PID 控制系统、前馈-反馈控制系统、纯滞后补偿(Smith 预估补偿)控制系统等。

单回路 PID 控制系统是最简单的一种 PID 控制系统，其基本组成环节如图 7-38(a)所示。

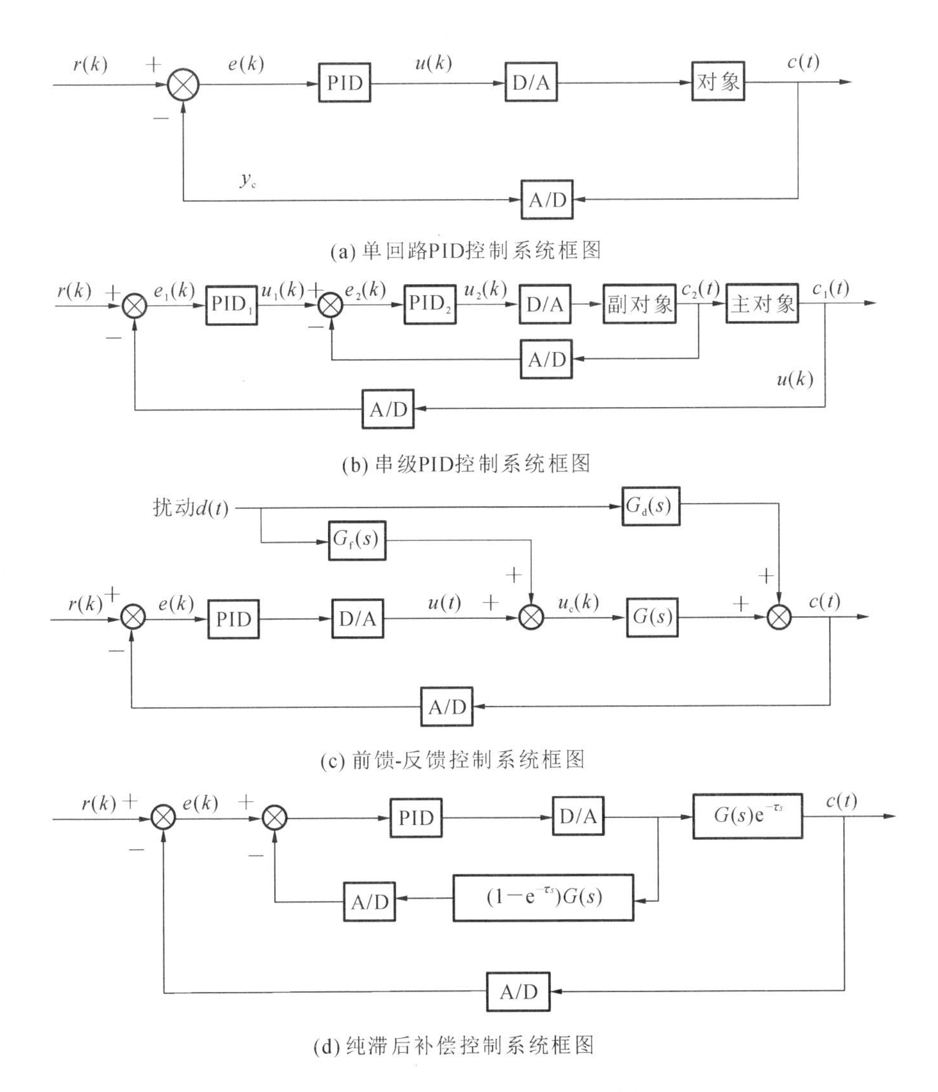

(a) 单回路PID控制系统框图

(b) 串级PID控制系统框图

(c) 前馈-反馈控制系统框图

(d) 纯滞后补偿控制系统框图

图 7-38　常用的数字 PID 控制系统框图

串级 PID 控制系统的典型结构如图 7-38(b)所示，系统中有两个 PID 控制器。PID_1 称为主控制器，包围PID_1 的外环称为主回路；控制器PID_2 称为副控制器，包围PID_2 的内环称为副回路。主控制器的输出控制量 $u_1(k)$作为副回路的给定量。

前馈-反馈控制系统如图 7-38(c)所示，系统的扰动 $d(t)$通过前馈补偿器$G_f(s)$输出，与系统的反馈控制器的输出相叠加。因此，对 u_c 的控制实际上是偏差控制和扰动控制的结合，也称为复合控制。两种控制策略相互补充，构成了十分有效的控制方案。

在工业过程控制中，许多被控对象上会出现纯滞后现象，这会导致控制作用不及时，使系统产生超调或者振荡。20 世纪 50 年代，Smith（史密斯）提出了一种纯滞后补偿模型，利用该模型，借助于计算机可方便地实现滞后补偿。Smith 补偿的原理是：将 PID 控制器与一个补偿环节并接，这个补偿环节称为 Smith 预估器，其传递函数为$(1-e^{-\tau s})G(s)$，其中 τ 为纯滞后时间。由此构成的纯滞后补偿控制系统框图如图 7-38(d)所示。

2. 其他新型 PID 控制方法

典型的 PID 方法和其他方法结合，形成其他新型 PID 控制方法，主要有如下几种。

1）自适应 PID 控制

将自适应控制与常规 PID 控制相结合，构成自适应 PID 控制。自适应控制系统是具有一定适应能力的系统，它能够根据环境的变化自动校正控制动作，从而获得最优或次优的控制效果。自适应控制系统的原理框图如图 7-39 所示。

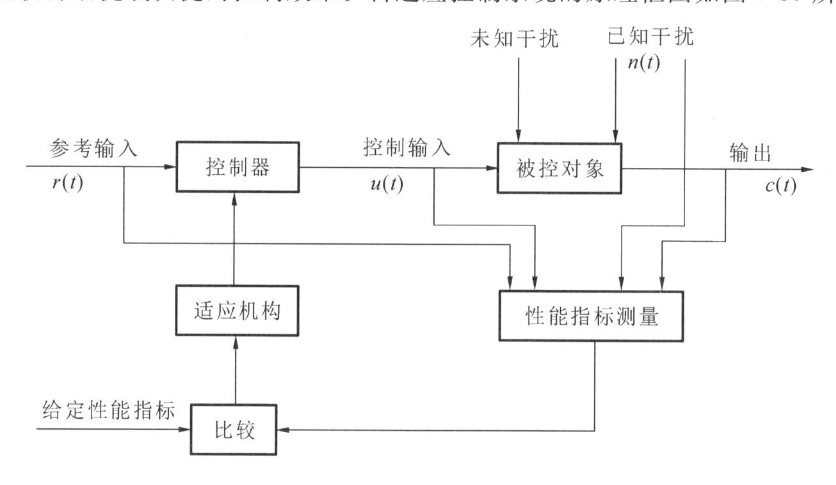

图 7-39　自适应控制系统原理框图

系统在运行过程中根据参考输入 $r(t)$、控制输入 $u(t)$、对象输出 $c(t)$和已知干扰 $n(t)$来测量对象性能指标，并与给定的性能指标进行比较，做出决策，然后通过适应机构来改变系统参数，或者产生一个辅助的控制输入量，累加到系统上，以保证系统能快速跟踪给定的最优性能指标，使系统处于最优或次优的工作状态。从本质上讲，自适应控制应具有辨识、决策、修改的功能：辨识即通过不断地测取被控对象参数并加以处理来获得系统状态信息;决策即根据所辨识的系统状态信息,采用自适应算法计算并做出决断,给出具体的控制规律;修改即对所计算出来的控制参量不断地进行修正,并对执行装置做相应调整,以使系统不断地趋近最优或要求的状态。

自适应 PID 控制器吸收了自适应控制器与常规 PID 控制器两者的优点。自适应 PID 控制器首先是自适应控制器,具有自动辨识被控对象参数、自动整定控制器参数、能够适应被控对象参数的变化等一系列优点;其次,它又具有常规 PID 控制器结构简单、鲁棒性好、可靠性高的优点。

按照控制器参数设计的原理,自适应 PID 控制器可分为五大类:极点配置自适应 PID 控制器、相消原理自适应 PID 控制器、基于经验规则的自适应 PID 控制器、基于二次型性能指标的自适应 PID 控制器和智能或专家自适应 PID 控制器。

目前,自适应 PID 控制器在工业自动化中已经得到广泛应用。

2) 智能 PID 控制

智能控制是一类不需要人的干预就能独立驱动智能机械而实现其目标的自动控制方法,主要用来处理那些用传统方法难以解决的复杂系统,包括智能机器人系统、复杂工业过程控制系统、航空航天控制系统、交通运输系统等的控制问题。最近十几年来,智能控制技术发展迅速,先后出现了许多智能控制算法,如专家控制、模糊控制、神经网络控制、分层递阶控制、拟人智能控制和遗传控制算法等。研究这些算法的目的是提高系统的鲁棒性、容错性,解决具有严重非线性和不确定性系统的控制问题。在智能控制技术的应用方面,研究重点集中在智能控制元件、智能控制方法和智能控制器的实时实现方面。典型的智能控制原理框图如图 7-40 所示。

智能控制对象一般具备以下三个特点:

(1) 不确定性。智能控制的对象通常存在严重的不确定性。

(2) 高度的非线性。智能控制是解决复杂非线性对象控制问题的一个途径。

(3) 任务要求复杂。例如,在智能机器人系统中,要求系统对于复杂的任务具有自行规划和决策的能力,有自动躲避障碍物而运动到期望目标位置的能力。采用智能控制技术可以满足复杂的任务要求。

智能控制与常规 PID 控制相结合,则形成所谓的智能 PID 控制,这种新型

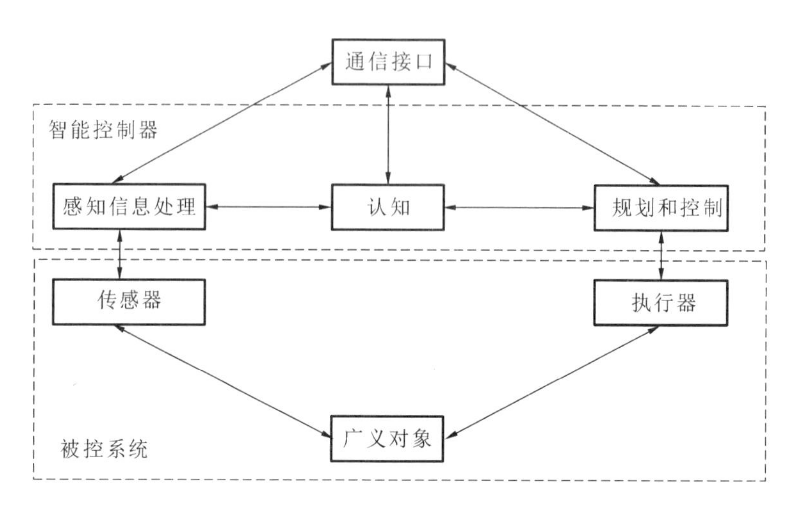

图 7-40　智能控制原理框图

控制方法引起了人们的普遍关注和极大兴趣，并已得到较为广泛的应用。智能PID控制器不依赖系统精确数学模型，对系统的参数变化具有较好的鲁棒性。智能PID控制器包括基于规则的智能PID自学习控制器、基于辨识信号的智能自整定PID控制器、专家式智能自整定PID控制器、模糊PID控制器、基于神经网络的PID控制器、自适应预测智能PID控制器和单神经元自适应智能PID控制器等多种类型。

智能PID控制器具有自整定、自综合和监控三种运行状态。自整定是指控制器根据对象特性变化自动整定PID参数，使控制系统具有稳定鲁棒性；自综合状态用来保证控制系统的性能鲁棒性；监控状态用来确保控制系统安全可靠运行。

随着控制理论、计算机软/硬件技术、传感器技术与人工智能技术的发展，智能PID控制技术在伺服控制、温度控制、液压系统控制等领域都得到了广泛应用，能够很好地控制复杂的非线性系统。

3）预测PID控制

预测控制算法是近年来发展起来的一类新型控制算法，它不需要被控对象的精确数学模型，而是利用数字计算机的计算能力实行在线的滚动优化计算，从而能在一定程度上克服预测模型误差和某些不确定干扰等带成的影响，使系统的鲁棒性得到增强，进而取得较好的综合控制效果。预测控制的基本原理如图7-41所示。

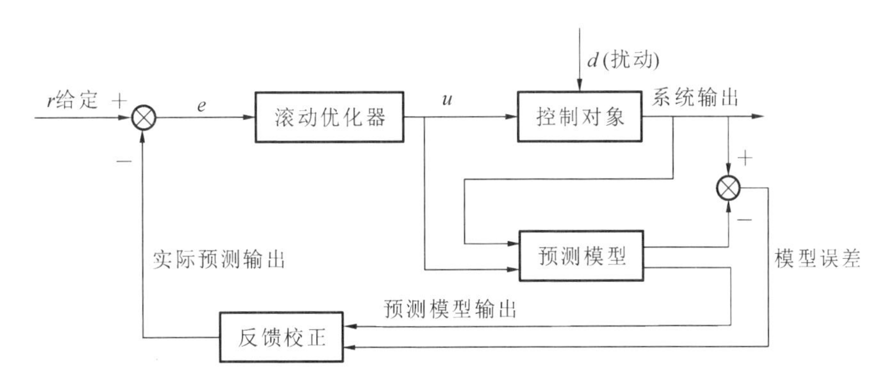

图 7-41　预测控制基本原理

由于预测控制一般都采用较长的采样周期，而且预测控制器具有积分式结构，因此即使模型失配预测控制算法也具有较强鲁棒性，但它存在着难以及时控制随机突发干扰的不足，且预测控制算法所选参数与工程指标的联系也不够紧密。而在工程中获得广泛应用的 PID 控制则不存在以上问题。人们将二者结合，便形成了预测 PID 控制。预测 PID 控制器主要有以下两种：

(1) 带有预测功能的 PID 控制器。带有预测功能的 PID 控制器依据一些先进控制理论，如内模原理、广义预测原理、模糊理论和人工智能原理，以及遗传算法来设计控制器参数，或者根据某种最优原则来在线给定 PID 控制器参数，使之具有预测功能。

(2) 将预测算法和 PID 控制算法融合在一起的控制器。这种控制器由预测控制器和 PID 控制器构成。PID 控制器的工作与过程的滞后时间无关；而预测控制器则主要依赖过程的滞后时间，根据以前的控制作用给出现在的控制作用。

从理论上讲，以上两种预测 PID 控制器将 PID 控制算法的简单性、实用性、鲁棒性和预测控制算法的预测功能有机结合了起来，但使用时应注意预测 PID 控制的稳定性、适用范围、控制参数整定、输入及输出约束，等等，这里不赘述。

7.7.3　模糊控制技术

模糊控制从人的经验出发解决了智能控制中人类语言的描述和推理问题，尤其是一些不确定性语言的描述和推理问题，从而在机器模拟人脑的感知、推理等方面迈出了重大的一步，是近代控制理论中的一种高级策略。模糊控制技术基于模糊数学理论，通过机器模拟人的近似推理和综合决策，使控制算法的可控性、适应性和合理性提高，是智能控制技术的一个重要分支。

1. 模糊控制的概念及主要内容

所谓模糊控制，就是在控制方法上应用模糊集理论、模糊语言变量及模糊逻辑推理的知识来模拟人的模糊思维方法，用简单的数学表达式直接将人的判断、思维过程表达出来。模糊控制技术的应用领域包括图像识别、信号处理以及自动机理论、语言研究、控制论等方面。在自动控制领域，模糊控制为将人的控制经验及推理过程纳入自动控制提供了一条便捷途径。

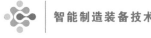

模糊控制理论是在美国 L. A. Zadeh 教授于 1965 年创立的模糊集合理论的基础上发展起来的，其主要研究内容包括：

(1) 模糊集合、隶属函数、模糊关系、模糊矩阵、模糊语言变量、模糊逻辑及模糊推理；

(2) 模糊自动控制系统的组成及模糊控制原理；

(3) 模糊控制器的设计，包括控制器结构、控制规则设计及复合型模糊控制器的设计；

(4) 模糊控制器的建模、模糊系统辨识及模糊预报问题；

(5) 自适应模糊控制、自组织模糊控制、自学习模糊控制及专家模糊控制、模糊智能控制问题；

(6) 模糊控制系统的设计、性能指标及其稳定性分析理论；

(7) 模糊控制技术的工程应用。

2. 模糊控制系统组成

模糊控制系统一般主要由以下几个部分组成：

(1) 变量定义环节：定义变量也就是确定代表系统不确定性变化状况的观察变量及考虑控制的动作。在一般控制问题中，输入变量有输出误差 E 与输出误差的变化率 CE，而控制变量则为下一个状态的输入 U。其中 E、CE、U 统称为模糊变量。

(2) 模糊化(fuzzify)环节：模糊化是指将输入值以适当的比例转换为论域的数值，利用口语化变量来描述测量物理量的过程，依适合的语言值(linguistic value)求该值的相对隶属度，此口语化变量称为模糊子集(fuzzy subset)。

(3) 知识库：包括数据库(data base)与规则库(rule base)两部分，其中数据库提供处理模糊数据的相关定义，而规则库则依据语言控制规则来描述控制目标和策略。

(4) 逻辑判断环节：逻辑判断是指运用模糊逻辑和模糊推论法进行推论，进而得到模糊控制信号。此部分是模糊控制器的核心。

(5) 解模糊化(defuzzify)环节：解模糊化是指将推论所得到的模糊值转换为精确的控制信号，作为系统的输入值。

3. 模糊控制器基本结构及类型

常见的模糊控制器(fuzzy controller，FC)按照模糊变量多少分为三种类型，即一维模糊控制器、二维模糊控制器、三维模糊控制器，图7-42所示为这三种模糊控制器的原理框图。

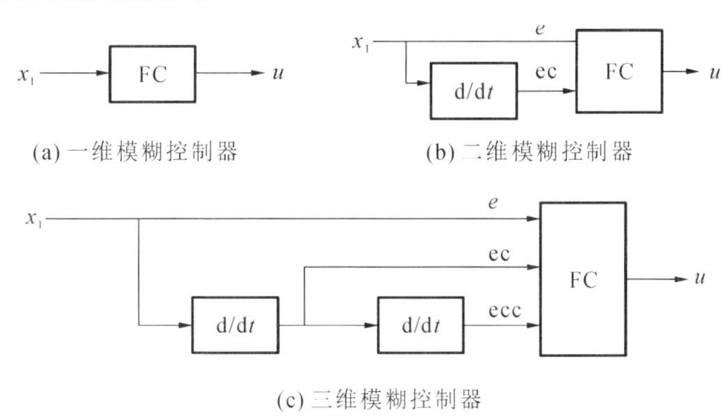

图7-42　三种模糊控制器的原理框图

注：e、ec、ecc分别为控制器的系统误差、误差的变化率及误差变化率的变化率。

模糊控制器包括知识库、输入量模糊化单元、模糊推理单元、输出量精确化单元四部分，其基本结构如图7-43所示。

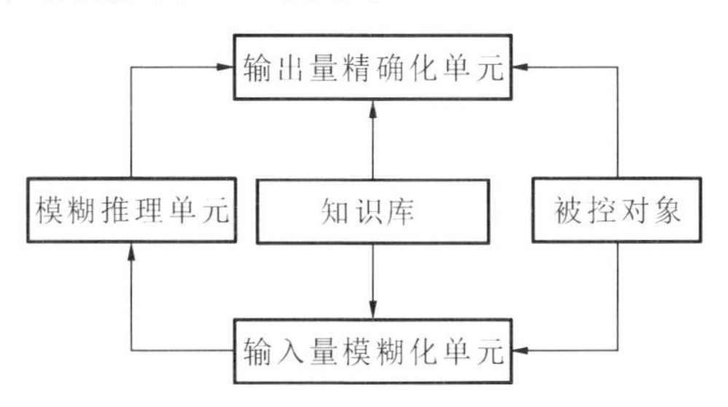

图7-43　模糊控制器的基本结构

1）知识库

知识库包括模糊控制参数库和模糊控制规则库。模糊控制规则建立在语言变量的基础上。语言变量取“大”“中”“小”等这样的模糊语言变量值，构成模糊集，各模糊集以隶属函数表明基本论域上的精确值属于该模糊集的程度。因此，为建立模糊控制规则，需要将基本论域上的精确值依据隶属函数归并到各模糊集中，用模糊语言变量值（“大”“中”“小”等）代替精确值，实现变量的模糊化描述。这个过程代表了人在控制过程中对观察到的变量和控制量的模糊划分。由于各变量取值范围各异，故首先将各基本论域分别以不同的对应关系映射到一个标准化论域上。通常对应关系取为量化因子。为便于处理，将标准论域等分离散化，然后对论域进行模糊划分，定义模糊集，如 NB、PZ、PS 等。

同一个模糊控制规则库，对基本论域的模糊划分不同，控制效果也不同。具体来说，对应关系、标准论域、模糊集数以及各模糊集的隶属函数都对控制效果有很大影响，且它们与模糊控制规则具有同样的重要性，因此把它们归并到模糊控制参数库，与模糊控制规则库共同组成知识库。

模糊控制规则有三种：基于专家经验和实际操作的规则、基于模糊模型的规则以及基于模糊控制的自学习规则。

2）输入量模糊化单元

将精确的输入量转化为模糊量有两种方法：

（1）将精确量转换为标准论域上的模糊单点集。

（2）将精确量转换为标准论域上的模糊集，精确量对应关系转换为标准论域上的基本元素，在该元素上具有最大隶属度的模糊集，即为该精确量对应的模糊集。

3）模糊推理单元

最基本的模糊推理形式为：

前提 1：IF A THEN B

前提 2：IF A'

结论：THEN B'

其中，A、A'为论域 U 上的模糊集，B、B'为论域 V 上的模糊集。前提 1 称为模糊蕴涵关系，记为 $A \rightarrow B$。在实际应用中一般先针对各条规则进行推理，然后将各个推理结果综合而得到最终推理结果。

4）输出量精确化单元

推理得到的模糊集要转换为精确值，以得到最终控制量输出 y。目前常用两种精确化方法：最大隶属度法和重心法。

（1）最大隶属度法　在推理得到的模糊集中，选取隶属度最大的标准论域元素的平均值作为精确化结果。

（2）重心法　将推理得到的模糊集的隶属函数与横坐标所围面积的重心所对应的标准论域元素作为精确化结果。

在得到推理结果的精确值后，还应按对应关系得到最终控制量输出 y。

4. 优化的模糊控制算法

模糊控制以现代控制理论为基础，同时与自适应控制技术、人工智能技术、神经网络技术相结合，进行控制算法优化，从而使得模糊控制技术在控制领域得到了空前广泛的应用。常见的几种优化的模糊控制算法有以下几种：

1）模糊 PID 复合控制算法

模糊 PID 复合控制算法将模糊技术与常规 PID 控制算法相结合，以达到较高的控制精度。模糊 PID 复合控制器比单个的模糊控制器和单个的 PID 调节器有更好的控制性能。当温度偏差较大时，其采用模糊控制，响应速度快，动态性能好；当温度偏差较小时，其采用 PID 控制，静态性能好，满足系统控制精度要求。

2）自适应模糊控制算法

自适应模糊控制（adaptive fuzzy control，AFC）算法具有自适应学习能力，能自动地对自适应模糊控制规则进行修改和完善，对那些具有非线性、大时滞、高阶次的复杂系统有着更好的控制性能。

3）参数自整定模糊控制算法

参数自整定模糊控制（parameter self-modified fuzzy control，PSMFC）也称为比例因子自整定模糊控制。这种控制算法对环境变化有较强的适应能力，在随机环境中能对控制器进行自动校正，使得在被控对象特性发生变化或存在扰动的情况下控制系统仍能保持较高的性能。

4）专家模糊控制算法

专家模糊控制（expert fuzzy control，EFC）算法将模糊控制与专家系统技术相结合，进一步提高了模糊控制器的智能水平。这种控制算法既因采用基于规则的方法和用模糊集处理而具有一定的灵活性,又保持了专家系统技术在知识的表达与利用方面的优势,能处理的控制问题的范围更广。

5）仿人智能模糊控制算法

仿人智能模糊控制(human-simulated intelligent fuzzy control,HIFC)算法的特点在于该算法具有比例模式和保持模式两种基本模式。这使得系统在误差绝对值变化时,可处于闭环运行和开环运行两种状态。这样能妥善解决稳定性、准确性、快速性的矛盾,从而使得算法能较好地应用于纯滞后对象。

6）神经模糊控制算法

神经模糊控制(neuro-fuzzy control)算法以神经网络为基础,利用了模糊逻辑控制器所具有的较强的结构性知识表达能力,即描述系统定性知识的能力、神经网络的强大的学习能力、对定量数据的直接处理能力。

7）多变量模糊控制算法

多变量模糊控制(multi-fuzzy control)算法适用于多变量控制系统。一个多变量模糊控制器有多个输入变量和输出变量。

7.7.4 专家系统

1.专家系统的概念、基本结构及组成

专家系统是一个智能计算机程序系统,其内部含有大量的某个领域专家水平的知识与经验,能够利用人类专家的知识和解决问题的方法来处理该领域问题。也就是说,专家系统是一个具有大量的专门知识与经验的程序系统,它应用人工智能技术和计算机技术,根据某领域一个或多个专家提供的知识和经验进行推理和判断,模拟人类专家的决策过程,以解决一些复杂问题。简而言之,专家系统是一种模拟人类专家解决相关领域问题的计算机程序系统,可完成的任务主要有解释、预测、诊断、设计、规划、监视、指导和控制等。

一个专家系统通常由人机交互界面、知识库、推理机、解释器、综合数据库、知识获取单元六个部分构成,如图7-44所示。专家系统的结构随专家系统的类型、功能和规模的不同而有所不同。

知识库用来存放专家提供的知识。专家系统利用知识库中的知识来模拟专家的思维方式,从而实现问题的求解。因此,知识库是决定专家系统质量优越性的关键,即知识库中知识的质量和数量决定着专家系统的质量水平。一般

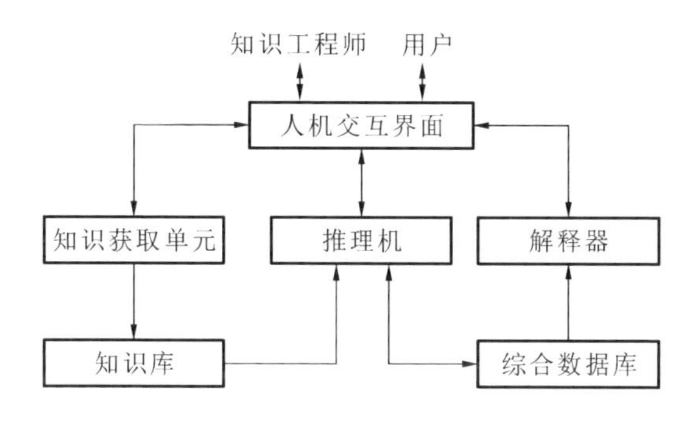

图7-44　专家系统的基本结构

来说，专家系统中的知识库与专家系统程序是相互独立的，用户可以通过改进、完善知识库中的知识内容来提高专家系统的性能。

推理机是专家系统的“思维”机构，针对当前问题的条件或已知信息，反复匹配知识库中的规则，进行推理并获得新的结论，以得到问题求解结果。推理方式可以有正向、反向和双向推理三种。

人机交互界面是系统与用户进行交流时的界面。用户通过该界面输入基本信息、回答系统提出的相关问题，查看系统输出的推理结果及相关的解释等。

综合数据库专门用于存储推理过程中所需的原始数据、中间结果和最终结论，往往作为暂时的存储区。

解释器用作专家系统和用户之间的人机接口，能够根据用户的提问，对系统的结论、求解过程以及系统当前的求解状态进行说明，便于用户理解系统对问题的求解操作，增加用户对求解过程的信任程度。

为了完成以上工作，通常要利用数据库中的中间结果、中间假设和知识库中的知识。

知识获取能力是专家系统知识库的一项关键的能力，也是专家系统设计的“瓶颈”所在。专家系统通过知识获取，可以扩充和修改知识库中的内容，也可以实现自动学习功能。

2. 专家系统的知识表示法

专家系统的知识表示法有以下几种。

1）逻辑表示法

逻辑表示法以谓词形式来表示动作的主体、客体，是一种叙述性知识表示方法。利用逻辑公式，人们能描述对象、性质、状况和关系，主要用于自动定理的证明。逻辑一般指的是假设与结论之间的蕴涵关系。它可以看成自然语言的一种简化形式，它具有精确性和无二义性，容易为计算机理解和操作，同时又与自然语言相似。

逻辑表示法主要分为命题逻辑表示法和谓词逻辑表示法。命题逻辑是数理逻辑的一种，数理逻辑表示是用形式化语言（逻辑符号语言）进行精确（没有歧义）的描述，如数学中的设未知数表示；谓词逻辑表示相当于数学中的函数表示。

2）产生式表示法

产生式表示法又称产生式规则表示法，也称为 IF-THEN 表示法。产生式表示法以条件-结果形式来表示知识，是一种比较简单的表示知识的方法。产生式表示法主要用于描述知识和各种过程知识之间的控制及其相互作用机制。

在专家系统中应用较为普遍的知识表示规则是产生式规则。产生式规则以 IF... THEN... 的形式出现，就像 BASIC 等编程语言里的条件语句一样，IF 后面部分描述了规则的先决条件（前件），THEN 后面部分描述了规则的结论（后件），条件与结论均可以通过逻辑运算 AND、OR、NOT 进行复合。这里，产生式规则的理解非常简单：如果先决条件得到满足，就产生相应的动作或结论。

3）框架表示法

框架是把某一特殊事件或对象的所有知识储存在一起的一种复杂的数据结构。其主体是固定的，表示某个固定的概念、对象或事件。其下层由一些槽（slot）组成，表示主体每个方面的属性。框架是一种层次化的数据结构，框架下层的槽可以看成一种子框架，子框架本身还可以进一步分出层次，即侧面。槽和侧面所具有的属性值分别称为槽值和侧面值。槽值可以是逻辑型或数字型的，具体的值可以是程序、条件、默认值，或者是一个子框架。相互关联的框架连接起来组成框架系统，或称框架网络。

4）面向对象的知识表示法

面向对象的知识表示法是按照面向对象的程序设计原则形成的一种混合知识表示方法，就是以对象为中心，把对象的属性、动态行为、领域知识和处理方法等有关知识封装在表达对象的结构中。在这种方法中，知识的基本单位就是对象，每一个对象由一组属性集、关系集和方法集组成。一个对象的属性集和关系集的值描述了该对象所具有的知识;基于对象属性集和关系集描述的方法集表示该对象知识的处理方法,其中包括知识的获取方法、推理方法、消息传递方法以及知识的更新方法。

5）语义网表示法

语义网表示法是知识表示的最重要的方法之一,是一种表达能力强而且灵活的知识表示方法。语义网是通过概念及其语义关系来表达知识的一种网络图。从图论的观点看,它是一个带标识的有向图。语义网利用由节点和带标记的边构成的有向图描述事件、概念、状况、动作及客体之间的关系。带标记的有向图能十分自然地描述客体之间的关系。

6）基于 XML 的表示法

在可扩展标记语言(extensible markup language,XML)中,数据对象使用元素描述,而数据对象的属性可以描述为元素的子元素或元素的属性。XML 文档由若干个元素构成,数据间的关系通过父元素与子元素的嵌套形式体现。在基于 XML 的知识表示过程中,采用 XML 的文档类型定义(document type definition,DTD)语言来定义一个知识表示方法的语法系统,通过定制 XML 应用来解释实例化的知识表示文档。在知识利用过程中,通过维护数据字典和 XML 解析程序把特定标签所标注的内容解析出来,以"标签＋内容"的格式表示出具体的知识内容。知识表示是构建知识库的关键,知识表示方法的选取不仅关系到知识库中知识的有效存储,也直接影响着系统的知识推理效率和对新知识的获取能力。

7）本体表示法

本体是一个形式化的、共享的、明确化的、概念化的规范。本体论能够以一种显式、形式化的方式来表示语义,提高异构系统之间的互操作性,促进知识共享。因此,最近几年,本体论被广泛用于知识表示领域。用本体来表示知识的目的是统一应用领域的概念,构建本体层级体系表示概念之间的语义关系,实现人类、计算机对知识的共享和重用。类、关系、函数、公理和实例这五个基本的建模元语是本体层级体系的基本组成部分。

上面简要介绍了常见的知识表示方法,此外,还有一些适合特殊领域的知识表示方法,如概念图表示法、Petri 网表示法、基于神经网络的知识表示法、粗糙集表示法、基于云理论的知识表示法等,在此就不再详细介绍。在实际应用过程中，一个智能系统往往包含多种知识表示法。

3. 专家系统的推理机制

推理就是按某种策略由已知判断（前提）推出另一判断（结论）的思维过程。在人工智能系统中，推理是由程序实现的，这种程序称为推理机。专家系统主要的推理机制有盲目推理、启发式推理、演绎推理与归纳推理等。

1）盲目推理

盲目推理机制主要采用各种策略寻找与数据库中的事实相匹配的那些规则。而在寻找与数据库中的事实相匹配的规则的过程中，采用的主要策略有正向推理策略、逆向推理策略、正反混合策略、宽度优化搜索策略、深度优化搜索策略、有界深度优化搜索策略和冲突消解策略等。

（1）正向推理策略　正向推理策略是寻找出前提可以同数据库中的事实或断言相匹配的那些规则，并运用冲突的消除策略，从这些都可满足的规则中挑选出一个执行，从而改变原来数据库的内容。这样反复地进行寻找，直到数据库的事实与目标一致（即找到解答），或者没有规则可以与之匹配时才停止。

（2）逆向推理策略　逆向推理策略是从选定的目标出发，寻找可以达到目标的规则；如果这条规则的前提与数据库中的事实相匹配，问题就得到解决，否则把这条规则的前提作为新的子目标，并针对新的子目标寻找可以运用的规则，执行逆向序列的前提，直到最后运用的规则的前提可以与数据库中的事实相匹配，或者没有规则可以应用为止，此时系统便以对话形式请求用户回答并输入必需的事实。

（3）正反混合策略　正向和反向推理具有盲目、效率低等缺点，对于反向推理，若提出的假设目标不符合事实，系统的效率会降低。为了解决这些问题，可把正向推理与反向推理结合起来，取长补短，这种既有正向推理又有反向推理的推理方法称为正反混合推理。

正反混合策略有两种情况。

① 先正向再反向。先进行正向推理，帮助选择某个目标，即从已知事实演绎出部分结果，然后反向推理证实该目标或提高其可信度。

② 先反向再正向。先假设一个目标进行反向推理，然后利用反向推理得到的信息进行正向推理，以推出更多的结论。

（4）宽度优化搜索策略　宽度优化搜索的基本思想是：从初始节点 S_0 开

始,逐层对节点进行扩展并考察它是否为目标节点;每一层的节点总是按进入的先后顺序排列,先进入的节点排在前面,后进入的排在后面。

(5) 深度优化搜索策略　深度优化搜索所遵循的搜索原则是尽可能"深"地搜索树。它的基本思想是:为了求得问题的解,先选择某一种可能情况向前(子节点)探索,在探索过程中,一旦发现原来的选择不符合要求,就回溯至父节点重新选择另一节点,继续向前探索,如此反复进行,直至求得最优解。深度优化搜索可以采用递归栈(系统栈)或者非递归栈(手工栈)来实现。

(6) 有界深度优化搜索策略　为了解决深度优化搜索不完备的问题,避免搜索过程陷入死循环,出现了有界深度优化搜索策略。有界深度优化搜索的基本思想是:对深度优化搜索策略引入搜索深度的界限,当搜索深度达到深度界限而尚未出现目标节点时,就换一个分支进行搜索。另外,上面讨论的宽度优先搜索和深度优化搜索都没有考虑搜索代价问题,而只是假设各边的代价均相同,且为一个单位量。实际上各边的代价不会相同,故在搜索过程中还应对此进行考虑。

为了避免搜索路径太长,防止无益扩展,往往给出一个节点扩展的最大深度,此即深度界限。对于任意节点,只要它达到了深度界限,那么都将该节点作为没有后继节点的节点处理。需要说明的是,即使应用了深度界限的规定,所求得的解答路径也并不一定就是最短的路径。

(7) 冲突消解策略　冲突消解策略用于解决如何在多条可用知识中合理地选择一条知识的问题,是一种基本的推理控制策略。需要进行冲突消解的情况有两种:

① 新加入知识库的规则与原先的规则发生矛盾,此时需要找出它们之间的矛盾并加以解决;

② 部分事实同时触发几条规则并且得到几个不同的结论,此时需要从中选择一条最合适的结论。

在专家系统问题的求解过程中,推理机的基本任务是确定下一步该做什么,即选择哪些知识完成操作,进一步通过操作来修改和增加全局动态数据库的内容,直到问题得以求解为止。在问题求解的每个状态下,一条知识的可用性取决于这条知识的条件部分同问题求解的当前数据库的内容的匹配程度。即使匹配,知识的最终选择和运用也要由推理机确定。一般来说,在每个中间状态，可用知识不止一条，即发生所谓的“冲突”，这时必须进行冲突消解。在实际的专家系统中，一般采用简单直观的冲突消解策略，或辅以各种启发信息，将这些简单策略组合起来使用。

2）启发式推理

这种推理机制基于信息启发式的优化搜索策略，用于寻找与数据库中匹配的规则，启发式推理策略包括局部最佳优化搜索策略和全局最佳优化搜索策略。

（1）局部最佳优化搜索策略　局部最佳优化搜索的思想是：在某一个节点扩展之后，对它的每一个后继节点计算估价函数 $f(x)$ 的值，并在这些后继节点的范围内，选择一个 $f(x)$ 值最小的节点，作为下一个要考察的节点。由于它每次只在后继节点的范围内选择下一个要考察的节点，范围较小，故称为局部最佳优化搜索。

（2）全局最佳优化搜索策略　全局最佳优化搜索也是一个有信息的启发式搜索，它类似于宽度优化搜索，与宽度优化搜索不同的是该策略在确定一个扩展节点时，以与问题特性密切相关的估价函数 $f(x)$ 为标准。

3）演绎推理和归纳推理

根据问题求解的过程中特殊和一般的关系，知识推理方法可分为演绎推理、归纳推理。

（1）演绎推理　所谓演绎推理，就是从一般性的前提出发，通过推导即演绎，得出具体陈述或个别结论的过程。常见的演绎推理形式有三段论、假言推理、选言推理、关系推理等。

三段论是由两个含有一个共同项的性质判断作为前提，得出一个新的性质判断作为结论的演绎推理。三段论是演绎推理的一般形式，包含三个部分：大前提——已知的一般原理，小前提——所研究的特殊情况，结论——根据一般原理对特殊情况做出的判断。

假言推理是以假言判断为前提的推理。假言推理分为充分条件假言推理和必要条件假言推理两种。充分条件假言推理的基本原则是：小前提肯定大前提的前件，结论就要肯定大前提的后件；小前提否定大前提的后件，结论就要否定大前提的前件。必要条件假言推理的基本原则是：小前提肯定大前提的后件，结论就要肯定大前提的前件；小前提否定大前提的前件，结论就要否定大前提的后件。

选言推理是以选言判断为前提的推理。选言推理分为相容的选言推理和不相容的选言推理两种。相容的选言推理的基本原则是:大前提是一个相容的选言判断,小前提否定了其中一个(或一部分)选言支,结论就要肯定其他的选言支。不相容的选言推理的基本原则是:大前提是一个不相容的选言判断,小前提肯定其中一个选言支,结论则否定其他选言支;小前提否定除其中一个以外的选言支,结论则肯定剩下的那个选言支。

关系推理是前提中至少有一个是关系命题的推理。常用的关系推理包括:

① 对称性关系推理,如:因为 1 m=100 cm,所以 100 cm=1 m。

② 反对称性关系推理,如:因为 $a>b$,所以 $b<a$。

③ 传递性关系推理,如:因为 $a>b$,$b>c$,所以 $a>c$。

(2)归纳推理　归纳推理是从足够多的实例中归纳出一般性结论的推理过程,是一种从个别到一般的推理过程。归纳推理与演绎推理有以下几个不同之处:

① 思维进程不同。归纳推理的思维进程是从个别到一般,而演绎推理的思维进程是从一般到个别。

② 对前提真实性的要求不同。演绎推理不要求前提必须真实,归纳推理则要求前提必须真实。

③ 结论所断定的知识范围不同。演绎推理的结论没有超出前提所断定的知识范围。归纳推理除了完全归纳推理,结论都超出了前提所断定的知识范围。

④ 前提与结论间的联系程度不同。演绎推理的前提与结论间的联系是必然的,也就是说,前提真实,推理形式正确,结论就必然是真的。归纳推理除了完全归纳推理前提与结论间的联系是必然的外,前提和结论间的联系都是或然的,也就是说,前提真实,推理形式也正确,但不能必然推出真实的结论。

7.7.5　人工神经网络

1.人工神经网络概述

人工神经网络(artificial neural network,ANN)简称神经网络,它从神经生理学和心理物理学的角度出发,通过模拟人脑的工作机理来实现机器的部分智能行为，是模拟人脑思维方式的数学模型。神经网络反映了人脑功能的基本特征，如并行信息处理、学习、联想、模式分类和记忆等。感知器作为最简单的人工神经网络，可以实现最简单的神经网络的功能，它的诞生为人工神经网络的发展奠定了坚实的基础。

神经网络是由大量的、简单的处理单元（称为神经元）广泛地互相连接而形成的复杂网络系统，它反映了人脑功能的许多基本特征，是一个高度复杂的非线性动力学习系统。神经网络具有大规模并行、分布式存储和处理、自组织、自适应和自学能力，特别适合处理需要同时考虑许多因素和条件的、不精确和模糊的问题。神经网络学是一门新兴的多域边缘交叉学科，其发展与神经科学、数理科学、计算机科学、人工智能、信息科学、控制论、机器人学、微电子学、心理学、光计算、分子生物学等有关。

神经网络的基础在于神经元，大量的形式相同的神经元连接在一起就构成了神经网络，用来表达实际物理世界的各种现象。神经元是以生物神经系统的神经细胞为基础的生物模型。人们在对生物神经系统进行研究以探讨人工智能的机制时，把神经元数学化，从而产生了神经元数学模型，即神经网络模型。神经网络模型是对人类大脑系统的一阶特性的数学描述，由网络拓扑、节点和学习规则来表示。

神经网络控制是将神经网络与控制理论相结合而发展起来的智能控制方法，为解决复杂的非线性、不确定性未知系统的控制问题开辟了新途径，已成为智能控制的一个新分支。神经网络控制方法的主要优势在于这种智能控制方法具有快速的并行分布处理能力、高鲁棒性和容错能力、分布存储及学习能力，并且该方法能充分逼近复杂的非线性关系。

在控制领域中，不确定性系统的控制问题长期以来都是控制理论研究的热点之一，但是这个问题一直没有得到有效的解决。神经网络具有自学习能力，可以自动适应系统随时间的特性变异，以实现对系统的最优智能控制。

2.神经网络模型及学习方法

1）神经网络模型分类

神经网络模型主要考虑网络连接的拓扑结构、神经元的特征、学习规则等。目前已有近 40 种神经网络模型，其中包括反传网络模型、感知器、自组织映射模型、Hopfield 网络模型、玻尔兹曼机、自适应谐振理论网络模型等。根据连接的拓扑结构,神经网络模型可以分为以下几种。

(1) 前向神经网络:网络中各个神经元接收前一级的输入,并输出到下一级,网络中没有反馈,可以用一个有向无环图表示。这种网络可以实现信号从输入空间到输出空间的变换,它的信息处理能力来自简单非线性函数的多次复合。反传网络是一种典型的前向神经网络,其网络结构简单,易于实现。

(2) 神经反馈网络:网络内神经元间有反馈,可以用一个无向的完备图表示。这种神经网络的任务是实现状态的变换,可以用动力学系统理论处理。系统的稳定性与联想记忆功能有密切关系。Hopfield 网络、玻尔兹曼机均属于这种类型。

(3) 混合型网络:将同一层的神经元互相连接,形成混合型网络,可以实现同一层内神经元之间的横向抑制。

(4) 相互结合型网络:这种网络中任意两个神经元之间都可能相互双向连接,所有神经元既作输入也作输出。在相互结合型网络中,信号要在各神经元之间来回反复传递,当网络从某种初始状态经过反复变化达到另一种新的平衡状态时,信息处理过程才能结束。

2) 神经网络学习方法

神经网络本质上是一个高度复杂的非线性学习系统,是一个基于知识的学习系统。其思考学习需要一定的方法。常见的神经网络学习方法主要有以下几种。

(1) 监督学习　在监督学习中,将训练样本的数据加载到网络输入端,同时将相应的期望输出与网络输出相比较,得到误差信号,以此控制权值连接强度的调整,经多次训练后权重收敛到一个确定的值。当样本发生变化时,神经网络经学习可以修改权值以适应新的环境。使用监督学习方法的神经网络模型有反传网络、感知器等。

(2) 非监督学习　非监督学习是一种自组织学习,此时网络的学习完全是一种自我调整的过程,不存在外部环境的示教,也不存在外部环境的反馈,目的是在没有正确答案的情况下发现数据的结构与模式,这种学习方法通常用于聚类、降维、关联规则学习等任务。非监督学习事先不给定标准样本,直接将网络置于环境之中,学习阶段与工作阶段成为一体。

(3) 记忆式学习　在记忆式学习中,网络的连接权值是根据某种特殊的记忆模式设计而成的，其值不变。在网络输入信息时，记忆模式就会被激活，从而关联信息。Hopfield 网络做联想记忆和优化计算时就属于这种情况。

（4）监督与非监督混合学习　监督学习具有分类精细、精确的优点，但学习过程慢。非监督学习具有分类灵活、算法简练的优点，但学习过程较慢。如果将两者结合起来，发挥各自的优点，就有可能得到一种有效的学习方法。在混合学习过程中，一般先通过非监督学习抽取输入数据的特征，然后将这种内部表示提供给监督学习过程进行处理，以实现输入与输出的映射。由于对输入数据进行了预处理，监督学习乃至整个学习过程将会加快。

3.前向神经网络方法

在前向神经网络中，各神经元接收前一层的输入，并输出给下一层，没有反馈。节点分为两类，即输入节点和计算节点。每一个计算节点可有多个输入，但只有一个输出。通常前向神经网络可分为不同的层，第 i 层的输入只与第 $i-1$层的输出相连，输入、输出节点与外界相连。常见的前向神经网络有 BP 网络、径向基函数（radial basis function，RBF）网络等。这里以 BP 神经网络为例对前向神经网络做进一步介绍。

1）BP 神经网络基本结构

BP 神经网络是一种单向传播的多层前向神经网络。图 7-45 给出了一种三层 BP 神经网络的基本结构，该 BP 神经网络包括输入层、中间层（隐层）和输出层。上下层之间实现全连接，而同一层神经元之间无连接。BP 神经网络算法的学习过程一般分为信号正向传播和误差逆向传播两个阶段。在正向传播阶段，一对学习样本被提供给网络后，神经元的激活值从输入层经各中间层向输出层传播，输出层的各神经元获得网络的输入响应。若输出层的实际输出与期望输出不相符，会转入误差逆向传播阶段，将输出误差以某种形式从输出层通过中间层向输入层逐层反传，误差被分摊给各层所有单元，各层单元的误差信号为修正各单元权值的依据。各连接权值经过从输出层到各中间层的逐步修正，最后回到输入层。随着这种误差逆向传播过程的进行，权值修正不断进行，网络对输入模式响应的正确率也不断上升。

BP 神经网络的传递函数必须是可微的，常用的有 Sigmoid 型的对数、正切函数、线性函数，即 $\ln \operatorname{sig}(x)=\frac{1}{1+\mathrm{e}^{-x}}$、$\tan \operatorname{sig}(x)=\frac{\mathrm{e}^{x}-\mathrm{e}^{-x}}{\mathrm{e}^{x}+\mathrm{e}^{-x}}$、$\operatorname{purelin}(x)=x$。

2）BP神经网络的学习过程及步骤

图7-45所示三层BP神经网络结构中，输入层有 n 个神经元，中间层有 p 个神经元，输出层有 q 个神经元。定义以下符号：

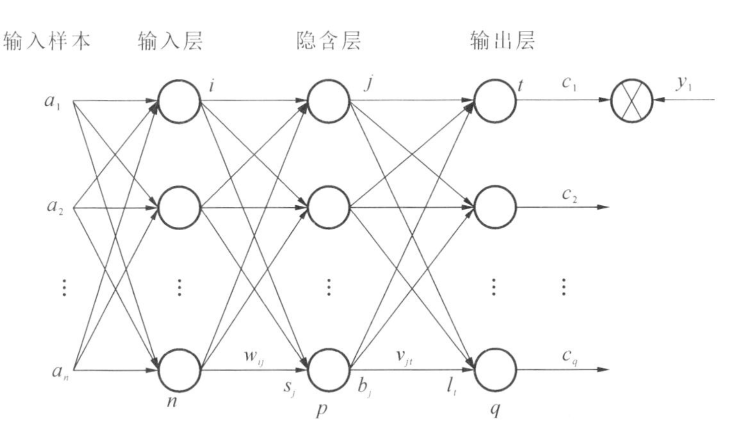

图7-45　BP神经网络基本结构

$\boldsymbol{P}_k$：网络输入向量，$\boldsymbol{P}_k=(a_1,a_2,\cdots,a_n)$；

$\boldsymbol{T}_k$：网络目标向量，$\boldsymbol{T}_k=(y_1,y_2,\cdots,y_q)$；

$\boldsymbol{S}_k$：中间层单元输入向量，$\boldsymbol{S}_k=(s_1,s_2,\cdots,s_p)$；

$\boldsymbol{B}_k$：中间层单元输出向量，$\boldsymbol{B}_k=(b_1,b_2,\cdots,b_p)$；

$\boldsymbol{L}_k$：输出层单元输入向量，$\boldsymbol{L}_k=(l_1,l_2,\cdots,l_q)$；

$\boldsymbol{C}_k$：输出层单元输出向量，$\boldsymbol{C}_k=(c_1,c_2,\cdots,c_q)$；

w_{ij}：输入层至中间层的连接权值，$i=1,2,\cdots,n,j=1,2,\cdots,p$；

v_{jt}：中间层至输出层的连接权值，$j=1,2,\cdots,p,t=1,2,\cdots,q$；

θ_j：中间层各单元的输出阈值，$j=1,2,\cdots,p$；

γ_t：输出层各单元的输出阈值，$t=1,2,\cdots,q$；

参数 $k=1,2,\cdots,m$，为训练样本序号。

BP神经网络学习过程如下。

（1）初始化。分别给连接权值 w_{ij}、v_{jt} 和阈值 θ_j、γ_t 赋予区间[−1,1]或[0,1]内的一个随机值，并设定计算精度要求或预设最大学习次数。

（2）提供训练样本集。随机选取一组输入和期望的目标输出向量 $\boldsymbol{P}_k=(a_1,a_2,\cdots,a_n)$、$\boldsymbol{T}_k=(y_1,y_2,\cdots,y_q)$提供给网络。

(3) 前馈计算——中间层单元输入、输出计算。用输入样本 $\boldsymbol{P}_k=(a_1,a_2,\cdots,a_n)$、连接权值 w_{ij} 和阈值 θ_j 计算中间层各单元的输入 s_j，进而计算中间层各单元的输出 b_j：

$$s_j=\sum_{i=1}^{n}w_{ij}a_i-\theta_j,\qquad j=1,2,\cdots,p$$

$$b_j=f(s_j),\qquad j=1,2,\cdots,p$$

(4) 前馈计算——输出层单元输出及其响应计算。利用中间层的输出 b_j、连接权值 v_{jt} 和阈值 γ_t 计算输出层各单元的输出 l_t，然后通过传递函数计算输出层各单元的响应 c_t：

$$l_t=\sum_{j=1}^{p}v_{jt}b_j-\gamma_t$$

$$c_t=f(L_t)$$

(5) 输出层单元误差计算。利用网络目标向量 $\boldsymbol{T}_k=(y_1,y_2,\cdots,y_q)$、网络实际输出 c_t 计算输出层的各单元一般化误差 d_t：

$$d_t=(y_t-c_t)\cdot c_t\cdot(1-c_t)$$

(6) 逆向误差计算——中间层单元误差计算。利用连接权值 v_{jt}、输出层的一般化误差 d_t 和中间层的输出 b_j 计算中间层各单元的一般化误差 e_j：

$$e_j=\left(\sum_{t=1}^{q}d_t\cdot v_{jt}\right)b_j(1-b_j)$$

(7) 权值、阈值修正。

利用输出层各单元的一般化误差 d_t 与中间层各单元的输出 b_j 来修正连接权值 v_{jt} 和阈值 γ_t：

$$v_{jt}(N+1)=v_{jt}(N)+\alpha\cdot d_t\cdot b_j$$

$$\gamma_t(N+1)=\gamma_t(N)+\alpha\cdot d_t$$

式中 $$0<\alpha<1$$

利用中间层各单元的一般化误差 e_j 与输入层各单元的输入 $\boldsymbol{P}_k=(a_1,a_2,\cdots,a_n)$ 来修正连接权值 w_{ij} 和阈值 θ_j：

$$w_{ij}(N+1)=w_{ij}(N)+\beta\cdot e_j\cdot a_i$$

$$\theta_j(N+1)=\theta_j(N)+\beta\cdot e_j$$

式中 $$0<\beta<1$$

(8) 随机选取下一个学习样本向量提供给网络，返回到步骤(3)，直到 m 个训练样本训练完毕。

(9) 重新从 m 个学习样本中随机选取一组输入和期望的目标输出向量，返回步骤(3)，直到网络全局误差 E 小于预先设定的计算精度，即网络收敛。如果学习次数大于预先设定的值，则网络就无法收敛。

(10) 学习结束。

在以上的学习过程中，步骤(7)和步骤(8)为网络误差的逆向传播过程，步骤(8)和步骤(9)则用于完成训练和收敛过程。

4. 自组织神经网络方法

1) 自组织神经网络概述

自组织神经网络算法是芬兰的科霍恩(Kohonen)教授于1981年提出的，其设计该算法的出发点是模拟大脑皮层中具有自组织特征的神经信号传送过程。自组织神经网络属于无导师学习的竞争型神经网络，也称为自组织特征映射(self-organizing feature mapping，SOFM)。

自组织特征映射的思路是：当一个生物神经网络接收外界输入时，整个网络将会分为不同的区域，各区域对输入具有不同的响应特征，而且响应过程是自动完成的。如果在学习过程中逐步缩小神经元之间的作用邻域，并用 Hebbian(赫布)学习规则增强中心神经元的激活程度，则去掉各神经元之间的侧向连接也能得到“近兴奋远抑制”的效果。

自组织特征映射的每个输入模式均对应于二维网格上的一个局部化区域，而且输入模式不同，局部化区域的性质也不相同。因此，必须有数量充足的输入模式，才能保证网络中所有的神经元都受到训练，并确保自组织过程正确收敛。SOFM 网络的一个重要特点是具有拓扑保形特性，即最终形成的以输出权矢量所描述的特征映射能反映输入模式的分布。

自提出以来，SOFM 网络得到快速发展和改进，已广泛应用于金融、医疗、军事等领域，具体涉及模式识别、过程和系统分析、机器人、通信、数据挖掘以及知识发现等。

2) SOFM 的基本原理

SOFM 的基本原理是：在某类输入模式作用下，输出层某节点得到最大刺激而获胜，获胜节点周围的节点因侧向作用也受到刺激。这时网络进行一次学习操作，获胜节点及周围节点的连接权值向量朝输入模式的方向做相应的修正。当输入模式类别发生变化时，二维平面上的获胜节点也从原来的节点转移到其他节点。这样，网络通过自组织方式用大量样本数据来调整其连接权值，最后使得网络输出层特征图能够反映样本数据的分布情况。

自组织神经网络通过自动寻找样本中的内在规律和本质属性，自组织、自适应地改变网络参数与结构。

3）SOFM 网络的拓扑结构

SOFM 网络的典型特性就是可以在一维或者二维的处理单元阵列上形成输入信号的特征拓扑分布，具有抽取输入信号模式特征的能力。其中应用较多的二维阵列模型由以下四个工作任务组成：

（1）单元阵列处理，接收事件输入，并且形成对这些信号的判别函数；

（2）选择机制比较，比较判别函数，并选择一个具有最大函数输出值的处理单元；

（3）局部互连，同时激励被选择的处理单元及其最邻近的处理单元。

（4）自适应调整，修正被激励的处理单元的参数，以增大其对应于特定输入的判别函数的输出值。

SOFM 的拓扑结构由输入层和竞争层（输出层）组成，如图 7-46 所示。输入层为一维的，由 N 个神经元组成。竞争层由 M 个输出神经元组成，可以是一维、二维或多维的，其中二维竞争层的应用最为广泛。二维竞争层以矩阵形式呈现。输入层与竞争层各神经元之间实现全互连接，竞争层内部实行侧向连接。SOFM 算法根据网络学习规则，对输入模式进行自动分类，即通过对输入模式的自组织学习，抽取各个输入模式的特征，在竞争层将分类结果表示出来。

4）SOFM 学习算法

SOFM 学习算法应首先对权值进行初始化，初始权值常取小的随机数。权值初始化后，SOFM 学习算法完成两个基本过程：竞争过程和合作过程。竞争过程就是最优匹配神经元的选择过程；合作过程则是网络中权系数的自组织过程。每执行一次学习，SOFM 算法就会对外部输入模式执行一次自组织适应过程，其结果是强化现行模式的映射形态，弱化以往模式的映射形态。

SOFM 学习算法的流程如下：

（1）初始化。赋予输入神经元与输出神经元 j 的连接权重较小的权值 $w_j=(w_{1j},w_{2j},\cdots w_{Nj})$，$j=1,2,\cdots,M$，选取输出神经元 j 邻接神经元的集合 S_j。其

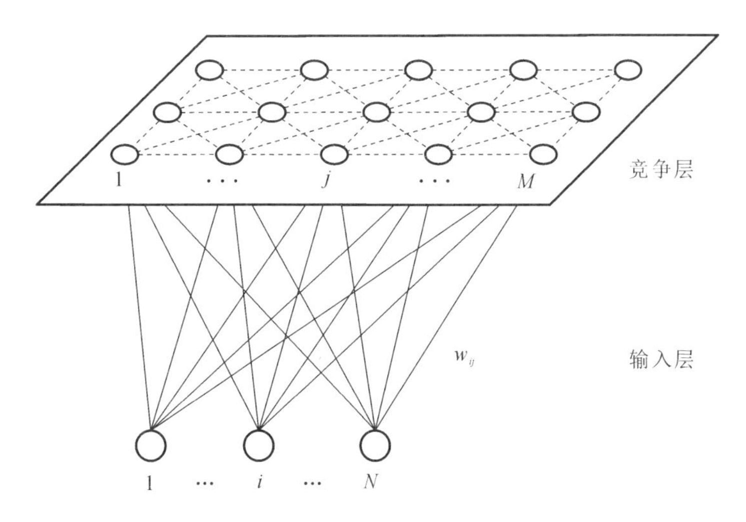

图7-46 SOFM网络的拓扑结构示意图

中，$S_j(0)$表示 $t=0$ 时刻神经元 j 的邻接神经元的集合，$S_j(t)$表示 t 时刻神经元 j 的邻接神经元的集合，$S_j(t)$随着时间的增长而不断缩小。

(2) 提供新的输入模式 $\boldsymbol{X}_k=(x_0^k,x_1^k,\cdots,x_N^k)$，$k=1,2,\cdots,p$。

(3) 计算欧氏距离 d_j，即输入样本与每个输出神经元 j 之间的距离：

$$d_j=\|\boldsymbol{X}_k-\boldsymbol{W}_j\|=\sqrt{\sum_{i=1}^{N}[X_i(t)-w_{ij}(t)]^2}$$

计算得出具有最小距离的神经元 j^*（称之为获胜神经元），即确定某个单元 k，使得对于任意的神经元 j，都有 $d_k=\min\limits_j d_i$。

(4) 给出一个邻域 $s_k(t)$。

(5) 按照下式修正输出神经元 j^* 及其邻接神经元的权值：

$$w_{ij}(t+1)=w_{ij}(t)+\alpha(t)[x_i(t)-w_{ij}(t)]$$

α 为一个增益项，一般取 $\alpha(t)=\dfrac{1}{t}$ 或 $\alpha(t)=0.2\left(1-\dfrac{t}{10000}\right)$。$\alpha$ 随时间变化会逐渐下降到零。

(6) 计算输出 o_k：

$$o_k=f(\min_j\|\boldsymbol{X}_k-\boldsymbol{W}_j\|)$$

$f(\min\limits_j\|\boldsymbol{X}_k-\boldsymbol{W}_j\|)$一般是取值为0～1的函数或其他非线性函数。

(7) 对新的学习样本重复上述学习过程。

7.7.6 其他智能控制方法

未来,人工智能技术将渗透到各行各业,人工智能将“无时不有,无处不在”。人工智能与自动控制理论相结合,将会形成更多更先进的智能控制方法。工程实际中广泛应用的其他智能控制方法还有自寻最优控制、自学习控制、自适应控制、自组织协调控制等方法。下面简单介绍其中两种。

1. 自寻最优控制

1) 自寻最优控制概述

经典最优控制是按照被控对象的动态特性,找出一个容许控制方案,使被控对象按照性能要求运转,最终使某一性能指标在某种意义下达到最优值。经典最优控制理论已成功地应用于各种领域。在最优控制器的设计中,首先要建立被控对象的数学模型。而自寻最优控制的基本思想是:控制系统能根据实际情况的变化自动改变控制量,使被控量维持最优或次优水平。自寻最优控制是模拟人在完成工业控制时的操作,因而不需要建立精确的数学模型,且对系统中的各种干扰所引起对象特性的漂移具有自适应能力。其算法简单、原理清晰,便于在生产应用中推广。

2) 自寻最优控制的工作原理和特点

自寻最优控制的一种典型模型如图 7-47 所示。控制对象可分解为一个具有极值特性的非线性环节和一个线性环节。若 $z(t)$ 可测量,$u(t)$ 可控制,且优化目标定义为 $z(t)$ 最大,则极值调节器就是利用 $z(t)$ 来控制 $u(t)$,使 $z(t)$ 输出最大。

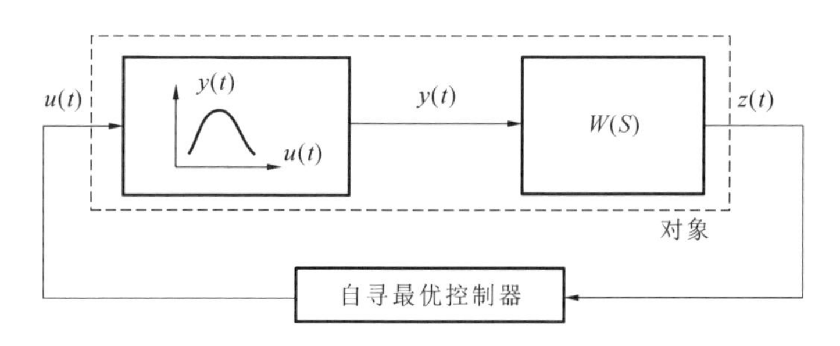

图 7-47 自寻最优控制模型

自寻最优控制器的工作原理是:利用被控对象的极值特性或其他非线性静

态特性改变控制量，试探和自动搜索其对性能指标的影响，从而确定相应的运转条件，使某一性能指标达到或接近最优。该控制方法的特点为：

(1) 只需关注被控对象是否具有非线性特性（如极值特性），而被控对象数学模型表达式的精确度并不重要；

(2) 不同于通常的反馈控制，该控制方法事先不知道控制量的给定值，而是需要系统自动搜索最优工作点，以保证性能指标达到或接近最优；

(3) 所寻找的最优值（即被控量）是根据生产过程状态，由自寻最优控制系统在控制过程中不断搜索（检测、计算、判断）获得的，并非预先给定的固定值；

(4) 自寻最优过程是一个自动搜索过程，由于系统能在变化的环境下自动寻找最优工作点，因而其对对象性能变化具有自适应能力。

3) 自寻最优控制的实现方法

自寻最优控制主要是通过搜索极值点来实现的。搜索极值点的方法有静态搜索法和动态搜索法两大类。这里不再详细介绍。

2. 自学习控制

1) 自学习控制的概念

如果控制系统能够通过自身在线学习自动获得控制过程中未知特征所固有的信息，并能以这些信息为依据，对控制参数、控制方式进行调整，实现系统性能的不断改善，则称这种系统为自学习控制系统。自学习控制是智能控制的一个重要分支，它与自适应控制有很多相似的地方，但是这两种控制方式之间又有着较大的区别。自适应控制着眼于瞬时，系统动态特性随时间变化，没有记忆功能；自学习控制则强调全局性，系统具有记忆特性。此外，自适应控制需要更多的先验数据，自学习控制则是自适应控制的延伸，具有较高的仿人自学习能力。自学习控制的基本思想是结合多模态控制仿人学习，在线特征辨识、记忆，运用启发式推理来优化控制性能。

2) 自学习控制系统的结构

图7-48所示为自学习控制系统的一般结构，包含以下几个部分：

(1) 采集器　负责采集被控对象的数据，如被控系统的输出信号、动态特征和干扰量等。

(2) 数据库　负责存放或记忆系统通过学习所获得的数据和信息，包括一些基本定义、系统的控制规则和动态数据等。

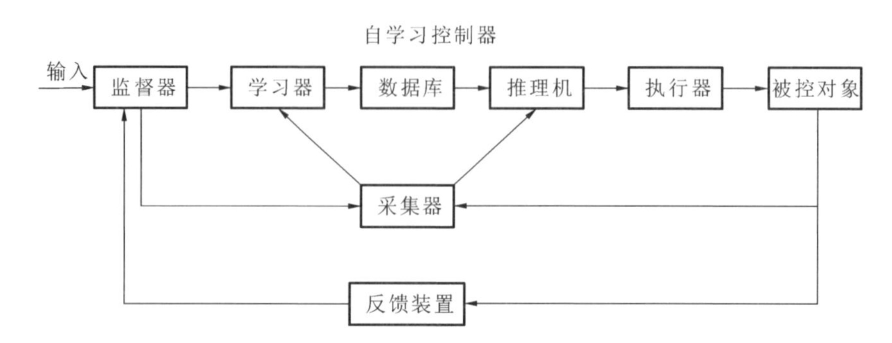

图 7-48　自学习控制系统一般结构

(3) 学习器　负责依据采集信息,进行在线学习,不断完善数据库。

(4) 推理机　利用数据库里的知识实现推理功能,以便控制器做出决策,输出控制信号给执行器。

(5) 监督器　根据系统的输入信号和传感器的反馈信号,对控制策略的效果进行评价,指导采集器的工作并监督学习过程。

自学习控制的实质就是对难以获得精确模型或无法建模的复杂对象,根据系统动态过程的特征信息,模仿人的控制行为以取得令人满意的控制性能。

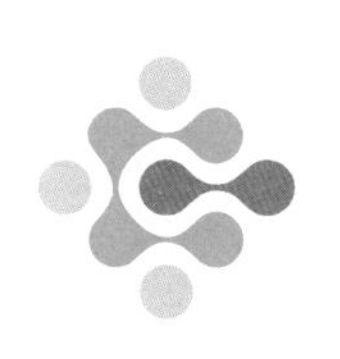

第8章 智能制造装备进给伺服运动创新设计案例

作为制造机器的工作母机的智能制造装备，其结构创新设计是无限的。虽然其因制造工艺方法、工艺范围不同而具有各种不同的结构形式、结构特点和运动组合，但是完成零件功能型面的加工创成的基本运动单元是相同的。智能制造装备的关键功能部件主要有主轴驱动系统、进给伺服系统、支撑导向系统以及运动控制系统等。决定零件功能表面成形形状及高性能品质的关键则是进给伺服系统运动控制。智能制造装备对精密和超精密加工品质的追求是无止境的。智能制造装备进给伺服系统的微纳级运动控制技术是当前高端工作母机发展研究的重点和前沿技术。而微纳尺度运动控制，国内外常用基于诸如压电陶瓷等功能材料电致或磁致驱动的微量进给机构、基于直线电动机等电磁驱动的微尺度进给机构以及基于特殊机械结构的微尺度进给机构等来实现。这里重点对作者经多年研究提出的一种新型微量进给系统——宏宏双驱差动微纳进给伺服系统进行简单介绍。

8.1 宏宏双驱差动微纳进给伺服系统结构及工作模式

8.1.1 宏宏双驱差动微纳进给伺服系统的结构

为了避免传统的基于功能材料压电效应、磁致伸缩效应等致动方式的微纳进给伺服系统所存在的行程小、刚度低、非线性、迟滞、蠕变、可控性差等缺陷，作者通过多年的探索研究，基于运动合成和螺旋传动机理，创新性地提出了宏宏双驱差动微纳进给伺服运动系统。即通过创新滚珠丝杠螺旋传动机构，在机械上可以使得丝杠、螺母均做主驱动，由两个伺服电动机分别带动丝杠和螺母，且旋转方向相同，转速近乎相等，再通过滚珠丝杠副差动合成，从而获得比数控制造装备常规进给伺服系统分辨率高很多的微纳尺度进给运动。这种获得微纳尺度运动的系统具有大行程、高刚度、结构简单、高精度等特点。

图 8-1 所示为宏宏双驱差动微纳进给伺服系统的机械结构，其中，丝杠、螺母各由一个同规格型号的伺服电动机驱动。丝杠采用一端固定、一端游动的支承方式，固定端采用一对角接触球轴承支承，游动端采用深沟球轴承支承；螺母通过一对角接触球轴承与螺母外套连接，螺母外套使用螺栓固连在工作台上，螺母可自由转动。丝杠电动机通过弹性联轴器与丝杠连接，螺母电动机通过同步带与螺母连接，这里也可采用空心杯伺服电动机直接驱动的结构形式。工作台由一对直线运动导轨支承和导向，并由丝杠电动机、螺母电动机联合驱动实现直线进给运动，同时配装精密光栅尺，以实现工作台实际位置的检测反馈与全闭环控制。

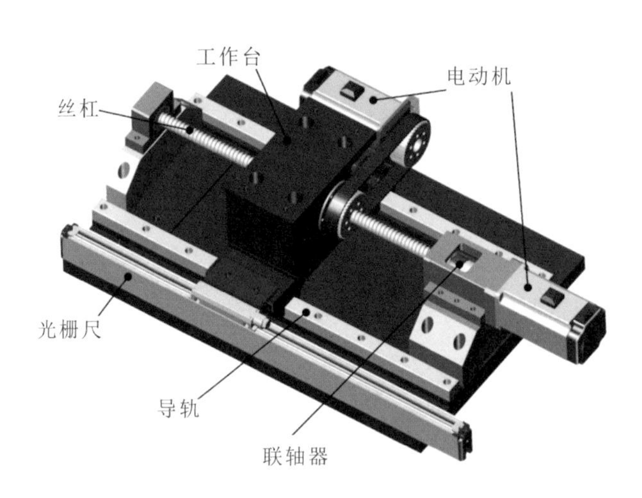

图 8-1　宏宏双驱差动微纳进给伺服系统结构

宏宏双驱差动微纳进给伺服系统采用的主要的核心器件有螺母驱动型滚珠丝杠副、伺服电动机和光栅尺等。螺母驱动型滚珠丝杠副型号为 DIR1605，丝杠直径为 16 mm，导程 $p_h=5$ mm，有效行程为 280 mm。工作台位置检测元件采用增量式精密光栅尺，型号为 GVS600 T001E，其具体性能参数如表 8-1 所示。

表 8-1　光栅尺参数

型号	分辨率	精度	行程	最大加速度	最大速度	移动所需力
GVS600 T001E	10 nm	1 μm	420 mm	30 m/s²	120 m/s	≤2.5 N

实现宏动的两个永磁同步电动机均选用松下 MINAS-A6 系列，型号为 MHMF042L1V2M，电动机具体技术参数如表 8-2 所示。

表 8-2　丝杠、螺母驱动伺服电动机参数

型号	额定转速	最高转速	额定功率	额定转矩	峰值转矩	编码器	转子惯量
MHMF042 L1V2M	3000 r/min	6000 r/min	400W	1.27 N·m	4.46 N·m	23 位绝对式	0.58 kg·m²

伺服驱动器型号为松下 A6 系列配套 MBDLT25BF，该伺服驱动器支持 EtherCAT 通信协议，除电动机编码器接口外，还提供一个外部位移传感器接口，由用户在上位机根据反馈及实时建模实现全闭环控制。

8.1.2　宏宏双驱差动微纳进给伺服系统的工作模式与微量进给实现原理

1. 宏宏双驱差动微纳进给伺服系统的工作模式

如图 8-1 所示，宏宏双驱差动微纳进给伺服系统由于在单自由度上配置了两个伺服电动机，其按机、电柔性数控组合方式的不同有四种工作模式：丝杠单驱动模式、螺母单驱动模式、差动进给模式、和动（倍速）进给模式。丝杠单驱动模式、螺母单驱动模式下两个驱动电动机中只有一个工作，这两种工作模式统称为单轴驱动模式。两个电动机同时工作的工作模式称为双轴驱动模式。双轴驱动是该进给伺服系统独有的工作模式，包括差动进给、和动进给两种工作模式。当系统在单轴驱动模式下运行时，其运动机理与传统的单电动机驱动系统没有任何区别；而当系统在双轴驱动模式下运行时，通过对两个驱动电动机运动的柔性复合控制，可以获得意想不到的运动性能。

为了便于运动描述，首先给出坐标系定义：取使工作台远离丝杠游动端轴承座的方向为正方向，该坐标系称为工作台坐标系。丝杠轴顺时针旋转，使工作台沿正方向进给，等价于螺母轴逆时针旋转，令此时伺服驱动器内的速度为正，因此：在丝杠电动机伺服驱动器中，丝杠电动机旋转速度的方向以顺时针为

正，逆时针为负；在螺母电动机伺服驱动器中，螺母电动机旋转速度的方向以逆时针为正，顺时针为负。

对于差动进给模式，工作台的进给运动由丝杠、螺母合成得到，二者旋转方向一致，丝杠速度 $\dot{\theta}_s$ 与螺母速度 $\dot{\theta}_n$ 满足：

$$\dot{\theta}_s \times \dot{\theta}_n < 0 \tag{8-1}$$

在和动进给模式下使用同样的正方向定义，此时丝杠轴旋转方向和螺母轴旋转方向相反，但对于伺服驱动器，有

$$\dot{\theta}_s \times \dot{\theta}_n > 0 \tag{8-2}$$

在任一模式下，定义：丝杠的角位移为 $\boldsymbol{\theta}_s$，折算的直线位移为 $\boldsymbol{x}_s$；螺母角位移为 $\boldsymbol{\theta}_n$，折算的直线位移为 $\boldsymbol{x}_n$；工作台直线位移为 $\boldsymbol{x}_t$，折算的角位移为 $\boldsymbol{\theta}_t$；丝杠与螺母的传动比为 R。理想情况下，工作台的位移由两轴位移合成得到，各位移和速度满足：

$$\begin{cases} x_i = \theta_i \times R \\ v_i = \dot{x}_i = \dot{\theta}_i \times R \quad (i = \mathrm{s,n,t}) \\ R = p_\mathrm{h}/2\pi \\ \boldsymbol{x}_\mathrm{t} = \boldsymbol{x}_\mathrm{s} + \boldsymbol{x}_\mathrm{n} \end{cases} \tag{8-3}$$

当伺服电动机驱动的丝杠轴和螺母轴的旋向相同、速度大小不同时，工作台运动由丝杠转速和螺母转速两个宏动的“差”（两个电动机的转速差）决定，这种工作模式称为差动进给模式。其中，丝杠、螺母两者中的速度较大者作为驱动轴驱动工作台并决定其运动方向，丝杠和螺母的同向旋转速度差的大小决定工作台的运动速度大小。也就是说，工作台的速度是丝杠和螺母的矢量速度相加、标量速度相减的结果，工作台的矢量速度方向与两轴的矢量速度方向相同。

和动进给模式则是指两轴的旋向相反的运动模式，丝杠轴和螺母轴同时作为驱动轴驱动工作台，工作台的速度是两轴的矢量速度相减、标量速度相加的结果。如果两个电动机均达到其工作极限速度，则工作台在比在单轴驱动模式下快一倍的速度下运行，即实现高速运动。图 8-2 所示为宏宏双驱差动微纳进给伺服系统的四种工作模式。

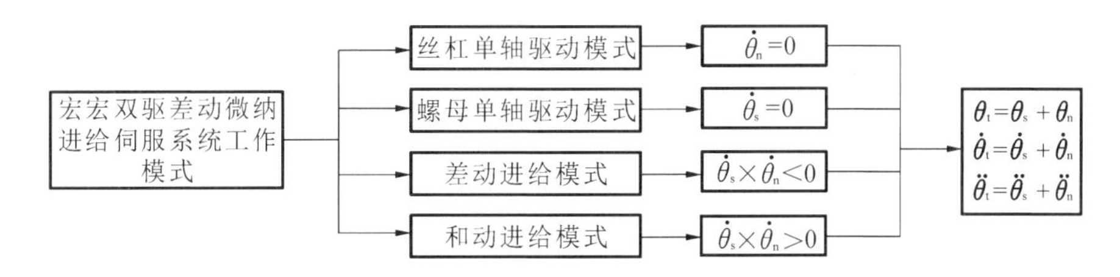

图 8-2　宏宏双驱差动微纳进给伺服系统的工作模式

2. 宏宏双驱差动微纳进给伺服系统的微量进给实现原理

当丝杠轴和螺母轴以两个“准相等”的宏动速度(丝杠、螺母各自转速均大于其临界爬行速度)各自同向旋转时,因二者的速度差极小,则两轴的速度通过滚珠丝杠副合成后驱动工作台的速度是极小的,工作台便可获得微量进给,且理论上可以获得纳米尺度分辨率的进给。因为差动进给模式下两伺服电动机轴各自预先积累了较大的能量,所以系统完全能够克服工作台在极其低的速度下的非线性摩擦载荷的波动,进行有效调控,进而使得工作台维持极高分辨率的微量低速均匀进给,不会产生爬行。常规进给伺服系统则显然难以达到这样的极低速度。

8.2　宏宏双驱差动微纳进给伺服系统的动力学模型

8.2.1　丝杠单驱动模式下系统的动力学建模

在丝杠单驱动模式下,丝杠电动机通过联轴器直连丝杠带动工作台,图 8-3 所示为丝杠单驱动模式下的系统动力学模型,图中:T_s 是丝杠电动机的输出转矩;T_{sd}是作用在丝杠上的驱动力矩;F_{sd}是作用在工作台上的驱动力;T_{sf}是作用在丝杠轴上的等效摩擦力矩;F_{f1}是作用在导轨滑块上的摩擦力;J_s 是丝杠轴的等效转动惯量;θ_{ms}是丝杠电动机轴转角;θ_s 是丝杠转角;x_{n1}是丝杠单驱动时螺母组件的轴向位移;x_{t1}是丝杠单驱动时工作台的轴向位移;M_t 是工作台总质量。将丝杠电动机、丝杠、轴承等旋转组件统一视为丝杠轴的组成部分,分析时进行等效处理。

丝杠单驱动系统的运动方程为

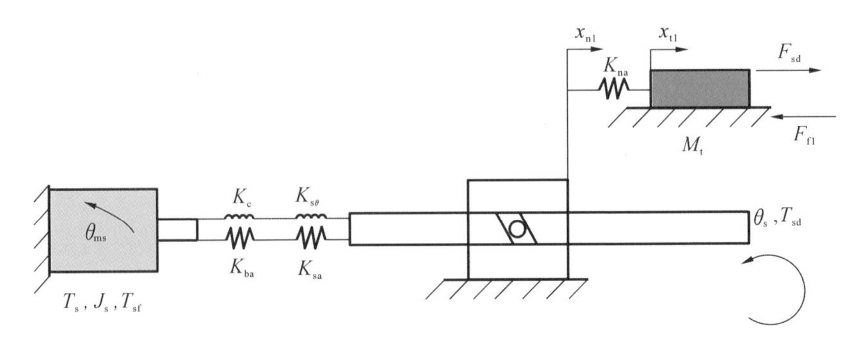

图 8-3 丝杠单驱动模式下的系统动力学模型

$$\begin{cases} T_s = J_s \ddot{\theta}_{ms} + T_{sd} + T_{sf} \\ T_{sd} = \dfrac{P}{2\pi\eta} F_{sd} = \dfrac{R}{\eta} F_{sd} \\ F_{sd} = M_t \ddot{x}_{t1} + F_{f1} \\ x_{n1} = R\theta_s \end{cases} \tag{8-4}$$

式中 P——丝杠导程；

η——传动效率；

R——丝杠与螺母的传动比。

事实上，该系统是一个刚柔多体进给伺服系统，为了得到丝杠单驱动时工作台实际的轴向位移量，需要综合系统的扭转变形和轴向伸长。用 K_{t1} 表示丝杠单驱动时系统的等效扭转刚度，则

$$K_{t1} = \left(\frac{1}{K_c} + \frac{1}{K_{s\theta}}\right)^{-1} \tag{8-5}$$

式中 K_c——联轴器的扭转刚度；

$K_{s\theta}$——丝杠的扭转刚度。

丝杠单驱动时系统的等效轴向刚度 K_a 为

$$K_a = \left(\frac{1}{K_{na}} + \frac{1}{K_{sa}} + \frac{2}{K_{ba}}\right)^{-1} \tag{8-6}$$

式中 K_{na}——螺母组件的轴向刚度；

K_{sa}——丝杠的轴向刚度；

K_{ba}——轴承的轴向刚度。

丝杠单驱动系统的综合等效刚度为

$$K_{\mathrm{eq1}}=\left(\frac{1}{K_{\mathrm{a}}}+\frac{R^{2}}{\eta}\cdot\frac{1}{K_{\mathrm{t1}}}\right)^{-1} \tag{8-7}$$

工作台的轴向位移量为

$$x_{\mathrm{t1}}=R\theta_{\mathrm{ms}}-F_{\mathrm{sd}}K_{\mathrm{eq1}} \tag{8-8}$$

8.2.2 螺母单驱动模式下系统的动力学建模

在螺母单驱动模式下,螺母由伺服电动机通过同步带驱动,由于丝杠固定,因此螺母的旋转运动转换为其自身及工作台的直线运动。对螺母单驱动模式下系统建模做如下假设:① 将螺母电动机、螺母、轴承、同步带轮等旋转组件统一视为螺母轴的组成部分,分析时进行等效处理;② 在建模过程中,各零部件的刚度均是螺母在丝杠中间位置时计算得到的;③ 螺母座与工作台之间为刚性连接,忽略螺母座的变形;④ 轴承、滚珠丝杠副均采用了预紧消隙处理,不考虑间隙的影响;⑤ 螺母电动机与主同步带轮之间、螺母与从同步带轮之间均是刚性连接,无扭转角偏差。

图 8-4 所示为螺母单驱动模式下的系统动力学模型,图中:T_{n} 是螺母电动机的输出转矩;J_{n} 是螺母轴的等效转动惯量;T_{nd} 是作用在螺母上的驱动力矩;F_{nd} 是作用在工作台上的驱动力;T_{nf} 是螺母轴处的等效摩擦力矩;F_{f2} 是直线导轨滑块处的摩擦力;θ_{mn} 是螺母电动机轴转角;θ_{n} 是螺母转角;x_{n2} 是螺母单驱动时螺母组件的轴向位移;x_{t2} 是螺母单驱动时工作台的轴向位移。螺母单驱动系统的运动方程为

$$\begin{cases}T_{\mathrm{n}}=J_{\mathrm{n}}\ddot{\theta}_{\mathrm{mn}}+T_{\mathrm{nd}}+T_{\mathrm{nf}}\\ T_{\mathrm{nd}}=\dfrac{P}{2\pi\eta}F_{\mathrm{nd}}=\dfrac{R}{\eta}F_{\mathrm{nd}}\\ F_{\mathrm{nd}}=M_{\mathrm{t}}\ddot{x}_{\mathrm{t2}}+F_{\mathrm{f2}}\\ x_{\mathrm{n2}}=R\theta_{\mathrm{n}}\end{cases} \tag{8-9}$$

为了获得螺母单驱动时工作台实际的轴向位移量,需要综合考虑弹性部件的扭转变形和轴向伸长。用 K_{t2} 表示螺母和同步带的等效扭转刚度,有

$$K_{\mathrm{t2}}=\left(\frac{1}{K_{\mathrm{n}\theta}}+\frac{1}{K_{\mathrm{B}\theta}}\right)^{-1} \tag{8-10}$$

式中 $K_{\mathrm{n}\theta}$——螺母的扭转刚度;

$K_{\mathrm{B}\theta}$——同步带的等效扭转刚度。

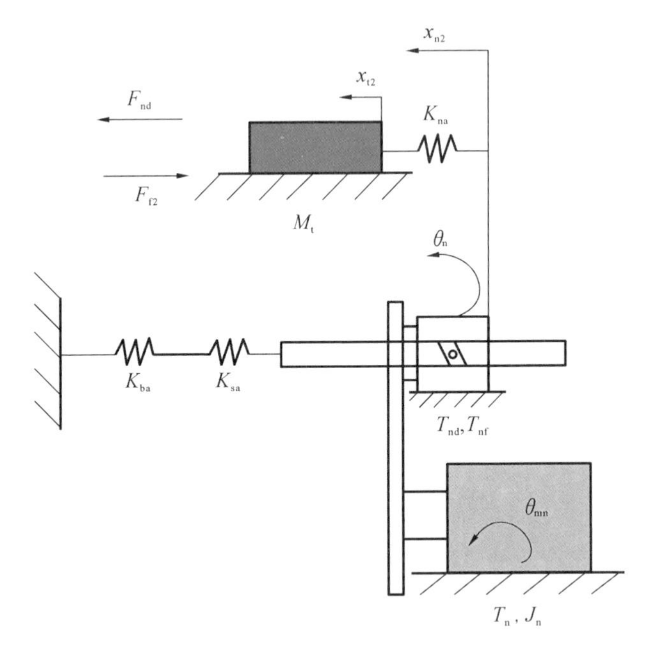

图 8-4 螺母单驱动模式下的系统动力学模型

螺母驱动时系统的等效轴向刚度 K_a 的计算公式同式(8-6)。

根据得到的等效扭转刚度和等效轴向刚度,可计算出螺母单驱动系统的综合等效刚度 K_{eq2}:

$$K_{eq2} = \left(\frac{1}{K_a} + \frac{R^2}{\eta} \cdot \frac{1}{K_{t2}}\right)^{-1} \tag{8-11}$$

综合考虑系统的扭转变形和轴向伸长,可得到螺母单驱动模式下工作台的轴向位移表达式:

$$x_{t2} = R\theta_{mn} - F_{nd}K_{eq2} \tag{8-12}$$

8.2.3 双轴驱动模式下系统的动力学建模

双轴驱动模式是系统是在螺母主旋转驱动式滚珠丝杠副上基于运动合成原理和伺服驱动技术,通过螺母单驱动机构和丝杠单驱动机构在同一轴线上的差速运动实现的。综合丝杠单驱动机构和螺母单驱动机构的受力分析,建立此时宏宏双驱差动微纳进给伺服系统的动力学模型,如图 8-5 所示。图中:F_d 是双轴驱动模式下工作台所受到的轴向驱动力;F_f 是双轴驱动模式下导轨滑块处的摩擦力；x_{n} 是双轴驱动模式下螺母组件的轴向位移；x_{t} 是双轴驱动模式下工作台的轴向位移。

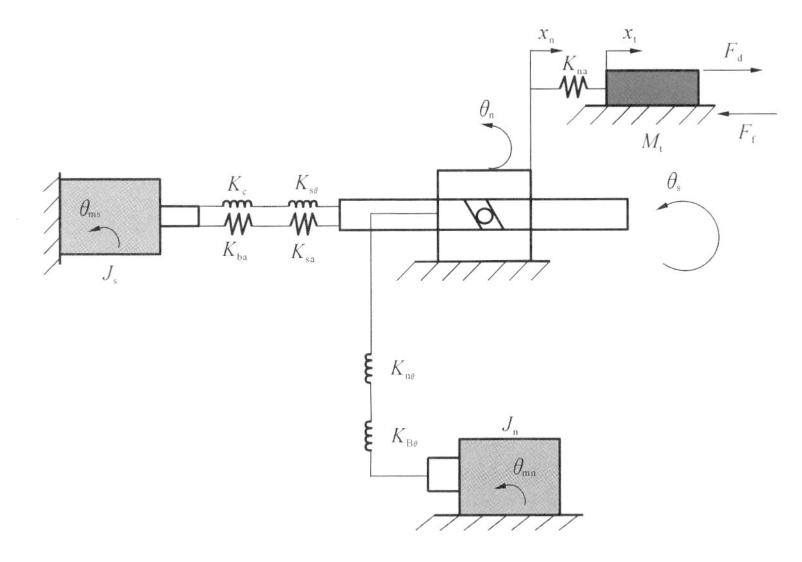

图 8-5　双轴驱动模式下的系统动力学模型

为了便于控制系统设计，要求两个单轴驱动系统的传动参数一致，因此选用两台完全相同的伺服电动机，并且保证螺母轴的等效转动惯量等于丝杠轴的等效转动惯量，即有 $J=J_{n}=J_{s}$。双轴驱动模式下系统的运动方程为

$$\begin{cases} T = J\ddot{\theta} + T_{d} + T_{f} \\ \theta = \theta_{ms} - \theta_{mn} \\ T_{d} = \dfrac{R}{\eta}F_{d} \\ F_{d} = M_{t}\ddot{x}_{t} + F_{f} \end{cases} \tag{8-13}$$

通过预先设计，使得工作台在不同驱动模式下具有相同的运动参数，保证单轴驱动和双轴驱动模式下系统的综合刚度相等，即 $K_{eq}=K_{eq1}=K_{eq2}$，所以工作台在双轴驱动模式下的位移为

$$x_{t} = R\theta - F_{d}K_{eq} \tag{8-14}$$

上述宏宏双驱差动微纳进给伺服系统在不同工作模式下的动力学建模讨论，虽然因驱动系统的不同，系统摩擦及受力分析有所差异，但是对于各种情况下的摩擦特性，可以基于著名的 Stribeck 曲线规律进行摩擦力建模和辨识，其

中，螺母、丝杠各自的等效摩擦力矩可以按照在 Stribeck 曲线预滑区外的情况进行建模处理；F_{f1}、F_{f2}、F_f 均是工作台导轨滑块处的摩擦力，属性一样，可根据工作台的进给速度进行相应建模处理。限于篇幅，这里不再赘述。

8.2.4 交流伺服电动机动力学建模

数控制造装备进给伺服系统常选用交流永磁同步伺服电动机，因其具有较硬的机械特性和较宽的调速范围。由于驱动动力源是一个高阶、非线性、强耦合的系统，在建立其数学模型时，常做如下假设：

(1) 忽略空间谐波，设三相绕组对称，各绕组在空间中互差 120°电角度，所产生的磁动势沿气隙周围按正弦规律分布；

(2) 忽略磁路饱和，认为各绕组的自感和互感都是恒定的；

(3) 忽略铁心损耗；

(4) 不考虑频率变化和温度对绕组电阻的影响。

交流永磁同步伺服电动机的等效电路如图 8-6 所示。

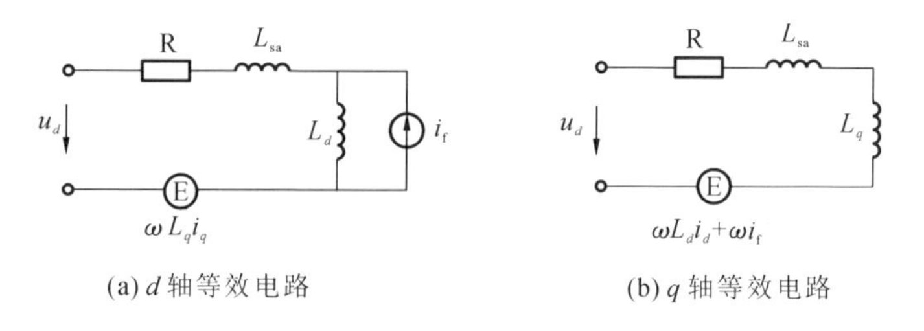

图 8-6　d-q 坐标系下的等效电路

交流永磁同步伺服电动机的动力学模型为

$$\begin{cases} u_d = Ri_d + L_d \dfrac{\mathrm{d}i_d}{\mathrm{d}t} - \omega L_q i_q \\ u_q = Ri_q + L_q \dfrac{\mathrm{d}i_q}{\mathrm{d}t} + \omega L_d i_d + \omega \psi_f \end{cases} \tag{8-15}$$

式中　u_d、u_q——d 轴和 q 轴的电压；

i_d、i_q——d 轴和 q 轴的电流；

R——绕组等效电阻；

L_d、L_q——d 轴和 q 轴电感；

ω——转子电角速度；

ψ_f——永磁体磁链。

电磁转矩方程可表示为

$$T = \frac{3}{2} p[\psi_f i_q + (L_d - L_q) i_d i_q] \tag{8-16}$$

式中　p——电动机的极对数。

交流永磁同步电动机转子为笼形，故有 $L_d = L_q$，则化简后的电磁转矩方程为

$$T = K_t i_q = \frac{3}{2} p \psi_f i_q \tag{8-17}$$

式中　K_t——转矩系数。

总之，在交流永磁同步伺服电动机的矢量控制中，通常对电动机进行坐标变换，将电流矢量沿直轴 d 和交轴 q 两个方向分解，将电机模型从三相静止坐标系变换到两相旋转坐标系进行描述。常用的控制方式就是使 $i_d = 0$，即使定子电流在 d 轴上的分量恒等于零，这样定子电流矢量与永磁体磁链矢量相互独立，q 轴电流产生转矩，从而使得控制系统结构简单，调节器设计容易，转矩控制性能好、脉动小，调速范围大，具有较好的动态响应和速度控制性能。

8.3　宏宏双驱差动微纳进给伺服系统运动控制技术

8.3.1　双轴差速运动分解策略与加减速规划

1. 双轴差速运动分解策略

由于宏宏双驱差动微纳进给伺服系统有四种工作模式，丝杠和螺母单驱动模式下系统组成与工作机理与常规布局的滚珠丝杠单驱动模式下的相同，可以依据目标速度和位置直接进行单电动机轨迹规划；而差动进给与和动进给模式下，工作台的进给运动由丝杠和螺母电动机合成得到，因此，一个确定的工作台伺服进给运动可由无限个丝杠电动机、螺母电动机运动组合获得，究竟哪个组合才是最佳的，需要进一步研究讨论。因此，需要针对工作台给定的运动控制规律进行双轴运动分解，制定运动分解策略时需遵循简单、高性能、逻辑清晰、计算简便等原则。

1）单轴跟踪调控运动分解策略

虽然两轴均可同时调控，但是为简单起见，一般固定其一轴速率（给定基准速率），通过调控另一轴运动来满足工作台运动规律的变化要求，该轴被称为主动调控轴。这种双轴差动运动分解策略称为单轴跟踪调控运动分解策略。

对于差动进给模式，首先对工作台直线进给时的运动分解策略进行讨论，当丝杠轴为主动调控轴时，制定的运动分解策略如图 8-7 所示。

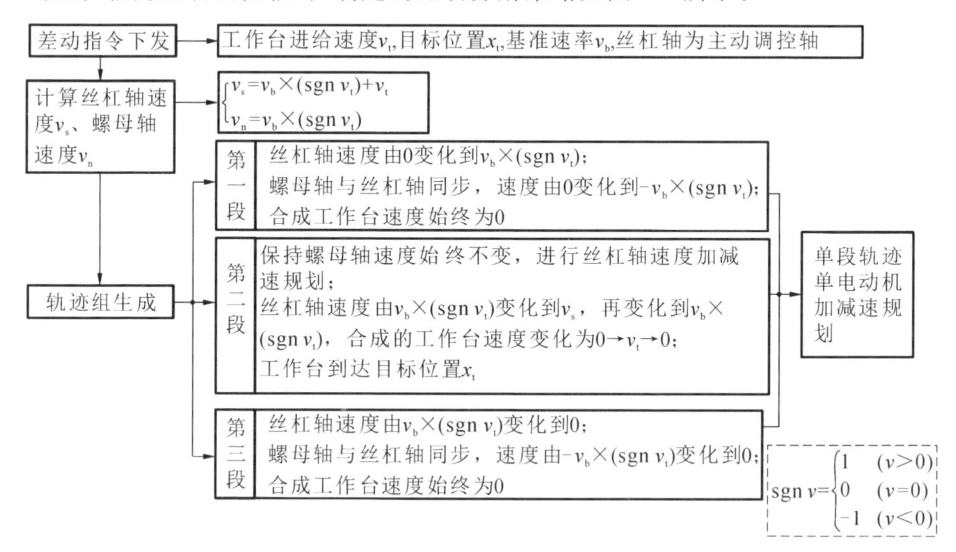

图 8-7　差动进给模式下丝杠轴为主动调控轴时的运动分解策略

若要在差动进给模式下使工作台运动速度按给定规律运动，则利用运动合成原理，只需将图 8-7 中轨迹组的第一段、第三段保持不变，将第二段轨迹规律替换为相应给定规律即可。

当然，基于工作台快速跟踪响应的双轴调控运动分解策略在高性能运动控制中也是一种好的选择，但计算与控制复杂。

2）基于进给量的双轴线性比例运动分解策略

对于和动进给模式，丝杠电动机速度、螺母电动机速度及工作台速度满足：

$$\begin{cases} v_s\times v_n>0 \\ \boldsymbol{v}_t=\boldsymbol{v}_s+\boldsymbol{v}_n \end{cases} \tag{8-18}$$

根据进给量按线性比例划分丝杠、螺母速度大小，以工作台直线进给运动为例，分解流程如图 8-8 所示。

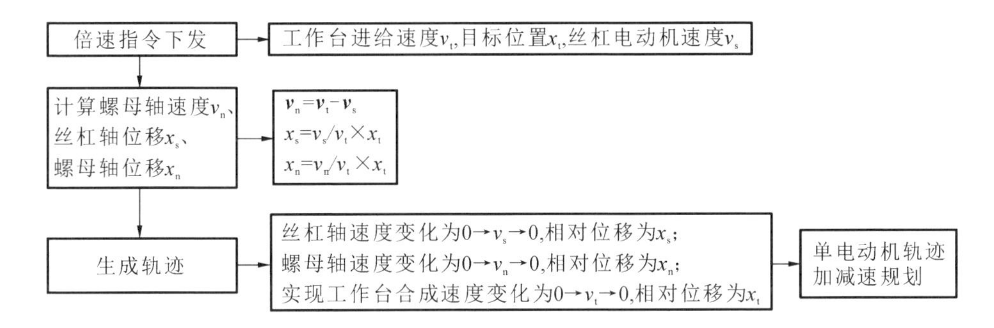

图 8-8　和动进给模式下的运动分解策略

2. 五段正弦加减速规划

目前,智能制造装备伺服运动控制常用的加减速规划算法有梯形加减速算法、S 形加减速算法、七段正弦加减速算法等。采用梯形加减速算法时,工作台在起点、终点处有较大冲击,不利于位置跟踪精度的提高和系统稳定性保持;S 形加减速算法虽然能实现加速度的连续变化,较好地解决了柔性冲击问题,但其加加速度曲线存在多处突变,仍然会产生一定的振动和冲击;七段正弦加减速算法计算复杂,实现难度大。系统在运行过程中可能产生多次加/减速,为了避免柔性冲击同时降低运算复杂度,在七段正弦 S 形曲线中去除匀加速阶段和匀减速阶段,将七段正弦 S 曲线简化为五段正弦加减速曲线,即保留加加速($0\sim t_1$)、减加速($t_1\sim t_2$)、匀速($t_2\sim t_3$)、加减速($t_3\sim t_4$)、减减速($t_4\sim t_5$)五个阶段,采用给定时间加减速策略,即对于给定的速度变化量 Δv,在不超过规定最大加加速度和加速度的前提下,于规定时间内完成加减速,此时工作台的位移、速度、加速度、加加速度的曲线如图 8-9 所示。

令初始速度为 0,匀速阶段速度为 v_0,总位移为 L,加加速度正弦曲线幅值为 A(待求解量),周期为 T(即加速阶段总时间为 T),角频率为 ω,按五段正弦加减速曲线规律运行时,加速阶段($0\leqslant t\leqslant t_2$)工作台加加速度 j、加速度 a、速度 v、位移 s 计算公式如下:

$$\begin{cases} j=A\sin(\omega t) \\ a=\dfrac{A}{\omega}[1-\cos(\omega t)] \\ v=\dfrac{A}{\omega}t-\dfrac{A}{\omega^2}\sin(\omega t) \\ s=\dfrac{A}{2\omega}t^2+\dfrac{A}{\omega^3}[\cos(\omega t)-1] \end{cases} \tag{8-19}$$

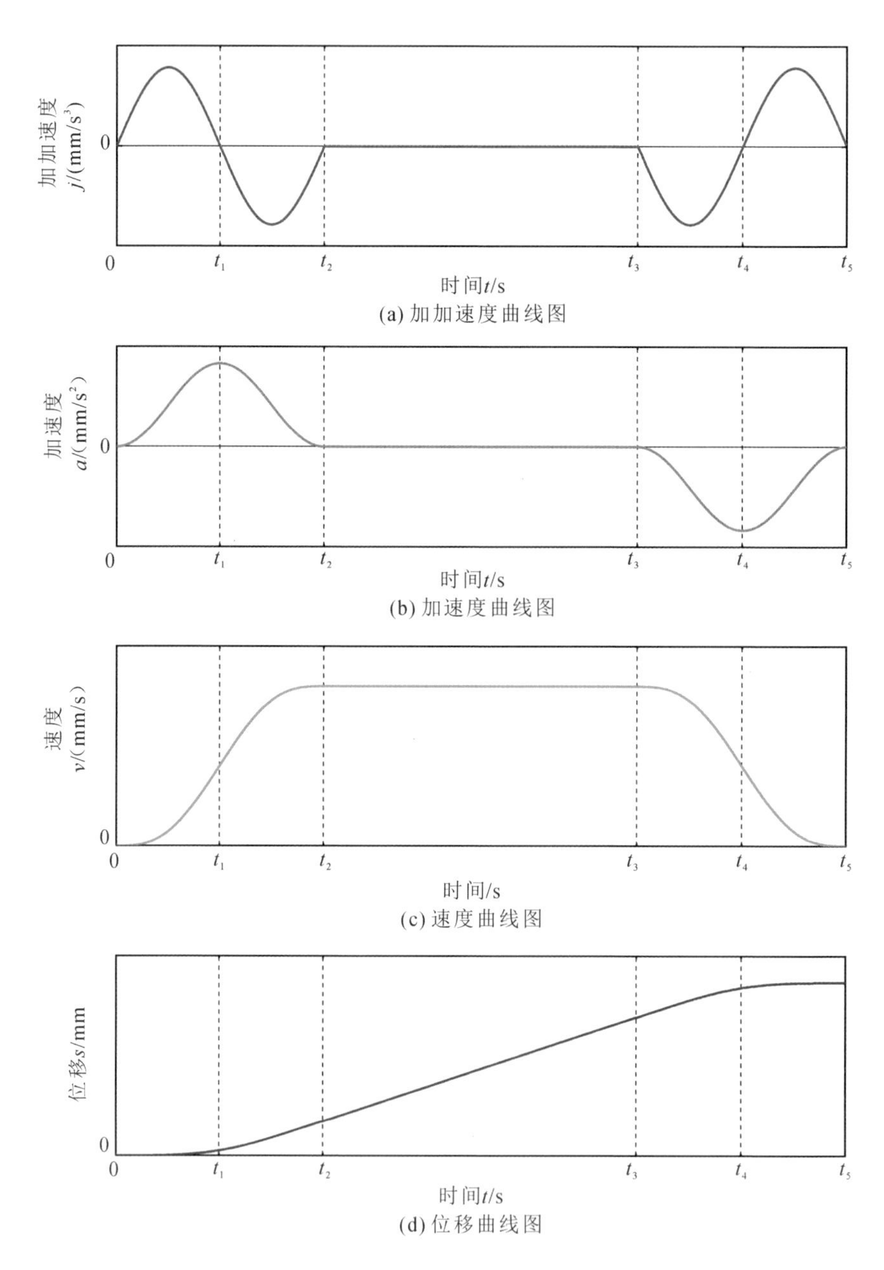

图 8-9　五段正弦加减速曲线

由图 8-9 中对应关系及式(8-19)可得：

$$
\begin{cases}
t_2 = T, \quad A = \dfrac{2\pi v_0}{T^2} \\
j_{\max} = A, \quad a_{\max} = \dfrac{A}{T} \\
v_2 = v_0, \quad s_2 = \dfrac{AT^3}{4\pi}
\end{cases}
\tag{8-20}
$$

式中　t_2——加速阶段结束时刻；

$j_{\max}$——加加速度最大值；

$a_{\max}$——加速度最大值；

v_2——匀速阶段速度目标值；

s_2——加速阶段总位移。

整个加减速规划中各时间节点及其对应各变量的值可由式(8-19)和(8-20)计算得到，由对称关系可求得匀速阶段总时间 t' 为

$$
t' = t_3 - t_2 = \frac{L - 2s_2}{v_0}
\tag{8-21}
$$

匀速阶段($t_2 \leqslant t \leqslant t_3$)各变量的计算公式为

$$
\begin{cases}
j = 0 \\
a = 0 \\
v = v_0 \\
s = s_2 + v_0(t - t_2)
\end{cases}
\tag{8-22}
$$

匀速阶段总位移为

$$
s_3 = L - s_2
\tag{8-23}
$$

减速阶段($t_3 \leqslant t \leqslant t_5$)与加速阶段($0 \leqslant t \leqslant t_2$)的加加速曲线(见图 8-9(a))和速度曲线(见图 8-9(c))均是对称的，各变量计算公式为

$$
\begin{cases}
j = -A\sin[\omega(t - t_3)] \\
a = \dfrac{A}{\omega}\{\cos[\omega(t - t_3)] - 1\} \\
v = v_0 - \dfrac{A}{\omega}(t - t_3) + \dfrac{A}{\omega^2}\sin[\omega(t - t_3)] \\
s = s_3 + v_0(t - t_3) - \dfrac{A}{2\omega}(t - t_3)^2 - \dfrac{A}{\omega^3}\{\cos[\omega(t - t_3)] - 1\}
\end{cases}
\tag{8-24}
$$

若需要在尽可能短的时间内完成加减速，允许的最大加加速度值为 $j_{\lim}$，则最短加速时间为

$$T_{\min} = \sqrt{\frac{2\pi v_0}{j_{\lim}}} \tag{8-25}$$

若给定的是加速度最大限制值 $a_{\lim}$，则最短加速时间为

$$T_{\min} = \sqrt[3]{\frac{2\pi v_0}{a_{\lim}}} \tag{8-26}$$

若给定位移值 s 过小，去除匀速段，仅保留加加速、减加速、加减速、减减速四个阶段，加加速度幅值可以表示为

$$A = \frac{2\pi s}{T^3} \tag{8-27}$$

上述算法称为五段正弦加减速算法，该算法具有计算简单、加减速时间调整方便等优点，若加速时间总长等于控制周期整数倍则不需要进行圆整，可以减少内核计算量，提高运动控制的鲁棒性。

8.3.2 运动控制器设计

1.惯量不匹配情况下的误差补偿原理

智能制造装备伺服运动控制最常用的算法为 PID 控制算法，在相同的参数下转动惯量小有利于提高系统的动态响应性能。宏宏双驱差动微纳进给伺服系统因通过双伺服轴合成而得到工作台单自由度微量进给运动，设计时尽可能做到双轴惯量匹配，使得折算到丝杠轴上的等效转动惯量和折算到螺母轴上等效转动惯量相等。惯量匹配有利于控制器的设计和参数调试（两个轴参数相近），且可降低位置跟踪的滞后量。但由于双轴摩擦力耦合不同，丝杠-滚珠-螺母接触面摩擦力的变化成为导致进给精度发生波动的重要原因之一。此外，不同场合下负载转动惯量的不同也会改变两轴的最终等效转动惯量。因此，系统惯量匹配过程复杂、调整难度大。综上，针对惯量不匹配情况提出以下误差补偿原理。

将丝杠轴、螺母轴的位移跟踪误差 e_i 定义为

$$e_i = \theta_i^* - \theta_i \qquad (i = \mathrm{s,n}) \tag{8-28}$$

工作台的位移跟踪误差定义为

$$e_t = x_t^* - x_t \tag{8-29}$$

工作台理论位移满足

$$x_t^* = (\theta_s^* + \theta_n^*) \times R \tag{8-30}$$

但工作台实际位移并不等于两轴实际位移之和，即

$$x_t \neq (\theta_s + \theta_n) \times R \tag{8-31}$$

这是丝杠存在螺距误差，以及系统各部分刚度不可能无穷大、存在反向间隙等原因导致的。定义由这些原因引起的工作台位移为几何误差 e_o，有

$$e_o = x_t - (\theta_s + \theta_n) \times R \tag{8-32}$$

由运动合成原理可知，丝杠轴、螺母轴自身的位移误差也会累积到工作台上，则工作台总误差 e_t 为

$$e_t = (e_s + e_n) \times R + e_o \tag{8-33}$$

显然，工作台位移误差由三部分组成，分别为丝杠轴位移误差 e_s、螺母轴位移误差 e_n 和几何误差 e_o。将这三部分按不同比例分配给两轴，可以衍生出多种误差补偿策略：

$$\begin{cases} e_{hs} = \alpha e_s + (1-\beta) e_n + \gamma \dfrac{e_o}{R} \\ e_{hn} = (1-\alpha) e_s + \beta e_n + (1-\gamma) \dfrac{e_o}{R} \end{cases} \tag{8-34}$$

式中　e_{hs}——丝杠轴等效补偿误差；

e_{hn}——螺母轴等效补偿误差；

α——丝杠轴误差补偿系数，$0 \leqslant \alpha \leqslant 1$；

β——螺母轴误差补偿系数，$0 \leqslant \beta \leqslant 1$；

γ——几何误差补偿系数，$0 \leqslant \gamma \leqslant 1$。

α、β、γ 三个系数值的组合决定了误差补偿模型的性能。当 $\alpha=0$ 时丝杠轴失去对自身误差补偿的功能，当 $\beta=0$ 时螺母轴失去对自身误差补偿的功能，即 $\alpha=0$、$\beta=0$ 时系统对丝杠轴和螺母轴的控制退化为开环控制。显然，这不利于系统控制精度的进一步提升。由于惯量不匹配情况下丝杠轴的负载惯量较小，动态响应性能好，此时最直观的取值组合为

$$\begin{cases} \alpha = 1 \\ \beta = 1 \\ \gamma = 1 \end{cases} \tag{8-35}$$

即丝杠轴和螺母轴的位移误差由其对应的电动机进行补偿，几何误差 e_o 由丝杠轴电动机进行补偿。

2. 宏宏双驱差动微纳进给伺服系统 PID 控制原理

依据动力学模型和误差补偿原理，误差补偿系数组合取 $\alpha=1$、$\beta=1$、$\gamma=1$，宏宏双驱差动微纳进给伺服系统 PID 控制原理框图如图 8-10 所示。

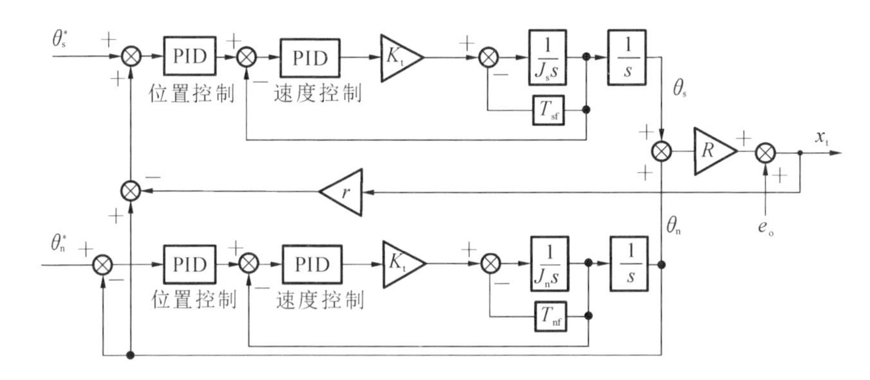

图 8-10　宏宏双驱差动微纳进给伺服系统 PID 控制原理框图

3. 带有摩擦前馈的滑模控制器

常规 PID 控制器和滑模控制器是典型的反馈控制器，属于闭环控制器。其基本原理是：如果系统反馈值与期望值产生偏差，通过控制器调节作用消除偏差。反馈控制器的主要特点就是当误差出现时才做出反应，如果扰动对被控变量的影响显著，反馈控制可能难以及时克服这种影响，造成较大输出误差。前馈控制器属于开环控制器，通过输入的变化直接进行误差补偿，改变了系统的零点但并没有改变系统的极点。改变零点可以调整阻尼比，进而改善响应速度；不改变极点则不影响系统稳定性。图 8-11 所示是伺服控制系统中常采用的前馈控制器和反馈控制器相结合的控制策略，采用该策略可以有效减小误差，抵抗干扰，提高响应速度。

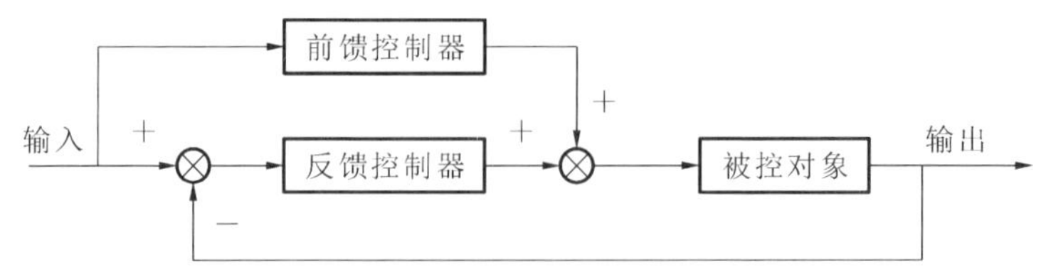

图 8-11　前馈与反馈综合控制原理框图

尽管系统在双轴驱动模式下工作时，可以使丝杠轴和螺母轴运行在预滑移区外，消除了预滑移区复杂摩擦力的影响，但是机械摩擦是不可避免的；同时，忽略动力学模型中的加速度耦合项，将其视为未建模干扰力。为了进一步提高工作台运动精度，利用基准速率和摩擦参数动态变化模型预测摩擦参数，再以工作台实际速度预测摩擦力，最终设计基于变速趋近律、带有摩擦前馈的滑模控制器（FF＋SMC）。

在滑模控制器中，采用连续变结构控制系统的变速趋近律，其连续形式表示为

$$\dot{s} = -\varepsilon \| \boldsymbol{x} \|_1 \operatorname{sgn} s \tag{8-36}$$

式中　$\boldsymbol{x}$——系统状态变量；

$\|\boldsymbol{x}\|_1$——状态变量一阶范数（各状态变量之和）；

ε——比例系数。

为了在离散状态空间内设计滑模控制器，将变速趋近律离散化，有

$$\dot{s} = s(k+1) - s(k) = -\varepsilon T_s \| \boldsymbol{x} \|_1 \operatorname{sgn}(s(k)) \tag{8-37}$$

式中　T_s——采样周期。

设第 k 个周期的位置指令为 $\theta(k)$，变化率为 $\mathrm{d}\theta(k)$，当采样周期足够小时，基于微分思想，认为任意运动轨迹均是渐变的。采用线性模型预测下一周期的位置及位置指令变化率，有

$$\begin{cases} \theta(k+1) = 2 \times \theta(k) - \theta(k-1) \\ \mathrm{d}\theta(k+1) = 2 \times \mathrm{d}\theta(k) - \mathrm{d}\theta(k-1) \end{cases} \tag{8-38}$$

则误差矩阵可以定义为

$$\begin{cases} \boldsymbol{R}(k) = (\theta(k) \quad \mathrm{d}\theta(k))^{\mathrm{T}} \\ \boldsymbol{R}(k+1) = (\theta(k+1) \quad \mathrm{d}\theta(k+1))^{\mathrm{T}} \end{cases} \tag{8-39}$$

由于系统为二阶系统，取滑模面的参数矩阵为 $\boldsymbol{C}^* = (c, 1)$，切换函数可表示为

$$s(k) = \boldsymbol{C}^* [\boldsymbol{R}(k) - \boldsymbol{x}(k)] \tag{8-40}$$

根据离散的系统状态空间表达式，下一周期切换函数为

$$s(k+1) = \boldsymbol{C}^* [\boldsymbol{R}(k+1) - \boldsymbol{x}(k+1)] = \boldsymbol{C}^* [\boldsymbol{R}(k+1) - \boldsymbol{A}\boldsymbol{x}(k) - \boldsymbol{B}u(k)] \tag{8-41}$$

于是，可得滑模控制器控制律为

$$u(k)=(\boldsymbol{C}^{*}\boldsymbol{B})^{-1}[\boldsymbol{C}^{*}\boldsymbol{R}(k+1)-\boldsymbol{C}^{*}\boldsymbol{A}\boldsymbol{x}(k)-s(k)-\dot{s}(k)] \quad (8\text{-}42)$$

式中

$$\dot{s}(k)=-\varepsilon T_{s}\|\boldsymbol{x}(k)\|_{1}\operatorname{sgn}(s(k))$$

对基于式(8-42)所表示的变速趋近律下的滑模存在性、稳定性进行分析可知，基于该趋近律的控制系统满足滑模存在性和稳定性要求，该变速趋近律比指数趋近律拥有更好的稳态性能。以丝杠轴为主动调控轴的情况为例，误差补偿系数组合取 $\alpha=1$、$\beta=1$、$\gamma=1$，则带有摩擦前馈的滑模控制器结构框图如图 8-12 所示。

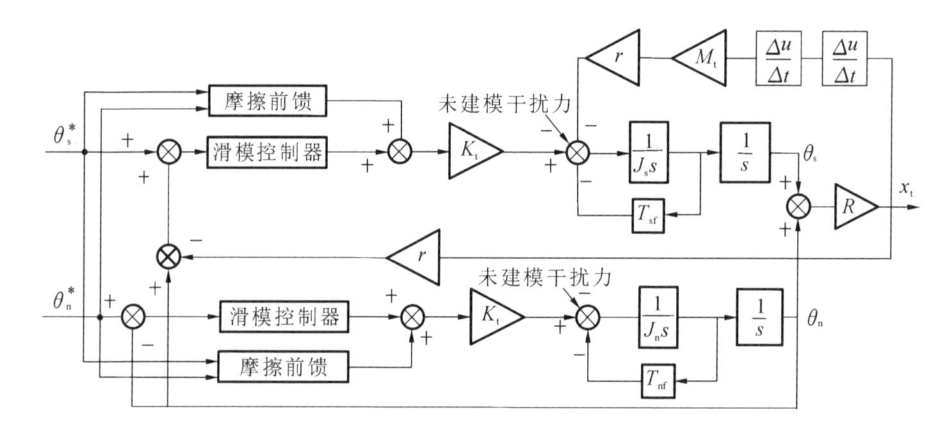

图 8-12　带有摩擦前馈的滑模控制器结构框图

8.3.3　运动控制器仿真

分别采用 PID 控制器和带有摩擦前馈的滑模控制器进行仿真实验，仿真条件为：工作台转动惯量 $J_t=1\times10^{-5}\ \mathrm{kg\cdot m^2}$，采样周期 $T_s=250\ \mu\mathrm{s}$，丝杠电动机速度 $v_s=10+\cos(2\pi t)$ (mm/s)，螺母电动机速度 $v_n=-10$ mm/s，合成的工作台速度 $v_t=\cos(2\pi t)$ (mm/s)，电磁转矩常数 $K_t=0.605$，误差补偿系数组合取 $\alpha=1$、$\beta=1$、$\gamma=1$，将忽略的动力学模型中的加速度耦合项视为未建模干扰力（符合正态分布），其余模型参数和调试后的 PID 控制器参数（利用 MATLAB Control System Tuner 工具箱调整 PID 参数）、滑模控制器参数如表 8-3 所示，干扰力曲线如图 8-13 所示。基于两种控制器的仿真结果分别如图 8-14、图 8-15 所示，仿真的位置跟踪误差对比如表 8-4 所示。

表 8-3　仿真参数

参数	丝杠轴	螺母轴
转动惯量 $J/(\mathrm{kg \cdot m^2})$	9×10^{-5}	100×10^{-5}
库仑摩擦力矩 $T_c/(\mathrm{N \cdot m})$	0.055	0.063
静摩擦力矩 $T_s/(\mathrm{N \cdot m})$	0.07	0.075
临界转速 $\omega_s/(\mathrm{rad/s})$	0.5	0.8
黏性摩擦力矩系数 $B_\omega/(\mathrm{N \cdot m \cdot s/rad})$	0.001	0.0008
离心摩擦力矩系数 $C_{\omega^2}/(\mathrm{N \cdot m \cdot s^2/rad^2})$	10^{-6}	1.2×10^{-6}
未建模干扰力均值/N	0	0
未建模干扰力标准差/N	2×10^{-4}	5×10^{-4}
速度环比例增益 K_{P1}	0.0698	0.2896
速度环积分增益 K_{I1}	0.0559	0.00559
速度环微分增益 K_{D1}	0.00118	0.00118
位置环比例增益 K_{P2}	158.914	97.401
位置环积分增益 K_{I2}	0.751	0.309
位置环微分增益 K_{D2}	0.050	0.290
滑模面斜率 c	10	30
趋近律系数 ε	20	80

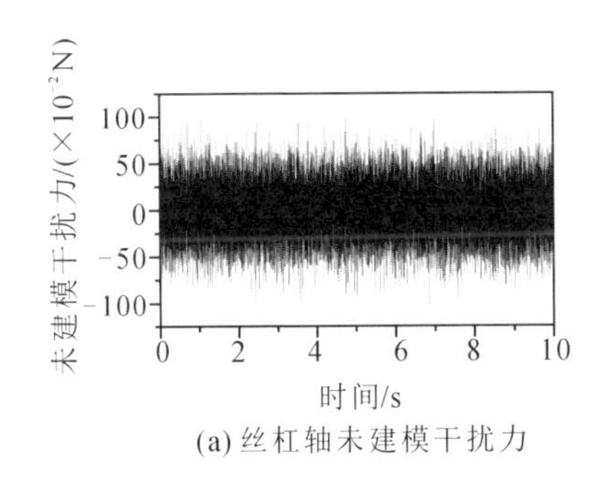

(a) 丝杠轴未建模干扰力

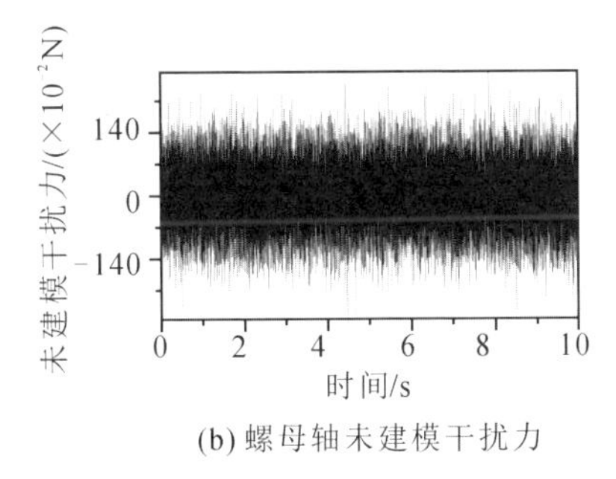

(b) 螺母轴未建模干扰力

图 8-13　仿真时加入的未建模干扰力曲线

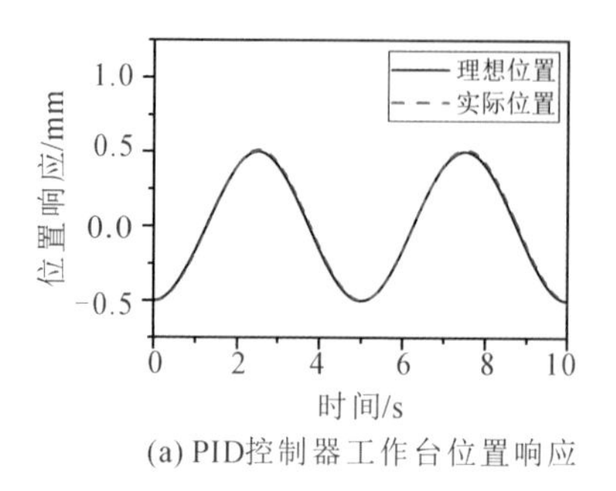

(a) PID控制器工作台位置响应

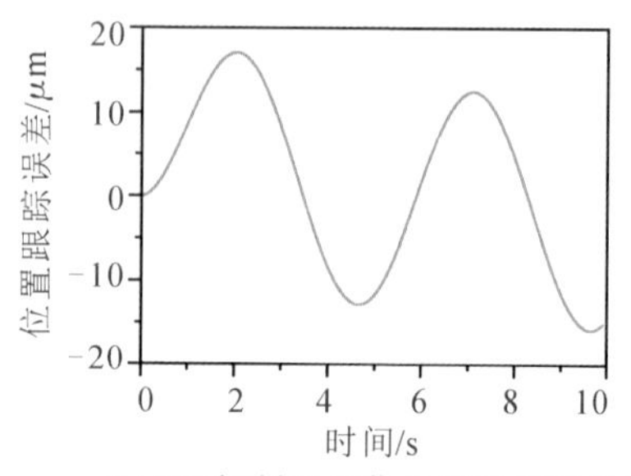

(b) PID控制器工作台位置跟踪误差

图 8-14　基于 PID 控制器的仿真结果

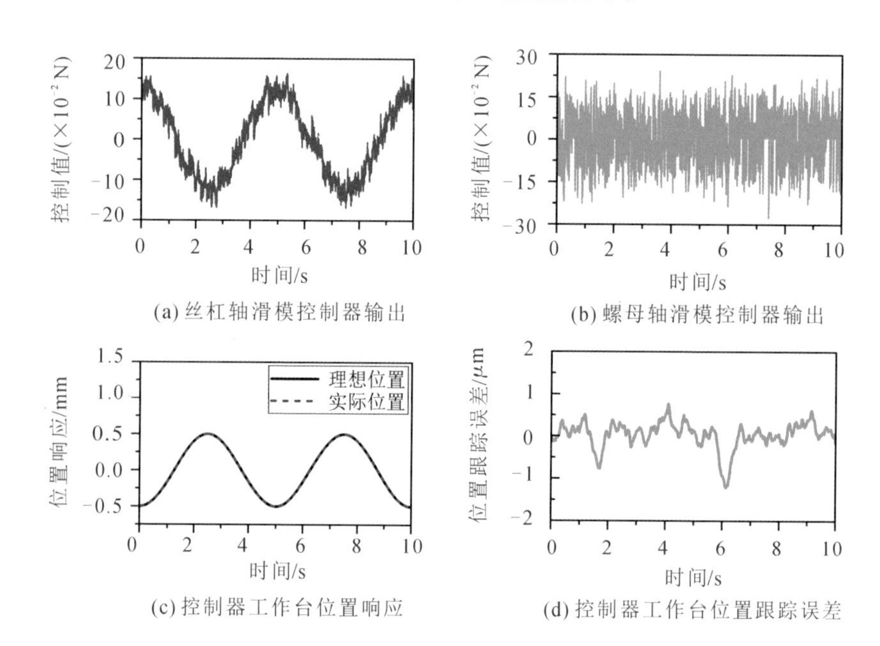

图 8-15　基于带有摩擦前馈的滑模控制器的仿真结果

表 8-4　基于两种控制器的运动控制仿真位置跟踪误差对比

控制器	最大值	平均值	标准差
PID	17.1 μm	9.5 μm	4.9 μm
FF＋SMC	1.2 μm	0.4 μm	0.3 μm

由仿真结果可知：由于加入的未建模干扰力较大，PID 控制器不能够快速地消除产生的误差，位置跟踪误差最大达到了 17.1 μm，且由于丝杠轴和螺母轴惯量不一致，工作台跟踪误差整体存在线性偏移趋势。而带有摩擦前馈的滑

模控制器的位置跟踪及位置误差预测功能发挥了良好的作用，能够及时对外部未建模干扰力导致的误差进行补偿，最大跟踪误差仅 1.2 μm，该滑模控制器相较于传统 PID 控制器具有更高的位置跟踪精度。

8.4 宏宏双驱差动微纳进给伺服运动控制全软件型数控系统开发与实验

8.4.1 全软件型数控系统开发环境与功能需求分析

1. 开发环境选择

1）现场总线协议选择

图 8-16 给出了当设备包含 40 个运动轴、50 个 I/O 模块（每个模块包含 2000 个数字量＋100 个模拟量）、线缆总长为 500 m 时各主要通信协议周期。显然，在当前各类主要通信协议中，EtherCAT 实时性能相对其他通信协议具有明显优势。高传输速度使得 EtherCAT 非常适合需要实时通信的场景，尤其适合智能制造装备，因为其执行机构提供的表面成形运动控制对实时性的要求更高。另外，在电气连接层面，该协议下设备之间使用标准以太网双绞线连接，避免了繁杂的接线，一方面能够大幅缩短产品开发、安装周期，另一方面可大大提升伺服通信、I/O 通信系统的抗干扰能力，使其能够在复杂电磁环境及宽温度范围（－25～60 ℃）内稳定、可靠地长期工作。

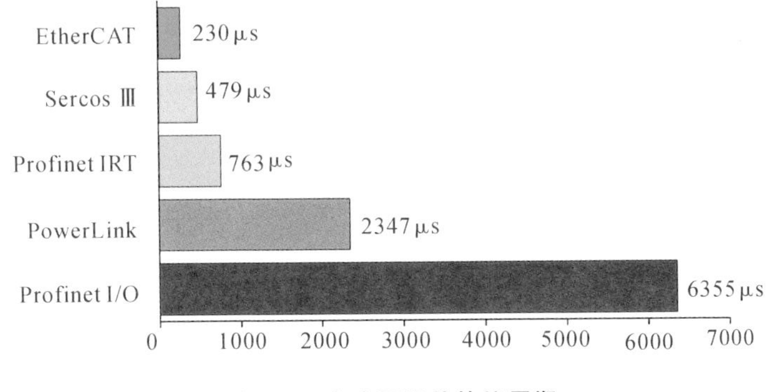

图 8-16 各主要通信协议周期

注：设备规模为 40 个运动轴、50 个 I/O 模块，线缆总长为 500 m。

鉴于EtherCAT通信协议的高实时性等特点，双驱进给伺服系统设计中丝杠电动机、螺母电动机伺服驱动器均选择具有EtherCAT通信功能的产品。

2）全软件型数控系统控制软件开发平台

通过分析（见7.3.3节和7.4节），这里选择基于KRMotion的实时运动系统平台作为全软件型数控系统控制软件开发平台。该系统基于德国Kithara的EtherCAT实时运动套件，运行在Windows系统上。该系统集成了工程文件配置、单设备调试、变量实时监控等常用系统工具，提供了丰富的运动控制函数接口，可以实现自定义运动控制算法和轨迹规划、插补及逻辑控制。该系统支持C＋＋、C＃、LabVIEW等多种语言的二次开发，能满足定制化需求，同时有助于提高开发效率。

由于当前市面上涌现了众多支持EtherCAT通信协议的伺服驱动器，为工业运动控制提供了成熟的伺服驱动产品解决方案，加之协议在性能、时延、开放性等方面的突出表现，因此选择EtherCAT通信协议作为伺服驱动器与上位机之间的通信协议，对KRMotion进行二次开发，编制双驱动系统运动控制软件。

3）人机交互界面引擎开发

由于所设计的数控系统以EtherCAT通信协议为基础，目的是实现实时运动控制，要求使用的开发语言具有较高的运行效率和底层硬件控制能力。人机交互界面引擎开发语言应尽量与实时运动控制程序开发语言保持一致，同时需要满足开发便捷、所开发界面美观的要求。

Qt是由Qt公司开发的跨平台C＋＋图形化用户界面应用程序开发工具，提供了多达250个类模块，由于封装良好，各模块重用性好、开发效率高、用户界面设计美观，此外，Qt工具还支持多国语言的快速部署。其已经广泛应用在能源行业、影音行业、仿真测试等众多商用及工业领域。此外，Qt开发工具允许用户借助C＋＋类继承机制自定义非标准图形控件，对提升工业图形化界面的直观度、美观度和开发效率具有重要意义。为此，这里选择Qt开发工具来开发人机界面引擎。

2.功能需求分析

宏宏双驱差动微纳进给伺服系统单个自由度的运动需要由两个运动复合而成，但现有的运动控制软件对每一个自由度的运动控制都是通过控制单个电动机来实现的。为了满足宏宏双驱差动微纳进给伺服系统运动复合控制需求，并验证系统的运动性能，需要专门设计一款能实现单自由度运动复合的运动控制软件。图 8-17 给出了基于 PC 上位机的全软件化运动控制的功能需求分析，运动控制软件功能主要包括人机交互和运动控制两大功能。在进给伺服系统工作时，使用者可以通过人机交互模块选择系统工作模式，设定目标速度和位置，或者选择个性化实验，并可以实现多参数在线修改。在运动控制功能模块中，可以通过工作模式等相关指令，解析指令所需轨迹组，对轨迹组中的每一段轨迹进行单电动机/双电动机联动插补，利用多轨迹顺序执行功能最终实现工作台进给运动。此外，可以对参数辨识、前馈控制、滑模控制等个性化实验所需要的逻辑进行分解并分配到运动控制层和用户层，两层相互配合实现实验功能。同时，可以在人机交互功能模块中通过示波器模块设置需要监控的运动控制数据曲线。

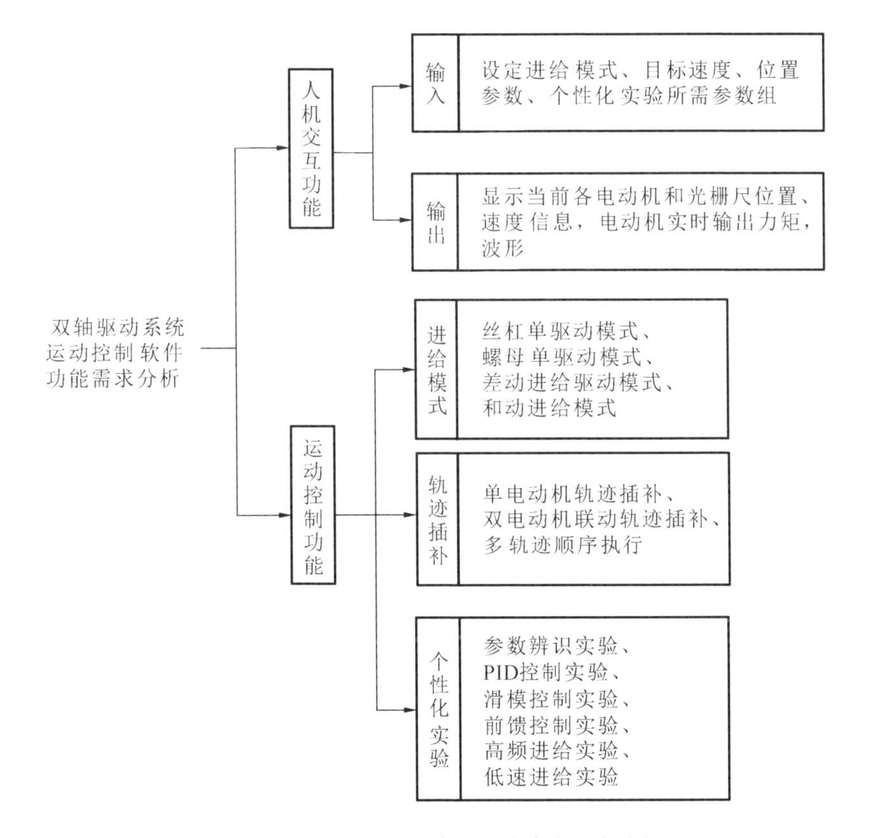

图 8-17 全软件化运动控制的功能需求分析

8.4.2 数控系统运动控制软件设计

1. 宏宏双驱差动微纳进给伺服系统机电结构硬件组成

依据系统结构组成与运动控制特点，宏宏双驱差动微纳进给伺服系统单自由度坐标运动控制的机电结构硬件组成框图如图 8-18 所示。

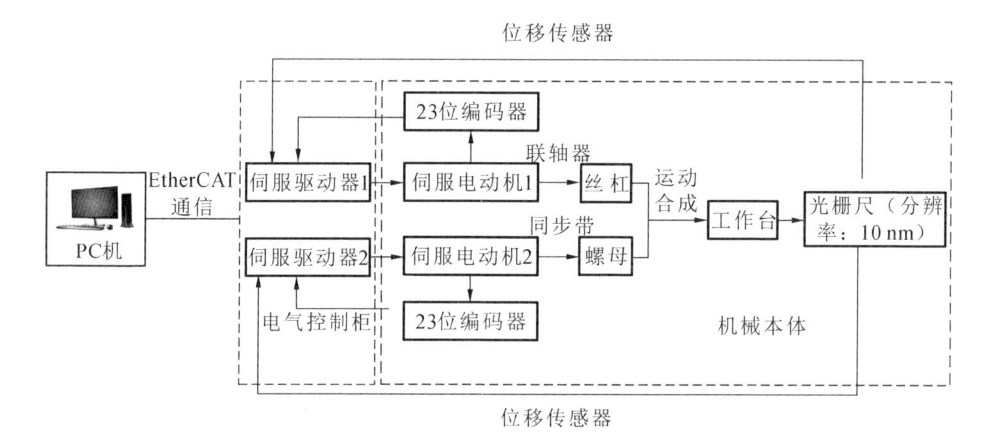

图 8-18 宏宏双驱差动微纳进给伺服系统机电结构硬件组成框图

2. 数控软件开发

根据宏宏双驱差动微纳进给伺服系统运动控制特点和功能需求分析，搭建上位机运动控制数控软件的基本架构，如图 8-19 所示。

软件各功能模块采用面向对象的 Qt 高级语言开发，运行于 Windows 操作系统。整个软件主要分为运动控制层和用户层两大部分。运动控制层基于 Kithara 提供的实时拓展套件（KRTS）开发，该套件能够将运动控制任务安排到指定 CPU 核心实时运行并锁定该核心，防止其被其他进程占用。同时，Kithara 提供了高精度定时器，搭配其接口函数可实现运动控制周期与通信周期的时间同步，确保运动控制的实时性；伺服驱动器与软件系统的通信同样依靠 Kithara 套件实现，基于 EtherCAT 通信协议实现数据的传输。

用户层基于采用 Qt 工具开发的人机交互界面完成非实时任务，这些任务主要包括系统参数配置与运动控制层的启动、指令输入与结果展示。运动控制层和用户层使用共享内存进行数据交互，二者相互协调，形成一套稳定的实施控制方案。

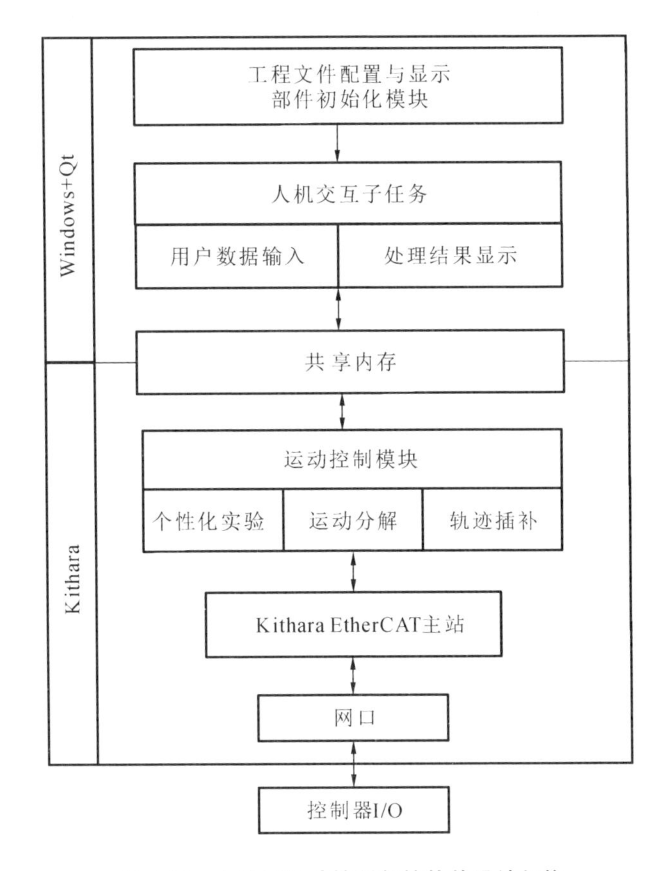

图 8-19　上位机运动控制数控软件设计架构

1）运动控制层运行流程与功能

运动控制层的运行流程如图 8-20 所示。运动控制层主要负责共享内存创建和实时运动控制，其主要功能有：

（1）基本运动控制功能　该部分功能主要包括共享内存创建与初始化、PDO 数据更新、使能/失能状态切换、控制模式设定、全闭环补偿、运动分解、加减速规划、命令下发、参数记录、控制周期/通信周期同步等基本逻辑控制功能。

（2）矩阵运算功能　由于实时运动控制层对稳定性和实时性有较高要求，因此禁止引用外部动态/静态链接库。为了实现控制器嵌入时所需的二维矩阵运算功能，开发了矩阵类模块。该模块利用一维数组模拟二维矩阵，借助运算符重载功能，实现了矩阵与矩阵、矩阵与常数之间的加、减、乘等运算，支持矩阵求逆、转置运算，可以生成指定维度 0 矩阵、1 矩阵、对角矩阵，具备对相关运算

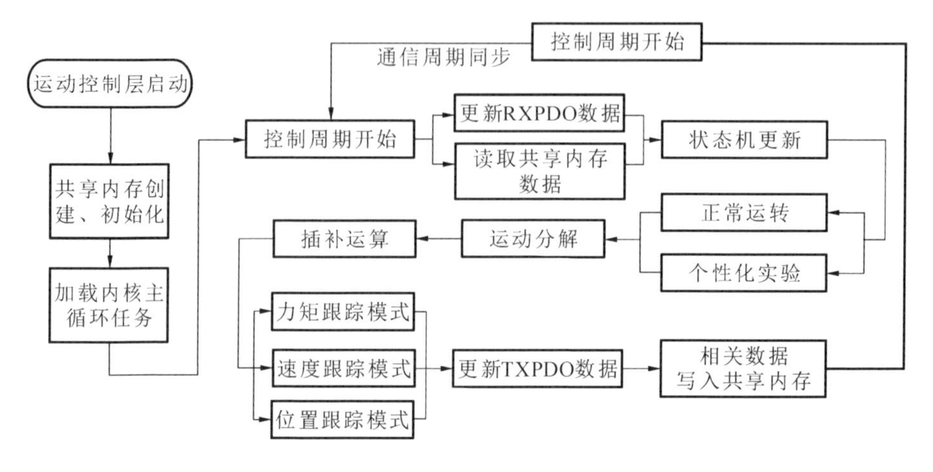

图 8-20　运动控制层运行流程

注：RXPDO—接收过程数据对象；TXPDO—输出过程数据对象。

进行维度检查、求逆可行性检查等功能。

(3) 个性化运动控制实验功能　支持多种个性化运动控制实验，目前支持的实验类型有正弦曲线跟踪实验、PID控制实验、滑模控制实验、在线参数辨识实验、数字滤波器实验等。

2) 用户层运行流程与人机交互界面

用户层运行流程如图8-21所示。所开发的上位机运动控制数控系统人机交互界面如图8-22所示。用户层通过人机界面，主要提供了状态监视与指令模块、示波器模块、参数编辑模块等。

(1) 状态监视与指令模块　该功能模块的界面如图8-23所示。在状态监视模块中：用户可以实时监控两轴电动机位移、速度、力矩、光栅尺位置、速度数据，以及光栅尺测量的实际位移值和两伺服电动机计算得到的理论位移值的偏差，同时可以显示伺服驱动错误代码；可以向实时运动控制层下发命令，包括使能、清除错误、控制模式切换等功能，下发位移、速度、力矩命令值。针对差动进给模式，当主动轴、基准速率、工作台目标速度已知时，程序会自动计算丝杠、螺母速度，无须重复填写，避免用户指令歧义。

(2) 参数编辑模块　该模块主要提供了便捷的参数编辑功能，用户在参数列表中可以自由选择参数并添加到表格中，还可以通过表格直接修改参数。修改参数后系统会自动校验数据位长、类型并给出相应提示。

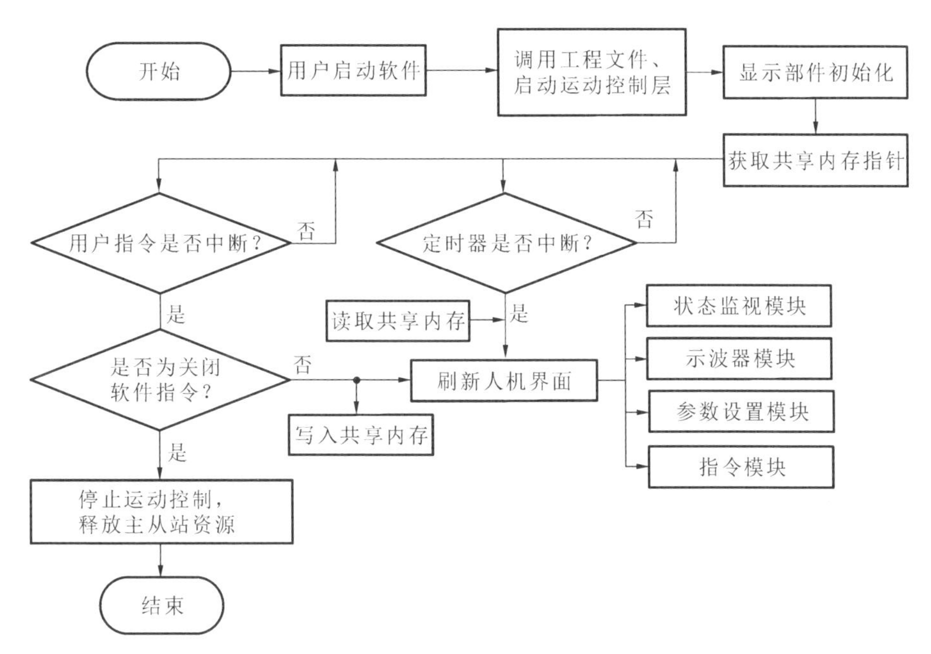

图 8-21　用户层运行流程

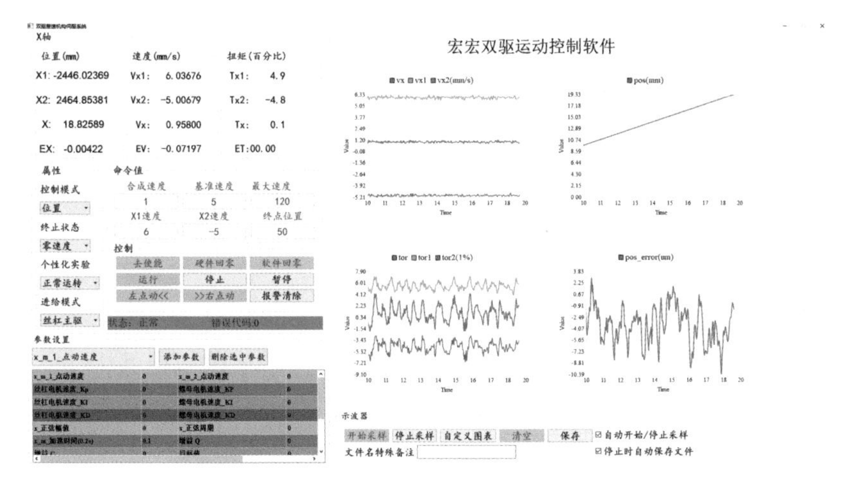

图 8-22　上位机运动控制数控系统人机交互界面

(3) 示波器模块　示波器模块界面如图 8-24 所示。用户通过该功能模块可以追踪伺服驱动数据命令值和实际值并绘制相应的曲线图,或自定义图表中的数据计算方式,典型图表模板包括速度、位移、力矩、位移跟踪误差图表模板等;可以将指定数据保存到本地磁盘,默认名称为当前时间及指令速度参数,并可以添加自定义的特殊名称。

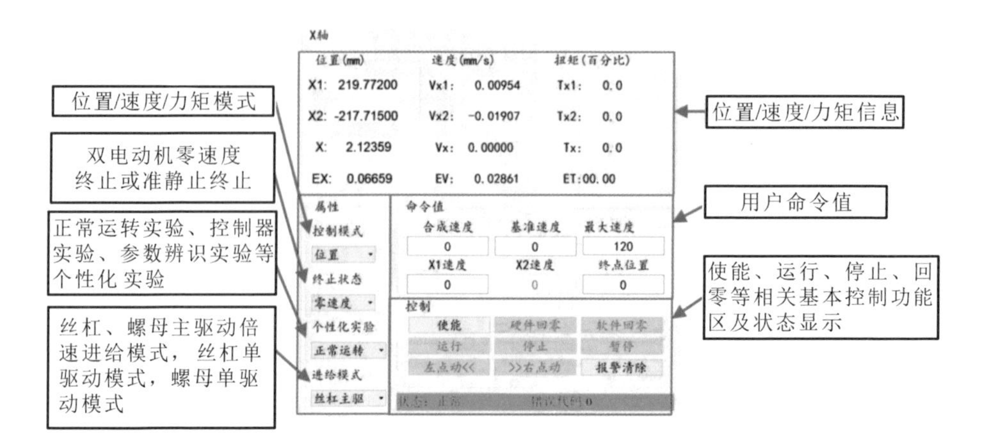

图 8-23　状态监视与指令模块界面

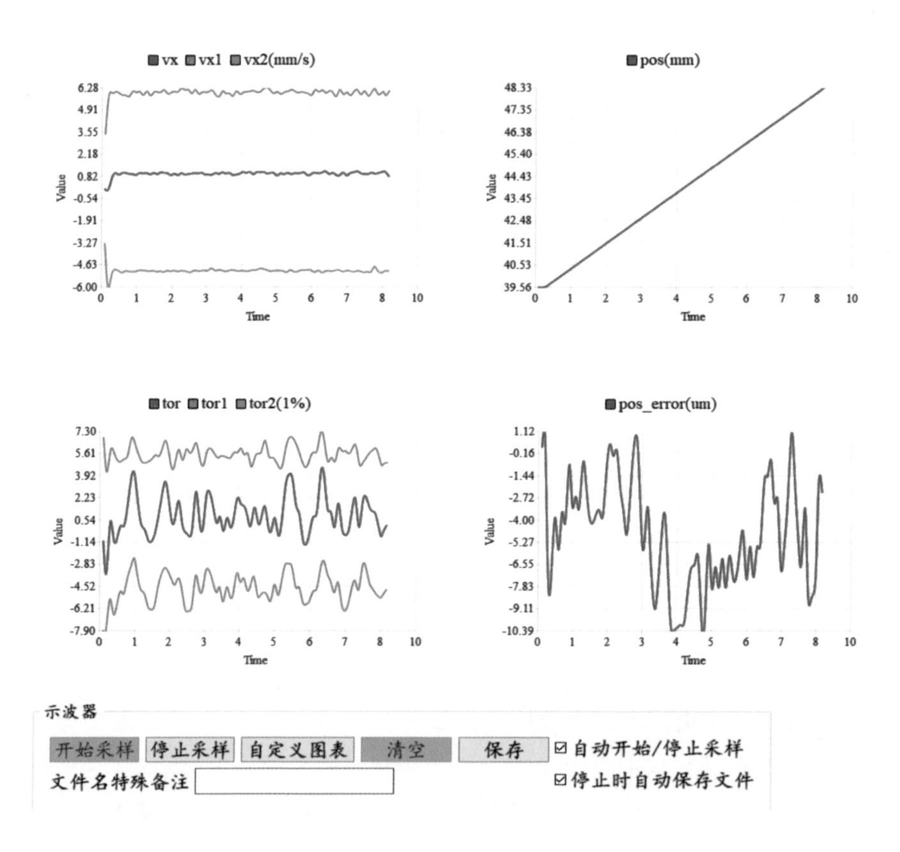

图 8-24　示波器模块界面

8.4.3 宏宏双驱差动微纳进给伺服系统运动控制实验

在完成运动控制器设计和全软件型数控系统开发后，对宏宏双驱差动微纳进给伺服系统运动控制进行如下实验验证。

1. 线性进给运动控制实验

在差动进给模式下分别使用 8.3.2 节给出的 PID 控制器和带有摩擦前馈的滑模控制器（FF＋SMC）进行匀速进给运动实验，丝杠轴速度为 10 mm/s，螺母轴速度为－5 mm/s，工作台合成速度为 5 mm/s，误差补偿系数组合取 $\alpha=1$、$\beta=1$、$\gamma=1$。两次实验均从相同位置出发，实验结果如图 8-25 和表 8-5 所示。从图 8-25 中可以看出，带有摩擦前馈的滑模控制器的跟踪误差曲线产生了较大的局部振荡，但是其跟踪误差峰值以及平均值都明显小于 PID 控制器。从表 8-5 中可以看出，带有摩擦前馈的滑模控制器将跟踪误差最大值从 8.4 μm 降低到了 3.7 μm，将跟踪误差平均值由 3.4 μm 降低到了 0.86 μm，显然，带摩擦前馈的滑模控制器取得了较好的位置跟踪效果。

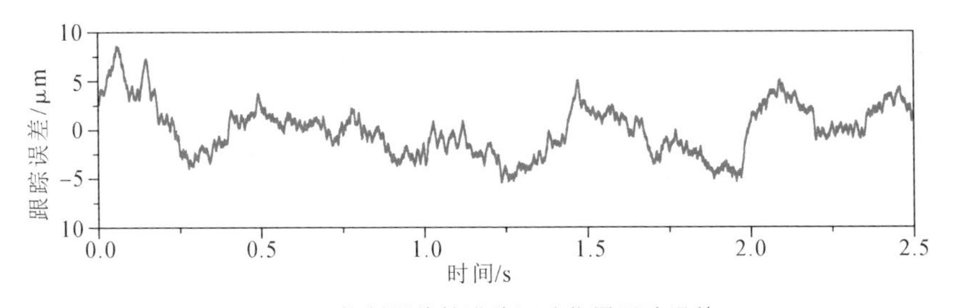

(a) PID控制器线性进给运动位置跟踪误差

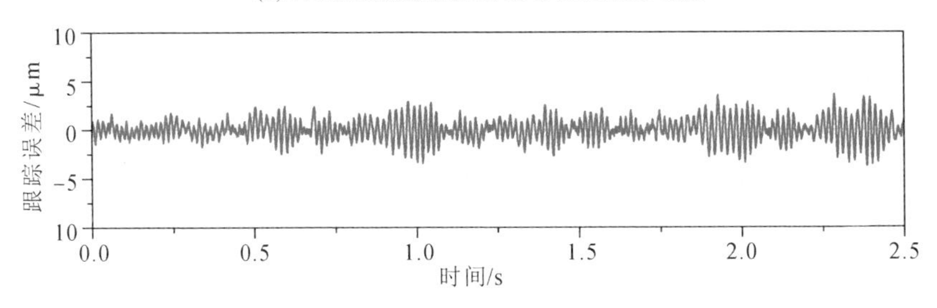

(b) 带有摩擦前馈的滑模控制器线性进给运动位置跟踪误差

图 8-25 线性进给运动位置跟踪误差

表 8-5　线性进给运动位置跟踪误差数据对比

控制器	最大值	平均值	标准差
PID	8.4 μm	3.4 μm	2.6 μm
FF+SMC	3.7 μm	0.86 μm	1.1 μm

2. 正弦曲线位置跟踪实验

在差动进给模式下分别使用 PID 控制器和带有摩擦前馈的滑模控制器进行正弦曲线位置跟踪实验，丝杠轴为主动轴，基准速率为 5 mm/s，工作台正弦位移幅值为 1 mm，周期为 1 s，误差补偿系数组合取 $\alpha=1$、$\beta=0$、$\gamma=1$，两次实验均从相同位置出发。图 8-26 所示为正弦曲线位置跟踪实验中两种控制器的位置跟踪曲线，表 8-6 所示为相应的跟踪误差对比结果，图 8-27 为基于正弦曲线规律的两种控制器的位置跟踪误差曲线。从中可以看出，在本实验中带有摩擦前馈的滑模控制器的表现同样优于 PID 控制器，两者在换向时均因反向间隙产生了较大的跟踪误差，但控制器能够快速对反向间隙进行补偿，有效响应并抑制跟踪误差的进一步增大。

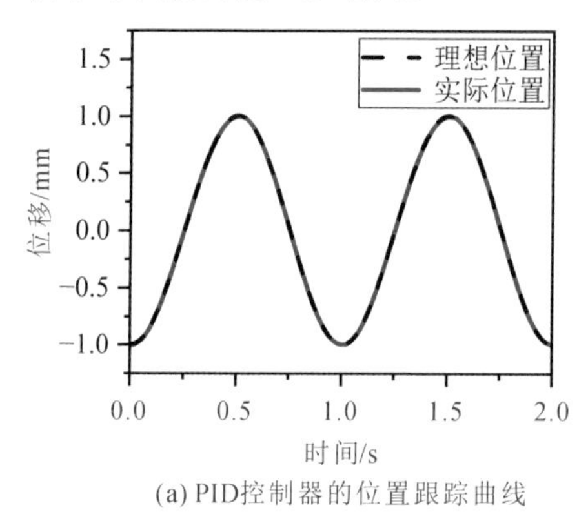

(a) PID控制器的位置跟踪曲线

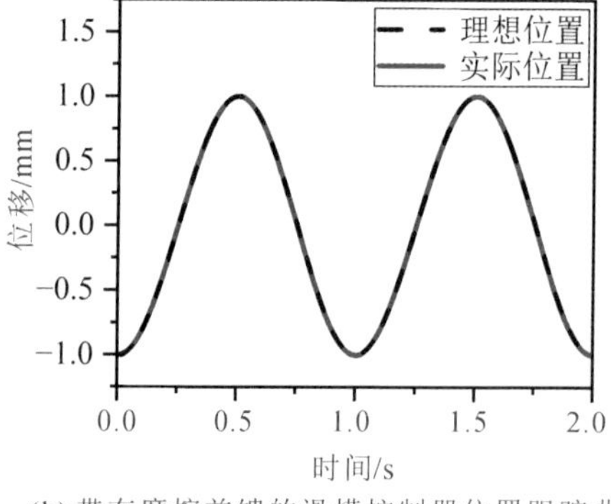

(b) 带有摩擦前馈的滑模控制器位置跟踪曲线

图 8-26　两种控制器的位置跟踪曲线

表 8-6　两种控制器位置跟踪误差数据对比

控制器	最大值	平均值	标准差
PID	8.5 μm	2.4 μm	3.0 μm
FF+SMC	4.7 μm	1.8 μm	2.0 μm

总之，智能制造装备的根本宗旨是提供表面成形运动，实现零件功能表面的加工成形。因此，进给伺服及其运动控制技术是智能制造装备最为根本的核心共性关键技术。

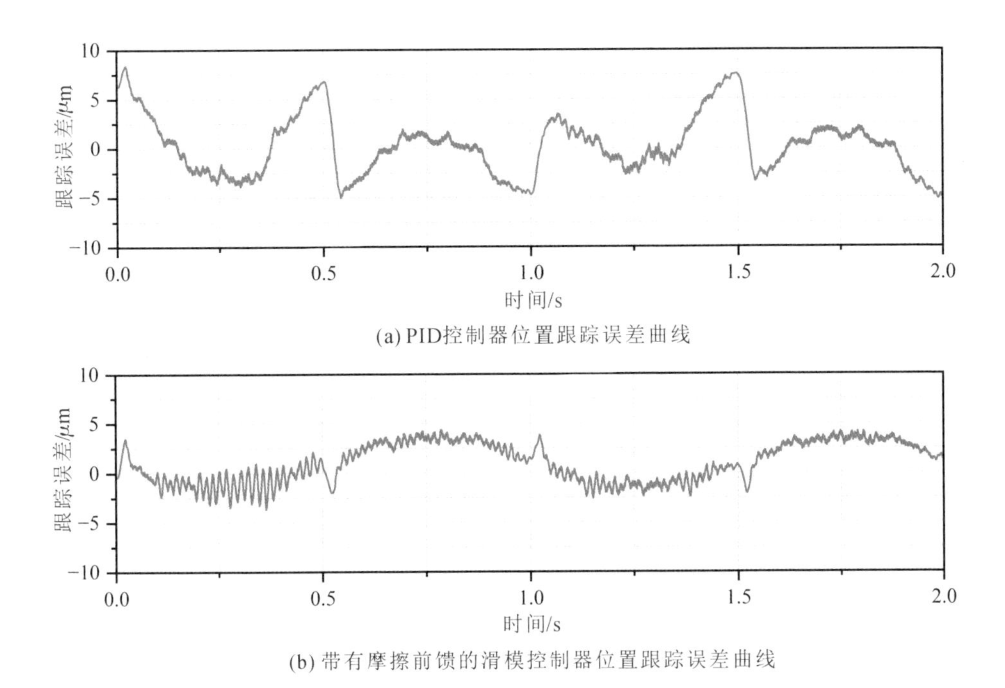

(a) PID控制器位置跟踪误差曲线

(b) 带有摩擦前馈的滑模控制器位置跟踪误差曲线

图 8-27　两种控制器的位置跟踪误差曲线

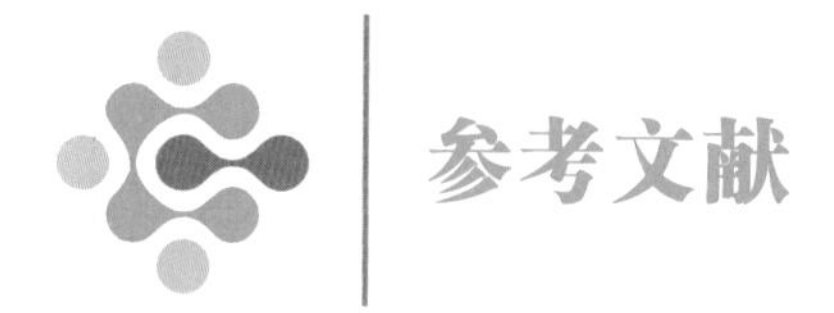

参考文献

[1] 张映锋,张党,任杉.智能制造及其关键技术研究现状与趋势综述[J].机械科学与技术,2019,38(3):329-338.

[2] 程强,徐文祥,刘志峰,等.面向智能绿色制造的机床装备研究综述[J].华中科技大学学报(自然科学版),2022,50(6):31-38.

[3] 卢蔚红."互联网+智能制造"技术架构及应用研究[J].中国新通信,2023,25(10):78-80.

[4] 张福星.智能制造技术在机械加工领域中的应用[J].现代制造技术与装备,2023,59(5):150-152.

[5] 姜雪崑.智能制造技术在高端机床上的应用情况[J].世界制造技术与装备市场,2023(3):23-24,34.

[6] 刘玉书,王文.中国智能制造发展现状和未来挑战[J].人民论坛·学术前沿,2021(23):64-77.

[7] 张梅燕.我国经济发达地区的智能制造发展产业综述[J].轻工科技,2021,37(8):103-104.

[8] 万胤岳.工业4.0背景下企业智能制造发展探析[J].中小企业管理与科技,2021(9):47-49.

[9] 陈丹湖.新时代背景下机械智能制造现状与发展探讨[J].内燃机与配件,2021(12):170-171.

[10] 朱晓慧,任延举."十四五"智能制造发展规划下的机械制造装备设计课程创新与探索[J].现代农机,2023(4):110-112.

[11] 杨文起.浅析智能制造装备的发展现状与趋势[J].时代汽车,2022(19):25-27.

［12］张真博.机械制造装备自动化技术的应用与优化［J］. 湖南造纸，2022，51(4)：57-59.

［13］李阗岐，李小虎，万少可，等.智能主轴技术发展综述［J］. 轴承，2023(1)：1-11.

［14］周济.智能制造——“中国制造 2025”的主攻方向［J］. 中国机械工程，2015，26(17)：2273-2284.

［15］ZHOU J，LI P G，ZHOU Y H，et al. Toward new-generation intelligent manufacturing［J］. Engineering，2018，4(1)：11-20.

［16］王喜文. 智能制造：中国制造 2025 的主攻方向［M］.北京：机械工业出版社，2016.

［17］陈吉红，胡鹏程，周会成，等.走向智能机床［J］. Engineering，2019，5(4)：186-210.

［18］曹宏瑞，陈雪峰，张兴武. 智能主轴振动监控技术研究进展［C］//佚名. 2014 年第三届全国现代制造集成技术学术会议论文集.西安：［出版者不详］，2014：1-8.

［19］陈雪峰，张兴武，曹宏瑞.智能主轴状态监测诊断与振动控制研究进展［J］. 机械工程学报，2018，54(19)：58-69.

［20］王加祥，党金行，王桂东，等. 一种数控机床刚度自适应的主轴系统：CN202310311216.9［P］. 2023-07-07.

［21］曹锦江，黄家才，陈道庆.面向机械加工的智能制造生产线控制设计与实现［J］. 制造业自动化，2023，45(7)：70-74.

［22］LU，Z T，FENG X Y，SU Z，et al. Friction parameters dynamic change and compensation for a novel dual-drive micro-feeding system［J］. Actuators，2022，11(8)：236.

［23］张洁，高亮，李新宇，等.前言——工业大数据与工业智能［J］. 中国科学：技术科学，2023，53(7)：1015.

［24］张龙飞.一种集成 PLC、视觉或力反馈的智能伺服系统：CN214586522U［P］. 2021-11-02.

［25］赵军富，靳永胜，李建军.物联网下智能制造设备故障预测分析［J］. 内蒙古科技大学学报，2023，42(2)：123-127.

[26] 熊瑶,费敏锐. 虚拟制造+数字孪生发展及应用实践[J]. 自动化仪表,2023,44(8):1-6,14.

[27] 张颖伟,高鸿瑞,张鼎森,等. 基于多智能体的数字孪生及其在工业中应用的综述[J]. 控制与决策,2023,38(8):2168-2182.

[28] 徐朋月,刘攀,郑肖飞. 数字孪生在制造业中的应用研究综述[J]. 现代制造工程,2023(2):128-136.

[29] 张承瑞,王金江. 一种实现以太网链状网络节点间同步的装置和方法:CN20105459TY[P]. 2008-04-30.

[30] 冯显英. 特形齿轮的创成技术和全闭环开放式数控滚齿系统研究与开发[D]. 济南:山东工业大学,1998.

[31] 古莹奎,吴陆恒. 机械运动方案评价中评价因素权重确定的模糊层次分析法[J]. 中国机械工程,2007,18(9):1052-1055,1067.

[32] 张建军,檀润华,苑彩云,等. 概念设计中方案评价的罚优化模型[J]. 计算机辅助设计与图形学学报,2001,13(9):800-804.

[33] 冯显英,王清,艾兴. 齿轮加工成形的运动学分析[J]. 山东工业大学学报,2000,30(2):101-106.

[34] 韩克利,义牙种植定位导向系统研究与开发[D]. 济南:山东大学,2011.

[35] 冯显英,张承瑞,于复生,等. 面向对象的现代柔性测量系统[J]. 计算机工程,1998(3):44-47.

[36] 刘建慧,邹慧君,颜鸿森. 五轴铣床运动链设计与构型综合[J]. 中国机械工程,2006,17(8):788-792.

[37] 张曙,HEISEL U. 并联运动机床[M]. 北京:机械工业出版社,2003.

[38] 冯显英,李慧,李沛刚,等. 一种新型高精度微量进给伺服系统及控制方法:CN104714485B[P]. 2016-06-08.

[39] 陆子腾. 宏宏双驱动精密伺服数控系统研究与开发[D]. 济南:山东大学,2023.